"十二五"普通高等教育本科国家级规划教材

工程热力学

（第6版）

主 编　童钧耕 王丽伟 叶强

第五版主编　沈维道 童钧耕

高等教育出版社·北京

内容简介

　　本书是"十二五"普通高等教育本科国家级规划教材，是在第五版的基础上，总结近年教学研究和教学改革成果并吸收本校及兄弟院校师生和一些科技工作者的意见修订而成的，满足教育部制订的《高等学校工程热力学课程（多学时）教学基本要求》。

　　本书保持了第五版的体系，全书共 13 章，以能量传递过程中数量守恒和质量蜕变为主线阐述了工程热力学的基本概念、基本定律、气体及蒸汽的热力性质、基本热力过程和工程常见基础循环的分析计算及热力学原理在化学过程中的应用等内容。本书在加强基础理论的同时注意吸收当今热工科技成熟的新成果，注重联系工程实践和学生创新能力的培养。本书配套的数字课程中包含的多媒体课件、各章习题提示及参考答案及工程热力学名词和术语查询软件等为读者自主、深入学习工程热力学构筑了新的平台。

　　本书继承了前几版便于自学的特点，进一步拓展了内容的广度和深度，可作为高等学校能源动力类、化工与制药类、航空航天类、机械类、交通运输类、核工程类及土木类等专业的教材，也可供有关科技工作者参考。

图书在版编目（ＣＩＰ）数据

　　工程热力学/童钧耕,王丽伟,叶强主编 . --6 版
. --北京:高等教育出版社,2022.2（2024.12 重印）
　　ISBN 978-7-04-057243-8

　　Ⅰ.①工⋯　Ⅱ.①童⋯②王⋯③叶⋯　Ⅲ.①工程热力学-高等学校-教材　Ⅳ.①TK123

　　中国版本图书馆 CIP 数据核字（2021）第 221311 号

Gongcheng Relixue

策划编辑　宋　晓	责任编辑　宋　晓	封面设计　张志奇	版式设计　张　杰
插图绘制　于　博	责任校对　高　歌	责任印制　赵　佳	

出版发行　高等教育出版社	网　　址　http://www.hep.edu.cn
社　　址　北京市西城区德外大街 4 号	http://www.hep.com.cn
邮政编码　100120	网上订购　http://www.hepmall.com.cn
印　　刷　人卫印务（北京）有限公司	http://www.hepmall.com
开　　本　787 mm×960 mm　1/16	http://www.hepmall.cn
印　　张　32.75	版　　次　1965 年 12 月第 1 版
字　　数　600 千字	2022 年 2 月第 6 版
购书热线　010-58581118	印　　次　2024 年 12 月第 5 次印刷
咨询电话　400-810-0598	定　　价　62.00 元

本书如有缺页、倒页、脱页等质量问题，请到所购图书销售部门联系调换

版权所有　侵权必究
物　料　号　57243-00

工程热力学

（第6版）

主 编　童钧耕 王丽伟 叶强

1　计算机访问http://abook.hep.com.cn/12333713，或手机扫描二维码、下载并安装Abook应用。

2　注册并登录，进入"我的课程"。

3　输入封底数字课程账号（20位密码，刮开涂层可见），或通过Abook应用扫描封底数字课程账号二维码，完成课程绑定。

4　单击"进入课程"按钮，开始本数字课程的学习。

工程热力学数字课程与纸质教材一体化设计，紧密配合。数字课程资源涵盖多媒体课件、图片等，极大地丰富了知识的呈现形式，拓展了教材内容。在提升课程教学效果的同时，为学生学习提供思维与探索的空间。

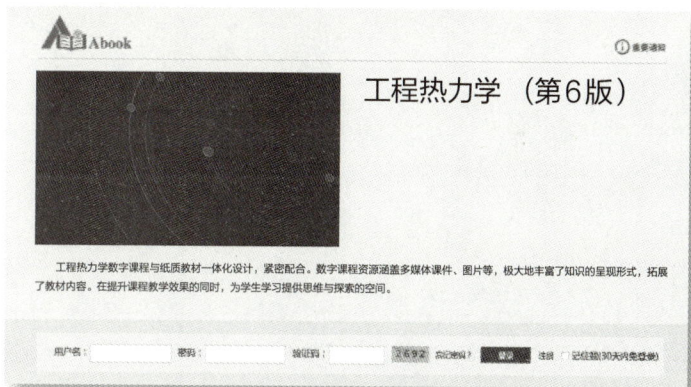

　　课程绑定后一年为数字课程使用有效期。受硬件限制，部分内容无法在手机端显示，请按提示通过计算机访问学习。

　　如有使用问题，请发邮件至abook@hep.com.cn。

扫描二维码
下载Abook应用

http://abook.hep.com.cn/12333713

与本书配套的电子习题解答使用说明

与本书配套的电子习题解答发布在高等教育出版社二维码服务平台,电子习题解答的资源详情和使用方法说明如下。

一、资源详情

本电子习题解答包括童钧耕等主编《工程热力学》(第 6 版)书中全部习题及具体的求解过程和答案,供读者学习和参考。

二、使用方法

1. 扫描下方二维码进入电子习题解答界面。

2. 购买方法:(1)点击章节图片即可获取该章习题答案(习题解答每题收费 0.10 元,绑定微信号付款后可无限次查看);(2)优惠通道:点击"促销包购买通道",以优惠价格(仅需 10 元,原价 31.30 元)打包购买全书习题答案,绑定微信号后付款可无限次查看。

　　本书是在第五版("十二五"普通高等教育本科国家级规划教材)的基础上,总结近年来的教学研究和教学改革成果并吸收本校及兄弟院校教师和学生的意见修订而成的,满足教育部制订的《高等学校工程热力学课程(多学时)教学基本要求》。

　　本书第五版保持了原教材体系的框架,对各章节尤其是一些重点、难点做了适当的改写(如熵方程、孤立系统熵增原理等),并增加了一定数量与工程实践紧密联系的内容。同时对配套多媒体课件进行了重点修订,通过增设本章学习目标,导入与教学内容相关事例,为学生学习新概念做铺垫,激发学习兴趣。这些工作取得了一定的成效,使第五版在广大师生和读者中受到更大的欢迎。为使本书编排更符合教学规律,与科技发展及国家建设紧密结合,并充分利用互联网满足读者自主学习需要,成为适应时代需要的立体化教材,本书在第五版的基础上从教材内容体系和呈现方式两方面做出了安排。

　　教材内容体系方面较大的变动有湿空气和实际气体的性质等。记得笔者20世纪60年代初在上海交通大学学习工程热力学课程时,全上海有空调的影院和商场屈指可数,甚至80年代初期上海市民到大商场蹭空调还见之于电视新闻,当时与空调密切相关的湿空气的现象似乎还远离人们的日常生活。但今天,空调几乎是普通人生活的基本配置,空调耗电成为城市能耗的重要来源之一,保证夏冬季空调使用高峰期用电安全成为检验城市能源管理水平的重要标志。"理想气体混合物及湿空气"的相关知识作为新时代工科学生的基本科技素质在工程热力学教学中占有相当重要的地位。因此,将该章内容前置为第四章,紧跟第三章"气体和蒸汽的性质",构成工质热力性质知识点集合。但将湿空气的过程剥离,归入"气体和蒸汽的流动"章内,作为实际开口系统能量分析的示例。其次,保持第五版第六章"实际气体的性质及热力学一般关系",从而和第三、四章构成完整的工质热力性质知识点群,这从逻辑上讲是合理的,但考虑到国内比较多的高校基于学时等实际因素,给予"实际气体的性质及热力学一般关系"的学时极少(也有部分学校将这部分内容与化学热力学基础一起作为高等工程热力学的基础),因此,将该章移至第十二章,以便于各校教师和学生根据工程热力学学时的情况选择、处理相关教学内容。另外,本次修订将热能和机械能相互转换过程的阐述前移至绪论,并在绪论中即提出㶲的概念,使绪论提纲挈领,较为完整地概括工程热力学的主要内容;部分章节的"本章归纳"栏目做了重大增补,使之更能体现该章脉络和内容。最后,为了使教材更紧凑,更贴合时代和热工科技的进展以及工程实际,一些纯理论性内容,如热力学温标被移出纸质教材,和一些拓展性内容一起放入数字课程的资料库,供读者查阅。

在教材呈现方式上增加二维码资料库,以便读者随时查阅,激发读者的学习兴趣。书中有二维码 90 余个,主要涉及帮助读者理解教学内容(如内部可逆过程、熵产等)、纸质教材呈现内容的拓展(如卡林那循环、学术界尚无定论的"㶲"的概念等)以及第五版教材所附光盘中的工程热力学名词查询等内容,同时方便读者通过手机阅读。这些链接的对象形式主要有两大类:小视频和简短的文字资料。小视频以概念和重要知识点讲解为主,也有少量概括性介绍。文字资料除对拓展性内容进行概括介绍外,常常针对初学者易犯的错误,尽可能以简短的文字进行分析、讨论。这种讨论往往打破前后章节的藩篱,可能会使读者在初次阅读时不适应,但对培养读者全面分析的能力是有帮助的。为方便学习,在每章的"本章归纳"部分设有扫描查询本章重要名词的功能。本书配套的数字课程包括多媒体课件、重难点讲解和典型例题解答等资源,具体使用方法可参见数字课程说明页。

西安交通大学何茂刚教授仔细审阅了书稿,并提出了中肯的评价和意见。本书在编写过程中得到了上海交通大学机械与动力工程学院的同人,尤其是工程热物理研究所的教师们的鼎力相助,张博、徐圣知和安国亮等博士也为本书做出了贡献。本书第五版使用期间收到一些读者来函,热心的读者指出了本书的一些疏漏,在此一并表示感谢。

谨以此书告慰沈维道教授,并向蒋智敏教授表示敬意。

书中的不妥之处,望能不吝指正。

上海交通大学机械与动力工程学院

童钧耕　王丽伟　叶　强

2021 年 8 月

上海闵行东川路 800 号

邮编:200240

邮箱:jgtong@sjtu.edu.cn

lwwang@sjtu.edu.cn

qye@sjtu.edu.cn

第五版前言 ■

　　本书是"十二五"普通高等教育本科国家级规划教材,是在第四版的基础上,总结近年教学研究和教学改革成果并吸收一些高校师生的意见修订而成的,满足教育部制订的《高等学校工程热力学课程(多学时)教学基本要求》。

　　本书第一版、第二版和第三版得到广大师生的认可,第四版在保持原教材体系的框架下做了一定的变动,增加了与工程实践紧密联系的内容,配置了光盘。第四版在与科技发展及国家建设紧密结合、编排更符合教学规律以及教材立体化等方面有不少的改进,出版以来多次重印,2009年获得国家级精品教材的荣誉。与第四版相比,第五版没有在教材体系的框架上做重大的变动,而是基于教学经验对各章节做了适当的改写。例如,第五章在熵方程、孤立系统熵增原理方面进行了重新编排——从系统熵变的原因引出熵流和熵产,进而导出闭口系和稳流开系的熵方程、孤立系统的熵增原理及熵产与系统作功能力损失的关系;充实每章归纳,使之更好地归纳本章主要内容及其内在逻辑;例题后设置了讨论,点出答案后面的原理和注意点。对光盘内的多媒体课件进行了重点加工,每章开头增设了本章学习目标,并且通过导入身边发生的或大家关注的相关事例引起对即将学习内容的关注,为学习新概念做铺垫、设置悬念,激发学习兴趣。希望这些工作能使第五版在广大师生和读者中受到更大的欢迎。

　　本书由童钧耕负责修订,王丽伟参加了本版的修订工作,她的参与为第五版带来新的气息和理念。

　　上海海事大学吴孟余教授仔细审阅了本书,肯定了第五版延续以前各版阐述严谨、便于自学,并在与工程实践的结合上进一步深化的特点,并提出了中肯的意见和建议,在此深表感谢。本书在编写过程中得到了上海交通大学机械与动力工程学院同仁吴慧英教授、刘振华教授、胡国新教授、石玉美教授、叶强副教授、于娟副教授以及教学技术中心的黄健高级工程师、刘秀工程师等的鼎力相助,在此一并表示感谢。

　　虽然第三版出版后不久先师沈维道教授即仙逝,但本版仍然包含了沈先生的一些理念,相信第五版的问世也是对沈先生的纪念。也相信,曾为本书付出辛勤劳动、现定居于澳洲的蒋智敏教授会为第五版的出版感到欣慰。

书中的不妥之处,望能不吝指正。

上海交通大学机械与动力工程学院　童钧耕

2015 年 10 月

邮箱:jgtong@sjtu.edu.cn

目录 ■

A	面积,m^2	Ma	马赫数
c_f	流速,m/s	M_r	相对分子质量
c	比热容(质量热容),J/(kg·K);浓度,mol/m^3	M_{eq}	平均摩尔质量(折合摩尔质量),kg/mol
c_p	比定压热容,J/(kg·K)	n	多变指数;物质的量,mol
c_V	比定容热容,J/(kg·K)	p	绝对压力,Pa
C_m	摩尔热容,J/(mol·K)	p_0	大气环境压力,Pa
$C_{p,m}$	摩尔定压热容,J/(mol·K)	p_b	大气环境压力,背压力,Pa
$C_{V,m}$	摩尔定容热容,J/(mol·K)	p_e	表压力,Pa
d	含湿量,kg(水蒸气)/kg(干空气);耗汽率,kg/J	p_i	分压力,Pa
		p_s	饱和压力,Pa
E	总能(储存能),J	p_v	真空度,湿空气中水蒸气的分压力,Pa
E_x	㶲,J		
$E_{x,Q}$	热量㶲,J	Q	热量,J
$E_{x,U}$	热力学能㶲,J	q_m	质量流量,kg/s
$E_{x,H}$	焓㶲,J	q_V	体积流量,m^3/s
E_k	宏观动能,J	Q_p	定压热效应,J
E_p	宏观位能,J	Q_V	定容热效应,J
F	力,N;亥姆霍兹函数,J	R	摩尔气体常数,J/(mol·K)
G	吉布斯函数,J	R_g	气体常数,J/(kg·K)
H	焓,J	$R_{g,eq}$	平均气体常数,J/(kg·K)
H_m	摩尔焓,J/mol	S	熵,J/K
ΔH_c^0	标准燃烧焓,J/mol	S_g	熵产,J/K
ΔH_f^0	标准生成焓,J/mol	S_f	(热)熵流,J/K
I	作功能力损失(㶲损失),J	S_m	摩尔熵,J/(mol·K)
K_c	以浓度表示的化学平衡常数	S_m^0	标准摩尔绝对熵,J/(mol·K)
K_p	以分压力表示的化学平衡常数	T	热力学温度,K
M	摩尔质量,kg/mol	T_i	转回温度,K

t	摄氏温度,℃	κ_T	等温压缩率,Pa^{-1}
t_s	饱和温度,℃	λ	升压比
t_w	湿球温度,℃	μ	化学势
U	热力学能,J	μ_J	焦耳-汤姆孙系数(节流微分
U_m	摩尔热力学能,J/mol		效应)
V	体积,m^3	π	压力比(增压比)
V_m	摩尔体积,m^3/mol	ν	化学计量系数
W	膨胀功,J	ν_{cr}	临界压力比
W_{net}	循环净功,J	ρ	密度,kg/m^3;预胀比
W_i	内部功,J	σ	回热度
W_s	轴功,J	φ	相对湿度;喷管速度系数
W_t	技术功,J	φ_i	体积分数
W_u	有用功,J	**下脚标**	
w_i	质量分数	a	湿空气中干空气的参数
x	干度	c	卡诺循环;冷库参数
x_i	摩尔分数	C	压气机
z	压缩因子	CM	控制质量
α	抽汽量,kg;离解度	cr	临界点参数;临界流动状况
α_V	体[积膨]胀系数,K^{-1}或$℃^{-1}$		参数
γ	比热容比;汽化潜热,J/kg	CV	控制体积
ε	制冷系数;压缩比	in	进口参数
ε'	供暖系数	irrev	不可逆
η_c	卡诺循环热效率	iso	孤立系统
$\eta_{C,s}$	压气机绝热效率	m	每摩尔物质的物理量
η_{e_x}	㶲效率	rev	可逆
η_T	蒸汽轮机、燃气轮机的相对内效率	s	饱和参数;相平衡参数
		out	出口参数
η_t	循环热效率	v	湿空气中水蒸气的物理量
κ	等熵指数	0	环境的参数;滞止参数

0.1 热能及其利用

能源是人类社会不可缺少的物质基础之一,人类社会的发展史与人类开发利用能源的广度和深度紧密相连。

所谓能源,是指提供各种有效能量的物质资源。自然界中可被人们利用的能量主要有煤、石油、天然气等矿物燃料的化学能以及风能、水力能、太阳能、地热能、原子能、生物质能等。其中风能和水力能是自然界以机械能形式提供的能量,其他则主要以热能的形式或者转换为热能的形式供人们利用。可见,能量的利用过程实质上是能量的传递和转换过程(图 0-1)。据统计,世界上以热能形式而被利用的能量平均超过 85%,我国则占 90%以上。因此,热能的开发利用对人类社会发展有着重要意义。

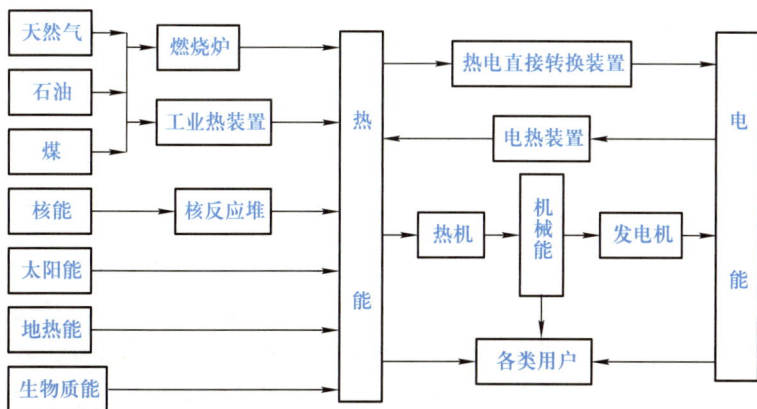

图 0-1 热能及其工程应用

热能的利用通常有两种基本形式：一种是热利用，如在冶金、化工、食品等工业和生活上应用；另一种是热能的动力利用，即把热能转化成机械能或电能，为人类社会的各方面提供动力等。18世纪中叶以后，蒸汽机的发明实现了热能大规模、经济地转换成机械能，使工业生产、科学技术和人们的生活有了突飞猛进的变化。

在当今科技条件下，利用得最多的能源是燃料的化学能。通过燃烧，燃料的化学能转换成热能，再将热能转换成机械能或电能供人们使用。20世纪60年代以来，人们已开始把原子内部蕴藏的巨大能量通过裂变反应释放出来，加以和平利用。目前，我国有数十座核电厂在建，世界上已有包括中国在内的数十个国家的数百座核电厂正在源源不断地输出电力。此外，人们也在努力地把太阳能、地热能等转化为动力，供人们利用。热能通过热能动力装置转换为机械能的效率较低，即使是当代最先进的大型燃气-蒸汽联合发电装置的热效率也只有57%。因此，人们一直在寻求使热能或燃料化学能直接转换为电能的方法，如磁流体发电、太阳能电池、燃料电池等。

自然界所发生的一切运动，都伴随着能量的变化，生命过程也不例外。例如，肌肉收缩时高能磷酸键的化学能转变为机械能而做功，光合作用中光能转变为化学能，视觉过程中光能转变为电能而产生视觉等，都是能量的转化和利用。生物系统主要由四种元素构成：氢、氧、碳和氮。人体质量的72%是水；人体原子的63%为氢，25.5%是氧，9.5%为碳，1.4%是氮，其余的0.6%是生命必需的其他20种元素。生物系统可以小到一个细胞，也可以是平均直径为0.01 mm的100万亿细胞构成的人体。在生命的运动中广泛地包含着复杂的热运动，生物系统的能量转换和传递错综复杂，但是热力学的基本原理在生命运动中也是适用的。

能源的开发利用一方面为人类社会的发展提供了必需的能量，另一方面也造成了对自然环境的破坏和污染。与能源开发利用密切相关的温室效应、酸雨、核废料辐射等对地球的生态系统造成了严重威胁，因此人们正以极大的热情关注节能、可再生能源的开发，以及发展低碳经济等，努力在满足人类社会对能量需求的同时不破坏或少破坏自然环境，实现可持续发展，为后代留下良好的生存空间。

热力学是一门研究物质的能量、能量传递和转换以及能量与物质性质之间普遍关系的科学。工程热力学是热力学的工程分支，是在阐述热力学普遍原理的基础上，研究这些原理的技术应用的学科，它着重研究的是热能与其他形式能量（主要是机械能）之间的转换规律及其工程应用。掌握工程热力学的基本原理，必将为在能源、动力、机械、航空航天、化工、生物工程及环境工程等领域内的深入研究打下坚实的基础。

自然界
主要能源

0.2　热能和机械能相互转换的过程

从燃料燃烧中得到热能以及利用热能得到动力的整套设备（包括辅助设备），统称热能动力装置（简称热机）。热能动力装置可分为蒸汽动力装置及燃气动力装置两大类。下面简要介绍各类热能动力装置中的能量转换情况。

内燃机是最常见的热能动力装置之一，其主要部分为气缸、活塞（图0-2）。发动机工作时活塞作往复运动，由于这一运动并借助于连杆和曲柄使发动机曲轴转动，以带动工作机器。

燃料和空气的混合物在气缸中燃烧，释放出大量热能，使燃烧后产生的气体——燃气的温度、压力大大高于周围介质的温度和压力，因而具备作功的能力。燃气在气缸中膨胀作功，推动活塞，这时气体的能量通过曲柄连杆机构传给装在发动机曲轴上的飞轮，转变成飞轮的动能。飞轮的转动带动曲轴，向外输出轴功，同时完成活塞的逆向运动，排出废气，为下一轮进气做好准备。

每经过一定的时间间隔，空气和燃料被送入气缸中，并在其中燃烧、膨胀，推动活塞作功。这样，活塞不断地往复运动，曲轴则连续回转。飞轮

火花塞
进气阀
排气阀
气缸
活塞
连杆
曲轴

图0-2　内燃机示意图

从气体所得到的能量，除了部分作为带动活塞逆向运动所需的能量外，其余部分传递给工作机械加以利用。此外，排出的废气把一部分燃料化学能转换来的热能排向环境大气。

燃气轮机装置和喷气发动机也是典型的燃气动力装置，在这些设备中燃料和助燃的气体在燃烧设备中燃烧，化学能转换成燃气的热能，燃气在燃气轮机等设备内膨胀作功，作功后的废气排出装置同时向环境介质排热。

电厂蒸汽动力装置系统简图如图0-3所示。这是由锅炉、汽轮机、冷凝器、泵等组成的一套热力设备。燃料在锅炉中燃烧，化学能转变为热能，锅炉沸水管内的水吸热后变为水蒸气，并且在过热器内过热，成为过热蒸汽（称为新蒸汽）。此时蒸汽的温度、压力比外界介质（空气）的温度及压力高，具有作功的能力。当它被导入汽轮机后，先通过喷管膨胀，速度增大，热力学能转变成动能。具有一定动能的蒸汽推动叶片，使轴转动作功。作功后的蒸汽（称为乏汽）从汽轮机进入冷凝器，被冷却水冷凝成水，并由泵加压送入锅炉加热。如此周而复始，通

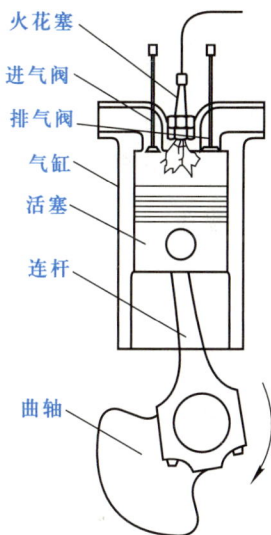

过锅炉、汽轮机、冷凝器等不断地把燃料中化学能转变而来的热能中的一部分转变成功,其余部分则排向环境介质。

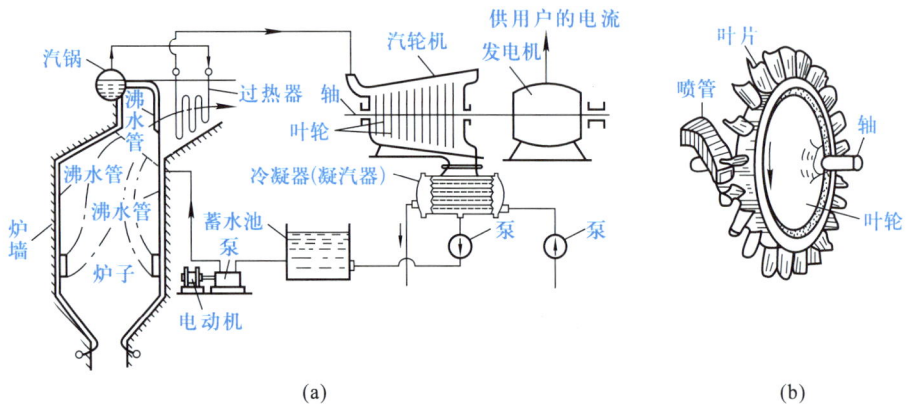

图 0-3　蒸汽动力装置系统简图

压水堆核电站蒸汽动力装置的构成和工作过程与上述普通的蒸汽电厂动力装置比较,主要区别在于用反应堆取代了蒸汽锅炉,如图 0-4 所示。二回路的工作介质在蒸汽发生器中吸收反应堆中产生的能量,成为具有作功能力的蒸汽,然后膨胀、排热、压缩,进行循环。

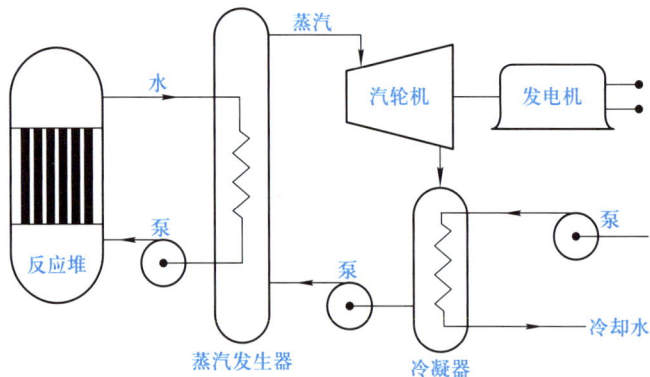

图 0-4　核电站蒸汽动力装置

可见,在各类蒸汽动力装置中,工作介质同样经历吸热、膨胀、排热过程,才能把热能源源不断地转变为功(机械能)。

人体肌肉细胞的功能与发动机十分类似,它把化学能转换成机械功(如把家具搬上楼),转换效率接近 20%,其余转换成热,使细胞的温度升高。这些热

4

能迅速传递给周围的组织,再传向人体的外部组织,最终通过皮肤散发到环境中。

除通过热能动力装置将热能转换为机械能外,人们一直在寻求使热能或燃料化学能直接转换为电能的方法,如磁流体发电、太阳能电池、燃料电池等。

以上介绍的热能动力装置的功能是把热能转换成机械能,供人们利用。另有一类能量转换装置,如制冷装置和热泵,它们消耗外部机械功(或电能及其他形式的能量),以实现热能由低温物体向高温物体转移。图 0-5 是压缩蒸气制冷装置简图,由电动机(或其他动力机)拖动的压缩机把在冷库吸热气化的制冷剂压缩,使其温度、压力升高,然后进入冷凝器向环境介质放热,并冷凝成液体,再在节流阀内降压、降温到冷库温度,进入冷库蒸发器,气化吸热完成循环。这里,制冷机消耗外功(机械能),通过制冷剂吸热、压缩、放热、膨胀,实现把热能从低温物体(冷库)向高温物体(环境介质)输送。

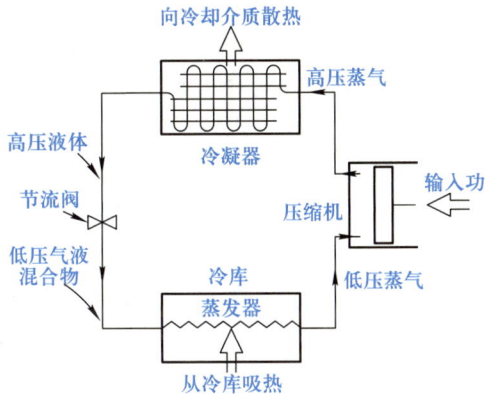

图 0-5　压缩蒸气制冷装置

人们在长期的实践中发现,通过热能动力装置不可能将热能全部转换为机械能,如即使是当代最先进的大型燃气-蒸汽联合发电装置热效率也只有 57%。相反,机械能可全部转化为热能,如制冷装置循环中压缩机消耗的机械功全部转化为制冷剂向环境介质散发热量的一部分。换句话说,机械能可百分之百转化为热能,热能只可能部分转换为机械能。从而认识到就人类对机械能的利用而言,机械能较之热能更可贵。一般认为,能量由可转化成其他任意形式能量的部分(称之为㶲)和不可转换为机械能的部分(称之为㶲)两部分组成,且两者可分别为零。

工程热力学不深入研究各种热机的具体结构和各自的特性,而是抽取所有热机的共同问题进行探讨。从上述各类热机的工作情况可以看出,它们构造不同,工作特性不同。例如:活塞式内燃机的燃烧、膨胀、压缩和排气都发生在气缸内,而且可以说气体的膨胀过程发生在气体无宏观运动的状况下;而蒸汽动力装置中工质的吸热、膨胀、冷凝等过程分别发生在不同的设备里,而且蒸汽虽然在进入喷管时速度较低(20~50 m/s),但膨胀后冲出喷管时蒸汽的速度却很大(500~1 200 m/s),因此蒸汽的膨胀过程是发生在有宏观运动时。其他形式的热机可能还有另外的方式和特性,但是概括地看来,无论哪一种装置,总是用某种媒介物质从某个能源获取热能,从而具备作功能力并通过体积变化对机器作功,最后又把余下的热能排向环境介质。上述这些过程——吸热、膨胀作功、排热对任何一种热能动力装置都是共同的。人们把实现热能和机械能相互转化的媒介物质称为工质;把与工质进行热交换的物质系统称为热源;若细分,则把工质从中吸取热能的物系称为热源(或称高温热源);把接受工质排出热能的物系称为冷源(或称低温热源)。热源和冷源可以是恒温的,也可以是变温的。如利用燃气轮机高温排气作热源在余热锅炉里加热水,由于其热容量不是无穷大,故热源的温度不断下降,是变温热源。又如用环境大气作冷源,由于其热容量非常大,故可以认为是恒温热源。这样,热能动力装置的工作过程可被概括成:工质循环,自热源吸热,将其中一部分转化为机械能,并把余下部分传给低温热源;在制冷装置中,工质消耗外部机械功(或其他形式的能量),使热能由低温热源向高温热源转移,所消耗的机械能也转换成热能一并排向高温热源。

热变功规律和途径

恒温热源和变温热源

0.3　热力学发展简史

人类的生产实践和探索未知事物的欲望是科学技术发展的动力。热现象是人类最早广泛接触到的自然现象之一,但是直到 18 世纪初,在欧洲,由于煤矿开采、航海、纺织等产业部门的发展,产生了对热机的巨大需求,才促使热学的发展得到积极的推动。1763—1784 年间,英国人瓦特(James Watt,1736—1819)对当时用来带动煤矿水泵的原始蒸汽机做了重大改进,且研制成功了应用高于大气压的蒸汽和配有独立凝汽器的单缸蒸汽机,提高了蒸汽机的热效率。此后,蒸汽机为纺织、冶金、交通等部门广泛采用,使生产力有了很大的提高。

蒸汽机的发明与应用,刺激、推动了热学方面的理论研究,促成了热力学的建立与发展。1824 年,法国人卡诺(Sadi Carnot,1796—1832)提出了卡诺定理与卡诺循环,指出热机必须工作于不同温度的热源之间,并提出了热机最高效率的概念,这在本质上已阐明了热力学第二定律的基本内容。卡诺用当时流行的"热质说"作为其理论的依据,虽然他的结论是正确的,但证明过程却是错误的。

在卡诺所做工作的基础上,1850—1851 年间克劳修斯(Rudolf Clausius,1822—1888)和汤姆孙(Willian Thomson,即开尔文男爵,Lord Kelvin,1824—1907)先后独自从热量传递和热转变成功的角度提出了热力学第二定律,指明了热过程的方向性。

在热质说流行的年代,一些研究者用实验事实驳斥了其错误,但由于没有找到热功转换的数量关系,他们的工作没有受到重视。早在 1778 年伦福德伯爵(Count Rumford,1753—1814)就根据制造枪炮所切下的碎屑温度很高,而且在工作中高温碎屑不断产生出来,证实了热是一种运动的表现形式。一年后,戴维(Humphry Davy,1778—1829)用两块冰块相互摩擦使之完全融化,再次用实验支持了热是运动的学说。1842 年,迈耶(Julius Robert Mayer,1814—1878)提出了能量守恒原理,认为热是能量的一种形式,可以与机械能相互转换。1847 年,亥姆霍兹(Hermannvon Helmholtz,1821—1894)系统地阐述了能量守恒原理,从理论上把力学中的能量守恒原理应用到热力学上,全面阐明了能、功和热量之间的关系。1850 年,焦耳(James Prescotl Joule,1818—1889)在他关于大量热功相当实验的总结论文中,以各种精确的实验结果使能量守恒与转换定律,即热力学第一定律得到了充分的证实。1851 年,汤姆孙把能量这一概念引入热力学。能量守恒与转换定律是 19 世纪物理学的最重要发现。

热力学第一定律的建立宣告第一类永动机(即不消耗能量的永动机)是不可能实现的。热力学第二定律则使制造第二类永动机(只从一个热源吸热的永动机)的梦想破灭。这两个定律奠定了热力学的理论基础。

热力学理论促进了热动力机的不断改进与发展,而人类生产实践又不断为热力学的前进提供新的驱动力。1906 年,能斯特(Walter Nernst,1869—1941)根据低温下化学反应的大量实验事实归纳出了新的规律,并于 1912 年将之表述为绝对零度不能达到原理,即热力学第三定律。热力学第三定律的建立使经典热力学理论更趋完善。1942 年,凯南(Joseph Henry Keenan,1900—1977)在热力学基础上提出有效能的概念,使人们对能源利用和节能的认识又上了一个台阶。近代能量转换新技术(如等离子发电、燃料电池等)及 1974 年人们确定了作为常用制冷剂的氯氟烃物质 CFC 和含氢氯氟烃物质 HCFC 与南极臭氧层空洞的联系等问题向热力学提出了新的课题。热力学理论将在不断解决新课题中继续发展。

0.4　工程热力学的主要内容及研究方法

工程热力学
主要内容

工程热力学的研究对象主要是能量转换,特别是热能转化成机械能的规律和方法,以及提高转化效率的途径,以提高能源利用的经济性。它的主要内容包括:

(1)基本概念与基本定律,如热力系统,状态参数,平衡态,热力学第一定律、第二定律,等等。热力学第一定律指出热是能量的一种,可以和其他形式的能量相互转换,过程中能量保持总量不变,故热力学第一定律的本质是能量守恒定律在热现象中的应用。热力学第二定律指出并非只要满足能量守恒的过程都能进行,只有同时满足使孤立系统的熵增大的过程,或者说使孤立系统内能量品质下降的过程,才能进行,所以热力学第二定律指出了过程进行方向、条件和限度。这些基本概念和基本定律是工程热力学的基础。

(2)能量的转化过程特别是热能转化为机械能,是由工质的吸热、膨胀、排热等状态变化过程实现的,因此过程和循环的分析研究及计算方法是工程热力学的重要内容。

(3)常用工质的性质。能量的转换借助于工质状态的变化实现,而工质性质对其状态变化过程有着极重要的影响。工程热力学研究的工质(通常构成系统)主要是气体以及液体,一般工程常见的系统由大量微观粒子组成,例如 $1\ mm^3$ 的水中含有 3.35×10^{19} 个水分子,而 $1\ mol$ 气体中包含了 6.023×10^{23} 个气体分子,所以工质的性质是指它们的宏观特性,即大量分子运动的统计平均体现的规律性。

(4)通常的热工设备中涉及燃烧,而且近年来关于燃料电池等新型能量转换技术及有关生物工程和环境问题的研究与化学过程的能量转换和利用有关,所以工程热力学中还包括化学热力学等方面的有关内容。

热力学有两种不同的研究方法:一种是宏观的研究方法;另一种是微观的研究方法。

应用宏观方法研究的热力学称为宏观热力学,也称为经典热力学。宏观研究方法的特点是以热力学第一定律、第二定律等基本定律为基础,针对具体问题采用抽象、概括、理想化和简化的方法,抽出共性,突出本质,建立分析模型,推导出一系列有用的公式,得到若干重要结论。由于热力学基本定律的可靠性以及它们的普适性,所以应用热力学宏观研究方法可以得到很可靠的结果。但是由于它不考虑物质分子和原子的微观结构,也不考虑微粒的运动规律,所以由之建立的热力学宏观理论并不能说明热现象的本质及其内在原因。工程热力学主要应用宏观研究方法。

应用微观的研究方法的热力学称为微观热力学,也称统计热力学。气体分子运动学说和统计热力学认为大量气体分子的杂乱运动服从统计法则和概率法则,如在标准状况下一个空气分子平均每秒钟与其他分子碰撞约 10^9 次,在容器的壁面上,每 $1\,cm^2$ 每秒钟经受约 10^{24} 次空气分子的碰撞,从而宏观上呈现出一定的压力,应用统计法则和概率法则的研究方法就是微观的研究方法。由于它是从物质是由大量分子和原子等粒子所组成的事实出发,将宏观性质作为在一定宏观条件下大量分子和原子的相应微观量的统计平均值,利用量子力学和统计方法,来阐明物质的宏观特性,导出热力学基本规律,因而能阐明热现象的本质,解释"涨落"现象。在对分子结构作出模型假设后,利用统计热力学方法还可对这种物质的具体热力学性质作出预测。但统计热力学也有局限性,因为对分子微观结构的假设只能是近似的,因此尽管运用了繁复的数学运算,所求得的理论结果往往不够精确。

微观研究方法和宏观研究方法是描述同一物理现象的两种不同方法,因此互相之间有一定的内在联系,工程热力学主要应用热力学的宏观方法,但有时也引用气体分子运动理论和统计热力学的基本观点及研究成果。随着近代计算机技术的发展,计算机愈来愈多地介入工程热力学的研究中,成为一种强有力的工具。

工程热力学研究热能转化为机械能的规律、方法以及怎样提高转化效率和热能利用的经济性。学好工程热力学首先要抓住工程热力学的"纲"——能量在传递转移过程中数量守恒和品质蜕变,其本质也就是热力学第一定律和热力学第二定律。由于能量传递与转换是通过物质在具有不同变化特征的过程中状态变化实现,于是工质的性质和不同热力过程(包括循环)的能量变化特性就是工程热力学的重要研究内容;热能是能量的一种形态,包含热能在内的能量守恒的具体形式以及判断哪些涉及能量的过程可以进行、哪些需要一定的条件才可进行、如何进行判断等问题就成为工程热力学研究的核心。其次是要重视运用抽象简化的方法从纷繁复杂的各种具体问题中抽出问题的本质,应用热力学基本定理和基本方法进行分析研究能力的训练。最后是必须重视习题、实验以及自学(特别是通过网络拓展学习空间)等环节。习题等环节可以培养分析问题的能力。题海战术不可取,但在一定量习题的基础上总结归纳,可以加深对基本概念的理解。

名词和
术语

学习建议

第一章

基本概念及定义

工程热力学是在基本概念和基本定律的基础上通过严密的推理建立起来的。本章讨论工程热力学的基本概念,这些概念有些是建立热力学基本理论必不可少的,例如:温度、平衡态、可逆过程等,称为基本概念;有些是工程科学所共有的,如(热)效率;还有些则是工程热力学特有的,如热机、循环等。

1.1　热力系统

工程热力学着重研究热能与其他形式能量(主要是机械能)之间的转换规律及其工程应用。虽然工程热力学抽取所有热力设备的共同问题进行探讨,但能量的传递和转换肯定将涉及相互关联的设备及相互作用的物质系统。为分析问题方便起见,和力学中取分离体一样,热力学中常把分析的对象从周围物体中分割出来,研究它与周围物体之间的能量和物质的传递。这种被人为分割出来作为热力学分析对象的有限物质系统称为热力系统(简称系统、体系),与系统发生质能交换的物体统称外界。系统和外界之间的分界面称为边界。边界可以是实际存在的,也可以是假想的。例如,当取汽轮机中的工质(蒸汽)作为热力系统时,工质和汽轮机之间存在着实际的边界,而进口前后或出口前后的工质之间却并无实际的边界,此处可人为地设想一个虚构的边界把系统中的工质和外界分割开来(图 1-1a)。另外,系统和外界之间的边界可以是固定不动的,也可以有位移和变形。例如取内燃机气缸中的工质(燃气)作为热力系统时,工质和气缸壁之间的边界是固定不动的,但工质和活塞之间的边界却可以移动而不断改变位置(图 1-1b)。

根据热力系统和外界之间的能量和物质交换情况,热力系统可分为各种不同的类型。

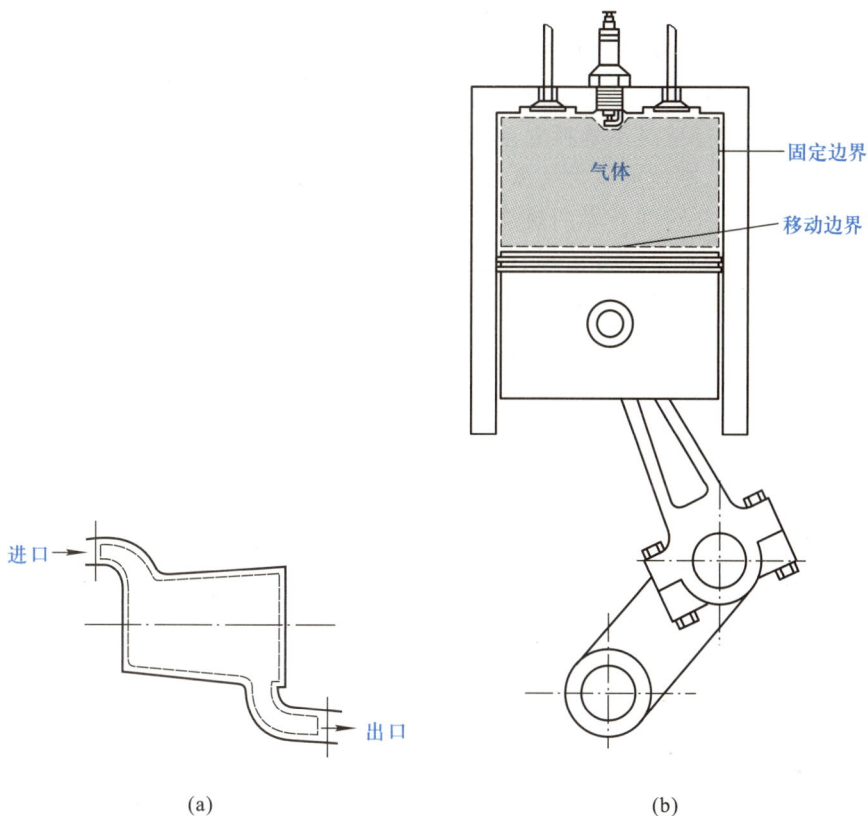

图 1-1　系统和边界

　　一个热力系统如果和外界只有能量交换而无物质交换,则该系统称为闭口系统(又称闭口系)。如取图 1-1b 中内燃机气缸内气体为系统,即为闭口系统。闭口系统内的质量保持恒定不变,所以闭口系统又称为控制质量。

　　如果热力系统和外界不仅有能量交换而且有物质交换,则该系统称为开口系统(又称开口系)。如取图 1-1a 中汽轮机中的工质(蒸汽)为系统,即为开口系统。开口系统中的能量和质量都可以变化,但这种变化通常是在某一划定的空间范围内进行的,所以开口系统又称为控制容积,或控制体。

　　区分闭口系和开口系的关键是有没有质量越过了边界,并不是系统的质量是不是发生了变化。如果输入某系统的质量和输出该系统的质量相等,那么,虽然系统内的质量没有改变,但系统是开口系。

　　当热力系统和外界间无热量交换时,该系统称为绝热系统(又称绝热系)。当一个热力系统和外界既无能量交换又无物质交换时,则该系统就称为孤立系统(又称孤立系)。孤立系统的一切相互作用都发生在系统内部。自然界没有孤立系统,这是热力学研究抽象得出的概念,把研究对象(系统)及与之发生质、能交换的物系(外界)放在一起考虑,这个联合系统就是孤立系。例如,穿宇航服在空间行走的宇航员不是孤立系统,但如果把与他进行信息联系的设备包含在研究的系统内,则就可认为是孤立系统了。

开口
绝热系

绝热系是从系统与外界的热交换的角度考察系统,不论系统是开口系还是闭口系,只要没有热量越过边界,就是绝热系。取保温瓶里面的水为系统,可视为绝热系;取集中供暖系统的一段保温性能良好的管子为系统,可视为开口绝热系。孤立系必定是绝热的,但绝热系不一定是孤立系。

闭口
绝热系

热力系统的划分要根据具体要求而定。例如,图1-2中合上电闸后刚性绝热容器中的气体是闭口系但不是绝热系,若取气体和电热丝为系统,则是闭口绝热系,因为系统与外界交换的是电能,而将电池包括在内,则该复合系统为孤立系统。又如,可把整个蒸汽动力装置取作一个热力系统,计算它在一段时间内从外界投入的燃料、向外界输出

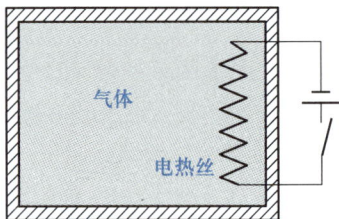

图1-2　闭口系和闭口绝热系

的功以及冷却水带走的热量等。这时整个蒸汽动力装置中没有工质越过边界,工质的质量不变,是闭口系统。倘若只分析其中某个设备,如汽轮机或锅炉中的工作过程时,它们不仅有吸热、作功等能量交换的过程,而且有工质流进、流出的物质交换的过程。这时如取汽轮机或锅炉为划定的空间就组成开口系统。同样的,内燃机在气缸进、排气阀门都关闭时,取封闭于气缸内的工质为系统就是闭口系统;而把内燃机进、排气及燃烧膨胀过程一起研究时,取气缸为划定的空间就是开口系统。

在热力工程中,最常见的热力系是由可压缩流体(如水蒸气、空气、燃气等)构成,这类热力系若与外界可逆功交换只有体积变化功(膨胀功或压缩功)一种形式,则该系统称为简单可压缩系。本书讨论的大部分系统都是简单可压缩系。

除上述各类系统外,还可以把系统分为均匀系、非均匀系、单相系、复相系等。

1.2　工质的热力学状态及其基本状态参数

工质在热力设备中,必须通过吸热、膨胀、排热等过程才能完成将热能转变为机械能的工作。在这些过程中,工质的物理特性随时在起变化,或者说,工质

的宏观物理状况随时在起变化。人们把工质在热力变化过程中的某一瞬间所呈现的宏观物理状况称为工质的热力学状态,简称状态。工质的平衡状态常用一些宏观物理量来描述。这种用来描述工质所处平衡状态的宏观物理量称为状态参数,例如温度、压力等。这些物理量反映了大量分子运动的宏观平均效果。工程热力学主要从总体上去研究工质所处的状态及其变化规律,它不从微观角度去研究个别粒子的行为和特性,所以采用宏观量来描写工质所处的状态。状态参数的全部或一部分发生变化,即表明物质所处的状态发生了变化。物质状态变化也必然可由状态参数的变化显现。状态参数一旦完全确定,工质状态也就确定了。因而,状态参数是热力系统状态的单值函数,它的值取决于给定的状态,而与如何达到这一状态的途径无关。状态参数的这一特性表现在数学上是点函数,其微元差是全微分,而全微分沿闭合路线的积分等于零。

为了说明热力设备中的工作过程,必须研究工质所处的状态和它所经历的状态变化过程。研究热力过程时,常用的状态参数有压力 p、温度 T、体积 V、热力学能(以前习惯称为内能)U、焓 H 和熵 S。其中压力、温度及体积可直接用仪器测量,使用最多,称为基本状态参数。其余状态参数可据基本状态参数间接算得。压力和温度这两个参数与系统质量的多少无关,称为强度量;体积、热力学能、焓和熵等与系统质量成正比,具有可加性,称为广延量。但广延量的比参数(即单位质量工质的参数),例如比体积、比热力学能、比焓和比熵,又具有强度量的性质。通常热力系的广延参数用大写字母表示,其比参数则用小写字母表示。本节先介绍基本状态参数,其他状态参数以后陆续介绍。

状态参数

1.2.1　温度

温度一般表述为物体冷热程度的标志。经验告诉我们,若令冷热程度不同的两个物体 A 和 B 相互接触,它们之间将发生能量交换,净能流将从较热的物体流向较冷的物体。在不受外界影响的条件下,两物体会同时发生变化:热物体逐渐变冷,冷物体逐渐变热。经过一段时间后,它们达到相同的冷热程度,不再有净能量交换。这时物体 A 和物体 B 达到热平衡。当物体 C 同时与物体 A 和 B 接触而达到热平衡时,物体 A 和 B 也一定达到热平衡。这一事实说明,物质具备某种宏观性质,当各物体的这一性质不同时,它们若相互接触,其间将有净能流传递;当这一性质相同时,它们之间达到热平衡。这一宏观物理性质称为温度。

从微观上看,温度标志物质分子热运动的激烈程度。对于气体,它是大量分子平移动能平均值的量度,其关系式为

$$\frac{m\bar{c}^2}{2} = BT \tag{1-1}$$

式中:T 是热力学温度;$B = \frac{3}{2}k$,$k = (1.380\ 058 \pm 0.000\ 012) \times 10^{-23}$ J/K 是玻尔兹曼常数;$\bar{c}$ 是分子移动的均方根速度。两个物体接触时,通过接触面上分子的碰撞进行动能交换,能量从平均动能较大的一方,即温度较高的物体,传到了平均动能较小的一方,即温度较低的物体。这种微观的动能交换就是热能的交换,也就是两个温度不同的物体间进行的热量传递。宏观传递的方向总是由温度高的物体传向温度低的物体。这种热量的传递将持续不断地进行,直至两物体的温度相等时为止。

测量温度的仪器称为温度计,选作温度计的感应元件的物体应具备某种物理性质,它随物体的冷热程度不同有显著的变化(如金属丝电阻、封在细管中的水银柱的高度等)。为了给温度确定数值,还应建立温标——温度的数值表示法。例如,以前摄氏温标规定在标准大气压下纯水的冰点是 0 ℃,汽点是100 ℃,其他温度的数值由作为温度标志的物理量(金属丝电阻、水银柱高度等)的线性函数来确定。

由选定的测量物质的某种物理性质,采用某种温度标定规则所得到的温标称为经验温标。由于经验温标依赖于测温物质的性质,因此当选用不同测温物质的温度计、采用不同的物理量作为温度的标志来测量温度时,除选定为基准点的温度,如冰点和汽点外,其他温度的测定值可能有微小的差异。因而任何一种经验温标不能作为度量温度的标准。

国际上规定热力学温标(以前也称绝对温标)作为测量温度的最基本温标,它是根据热力学第二定律的基本原理制定的,和测温物质的特性无关,可以成为度量温度的标准。

热力学温标的温度单位是开尔文,符号为 K(开),把水的三相点的温度,即水的固相、液相、气相平衡共存状态的温度作为单一基准点,并规定为273.16 K。因此,热力学温度单位"开尔文"是水的三相点温度的 1/273.16。

1960 年,国际计量大会通过决议,规定摄氏温度由热力学温度移动零点来获得,即

$$t = T - 273.15\ \text{K} \tag{1-2}$$

式中:t 为摄氏温度,其单位为摄氏度,符号为℃;T 为热力学温度。这样规定的摄氏温标称为热力学摄氏温标。由式(1-2)可知,摄氏温标和热力学温标并无实质差异,而仅仅只是零点取值的不同。

由于热力学温度不能直接测定,所以国际上建立了一种既实施方便又使得所测温度尽可能接近热力学温度的新型温标,这种温标称为国际实用温标。目

前全世界范围内采用"1990 年国际温标（ITS—90）"替代原有国际温标。我国自 1991 年 7 月 1 日起施行"1990 年国际温标（ITS—90）"。

1990 年,国际温标同时定义国际开尔文温度（符号为 T_{90}）和国际摄氏温度（符号为 t_{90}）。T_{90} 和 t_{90} 之间的关系与 T 和 t 一样,物理量 T_{90} 的单位为开尔文（符号为 K）,而 t_{90} 的单位为摄氏度（符号为℃）,与热力学温度 T 和摄氏温度 t 一样,本书为印刷方便,以后省略 T_{90} 和 t_{90} 的脚注。

热力学温标

1.2.2　压力

单位面积上所受的垂直作用力称为压力（即压强）。分子运动学说指出气体的压力是大量气体分子撞击器壁的平均结果。

测量工质压力的仪器称为压力计。由于压力计的测压元件处于其所在环境压力的作用下,因此压力计所测得的压力是工质的真实压力（或称绝对压力）与环境介质压力之差,称为表压力或真空度。下边以大气环境中的 U 形管为例,说明工质绝对压力 p 与大气压力 p_{b} 及表压力 p_{e} 或真空度 p_{v} 的关系。

当绝对压力大于大气压力（图1-3a）时

$$p = p_{\mathrm{b}} + p_{\mathrm{e}} \qquad (1-3)$$

式中,p_{e} 表示测得的差数,称为表压力。如工质的绝对压力低于大气压力（图1-3b）,则

$$p = p_{\mathrm{b}} - p_{\mathrm{v}} \qquad (1-4)$$

式中,p_{v} 也表示测得的差数,称为真空度。此时测量压力的仪表称为真空计。

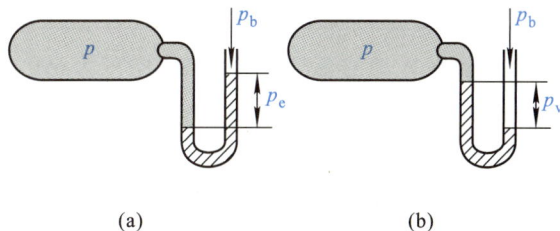

(a)　　　　　　　　　　(b)

图 1-3　绝对压力

绝对压力、表压力、真空度和大气压力之间的关系可用图 1-4 说明。

作为工质状态参数的压力应该是绝对压力。大气压力是地面上空气柱的重量所造成的,它随着各地的纬度、高度和气候条件而有些变化,可用气压计测定。因此,即使工质绝对压力不变,表压力和真空度仍有可能变化。在用压力计进行热工测量时,必须同时用气压计测定当时当地大气压力,才能得到工质实际压力。若绝对压力甚大,则可把大气压力视为常数。

我国法定的压力单位是帕斯卡(简称帕),符号为 Pa:

$$1\ Pa = 1\ N/m^2$$

即 1 Pa 等于每平方米的面积上作用 1 N 的力。工程上因 Pa 的单位太小,常采用 MPa(兆帕):1 MPa = 10^6 Pa。

工程上可能遇到的其他压力单位还有:

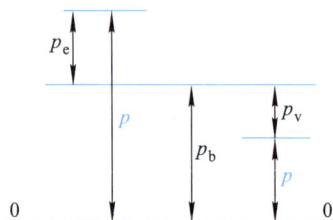

图 1-4 绝对压力、表压力和真空度

atm(标准大气压,也称物理大气压)、bar(巴)、at(工程大气压)、mmHg(毫米汞柱)和 mmH_2O(毫米水柱),它们与帕之间的互换关系如表 1-1 所示。

表 1-1 各压力单位互换表

	Pa	bar	atm	at	mmHg	mmH_2O
Pa	1	1×10^{-5}	$0.986\ 923\times10^{-5}$	$0.101\ 972\times10^{-4}$	$7.500\ 62\times10^{-3}$	$0.101\ 971\ 2$
bar	1×10^5	1	0.986 923	1.019 72	750.062	10 197.2
atm	101 325	1.013 25	1	1.033 23	760	10 332.3
at	98 066.5	0.980 665	0.967 841	1	735.559	1×10^4
mmHg	133.322 4	$133.322\ 4\times10^{-5}$	$1.315\ 79\times10^{-3}$	$1.359\ 51\times10^{-3}$	1	13.595 1
mmH_2O	9.806 65	$9.806\ 65\times10^{-5}$	$9.078\ 41\times10^{-5}$	1×10^{-4}	735.559×10^{-4}	1

例 1-1 某远洋货船在 A 地的真空造水设备真空度为 690 mmHg,当地大气压力为 0.1 MPa,若航行至另一海域 B,该设备的绝对压力无变化,但其真空度变化为 0.082 MPa,试求 B 地当地大气压力。

解 由 1 mmHg = 133.322 4 Pa,故 A 地的真空造水设备真空度为

$$p_{v,A} = (690\times133.322\ 4)\ Pa = 92.0\times10^3\ Pa$$

该远洋货船真空造水设备在 A 地的绝对压力为

$$p_A = p_{b,A} - p_{v,A} = 0.1\ MPa - 0.092\ MPa = 0.008\ MPa$$

由于该真空造水设备的绝对压力没有变化,故

$$p_{b,B} = p_B + p_{v,B} = 0.008\ MPa + 0.082\ MPa = 0.09\ MPa$$

讨论:由于气体的绝对压力由测压仪表的读数和当地大气压共同决定,故测压仪表读数的改变并不一定说明气体压力改变。

1.2.3 比体积及密度

单位质量物质所占的体积称为比体积,即

$$v = \frac{V}{m} \tag{1-5}$$

式中:v 为比体积,m^3/kg;m 为物质的质量,kg;V 为物质的体积,m^3。

单位体积物质的质量称为密度,单位为 kg/m^3,密度用符号 ρ 表示,即

$$\rho = \frac{m}{V} \tag{1-6}$$

显然,v 与 ρ 互成倒数,因此它们不是互相独立的参数,可以任意选用其中之一,工程热力学中通常用 v 作为独立参数。

1.3 热力学能和焓

1.3.1 热力学能和总能

能量是物质运动的量度,运动有各种不同的形态,相应地就有各种不同的能量。力学中研究过物体的动能和位能,前者决定于物体宏观运动的速度,后者取决于物体在外力场中所处的位置。它们都是因为物体作机械运动而具有的能量,都属于机械能。宏观静止的物体,其内部的分子、原子等微粒不停地作着热运动。据气体分子运动学说,气体分子在不断地作不规则的平移运动,这种平移运动的动能是温度的函数。如果是多原子分子,则还有旋转运动和振动运动,根据能量按自由度均分原理和量子理论,这些能量也是温度的函数。总之,这种热运动而具有的内动能是温度的函数。此外,由于分子间有相互作用力存在,因此分子还具有位能(也称势能),称内位能,它决定于气体的比体积和温度。内动能、内位能,维持一定分子结构的化学能和原子核内部的原子能以及电磁场作用下的电磁能等一起构成所谓的热力学能。在无化学反应及原子核反应的过程中,化学能、原子核能都不变化,可以不考虑,因此热力学能的变化只是内动能和内位能的变化。

我国法定计量单位中热力学能的单位是焦耳,用符号 J 表示,热力学能用符号 U 表示;1 kg 物质的热力学能称为比热力学能,用符号 u 表示,比热力学能的单位是 J/kg。

根据气体分子运动学说,热力学能是热力状态的单值函数。在一定的热力状态下,分子有一定的均方根速度和平均距离,就有一定的热力学能,而与达到

这一热力状态的路径无关,因而热力学能是状态参数。

由于气体的热力学状态可由两个独立状态参数决定,所以热力学能一定是两个独立状态参数的函数,如:

$$u=f(T,v) \quad \text{或} \quad u=f(T,p); \quad u=f(p,v) \tag{1-7}$$

物质的运动是永恒的,要找到一个没有运动而热力学能为绝对零值的基点是不可能的,因此热力学能的绝对值无法测定。工程计算中,关心的是热力学能的相对变化量 ΔU,所以实际上可任意选取某一状态的热力学能为零值,作为计算基准。

工质的总能量除热力学能外,还包含工质在参考坐标系中作为一个整体,因有宏观运动速度而具有动能及因有不同高度而具有位能。前一种能量称为内部储存能,后两种能量则称为外部储存能。系统的宏观动能和系统内动能的差异可用图 1-5 形象地说明。图中左侧水中叶轮虽因水分子的热运动而受到撞击,但宏观效果抵消,叶轮不会转动。右侧水分子仍在作热运动,但因其整体作宏观运动而驱使叶轮转动作功。

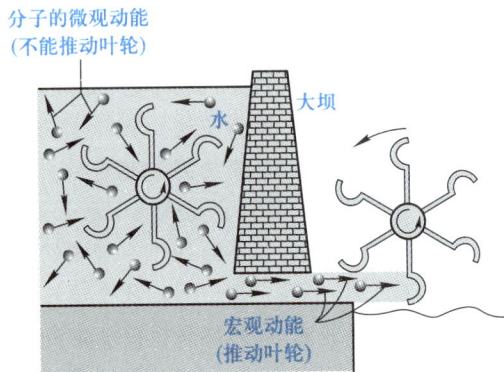

图 1-5 系统的内动能和宏观动能

热力学能和机械能是不同形式的能量,但是可以同时储存在热力系统内。内部储存能和外部储存能的总和,即热力学能与宏观运动动能及位能的总和,称为工质的总储存能,简称总能。若总能用 E 表示,动能和位能分别用 E_k 和 E_p 表示,则

$$E=U+E_k+E_p \tag{1-8}$$

若工质的质量为 m,速度为 c_f,在重力场中的高度为 z,则宏观动能和重力位能分别为

$$E_k=\frac{1}{2}mc_f^2, \quad E_p=mgz$$

式中，c_f、z 只取决于工质在参考系中的速度和位置。

这样，工质的总能可写成

$$E = U + \frac{1}{2}mc_f^2 + mgz \qquad (1-9)$$

1 kg 工质的总能，即比总能 e，可写为

$$e = u + \frac{1}{2}c_f^2 + gz \qquad (1-10)$$

应该指出，热力学能是状态的函数，所以系统在两个平衡状态之间热力学能的变化量仅由初、终两个状态的热力学能的差值确定，与中间过程无关。

1.3.2　推动功和流动功

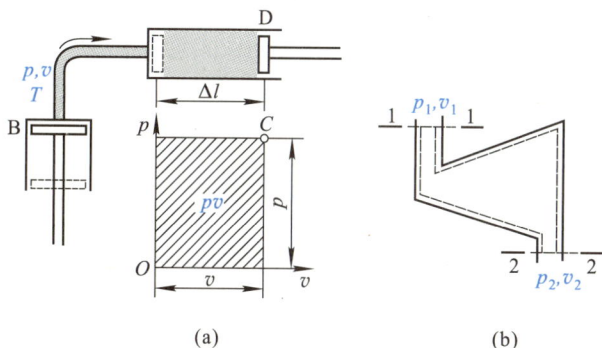

系统与外界交换功的形式除了前已提及的膨胀功或压缩功这类与系统的界面移动有关的功外，还有因工质在开口系统中流动而传递的功，对开口系统进行功的计算时需要考虑这种功。

下面以图 1-6a 所示工质经管道进入气缸的过程为例，考察开口系引进工质与外界的质能交换情况。设工质的状态参数是 p、v、T，用 $p-v$ 图中的点 C 表示，移动过程中工质的状态参数不变。工质作用在面积为 A 的活塞 D 上的力是 pA，当工质流入气缸时推动活塞移动了距离 Δl，所作的功 $= pA\Delta l = pV = mpv$，式中 m 表示进入气缸的工质质量。显然，工质在流入系统的过程中推动活塞对外作功。这种因工质在开口系统中流动而传递的功称为推动功。1 kg 工质的推动功等于 pv，如图 1-6a 中矩形面积所示。

推动功和流动功

图 1-6　推动功

在工质进入气缸的过程中，工质的状态没有改变，它的热力学能也就未变。传递给活塞的能量显然是别处传来的，譬如在后方某处有另外一个活塞 B 在推

动工质使它流动。这样的物质系称为外部功源,它与系统只交换功量。工质在移动位置时总是从后获得推动功,而向前面传输推动功,即使没有活塞存在时也完全一样。工质在传递推动功时没有热力状态的变化,当然也不会有能量形态的变化,此处工质所起的作用只是单纯的运输能量,像传送带一样。例如,对于汽轮机,蒸汽进入汽轮机所传递的推动功来源于锅炉中定压吸热汽化的水在汽化过程中的膨胀功。锅炉中不断汽化的水即是进入汽轮机蒸汽的外部功源。同时,可以认为蒸汽输运过程中热力状态没有变化。

下面进一步考察开口系统和外界之间功的交换。如图 1-6b 所示,取燃气轮机为一开口系统,当一定量的工质从截面 1-1 流入该热力系时,工质带入系统的推动功为 p_1v_1,工质在系统中进行膨胀,由状态 1 膨胀到状态 2,作膨胀功 w,然后从截面 2-2 流出,如同工质进入系统需要推动一样,离开系统的工质也受到后面工质(系统内)的推动,所以开口系统通过排出的工质输出推动功为 p_2v_2。推动功差 $p_2v_2-p_1v_1$ 是系统为维持工质流动所需的功,称为流动功。故而,在不考虑工质的宏观动能及位能变化时,开口系与外界交换的功量是膨胀功与流动功之差 $w-(p_2v_2-p_1v_1)$;若需考虑工质的动能及位能变化,则还应计入动能差及位能差。

需要强调的是,推动功只有在工质移动越过边界时才起作用。

1.3.3 焓

从上面的分析可知,系统与外界交换物质时,储存于越过边界进入系统的工质内部的热力学能带进了系统,同时还把从外部功源获得的推动功 pV 也带进了系统;系统输出工质,则系统不仅输出其热力学能,还要输出推动功。因此系统中因引进(或排除)工质而获得(或输出)的总能量是热力学能与推动功之和 $(U+pV)$,为了简化公式和简化计算,人们把它定义为焓,用符号 H 表示,即

$$H=U+pV \tag{1-11}$$

1 kg 工质的焓称为比焓,用 h 表示,即

$$h=u+pv \tag{1-12}$$

焓的单位是 J,比焓的单位是 J/kg。在任一平衡状态下,u、p 和 v 都有一定的值,焓也有一定的值,而与达到这一状态的路径无关。这符合状态参数的基本性质,满足状态参数的定义,因而焓是一个状态参数,具备状态参数的一切特点。对于简单可压缩系统,焓可以表示成两个独立状态参数的函数。同时,据状态参数的特性,有

$$\Delta h_{1-a-2}=\Delta h_{1-b-2}=\int_1^2 \mathrm{d}h=h_2-h_1 \tag{1-13}$$

$$\oint dh = 0 \qquad\qquad (1-14)$$

在热力设备中,工质总是不断地从一处流到另一处,随着工质的移动而转移的能量不等于热力学能而等于焓,故在热力工程的计算中焓有更广泛的应用。同样在工程计算中,关心的是焓的相对变化量 ΔH,因此可自由选择焓的基准点,但需要注意基准点不能和热力学能基准相矛盾。

矛盾的
参考点

1.4　平衡状态、状态方程式、坐标图

1.4.1　平衡状态

一个热力系统,如果在不受外界影响的条件下系统的状态能够始终保持不变,则系统的这种状态称为平衡状态。

倘若组成热力系统的各部分之间没有热量的传递,系统就处于热的平衡;各部分之间没有相对位移,系统就处于力的平衡。同时具备了热和力的平衡,系统就处于热力平衡状态。如果系统内还存在化学反应,则尚应包括化学平衡。处于热力平衡状态的系统,只要不受外界影响,它的状态就不会随时间改变,平衡也不会自发地破坏;处于不平衡状态的系统,由于各部分之间的传热和位移,其状态将随时间而改变,改变的结果一定是传热和位移逐渐减弱,直至完全停止。因此,不平衡状态的系统,在没有外界条件的影响下总会自发地趋于平衡状态。

相反地,若系统受到外界影响,则就不能保持平衡状态。例如,系统和外界间因温度不平衡而产生的热量交换,因压力不平衡而产生的功的交换,都会破坏系统原来的平衡状态。系统和外界间相互作用的最终结果,必然是系统和外界共同达到一个新的平衡状态。

由上可见,只有在系统内或系统与外界之间一切不平衡的作用都不存在时,系统的一切宏观变化方可停止,此时热力系统所处的状态才是平衡状态。对于处于热力平衡态下的气体(或液体),如果略去重力的影响,那么气体内部各处的性质是均匀一致的,各处的温度、压力、比体积等状态参数都应相同。如果考虑重力的影响,那么气体(尤其是液体)中的压力和密度将沿高度而有所差别,但如果高度不大,则这种差别通常可以略去不计。

对于气液两相并存的热力平衡系统,气相的密度和液相的密度不同,所以整个系统不是均匀的。因此,均匀并非系统处于平衡状态的必要条件。

本书在未加特别注明之处,一律把平衡状态下单相物系当作是均匀的,物系

中各处的状态参数应相同。

　　应强调指出,系统处在稳定状态和系统达到平衡状态的差别:只要系统的参数不随时间而改变,即认为系统处在稳定状态,它无须考虑参数保持不变是如何实现的;但是,平衡状态必须是在没有外界作用下实现参数保持不变。如图1-7所示,经验告诉我们,夹持在温度分别维持 T_1 和 T_2 的两个物体间的均质等截面直杆的任意截面 l 上的温度不随时间而改变。但是,直杆并没有处于平衡状态,因为直杆任意截面上温度不变是在温度为 T_1 和 T_2 的两个物体(外界)的作用下而实现的,撤去该两个物体,直杆各截面的温度就要变化,所以直杆只是处在稳定状态而不是平衡状态。

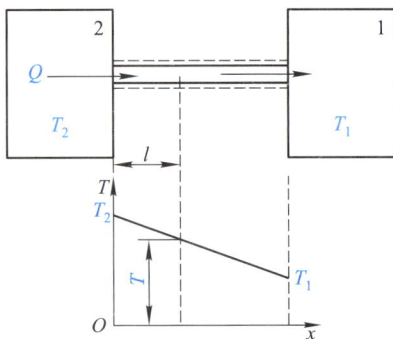

图 1-7　处在稳定状态的直杆

　　一热力系若其两个状态相同,则其所有状态参数均一一对应相等。反之,也只有所有状态参数均对应相等,才可说该热力系的两状态相同。对于简单可压缩系而言,只要两个独立状态参数对应相同,即可判定该两状态相同。这意味着只要有两个独立的状态参数即可确定一个状态,所有其他状态参数均可表示为这两个独立状态参数的函数。

　　平衡状态是经典热力学的抽象概念,平衡状态下热力设备内工质所有参数都处处相等,即系统内外没有可引起变化的任何势差,于是就没有流动以及作功和传热,这与工程实践有很大的差距。对实际现象较为合理的近似是局部平衡状态假设。局部平衡状态假设是把处在不平衡状态的体系,分割成许多小部分(这些宏观上"小"的部分,在微观上仍包含有大量的粒子),假设每小部分各自近似地处于平衡状态。这样,各部分构成的一系列子体系就可用状态参数来描述。例如,汽轮机内各点蒸汽的参数不同,因此并没有处于平衡状态,但可以假想将汽轮机内的蒸汽分割成许多薄层,近似认为每一薄层内各点蒸汽的参数相同,因而认为薄层内工质处于平衡状态,相邻薄层的同名参数相差很小的量。对于像热力学能、熵等这样的广延参数,将各层的数值相加,即可得汽轮机

平衡与
稳定

局部平衡
状态

内的值,而温度和压力这类强度参数,可以看作连续分布,形成所谓的"场"的概念。

工程热力学通常只研究平衡状态,必要时引进局部平衡状态假设。

1.4.2　状态方程式

对于简单可压缩热力系统,当它处于平衡状态时,各部分具有相同的压力、温度和比体积等参数,且这些参数服从一定的关系式,这样的关系式称为状态方程式,即

$$T = T(p,v), p = p(T,v), v = v(p,T)$$

这种关系也可写作隐函数形式,即

$$F = F(p,v,T)$$

理想气体的状态方程是

$$pv = R_g T, pV = mR_g T, pV = nRT \tag{1-15}$$

式中:R_g 为气体常数,$J/(kg \cdot K)$;$R = 8.314\,5\ J/(mol \cdot K)$,为摩尔气体常数,$R = MR_g$,$M$ 为摩尔质量,kg/mol;p 为压力,Pa;T 为温度,K;v 为比体积,m^3/kg;V 为体积,m^3;m 为质量,kg;n 为物质的量,mol(详见第三章)。

1.4.3　状态参数坐标图

由于两个参数可以完全确定简单可压缩系的平衡状态,所以由任意两个独立的状态参数所组成的平面坐标图上的任意一点,都相应于热力系的某一确定的平衡状态。同样,热力系每一平衡状态总可在这样的坐标图上用一点来表示。这种由热力系状态参数所组成的坐标图称为热力状态坐标图。常用的这类坐标图有压容($p\text{-}v$)图和温熵($T\text{-}s$)图等,如图 1-8 所示。例如:具有压力 p_1 和比体积 v_1 的气体,它所处的状态 1 可用 $p\text{-}v$ 图上点 1 来表示;若系统温度为 T_2,

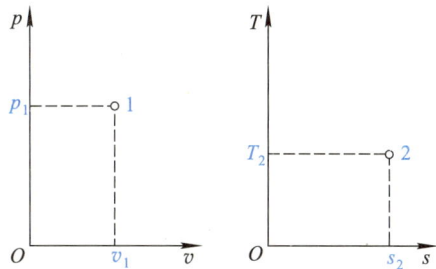

图 1-8　压容图和温熵图

熵是 s_2,则可用 $T\text{-}s$ 图上点 2 表示该状态。显然,只有平衡状态才能用状态参数图上的一点来表示,不平衡状态因系统各部分的物理量一般不相同,在坐标图上无法表示。此外,$p\text{-}v$ 图上任一点都可在 $T\text{-}s$ 图上找到确定的对应点,反之亦然。

1.5　工质的状态变化过程

1.5.1　准平衡过程(准静态过程)

　　热能和机械能的相互转化必须通过工质的状态变化过程才能完成,而在实际设备中进行的这些过程都是很复杂的。首先,一切过程都是平衡被破坏的结果,工质和外界有了热和力的不平衡才促使工质向新的状态变化,故实际过程都是不平衡的。若过程进行得相对缓慢,工质在平衡被破坏后自动恢复平衡所需的时间,即所谓弛豫时间又很短,工质有足够的时间来恢复平衡,随时都不致显著偏离平衡状态,那么这样的过程就称为准平衡过程。相对弛豫时间来说,准平衡过程是进行得无限缓慢的过程,故准平衡过程又称为准静态过程。

　　下面观察由于力的不平衡而进行的气体膨胀过程。如图 1-9 所示,气缸中有 1 kg 气体,其参数为 p_1、v_1、T_1。取气体为热力系,若气体对活塞的作用 p_1A 等于外界作用力 $p_{ext,1}A$ 和活塞与缸壁摩擦力 F 之和,则活塞静止不动,气体的状态如图中点 1 所示。若外界施加的作用力突然减小为 $p_{ext,2}A$,使之与摩擦力之和小于 p_1A 时,活塞两边力不平衡,气体将推动活塞右行。在右行的过程中,接近活塞的一部分气体将首先膨胀,因此这一部分气体具有较小的压力和较大的比体积,温度也会和远离活塞的气体有所不同,这

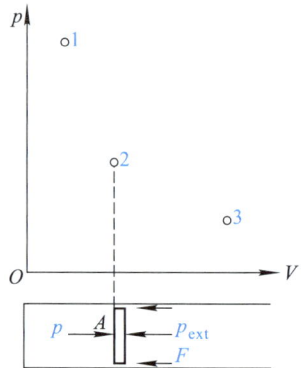

图 1-9　气体膨胀过程

就造成了气体内部的不平衡,在气体内部引起质量和能量的迁移。最终气体的各部分又趋向一致,且在活塞终止于某位置时气体重新与外界建立平衡,其状态如图中点 2。如再减小外界压力为 $p_{ext,3}$,则活塞继续右行,达到新的平衡状态 3。气体在点 1、2、3 是平衡状态,而当气体从状态 1 变化到 2,和从 2 变化到 3 时,中间经历的状态则是不平衡的。这样的过程就是不平衡过程。外界作用力每次改变的量愈大,造成气体内部的不平衡性愈明显。但当外界作用的力每次只改变一个微量,而且在两次改变时有大于弛豫时间的时间间隔,则工质每次偏离平衡态极少,而且很快又重新恢复了平衡,在整个状态变化过程中好像工质始终没有离开平衡状态,此时过程就是准平衡过程。

　　由此可见,气体工质在压力差作用下实现准平衡过程的条件是,气体工质和

外界之间的压力差为无限小,即

$$p - \left(p_{ext} + \frac{F}{A} \right) \to 0 \quad \text{或} \quad p \to p_{ext} + \frac{F}{A}$$

上述例子只说明了力的平衡。当然,在平衡过程中还需要热的平衡,即工质的温度也必须时刻一致。为此,在过程中气体的温度还必须与气缸壁和活塞一致。如气缸壁与温度较高的热源相接触,则接近气缸壁的一部分气体的温度将首先升高,并引起压力和比体积变化,引起气体内部的不平衡。随着分子的热运动和气体的宏观运动,这种影响再逐渐扩大到全部。此时若外界的作用力保持不变,则由于气体压力的增大将推动活塞右行,其现象同上。这一变化将进行到气体各部分都达到热源的温度,压力达到和外界压力相平衡的压力,体积则对应于新的温度和压力下的数值,而后处于新的平衡。显然,中间经过的各状态是不平衡的,这样的过程也是不平衡过程。只有当传热时热源和工质的温度始终保持相差为无限小时,其过程才是准平衡的。由此,气体工质在温差作用下实现准平衡过程的条件是,气体工质和外界的温差为无限小,即

$$\Delta T = T - T_{ext} \to 0 \quad \text{或} \quad T \to T_{ext}$$

热的平衡和力的平衡是相互关联的,只有工质与外界的压差和温差均为无限小的过程才是准平衡过程。如果在过程中还有其他作用存在,实现准平衡过程还必须加上其他相应条件。

只有准平衡过程在坐标图中可用连续曲线表示。准平衡过程是实际过程的理想化。由于实际过程都是在有限的温差和压差作用下进行的,因而都是不平衡过程,但是在适当的条件下可以把实际设备中进行的过程当作准平衡过程处理。例如,活塞式机器中活塞运动的速度通常不足 10 m/s,而气体分子运动的速度,气体内压力波的传播速度都在每秒几百米以上,即使气体内部存在某些不均匀性,也可以迅速得以消除。换句话说,工质和外界一旦出现不平衡,工质有足够时间得以恢复平衡,使气体的变化过程比较接近准平衡过程。

1.5.2 可逆过程

进一步观察准平衡过程,可以看到它有一个重要特性。图 1-10 表示由工质、机器和热源组成的系统。工质沿 1-3-4-5-6-7-2 进行准平衡的膨胀过程,同时自热源 T 吸热。因在准平衡过程中工质随时都

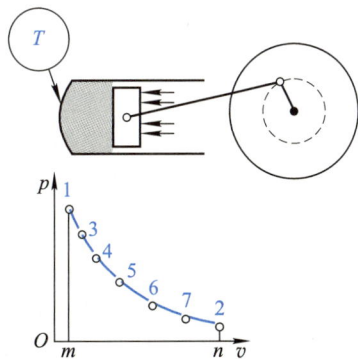

图 1-10 气体准平衡膨胀过程

和外界保持热与力的平衡,热源与工质的温度时时相等或只相差一个无限小量,工质对外界的作用力与外界的反抗力也随时相等或相差无限小,所以若不存在摩擦,则过程就随时可以无条件地逆向进行,使外力压缩工质同时向热源排热。若过程是不平衡的,则当进行膨胀过程时工质的作用力一定大于反抗力,这时若不改变外力的大小就不能用这样较小的反抗力来压缩工质回行;同样,当工质自温度高过自身的热源吸热时,也不再能让温度较低的工质向同一热源放热而使过程逆行。

在上述准平衡的膨胀过程中,工质膨胀作功的一部分克服摩擦而耗散转变成热(这种因摩擦等造成机械功转变成热的现象称为耗散效应,类似的耗散现象还有电热效应等);另一部分通过活塞、连杆系统传递给飞轮,以动能形态储存在飞轮中;余下部分用于因气体膨胀,体积增大,通过活塞移动排斥大气。若工质内部及机械运动部件之间无摩擦等耗散效应,则工质所作的膨胀功除去用于排斥大气外全部储存在飞轮中。此时若利用飞轮的动能来推动活塞逆行,将工质沿 2-7-6-5-4-3-1 压缩,由于活塞逆行时大气通过活塞对工质作功与前述排斥大气耗功相等,故压缩工质所消耗的功恰与膨胀过程气体作出的功相等。此外,在压缩过程中工质向热源所排热量也恰与膨胀时所吸收的热量相等。因此,当工质恢复到原来状态 1 时,机器与热源也都恢复到了原来的状态,亦即工质及过程所牵涉的外界全部都恢复原来状态而不留下任何变化。

当完成了某一过程之后,如果有可能使工质沿相同的路径逆行而恢复到原来状态,并使相互作用中所涉及的外界亦恢复到原来状态,而不留下任何改变,则这一过程就称为可逆过程。不满足上述条件的过程为不可逆过程。

工质进行了一个不平衡过程后必将产生一些不可恢复的后遗效果。例如,热能自高温热源转移到低温热源和机械能转化为热能等,虽然可以使热能自低温热源返回高温热源,也可使热能转化成机械能,但是这些都要付出一定的代价,或者说不可能使过程所牵涉的整个系统全部都恢复到原来状态。所以,这样的不平衡过程必定是不可逆过程。

另外,当存在任何种类的耗散效应,如机械摩擦或工质内摩擦时,所进行的过程也是不可逆的。因为无论在正向和逆向过程中都会因摩擦而消耗机械功,这部分功转变成热量,而这部分热量不可能不花任何代价重新转变为功,这就会留下不可逆复的后遗效果。所以,有摩擦的过程也是不可逆的。

综上所述,一个可逆过程,首先应是准平衡过程,应满足热的和力的平衡条件,同时在过程中不应有任何耗散效应。这也是可逆过程的基本特征。准平衡过程和可逆过程的区别在于,准平衡过程只着眼于工质内部的平衡,有无外部机

械摩擦对工质内部的平衡并无关系,准平衡过程进行时可能发生能量耗散;可逆过程则是分析工质与外界作用所产生的总效果,不仅要求工质内部是平衡的,而且要求工质与外界的作用可以无条件的逆复,过程进行时不存在任何能量的耗散。可见,可逆过程必然是准平衡过程,而准平衡过程只是可逆过程的必要条件。

根据以上对准平衡过程和可逆过程关系的分析,可逆过程必定也可用状态参数图上的连续实线表示。

实际热力设备中所进行的一切热力过程,或多或少地存在着各种不可逆因素,因此实际过程都是不可逆的。可逆过程是不引起任何热力学损失的理想过程。研究热力过程就是要尽量设法减少不可逆因素,使其尽可能地接近可逆过程。可逆过程是一切实际过程的理想极限,是一切热力设备内过程力求接近的目标。研究可逆过程可以使人们把注意力集中到寻求影响系统内热功转换的主要因素上,在理论上有十分重要的意义。

对于单纯的温差传热过程,设想在工质与热源发生传热时有一个假想的物体处于其间,此假想物体与工质的温差无限小,热源通过此物体将热量传递给系统。对系统而言,从热源或从假想的中间物体交换同样数量的热量没有差异,但系统与后者的传热是可逆过程。经这样处理的传热过程称为内部可逆过程。例如,蒸汽动力装置中锅炉烟气的温度高于水蒸气,传热不可逆。假想烟气和水蒸气之间有一个假想的物体,此物体分别与烟气和水蒸气接触面的温差均为无限小,则两传热过程均可逆。对于水蒸气和烟气而言,两者直接换热与烟气通过假想物体将等值热量传递给水蒸气并无二致,这就使水蒸气吸热过程变为可逆过程,在状态参数图上也可用实线表示。

1.6　过程功和热量

1.6.1　功的热力学定义

在力学中把力和沿力方向位移的乘积定义为力所作的功。若在力 F 作用下物体发生微小位移 $\mathrm{d}x$,则力 F 所作的微元功为

$$\delta W = F\mathrm{d}x$$

式中,δW 表示微小功量,并不表示全微分。现设物体在力 F 作用下由空间某点 1 移动到点 2,则力 F 所作的总功为

$$W_{1\text{-}2} = \int_1^2 F\mathrm{d}x$$

内部可逆过程

不可逆过程线与相应坐标包围面积

在热力学里,研究范围较广,除简单可压缩系外,也要研究一些特殊系统。系统同外界交换的功,除容积变化功及推动功外,还有其他的形式。为了使功的定义具有更普遍的意义,热力学中功的定义是:功是热力系统通过边界而传递的能量,且其全部效果可表现为举起重物。这里"举起重物"是指过程产生的效果相当于举起重物,并不要求真的举起重物。显然,由于功是热力系通过边界与外界交换的能量,所以与系统本身具有的宏观运动动能和宏观位能不同。

热力学中约定:系统对外界作功取为正,而外界对系统作功取为负。我国法定计量单位中,功的单位为焦耳,用符号 J 表示。1 J 的功相当于物体在 1 N 力的作用下产生 1 m 位移时完成的功量,即

$$1 \text{ J} = 1 \text{ N} \cdot \text{m}$$

单位质量的物质所作的功称为比功,单位为 J/kg。

单位时间内完成的功称为功率,其单位为 W(瓦),即 1 W = 1 J/s。工程上还常用 kW(千瓦)作为功率的单位,1 kW = 1 kJ/s。

需要强调的是,在工质移动越过开口系统边界时还需考虑推动功的作用,因此不考虑工质的宏观动能及位能变化时,开口系与外界交换的功量是膨胀功与流动功之差 $w - (p_2 v_2 - p_1 v_1)$;若需考虑工质的动能及位能变化,则还应计入动能差及位能差。

1.6.2　可逆过程的功

功是与系统的状态变化过程相联系的,下面讨论工质在可逆过程中所作的功。设有质量为 m 的气体工质在气缸中进行可逆膨胀,其变化过程由图 1-11 中连续曲线 1-2 表示。由于过程是可逆的,所以工质施加在活塞上的力 F 与外界作用在活塞上的各种反力之总和随时只相差一无穷小量。按照功的力学定义,工质推动活塞移动距离 $\mathrm{d}x$ 时,反抗斥力所作的膨胀功为

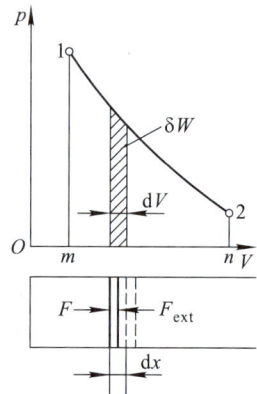

图 1-11　可逆过程的功

$$\delta W = F \mathrm{d}x = pA \mathrm{d}x = p \mathrm{d}V \qquad (1-16)$$

式中,A 为活塞面积,$\mathrm{d}V$ 是工质体积微元变化量。在工质从状态 1 到状态 2 的膨胀过程中,所作的膨胀功为

$$W_{1-2} = \int_1^2 p \mathrm{d}V \qquad (1-17)$$

如已知可逆的膨胀过程 1-2 的方程式 $p=f(V)$，即可由积分求得膨胀功的数值。据定积分性质，膨胀功 W_{1-2} 在 p-V 图上可用过程线下方的面积 1-2-n-m-1 来表示，因此 p-V 图也叫示功图。

如果工质是 1 kg，则所作的功为

$$\delta w = \frac{1}{m}pdV = pdv \tag{1-18}$$

$$w_{1-2} = \int_1^2 pdv \tag{1-19}$$

过程依反向 2-1 进行时，同样可得

$$w_{2-1} = \int_2^1 pdv$$

此时 dv 为负值，故所得的功也是负值，与工程热力学约定一致。

从上可见，功的数值不仅取决于工质的初态和终态，而且还和过程的中间途径有关。从状态 1 膨胀到状态 2，可以经过不同的途径，所作的功也是不同的。因此，功不是状态参数，是过程量，它不能表示为状态参数的函数 [即 $w \neq f(p,v)$]，δw 也仅是微小量，不是全微分，故用 δ 表示。

膨胀功或压缩功都是通过工质体积的变化而与外界交换的功，因此统称为体积变化功。显然，体积变化功只与气体的压力和体积的变化量有关，而同形状无关，无论气体是由气缸和活塞包围还是由任一假想的界面所包围，只要被界面包围的气体体积发生了变化，同时过程是可逆的，则在边界上克服外力所作的功都可用式（1-16）及式（1-17）来计算。

闭口系工质在膨胀过程中作的功并不能全部用来输出作有用功，例如垂直气缸中气体膨胀举起重物时，作出的功的一部分因摩擦而耗散，一部分用以排斥大气，余下的才是可被利用的功，称为有用功。若用 W_u、W_1 和 W_r 分别表示有用功、摩擦耗功及排斥大气功，则有

$$W_u = W - W_r - W_1 \tag{1-20}$$

由于大气压力可作定值，故

$$W_r = p_0(V_2 - V_1) = p_0 \Delta V \tag{1-21}$$

而可逆过程不包含任何耗散效应，因而 $W_1 = 0$，可用功可简化为

$$W_{u,re} = \int_1^2 pdV - p_0(V_2 - V_1) \tag{1-22}$$

最后值得提出：在无摩擦损失的理想情况下，功可以全部转为机械能，从这个意义上说功和机械能是等价的。

例 1-2 如图 1-12 所示，某种气体工质从状态 $1(p_1, V_1)$ 可逆膨胀到状态 2。若膨胀过程中：(1) 工质的压力服从 $p = a - bV$，其中 a、b 为常数；(2) 工质的

pV 保持恒定为 p_1V_1。试分别求两过程中气体的膨胀功。

解 过程为可逆过程：

(1) $W_{1-2} = \int_1^2 p\,dV = \int_1^2 (a-bV)\,dV$

$= a(V_2-V_1) - \dfrac{b}{2}(V_2^2-V_1^2)$

(2) $W_{1-2} = \int_1^2 p\,dV = \int_1^2 pV\dfrac{dV}{V} = p_1V_1\ln\dfrac{V_2}{V_1}$

图 1-12 例 1-2 附图

讨论：虽上述两过程中系统初、终态相同，但中间途径不同，因而气体的膨胀功也不同。

例 1-3 利用容积为 2 m³ 的储气罐中的压缩空气给气球充气。开始时气球内完全没有气体，呈扁平状态，可忽略其内部容积。设气球弹力可忽略不计，充气过程中气体温度维持不变，大气压力为 0.9×10^5 Pa。若本例中空气满足理想气体状态方程式，试求使气球充到 $V_B = 2$ m³，罐内气体最低初压力 $p_{1,\min}$ 及气体所作的功。

解 因忽略气球弹力，故充气后气球内的压力维持在与大气压力相同的 0.9×10^5 Pa，而充气结束时储气罐内压力也应恰好降到 0.9×10^5 Pa。又据题意，留在罐内与充入球内的气体温度相同。由于压力相同，温度相同，故这两部分气体状态相同。若取全部气体为热力系，则气体的最小初压 $p_{1,\min}$ 应满足

$$m = \frac{p_{1,\min}V_1}{R_gT_1} = \frac{p_2(V_1+V_B)}{R_gT_2}$$

$$p_{1,\min} = \frac{p_2(V_1+V_B)}{V_1} = \frac{0.9\times10^5\ \text{Pa}\times(2\ \text{m}^3+2\ \text{m}^3)}{2\ \text{m}^3} = 1.8\times10^5\ \text{Pa}$$

考察该过程，储气罐的容积不变，充气时气球中气体压力等于大气压力，气球膨胀排斥了大气，所以气球对大气所作功为

$$W = p_0(V_2-V_1) = 0.9\times10^5\ \text{Pa}\times(4\ \text{m}^3-2\ \text{m}^3) = 1.8\times10^5\ \text{J}$$

讨论：本例储气罐内气体向气球充气过程是不可逆的，因此不能用式(1-17)计算过程功。但是在一些场合下，如界面上反力为恒值，则可用外部参数计算过程体积变化功。

*1.6.3 广义功简介

系统同外界交换的功除体积变化功外，还可有电功、磁功以及表面张力功等。下面分别介绍四种不同形式的功。

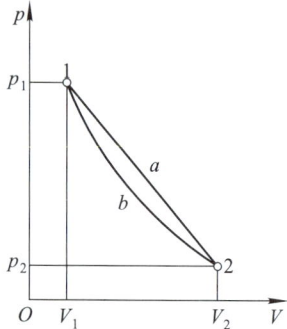

（1）固体中弹性力所作的功

设有长度 L 的弹性杆,在外力 F 作用下被拉长 dL（图 1-13）,此时外界将消耗拉伸功。若弹性杆的拉伸足够缓慢,则杆的反抗力与外界拉力相等。这样,弹性杆对外界所作的拉伸功为

$$\delta W = -FdL \qquad (1-23)$$

式中,负号表示 dL 为正时消耗拉伸功,δW 为负值。

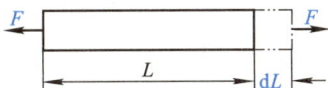

图 1-13 弹性力的拉伸功

（2）液体表面张力所作的功

图 1-14 表示一具有滑动臂的金属框架,上面有液体薄膜,由于液体表面张力的作用,表面积有缩小的趋势,在金属框架的滑动臂上作用着向内的拉力。设滑动臂长为 L,移动距离为 dx,考虑到框架上有两个液体表面,故表面张力 σ 所作的功为

$$\delta W = -2\sigma L dx = -\sigma dA \qquad (1-24)$$

式中,$2Ldx = dA$ 为两个薄膜表面积的变化量,负号表示 dA 为正时消耗拉伸功,δW 为负值。

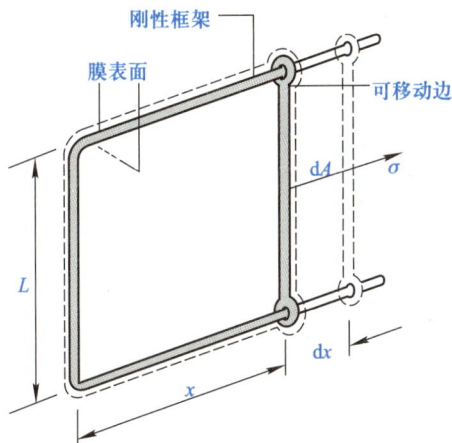

图 1-14 表面张力功

（3）电极化功

当电介质处于外电场中时,电介质中的电偶极子在外电场的作用下,开始转动而沿一定方向排列。这时外电场要消耗电极化功。若电场强度为 E,电介质的电极化强度为 P（单位容积内电偶极矩的矢量和）,系统容积为 V,则电介质对外完成的功为

$$\delta W = -\boldsymbol{E}\mathrm{d}(V\boldsymbol{P}) \tag{1-25}$$

（4）磁化功

当磁性物质处于外磁场中时,磁性物质中的磁偶极子在外磁场的作用下也要重新排列,外磁场作出磁化功。若 $\boldsymbol{H}$ 是外磁场的磁场强度,$\boldsymbol{M}$ 是磁化强度(单位容积内磁偶极矩的矢量和),μ_0 是真空磁导率,则磁性物质对外所作的功为

$$\delta W = -\mu_0 \boldsymbol{H}\mathrm{d}(V\boldsymbol{M}) \tag{1-26}$$

还可以有其他的形式的功,这里不再一一列举。总之,如果一个闭口系统,与外界的作用除了力的作用外还有电、磁等多种形式的作用,则系统在可逆变化过程中对外所作的总功应是各种形式功的和,即

$$\delta W = p\mathrm{d}V - F\mathrm{d}L - \sigma\mathrm{d}A - \boldsymbol{E}\mathrm{d}(V\boldsymbol{P}) - \mu_0\boldsymbol{H}\mathrm{d}(V\boldsymbol{M}) + \cdots$$

或将上式一般地表示为

$$\delta W = \sum F\mathrm{d}x \tag{1-27}$$

其中 F 称为广义力,x 称为广义坐标,而 $F\mathrm{d}x$ 称为广义功。

最后,简单介绍一下状态法则:系统的独立状态参数数目 N,等于系统对外所作的广义功数目 n 加 1,即 $N = n+1$。状态法则也称状态公理,它是逻辑判断的结果。对简单可压缩系统,同外界只交换一种形式功,故独立的状态参数数目为 2。

1.6.4　过程热量

热力学中把热量定义为热力系和外界之间仅仅由于温度不同而通过边界传递的能量。

热量的单位是 J(焦耳),工程上常用 kJ(千焦)。工程热力学中约定:体系吸热,热量为正;反之,则为负。用大写字母 Q 和小写字母 q 分别表示质量为 m 的工质及 1 kg 工质在过程中与外界交换的热量。

系统在可逆过程中与外界交换的热量可由下列公式计算:

$$\delta q = T\mathrm{d}s \tag{1-28}$$

$$q_{1\text{-}2} = \int_1^2 T\mathrm{d}s \tag{1-29}$$

对照式(1-18)和式(1-19)可知,可逆过程的热量 $q_{1\text{-}2}$ 在 $T\text{-}s$ 图上可用过程线下方的面积来表示,如图 1-15 所示。

1.6.5　状态参数熵

状态参数熵是从研究热力学第二定律而得出的,它在热力学理论及热工计算中都有着重要作用。像状态参数焓一样,熵也是以数学式给以定义的,即

$$\mathrm{d}s = \frac{\delta q_{rev}}{T} \qquad (1-30)$$

式中：δq_{rev} 为 1 kg 工质在微元可逆过程中与热源交换的热量；T 是传热时工质的热力学温度；$\mathrm{d}s$ 是此微元过程中工质的比熵变。

必须强调指出：系统的熵是一个状态参数（证明见第六章），其值只与系统所处的状态有关，与状态是如何达到的过程无关。如果系统从状态 1 变化到状态 2，则系统的比熵由 s_1 变化到 s_2。但只有当系统沿着两个状态之间的可逆路径进行

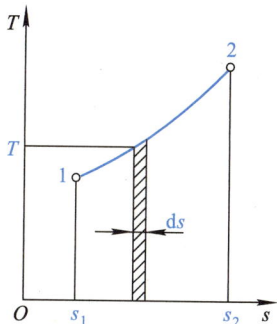

图 1-15　过程的热量

时，熵的变化 $s_2 - s_1$ 才等于 $\int_1^2 \frac{\delta q_{rev}}{T}$，如沿不可逆路径变化，$\int_1^2 \frac{\delta q_{irrev}}{T}$ 的积分值不是

熵的变化，$\frac{\delta q_{irrev}}{T}$ 也不是熵的定义式。

和热力学能及焓一样，熵是广延性参数，因此系统各部分的熵可以累加，开口系统的熵的变化量的计算必须计及流进和流出的工质带入和带出的熵。

热工计算中一般只关心熵的变化量，故可人为地选择一个状态，规定此时熵值为零，如规定气体在标准状态下熵值为零。

微观意义上熵可以看成是系统微观粒子无序度大小的度量。所谓无序是相对于有序来讲的，空间中粒子分布越是不均匀、越是集中在某局部区域，即认为越有序，而粒子分布越均匀，则系统越无序。有序无序不仅表现在粒子的空间分布上，也体现在分子热运动的剧烈程度（也可说成是时间尺度）上，分子热运动愈剧烈（系统温度愈高），系统内粒子分布的均匀性愈好，其无序度就愈大。若用微观状态数 W 来表示宏观系统的无序度，则系统的熵 S 与 W 之间的关系可表示为

$$S = k \ln W \qquad (1-31)$$

式中，k 是玻尔兹曼常数。上式称为玻尔兹曼关系（Boltzmann relation）。

1.6.6　作功和传热

一般说来，能量从一个物体传递到另一个物体可有两种方式：一种是作功，另一种是传热。借作功来传递能量总是和物体的宏观位移有关。如图 1-11 所示，气缸中的工质膨胀对活塞作功，只有通过工质和活塞的分界面的宏观位移才有可能。这种位移停止了，作功也就停止了。作功的结果是工质把一部分能量传递给了活塞和飞轮，成为它们的动能。同时，工质的能量就减少了与此完全相

应的一个数量。反之,当活塞压缩工质作功时,飞轮和活塞把它们的动能传递给工质,使工质的能量增加。又如,搬动家具上楼,家具有宏观位移,人对家具作功,转换成家具的重力位能。家具停止移动,人的作功也就停止。借传热来传递能量就不需要有物体的宏观移动。当热源和工质接触时,接触处两个物体中杂乱运动的质点进行能量交换,结果是高温物体把能量传递给了低温物体,传递能量的多少用热量来度量。

　　由上面分析可知,在作功过程中往往伴随着能量形态的转化。在工质膨胀推动活塞作功的过程中,工质把热力学能传递给活塞和飞轮,成为动能,此时热力学能转变成了机械能。当过程反过来进行时,活塞和飞轮的动能(机械能)又转变成了工质的热力学能。还可进一步看出,热能变机械能的过程往往包含两类过程:一是能量转换的热力学过程,在此过程中,首先由热能传递转变为工质的热力学能,然后由工质膨胀把热力学能变为机械能,转换过程中工质的热力状态发生变化,能量的形式也发生变化。二是单纯的机械过程,在此过程中由热能转换而得的机械能再变成活塞和飞轮的动能,若考虑工质本身的速度和离地面高度的变化,则还变成工质的动能和位能,其余部分则通过机器轴对外输出。在各种方式的能量传递过程中,往往是在工质膨胀作功时实现热能向机械能的转化。机械能转化为热能的过程虽然还可以由摩擦、碰撞等来完成,但只有通过对工质压缩作功的转化过程才有可能是可逆的。所以,热能和机械能的可逆转换总是和工质的膨胀和压缩联系在一起的。

　　总之,功、热量和热力学能虽然都具有能量的量纲,但它们本质上有所不同。热力学能是状态的函数,仅取决于状态,所以系统在两个平衡状态之间热力学能的变化量仅由初、终两个状态的热力学能的差值确定,与中间过程无关。热量和功都是能量传递的度量,它们是过程量,不仅与系统初、终态有关,而且和状态变化的过程有关。只有在能量传递过程中才有所谓的功和热量,没有能量的传递过程也就没有功和热量。因此说"一大桶水有多少热量"或"水库水位愈高,库内所蓄水的功就愈大"是没有意义的。功和热量都不是状态参数,说物系在某一状态下有多少功或多少热量,这显然是错误的,只能说在某一过程中工质(如水)作出多少功或放出多少热量。

　　但功和热量又有不同之处:功是有规则的宏观运动能量的传递,作功过程中往往伴随着能量形态的转化;热量则是大量微观粒子杂乱热运动的能量的传递,传热过程中不出现能量形态的转化。功转变成热量是无条件的,而热转变成功是有条件的。

功和热量

1.7 热力循环

1.7.1 可逆循环和内可逆循环

实用的热力发动机必须能连续不断地作功。为此,工质在经历了一系列状态变化过程后,必须能回到原来状态。如图 0-3 所示的蒸汽动力装置,水在锅炉中吸热变成高温高压蒸汽后,通入汽轮机膨胀作功,作功后的乏汽又在冷凝器中凝结成水,最后被水泵压缩升压,重新进入锅炉。作为工质的水和它的蒸汽在经过若干过程之后,重又回到了原来的状态。这样一系列过程的综合,称为热力循环,简称循环。工质完成了循环后恢复其原来的状态,就有可能按相同的过程不断重复运行,而连续不断地作功。当然,蒸汽动力装置也可以不用冷凝器,把乏汽直接排入大气,而另外从自然界取水供入锅炉。这种情况下,工质在装置内部虽未完成循环,但乏汽排入大气后,当然要被冷凝环境温度和环境压力的水,其状态和补充给锅炉的水相同。从热力学的观点看来,工质仍完成了循环,只是有一部分过程在大气环境中进行。图 0-2 所示的内燃动力装置也是如此,工质在装置内部虽未完成循环,但排出的废气在大气中也一定会改变其状态,最后回到与吸入气缸的新气相同的状态。

全部由可逆过程组成的循环称为可逆循环,若循环中有部分过程或全部过程是不可逆的,则该循环为不可逆循环。在状态参数的平面坐标图上,可逆循环的全部过程构成一条闭合曲线。

如果循环中系统内部的耗散效应可以忽略不计,但工质与热源的传热过程存在很大的不可逆性,不能忽略。此时,可以设想在工质与热源发生传热时有一个假想的物体处于其间,此假想物体与工质的温差无限小,即该传热过程是可逆的。这样,工质的循环就可看成是可逆循环,便于进行分析、讨论,这样的循环称为内可逆循环。

据循环效果及进行方向的不同,可以把循环分为正向循环和逆向循环。将热能转化为机械能的循环称为正向循环,它使外界得到功;将热量从低温热源传给高温热源的循环称为逆向循环,一般来讲逆向循环必然消耗外功。

普遍接受的循环经济性指标的原则性定义是:

$$经济性指标 = \frac{得到的收获}{花费的代价}$$

可逆循环
和内部可
逆循环

1.7.2 正向循环

正向循环也称为热动力循环。下面以 1 kg 工质在封闭气缸内进行一个任意的可逆正向循环为例,概括说明正向循环的性质。图 1-18a、b 分别为该循环 p-v 图及相应 T-s 图。

图 1-16a 中,1-2-3 为膨胀过程,过程功以面积 1-2-3-n-m-1 表示;3-4-1 为压缩过程,该过程消耗功以面积 3-4-1-m-n-3 表示。工质完成一个循环后对外作出的净功称为循环(净)功,以 w_{net} 表示。显然,循环功等于膨胀作出的功减去压缩消耗的功。在 p-v 图上它等于循环曲线包围的面积,即面积 1-2-3-4-1。根据前面已作出的约定——工质膨胀作功为正,压缩耗功为负,因此循环净功 w_{net} 就是工质沿一个循环过程所作功的代数和,写成数学式即

$$w_{net} = \oint \delta w$$

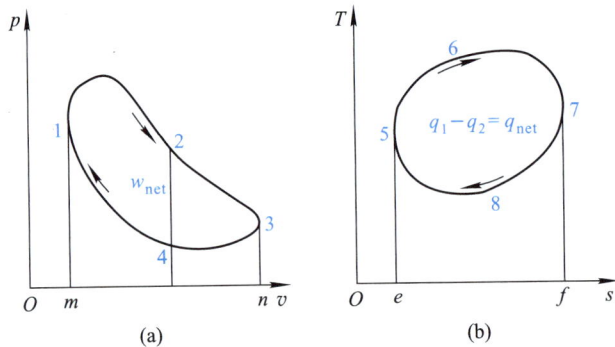

图 1-16 正向循环

工质完成一个循环之后,对外作出正的净功,所以膨胀过程线的位置高于压缩过程线,膨胀功数值上大于压缩功。为此,可使工质在膨胀过程开始前或在膨胀过程中与高温热源接触,从中吸入热量;而在压缩过程开始前或在压缩过程中与低温热源接触,放出热量。这样,就保证了在相同体积时膨胀过程的温度较压缩过程高,使得膨胀过程压力比压缩过程高,做到膨胀过程线位于压缩过程线之上。例如,图 1-16a 中的状态 2 和 4,$v_2 = v_4$,$p_2 > p_4$。现今使用的热动力设备,工质往往在膨胀前加热,压缩前放热,正是这个道理。

同一循环的 T-s 图(图 1-16b),图中 5-6-7 是工质从热源吸热的过程,吸收热量为面积 5-6-7-f-e-5,以 q_1 表示;7-8-5 是放热过程,放出热量为面积 7-8-5-e-f-7,以 q_2 表示。若以 q_{net} 表示该循环的净热量,则在 T-s 图上 q_{net} 可用

循环过程线包围的面积 5-6-7-8-5 表示。显然,它等于循环过程中工质与热源及冷源换热量的代数和,即

$$q_{net}=q_1-q_2=\oint \delta q$$

由图 1-16 可见,正向循环在 $p\text{-}v$ 图和 $T\text{-}s$ 图上都是按顺时针方向进行的。

正向循环的经济性用热效率 η_t 来衡量。据前述,正向循环的收益是循环净功 w_{net},花费的代价是工质吸热量 q_1,故

$$\eta_t=\frac{w_{net}}{q_1} \qquad (1-32)$$

η_t 愈大,即吸入同样的热量 q_1 时得到的循环净功 w_{net} 愈多,它表明循环的经济性愈好。式(1-32)是分析、计算循环热效率的最基本公式,它普遍适用于各种类型的热动力循环,包括可逆的或不可逆的循环。

1.7.3　逆向循环

逆向循环主要应用于制冷装置和热泵。制冷装置中,功源(如电动机)供给一定的机械能使低温冷藏库或冰箱中的热量排向温度较高的环境大气。热泵则消耗机械能把低温热源,如室外大气中的热量输向温度较高的室内,室内空气获得热量维持较高的温度。两种装置用途不同,但热力学原理相同,均是在循环中消耗机械能(或其他能量),把热量从低温热源传向高温热源。

如图 1-17a 所示,工质沿 1-2-3 膨胀到状态 3,然后沿较高的压缩线 3-4-1 压缩回状态 1,这时压缩过程消耗的功大于膨胀过程作出的功,故需由外界向工质输入功,其数值为循环净功 w_{net},即 $p\text{-}v$ 图上封闭曲线包围的面积1-2-3-4-1。在 $T\text{-}s$ 图(图 1-17b)中,同一循环的吸热过程为 5-6-7,放热过程为 7-8-5。工质从低温热源吸热 q_2 向高温热源放热 q_1,其差值为循环净热量 q_{net},即 $T\text{-}s$ 图上封闭曲线包围的面积 5-6-7-8-5。

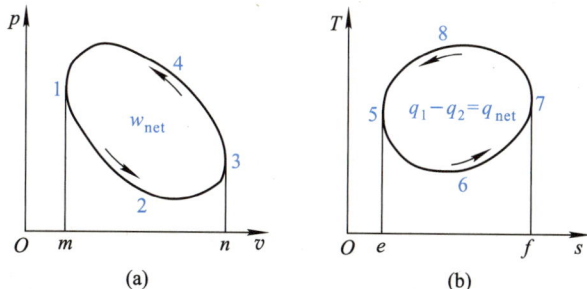

图 1-17　逆向循环

逆向循环时,工质在吸热前可先进行膨胀降温过程(如绝热膨胀),使工质的温度降低到能自低温热源吸取热量;而在放热过程前进行压缩升温过程(如绝热压缩),使其温度升高到能向高温热源放热。

由上可见,逆向循环在 p-v 图和 T-s 图上都按逆时针方向进行。

制冷循环和热泵循环的用途不同,即收益不同,故其经济性指标也不同,分别用制冷系数 ε 和热泵系数(也称供热系数)ε' 表示:

$$\varepsilon = \frac{q_2}{w_{\text{net}}} \tag{1-33}$$

$$\varepsilon' = \frac{q_1}{w_{\text{net}}} \tag{1-34}$$

与热效率 η_t 一样,制冷系数 ε 和热泵系数 ε' 愈大,表明循环经济性愈好。

热效率、制冷系数和供暖系数从能量数量的利用程度考虑循环的完善程度。近年来,一种同时从能量数量及质量的利用程度来考虑循环完善程度的指标——烟效率正在逐渐被接受(详见以后章节)。

（循环热效率）

（循环热效率与设备机械效率）

本章归纳

本章主要构筑工程热力学基本概念,对概念的理解将在很大程度上影响学习本门课程。

工程热力学是主要研究能量,特别是热能与机械能相互转换的规律及其在工程中的应用的学科。热能与机械能的相互转换需借助一定的设备和媒介物质,所以本章在绪论引入热能动力装置的基础上提炼出热力系统的概念;为描写系统,引入了平衡态、状态参数(温度、压力、比体积、热力学能、焓和熵)以及状态参数坐标图。需要特别注意的是,气体的真实压力与计量仪表显示的压力的关系、焓定义中推动功物理含义和熵定义中热量必须是可逆过程中系统与外界交换的热量。能量转换是通过过程来实现的,所以又有准静态过程、可逆过程、循环以及过程的功和热量等;另外,围绕工程应用还引进表征能量利用经济性的概念,如热效率等。

对概念的理解并不意味着死记硬背,而是正确的把握和应用。例如,状态参数只是状态的函数,与如何达到指定状态的中间过程无关,因而可以建立起不论过程是否可逆,只要初、终态相同,其变化量就相同,进行循环后状态参数必定恢复到原值等。又如,功和热量都是过程量,系统作功(或换热)必须是推动功(或热)传递的作用势——力(或温度)差与标志量的乘积,因

（名词和术语）

而工质在某一状态下具有多少功(或热)是没有意义的、功和热也必然与过程相关。

应抓住概念的本质,如区分开口系和闭口系的关键在于是否有质量越过边界而不在于系统内质量是否改变;绝热系的关键在于与外界没有热量交换,所以会有绝热的开口系;孤立系则与外界没有任何质、能的交换,因此系统及外界组成的复合系统就构成孤立系;系统平衡和稳定的差别是前者在没有外界作用的条件下仍能保持系统参数不随时间而改变,非平衡的稳定态则是依赖外界的作用才维持系统参数不变,所以,平衡必稳定,稳定未必平衡;进行可逆过程与不可逆过程后系统都可以再恢复原来状态,但进行可逆过程后恢复原来状态可以不在外界留下任何影响,而不可逆过程后恢复原态必定在外界留下不可逆转的影响;可逆过程可在状态参数图上用实线表示其经历的无数个平衡状态,不可逆过程在状态参数图上只能标示过程中可能存在的若干平衡状态,故而只能用虚线示意。有限作用势差(如压力差、温度差等)和耗散是过程不可逆的原因,所以,不平衡过程必定是不可逆过程,而准平衡过程只是可逆过程的必要条件。无论过程是否可逆,过程的热量和体积功都是过程量,除与系统初、终状态有关,还与经历的过程有关。正是这种特性使熵的定义中热量的下标(可逆)特别有意义。可逆过程的功和热量可分别用压容(p-v)图和温熵(T-s)图上过程线与横轴包围的面积表示,而不可逆过程的示意虚线下的面积没有实质意义。

● **思考题**

1-1 闭口系与外界无物质交换,系统内质量保持恒定,那么系统内质量保持恒定的热力系一定是闭口系统吗?

1-2 有人认为开口系统中系统与外界有物质交换,而物质又与能量不可分割,所以开口系不可能是绝热系。对不对,为什么?

1-3 举例说明平衡状态与稳定状态有何区别和联系?

1-4 倘使容器中气体的压力没有改变,试问安装在该容器上的压力表的读数会改变吗?绝对压力计算公式

$$p = p_b + p_e \quad (p > p_b), \quad p = p_b - p_v \quad (p < p_b)$$

中,当地大气压是否必定是环境大气压?

1-5 温度计测温的基本原理是什么?

1-6 热力学能是否就是热量?

1-7　若在研究飞机发动机中工质的能量转换规律时把参考坐标建在飞机上,工质的总能中是否包括外部储能? 以氢、氧为燃料的电池系统中系统热力学能是否应包括氢和氧的化学能?

1-8　促使系统状态变化的原因是什么? 举例说明。

1-9　分别以图 1-18 所示的参加公路自行车赛的运动员、运动手枪中的压缩空气、杯子内的热水和正在运行的电视机为研究对象,说明这些是什么系统。

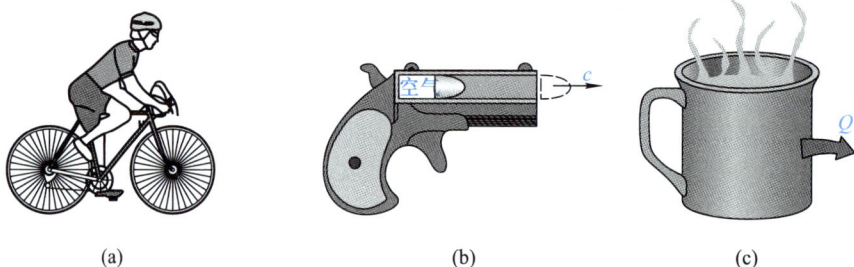

(a)　　　　　　　　　(b)　　　　　　　　　(c)

图 1-18　思考题 1-9 附图

1-10　家用电热水器是利用电加热水的家用设备,通常其表面散热可忽略。取正在使用的家用电热水器为控制体(但不包括电加热器),这是什么系统? 把电加热器包括在研究对象内,这是什么系统? 什么情况下能构成孤立系统?

1-11　分析汽车动力系统(图 1-19)与外界的质能交换情况。

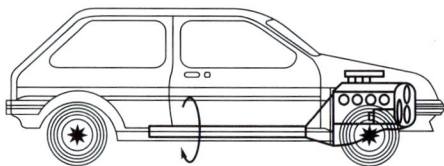

图 1-19　汽车动力系统示意图

1-12　经历一个不可逆过程后,系统能否恢复原来状态? 包括系统和外界的整个系统能否恢复原来状态?

1-13　图 1-20 中容器为刚性容器:

(1)将容器分成两部分,一部分装气体,一部分抽成真空,中间是隔板(图 1-20a),若突然抽去隔板,气体(系统)是否作功?

(2)设真空部分装有许多隔板(图 1-20b),每抽去一块隔板让气体先恢复平衡再抽去下一块,问气体(系统)是否作功?

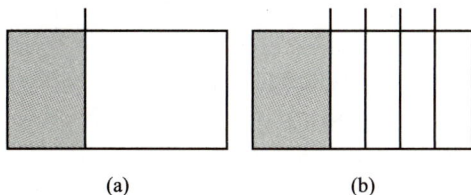

图 1-20　思考题 1-13 附图

（3）上述两种情况从初态变化到终态，其过程是否都可在 $p\text{-}v$ 图上表示？

1-14　图 1-21 中过程 1-a-2 是可逆过程，过程 1-b-2 是不可逆过程。有人说过程 1-a-2 对外作功小于过程 1-b-2，你是否同意他的说法？为什么？

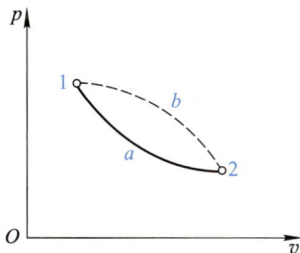

图 1-21　思考题 1-14 附图

1-15　系统经历一可逆正向循环和其逆向可逆循环后，系统和外界有什么变化？若上述正向及逆向循环中有不可逆因素，则系统及外界有什么变化？

1-16　工质及气缸、活塞组成的系统经循环后，系统输出净功中是否要考虑活塞排斥大气功？输出净功与工质因体积变化的功、摩擦损耗等的关系如何？

习题

1-1　华氏温标规定，在标准大气压力（101 325 Pa）下纯水的冰点是32 ℉，汽点是212 ℉（℉是华氏温标温度单位的符号）。试推导华氏温度与摄氏温度的换算关系。

1-2　英制系统中的兰氏温标（兰氏温标与华氏温标的关系相当于热力学

温标与摄氏温标),其温度以符号°R 表示。兰氏温度与华氏温度的关系为 $\{T\}_{°R}=\{t\}_F+459.67$。已知开尔文温标及兰氏温标在纯水冰点的读数分别是 273.15 K 和 491.67 °R,汽点的读数分别是 373.15 K 和 671.67 °R。试:

　　(1)导出兰氏温度和开尔文温度的关系式;

　　(2)开尔文温标上绝对零度在兰氏温标上是多少?

　　(3)画出摄氏温标、开尔文温标、华氏温标和兰氏温标之间的对应关系。

　　1-3　设一新的温标,用符号°N 表示温度单位,它的绝对温标用°Q 表示温度单位。规定纯水的冰点和汽点分别是 100 °N 和 1 000 °N,试求:

　　(1)该新温标和摄氏温标的关系;

　　(2)若该温标的绝对温度零度与热力学温标零度相同,则该温标读数为 0 °N时,其绝对温标读数是多少°Q?

　　1-4　直径为 1 m 的球形刚性容器,抽气后真空度为 752.5 mmHg。

　　(1)求容器内绝对压力为多少 Pa;

　　(2)若当地大气压力为 0.101 MPa,求容器表面受力为多少 N?

　　1-5　用 U 形压力计测量容器中气体的压力,在水银柱上加一段水,测得水柱高 1 020 mm,水银柱高 900 mm,如图 1 - 22 所示。若当地大气压力为 755 mmHg,求容器中的气体压力(MPa)。

　　1-6　容器中的真空度 p_v = 600 mmHg,气压计上水银柱高度为755 mm,求容器中的绝对压力(以 MPa 表示)。如果容器中的绝对压力不变,而气压计上水银柱高度为 770 mm,此时真空表上的读数(以 mmHg 表示)是多少?

　　1-7　用斜管压力计测量锅炉烟道烟气的真空度(图 1-23),管子的倾斜角 α = 30°,压力计中使用密度 ρ = 0.8×10^3 kg/m³ 的煤油,斜管中液柱长度 l = 200 mm。当地大气压力p_b = 745 mmHg。求烟气的真空度(以 mmH₂O 表示)及绝对压力(以 Pa 表示)。

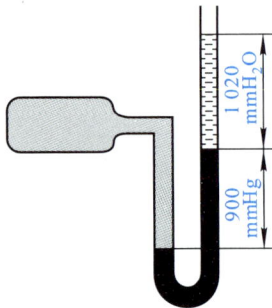

图 1-22　习题 1-5 附图　　　　　　图 1-23　斜管压力计

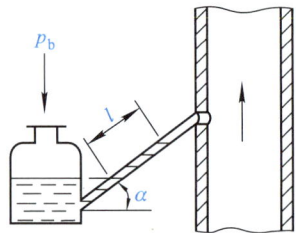

1-8 压力锅因其内部压力和温度比普通锅高而缩短了蒸煮食物的时间。压力锅的盖子密封良好,蒸汽只能从盖子中间的缝隙逸出,在缝隙的上方有一个可移动的小柱塞,所以只有锅内蒸汽的压力超过了柱塞的压力后蒸汽才能逸出,如图 1-24 所示。蒸汽周期性逸出使锅内压力近似可认为恒定,也防止了锅内压力过高产生的危险。若蒸汽逸出时压力锅内压力应达到201 kPa,压力锅盖缝隙的横截面积为 4 mm²,当地大气压力平均为 101 kPa,试求小柱塞的质量。

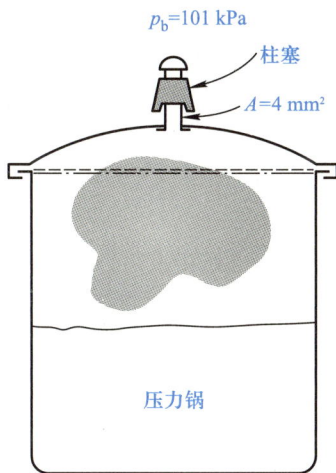

$p_b = 101$ kPa

柱塞

$A = 4$ mm²

压力锅

图 1-24 压力锅

1-9 容器被分隔成 A、B 两室,如图 1-25 所示,已知当场大气压 $p_b = 0.101\ 3$ MPa,气压表 2 的读数 $p_{e2} = 0.04$ MPa,气压表 1 的读数 $p_{e1} = 0.294$ MPa,求气压表 3 的读数(用 MPa 表示)。

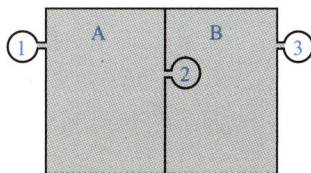

图 1-25 习题 1-9 附图

1-10 起重机以 2 m/s 的恒速提升总质量为450 kg的水泥块,试求所需功率。

1-11 电阻加热器的电阻为 15 Ω,现有 10 A 的电流流经电阻丝,求功率。

1-12 气缸中密封有空气,初态为 $p_1 = 0.2$ MPa,$V_1 = 0.4$ m³,缓慢膨胀到 $V_2 = 0.8$ m³。(1)过程中 pV 保持不变;(2)过程中气体先沿 $\{p\}_{MPa} = 0.4 - 0.5\{V\}_m$,膨胀到 $V_m = 0.6$ m³,再维持压力不变膨胀到 $V_2 = 0.8$ m³。分别求出两过程中气体作出的膨胀功。

1-13   某种理想气体在其状态变化过程中服从 pv^n = 常数的规律,其中 n 是定值,p 是压力;v 是比体积。试据 $w = \int_1^2 p\mathrm{d}v$ 导出气体在该过程中作功为

$$w = \frac{p_1 v_1}{n-1} \left[1 - \left(\frac{p_2}{p_1} \right)^{\frac{n-1}{n}} \right]$$

1-14   测得某汽油机气缸内燃气的压力与容积对应值如下表所示,求燃气在该膨胀过程中所作的功。

p/MPa	1.655	1.069	0.724	0.500	0.396	0.317	0.245	0.193	0.103
V/cm^3	114.71	163.87	245.81	327.74	409.68	491.61	573.55	655.48	704.64

1-15   有一绝对真空的钢瓶,当阀门打开时,在大气压 p_b = 1.013×10^5 Pa 的作用下,有体积为 0.1 m^3 的空气被输入钢瓶,求大气对输入钢瓶的空气所作的功。

1-16   某种气体在气缸中进行一缓慢膨胀过程,其体积由 0.1 m^3 增加到 0.25 m^3。过程中气体压力依 $\{p\}_\mathrm{MPa} = 0.24 - 0.4\{V\}_\mathrm{m}$ 变化。若过程中气缸与活塞的摩擦保持为 1 200 N,当地大气压力为 0.1 MPa,气缸截面积为 0.1 m^2,试求:

(1)气体所作的膨胀功 W;

(2)系统输出的有用功 W_u;

(3)活塞与气缸无摩擦时系统输出的有用功 $W_\mathrm{u,re}$。

1-17   某蒸汽动力厂加入锅炉的每 1 MW 能量要从冷凝器排出 0.58 MW 能量,同时水泵要消耗 0.02 MW 功,求汽轮机的输出功率和电厂的热效率。

1-18   汽车发动机的热效率为 35%,车内空调器的工作性能系数为 3,求每从车内排除1 kJ热量消耗的燃油能量。

1-19   据统计资料,某地各发电厂平均每生产 1 kW·h 电消耗标煤 372 g。若标煤的热值是 29 308 kJ/kg,试求电厂的平均热效率 η_t。

1-20   某空调器输入功率 1.5 kW 需向环境介质输出热量 5.1 kW,求空调器的制冷系数。

1-21   某房间,冬季通过墙壁和窗子向外散热 70 000 kJ/h,房内有 2 只 40 W电灯照明,其他家电耗电约 100 W,为维持房内温度不变,房主购买供暖系数为 5 的热泵,求热泵的最小功率。

1-22   一所房子利用供暖系数为 2.1 的热泵供暖维持 20 ℃。据估算,室外大气温度每低于房内温度 1 ℃,房子向外散热为 0.8 kW。若室外温度为

−10 ℃,求驱动热泵所需的功率。

1−23 若某种气体的状态方程为 $pv = R_g T$,现取质量 1 kg 的该种气体分别作两次循环,如图 1−26 中循环 1−2−3−1 和循环 4−5−6−4 所示,设过程 1−2 和过程 4−5 中温度不变并都等于 T_a,过程 2−3 和 5−6 中压力不变,过程 3−1 和 6−4中体积不变。又设状态 3 和状态 6 的温度相等,都等于 T_b。试证明两个循环中 1 kg 气体对外界所作的循环净功相同。

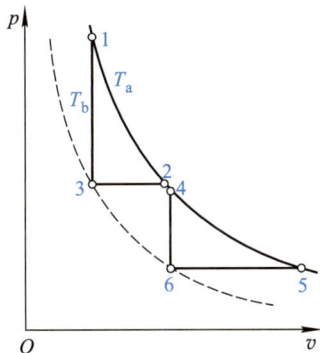

图 1−26 习题 1−23 附图

第二章

热力学第一定律

自然界所发生的一切运动都伴随着能量的变化。热力学第一定律就是能量守恒与转换定律在热现象中的体现,它是工程热力学的主要理论基础之一。本章讨论热力学第一定律的实质及其应用。

2.1　热力学第一定律及其基本能量方程式

2.1.1　热力学第一定律的实质

能量守恒与转换定律是自然界的基本规律之一。它指出:自然界中的一切物质都具有能量,能量不可能被创造,也不可能被消灭,但可以从一种形态转变为另一种形态;在能量的转换过程中能量的总量保持不变。

热力学第一定律是能量守恒与转换定律在热现象中的应用,它确定了热力过程中热力系统与外界进行能量交换时,各种形态能量数量上的守恒关系。

众所周知,运动是物质的属性,能量是物质运动的度量。分子运动学说阐明了热能是组成物质的分子、原子等微粒的杂乱运动——热运动的能量。既然热能和其他形态的能量都是物质的运动,那么热能和其他的能量可以相互转换,并在转化时数量守恒完全是理所当然的。一个耗电 200 W 的电视机,在稳定运行的状态下,不管在播放什么节目,都向环境散热 200 W,它对房间的加热效应与200 W 的电热器、两个 100 W 的电灯的效果是一样的,这是能量守恒原理的必然结论。

在工程热力学研究的范围内,主要考虑的是热能和机械能之间的相互转换与守恒,所以热力学第一定律可表述为

"热是能的一种,机械能变热能,或热能变机械能时,它们间的比值是一定的"或"热可以变为功,功也可变为热;一定量的热消失时必产生相应量的功,消耗一定量的功时必出现与之对应的一定量的热。"

热力学第一定律是人类在实践中累积经验的总结,它不能用数学或其他的理论来证明,但第一类永动机迄今仍未造成以及由热力学第一定律所得出的一切推论都与实际经验相符合等事实,可以充分说明它的正确性。

2.1.2 热力学第一定律的基本能量方程式

热力学第一定律的能量方程式就是系统变化过程中的能量平衡方程式,是分析状态变化过程的根本方程式。它可以从系统在状态变化过程中各项能量的变化和它们的总量守恒这一原则推出。把热力学第一定律的原则应用于系统中的能量变化时可写成如下形式:

$$\text{进入系统的能量}-\text{离开系统的能量}=\text{系统中储存能量的增加} \qquad (2-1)$$

式(2-1)是系统能量平衡的基本表达式,任何系统任何过程均可据此原则建立其平衡式。对于闭口系统,进入和离开系统的能量只包括热量和作功两项;对于开口系统,因有物质进出分界面,所以进入系统的能量和离开系统的能量除以上两项外,还有随同物质带进带出系统的能量。由于这些区别,热力学第一定律应用于不同热力系统时可得不同的能量方程。本节将从闭口系统的能量平衡方程着手,导出热力学第一定律的基本能量方程式,即闭口系能量方程式。

取气缸活塞系统中的工质为系统,考察其在状态变化过程中和外界(热源和机器设备)的能量交换。由于过程中没有工质越过边界,所以这是一个闭口系。当工质从外界吸入热量 Q 后,从状态 1 变化到状态 2,并对外界作功 W。若工质的宏观动能和位能的变化可忽略不计,则工质(系统)储存能的增加即为热力学能的增加 ΔU。于是根据式(2-1)可得

$$Q-W=\Delta U=U_2-U_1$$

或
$$Q=\Delta U+W \qquad (2-2)$$

式中 U_2 和 U_1 分别表示系统在状态 2 和状态 1 的热力学能。式(2-2)是热力学第一定律应用于闭口系而得的能量方程式,称为热力学第一定律解析式,是最基本的能量方程式。它表明,加给工质的热量一部分用于增加工质的热力学能,储存于工质内部,余下的部分以作功的方式传递至外界。在状态变化过程中,转化为机械能的部分为 $Q-\Delta U$。

对于一个微元过程,热力学第一定律解析式的微分形式是

$$\delta Q=\mathrm{d}U+\delta W \qquad (2-3)$$

对于 1 kg 工质,则有

$$q = \Delta u + w \tag{2-4}$$

及
$$\delta q = du + \delta w \tag{2-5}$$

式(2-2)~(2-5)直接从能量守恒与转换的普遍原理得出,没有作任何假定,因此它们对闭口系是普遍适用的:适用于可逆过程也适用于不可逆过程;对工质性质也没有限制,无论是理想气体还是实际气体,甚至是液体都适用。但为了确定工质初态和终态热力学能的值,要求工质初态和终态是平衡状态。

式中热量 Q、热力学能变量 ΔU 和功 W 都是代数值,可正可负。系统吸热 Q 为正,系统对外作功 W 为正;反之则为负。系统的热力学能增大时,ΔU 为正,反之为负。

对于可逆过程,$\delta W = pdV$,所以

$$\delta Q = dU + pdV, \quad Q = \Delta U + \int_1^2 pdV \tag{2-6}$$

或
$$\delta q = du + pdv, \quad q = \Delta u + \int_1^2 pdv \tag{2-7}$$

对于循环

$$\oint \delta Q = \oint dU + \oint \delta W$$

完成一循环后,工质恢复到原来状态,热力学能是状态参数,所以 $\oint dU = 0$。于是

$$\oint \delta Q = \oint \delta W$$

意即闭口系完成一个循环后,它在循环中与外界交换的净热量等于与外界交换的净功量。用 Q_{net} 和 W_{net} 分别表示循环净热量和净功量,则有

$$Q_{net} = W_{net} \tag{2-8}$$

或
$$q_{net} = w_{net} \tag{2-9}$$

例 2-1   设有一定量气体在气缸内由体积 0.9 m³ 可逆地膨胀到 1.4 m³,如图 2-1 所示。过程中气体压力保持定值,且 $p = 0.2$ MPa。若在此过程中气体热力学能增加 12 000 J,试:

(1) 求此过程中气体吸入或放出多少热量。

(2) 若活塞质量为 20 kg,且初始时活塞静止,求终态时活塞的速度。已知环境压力 $p_0 = 0.1$ MPa。

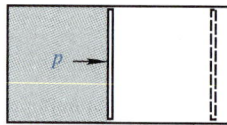

图 2-1   例 2-1 附图

解   (1) 取气缸内气体为系统。这是闭口系,其能量方程为

$$Q = \Delta U + W$$

由题意
$$\Delta U = U_2 - U_1 = 12\ 000\ \text{J}$$

由于过程可逆,且压力为常数,故

$$W = \int_1^2 p\,dV = p(V_2 - V_1) = 0.2 \times 10^6 \text{ Pa} \times (1.4 \text{ m}^3 - 0.9 \text{ m}^3) = 100\ 000 \text{ J}$$

所以
$$Q = 12\ 000 \text{ J} + 100\ 000 \text{ J} = 112\ 000 \text{ J}$$

因此,过程中气体自外界吸热 112 000 J。

（2）气体对外界作功,一部分用于排斥活塞背面的大气,另一部分转变成活塞的动能增量。分别由式（1-21）和式（1-20）得

$$W_r = p_0 \Delta V = p_0 (V_2 - V_1) = 0.1 \times 10^6 \text{ Pa} \times (1.4 \text{ m}^3 - 0.9 \text{ m}^3) = 50\ 000 \text{ J}$$

$$W_u = \int_1^2 p\,dV - W_r = 100\ 000 \text{ J} - 50\ 000 \text{ J} = 50\ 000 \text{ J}$$

因为
$$\Delta E_k = W_u = \frac{m}{2}(c_2^2 - c_1^2)$$

所以
$$c_2 = \sqrt{\frac{2W_u}{m} + c_1^2} = \sqrt{\frac{2W_u}{m}} = \sqrt{\frac{2 \times 50\ 000 \text{ J}}{20 \text{ kg}}} = 70.71 \text{ m/s}$$

讨论:虽然工质通过膨胀作功实施热能转变为机械能,但气体膨胀所作功并非全部为有用功。

2.2 开口系统能量方程式

在实际热力设备中实施的能量转换过程常常是很复杂的,工质要在热力装置中循环不断地流经各个相互衔接的热力设备,完成不同的热力过程,实现能量转换。分析这类热力设备时,常采用开口系统即控制容积的分析方法。

工质在设备内流动,其热力状态参数及流速在不同的截面上是不同的,即使在同一截面上,各点的参数也不一定相同。但由于工质分子热运动的影响。同一截面上各点的温度及压力差别不大,可近似地看作是均匀的。其他热力参数都是 p、T 的函数,故也可近似认为相同。为简便起见,常取截面上各点流速的平均值为该截面的流速,即认为同一截面上各点有相同的流速。

2.2.1 开口系能量方程

图 2-2 是一开口系统示意图。在 $d\tau$ 时间内进行一个微元过程:质量为 δm_1（体积为 dV_1）的微元工质流入进口截面 1-1,质量为 δm_2（体积为 dV_2）的微元工质流出出口截面 2-2,同时系统从外界接受热量 δQ,对机器设备作功 δW_i。W_i 表示工质在机器内部对机器所作的功,称为内部功,以别于机器的轴上向外传出的轴功 W_s。两者的差额是机器各部分摩擦引起的损失,忽略摩擦损失时两者相

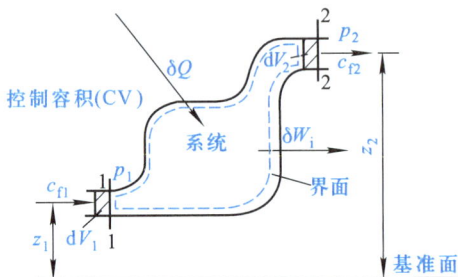

图 2-2   开口系统能量平衡

等。完成该微元过程后系统内工质质量增加了 dm ,系统的总能量增加了 dE_{CV} 。

考察该微过程中的能量平衡:

进入系统的能量 $\qquad\qquad dE_1+p_1dV_1+\delta Q$

离开系统的能量 $\qquad\qquad dE_2+p_2dV_2+\delta W_i$

控制容积的储存能增量 $\qquad\quad dE_{CV}$

式中: $dE_1=d(U_1+E_{k1}+E_{p1})$ 、 $dE_2=d(U_2+E_{k2}+E_{p2})$ 分别是微元过程中工质带进和带出系统的总能; $dE_{CV}=d(U+E_k+E_p)_{CV}$ 是控制容积内总能的增量。 p_1dV_1 和 p_2dV_2 分别是微元工质流入流出系统的推动功。于是据式(2-1)有

$$dE_1+p_1dV_1+\delta Q-(dE_2+p_2dV_2+\delta W_i)=dE_{CV}$$

整理得

$$\delta Q=dE_{CV}+(dE_2+p_2dV_2)-(dE_1+p_1dV_1)+\delta W_i$$

考虑到 $E=me$ 和 $V=mv$,且 $h=u+pv$,则上式可改写成

$$\delta Q=dE_{CV}+\left(h_2+\frac{c_{f,2}^2}{2}+gz_2\right)\delta m_2-\left(h_1+\frac{c_{f,1}^2}{2}+gz_1\right)\delta m_1+\delta W_i \qquad (2-10)$$

如果流进流出控制容积的工质各有若干股,则式(2-10)可写成

$$\delta Q=dE_{CV}+\sum_j\left(h+\frac{c_f^2}{2}+gz\right)_j\delta m_j-\sum_i\left(h+\frac{c_f^2}{2}+gz\right)_i\delta m_i+\delta W_i$$

$$(2-11)$$

式(2-11)两边均除以 $d\tau$ 即得单位时间内系统能量关系

$$\Phi=\frac{dE_{CV}}{d\tau}+\sum_j\left(h+\frac{c_f^2}{2}+gz\right)_j q_{m,j}-\sum_i\left(h+\frac{c_f^2}{2}+gz\right)_i q_{m,i}+P_i \quad (2-12)$$

式中: $\Phi=\dfrac{\delta Q}{d\tau}$, $q_{m,j}=\dfrac{\delta m_j}{d\tau}$, $q_{m,i}=\dfrac{\delta m_i}{d\tau}$; $P_i=\dfrac{\delta W_i}{d\tau}$ 。 Φ 、 q_m 和 P_i 分别表示单位时间内的热流量、质量流量及内部功量,分别称为热流率、质量流率和内部功率。式(2-10)~(2-12)为开口系能量方程的一般表达式。

2.2.2 稳定流动能量方程

若流动过程中,开口系统内部及其边界上各点工质的热力参数及运动参数都不随时间而变,则这种流动过程称为稳定流动过程。反之,则为不稳定流动或瞬变流动过程。当热力设备在不变的工况下工作时,工质的流动可视为稳定流动过程;当其在启动、加速等变工况下工作时,工质的流动属于不稳定流动过程。一般,设计热力设备时均按稳定流动过程计算。下面从开口系能量方程的一般表达式导出稳定流动能量方程式。

因为稳定流动时,热力系任何截面上工质的一切参数都不随时间而变,因此稳定流动的必要条件可表示为

$$\frac{\mathrm{d}E_{\mathrm{CV}}}{\mathrm{d}\tau}=0, \quad \sum q_{m,\mathrm{in}}=\sum q_{m,\mathrm{out}}$$

如图 2-2 所示,只有单股流体进出时,有

$$q_{m1}=q_{m2}=q_m$$

将这些条件代入式(2-12),并用 q_m 除式(2-12),得到

$$q=\Delta h+\frac{1}{2}\Delta c_{\mathrm{f}}^2+g\Delta z+w_{\mathrm{i}} \qquad (2-13)$$

或写成微量形式

$$\delta q=\mathrm{d}h+\frac{1}{2}\mathrm{d}c_{\mathrm{f}}^2+g\mathrm{d}z+\delta w_{\mathrm{i}} \qquad (2-14)$$

式中,q 和 w_{i} 分别是 1 kg 工质进入系统后,系统从外界吸入的热量和在机器内部作的功。

当流入质量为 m 的流体时,稳定流动能量方程可写为

$$Q=\Delta H+\frac{1}{2}m\Delta c_{\mathrm{f}}^2+mg\Delta z+W_{\mathrm{i}} \qquad (2-15)$$

或写成微量形式

$$\delta Q=\mathrm{d}H+\frac{1}{2}m\mathrm{d}c_{\mathrm{f}}^2+mg\mathrm{d}z+\delta W_{\mathrm{i}} \qquad (2-16)$$

式(2-13)~(2-16)为不同形式的稳定流动能量方程式,它们是根据能量守恒与转换定律导出的,除流动必须稳定外,无任何附加条件,故而不论系统内部如何改变,有无扰动或摩擦,均能应用,是工程上常用的基本公式之一。下面就稳定流动能量方程式进行分析。

考虑到 $\Delta h=\Delta u+\Delta(pv)$,式(2-13)可改写为

$$q-\Delta u=\frac{1}{2}\Delta c_{\mathrm{f}}^2+g\Delta z+\Delta(pv)+w_{\mathrm{i}} \qquad (2-17)$$

上式等号右边由四项组成,前两项,即 $\frac{1}{2}\Delta c_f^2$ 和 $g\Delta z$ 是工质机械能变化;第三项 $\Delta(pv)$ 是维持工质流动所需的流动功;第四项 w_i 是工质对机器作的功。它们均源自工质在状态变化过程中通过膨胀而实施的热能转变成的机械能。等式左边是工质在过程中的容积变化功。因此上式说明,工质在状态变化过程中,从热能转变而来的机械能总和等于膨胀功。由于机械能可全部转变为功,所以 $\frac{1}{2}\Delta c_f^2$、$g\Delta z$ 及 w_i 之和是技术上可资利用的功,称之为技术功,用 w_t 表示:

$$w_t = w_i + \frac{1}{2}(c_{f2}^2 - c_{f1}^2) + g(z_2 - z_1) \tag{2-18}$$

由式(2-17)和式(2-18)并考虑到 $q - \Delta u = w$,则

$$w_t = w - \Delta(pv) = w - (p_2 v_2 - p_1 v_1) \tag{2-19}$$

对可逆过程

$$w_t = \int_1^2 p\,dv + p_1 v_1 - p_2 v_2 = \int_1^2 p\,dv - \int_1^2 d(pv) = -\int_1^2 v\,dp \tag{2-20}$$

式中 $-v\,dp$ 可用图 2-3 中画斜线的微元面积表示,$-\int_1^2 v\,dp$ 则可用面积 5-1-2-6-5 表示。

在微元可逆过程中,则

$$\delta w_t = -v\,dp \tag{2-21}$$

由式(2-21)可见,若 dp 为负,即过程中工质压力降低,则技术功为正,此时工质对机器作功;反之机器对工质作功。蒸汽轮机、燃气轮机属于前一种情况,活塞式压气机和叶轮式压气机属于后一种情况。

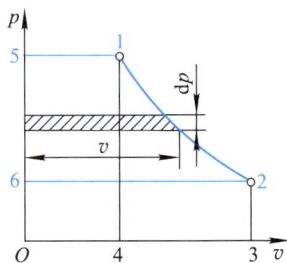

图 2-3　技术功的表示

引进技术功概念后,稳定流动能量方程(2-13)可写为

$$q = h_2 - h_1 + w_t = \Delta h + w_t, \quad \delta q = dh + \delta w_t \tag{2-22}$$

对于质量为 m 的工质,则

$$Q = \Delta H + W_t, \quad \delta Q = dH + \delta W_t \tag{2-23}$$

若过程可逆,则

$$q = \Delta h - \int_1^2 v\,dp, \quad \delta q = dh - v\,dp \tag{2-24}$$

$$Q = \Delta H - \int_1^2 V\,dp, \quad \delta Q = dH - V\,dp \tag{2-25}$$

式(2-22)也可由热力学第一定律的解析式直接导出:

$$\delta q = du + p\,dv = d(h - pv) + p\,dv = dh - p\,dv - v\,dp + p\,dv$$

$$= \mathrm{d}h - v\mathrm{d}p$$

因此热力学第一定律的各种能量方程式在形式上虽有不同,但由热变功的实质都是一致的,只是不同场合不同应用而已。

2.2.3 能量方程式的应用

热力学第一定律的能量方程式应用很广,可用于计算任何过程中能量的传递和转化。闭口系统能量方程式反映出热力状态变化过程中热能和机械能的互相转化。开口系统能量方程式虽然与闭口系统的形式不同,但由热能转化成的机械能仍是相当于 $q-\Delta u$ 的膨胀功 w 。因此,从热功互换角度来看,式(2-2)才是热力状态变化过程的核心,是最基本的能量方程。

在应用能量方程分析问题时,应根据具体问题的不同条件,作出某种假定和简化,使能量方程更加简单明了,下面举例说明。

工质流经汽轮机、燃气轮机等动力机(图 2-4)时,压力降低,对机器作功;气体进口和出口的动能差很小,位能差极微,均可不计;对外界略有散热损失,q 是负的,但数量通常不大,也可忽略。把这些条件代入稳定流动能量方程式(2-13),可得 1 kg 工质对机器所作的功为

$$w_i = h_1 - h_2 = w_t$$

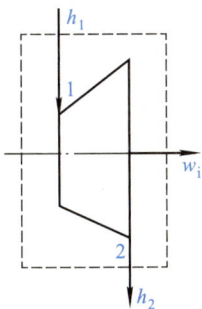

图 2-4 动力机能量平衡   图 2-5 压气机能量平衡

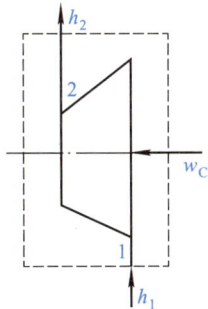

工质流经压气机(图 2-5)时,机器对工质作功,习惯上压气机耗功用 w_C 表示,且令 $w_C = -w_i$ 。过程中工质升压、对外界略有放热,w_i 和 q 都是负的,工质动能差和位能差常可忽略不计。从稳定流动能量方程式(2-13)可得对 1 kg 工质需作功为

$$w_C = -w_i = (h_2 - h_1) + (-q) = -w_t$$

工质流经锅炉、回热器等热交换器(图 2-6)时,和外界有热量交换而无功的交换,动能差和位能差也可忽略不计。若工质流动是稳定的,从式(2-13)得 1 kg

工质的吸热量为

$$q = h_2 - h_1$$

喷管和扩压管这类管件用于改变气流的速度、压力等,工质流经这类设备(图 2-7)时,不对设备作功,位能差很小,可不计;因喷管等长度短,工质流速大,流经这类设备时与外界交换热量很小,也可忽略不计。若流动稳定,则用式(2-13)可得 1 kg 工质动能的变化为

$$\frac{1}{2}(c_{f2}^2 - c_{f1}^2) = h_1 - h_2$$

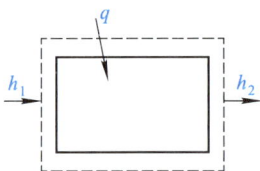

图 2-6 换热器能量平衡 　　　图 2-7 喷管能量转换

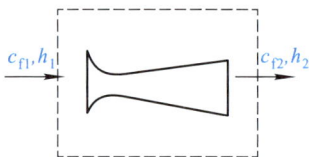

各类阀门是极常见的管道设备,用于控制流体压力、流量、功率等参数。工质流过阀门等设备(图 2-8)时流动截面突然收缩,压力下降,这种现象称为节流。由于存在摩擦和涡流,流动是不可逆的。在离阀门不远的两个截面 1-1 和 2-2 处,工质的状态趋于平衡。设流动绝热,前后两截面间动能和位能差忽略不计,又不对外界作功,则对两截面间工质应用稳定流动能量方程式(2-13),可得

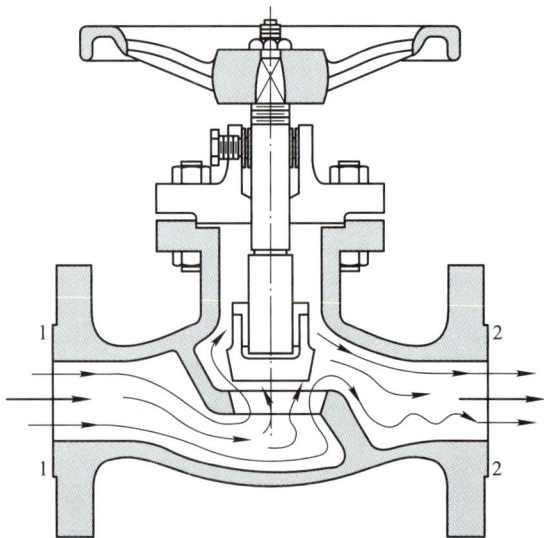

图 2-8 节流现象

节流前后焓值相等：

$$h_1 = h_2$$

例 2-2 已知新蒸汽流入汽轮机时的焓 $h_1 = 3\ 232\ \text{kJ/kg}$，流速 $c_{f1} = 50\ \text{m/s}$；乏汽流出汽轮机时的焓 $h_2 = 2\ 302\ \text{kJ/kg}$，流速 $c_{f2} = 120\ \text{m/s}$。散热损失和位能差可略去不计。试求 1 kg 蒸汽流经汽轮机时对外界所作的功。若蒸汽流量是 10 t/h，求汽轮机的功率。

解 由式(2-13)

$$q = (h_2 - h_1) + \frac{1}{2}(c_{f2}^2 - c_{f1}^2) + g(z_2 - z_1) + w_i$$

根据题意，$q = 0$，$g(z_2 - z_1) = 0$，于是得 1 kg 蒸汽所作的功

$$w_i = (h_1 - h_2) - \frac{1}{2}(c_{f2}^2 - c_{f1}^2) = (3\ 232\ \text{kJ/kg} - 2\ 302\ \text{kJ/kg}) - \frac{1}{2}[(120\ \text{m/s})^2 -$$

$$(50\ \text{m/s})^2] \times 10^{-3}$$

$$= 930\ \text{kJ/kg} - 5.95\ \text{kJ/kg} = 924.05\ \text{kJ/kg}$$

工质每小时作功

$$W_i = q_m w_i = 10 \times 10^3\ \text{kg/h} \times 924.05\ \text{kJ/kg} = 9.24 \times 10^6\ \text{kJ/h}$$

故汽轮机功率为

$$P = \frac{W_i}{3\ 600\ \text{s/h}} = \frac{9.24 \times 10^6\ \text{kJ/h}}{3\ 600\ \text{s/h}} = 2\ 567\ \text{kW}$$

讨论：本例蒸汽流经汽轮机作功 924.05 kJ/kg，其中 5.95 kJ/kg 是蒸汽流动能的增加，可见工质流速在百米每秒数量级时，动能的影响仍不大，因此工程领域常常忽略气流宏观动能和位能变化。

例 2-3 工程和生活实践中常常碰到从高压输气管向容器中充气的问题，如向压力不足的氧气瓶充气等。某输气管内气体的参数为 $p_1 = 4\ \text{MPa}$，$t_1 = 30\ ℃$，$h_1 = 303\ \text{kJ/kg}$。设该气体是理想气体，它的热力学能与温度之间的关系为 $\{u\}_{\text{kJ/kg}} = 0.72\{T\}_K$，气体常数 $R_g = 287\ \text{J/(kg·K)}$。现将 1 m^3 的真空容器与输气管连接，打开阀门对容器充气(图 2-9)，直至容器内压力达 4 MPa 为止。设容器为刚性且绝热良好，充气时输气管中气体参数保持不变，问充入容器的气体量为多少？设气体处于理想气体状态。

解 取容器为热力系统，则该系统为一开口系统，可利用方程式(2-10)计算。由题意，充气过程的条件是

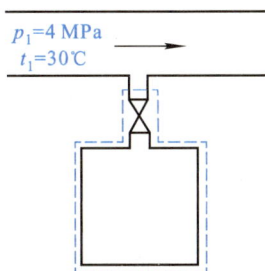

图 2-9 例 2-3 附图

$$\delta Q = 0, \quad \delta W_i = 0, \quad \delta m_2 = 0$$

将上述条件代入式(2-10)，忽略充入气体的动能及位能，并用脚标 in 代替 1 表示进入容器的参数，即得

$$\mathrm{d}E_{\mathrm{CV}} = h_{\mathrm{in}}\delta m_{\mathrm{in}}$$

在充气过程中系统本身的宏观动能可忽略不计，因此系统的总能即为系统的热力学能，这样上式可写成

$$\mathrm{d}(mu)_{\mathrm{CV}} = h_{\mathrm{in}}\delta m_{\mathrm{in}}$$

对上式进行积分可得

$$\int_1^2 \mathrm{d}(mu)_{\mathrm{CV}} = \int_1^2 h_{\mathrm{in}}\delta m_{\mathrm{in}}$$

因输气管中参数不变，故 h_{in} 为常数，上式简化为

$$(mu)_2 - (mu)_1 = h_{\mathrm{in}}m_{\mathrm{in}}$$

即

$$U_2 - U_1 = h_{\mathrm{in}}m_{\mathrm{in}}$$

容器在充气前为真空，即 $m_1 = 0$，充气后质量为 m_2，等于充入容器的质量 m_{in}。这时上式又可写成

$$U_2 = m_2 u_2 = m_{\mathrm{in}}h_{\mathrm{in}}$$

即

$$u_2 = h_{\mathrm{in}}$$

由题意 $u_2 = h_{\mathrm{in}} = 303\ \mathrm{kJ/kg}$，故

$$T_2 = \frac{u_2}{0.72\ \mathrm{kJ/(kg \cdot K)}} = \frac{303\ \mathrm{kJ/kg}}{0.72\ \mathrm{kJ/(kg \cdot K)}} = 420.83\ \mathrm{K}$$

由状态方程可得充入容器的气体质量为

$$m = \frac{pV}{R_{\mathrm{g}}T} = \frac{40 \times 10^5\ \mathrm{Pa} \times 1\ \mathrm{m}^3}{287\ \mathrm{J/(kg \cdot K)} \times 420.83\ \mathrm{K}} = 33.12\ \mathrm{kg}$$

讨论：(1)由于存在压差，故充气是不可逆的过程，但基于热力学第一定律普遍表达式导得的式(2-13)适用于开口系一切可逆和不可逆的过程。(2)本题也可直接从系统能量平衡的基本表达式(2-1)出发求解。请读者自行分析确定进入系统的能量、离开系统的能量及系统中储能的增量后求解。(3)管道中气体的温度是 $t = 30\ ℃$，即 $303.15\ \mathrm{K}$，而充入原为真空的容器内后升高为 $420.83\ \mathrm{K}$。温度升高表明理想气体热力学能增大，这是由于气体进入系统时外界通过进入系统的工质传递进入系统的推动功转换成热能所致。这里我们可以确确实实"感受"到推动功的存在。

归纳上述例题,求解开口系问题时应注意,控制容积的储能变化应是控制容积的总能变化。若忽略动能及位能的变化,就只是热力学能的变化,不要误为焓的变化。求解时可以直接利用开口系一般能量方程及(在稳定流动时)稳定流动能量方程,也可以利用系统能量平衡的基本表达式建立能量方程。此时需注意,若为稳定流动,内部储能增量应是零。

*2.3　人体的能量平衡

前面的讨论指出,许多工程问题伴随着能量变化,生命过程也不例外,如肌肉收缩时高能磷酸键的化学能转变为机械能而作功。生命体(如人体)是由大量基础单元——细胞构成的复杂体系,其内每时每刻都在进行无数过程,所有这些过程都与能量有关,也遵从能量守恒和转换定律。人体的活动要消耗能量,正常情况下,维持生命活动的能源主要是食物。无论人在工作(包括思维活动)还是休息,新陈代谢都在进行。食物被分解,化学能转换成人体新陈代谢过程中所需要的各种形式的能量,以满足不同器官、组织和细胞的需要。简单地说,新陈代谢过程是燃烧“食物”——碳水化合物、脂肪和蛋白质的过程。静止状态下的新陈代谢的速率(即人不做任何活动而维持人的正常生命所需热功率)称为基础代谢速率,它是人体在静止状态下保持人体器官完成必要的功能(如呼吸、血液循环等)所必需的新陈代谢速率。代谢速率也可以认为是人体能量消耗的速率。一个普通男性(30 岁左右,体重 70 kg,身体表面积 1.8 m^2)的基础代谢速率为 84 W,这意味他每秒钟要从食物(没进食的话,从自身的脂肪)中把 84 J 的化学能转换成热能。代谢速率随着反应程度的提高而增大,两个在房内进行剧烈活动的人可向外提供 1 kW 以上的能量,其中 40%(剧烈活动情况)~70%(轻微活动情况)以显热形式散发,其余的通过汗液蒸发,以潜热形式散发。

基础代谢速率随性别、身材、健康情况及其他条件而变,而且随年龄显著下降,这是人们在二三十岁后即使不增加食物的摄入体重也会增加的原因之一。大脑和肝脏是进行新陈代谢活动的主要器官,虽然它们的质量仅占成年人质量的4%左右,但却约占基础代谢的50%,而一个婴儿约一半的新陈代谢活动发生在大脑。代谢速率的测定是通过测量人体消耗的氧气和产生的二氧化碳而确定的。

人体在活动对外作功的同时器官等也产生一定量的热能,必须通过一定的方式向外释放,以维持适宜人体生命活动的正常体温。人们通过饮食而满足人体对能量的需求,可以把食物中的营养物质分成 3 大类:碳水化合物、蛋白质和脂肪。碳水化合物的特征是分子中氢原子与氧原子的比例是 2∶1。碳水化合物的分子有简单的(如单糖),也有非常复杂、非常大的(如淀粉),其范围变化很大。米饭、面包和糖是人们碳水化合物的主要来源。蛋白质(由较小的单元——氨基酸构成)是构造和修复肌肉必需的,蛋白质分子非常大,包含有碳、氢、氧和氮原子。完全的蛋白质,包含在肉、奶和蛋中,含有构造人体肌肉所必需的所有氨基酸。包含在水果、蔬菜和谷物内的植物蛋白质是不完全蛋白质,它们缺少一种或多种氨基酸。脂肪分子相对较小,包含碳、氢和氧原子。植物油和动物脂肪是人们脂肪的主要来源。人们吃的大多数食物中都含有所有这 3 种营养物,只是含量不等。脱去水分的碳水化合物平均能量含量为 18.0 MJ/kg,蛋白质为 22.2 MJ/kg,脂肪为 39.8 MJ/kg。然而,这些食物在人体内不能完全被代谢,可代谢的能量含量比例是碳水化合物 95.5%、蛋白质 77.5%、脂肪 97.7%。换句话说,人们吃的脂肪在体内几乎完全被代谢,而蛋白质约有 1/4 未被利用就排出体外。包含在食物中可代谢的能量在营养学词汇里用“卡路里”(简称卡,符号 cal)表示,1 cal(calories)= 4.186 8 kJ。所以,通常的关于营养的书和食物表上写着蛋白质和碳水化合物的能量为每克 4.1 kcal,脂肪每克 9.3 kcal。一些普通食物含有的可代谢能量见表 2-1。

表 2-1 　常见食品(100 g)热量表

名称	热量/kJ	名称	热量/kJ
稻米	1 448	鸡肉	699
小麦粉	1 439	鸭肉	1 004
燕麦片	1 536	带鱼	531
油条	1 615	鲳鱼	594
牛乳	226	青鱼	485
酸奶	301	海虾	331
鸡蛋	653	苹果	240
鸭蛋	753	猕猴桃	200
葵花子油	3 700	番茄	105
黄油	3 732	黄瓜	46
牛肉	795	葡萄干	1 150
牛肉干	2 301	花生	942
猪肉	1 654	葵花子	2 281
猪大排	1 105	开心果	2 165

注:本表数据主要摘自上海市健康促进管理委员会办公室编,上海世纪出版股份有限公司和上海科技教育出版社 2010 年出版的《上海市民健康自我管理知识手册》等。

　　人体日常所需的能量随年龄、性别、健康状况、活动程度、体重及其他因素有很大的变化。同年龄、同性别、体格瘦小的比身体硕大的需要的能量少。一个普通男性每日需 2 400~2 700 cal,一位普通女性每日需 1 800~2 200 cal,惯于久坐的女性和一些老人需要 1 600 cal,惯于久坐的男性和大多数老人需要2 000 cal,大多数孩子、年轻女性和活动多的女性是 2 200 cal,青少年男性、活动多的男性和活动非常强烈的女性则需 2 800 cal,而活动非常强烈的男性要超出 3 000 cal。一个体重 w(kg)的人每天所需的能量 E(cal)可按下式确定:

$$E = 2.205Cw$$

式中,C 为因人而异的系数,见表 2-2。多余的能量以脂肪的形式保存起来,在摄入的能量小于需要量时补充人体所需。

表 2-2　系数 C 的值

类型	惯于久坐	适度活动	适当运动和体力劳动	剧烈运动和强体力劳动
C	11	13	15	18

　　和其他天然脂肪一样,1 kg 人体脂肪有 33.1 MJ 的可代谢能量。一个人若不摄入任何食物,一天消耗 2 200 cal(9 211 kJ),那么仅需"燃烧"9 211/33 100 = 0.28 kg 体内脂肪即可满足需要。所以,有人 10 天不进食(当然必须饮水,补充通过肺和皮肤散失的水分,避免脱水)还能存活。

　　一个体重 68 kg 的成年人(体重不足或超过 68 kg 可按比例折算)进行各种活动时消耗的能量见表 2-3。

表 2-3　体重 68 kg 的成人进行各种活动时大致消耗的能量值

活动	kJ/h
基础代谢	300
静坐	380
听课	670
打篮球	2 300
骑自行车(21 km/h)	2 675
驾驶汽车	755
滑雪(13 km/h)	3 920
吃饭	415
快速跳舞	2 510

续表

活 动	kJ/h
快跑(13 km/h)	3 920
慢跑(8 km/h)	2 260
快速游泳	3 600
慢速游泳	1 210
高手打网球	2 010
初学者打网球	1 210
步行(7.2 km/h)	1 810
看电视	300

　　人体需要呼吸、进食、排泄、出汗等,是一个开放体系,因为这些都涉及能量传递和质量传递,因此对人体进行热力学分析是相当复杂的。由于伴随质量传递的能量传递很难定量化,所以常常把人体伴有质量迁移的能量传递简化为仅有能量传递。例如,吃东西的简化模型是数量等于食物含有的可代谢能量的能量传递进入人体。若忽略不计宏观动能和位能,把人体通过发汗、对流、辐射等与环境的换热分别用 Q_E、Q_C、Q_R 表示,通过肌肉的收缩完成的与外界交换的功用 W 表示,把摄入的食物、氧气的总焓及排泄物与呼出的二氧化碳的总焓的差值(即为代谢产热)用 Q_M 表示,并用 S_t 表示 ΔU,稳定状态下人体能量平衡式可用下式描述:

$$S_t = Q_M + Q_E + Q_R + Q_C - W$$

📖 本章归纳

名词和
术语

　　本章讨论热力学第一定律,并建立其一般表达式和分别适用于闭口系和稳定流动开口系的能量方程。

　　热力学第一定律的实质是能量守恒与转换定律在热现象中的应用。虽然针对不同的系统可以得到形式不同的热力学第一定律表达式,但其实质是一样的,可以表达为"输入系统的能量减去输出系统的能量等于系统储能的增量"。需要注意的是,既然"减去输出系统的能量",那么输出系统的能量的值应该是绝对值而非第一章中约定的那样。热力学第一定律的精髓在于过程中能量数量守恒,应注重对过程中能量数量守恒的分析和应用。若不计宏观动能和位能,本课程范围内能量与物质(热力学能)及物质的迁移(推动功)密不可分。闭口系没有物质越过边界,故其系统储能变化仅是热力学能的变化。运行中的热力设备大多有工质流入、流出,而开口系引进(或排出)工质时引进(或排出)系统的能量涉及物质的热力学能和推动功,故能量方程中应采用焓($h = u + pv$)的概念。通常,热力设备内工质通过状态变化转变来的功通过轴与外界交换,称之为轴功,如果计及宏观动能和位能的变化,则就是系统与外界可以交换的技术上可以利用功——技术功,与膨胀功对称,可逆过程技术功可以用过程线与 p 轴包围面积表示。热能动力装置大部分时间在稳定状态下运行,所以稳定流动能量方程 $\delta q = dh + \delta w_t$ 是工程应用最广泛的方程,但要强调的是热力学第一定律的解析式 $\delta q = du + \delta w$ 是热能转变为机械能的基本表达式。

具体建立能量方程时还需注意,任何能量方程都是针对具体的系统的,所以同一问题取不同系统可建立不同形式的能量方程;只有在能量越过边界时才有功或热量在能量方程中出现。

🔘思考题

2-1 能否由方程式(2-2)得出功、热量和热力学能是相同性质的参数的结论?

2-2 一刚性绝热容器,中间用绝热隔板分为两部分,A 中存有高压空气,B 中保持真空,如图 2-10 所示。若将隔板抽去,分析容器中空气的热力学能将如何变化? 若在隔板上有一小孔,气体泄漏入 B 中,分析 A、B 两部分压力相同时 A、B 两部分气体比热力学能如何变化?

隔板

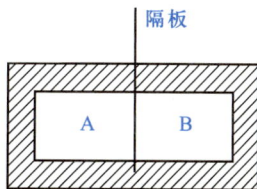

图 2-10　自由膨胀

2-3 热力学第一定律的能量方程式是否可写成下列形式? 为什么?

$$q = \Delta u + pv$$
$$q_2 - q_1 = (u_2 - u_1) + (w_2 - w_1)$$

2-4 热力学第一定律解析式有时写成下列两种形式:

$$q = \Delta u + w$$
$$q = \Delta u + \int_1^2 p dv$$

分别讨论上述两式的适用范围。

2-5 为什么推动功出现在开口系能量方程式中,而不出现在闭口系能量方程式中?

2-6 焓是工质流入(或流出)开口系时传递入(或传递出)系统的总能量,那么闭口系工质有没有焓值?

2-7   气体流入真空容器,是否需推动功?

2-8   稳定流动能量方程式(2-13)是否可应用于像活塞式压气机这样的机械稳定工况运行的能量分析?为什么?

2-9   为什么稳定流动开口系内不同部位工质的比热力学能、比焓、比熵等都会改变,而整个系统的 $\Delta U_{cv} = 0$、$\Delta H_{cv} = 0$、$\Delta S_{cv} = 0$?

2-10   开口系实施稳定流动过程,是否同时满足下列三式:

$$\delta Q = \mathrm{d}U + \delta W$$

$$\delta Q = \mathrm{d}H + \delta W_{t}$$

$$\delta Q = \mathrm{d}H + \frac{m}{2}\mathrm{d}(c_f^2) + mg\mathrm{d}z + \delta W_i$$

上述三式中,W、W_t 和 W_i 的相互关系是什么?

2-11   几股流体汇合成一股流体称为合流,如图 2-11 所示。工程上几台压气机同时向主气道送气以及混合式换热器等都有合流的问题。通常合流过程都是绝热的。取 1-1、2-2 和 3-3 截面之间的空间为控制体积,列出能量方程式并导出出口截面上焓值 h_3 的计算式。

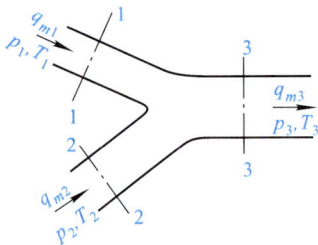

图 2-11   合流

习题

2-1   一汽车在 1 h 内消耗汽油 34.1 L,已知汽油的发热量为 44 000 kJ/kg,汽油密度为 750 kg/m³。测得该车通过车轮输出的功率为 64 kW,试求汽车通过排气、水箱散热等各种途径所放出的热量。

2-2   质量为 1 275 kg 的汽车在以 60 000 m/h 的速度行驶时被踩刹车止动,速度降至 20 000 m/h。假定刹车过程中 0.5 kg 的刹车带和 4 kg 钢刹车鼓均匀加热,但与外界没有传热。已知刹车带和钢刹车鼓的比热容分别是 1.1 kJ/(kg·K)和 0.46 kJ/(kg·K),求刹车带和刹车鼓的温升。

2-3   1 kg 氧气置于图 2-12 所示气缸内,缸壁能充分导热,且活塞与缸壁无摩擦。初始时氧气压力为 0.5 MPa,温度为 27 ℃。若气缸长度为 $2l$,活塞质量为 10 kg,试计算拔除销钉后,活塞可能达到的最大速度。

2-4   气体在某一过程中吸收了 50 J 的热量,同时热力学能增加了 84 J,问此过程是膨胀过程还是压缩过程?对外作功是多少(J)?

2-5 在冬季,某加工车间每小时经过墙壁和玻璃等处损失热量 3×10^6 kJ,车间中各种机床的总功率是 375 kW,且全部动力最终变成了热能。另外,室内经常点着 50 盏 100 W 的电灯。为使该车间温度保持不变,问每小时需另外加入多少热量?

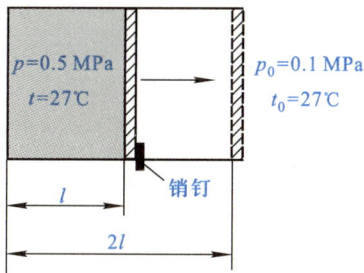

图 2-12 习题 2-3 附图

2-6 夏日为避免阳光直射,密闭门窗,用电风扇取凉,电风扇的功率为 60 W。假定房间内初温为 28 ℃,压力为 0.1 MPa;太阳照射传入的热量为 0.1 kW,通过墙壁向外散热 1 800 kJ/h。若室内有 3 人,每人每小时向环境散发的热量为 418.7 kJ,试求面积为 15 m²、高度为 3.0 m 的室内每小时温度的升高值。已知空气的热力学能与温度的关系为 $\Delta u = 0.72\{\Delta T\}_K$ kJ/kg。

2-7 一飞机的弹射装置如图 2-13 所示,气缸内装有压缩空气,初始体积为 0.28 m³,终了体积为 0.99 m³,飞机的发射速度为 61 m/s,活塞、连杆和飞机的总质量为 2 722 kg。设发射过程进行很快,压缩空气和外界间无传热现象,若不计摩擦损耗,求发射过程中压缩空气热力学能的变化量。

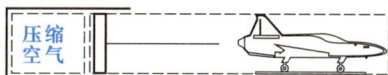

图 2-13 习题 2-7 附图

2-8 如图 2-14 所示,气缸内空气的体积为 0.008 m³,温度为 17 ℃。初始时空气压力为 0.101 3 MPa,弹簧处于自由状态。现向空气加热,使其压力升高,并推动活塞上升而压缩弹簧。已知活塞面积为 0.08 m²,弹簧刚度 $k = 400$ N/cm,空气热力学能变化关系式为 $\Delta u = 0.718\{\Delta T\}_K$ kJ/kg。环境大气压力 $p_b = 0.1$ MPa,试求使气缸内的空气压力达到 0.15 MPa 所需的热量。

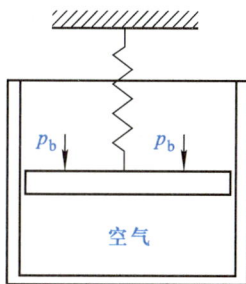

图 2-14 习题 2-8 附图

2-9 有一橡皮气球,当其内部气体的压力和大气压相同并为 0.1 MPa 时呈自由状态,体积为 0.3 m³。气球受火焰照射,体积膨胀 1 倍,压力上升为 0.15 MPa,设气球内的压力变化和体积成正比。试求:(1) 该过程中气体作的功;(2)用于克服橡皮气球弹力所作的功;(3)若初始时气体温度为 17 ℃,求球内气体的吸热量。已知该气体的气体常数 $R_g = 287$ J/(kg·K),热力学能 $\Delta u = 0.72 \{\Delta T\}_K$ kJ/kg。

2-10　空气在压气机中被压缩,压缩前空气的参数是 $p_1 = 0.1$ MPa、$v_1 = 0.845$ m³/kg;压缩后的参数是 $p_2 = 0.8$ MPa、$v_2 = 0.175$ m³/kg。设在压缩过程中 1 kg 空气的热力学能增加 139.0 kJ,同时向外放出热量 50 kJ。压气机每分钟产生压缩空气 10 kg。试求:(1)压缩过程中对 1 kg 空气作的功;(2)每生产 1 kg 压缩空气所需的功(技术功);(3)带动此压气机要用多大功率的电动机?

2-11　某建筑物的排气扇每秒能把 2.5 kg/s 压力为 98 kPa、温度为 20 ℃ 的空气通过直径为 0.4 m 的排气孔排出,经过排气扇后气体压力升高 50 mmH₂O,但温度近似不变,试求排气扇的功率和排气速度。

2-12　进入蒸汽发生器中内径为 30 mm 管子的压力水的参数为 10 MPa、30 ℃,从管子输出时参数为 9 MPa、400 ℃,若入口体积流量为 3 L/s,求加热率。已知初态时 $h = 134.8$ kJ/kg、$v = 0.001\,0$ m³/kg,终态时 $h = 3\,117.5$ kJ/kg、$v = 0.029\,9$ m³/kg。

2-13　某蒸汽动力厂中锅炉以 40 T/h 蒸汽供入蒸汽轮机。蒸汽轮机进口处压力表上读数是 9 MPa,蒸汽的焓是 3 441 kJ/kg;出口处真空表上的读数是 0.097 4 MPa,出口蒸汽的焓是 2 248 kJ/kg。汽轮机对环境散热为 6.81×10^5 kJ/h。求:(1)进出口处蒸汽的绝对压力(当场大气压力是 101 325 Pa);(2)不计进出口动能差和位能差时汽轮机的功率;(3)进口处蒸汽速度为 70 m/s、出口处速度为 140 m/s 时对汽轮机的功率有多大影响?(4)蒸汽进、出口高度差为 1.6 m 时对汽轮机的功率又有多大影响?

2-14　500 kPa 的饱和液氨进入锅炉加热成干饱和氨蒸气,然后进入压力同为 500 kPa 的过热器加热到 275 K,若氨的质量流量为 0.005 kg/s,求锅炉和过热器中的换热率。已知:氨进入和离开锅炉时的焓分别为 $h_1 = 199.3$ kJ/kg、$h_2 = 1\,446.4$ kJ/kg,氨离开过热器时的焓为 $h_3 = 1\,470.7$ kJ/kg。

2-15　向大厦供水的主管线在地下 5 m 进入时管内压力为 600 kPa;经水泵加压,在距地面 150 m 高处的大厦顶层水压仍有 200 kPa。假定水温为 10 ℃,流量为 10 kg/s,忽略水热力学能差和动能差,假设水的比体积为 0.001 m³/kg,求水泵消耗的功率。

2-16　用一台水泵将井水从 6 m 深的井里泵到比地面高 30 m 的水塔中(图 2-15),水流量为 25 m³/h,水泵消耗功率为 12 kW。冬天井水的温度为 3.5 ℃。为防止冬天结冰,要求进入水塔的水温不低于 4 ℃。整个系统及管道均包有一定厚度的保温材料,问是否有必要在管道中设置一加热器? 如有必要的话,需加入多少热量? 设管道中水进、出口的动能差可忽略不计;水的比热容取定值并为 $c_p = 4.187 \text{ kJ/(kg·K)}$,水的焓差 $\Delta h = c_p \Delta t$;水的密度取 1 000 kg/m^3。

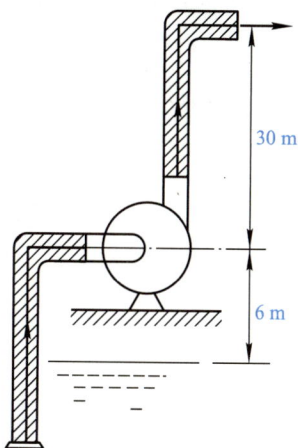

图 2-15 习题 2-16 附图

2-17 一种工具,利用从喷嘴射出的高速水流进行切割,供水压力为 200 kPa、温度为 20 ℃,喷嘴内径为 0.002 m,射出水流温度 20 ℃、流速为1 000 m/s。假定喷嘴两侧水的热力学能变化可略去不计,求水泵功率。已知 200 kPa、20 ℃时水的比体积 $v=0.001\ 002 \text{ m}^3/\text{kg}$。

2-18 一刚性绝热容器,容积 $V = 0.028 \text{ m}^3$,原先装有压力为 0.1 MPa、温度为 21 ℃的空气。现将连接此容器与输气管道的阀门打开,向容器内快速充气。设输气管道内气体的状态参数保持 $p = 0.7$ MPa、$t = 21$ ℃不变。当容器中压力达到 0.2 MPa 时阀门关闭,求容器内气体可能达到的最高温度。设空气可视为理想气体,其热力学能与温度的关系为 $u = 0.72 \{T\}_\text{K} \text{ kJ/kg}$,焓与温度的关系为 $h = 1.005\{T\}_\text{K} \text{ kJ/kg}$。

2-19 医用氧气袋中空时呈扁平状态,内部容积为零。接在压力为 14 MPa、温度为 17 ℃ 的钢质氧气瓶上充气。充气后氧气袋隆起,体积为 0.008 m^3,压力为 0.15 MPa,由于充气过程很快,氧气袋与大气换热可以忽略不计,同时因充入氧气袋内的气体质量与钢瓶内的气体质量相比甚少,故可以认为钢瓶内氧气参数不变。设氧气可视为理想气体,其热力学能可表示为 $u = 0.657\{T\}_\text{K} \text{ kJ/kg}$,焓与温度的关系为 $h = 0.917\{T\}_\text{K} \text{ kJ/kg}$,求充入氧气袋内氧气的质量。

2-20 两个体重都是 80 kg 的男子每天吃同样的食物,完成相同的工作,但 A 每天上下班步行 60 min,而 B 则每天驾驶汽车 20 min 上下班,另40 min用于看电视,试确定 100 个工作日后这两人的体重差。

2-21 一间教室通过门窗散发热量 25 000 kJ/h,教室内有 30 名师生,15 台计算机。若每人散发的热量是 180 W,每台计算机功率为 120 W,问为了保持室内温度是否有必要打开取暖器?

2-22 一位 55 kg 的女士经不住美味的诱惑多吃了 0.25 L 的冰激凌。为了消耗这些额外的冰激凌的能量,她决定以 7.2 km/h 的速度步行 5.5 km 回家,试确定她能否达到预期目的?

第三章

气体和蒸汽的性质

当今科技水平下热能大规模地、经济地转变为机械能,通常是借助于工质在热能动力装置中的吸热、膨胀作功、排热等状态变化过程而实现的。为了分析研究和计算工质进行这些过程时的吸热量和作功量,除了热力学第一定律等基础理论外还需具备工质热力性质方面的知识。热功转换适用的工质应具有显著的涨缩能力,即其体积随温度、压力能有较大的变化。物质的三态中只有气态具有这一特性,因而热机工质一般采用气态物质,且视其距液态的远近又分为气体和蒸气。本章讨论气态物质的热力性质。

3.1　理想气体的概念

3.1.1　理想气体模型

气态物质的分子持续不断地做无规则的热运动,分子数目又如此的巨大,若不计恒力场(如重力场等)作用,运动在任何一个方向上都没有显著的优势,宏观上表现为各向同性,压力各处各向相同,密度一致。自然界中的气体分子本身有一定的体积,分子相互间存在作用力,分子在两次碰撞之间进行的是非直线运动,很难精确描述和确定其复杂的运动,为了方便分析、简化计算,引出了理想气体的概念。

理想气体是一种实际上不存在的假想气体,其分子是些弹性的、不具体积的质点;分子间相互没有作用力。在这两点假设条件下,气体分子的运动规律极大地简化了。对此简化了的物理模型,不但可定性地分析气体的某些热力学现象,而且可定量地导出状态参数间存在的简单函数关系。

众所周知,高温低压的气体密度小、比体积大,若气体分子本身体积远小于其活动空间,分子间平均距离又很大,使分子间作用力极其微弱,气体的状态就很接近理想气体。因此,理想气体是气体压力趋近于零($p \to 0$)、比体积趋近于无穷大($v \to \infty$)时的极限状态。一般来说,氩、氖、氦、氢、氧、氮、一氧化碳等的临界温度(临界状态温度,详见 3.5 节)低的单原子或双原子气体(参见附表 1),在温度不太低、压力不太高时均远离液态,接近理想气体假设条件。因而,工程中常用的氧气、氮气、氢气、一氧化碳等及其混合气体,如空气、燃气、烟气等工质,在常温常压下都可作为理想气体处理,误差一般都在工程计算允许的精度范围之内。如空气在室温下压力达 10 MPa 时,按理想气体状态方程计算的比体积误差在 1% 左右。

不符合上述两点假设的气态物质称为实际气体。火力发电厂动力装置中采用的水蒸气、制冷装置的工质氟利昂蒸气、氨蒸气等,这类物质临界温度较高,蒸气在通常的工作温度和压力下离液态不远,不能看作理想气体。通常蒸气的比体积较远离液态的气体的比体积小得多,分子本身体积不容忽略,分子间内聚力随平均距离减小又急剧增大,因而分子运动规律极其复杂,宏观上反映为状态参数的函数关系式繁复(参见第十二章),热工计算中需要借助于计算机或利用为各种蒸气专门编制的图或表。实际气体的热力性质将在第十二章中另行讨论。

地球大气中含有的少量水蒸气及燃气、烟气中含有的水蒸气和二氧化碳等,因分子浓度低,分压力甚小,在这些混合物的温度不太低时,仍可视作理想气体。

理想气体

3.1.2　理想气体状态方程式

根据分子运动论,对理想气体分子运动物理模型,用统计方法得出气体的压力为

$$p = \frac{2}{3} N \frac{m \bar{c}^2}{2} \tag{3-1}$$

式中:N 为 1 m³ 体积内分子数;m 为每个分子的质量;$m\bar{c}^2/2$ 是分子平均平移动能,因此 $N \times m\bar{c}^2/2$ 是 1 m³ 中全部分子的平移动能,大小完全由温度确定。

式(3-1)两侧各乘以比体积 v,将式(1-1)代入,得

$$pv = \frac{2}{3} Nv \frac{m\bar{c}^2}{2} = NvkT$$

即得式(1-15)
$$pv = R_g T$$

式中,$R_g = kNv$。k 是玻尔兹曼常数;Nv 是 1 kg 气体所具有的分子数,每一种气体都有确定的值。R_g 称为气体常数,显然它是一个只与气体种类有关,而与气体所处状态无关的物理量。

上述表示的理想气体在任一平衡状态时 p、v、T 之间的关系称为理想气体状态方程式,或称克拉佩龙(Clapeyron)方程。它与波义耳、马略特等人对低压气

体测定得出的实验结果,即 $\dfrac{p_1v_1}{T_1}=\dfrac{p_2v_2}{T_2}=\cdots=\dfrac{pv}{T}=$ 常数是一致的。这里再次强调,使用时应注意各量的单位。按国家法定计量单位:p 的单位为 Pa,T 的单位为 K,v 的单位为 m³/kg,与此相应的 R_g 的单位为 J/(kg·K)。

3.1.3　摩尔质量和摩尔体积

摩尔(mol)是国际单位制中用来表示物质的量的基本单位。物质中包含的基本单元数与 0.012 kg 碳 12 的原子数目相等时物质的量即为 1 mol。基本单元可以是原子、分子、离子、电子及其他微粒,或是这些粒子的特定组合。0.012 kg 碳 12 的原子数目为 6.022 5×10²³ 个,热力学中基本单元是分子,因而 1 mol 任何物质的分子数为 6.022 5×10²³ 个。

1 mol 物质的质量称为摩尔质量,用符号 M 表示,单位是 g/mol。摩尔质量数值上等于物质的相对分子质量 M_r(过去称分子量)。附表 1 中列有一些气体的摩尔质量。若 m 为物质的质量并以 kg 为单位,物质的量 n 以 mol 为单位,则

$$n=\dfrac{m}{M\times10^{-3}}$$

1 mol 气体的体积,以 V_m 表示,显然

$$V_m=Mv\times10^{-3}$$

阿伏伽德罗定律指出:同温、同压下,各种气体的摩尔体积都相同。实验得出,在标准状态($p_0=101\ 325$ Pa,$T_0=273.15$ K)下,1 mol 任意气体的体积同为

$$V_{m0}=(Mv)_0=0.022\ 414\ 1\ \text{m}^3/\text{mol}$$

这里,下角标"0"是指标准状态。热工计算中,除了用 kg 和 mol 外,有时采用标准立方米作为计量单位。1 mol 气体标准状态下的体积为 0.022 414 1 m³。

3.1.4　摩尔气体常数

1 kg 理想气体的状态方程的两侧同乘以摩尔质量 M,即为 1 mol 气体的状态方程为

$$pV_m=MR_gT=RT \tag{3-2}$$

若以 1 和 2 分别代表两种不同种类的气体,根据阿伏伽德罗定律,当 $p_1=p_2$、$T_1=T_2$ 时,则 $V_{m1}=V_{m2}$。比较 1、2 两种气体的状态方程,可见两种气体的 M 与 R_g 的乘积相同,而气体的种类又是任选的,因而 $(MR_g)_1=(MR_g)_2=\cdots=MR_g$。$M$ 与 R_g 各自都与气体的状态无关,可以断定:MR_g 是既与状态无关,也与气体种类无关的普适恒量,称为摩尔气体常数(以前称通用气体常数),以 R 表示。R 的数值可取任意气体在任意状态下的参数确定,如用标准状态的参数,可得

$$R = MR_g = \frac{p_0 V_{m0}}{T_0} = \frac{101\ 325\ \text{Pa} \times (0.022\ 414\ 1 \pm 0.000\ 000\ 19)\ \text{m}^3/\text{mol}}{273.15\ \text{K}}$$

$$= 8.314\ 510 \pm 0.000\ 070\ \text{J}/(\text{mol} \cdot \text{K})$$

各种气体的气体常数可由下式确定:

$$R_g = \frac{R}{M} = \frac{8.314\ 5\ \text{J}/(\text{mol} \cdot \text{K})}{M} \tag{3-3}$$

例如,空气的摩尔质量是 28.97×10^{-3} kg/mol,故气体常数 $R_g = 287.0$ J/(kg·K)。

理想气体在流动中处于平衡状态时,同样可利用理想气体状态方程。这时,可分别以气体的摩尔流量 q_n、质量流量 q_m、体积流量 q_V 代替式中物质的量 n、质量 m 和体积 V,如

$$p q_V = q_m R_g T \tag{3-4}$$

$$p q_V = q_n R T \tag{3-5}$$

例 3-1 试按照理想气体状态方程式求空气在表 3-1 所列温度、压力条件下的比体积 v,并与实测值 v' 比较,计算相对误差 ε。已知空气的气体常数 $R_g = 287.06$ J/(kg·K)。

解 根据 1 kg 理想气体状态方程可得

$$v = \frac{R_g T}{p} = \frac{287.06\ \text{J}/(\text{kg} \cdot \text{K}) \times 300\ \text{K}}{101\ 325\ \text{Pa}} = 0.849\ 92\ \text{m}^3/\text{kg}$$

$$\varepsilon = \frac{v - v'}{v'} = \frac{(0.849\ 92 - 0.849\ 75)\ \text{m}^3/\text{kg}}{0.849\ 75\ \text{m}^3/\text{kg}} = 0.020\%$$

其他几种状态的计算方法相同,不再重复。计算结果见表 3-1。

讨论:计算结果表明,常温且压力不太高时,利用理想气体状态方程式计算相对误差很小,而低温、高压(如 200 K,10 MPa)时误差很大,理想气体状态方程式已不适用。所以,不能认为空气就是理想气体,而是常温低压状态下空气处于理想气体状态。

表 3-1 例 3-1 计算表

T/K	p/atm	$v/(\text{m}^3/\text{kg})$	$v'/(\text{m}^3/\text{kg})$	$\varepsilon/\%$
300	1	0.849 92	0.849 75	0.02
300	10	0.084 992	0.084 77	0.26
300	50	0.016 998	0.016 85	0.88
300	100	0.008 499 2	0.008 45	0.58
200	100	0.005 666	0.004 6	23.18
90	1	0.254 98	0.247 58	2.99

例 3-2　某台压缩机每小时输出 3 200 m^3、表压力 $p_e = 0.22$ MPa、温度 $t = 156$ ℃ 的压缩空气。设当地大气压 $p_b = 765$ mmHg,求压缩空气的质量流量 q_m 及标准状态下的体积流量 q_{v0}。

解　压缩机出口处空气的温度 $T = t + 273$ K $= (156 + 273)$ K $= 429$ K,绝对压力

$$p = p_e + p_b = 0.22 \text{ MPa} + \frac{765 \text{ mmHg}}{7\ 500.6 \text{ mmHg/MPa}} = 0.322 \text{ MPa}$$

该状态下体积流量 $q_v = 3\ 200$ m^3/h。

将上述各值代入以流量形式表达的理想气体状态方程式,得摩尔流量 q_n 为

$$q_n = \frac{p q_v}{RT} = \frac{0.322 \times 10^6 \text{ Pa} \times 3\ 200 \text{ m}^3/\text{h}}{8.314\ 5 \text{ J}/(\text{mol} \cdot \text{K}) \times 429 \text{ K}} = 288.877 \times 10^3 \text{ mol/h}$$

空气的摩尔质量 $M = 28.97 \times 10^{-3}$ kg/mol,故空气的质量流量为

$$q_m = M q_n = 28.97 \times 10^{-3} \text{ kg/mol} \times 288.877 \times 10^3 \text{ mol/h} = 8\ 368.77 \text{ kg/h}$$

因 $V_0 = 22.414\ 1 \times 10^{-3}$ m^3/mol,故标准状态体积流量为

$$q_{v0} = q_n V_0 = 288.877 \times 10^3 \text{ mol/h} \times 22.414\ 1 \times 10^{-3} \text{ m}^3/\text{mol} = 6\ 474.92 \text{ m}^3/\text{h}$$

讨论:(1) 由于压力不高,本题中空气处于理想气体状态;(2) 本例说明,流动中的理想气体在平衡状态下也满足状态方程;(3) 状态方程中压力 p 必须用绝对压力;式中 R 的值应该与 p、v、T 的单位相一致——p 用 Pa 时 R 为 8.314 5 J/(mol·K)。

3.2　理想气体的比热容

3.2.1　热容和比热容

物体温度升高 1 K(或 1 ℃)所需热量称为热容,以 C 表示,$C = \dfrac{\delta Q}{\mathrm{d}T}$。1 kg 物质温度升高 1 K(或 1 ℃)所需热量称为质量热容,又称比热容,单位为 J/(kg·K),用 c 表示,其定义式为

$$c = \frac{\delta q}{\mathrm{d}T} \quad \text{或} \quad c = \frac{\delta q}{\mathrm{d}t} \tag{3-6}$$

1 mol 物质的热容称为摩尔热容,单位为 J/(mol·K),以符号 C_m 表示。热工计算中,尤其在有化学反应或相变反应时,用摩尔热容更方便。标准状态下 1 m^3 物质的热容称为体积热容,单位为 J/(m^3·K),以 C' 表示之。三者之间的关系为

$$C_m = Mc = V_{m0}C' \tag{3-7}$$

其中 V_{m0} 是标准状态的摩尔体积。

前已述及,热量是过程量,因而比热容也和过程特性有关,不同的热力过程,比热容也不相同。热力设备中工质往往是在接近压力不变或体积不变的条件下吸热或放热的,因此定压过程和定容过程的比热容最常用,它们称为比定压热容(也称质量定压热容)和比定容热容(也称质量定容热容),分别以 c_p 和 c_V 表示。

引用热力学第一定律解析式(2-7)和(2-24),对于可逆过程有

$$\delta q = du + pdv, \quad \delta q = dh - vdp$$

定容时($dv = 0$)

$$c_V = \left(\frac{\delta q}{dT}\right)_v = \left(\frac{du + pdv}{dT}\right)_v = \left(\frac{\partial u}{\partial T}\right)_v \tag{3-8}$$

定压时($dp = 0$)

$$c_p = \left(\frac{\delta q}{dT}\right)_p = \left(\frac{dh - vdp}{dT}\right)_p = \left(\frac{\partial h}{\partial T}\right)_p \tag{3-9}$$

以上两式直接由 c_p、c_V 的定义导出,故适用于一切工质,不限于理想气体。

对于理想气体,其分子间无作用力,不存在内位能,热力学能只包括取决于温度的内动能,因而理想气体的热力学能是温度的单值函数,即 $u = f_u(T)$。焓 $h = u + pv$,对于理想气体 $h = u + R_g T$,显然,其焓值与压力无关,也只是温度的单值函数,即 $h = f_h(T)$,故

$$\left(\frac{\partial u}{\partial T}\right)_v = \frac{du}{dT} \tag{3-10}$$

$$\left(\frac{\partial h}{\partial T}\right)_p = \frac{dh}{dT} \tag{3-11}$$

将式(3-10)和(3-11)分别代入式(3-8)和(3-9),得出理想气体的比热容

$$c_V = \frac{du}{dT} \tag{3-12}$$

$$c_p = \frac{dh}{dT} \tag{3-13}$$

式(3-8)和(3-9)意味着:工质的 c_V 和 c_p 分别是状态参数 u 对 T、h 对 T 的偏导数,c_V 和 c_p 是状态参数。式(3-12)和(3-13)意味着理想气体的 c_V 和 c_p 仅仅是温度的函数。

3.2.2 迈耶公式及比热容比

将理想气体的焓 $h = u + R_g T$ 对 T 求导:

$$\frac{\mathrm{d}h}{\mathrm{d}T} = \frac{\mathrm{d}u}{\mathrm{d}T} + R_g$$

即
$$c_p - c_V = R_g \tag{3-14}$$

R_g 是常数,恒大于零。因此,同样温度下任意气体的 c_p 总是大于 c_V,其差值 $c_p - c_V$ 恒等于气体常数 R_g。从能量的观点分析,气体定容加热时,吸热量全部转变为分子的动能使温度升高;而定压加热时容积增大,吸热量中有一部分转变为机械能对外作出膨胀功,所以同样温度升高 1 K 所需热量更大,这正是 c_p 大于 c_V 的原因。式(3-14)两侧同乘以摩尔质量 M,则有

$$C_{p,m} - C_{V,m} = R \tag{3-15}$$

式(3-14)和(3-15)称为迈耶公式。c_V 不易测准,通常实验测定 c_p,再由此式确定 c_V。

比值 c_p/c_V 称为比热容比,或质量热容比,以 γ 表示,即

$$\gamma = \frac{c_p}{c_V} = \frac{C_{p,m}}{C_{V,m}} \tag{3-16}$$

上式代入式(3-14),可得

$$c_p = \frac{\gamma}{\gamma-1} R_g, \quad c_V = \frac{1}{\gamma-1} R_g \tag{3-17}$$

3.2.3　气体的真实比热容和平均比热容

1. 真实比热容

根据比热容的定义,气体比热容 $c = \dfrac{\delta q}{\mathrm{d}T}$。实验表明:理想气体的比热容是温度的复杂函数,随着温度的升高而增大,图 3-1 给出了几种气体摩尔热容与温度的关系。通常 c 可表达为

$$c = a_0 + a_1 T + a_2 T^2 + a_3 T^3 + \cdots$$

或
$$c = b_0 + b_1 t + b_2 t^2 + b_3 t^3 + \cdots$$

附表 4 中列出了一些气体在理想气体状态的比定压热容 c_p 与温度三次方的经验关系式

$$c_p = c_0 + c_1 \theta + c_2 \theta^2 + c_3 \theta^3 \tag{3-18}$$

式中:$\theta = T/1\ 000$,各种气体的系数 c_0、c_1、c_2、c_3 是根据一定温度范围内的实验值拟合得出的。比定容热容可根据迈耶公式导得

$$c_V = c_0 - R_g + c_1 \theta + c_2 \theta^2 + c_3 \theta^3 \tag{3-19}$$

将式(3-18)和式(3-19)分别代入下列关系式,即可计算 1 kg 气体由温度 T_1 升高到 T_2 经历定压过程或定容过程的吸热量

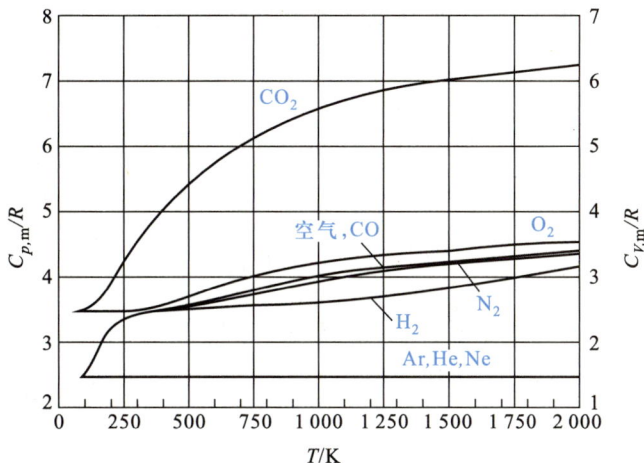

图 3-1 几种气体的 $C_{p,m}/R$、$C_{V,m}/R$ 随温度的变化

$$q_p = \int_{T_1}^{T_2} c_p \mathrm{d}T, q_V = \int_{T_1}^{T_2} c_V \mathrm{d}T \qquad (3\text{-}20)$$

随着计算机的普及,对于理想气体及其混合物,以及一些实际气体用真实比热容积分求取热量或热力学能差、焓差、熵差的方法被广泛采用。

2. 平均比热容表

利用平均比热容表计算的方法是一种既简单又准确的方法,下面简要介绍平均比热容表编制原理。图 3-2 是真实比热容随温度的变化的示意图,图中 $c = f(t)$ 曲线下面积代表过程热量,如 1 kg 气体温度由 t_1 升高到 t_2 所需热量 q 可用曲边梯形面积 A_{EFDBE} 表示,即

$$q = \int_{T_1}^{T_2} c \mathrm{d}T = A_{EFDBE}$$

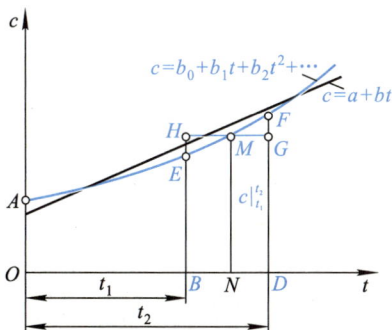

图 3-2 真实比热容随温度变化示意图

根据定积分中值定理,在 t_1 到 t_2 区间内必定存在函数 c 的某值 $c\Big|_{t_1}^{t_2}$,使

$$q = \int_{T_1}^{T_2} c\,\mathrm{d}T = c\Big|_{t_1}^{t_2}(t_2 - t_1) = A_{EFDBE} \qquad (3-21)$$

换句话说,必定有某个矩形(如图中 $HGDBH$),其面积 A_{HGDBH} 等于曲边梯形 $EFDBE$ 面积 A_{EFDBE},该矩形的高度即是 $c\Big|_{t_1}^{t_2}$,称为 t_1 到 t_2 区间内的平均比热容:

$$c\Big|_{t_1}^{t_2} = \frac{q}{t_2 - t_1} = \frac{\int_{t_1}^{t_2} c\,\mathrm{d}t}{t_2 - t_1} \qquad (3-22)$$

由于 $c\Big|_{t_1}^{t_2}$ 与 t_1 和 t_2 均有关,故按式(3-21)编制平均比热容表不仅使用不便而且工程浩繁。考虑到曲边梯形面积 $A_{EFDBE}=$ 面积 A_{AFDOA} 一面积 A_{AEBOA},故根据定积分知识,过程热量

$$q = \int_{0\,℃}^{t_2} c\,\mathrm{d}t - \int_{0\,℃}^{t_1} c\,\mathrm{d}t = c\Big|_{0\,℃}^{t_2} t_2 - c\Big|_{0\,℃}^{t_1} t_1$$

于是

$$c\Big|_{t_1}^{t_2} = \frac{c\Big|_{0\,℃}^{t_2} t_2 - c\Big|_{0\,℃}^{t_1} t_1}{t_2 - t_1} \qquad (3-23)$$

式中 $c\Big|_{0\,℃}^{t_1}$、$c\Big|_{0\,℃}^{t_2}$ 分别表示温度自 0 ℃ 到 t_1 和 0 ℃ 到 t_2 的平均比热容值。这种平均比热容的起始温度同为 0 ℃,显然同种气体的 $c\Big|_{0\,℃}^{t}$ 只取决于终态温度 t,因而简化了制表。本书附表 5 列有几种常用气体的平均比定压热容 $c_p\Big|_{0\,℃}^{t}$,供精确计算时查用,因同样温度范围内的平均比定压热容与平均比定容热容之间的关系也遵守迈耶公式(见第 5.2 节),故如需平均比定容热容,则可由表中查出平均比定压热容后按迈耶公式(3-14)确定。

3. 平均比热容的直线关系式

工程上为简化计算,有时只需按比热容与温度成直线关系近似计算。将气体的真实比热容拟合为温度的直线关系近似式 $c=a+bt$,这时热量

$$q = \int_{t_1}^{t_2} c\,\mathrm{d}t = \int_{t_1}^{t_2}(a+bt)\,\mathrm{d}t = a(t_2-t_1) + \frac{b}{2}(t_2^2-t_1^2) = \left[a+\frac{b}{2}(t_2+t_1)\right](t_2-t_1)$$

由上式可得出 t_1 到 t_2 间的平均比热容

$$c\Big|_{t_1}^{t_2} = a + \frac{b}{2}(t_2+t_1) \qquad (3-24)$$

式(3-24)称为平均比热容直线关系式。本书附表 6 给出了一些气体的平均比

定压热容和平均比定容热容的直线关系式 $c\bigg|_{t_1}^{t_2}=a+\dfrac{b}{2}t$。使用时请注意:这里 t 需代入 t_2+t_1,t 项的系数是 $b/2$,而不是 b。例如,氧气的平均比定压热容 $\left\{c_p\bigg|_{t_1}^{t_2}\right\}_{\mathrm{kJ/(kg \cdot K)}}=0.919+0.000\,106\,5\{t\}_\text{℃}$,式中 $0.000\,106\,5$ 即 $b/2$,只需将 t_2+t_1 代入 t 即可直接得出温度由 t_1 升高到 t_2 的平均比定压热容 $c_p\bigg|_{t_1}^{t_2}$。

4. 定值比热容

工程上,当气体温度在室温附近,温度变化范围不大,或者计算精确度要求不太高时,可将比热容近似作为定值处理,通常称为定值比热容。

由分子运动理论可导出,1 mol 理想气体的热力学能 $U_\mathrm{m}=\dfrac{i}{2}RT$,式中 i 表示分子运动的自由度。由此得出气体摩尔定容热容 $C_{V,\mathrm{m}}$、摩尔定压热容 $C_{p,\mathrm{m}}$ 和比热容比 γ 各为

$$\frac{C_{V,\mathrm{m}}}{R}=\frac{i}{2} \tag{3-25}$$

$$\frac{C_{p,\mathrm{m}}}{R}=\frac{i+2}{2} \tag{3-26}$$

$$\gamma=\frac{i+2}{i} \tag{3-27}$$

单原子气体只有空间三个方向的平移运动,$i=3$,$C_{p,\mathrm{m}}/R=2.5$,$\gamma=1.67$。双原子气体除平移运动外,尚有环绕垂直于原子连线的两个轴的移动,故 $i=5$,$C_{p,\mathrm{m}}/R=3.5$,$\gamma=1.4$。图 3-3 给出了一些气体实测的 γ 值与温度间的关系曲线。由图 3-1 和图 3-3 可见,单原子气体 Ar、He、Ne 的 $C_{p,\mathrm{m}}/R$ 和 γ 几乎不随温度变化,它们的理论值与实测值一致。双原子气体空气、N_2、H_2 只有在常温(大约 $300\sim500$ K)时,$C_{p,\mathrm{m}}/R$ 和 γ 的曲线近似水平,$C_{p,\mathrm{m}}/R$ 为 3.5 左右,γ 接近 1.4,而低温或高温时都有显著的偏差,不能维持定值。经典力学解释为:沿着两个粒子连线方向,原子可能出现振动,组成分子的两个原子相互间存在作用力(尽管分子间作用力可忽略),原子的位置和速度决定了振动能量,高温时有更多的分子参与振动,所以实测值比理论值高且随温度上升偏差增大,而在低温时分子转动可能"停息",因而实际值要低。经典的比热容理论无法考虑振动动能,高温时气体有更多的分子具有较高的振动量子态。组成分子的原子数越多,温度越高,由于未能计及振动能量造成的误差也越大。量子力学已经给出了更为精确的分子运动模型,能给以更为严密的解释。

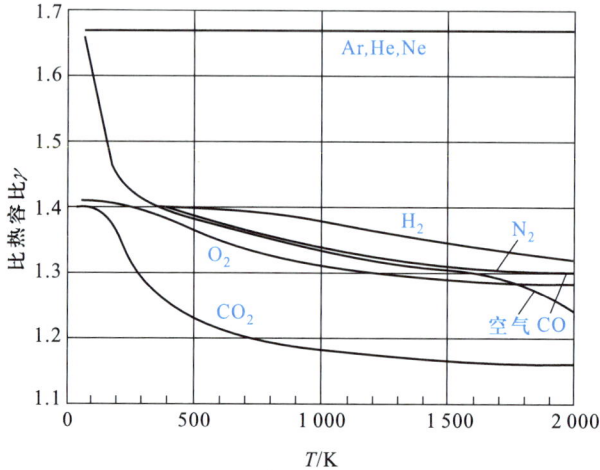

图 3-3 几种气体 γ 与温度的关系

考虑上述原因,对多原子气体做了适当的修正,推荐的定值摩尔热容列于表 3-2,以便定性分析某些热力学问题。

表 3-2 理想气体的定值摩尔热容和比热容比 $[R=8.314\,5\ \mathrm{J/(mol \cdot K)}]$

	单原子气体($i=3$)	双原子气体($i=5$)	多原子气体($i=6$)
$C_{V,\mathrm{m}}/[\mathrm{J/(mol \cdot K)}]$	$3R/2$	$5R/2$	$7R/2$
$C_{p,\mathrm{m}}/[\mathrm{J/(mol \cdot K)}]$	$5R/2$	$7R/2$	$9R/2$
$\gamma = C_{p,\mathrm{m}}/C_{V,\mathrm{m}}$	1.67	1.40	1.29

至于定值比热容和定值体积热容,可根据式(3-7)计算。

比热容按常数计算时,建议参照附表 2 或附表 3 中提供的一些常用气体在各种温度下的比热容值,温度变化范围较大时可取初态温度时的比热容和终态温度时的比热容的算术平均值。这时热量

$$q_V = c_{V,\mathrm{av}}(T_2 - T_1), \quad q_p = c_{p,\mathrm{av}}(T_2 - T_1)$$

例 3-3 某燃气轮机动力装置的回热器中,空气从 150 ℃ 定压加热到 350 ℃,求 1 kg 空气的加热量。

解 已知 $T_1 = (150+273.15)\ \mathrm{K} = 423.15\ \mathrm{K}$,$T_2 = (350+273.15)\ \mathrm{K} = 623.15\ \mathrm{K}$。

(1)按真实热容经验式

由附表 4 查得空气的比定压热容式为 $c_p = 1.05 - 0.365\theta + 0.85\theta^2 - 0.39\theta^3$,即

$$c_p = 1.05 - 0.365 \times 10^{-3} T + 0.85 \times 10^{-6} T^2 - 0.39 \times 10^{-9} T^3$$

1 kg 空气的加热量

$$q_p = \int_{T_1}^{T_2} c_p \mathrm{d}T = \int_{423.15\,\mathrm{K}}^{623.15\,\mathrm{K}} (1.05-0.365\times10^{-3}T+0.85\times10^{-6}T^2-0.39\times10^{-9}T^3)\mathrm{d}T$$

$$= 1.05\times(623.15\text{ K}-423.15\text{ K})-\frac{0.365\times10^{-3}}{2}\times[\,(623.15\text{ K})^2-$$

$$(423.15\text{ K})^2\,]+\frac{0.85\times10^{-6}}{3}\times[\,(623.15\text{ K})^3-(423.15\text{ K})^3\,]-$$

$$\frac{0.39\times10^{-9}}{4}\times[\,(623.15\text{ K})^4-(423.15\text{ K})^4\,]$$

$$= 207.3\text{ kJ/kg}$$

（2）按平均比热容表

查附表 5 得：$t=100$ ℃，$c_p=1.006$ kJ/(kg·K)；$t=200$ ℃，$c_p=1.012$ kJ/(kg·K)；$t=300$ ℃，$c_p=1.019$ kJ/(kg·K)；$t=400$ ℃，$c_p=1.028$ kJ/(kg·K)。所以

$$c_p\,\Big|_{0\,℃}^{150\,℃} = (1.012-1.006)\text{ kJ/(kg·K)}\times\frac{50\text{ ℃}}{100\text{ ℃}}+1.006\text{ kJ/(kg·K)}$$

$$= 1.009\text{ kJ/(kg·K)}$$

$$c_p\,\Big|_{0\,℃}^{350\,℃} = (1.028-1.019)\text{ kJ/(kg·K)}\times\frac{50\text{ ℃}}{100\text{ ℃}}+1.019\text{ kJ/(kg·K)}$$

$$= 1.023\ 5\text{ kJ/(kg·K)}$$

$$q_p = c_p\,\Big|_{0\,℃}^{350\,℃}t_2-c_p\,\Big|_{0\,℃}^{150\,℃}t_1$$

$$= 1.023\ 5\text{ kJ/(kg·K)}\times350\text{ ℃}-1.009\text{ kJ/(kg·K)}\times150\text{ ℃}=206.88\text{ kJ/kg}$$

（3）按平均比热容直线关系式

由附表 6 查得空气的平均比定压热容直线式为

$$\{c_p\}_{\text{kJ/(kg·K)}} = 0.995\ 6+0.000\ 093\{t\}_℃$$

将 t_2+t_1 代入，得 　　　　　$c_p\,\Big|_{150\,℃}^{350\,℃} = 1.042\ 1\text{ kJ/(kg·K)}$

$$q_p = c_p\,\Big|_{150\,℃}^{350\,℃}(t_2-t_1) = 1.042\ 1\text{ kJ/(kg·K)}\times(350\text{ ℃}-150\text{ ℃})=208.42\text{ kJ/kg}$$

（4）按定值比热容

$$C_{p,m} = \frac{i+2}{2}R = \frac{(5+2)\times8.314\ 5\text{ J/(mol·K)}}{2} = 29.10\text{ J/(mol·K)}$$

$$c_p = \frac{C_{p,m}}{M} = \frac{29.10\text{ J/(mol·K)}}{28.97\times10^{-3}\text{ kg/mol}} = 1.004\text{ kJ/(kg·K)}$$

$$q_p = c_p(T_2-T_1) = 1.004\text{ kJ/(kg·K)}\times(623.15-423.15)\text{ K}=200.80\text{ kJ/kg}$$

讨论：平均比热容表是考虑比热容随温度而变化的曲线关系，根据比热容精确值编制的，得出的是可靠结果。本例计算表明，平均比热容直线关系式，略有误差。定值比热容虽计算简便，但即使温度变化范围不大，也有一定误差。

3.3　理想气体的热力学能、焓和熵

3.3.1　理想气体的热力学能和焓

如图 3-4 所示，1—2 表示一任意过程，1—2′是定容过程，1—2″是定压过程，2、2′、2″、…各点同在温度为 T_2 的等温线上。前已述及，理想气体的热力学能及焓都只是温度的单值函数，故虽然 2、2′、2″、…各点的压力、比体积各不相同，但各点的热力学能值、焓值分别相等，即当 $T_2 = T_{2'} = T_{2''} = \cdots$ 时，有 $u_2 = u_{2'} = u_{2''} = \cdots$、$h_2 = h_{2'} = h_{2''} = \cdots$。于是，理想气体的等温线即等热力学能线、等焓线。由此得出重要结论：对于理想气体，任何一个过程的热力学能变化量都和温度变化相同的定容过程的热力学能变化量相等；任何一个过程的焓变化量都和温度变化相同的定压过程的焓变化量相等，即 $\Delta u_{1-2} = \Delta u_{1-2'}$，$\Delta h_{1-2} = \Delta h_{1-2''}$。

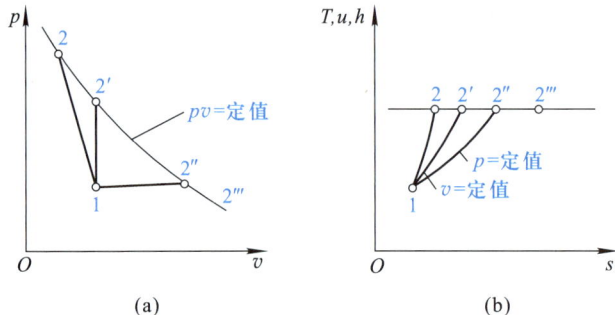

图 3-4　理想气体的 Δu 和 Δh

根据热力学第一定律解析式

$$\delta q = \mathrm{d}u + p\mathrm{d}v, \ \delta q = \mathrm{d}h - v\mathrm{d}p$$

定容过程 $\mathrm{d}v = 0$，膨胀功 $w = \int_1^2 p\mathrm{d}v = 0$，故热力学能变化量与过程热量相等，即

$$\Delta u = q_V = \int_{T_1}^{T_2} c_V \mathrm{d}T$$

定压过程 $\mathrm{d}p = 0$，技术功 $w_\mathrm{t} = -\int_1^2 v\mathrm{d}p = 0$，故焓变化量与过程热量相等，即

$$\Delta h = q_p = \int_{T_1}^{T_2} c_p \, \mathrm{d}T$$

因而,理想气体任何一种过程,下列各式都成立:

$$\mathrm{d}u = c_V \mathrm{d}T, \Delta u = q_V = \int_{T_1}^{T_2} c_V \mathrm{d}T = c_V \Big|_{T_1}^{T_2} (T_2 - T_1) \qquad (3-28)$$

$$\mathrm{d}h = c_p \mathrm{d}T, \quad \Delta h = q_p = \int_{T_1}^{T_2} c_p \mathrm{d}T = c_p \Big|_{T_1}^{T_2} (T_2 - T_1) \qquad (3-29)$$

因此理想气体的温度由 T_1 变化到 T_2,不论经过何种过程,也无须考虑压力和比体积如何变化,其热力学能及焓的变化量都可按式(3-28)和(3-29)确定。

通常,热工计算中只要求确定过程中热力学能或焓值的变化量。对无化学反应的热力过程,物系的化学能不变,这时可人为的规定基准态(如水蒸气三相态中液态水)的热力学能为零;某些制冷工质规定 $-20\ ^\circ\mathrm{C}$ 或 $-40\ ^\circ\mathrm{C}$ 时饱和液态值为零。理想气体通常取 0 K 或 0 ℃时焓值为零,如 $\{h\}_{0\,\mathrm{K}} = 0$,相应的 $\{u\}_{0\,\mathrm{K}} = 0$,这时任意温度 T 时的 h、u 实质上是从 0 K 计起的相对值,即

$$h = c_p \Big|_{0\,\mathrm{K}}^{T} T \qquad (3-30)$$

$$u = c_V \Big|_{0\,\mathrm{K}}^{T} T \qquad (3-31)$$

若以 0 ℃时焓值为起点,$h_{0\,℃} = 0$,这时 $u_{0\,℃} = -273.15\, R_g$,则

$$h = c_p \Big|_{0\,℃}^{t} t, u = c_V \Big|_{0\,℃}^{t} t - 273.15\, R_g \qquad (3-32)$$

本书附表 7(空气的热力性质)中直接列有各种温度时空气的比焓 h(取 $\{h\}_{0\,\mathrm{K}} = 0$),其他一些常见气体 CO、$CO_2$、$H_2$、$H_2O$、$N_2$、$O_2$、NO、$C_2H_2$、$CH_4$ 等的摩尔焓 H_m 随温度的变化值列于附表 8(气体的热力性质)。

对理想气体可逆过程,热力学第一定律可进一步具体化为

$$\delta q = c_V \mathrm{d}T + p \mathrm{d}v, q = c_V \Big|_{T_1}^{T_2} (T_2 - T_1) + \int_{v_1}^{v_2} p \mathrm{d}v \qquad (3-33)$$

以及

$$\delta q = c_p \mathrm{d}T - v \mathrm{d}p, q = c_p \Big|_{T_1}^{T_2} (T_2 - T_1) - \int_{p_1}^{p_2} v \mathrm{d}p \qquad (3-34)$$

3.3.2　理想气体的熵变计算

将气体任意微可逆过程的热量代入状态参数熵的定义式 $\mathrm{d}s = \dfrac{\delta q_\mathrm{rev}}{T}$,即可导得过程熵变量的计算式。对于理想气体,将可逆过程热力学第一定律解析式 $\delta q = c_p \mathrm{d}T - v \mathrm{d}p$ 和状态方程 $pv = R_g T$ 代入熵的定义式,得

$$\mathrm{d}s = \frac{c_p \mathrm{d}T - v \mathrm{d}p}{T} = c_p \frac{\mathrm{d}T}{T} - R_g \frac{\mathrm{d}p}{p} \qquad (3-35)$$

上式积分得出从状态 1 变化到状态 2 熵的变化量

$$\Delta s_{1-2} = \int_{T_1}^{T_2} c_p \frac{\mathrm{d}T}{T} - R_g \ln \frac{p_2}{p_1} \tag{3-36}$$

理想气体的比热容是温度的函数,对于一定气体,$c_p = f(T)$ 的函数式是确定的,故上式右侧第一项 $\int_{T_1}^{T_2} c_p \dfrac{\mathrm{d}T}{T}$ 只取决于 T_1 和 T_2,第二项决定于初、终态的压力 p_1 和 p_2。T_1 和 p_1、T_2 和 p_2 分别唯一地确定了状态 1 和 2。因而理想气体熵变 Δs_{1-2} 完全取决于初态和终态,而与过程经历的途径无关。所以,理想气体的熵是状态参数。至于任何工质都存在状态参数熵,将在第六章做介绍。

理想气体熵是状态参数,可用任意两个独立的状态参数表示。式(3-36)是以 p、T 表示的熵变量计算式,也是应用最广的形式。同样也可导出以 v、T 或 p、v 表示的计算式。将 $\delta q = c_V \mathrm{d}T + p\mathrm{d}v$ 和 $p = \dfrac{R_g T}{v}$ 代入熵定义式,得

$$\mathrm{d}s = \frac{c_V \mathrm{d}T + p\mathrm{d}v}{T} = c_V \frac{\mathrm{d}T}{T} + R_g \frac{\mathrm{d}v}{v} \tag{3-37}$$

$$\Delta s_{1-2} = \int_{T_1}^{T_2} c_V \frac{\mathrm{d}T}{T} + R_g \ln \frac{v_2}{v_1} \tag{3-38}$$

若以状态方程式 $pv = R_g T$ 的微分形式 $\dfrac{\mathrm{d}p}{p} + \dfrac{\mathrm{d}v}{v} = \dfrac{\mathrm{d}T}{T}$ 和迈耶公式 $c_V = c_p - R_g$ 代入式(3-35)稍加整理后得

$$\mathrm{d}s = c_V \frac{\mathrm{d}p}{p} + c_p \frac{\mathrm{d}v}{v} \tag{3-39}$$

及

$$\Delta s_{1-2} = \int_{p_1}^{p_2} c_V \frac{\mathrm{d}p}{p} + \int_{v_1}^{v_2} c_p \frac{\mathrm{d}v}{v} \tag{3-40}$$

热工计算中,一般要求确定初、终态熵的变化量。利用计算式(3-36),选择精确的真实比热容经验式 $c_p = f(T)$,可算得熵变的精确值。为避免积分过程,也可借助查表确定 $\int_{T_1}^{T_2} c_p \dfrac{\mathrm{d}T}{T}$,然后据计算式(3-36)确定熵变。选择基准状态 $p_0 = 101\,325$ Pa、$T_0 = 0$ K,规定这时 $s_{0\,K}^0 = 0$(上标"0"表示压力为 1 标准大气压),任意状态$(T、p)$时 s 值为

$$s = s_{0\,K}^0 + \int_{T_0}^{T} c_p \frac{\mathrm{d}T}{T} - R_g \ln \frac{p}{p_0} = \int_{T_0}^{T} c_p \frac{\mathrm{d}T}{T} - R_g \ln \frac{p}{p_0}$$

选定基准状态$(T_0、p_0)$后,状态$(T、p_0)$的值 s^0 为

$$s^0 = \int_{T_0}^{T} c_p \frac{\mathrm{d}T}{T} - R_g \ln \frac{p_0}{p_0} = \int_{T_0}^{T} c_p \frac{\mathrm{d}T}{T}$$

s^0 数值仅取决于温度 T,可依温度排列制表,附表 7 中列有 1 kg 空气的 s^0 数据,附表 8 中给出了另一些常见气体 1 mol 的 S_m^0 值,以备查用。这时式(3-36)改写为

$$\Delta s_{1-2} = \int_{T_1}^{T_2} c_p \frac{\mathrm{d}T}{T} - R_g \ln \frac{p_2}{p_1} = \int_{T_0}^{T_2} c_p \frac{\mathrm{d}T}{T} - \int_{T_0}^{T_1} c_p \frac{\mathrm{d}T}{T} - R_g \ln \frac{p_2}{p_1}$$

即
$$\Delta s_{1-2} = s_2^0 - s_1^0 - R_g \ln \frac{p_2}{p_1} \tag{3-41}$$

1 mol 气体的熵变为

$$\Delta S_{m,1-2} = M\Delta s_{1-2} = M\left[(s_2^0 - s_1^0) - R_g \ln \frac{p_2}{p_1} \right] = S_{m,2}^0 - S_{m,1}^0 - R\ln \frac{p_2}{p_1} \tag{3-42}$$

温度变化范围不大或近似计算时,按定值比热容可使计算简化,这时熵变近似为

$$\Delta s_{1-2} = c_p \ln \frac{T_2}{T_1} - R_g \ln \frac{p_2}{p_1} \tag{3-43}$$

$$\Delta s_{1-2} = c_V \ln \frac{T_2}{T_1} + R_g \ln \frac{v_2}{v_1} \tag{3-44}$$

$$\Delta s_{1-2} = c_V \ln \frac{p_2}{p_1} + c_p \ln \frac{v_2}{v_1} \tag{3-45}$$

例 3-4 CO_2 按定压过程稳定流经冷却器,$p_1 = p_2 = 0.105$ MPa,温度由 600 K 冷却到 366 K,试分别使用(1)平均比热容表、(2)气体热力性质表,计算流经冷却器的 1 kg CO_2 的放热量及熵变化量。

解 已知 $p_1 = p_2 = 0.105$ MPa,$T_1 = 600$ K、$T_2 = 366$ K,所以 $t_1 = 326.85$ ℃、$t_2 = 92.85$ ℃。由附表 1 查得 CO_2 的 $M = 44.01 \times 10^{-3}$ kg/mol、$R_g = 0.188\ 9$ kJ/(kg·K)。

(1)使用平均比热容表

由附表 5 可查得 CO_2 的平均质量定压热容 $c_p \big|_{0℃}^{t}$。根据 t_1 和 t_2,内插得到

$$c_p \big|_{0℃}^{t_1} = 0.958\ 13\ \text{kJ/(kg·K)}, c_p \big|_{0℃}^{t_2} = 0.862\ 35\ \text{kJ/(kg·K)}$$

据热力学第一定律,流经冷却器的 CO_2 放热量等于比焓变化量,故

$$q_p = \Delta h = c_p \big|_{0℃}^{t_2} t_2 - c_p \big|_{0℃}^{t_1} t_1$$
$$= 0.862\ 35\ \text{kJ/(kg·K)} \times 92.85\ ℃ - 0.958\ 13\ \text{kJ/(kg·K)} \times 326.85\ ℃$$
$$= -233.10\ \text{kJ/kg}$$

t_1 和 t_2 间的平均质量定压热容为

$$c_p \Big|_{t_1}^{t_2} = \frac{q}{t_2 - t_1} = \frac{\Delta h}{t_2 - t_1} = \frac{-233.10 \text{ kJ/kg}}{(92.85 - 326.85) \ ℃} = 0.996\ 2 \text{ kJ/(kg} \cdot \text{K)}$$

比熵变化量为

$$\Delta s = c_p \Big|_{t_1}^{t_2} \ln \frac{T_2}{T_1} - R_g \ln \frac{p_2}{p_1}$$

$$= 0.996\ 2 \text{ kJ/(kg} \cdot \text{K)} \times \ln \frac{366 \text{ K}}{600 \text{ K}} = -0.492\ 4 \text{ kJ/(kg} \cdot \text{K)}$$

（2）使用气体热力性质表

根据 T_1、T_2，由附表 8 查得 CO_2 的 $H_{m1} = 22\ 271.3$ J/mol、$H_{m2} = 12\ 029.17$ J/mol，故

$$h_1 = \frac{H_{m1}}{M} = \frac{22\ 271.3 \text{ J/mol}}{44.01 \times 10^{-3} \text{ kg/mol}} = 506.05 \times 10^3 \text{ J/kg} = 506.05 \text{ kJ/kg}$$

$$h_2 = \frac{H_{m2}}{M} = \frac{12\ 029.17 \text{ J/mol}}{44.01 \times 10^{-3} \text{ kg/mol}} = 273.33 \times 10^3 \text{ J/kg} = 273.33 \text{ kJ/kg}$$

可得：
$$q_p = \Delta h = h_2 - h_1 = 273.33 \text{ kJ/kg} - 506.05 \text{ kJ/kg} = -232.72 \text{ kJ/kg}$$

由附表 8 中还可查得 $S_{m1}^0 = 243.284$ J/(mol $\cdot$ K)、$S_{m2}^0 = 221.476$ J/(mol $\cdot$ K)。

因为 $p_2 = p_1$，$\ln \dfrac{p_2}{p_1} = 0$，所以

$$\Delta s = \frac{S_{m2}^0 - S_{m1}^0}{M} - R_g \ln \frac{p_2}{p_1}$$

$$= \frac{221.476 \text{ J/(mol} \cdot \text{K)} - 243.284 \text{ J/(mol} \cdot \text{K)}}{44.01 \times 10^{-3} \text{ kg/mol}} \times 10^{-3}$$

$$= -0.495\ 5 \text{ kJ/(kg} \cdot \text{K)}$$

讨论：（1）利用平均比热容表是一种精确的计算方法，而利用气体热力性质表直接查取 h（或 H_m）的方法是一种既精确又简便的方法。（2）理想气体的熵不是温度的单值函数，本题为定压过程，与压力相关量 $R_g \ln \dfrac{p_2}{p_1}$ 为零，故熵变量也只与温度项 $\int_{T_1}^{T_2} c_p \dfrac{\mathrm{d}T}{T}$ 有关。（3）理想气体经历任何一种过程，热力学能变化量等于定容过程热量，焓变量等于定压过程热量，所以凡是可以用来计算 q_V、q_p 的方法，也可用于计算 Δu、Δh；反之亦然。

例 3-5　如图 3-5 所示,刚性绝热容器被隔板均分为两部分,一侧储有压力为 0.2 MPa,温度为 27 ℃ 的 1 kg 空气,另一侧为真空状态。抽去隔板,空气扩散充满整个容器达到新平衡状态,求过程的熵变。

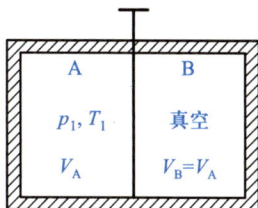

解　取全部气体为系统——闭口系。能量方程为

$$Q = \Delta U + W$$

因容器刚性绝热,$Q=0$、$W=0$,故 $\Delta U=0$。由于过程

图 3-5　自由膨胀示意

中空气可以做理想气体处理,$U=f(T)$,空气质量不变,$\Delta U=0$ 意味 $\Delta T=0$,所以气体自由膨胀前后 $T_2=T_1$。同时据题意有 $v_2=2v_1$。由此得

$$\Delta s_{12} = \int_1^2 c_V \frac{\mathrm{d}T}{T} + R_g \ln \frac{v_2}{v_1} = R_g \ln \frac{2v_1}{v_1} = R_g \ln 2$$

讨论:(1) 尽管自由膨胀是不可逆过程,但由于已证明理想气体的熵是状态参数,两平衡状态间的熵变只取决于状态而与中间过程无关,所以还是可以利用在推导过程中使用了可逆过程热力学第一定律解析式 $\delta q = c_p \mathrm{d}T - v\mathrm{d}p$ 的理想气体熵变计算式(3-38)计算熵变。(2) 有些初学者利用熵的定义式 $\Delta s_{12} = \int_1^2 \mathrm{d}s = \int_1^2 \frac{\delta q}{T}$ 计算熵变,由于绝热 $\delta q=0$,得出 $\Delta s_{12}=0$,请分析产生问题的原因。

3.4　水蒸气的饱和状态和相图

水蒸气是人类在热力发动机中最早广泛应用的工质,由于水蒸气具有容易获得、有适宜的热力性质及不会污染环境等优点,至今仍是热力系统中应用的重要工质。在热力系统中用做工质的水蒸气距液态不远,通常压力较高,工作过程中常有集态的变化,故不宜作理想气体处理。工程计算中,水和水蒸气的热力参数以前采用查取有关水蒸气的热力性质图表的办法,现在也可借助计算机对水蒸气的物性及过程作高精度的计算。

水蒸气

众所周知,由液态转变为气态的过程称为汽化,汽化又有蒸发和沸腾之分。在液体表面进行的汽化过程称为蒸发;在液体表面和内部同时进行的强烈汽化过程称为沸腾。物质由气相转变为液相的过程称为凝结,凝结是汽化的反过程。

液体分子和气体分子一样,都处于紊乱的热运动中。液态水放置于一个

压力容器内时(图3-6),随时有液体表面附近的动能较大的分子克服表面张力及其他分子的引力飞散到上面空间,同时也有空间内的蒸汽分子碰撞回到液面,凝成液体。液体的温度愈高,分子运动愈剧烈,水面附近动能较大的分子挣脱水面变成水蒸气的分子数愈多。假设容器空间没有其他气体,随着容器空间中的水蒸气分子逐渐增多,液面上的蒸汽压力也将

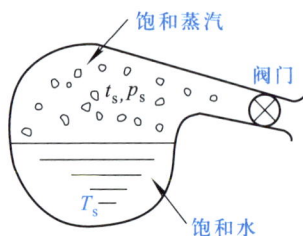

图 3-6　饱和状态

逐渐增大,水蒸气的压力愈高,密度愈大,水蒸气的分子与液面碰撞愈频繁,变为水分子的水蒸气分子数也愈多。到一定状态时,这两种方向相反的过程就会达到动态平衡。此时,两种过程仍在不断进行,但宏观结果是状态不再改变。这种液相和气相处于动态平衡的状态称为饱和状态。处于饱和状态的蒸汽称为饱和蒸汽,液体称为饱和液体。此时,气、液的温度相同,称为饱和温度,用 T_s 表示;蒸汽的压力称为饱和压力,用 p_s 表示。饱和蒸汽的特点是在一定容积中不能再含有更多的蒸汽,即蒸汽压力与密度为对应温度下的最大值。

两相动态
平衡

　　若温度升高并且维持在一定值,则汽化速度加快,空间内蒸汽密度亦将增加。当增加到某一确定数值时,在液体和蒸汽间又建立起新的动态平衡,此时蒸汽压力对应于新的温度下的饱和压力。对一定温度的液态水减压,也可使水达到饱和状态。这时,汽化所需能量由液体本身的热力学能供给,因此液体的温度要降低,但仍满足饱和压力与饱和温度的对应关系。不同温度水对应的饱和压力见表3-3。

表 3-3　不同温度水的饱和压力表

温度 $t/℃$	饱和压力 p_s/kPa	温度 $t/℃$	饱和压力 p_s/kPa
−10	0.26	50	12.35
0	0.61	100	101.3(1 atm)
10	1.23	150	475.8
20	2.34	200	1 554
30	4.25	250	3 973
40	7.38	300	8 581

　　水的气、液饱和状态概念可以推广到所有的纯物质,并且这种液相和气相动态相平衡的概念可进一步推广到固相和气相及固相和液相,它们的饱和压力与

饱和温度也是一一对应的,克拉佩龙方程描述了饱和状态下饱和压力和饱和温度的依变关系(详见第十二章)。表示饱和压力和饱和温度关系的状态参数图($p\text{-}T$ 图)称相图,大多数纯物质的相图如图 3-7。相图中,气固、液固和气液相平衡曲线只是表示了饱和压力和饱和温度的对应关系,在某确定的饱和压力(或饱和温度)两相成分可自由变化。图中 T_{tp} 为三相点,C 为临界点。$T_{tp}A$、$T_{tp}B$ 和 $T_{tp}C$ 分别为气固、液固和气液相平衡曲线。三条相平衡曲线的交点称为三相点,三相点状态是物质气、液、固三相平衡共存的状态。

　　水的 $p\text{-}T$ 图如图 3-8 所示。由于液态水凝固时容积增大,依据克拉佩龙方程固液相平衡曲线 $T_{tp}B$ 的斜率为负。水的三相点的平衡压力和温度分别是 $p_{tp}=611.659\ \text{Pa}$、$T_{tp}=273.16\ \text{K}(t_{tp}=0.01\ ℃)$。同平衡曲线上各点一样,三相点的成分可以变化,故三相点的比体积不是定值,但三相点各相的比体积是确定值,其液相比体积 $v'_{tp}=0.001\ 000\ 21\ \text{m}^3/\text{kg}$①。表 3-4 是一些物质三相点的温度和压力。

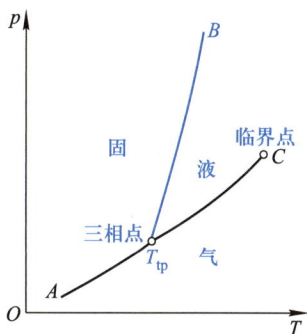

图 3-7　纯物质的相图

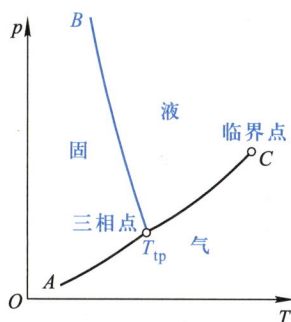

图 3-8　水的相图

表 3-4　一些物质三相点的温度和压力

物质	$t_{tp}/℃$	p/kPa	物质	$t_{tp}/℃$	p/kPa
氢	-259	7.194	水	0.01	0.611 7
氧	-219	0.15	锌	419	5.066
氮	-210	12.53	银	961	0.01
二氧化碳	-56.4	520.8	铜	1 083	0.000 079
汞	-39	0.000 000 13			

---

① 工程热力学中习惯用加角标 "'" 和 "''" 分别表示饱和液相和饱和气相的参数值。

3.5　水的汽化过程和临界点

工程上所用的水蒸气通常是水在保持压力近似不变的条件下沸腾汽化而产生的。为形象化起见,假设水是在气缸内进行定压加热,其原理如图 3-9 所示。

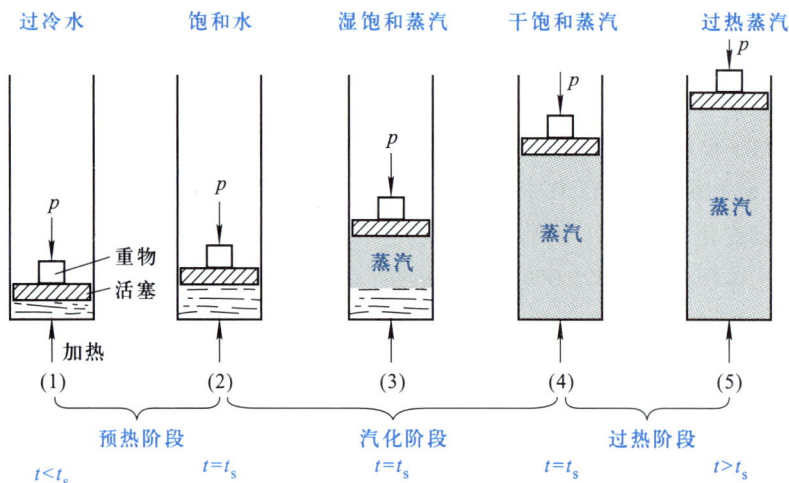

图 3-9　水的定压汽化原理

设气缸内有 1 kg、0.01 ℃的纯水,通过增减活塞上重物可使水处在指定压力下定压吸热。当水温低于饱和温度时称为过冷水,或称未饱和水,如图中(1)所示。对未饱和水加热,水温逐渐升高,水的比体积先略有下降,而后稍有增大。当水温达到压力 p 对应的饱和温度 t_s 时,水成为饱和水,如图中(2)所示。水在定压下从未饱和状态加热到饱和状态称为预热阶段,所需热量称为液体热,用 q_l 表示。

对达到饱和温度的水继续加热,水开始沸腾汽化。这时,饱和压力不变,饱和温度也不变。这种饱和蒸汽和饱和水的混合物称为湿饱和蒸汽(简称湿蒸汽),如图中(3)所示。随着加热过程的继续进行,水逐渐减少,蒸汽逐渐增多,直至水全部变成蒸汽,这时的蒸汽称为干饱和蒸汽(简称饱和蒸汽),如图中(4)所示。由饱和水定压加热为干饱和蒸汽的过程中工质比体积随蒸汽增多而迅速增大,但汽、液温度不变,所吸收的热量转变为蒸汽分子的内位能增加及比体积增加而对外作出的膨胀功。这一热量即为汽化潜热 γ。1 kg 饱和蒸汽等压冷凝放出的热量与同温下的汽化潜热相等。

对饱和蒸汽继续定压加热,温度将升高,比体积增大,这时的蒸汽称为过热蒸汽,如图中(5)所示。温度超过饱和温度之值称为过热度,过热过程中蒸汽吸收的热量称为过热热,用 q_{sup} 表示。

上述由压力为 p_1 的过冷水定压加热为过热蒸汽的过程在 $p\text{-}v$ 及 $T\text{-}s$ 图上可用 $1_0 1' 1'' 1$ 表示,如图 3-10 和图 3-11。各个阶段中所吸收的热量可用图 3-11 中过程线下的面积表示。

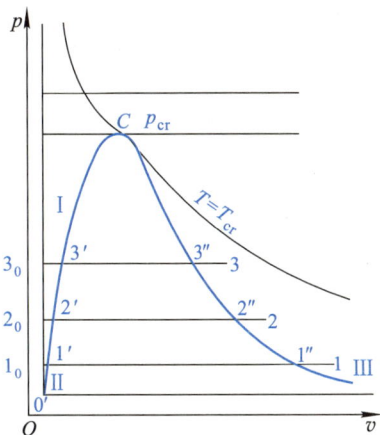

图 3-10　水定压汽化过程的 $p\text{-}v$ 图　　　　图 3-11　水定压汽化过程的 $T\text{-}s$ 图

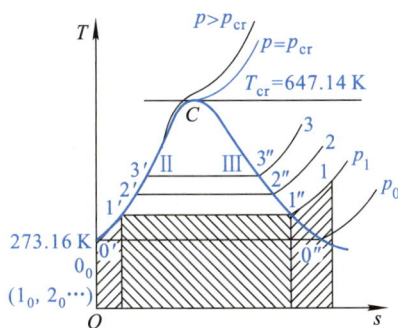

改变压力 p 可得类似上述的汽化过程 $2_0 2' 2'' 2$、$3_0 3' 3'' 3$ 等,如图 3-10 和图 3-11 中各相应线段所示。

液态水的比体积随温度升高而明显增大,但随压力的增大变化并不显著,所以在 $p\text{-}v$ 图上 0.01 ℃处各种压力下的水的状态点 0_0、1_0、2_0、3_0 等几乎在一条垂直线上,在 $T\text{-}s$ 图上 0_0、1_0、2_0、3_0 等几乎处于同一点上;而饱和水的状态点 $1'$、$2'$、$3'$ 等的比体积因其相应的饱和温度 T_s 的增大而逐渐增大。点 $1''$、$2''$、$3''$ 等为干饱和蒸汽状态,压力对蒸汽体积的影响比温度大,所以虽然饱和温度随压力增大而升高,但 v' 与 v'' 之间的差值随压力的增大而减少。$0'\text{-}0''$、$1'\text{-}1''$、$2'\text{-}2''$、$3'\text{-}3''$等之间的各状态点均为湿蒸汽,点 1、2、3 等为过热蒸汽状态。当压力升高到 22.064 MPa 时,$T_s = 373.99$ ℃、$v' = v'' = 0.003\ 106\ \text{m}^3/\text{kg}$,如图中点 C 所示。此时饱和水和饱和蒸汽已不再有区别,该点称为水的临界点,其压力、温度和比体积分别称为临界压力、临界温度和临界比体积,用 p_{cr}、T_{cr} 和 v_{cr} 表示。一般认为,当 $T > T_{\text{cr}}$ 时,不论压力多大,也不能使蒸汽液化。

连接不同压力下的饱和水状态点 $0'$、$1'$、$2'$、$3'$…得曲线 $C\text{-}\text{Ⅱ}$,称为饱和水线,或称下界限线。连接干饱和蒸汽状态点 $0''$、$1''$、$2''$、$3''$ … 得曲线 $C\text{-}\text{Ⅲ}$,称为饱和蒸汽线,或称上界限线。两曲线汇合于临界点 C,并将 $p\text{-}v$ 图分成三个区域:

下界限线左侧为未饱和水(或称过冷水),上界限线右侧为过热蒸汽,而在两界限线之间则为水、汽共存的湿饱和蒸汽。湿蒸汽的成分用干度 x 表示,即在 1 kg 湿蒸汽中含有 x kg 的饱和蒸汽,而余下的 $(1-x)$ kg 则为饱和水[①]。由于水的压缩性很小,压缩后升温极微,所以在 $T\text{-}s$ 图(图 3-11)上的定压加热线与下界限线很接近,作图时可以近似认为两线重合。水受热膨胀的影响大于压缩的影响,故饱和水线向右方倾斜,温度和压力升高时,v' 和 s' 都增大。对于蒸汽则受热膨胀的影响小于压缩的影响,故饱和蒸汽线向左上方倾斜,表示 p_s 升高时 v'' 和 s'' 均减小。所以随饱和压力 p_s 和饱和温度 t_s 的升高,汽化过程的 $s''-s'$ 逐渐减小,汽化潜热也逐渐减小,到临界点时为零。而液体热则随着饱和压力和饱和温度的增大而逐渐增大。

因此,水的状态(在 $p\text{-}v$ 图和 $T\text{-}s$ 图上)可归纳为三个区:过冷水区、湿蒸汽区(简称湿区)和过热蒸汽区(简称过热区);两条线:饱和水线和饱和蒸汽线;五个状态:过冷水、饱和水、湿饱和蒸汽、干饱和蒸汽和过热蒸汽。

3.6　水和水蒸气的状态参数及热力性质图表

动力工程中应用的水和水蒸气,因其压力较高,通常不能利用理想气体的关系确定其 p、v、t、h、s 等参数。以往,工程实际计算根据图或表确定水及水蒸气的各种状态参数,随着计算机的日益普及,已有许多计算水及水蒸气的各种状态参数的软件。本节介绍水和水蒸气的图表以及根据图表查得必要数据后进行的辅助性计算。

3.6.1　水和水蒸气状态参数

与理想气体一样,在热工计算中关心的是水及水蒸气的 h、s、u 在过程中的变化量,故可任意规定一个起点。工程计算用水蒸气的参数均系用实验和分析方法求得,列成数据表或编制成软件,以备使用。

国际水蒸气会议规定水的三相点即 273.16 K 的液相水作为基准点,规定在该点状态下的液相水热力学能和熵为零,即对于 $p_0=p_{tp}=611.659$ Pa、$t_0=t_{tp}=0.01$ ℃的饱和水,有

$$u_0'=0,\quad s_0'=0$$

此时,水的比体积 $v_0'=0.001\ 000\ 21$ m³/kg,焓可通过 $h=u+pv$ 来计算,得

$$h_0'=u_0'+p_0v_0'=0+611.659\ \text{Pa}\times0.001\ 000\ 21\ \text{m}^3/\text{kg}=0.611\ 7\ \text{J/kg}$$

---

① 干度 x 即为水蒸气的质量分数,按 GB 3102.8—1993,质量分数用 w 表示,考虑动力工程习惯用法,仍用 x 表示。

与液态水的比热容、汽化潜热相比较很小，故认为 $h_0' \approx 0$。

温度为 0.01 ℃、压力为 p 的过冷水可以认为是对三相点液态水压缩得到。忽略水的压缩性，且可认为温度不变，水的比体积不变，所以 $v \approx 0.001$ m³/kg，故在压缩过程中 $w \approx 0$。又因为温度不变，比体积不变，则热力学能也不变，即 $u = u_0' = 0$。进而，$q = 0$，$s \approx s_0' = 0$。而 $h = u + pv$，所以压力不高时温度为 0.01 ℃ 的液态水，$h = 0$。

压力为 p 的未饱和水（温度为 t）和饱和水（温度为 t_s）可以由温度为 0.01 ℃、压力为 p 的过冷水在定压下加热得到，所加入的热量（液体热）q_l 相当于图 3-11 中未饱和液定压加热线（如 $0'-1'$）下面的面积。q_l 随着压力的升高而增大。

$$q_l = h' - h_{0.01}' = \int_{273.16\,\text{K}}^{T_s} c_p \,\mathrm{d}T$$

如果把水的 c_p 当作定值，则 $q_l \approx c_p t_s$。当水的温度小于 100 ℃ 时，它的平均比热容可取 $c_p \approx 4.186\,8$ kJ/(kg·K)。此时

$$h' = h_{0.01}' + q_l \approx 4.186\,8\{t_s\}_{\text{℃}} \text{ kJ/kg} \tag{3-46}$$

$$s' = \int_{273.16\,\text{K}}^{T_s} c_p \frac{\mathrm{d}T}{T} = 4.186\,8\ln\frac{\{T_s\}_K}{273.16} \text{ kJ/(kg·K)} \tag{3-47}$$

压力与温度较高时，水的 c_p 变化较大，且 h_0' 也不能再认为是零，故不能用上两式计算 q_l 和 s'。

加热饱和水，全部汽化后成为压力为 p、温度为 t_s 的干饱和蒸汽，各参数以 v''、h''、s''、u'' 表示。汽化过程中加入的热量（汽化潜热）γ 为图 3-11 中过程线 $1'-1''$ 下面的面积。

$$\gamma = T_s(s'' - s') = h'' - h' = (u'' - u') + p(v'' - v')$$

式中：$(u'' - u')$ 是热力学能的增量；$p(v'' - v')$ 表示汽化时比体积增大而作的膨胀功。

图 3-12 表示了在不同压力 p 下，h''、h' 及 γ 的变化情况。干饱和蒸汽的比焓 $h'' = h' + \gamma$。h'' 初时增大，约至压力为 3.0 MPa 时达最大值，h' 随 p（即 t_s）的增大而增大，γ 则反之。因为汽化过程中温度保持不变，加入的热量为 γ，所以干饱和蒸汽的比熵 $s'' = s' + \dfrac{\gamma}{T_s}$。

当汽化已经开始而尚未完毕之时，处于湿饱和蒸汽状态，温度 t 为对应于 p 的饱和温度，即 $t = t_s$。由于 t 与 p 不是

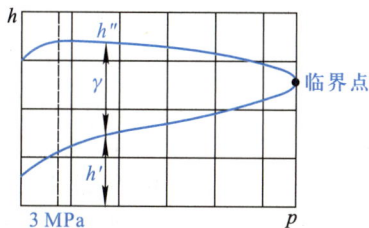

图 3-12　水的 h''、h' 及 γ

相互独立的参数,故仅知 p 及 t 不能决定其状态,必须与干度 x 一起决定其状态。

$$v_x = xv'' + (1-x)v' = v' + x(v''-v') \tag{3-48}$$

当 p 不太大时(其时 $v' \ll v''$)、x 不太小时,$(1-x)v' \ll xv''$,所以

$$v_x \approx xv'' \tag{3-49}$$

$$h_x = xh'' + (1-x)h' = h' + x(h''-h') \quad 或 \quad h_x = h' + x\gamma \tag{3-50}$$

$$s_x = xs'' + (1-x)s' = s' + x(s''-s') \quad 或 \quad s_x = s' + x\frac{\gamma}{T_s} \tag{3-51}$$

$$u_x = h_x - pv_x \tag{3-52}$$

根据上列公式算出 x 值,如

$$x = \frac{v_x - v'}{v'' - v'} \tag{3-53}$$

压力为 p 的饱和蒸汽继续在定压下加热时,温度开始升高,超过 t_s 而成为过热蒸汽。其过热度 $\Delta t = t - t_s$,过热热量 $q_{\sup} = h - h'' = \int_{T_s}^{T} c_p \mathrm{d}T$,因过热蒸汽的 c_p 是 p、t 的复杂函数,故此式不宜用于工程计算。过热蒸汽的焓 $h = h'' + q_{\sup}$,其比熵为

$$s = \int_{273.16\,\mathrm{K}}^{T_s} c\frac{\mathrm{d}T}{T} + \frac{\gamma}{T_s} + \int_{T_s}^{T} c_p \frac{\mathrm{d}T}{T}$$

式中:c 为水的比热容;c_p 为过热蒸汽的比定压热容。

湿蒸汽的 p 与 t 值均为饱和值,其 h、s、u、v 之值均介于饱和水和饱和蒸汽各相应参数之间。如已知某一状态下蒸汽的上述参数大于带"′"的值而小于带"″"的值,即可断定此蒸汽为湿蒸汽;在一定压力下的过热蒸汽,其 t、v、h、s、u 均大于同压力下饱和蒸汽的相应参数 t_s、v''、h''、s''、u'',如已知某压力下的蒸汽的上述任一参数大于同压力下的带"″"值时,即可断定其为过热蒸汽。

3.6.2　水蒸气表和图

1. 常用水蒸气表

水蒸气的参数均系用实验和分析方法求得,列成数据表,但由于各国在进行实验建立水蒸气状态方程式时所采用的理论与方法不同,测试技术有差异,其结果也不免有异。因此,通过国际会议的研究和协商制定了水蒸气热力性质的国际骨架表。1963 年召开的第六届国际水和水蒸气性质会议上,规定了水的三相点时液相水的热力学能和熵值为零,并以此为起点,编制的骨架表参数已达100 MPa 和 800 ℃。1985 年,第十届国际水蒸气性质大会公布了新的骨

架表,规定了新的更严格的允差。此项研究还在继续进行,参数范围还在不断扩大。

水蒸气表分"饱和水和干饱和蒸汽表"和"未饱和水和过热蒸汽表"两种。前者又分两种。一种是按温度排列的,依次列出各个不同温度下的 p、v'、v''、h'、h''、γ、s'、s''。另一种是以压力 p 为独立变数,依次列出不同压力下的 t、v'、v''、h'、h''、γ、s'、s''。u 则需依 $u=h-pv$ 计算而得。湿蒸汽的各个参数可根据 x 依式 (3-49) ~ (3-52) 算出。"未饱和水和过热蒸汽表"以压力和温度为独立变数,列出未饱和水和过热蒸汽的 v、h、s,u 亦依 $u=h-pv$ 计算而得。两表的节录分别见表 3-5 和表 3-6。

表 3-5　饱和水和干饱和蒸汽表(节录)

(一)依温度排列

$\{t\}_℃$	$\{p\}_{MPa}$	$\{v'\}_{m^3/kg}$	$\{v''\}_{m^3/kg}$	$\{h'\}_{kJ/kg}$	$\{h''\}_{kJ/kg}$	$\{\gamma\}_{kJ/kg}$	$\{s'\}_{kJ/(kg \cdot K)}$	$\{s''\}_{kJ/(kg \cdot K)}$
0	0.000 611 2	0.001 000 22	206.154	−0.05	2 500.51	2 500.6	−0.000 2	9.154 4
0.01	0.000 611 7	0.001 000 18	206.012	0.00	2 500.53	2 500.5	0.000 0	9.154 1
5	0.000 872 5	0.001 000 08	147.048	21.02	2 509.71	2 488.7	0.076 3	9.023 6
15	0.001 705 3	0.001 000 94	77.910	62.96	2 528.07	2 465.1	0.224 8	8.779 4
25	0.003 168 7	0.001 003 02	43.362	104.77	2 546.29	2 441.5	0.367 0	8.556 0
35	0.005 626 3	0.001 006 05	25.222	146.59	2 564.38	2 417.8	0.505 0	8.351 1
70	0.031 178	0.001 022 76	5.044 3	293.01	2 626.10	2 333.1	0.955 0	7.754 0
100	0.101 325	0.001 043 44	1.673 6	419.06	2 675.71	2 256.6	1.306 9	7.354 5
110	0.143 243	0.001 051 56	1.210 6	461.33	2 691.26	2 229.9	1.418 6	7.238 6
150	0.475 71	0.001 090 46	0.392 86	632.28	2 746.35	2 114.1	1.842 0	6.838 1
200	1.553 66	0.001 156 41	0.127 32	852.34	2 792.47	1 940.1	2.330 7	6.431 2
250	3.973 51	0.001 251 45	0.050 112	1 085.3	2 800.66	1 715.4	2.792 6	6.071 6
300	8.583 08	0.001 403 69	0.021 669	1 344.0	2 748.71	1 404.7	3.253 3	5.704 2
350	16.521	0.001 740 08	0.008 812	1 670.3	2 563.39	893.0	3.777 3	5.210 4
373.99	22.064	0.003 106	0.003 106	2 085.9	2 085.87	0.0	4.409 2	4.409 2

（二）依压力排列

$\{p\}_{MPa}$	$\{t\}_{℃}$	$\{v'\}_{m^3/kg}$	$\{v''\}_{m^3/kg}$	$\{h'\}_{kJ/kg}$	$\{h''\}_{kJ/kg}$	$\{\gamma\}_{kJ/kg}$	$\{s'\}_{kJ/(kg·K)}$	$\{s''\}_{kJ/(kg·K)}$
0.001	6.949 1	0.001 000 1	129.185	29.21	2 513.29	2 484.1	0.105 6	8.973 5
0.003	24.114 2	0.001 002 8	45.666	101.07	2 544.68	2 443.6	0.354 6	8.575 8
0.004	28.953 3	0.001 004 1	34.796	121.30	2 553.46	2 432.2	0.422 1	8.472 5
0.005	32.879 3	0.001 005 3	28.191	137.72	2 560.55	2 422.8	0.476 1	8.383 0
0.01	45.798 8	0.001 010 3	14.673	191.76	2 583.72	2 392.0	0.649 0	8.148 1
0.02	60.065 0	0.001 017 2	7.649 7	251.43	2 608.90	2 357.5	0.832 0	7.906 8
0.05	81.338 8	0.001 029 9	3.240 9	340.55	2 645.31	2 304.8	1.091 2	7.592 8
0.1	99.634	0.001 043 2	1.694 3	417.52	2 675.14	2 257.6	1.302 8	7.358 9
0.2	120.240	0.001 060 5	0.885 85	504.78	2 706.53	2 201.7	1.530 3	7.127 2
0.5	151.867	0.001 092 5	0.374 86	640.35	2 748.59	2 108.2	1.861 0	6.821 4
1.0	179.916	0.001 127 2	0.194 38	762.84	2 777.67	2 014.8	2.138 8	6.585 9
2.0	212.417	0.001 176 7	0.099 588	908.64	2 798.66	1 890.0	2.447 1	6.339 5
3.0	233.893	0.001 216 6	0.066 662	1 008.2	2 803.19	1 794.9	2.645 4	6.185 4
5.0	263.980	0.001 286 2	0.039 439	1 154.2	2 793.64	1 639.5	2.920 1	5.972 4
10.0	311.037	0.001 452 2	0.018 026	1 407.2	2 724.46	1 317.2	3.359 1	5.613 9
22.064	373.99	0.003 106	0.003 106	2 085.9	2 085.87	0.0	4.409 2	4.409 2

注：本表数据摘录自严家騄等著《水和水蒸气热力性质图表》（第 4 版）（高等教育出版社 2021 年出版）。

表 3-6　未饱和水和过热蒸汽表（节录）

	$p = 0.01$ MPa	$p = 0.1$ MPa
饱和参数	$t_s = 45.799$ ℃ $v' = 0.001\ 010\ 3$ m³/kg, $v'' = 14.673$ m³/kg $h' = 191.76$ kJ/kg, $h'' = 2\ 583.7$ kJ/kg $s' = 0.649\ 0$ kJ/(kg·K), $s'' = 8.148\ 1$ kJ/(kg·K)	$t_s = 99.634$ ℃ $v' = 0.001\ 043\ 2$ m³/kg, $v'' = 1.694\ 3$ m³/kg $h' = 417.52$ kJ/kg, $h'' = 2\ 675.14$ kJ/kg $s' = 1.302\ 8$ kJ/(kg·K), $s'' = 7.358\ 9$ kJ/(kg·K)

$t/℃$	$v/(m^3/kg)$	$h/(kJ/kg)$	$s/[kJ/(kg·K)]$	$v/(m^3/kg)$	$h/(kJ/kg)$	$s/[kJ/(kg·K)]$
0	0.001 000 2	−0.04	−0.000 2	0.001 000 2	0.05	−0.000 2
10	0.001 000 3	42.01	0.151 0	0.001 000 3	42.10	0.151 9
20	0.001 001 8	83.87	0.296 3	0.001 001 8	83.96	0.296 3
30	0.001 004 4	125.68	0.436 6	0.001 004 4	125.77	0.436 5
40	0.001 007 9	167.51	0.572 3	0.001 007 8	167.59	0.572 3
50	14.869	2 591.8	8.173 2	0.001 012 1	209.40	0.703 7
60	15.336	2 610.8	8.231 3	0.001 017 1	251.22	0.831 2
70	15.802	2 629.9	8.287 6	0.001 022 7	293.07	0.954 9
80	16.268	2 648.9	8.342 2	0.001 029 0	334.97	1.075 3
90	16.732	2 667.9	8.395 4	0.001 035 9	379.96	1.192 5
100	17.196	2 686.9	8.447 1	1.696 1	2 675.9	7.360 9
110	17.660	2 706.2	8.600 8	1.744 8	2 696.2	7.414 6
120	18.124	2 725.1	8.546 6	1.793 1	2 716.3	7.466 5
130	18.587	2 744.2	8.594 5	1.841 1	2 736.3	7.516 7
140	19.059	2 763.3	8.744 7	1.888 9	2 756.2	7.565 4
150	19.513	2 782.5	8.790 5	1.936 4	2 776.0	7.612 8
160	19.976	2 801.7	8.732 2	1.983 8	2 795.8	7.659 0
170	20.438	2 820.9	8.776 1	2.031 1	2 815.6	7.704 1
180	20.901	2 840.2	8.819 2	2.078 3	2 835.3	7.748 2
190	21.363	2 859.6	8.861 4	2.125 3	2 855.0	7.791 2
200	21.826	2 879.0	9.902 9	2.172 3	2 874.8	7.833 4
300	26.446	3 076.0	9.280 5	2.638 8	3 073.8	8.214 8
400	31.063	3 278.7	9.606 4	3.102 7	3 277.3	8.542 2
500	35.680	3 487.4	9.895 3	3.565 6	3 486.5	8.831 7
600	40.296	3 703.4	10.157 9	4.027 9	3 702.7	9.094 6

注:本表数据摘录自严家騄等著《水和水蒸气热力性质图表》(第4版)(高等教育出版社2021年出版)。

2. 常用水蒸气图

常用水蒸气图有 T-S 图和 h-s 图。水蒸气的 T-s 图如图 3-13 所示,图中示出界限曲线将全图划分成湿区(曲线中间部分)和过热区(曲线右上部分)。此外还有定干度线($x=$ 定值)和定压线(在湿区就是定温线,呈水平,在过热区向右上斜),在详图上还有定容($v=$ 定值)线和定热力学能($u=$ 定值)线,故可据任意两个已知状态参数求得其他各参数,焓值则按 $h=u+pv$ 计算得到。在进行循环分析时 T-s 图尤显重要。

T-s 图在分析过程和循环时虽有特殊优点,但由于热量和功在 T-s 图上均以面积表示,故而作数值计算时有其不便之处。而 h-s 图因可以用线段长度表示热量和功而得到广泛应用。据热力学第一定律,定压过程的热量等于焓差,绝热过程的技术功也可用焓差表示。由于水蒸气的产生过程可看作等压过程,而水蒸气在汽轮机内膨胀及水在水泵内加压均可看作绝热过程,所以计算水蒸气循环中的功、热量及热效率等利用 h-s 图将很方便。h-s 图也称莫里尔图,是德国人莫里尔在 1904 年首先绘制的。

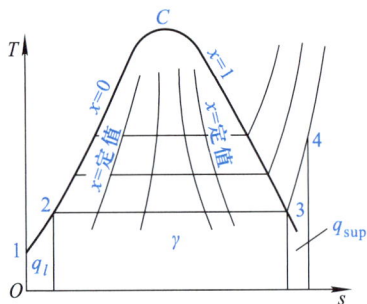

图 3-13   水蒸气的 T-s 图

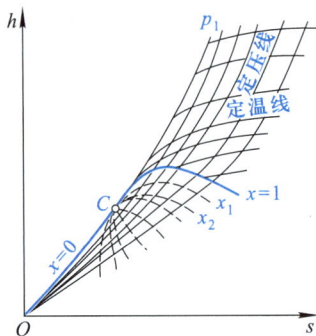

图 3-14   水蒸气的 h-s 图

h-s 图的示意图如图 3-14 所示,图中粗线为上界限线,其上为过热蒸汽区,其下为湿(蒸汽)区。在湿区有定压线和定干度线,在过热区有定压线和定温线。据 $T\mathrm{d}s=\mathrm{d}h-v\mathrm{d}p$,定压线斜率 $\left(\dfrac{\partial h}{\partial s}\right)_p=T$,在湿区定压即定温,$T$ 不变,所以定压线在湿区为倾斜直线。进入过热区后,定压加热时温度将要升高,故其斜率亦逐渐增加。在交界处平滑过渡,此处曲线与直线的斜率相等,直线恰为曲线之切线。在湿区定温线与定压线同为直线,在离开饱和区后向右上倾斜,表明在定温下压力降低时 h 将增加,这说明蒸汽的 h 不仅是 T 的函数,而且与 p 或 v 有关;当向右远离饱和区后,即过热度增加,压力减小时,逐渐平坦,最后接近水平线。

焓-熵
$(h-s)$ 图

这说明过热度高时,水蒸气的性质趋近于理想气体,它的焓值决定于 T,而与 p 的关系减小。

工程计算用的详图中定容线用红线标出,以便识别。利用这种图能求得全部参数,比较方便,但缺点是不易读出精确数值。对于水和 x 值较小的湿蒸汽,工程上用途较小,图中不载,需要时可查表。

近年来以焓为纵坐标、㶲为横坐标的㶲焓图逐渐获得广泛应用。需要指出的是,绘制㶲焓图时环境压力 p_0 和环境温度 t_0 是取定的,当实际环境状态不同时需要修正。

例 3-6 已知 A、B 两个密封容器内 H_2O 的温度均为 150 ℃、压力分别为 1 MPa 和 0.2 MPa,试问水处于什么状态?

解 查饱和蒸汽表,得 $t=150$ ℃时对应的饱和压力 $p_s=0.475\,71$ MPa。今容器 A 内的压力达 1 MPa,大于 150 ℃对应的饱和压力,即 $p>p_s(t)$,故容器 A 内的 H_2O 处于未饱和液状态。容器 B 内的压力是 0.2 MPa,它所对应的饱和温度是 120.240 ℃小于 150 ℃,即 $t>t_s(p)$,故容器 B 内的 H_2O 处于过热蒸汽状态。

讨论:饱和状态下温度和压力对应关系为分析解题提供了有意义的判断信息。

例 3-7 利用水蒸气表,确定下列各点的状态和 h、s 的值:

(1) $t=45.8$ ℃,$v=0.001\,01$ m^3/kg;

(2) $t=200$ ℃,$x=0.9$;

(3) $p=0.5$ MPa,$t=165$ ℃;

(4) $p=0.5$ MPa,$v=0.545$ m^3/kg。

解 (1) 由已知温度查饱和水和饱和蒸汽表得 $v'=0.001\,01$ $m^3/kg=v$,确定该状态为饱和水,由同表查得:

$$p_s=0.01 \text{ MPa}、h=191.76 \text{ kJ/kg}、s=0.649\,1 \text{ kJ/(kg·K)}$$

(2) $0<x<1$,故该状态为湿蒸汽,由已知温度查饱和水和干饱和蒸汽表得:

$$h'=852.34 \text{ kJ/kg}、h''=2\,792.47 \text{ kJ/kg}$$

$$s'=2.330\,7 \text{ kJ/(kg·K)}、s''=6.431\,2 \text{ kJ/(kg·K)}$$

$$h_x=xh''+(1-x)h'=0.9×2\,792.47 \text{ kJ/kg}+(1-0.9)×852.34 \text{ kJ/kg}$$

$$=2\,598.5 \text{ kJ/kg}$$

$$s_x=xs''+(1-x)s'$$

$$=0.9×6.431\,2 \text{ kJ/(kg·K)}+(1-0.9)×2.330\,7 \text{ kJ/(kg·K)}$$

$$=6.021\,2 \text{ kJ/(kg·K)}$$

(3) $p=0.5$ MPa 时,$t_s=151.867$ ℃,现 $t>t_s$,所以为过热蒸汽状态。查未饱

和水和过热蒸汽表,得:

　　$p=0.5$ MPa、$t=160$ ℃时

$$h=2\ 767.2\ \text{kJ/kg}, s=6.864\ 7\ \text{kJ/(kg·K)}$$

　　$p=0.5$ MPa、$t=170$ ℃时

$$h=2\ 789.6\ \text{kJ/kg}, s=6.916\ 0\ \text{kJ/(kg·K)}$$

题给 $t=165$ ℃,故 h 和 s 可从上面两者之间按线性插值求得:

$$h=2\ 778.4\ \text{kJ/kg}, s=6.890\ 4\ \text{kJ/(kg·K)}$$

　　(4) $p=0.5$ MPa 时,饱和蒸汽的比体积 $v''=0.374\ 90$ m³/kg,因 $v>v''$,所以该状态为过热蒸汽状态。查未饱和水和过热蒸汽表,$p=0.5$ MPa、$t=320$ ℃时:

$$v=0.541\ 64\ \text{m}^3\text{/kg}, h=3\ 104.9\ \text{kJ/kg}, s=7.529\ 7\ \text{kJ/(kg·K)}$$

$p=0.5$ MPa、$t=330$ ℃时:

$$v=0.551\ 15\ \text{m}^3\text{/kg}, h=3\ 125.6\ \text{kJ/kg}, s=7.564\ 3\ \text{kJ/(kg·K)}$$

按线性插值求得:$t=323.5$ ℃,$h=3\ 112.2$ kJ/kg,$s=7.541\ 9$ kJ/(kg·K)。

　　讨论:湿饱和蒸汽的参数需饱和参数及干度共同确定,而利用 v、h、s 与同压力(或温度)下同名饱和参数的关系可判断蒸汽的状态。

　　例 3-8　储存氟利昂 134a 的刚性容器内,初始温度为 5 ℃,干度 $x=0.945$,由于加热,温度升高 15 ℃,求终态时容器内工质的状态。

　　解　初态时,由 $t=5$ ℃查氟利昂 134a 的饱和性质表,得:

$$p_s=349.96\ \text{kPa}, v'=0.000\ 783\ 84\ \text{m}^3\text{/kg}, v''=0.057\ 470\ \text{m}^3\text{/kg}$$

$$\begin{aligned} v_1&=x_1v''+(1-x_1)v'\\ &=0.945×0.057\ 470\ \text{m}^3\text{/kg}+(1-0.945)×0.000\ 783\ 84\ \text{m}^3\text{/kg}\\ &=0.054\ 35\ \text{m}^3\text{/kg} \end{aligned}$$

因是刚性容器,故 $v_2=v_1=0.054\ 35$ m³/kg。$t_2=5$ ℃ + 15 ℃ = 20 ℃,由氟利昂 134a 的饱和性质表查得 $t=20$ ℃时 $v''=0.035\ 576$ m³/kg。$v_2>v''$,所以终态为过热蒸气。查过热氟利昂 134a 蒸气的热力性质表,得 $h=413.51$ kJ/kg、$s=1.757\ 8$ kJ/(kg·K)、$p=0.40$ MPa。

　　讨论:有关水蒸气性质讨论的原则性结论同样适用于其他纯物质,如氟利昂 134a 等。

3.7　水及水蒸气热力性质程序简介

　　前已述及,由于水和水蒸气热力性质十分复杂,传统上都用水蒸气热力性质图或表来确定其状态参数及进行热力过程和热力循环的分析、计算。用焓-熵

图计算比较方便,但有较大的误差;用水蒸气表虽较精确,但插值计算较为繁复。随着计算机技术的发展,把复杂的水蒸气热力性质计算公式程序化,由计算机完成精确计算,一些性能良好的软件包可以在微型机上完成大型、复杂和精度要求甚高的水蒸气热工计算,故而使用日益广泛。

为适应计算机的使用,在第六届国际水和水蒸气会议上成立了国际公式化委员会(简称 IFC),该委员会先后发表了"工业用 1967 年 IFC 公式"和"科学用 1968 年 IFC 公式"。国际公式化委员会提出的水和水蒸气热力性质的公式简称 IFC 公式,IFC 公式把整个区域分成 6 个子区域,不同的子区域采用不同的计算公式,各子区域之间的边界线方程也分别用函数表达。各子区域的计算公式及边界函数请读者参阅有关文献。这套公式的适用范围温度从 273.16 K 到 1 073.15 K,压力从理想气体极限值($p=0$)到 100 MPa。

国际水和水蒸气热力性质工业计算标准 IFC—67 公布以后,得到国际热能动力界的广泛认可和使用。然而经过 20 多年实际应用,人们逐渐发现 IFC—67 存在一些缺陷。为此,国际水和水蒸气性质协会(IAPWS)在 1997 年推出了新的公式作为水和水蒸气热力学性质的国际工业标准,简称为 IAPWS—IF97。IAPWS—IF97的适用范围为:273.15 K $\leqslant T \leqslant$ 1 073.15 K,$p \leqslant$ 100 MPa; 1 073.15 K$<T \leqslant$2 273.15 K,$p \leqslant$ 10 MPa。IAPWS—IF97 将此有效范围分为 5 个计算子区域,如图 3-15 所示。它们分别是:1——未饱和水区;2——过热蒸汽区;3——临界水和临界蒸汽区;4——饱和区;5——超高温(过热)蒸汽区。

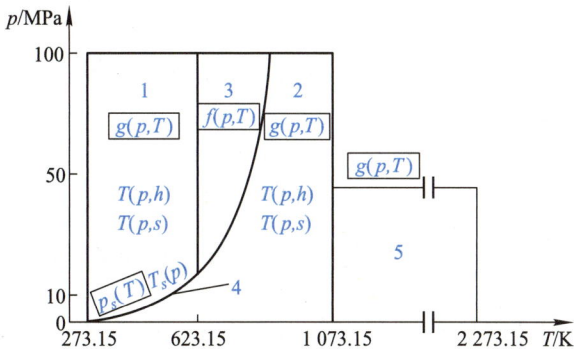

图 3-15　IAPWS—IF97 公式的计算子区域

与 IFC—67 相比,新的 IAPWS—IF97 公式(1)计算精度显著提高;(2)在各子区域的分区边界上计算结果一致性更好;(3)计算速度有很大提高;(4)扩大了公式的使用范围。鉴于 IAPWS—IF97 计算模型的众多优点,国内外动力行业正日益广泛地使用该系列工业公式。

根据 IAPWS—IF97 工业公式,有研究者使用计算机编程技术开发了功能齐全的"水和水蒸气热力性质计算程序"。它可以在水和水蒸气全区域内根据压力、温度、焓、熵、比体积、干度六个参数中任意两个已知参量(共 15 种组合)求解出其他所有参量(含多解的情况),同时可以根据用户的需要输出热力学能、㶲、比定压热容、比定容热容、音速、等熵指数、动力黏度、运动黏度、导热系数、普朗特数、表面张力、静介电常数、光折射率等平衡态和非平衡态的热力性质参量。该程序还能在自动绘出的焓熵图上标注出所计算的状态点,并描述热力过程的参量变化(如汽轮机热力过程的焓差、熵变、效率等)。程序还链接 Excel,可以将计算结果按行写入到 Excel 文件中。

严家騄教授已提出水和水蒸气热力性质统一公式并编制了计算程序,计算结果完全符合新骨架表的允差要求,由于不需分区,故而比较方便。

▣ 本章归纳

名词和
术语

本章研究工质的热力性质。在物质三态(气态、固态和液态)中气态因其良好的膨胀、压缩性能最适合在热机中作为工质。

自然界并不存在理想气体,理想气体是一种简化处理气体性质的物理模型,所有气体在压力趋于无穷小,温度又不太低时都可以作为理想气体处理。处在理想气体状态气体的热力学能、焓只是温度的函数。由此得到理想气体任意过程的热力学能变化量等于同温限的定容过程的热力学能变化量,即等于同温限的定容过程的热量;理想气体任意过程的焓变化量等于同温限的定压过程的焓变化量,即等于同温限的定压过程的热量。工程上关心过程中热力学能和焓的变化量,所以在选定 0 K 作为热力学能参考点后,任意温度下理想气体的热力学能 $u=u(T)$ 和焓 $h=h(T)$ 分别等于该温度和 0 K 之间热力学能和焓的变化量,而任意两状态之间的热力学能和焓的变化量分别为: $\Delta u = \int_1^2 \mathrm{d}u = c_V \Big|_{T_1}^{T_2} \Delta T$,

$\Delta h = \int_1^2 \mathrm{d}h = c_p \Big|_{T_1}^{T_2} \Delta T$。

理想气体状态下,气体的比定压热容和比定容热容也只是温度的函数。$c_p = \dfrac{\mathrm{d}h}{\mathrm{d}T}$、$c_V = \dfrac{\mathrm{d}u}{\mathrm{d}T}$,但两者的差却是常数,即 $c_p - c_V = R_g$,这使得人们可以通过从较易实验精确测量的比定压热容得到很难精确测量的比定容热容的值。据比热容比,比定压热容和比定容热容可分别表示为 $c_p = \dfrac{\gamma}{\gamma-1} R_g$、$c_V = \dfrac{1}{\gamma-1} R_g$。在利用比热容进行过程换热量及 Δu、Δh 计算时,按不同的精度要求可采用真实比热容积分、查取平均比热容表或气体的热力性质表、利用平均比热容直线式及采用定值比热容。

熵是状态参数。过程的熵变定义为 $\mathrm{d}s = \dfrac{\delta q_{rev}}{T}$,处于理想气体状态的工质,在某一过程的熵变可据初、终态参数计算:$\Delta s = \displaystyle\int_{T_1}^{T_2} c_p \dfrac{\mathrm{d}T}{T} - R_g \ln \dfrac{p_2}{p_1}$、$\Delta s = \displaystyle\int_{T_1}^{T_2} c_V \dfrac{\mathrm{d}T}{T} + R_g \ln \dfrac{v_2}{v_1}$、$\Delta s = \displaystyle\int_{v_1}^{v_2} c_p \dfrac{\mathrm{d}v}{v} + \int_{p_1}^{p_2} c_V \dfrac{\mathrm{d}p}{p}$。精度要求不高时,比定压热容和比定容热容可取定值。

水蒸气是广泛使用的工质,虽然可以认为空气中的水蒸气处在理想气体状态,但动力工程中应用的水蒸气并不处在理想气体状态。水蒸气的参数及各种关系在压力很低时可采用理想气体的关系确定而在压力较高时则需按基本定义及热力学基本定律直接导出的关系确定。

水的饱和状态是一种动态的平衡状态,此时压力和温度一一对应,即两个参数并不相互独立。饱和水和干饱和蒸汽的各参数可据温度或压力从饱和水和干饱和蒸汽表上查取(有条件的可用计算机软件计算而得,下同),未饱和水和过热蒸汽的参数可据温度和压力(或其他两个独立参数)从未饱和水和过热蒸汽表上查取(过热蒸汽的参数和干度较大的湿饱和蒸汽还可以在 h-s 图上读取),湿饱和蒸汽的参数需据饱和水和干饱和蒸汽的对应数据按干度计算:

$$v_x = xv'' + (1-x)v' = v' + x(v''-v')$$
$$h_x = xh'' + (1-x)h' = h' + x(h''-h') = h' + x\gamma$$
$$s_x = xs'' + (1-x)s' = s' + x(s''-s') = s' + x\dfrac{\gamma}{T_s}$$

因 $0<x<1$,所以 $v''>v_x>v'$、$h''>h_x>h'$、$s''>s_x>s'$。

水的临界状态是压力最高(即温度最高)的饱和状态,此时液体和气体的参数相同。一般说来,高于临界温度的物质只能以气相存在。三相点状态则是气液、气固、固液三条相平衡曲线的交点,水三相点的压力和温度有确定的值,但比体积则还要依赖于各相的成分。

对于水和水蒸气的讨论可以推广到其他物质。

⬛💻 **思考题**

3-1　怎样正确看待"理想气体"这个概念？在进行实际计算时如何决定是否可采用理想气体的一些公式？

3-2　摩尔气体常数 R 值是否随气体的种类不同或状态不同而异？气体的摩尔体积 V_m 是否因气体的种类而异？是否因所处状态不同而异？任何气体在任意状态下摩尔体积是否都是 $0.022\,414$ m³/mol？

3-3　如果某种工质的状态方程式为 $pv=R_g T$，这种工质的比热容、热力学能、焓都仅仅是温度的函数吗？

3-4　对于确定的理想气体，$c_p\big|_{T_1}^{T_2}-c_V\big|_{T_1}^{T_2}$ 及 $c_p\big|_{T_1}^{T_2}/c_V\big|_{T_1}^{T_2}$ 是否等于定值？

3-5　迈耶公式 $c_p-c_V=R_g$ 是否适用于动力工程中应用的高压水蒸气？是否适用于地球大气中的水蒸气？

3-6　气体有两个独立的参数，u（或 h）可以表示为 p 和 v 的函数，即 $u=f(p,v)$。但又曾得出结论，理想气体的热力学能（或焓）只取决于温度，这两点是否矛盾？为什么？

3-7　为什么工质的热力学能、焓和熵为零的基准可以任选？所有情况下工质的热力学能、焓和熵为零的基准都可任意选定？理想气体的热力学能或焓的参照状态通常选定哪个或哪些状态参数值？气体热力性质表中的 u、h 及 s^0 的基准是什么状态？

3-8　理想气体任意可逆过程 1—2 如图 3-16 所示，状态 1 和 2 之间的热力学能变化量、焓变化量能否在图上用面积表示？若 1—2 经过的是不可逆过程又如何？

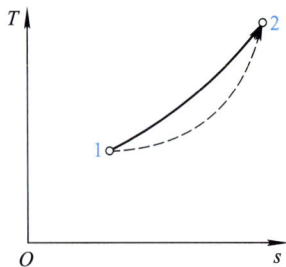

图 3-16　思考题 3-8 附图

3-9 理想气体熵变计算式(3-36)、(3-38)、(3-40)等是由可逆过程导出,这些计算式是否可用于不可逆过程初、终态的熵变?为什么?

3-10 熵的数学定义式为 $ds = \dfrac{\delta q_{rev}}{T}$,又 $\delta q = cdT$,故 $ds = \dfrac{cdT}{T}$。因理想气体的比热容是温度的单值函数,所以理想气体的熵也是温度的单值函数,这一结论是否正确?若不正确,错在何处?

3-11 试判断下列各说法是否正确:

(1)气体吸热后熵一定增大;(2)气体吸热后温度一定升高;(3)气体吸热后热力学能一定升高;(4)气体膨胀时一定对外作功;(5)气体压缩时一定耗功。

3-12 氮、氧、氨这样的工质是否和水一样也有饱和状态的概念,也存在临界状态?

3-13 水的三相点的状态参数是不是唯一确定的?三相点与临界点有什么异同?

3-14 水的汽化潜热是否是常数?有什么变化规律?

3-15 有人根据水在定压汽化过程中温度和压力维持不变,因此过程中热力学能保持不变,于是由 $q = \Delta u + w$ 认为过程中热量等于膨胀功,即 $q = w$。这一观点是否正确?为什么?

3-16 有人根据热力学第一定律解析式 $\delta q = dh - vdp$ 和比热容的定义 $c = \dfrac{\delta q}{dT}$,认为 $\Delta h_p = c_p \Big|_{T_1}^{T_2} \Delta T$ 是普遍适用于一切工质的。进而推论得出水定压汽化时,温度不变,因此其焓变量 $\Delta h_p = c_p \Big|_{T_1}^{T_2} \Delta T = 0$。这一推论错误在哪里?

习题

3-1 已知氮气的摩尔质量 $M = 28.1 \times 10^{-3}$ kg/mol,求:(1)N_2 的气体常数 R_g;(2)标准状态下 N_2 的比体积 v_0 和密度 ρ_0;(3)标准状态下 1 m^3 的 N_2 的质量 m_0;(4)$p = 0.1$ MPa、$t = 500$ ℃时 N_2 的比体积 v 和密度 ρ;(5)上述状态下的摩尔体积 V_m。

3-2 压力表测得储气罐中丙烷(C_3H_8)的压力为 4.4 MPa,温度为 120 ℃,问这时的比体积多大?若要储气罐存 1 000 kg 这种状态的丙烷,问储气罐的体积需多大?

3-3   供热系统矩形风管的边长为 100 mm×175 mm,40 ℃、102 kPa 的空气在管内流动,其体积流量是 0.018 5 m^3/s,求空气的流速和质量流量。

3-4   一些大中型柴油机采用压缩空气启动。若启动柴油机用空气瓶的容积 $V = 0.3$ m^3,内装有 $p_1 = 8$ MPa、$T_1 = 303$ K 的压缩空气,启动后瓶中空气压力降低为 $p_2 = 4.6$ MPa,$T_2 = 303$ K,求用去空气的质量。

3-5   空气压缩机每分钟从大气中吸入温度 $t_b = 17$ ℃、压力等于当地大气压力 $p_b = 750$ mmHg 的空气 0.2 m^3,充入容积 $V = 1$ m^3 的储气罐中。储气罐中原有空气的温度 $t_1 = 17$ ℃,表压力 $p_{e1} = 0.05$ MPa,如图 3-17 所示。问经过多长时间储气罐内的气体压力才能提高到 $p_2 = 0.7$ MPa,温度 $t_2 = 50$ ℃?

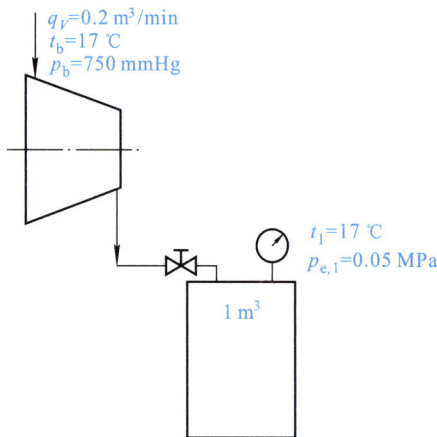

图 3-17   习题 3-5 附图

3-6   锅炉燃烧需要的空气量折合标准状态为 5 000 m^3/h,鼓风机实际送入的是温度为 250 ℃、表压力为 150 mmHg 的热空气。已知当地大气压力 $p_b = 765$ mmHg。设煤燃烧后产生的烟气量与空气量近似相同,烟气通过烟囱排入上空,已知烟囱出口处的烟气压力为 $p_2 = 0.1$ MPa、温度 $T_2 = 480$ K。要求烟气流速 $c_f = 3$ m/s(图 3-18)。求:(1) 热空气实际状态的体积流量 $q_{V,in}$;(2) 烟囱出口内直径的设计尺寸。

3-7   烟囱底部烟气的温度为 250 ℃,顶部烟气的温度为 100 ℃,若不考虑顶、底部两截面间压力微小的差异,欲使烟气以同样的速度流经此两截面,求顶、底部两截面面积之比。

3-8   截面积 $A = 100$ cm^2 的气缸内充有空气,活塞距底面高度 $h = 10$ cm,活塞及负载的总质量是 195 kg(图3-19)。已知当地大气压力 $p_0 = 771$ mmHg,环境温度为 $t_0 = 27$ ℃,气缸内空气与外界处于热力平衡状态,现将其负载取去

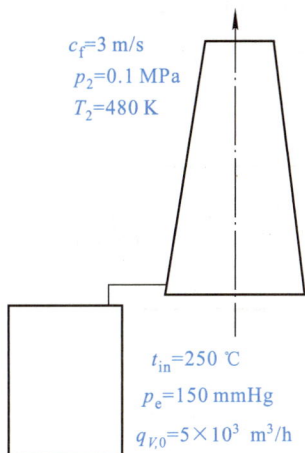

$c_f = 3$ m/s
$p_2 = 0.1$ MPa
$T_2 = 480$ K

$t_{in} = 250$ ℃
$p_e = 150$ mmHg
$q_{V,0} = 5 \times 10^3$ m³/h

图 3-18   习题 3-6 附图

100 kg,活塞将上升,最后与环境重新达到热力平衡。设空气可以通过气缸壁充分与外界换热,达到热力平衡时空气的温度等于环境大气的温度。求活塞上升的距离、空气对外作出的功以及与环境的换热量。

3-9   空气初态时 $T_1 = 480$ K,$p_1 = 0.2$ MPa,经某一状态变化过程被加热到 $T_2 = 1\,100$ K,这时 $p_2 = 0.5$ MPa。求 1 kg 空气的 u_1、u_2、Δu、h_1、h_2、

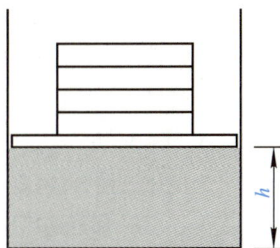

图 3-19   习题 3-8 附图

Δh。(1)按平均质量热容表;(2)按空气的热力性质表;(3)若上述过程为定压过程,即 $T_1 = 480$ K,$T_2 = 1\,100$ K,$p_1 = p_2 = 0.2$ MPa,问这时的 u_1、u_2、Δu、h_1、h_2、Δh 有何改变?(4)为什么由气体性质表得出的 u、h 与平均质量热容表得出的 u、h 不同?两种方法得出的 Δu、Δh 是否相同?为什么?

3-10   体积 $V = 0.5$ m³ 的密闭容器中装有 27 ℃、0.6 MPa 的氧气,加热后温度升高到327 ℃,分别按以下方法求加热量 Q_V:(1)按定值比热容;(2)按平均热容表;(3)按理想气体状态的比热容式;(4)按平均比热容直线关系式;(5)按气体热力性质表。

3-11   某种理想气体,初态时 $p_1 = 520$ kPa、$V_1 = 0.141\,9$ m³,经过放热膨胀过程,终态 $p_2 = 170$ kPa、$V_2 = 0.274\,4$ m³,过程焓值变化 $\Delta H = -67.95$ kJ。已知该气体的比定压热容 $c_p = 5.20$ kJ/(kg·K),且为定值,求:(1)热力学能变化量;(2)比定容热容和气体常数 R_g。

3-12   初态温度 $t_1=280\ ℃$ 的 2 kg 理想气体定容吸热 $Q_V=367.6$ kJ,同时输入搅拌功 468.3 kJ(图 3-20)。若过程中气体的平均比热容为 $c_p=1\ 124$ J/(kg·K),$c_V=934$ J/(kg·K),求:(1)终态温度 t_2;(2)热力学能、焓、熵的变化量 ΔU、ΔH、ΔS。

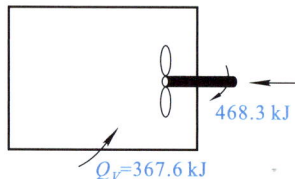

图 3-20   习题 3-12 附图

3-13   5 g 氩气,初始状态时 $p_1=0.6$ MPa、$T_1=600$ K,经历一个热力学能不变的过程膨胀到体积 $V_2=3\ V_1$。氩气可作为理想气体,且热容可看做定值,求终温 T_2、终压 p_2 及总熵变 ΔS。

3-14   1 kmol 氮气由 $p_1=1$ MPa、$T_1=400$ K 变化到 $p_2=0.4$ MPa、$T_2=900$ K,试按以下方法求摩尔熵变量 ΔS_m:(1)比热容可近似为定值;(2)借助气体热力性质表计算。

3-15   初始时 $p_1=0.1$ MPa、$t_1=27\ ℃$ 的 CO_2 体积 $V_1=0.8\ m^3$,经历某种状态变化过程,其熵变 $\Delta S=0.242$ kJ/K(精确值),终压 $p_2=0.1$ MPa,求终态温度 t_2。

3-16   绝热刚性容器中间隔板将容器一分为二,左侧为 0.05 kmol 的300 K、2.8 MPa的高压空气,右侧为真空。抽出隔板后空气充满整个容器,并达到新的平衡状态,求容器中空气的熵变。

3-17   刚性绝热容器用隔板分成 A、B 两室,A 室的容积为 0.5 m^3,其中空气压力为 250 kPa、温度为 300 K。B 室容积为 1 m^3,其中空气压力为 150 kPa、温度为1 000 K。抽去隔板,A、B 两室的空气混合,最终达到均匀一致,求平衡后的空气的温度、压力和过程熵变。空气比热容取定值 $c_p=1\ 005$ J/(kg·K)

3-18   氮气流入绝热收缩喷管时压力 $p_1=300$ kPa,温度 $T_1=400$ K,速度 $c_{f1}=30$ m/s,流出喷管时压力 $p_2=100$ kPa,温度 $T_2=330$ K。若位能可忽略不计,求出口截面上的气体流速。氮气的比热容可取定值 $c_p=1\ 042$ J/(kg·K)。

3-19   气缸活塞系统内有 3 kg 压力为 1 MPa、温度为 27 ℃ 的 O_2。缸内气体被加热到327 ℃,此时压力为 1 500 kPa。由于活塞外弹簧的作用,缸内压力与体积变化呈线性关系。若 O_2 的比热容可取定值 $c_V=0.658$ kJ/(kg·K),$R_g=0.260$ kJ/(kg·K),求过程中的换热量。

3-20   利用蒸汽图表填充下列空白,并用计算机软件计算校核:

	p/MPa	t/℃	h/(kJ/kg)	s/[kJ/(kg·K)]	x	过热度/℃
1	3	500				
2	0.5		3 244			
3		360	3 140			
4	0.02				0.90	

3-21 湿饱和蒸汽，$x=0.95$、$p=1$ MPa，应用水蒸气表求 t、h、u、v、s，再用 $h-s$ 图求上述参数并用计算机软件计算校核。

3-22 过热蒸汽，$p=3$ MPa、$t=400$ ℃，根据水蒸气表求 h、u、v、s 和过热度，再用 $h-s$ 图求上述参数。

3-23 已知水蒸气的压力 $p=0.5$ MPa，比体积 $v=0.35$ m³/kg，问蒸汽处在什么状态？用水蒸气表求出其他参数。

3-24 容器内有氟利昂 134a 过热蒸气 1 kg，参数为 300 kPa、100 ℃，定压冷却成为干度为 0.75 的气液两相混合物，求过程中氟利昂 134a 的热力学能变化量。

3-25 干度为 0.6、温度为 0 ℃的氨，在容积为 200 L 的刚性容器内被加热到压力 $p_2=1$ MPa，求加热量。

3-26 我国南方某压水堆核电厂蒸汽发生器（图 3-21）产生的新蒸汽压力为 6.53 MPa，干度为 0.995 6 的湿饱和蒸汽，进入蒸汽发生器的水压力为

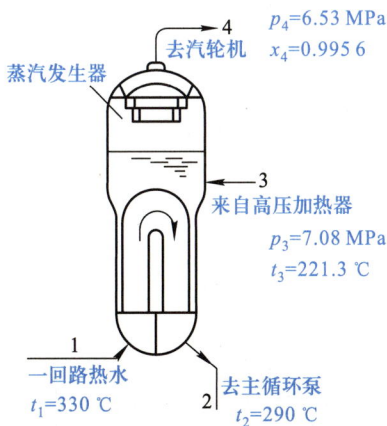

图 3-21 蒸汽发生器示意图

7.08 MPa,温度为 221.3 ℃。反应堆冷却剂(一回路压力水)进入反应堆时的平均温度为 290 ℃,吸热离开反应堆进入蒸汽发生器时的温度为 330 ℃,反应堆内平均压力为 15.5 MPa,冷却剂流量为17 550 t/h。若蒸汽发生器主蒸汽管内流速不大于 20 m/s,蒸汽发生器向环境大气散热量可忽略,不计工质的动能差和位能差,求:(1) 蒸汽发生器的蒸汽产量和新蒸汽的焓;(2) 蒸汽发生器主蒸汽管内径。

3-27　垂直放置的气缸活塞系统的活塞质量为 90 kg,气缸的横截面积为 0.006 m²。内有 10 ℃、干度为 0.9 的 R407c(一种在空调中应用的制冷工质)蒸气 10 L。外界大气压为100 kPa。活塞用销钉卡住。拔去销钉,活塞移动,最终活塞静止,且 R407c 温度达到 10 ℃。求终态工质的压力、体积及所作的功。已知:10 ℃ 时 R407c 的饱和参数为 $v'=0.000\ 8$ m³/kg、$v''=0.038\ 1$ m³/kg;终态时比体积 $v=0.105\ 9$ m³/kg。

第四章

理想气体混合物及湿空气

热力工程中应用的工质大都是由几种气体组成的混合物。例如,活塞式内燃机、燃气轮机装置中的燃气,主要成分是 N_2、CO_2、H_2O、O_2,有时还有少量的 CO、SO_2 等。地球上的空气也是混合气体,由 N_2、O_2 及少量 CO_2、水蒸气和惰性气体组成,除水蒸气外,成分几乎稳定。空调装置,干燥装置中的空气则可认为是干空气和水蒸气的混合物。本章讨论无化学反应,成分稳定的气体混合物及湿空气的性质。

4.1　理想气体混合物

混合气体的热力学性质取决于各组成气体的热力学性质及成分。若各组成气体全部处在理想气体状态,则其混合物也处在理想气体状态,具有理想气体的一切特性。混合气体也遵循状态方程式 $pV = nRT$;混合气体的摩尔体积与同温、同压的任何一种单一气体的摩尔体积相同,标准状态时也是 $0.022\ 414\ 1\ m^3/mol$;混合气体的摩尔气体常数也等于通用气体常数 $R = R_{g,eq}M_{eq} = 8.314\ 5\ J/(mol \cdot K)$,其中 $R_{g,eq}$ 和 M_{eq} 分别是混合气体的平均气体常数和平均摩尔质量。简而言之,可把理想气体混合物看作气体常数和摩尔质量分别为 $R_{g,eq}$ 和 M_{eq} 的某种假想气体。本节将给出理想气体的分压力定律和分体积定律,然后利用组元气体的成分得到混合气体的平均气体常数和平均摩尔质量,下节将讨论混合气体的比热容、热力学能、焓和熵。

4.1.1　分压力定律和分体积定律

设有温度、压力为 T、p,物质的量为 n 的理想气体混合物,占有体积 V,质量为 m。这时,据理想气体状态方程式有

$$pV = nRT \qquad\qquad (\text{a})$$

组成气体可按多种方式分离。如图 4-1 所示,在与混合气体温度相同的情况下,每一种组成气体都独自占据体积 V 时,组成气体的压力称为分压力,用 p_i 表示。对每一组成都可写出状态方程,如第 i 组成为

$$p_i V = n_i RT \qquad\qquad (\text{b})$$

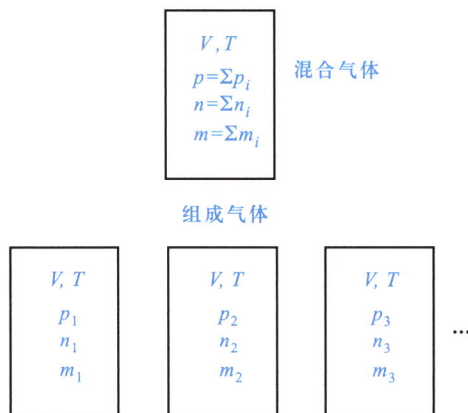

图 4-1　理想气体分压力示意图

将各组成气体的状态方程相加,即

$$V \sum_i p_i = RT \sum_i n_i \qquad\qquad (\text{c})$$

由于混合气体分子总数等于各组成分子数之和,因而,混合气体物质的量等于各组成气体物质的量之和,即 $n = \sum_i n_i$。式(a)与(c)比较后得出

$$p = \sum_i p_i \qquad\qquad (4\text{-}1)$$

该式表明:混合气体的总压力 p 等于各组成气体分压力 p_i 之总和,该结论道尔顿(Dalton)已于 1801 年实验证实,称为道尔顿分压力定律。

此外,式(b)和式(a)相比,得出 $\dfrac{p_i}{p} = \dfrac{n_i}{n} = x_i$($x_i$ 称为摩尔分数),即

$$p_i = x_i p \qquad\qquad (4\text{-}2)$$

上式表明:理想气体混合物各组成的分压力等于其摩尔分数与总压力的乘积。

另一种分离方式如图 4-2 所示。各组成气体都处于与混合物相同的温度、压力(T、p)下,各自单独占据的体积 V_i 称为分体积。对第 i 种组成写出状态方程式为

$$pV_i = n_i RT \qquad\qquad (\text{d})$$

对各组成气体相加，得出

$$p \sum_i V_i = RT \sum_i n_i \qquad (e)$$

式（e）与（a）比较可得

$$V = \sum_i V_i \qquad (4\text{-}3)$$

式（4-3）表明：理想气体的分体积之和等于混合气体的总体积，这一结论称为亚美格（Amagat）分体积定律。

显然，只有当各组成气体的分子不具

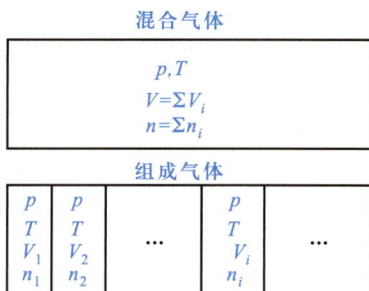

图 4-2　理想气体分体积示意图

有体积，分子间不存在作用力时，处于混合状态的各组成气体对容器壁面的撞击效果如同单独存在于容器时的一样，因此，道尔顿分压力定律和亚美格分体积定律只适用于理想气体状态。

4.1.2　混合气体的成分

气体混合物的成分是指各组成的含量占总量的百分数，通常可用化学分析方法测定。依计量单位不同，混合气体的成分主要有三种表示方法：质量分数、摩尔分数和体积分数。

质量分数是组分气体质量与混合气体总质量之比，第 i 种气体的质量分数用 w_i 表示：

$$w_i = \frac{m_i}{m} \qquad (4\text{-}4)$$

据质量守恒原理，可导得组成气体的质量分数之和为 1，即

$$\sum_i w_i = \sum_i \frac{m_i}{m} = \frac{\sum_i m_i}{m} = \frac{m}{m} = 1$$

摩尔分数 x_i 是第 i 种组分气体物质的量与混合气体总物质的量之比：

$$x_i = \frac{n_i}{n} \qquad (4\text{-}5)$$

与质量分数一样可导出，组成气体的摩尔分数之和为 1，即

$$\sum_i x_i = 1$$

体积分数 φ_i 是第 i 种组分气体的分体积与混合气体总体积之比：

$$\varphi_i = \frac{V_i}{V} \qquad (4\text{-}6)$$

据分体积概念，组成气体的体积分数之和为 1，即

$$\sum_i \varphi_i = 1$$

以 φ_i 表示混合气体的成分是普遍采用的一种方法,如烟气、燃气等混合气体的成分分析往往以体积分数表示。而化学反应或相转变过程,用摩尔分数 x_i 更为方便。式(d)和式(a)相比,得

$$\frac{V_i}{V} = \frac{n_i}{n} \quad \text{即} \quad x_i = \varphi_i$$

可见,体积分数与摩尔分数相同,故混合气体成分的三种表示法,实质上只有质量分数 w_i 和摩尔分数 x_i 两种,它们之间存在如下换算关系:

$$x_i = \frac{n_i}{n} = \frac{m_i/M_i}{m/M_{eq}} = \frac{M_{eq}}{M_i} w_i \tag{4-7}$$

考虑到 $M_i R_{g,i} = M_{eq} R_{g,eq}$,所以有

$$x_i = \frac{R_{g,i}}{R_{g,eq}} w_i \tag{4-8}$$

4.1.3　混合气体的平均摩尔质量和平均气体常数

混合气体中各种组成气体的分子由于杂乱无章的热运动必定处于均匀混合状态。故可以假想成一种单一气体,其分子数和总质量恰与混合气体的相同,这种假拟单一气体的摩尔质量和气体常数就是混合气体的平均摩尔质量和平均气体常数,实质上是折合量,故也称折合摩尔质量和折合气体常数。

根据假拟气体的概念:假拟气体的质量等于混合气体中各组成气体质量的总和,即 $m = \sum_i m_i$,或写作 $n M_{eq} = \sum_i n_i M_i$,这里 n 和 M_{eq} 表示假拟气体物质的量和摩尔质量(即混合气体物质的量和折合摩尔质量),n_i 和 M_i 表示其中第 i 种组成气体物质的量和摩尔质量,从而得出折合摩尔质量为

$$M_{eq} = \frac{\sum_i n_i M_i}{n} = \sum_i x_i M_i \tag{4-9}$$

相应的折合气体常数再由 $R = R_{g,eq} M_{eq}$ 确定。

由式(4-8)也可导出混合气体折合气体常数 $R_{g,eq}$ 的计算式。对每一个组成气体写出式(4-8)并全部相加得

$$\sum_i x_i = \frac{\sum_i R_{g,i} w_i}{R_{g,eq}} = 1$$

所以

$$R_{g,eq} = \sum_i R_{g,i} w_i \tag{4-10}$$

然后再由 $R = R_{g,eq}M_{eq}$ 确定折合摩尔质量。

归纳起来,若已知组成气体的质量分数 w_i 和气体常数 $R_{g,i}$,先由式(4-10)计算混合气体折合气体常数 $R_{g,eq}$;若已知组成气体的摩尔分数 x_i 及摩尔质量 M_i,先直接由式(4-9)计算混合气体的折合摩尔质量 M_{eq},然后再由 $R = R_{g,eq}M_{eq}$ 确定另一参数。

例 4-1 燃烧 1 kg 重油产生烟气 20 kg,其中 $m_{CO_2} = 3.16$ kg,$m_{O_2} = 1.15$ kg,$m_{H_2O} = 1.24$ kg,其余为 m_{N_2},烟气中的水蒸气可以作为理想气体计算。对于烟气,试求:(1)各组分的质量分数 w_i;(2)折合气体常数 $R_{g,eq}$;(3)折合摩尔质量 M_{eq};(4)摩尔分数 x_i;(5)燃烧 1 kg 重油所产生的烟气在标准状态下的体积和在 $p = 0.1$ MPa、$t = 200$ ℃ 时的体积。

解 (1)质量分数

已知 $m = 20$ kg,所以,$m_{N_2} = m - (m_{CO_2} + m_{O_2} + m_{H_2O}) = 14.45$ kg,可得

$$w_{CO_2} = \frac{m_{CO_2}}{m} = \frac{3.16 \text{ kg}}{20 \text{ kg}} = 0.158\,0 \quad 或 \quad 15.8\%$$

$$w_{O_2} = \frac{m_{O_2}}{m} = \frac{1.15 \text{ kg}}{20 \text{ kg}} = 0.057\,5 \quad 或 \quad 5.75\%$$

$$w_{H_2O} = \frac{m_{H_2O}}{m} = \frac{1.24 \text{ kg}}{20 \text{ kg}} = 0.062\,0 \quad 或 \quad 6.20\%$$

$$w_{N_2} = \frac{m_{N_2}}{m} = \frac{14.45 \text{ kg}}{20 \text{ kg}} = 0.722\,5 \quad 或 \quad 72.25\%$$

核算 $\qquad \sum_i w_i = 0.158\,0 + 0.057\,5 + 0.062\,0 + 0.722\,5 = 1.0$

(2)折合气体常数 $R_{g,eq}$

由附表 1 查出各组成气体的摩尔质量,代入式(4-10)确定 $R_{g,eq}$

$$R_{g,eq} = \sum_i w_i R_{g,i} = \sum_i w_i \frac{R}{M_i} = R \sum_i \frac{w_i}{M_i}$$

$$= 8.314\,5 \text{ J/(mol·K)} \times \left(\frac{0.158\,0}{44.01} + \frac{0.057\,5}{32.0} + \frac{0.062\,0}{18.02} + \frac{0.722\,5}{28.01} \right) \times 10^3 \text{ mol/kg}$$

$$= 287.85 \text{ J/(kg·K)}$$

(3)折合摩尔质量

$$M_{eq} = \frac{R}{R_{g,eq}} = \frac{8.314\,5 \text{ J/(mol·K)}}{287.85 \text{ J/(kg·K)}} = 28.88 \times 10^{-3} \text{ kg/mol}$$

（4）摩尔分数 x_i

由式（4-7）$x_i = \dfrac{M_{eq}}{M_i} w_i$ 可得

$$x_{CO_2} = \frac{M_{eq}}{M_{CO_2}} w_{CO_2} = \frac{28.88 \times 10^{-3} \text{ kg/mol}}{44.01 \times 10^{-3} \text{ kg/mol}} \times 0.158\ 0 = 0.103\ 7 \quad \text{或} 10.37\%$$

$$x_{O_2} = \frac{M_{eq}}{M_{O_2}} w_{O_2} = \frac{28.88 \times 10^{-3} \text{ kg/mol}}{32.0 \times 10^{-3} \text{ kg/mol}} \times 0.057\ 5 = 0.051\ 9 \quad \text{或} 5.19\%$$

$$x_{H_2O} = \frac{M_{eq}}{M_{H_2O}} w_{H_2O} = \frac{28.88 \times 10^{-3} \text{ kg/mol}}{18.02 \times 10^{-3} \text{ kg/mol}} \times 0.062\ 0 = 0.099\ 4 \quad \text{或} 9.94\%$$

$$x_{N_2} = \frac{M_{eq}}{M_{N_2}} w_{N_2} = \frac{28.88 \times 10^{-3} \text{ kg/mol}}{28.01 \times 10^{-3} \text{ kg/mol}} \times 0.722\ 5 = 0.744\ 9 \quad \text{或} 74.49\%$$

核算 $\qquad \sum_i x_i = 0.103\ 7 + 0.051\ 9 + 0.099\ 4 + 0.744\ 9 = 1.0$

（5）标准状态和 $p = 0.1$ MPa、$t = 200$ ℃时的体积

$$V_0 = V_{m,0} n = V_{m,0} \frac{m}{M} = 22.414\ 1 \times 10^{-3} \text{ m}^3/\text{mol} \times \frac{20 \text{ kg}}{28.88 \times 10^{-3} \text{ kg/mol}} = 15.52 \text{ m}^3$$

$$V = \frac{m R_g T}{p} = \frac{20 \text{ kg} \times 287.85 \text{ J/(kg·K)} \times (200+273) \text{ K}}{0.1 \times 10^6 \text{ Pa}} = 27.23 \text{ m}^3$$

讨论：基于理想气体假设，据组分比例加权求得低压状态的混合气体折合气体常数（折合摩尔质量），就可将其看作某种"纯质"理想气体。

4.2　理想气体混合物的比热容、热力学能、焓和熵

4.2.1　理想气体混合物的比热容

根据比热容的定义，混合气体的比热容是 1 kg 混合气体温度升高 1 ℃所需热量。1 kg 混合气体中有 w_i kg 的第 i 种组分。因而，混合气体的比热容为

$$c = \sum_i w_i c_i \tag{4-11}$$

同理可得混合气体的摩尔热容和体积热容分别为

$$C_m = \sum_i x_i C_{m,i} \tag{4-12}$$

$$C' = \sum_i \varphi_i C_i' \tag{4-13}$$

式中，c_i、$C_{m,i}$、C_i' 分别为第 i 种组成气体的比热容、摩尔热容和体积热容。混合气

体的比热容 c、摩尔热容 C_m、体积热容 C' 之间仍适合式(3-7)所表示的关系。混合气体的比定压热容和比定容热容之间的关系也遵循迈耶公式。

4.2.2 理想气体混合物的热力学能和焓

理想气体混合物的分子满足理想气体的两点假设,各组成气体分子的运动不因存在其他气体而受影响。混合气体的热力学能、焓和熵都是广延参数,具有可加性。因而,混合气体的热力学能等于各组成气体热力学能之和,即

$$U = \sum_i U_i \tag{4-14}$$

混合气体的比热力学能 u 和摩尔热力学能 U_m 分别为

$$u = \frac{U}{m} = \frac{\sum_i m_i u_i}{m} = \sum_i w_i u_i \tag{4-15}$$

$$U_m = \frac{U}{n} = \frac{\sum_i n_i U_{m,i}}{n} = \sum_i x_i U_{m,i} \tag{4-16}$$

同样,混合气体的焓等于各组成气体焓值总和

$$H = \sum_i H_i \tag{4-17}$$

混合气体的比焓 h 和摩尔焓 H_m 分别为

$$h = \sum_i w_i h_i \tag{4-18}$$

$$H_m = \sum_i x_i H_{m,i} \tag{4-19}$$

同时,各组成气体都是理想气体,温度相同为 T,所以混合气体的比热力学能和比焓也是温度的单值函数,即

$$u = f_u(T), \quad h = f_h(T)$$

混合气体也可以用 $\Delta u = c_V\Big|_{t_1}^{t_2}(t_2-t_1)$、$\Delta h = c_p\Big|_{t_1}^{t_2}(t_2-t_1)$ 确定过程的热力学能变化量 Δu 和焓变化量 Δh。

4.2.3 理想气体混合物的熵

熵和热力学能及焓一样,是广延性质的状态参数,故混合气体的熵也可由组分气体的熵累加得到。但和理想气体的热力学能及焓仅是温度的函数不同,熵是温度和压力的函数,所以由组分气体的热力学能及焓求理想气体混合物的热力学能及焓时可以不顾及各组分气体分压力而直接将各组分气体(它们温度相同)的相应量相加而得。理想气体混合物中各组成气体分子处于互不干扰的情

况,这时压力为分压力 p_i,故 $s_i = f(T, p_i)$,即各组成气体的熵相当于温度 T 下单独处在体积 V 中的熵值。而第 i 种组分微元过程中的比熵变为

$$ds_i = c_{p,i} \frac{dT}{T} - R_{g,i} \frac{dp_i}{p_i} \qquad (4-20)$$

混合物的熵等于各组成气体熵的总和

$$S = \sum_i S_i$$

1 kg 混合气体的熵 s 为

$$s = \sum_i w_i s_i \qquad (4-21)$$

混合气体性质

式中 w_i、s_i 分别为第 i 种组成气体的质量分数及比熵值。当混合气体分子成分不变时微元过程的熵变

$$ds = \sum_i w_i ds_i + \sum_i s_i dw_i = \sum_i w_i ds_i \qquad (4-22)$$

混合熵增 1

将第 i 种组分微元过程的比熵变化代入,得混合气体的比熵变

$$ds = \sum_i w_i c_{p,i} \frac{dT}{T} - \sum_i w_i R_{g,i} \frac{dp_i}{p_i} \qquad (4-23)$$

同理,1 mol 混合气体的熵变为

混合熵增 2

$$dS_m = \sum_i x_i C_{p,m,i} \frac{dT}{T} - \sum_i x_i R \frac{dp_i}{p_i} \qquad (4-24)$$

例 4-2 刚性绝热器被隔板一分为二,如图 4-3 所示,左侧 A 装有氧气,$V_{A1} = 0.3 \text{ m}^3$,$p_{A1} = 0.4 \text{ MPa}$,$T_{A1} = 288 \text{ K}$;右侧 B 装有氮气,$V_{B1} = 0.6 \text{ m}^3$,$p_{B1} = 0.504 \text{ MPa}$,$T_{B1} = 328 \text{ K}$;抽去隔板氧和氮相互混合,重新达到平衡后求:(1)混合气体的温度 T_2 和压力 p_2;(2)混合气体中氧和氮的分压力 p_{A2}、p_{B2};(3)混合前后熵变量 ΔS。按定值比热容计算。

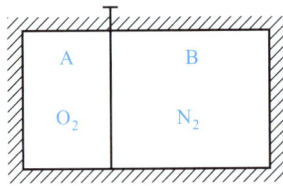

图 4-3 例 4-2 附图

解 不同种类气体的混合过程是非平衡过程。混合达到平衡态后的混合气体终态参数,可借助于热力学第一定律和理想气体状态方程式确定。

(1)混合气体的温度 T_2 和压力 p_2。根据初态确定 O_2 和 N_2 的物质的量 n_A 和 n_B 为

$$n_A = \frac{p_{A1} V_{A1}}{R T_{A1}} = \frac{0.4 \times 10^6 \text{ Pa} \times 0.3 \text{ m}^3}{8.314 \, 5 \text{ J/(mol} \cdot \text{K)} \times 288 \text{ K}} = 50.1 \text{ mol}$$

$$n_{\mathrm{B}} = \frac{p_{\mathrm{B1}} V_{\mathrm{B1}}}{R T_{\mathrm{B1}}} = \frac{0.504 \times 10^6 \ \mathrm{Pa} \times 0.6 \ \mathrm{m}^3}{8.314\ 5 \ \mathrm{J/(mol \cdot K)} \times 328 \ \mathrm{K}} = 111.0 \ \mathrm{mol}$$

$$n = n_{\mathrm{A}} + n_{\mathrm{B}} = 50.1 \ \mathrm{mol} + 111.0 \ \mathrm{mol} = 161.1 \ \mathrm{mol}$$

选取容器内全部气体为热力系,是一个封闭热力系。容器为刚性绝热的,气体除自身混合外,系统与外界无任何能量交换,$Q=0$、$W=0$,依热力学第一定律解析式 $Q = \Delta U + W$,故有 $\Delta U = 0$,即

$$\Delta U = \Delta U_{\mathrm{A}} + \Delta U_{\mathrm{B}} = n_{\mathrm{A}} C_{V,\mathrm{m,A}} (T_2 - T_{\mathrm{A1}}) + n_{\mathrm{B}} C_{V,\mathrm{m,B}} (T_2 - T_{\mathrm{B1}}) = 0$$

$$T_2 = \frac{n_{\mathrm{A}} C_{V,\mathrm{m,A}} T_{\mathrm{A1}} + n_{\mathrm{B}} C_{V,\mathrm{m,B}} T_{\mathrm{B1}}}{n_{\mathrm{A}} C_{V,\mathrm{m,A}} + n_{\mathrm{B}} C_{V,\mathrm{m,B}}} \tag{a}$$

已知 $T_{\mathrm{A1}} = 288 \ \mathrm{K}$、$T_{\mathrm{B1}} = 328 \ \mathrm{K}$,$O_2$、$N_2$ 都是双原子气体,摩尔定容热容为 $\frac{5}{2}R$,即 $C_{V,\mathrm{m,A}} = C_{V,\mathrm{m,B}} = \frac{5}{2} \times 8.314\ 5 \ \mathrm{J/(mol \cdot K)}$,将已知数值代入式(a)后,解出 $T_2 = 315.6 \ \mathrm{K}$。混合气体的压力

$$p_2 = \frac{n R T_2}{V} = \frac{n R T_2}{V_{\mathrm{A1}} + V_{\mathrm{B1}}}$$

$$= \frac{161.1 \ \mathrm{mol} \times 8.314\ 5 \ \mathrm{J/(mol \cdot K)} \times 315.6 \ \mathrm{K}}{(0.3 + 0.6) \ \mathrm{m}^3}$$

$$= 0.469\ 7 \times 10^6 \ \mathrm{Pa}$$

(2)O_2 和 N_2 的分压力

$$p_{\mathrm{A2}} = x_{\mathrm{A}} p_2 = \frac{n_{\mathrm{A}}}{n} p_2 = \frac{50.1 \ \mathrm{mol}}{161.1 \ \mathrm{mol}} \times 0.469\ 7 \ \mathrm{MPa} = 0.146\ 1 \ \mathrm{MPa}$$

$$p_{\mathrm{B2}} = x_{\mathrm{B}} p_2 = \frac{n_{\mathrm{B}}}{n} p_2 = \frac{111.0 \ \mathrm{mol}}{161.1 \ \mathrm{mol}} \times 0.469\ 7 \ \mathrm{MPa} = 0.323\ 6 \ \mathrm{MPa}$$

(3)热力系混合过程的熵变

$$\Delta S = \Delta S_{\mathrm{A}} + \Delta S_{\mathrm{B}} = n_{\mathrm{A}} \Delta S_{\mathrm{m,A}} + n_{\mathrm{B}} \Delta S_{\mathrm{m,B}}$$

$$= n_{\mathrm{A}} \left(C_{p,\mathrm{m,A}} \ln \frac{T_2}{T_{\mathrm{A1}}} - R \ln \frac{p_{\mathrm{A2}}}{p_{\mathrm{A1}}} \right) + n_{\mathrm{B}} \left(C_{p,\mathrm{m,B}} \ln \frac{T_2}{T_{\mathrm{B1}}} - R \ln \frac{p_{\mathrm{B2}}}{p_{\mathrm{B1}}} \right)$$

因摩尔定压热容 $C_{p,\mathrm{m,A}} = C_{p,\mathrm{m,B}} = \frac{7}{2} \times 8.314\ 5 \ \mathrm{J/(mol \cdot K)} = 29.10 \ \mathrm{J/(mol \cdot K)}$,故

$$\Delta S = 50.1 \text{ mol} \times \left(29.10 \text{ J/(mol·K)} \times \ln \frac{315.6 \text{ K}}{288 \text{ K}} - \right.$$

$$\left. 8.314\ 5 \text{ J/(mol·K)} \times \ln \frac{0.146\ 1 \text{ MPa}}{0.4 \text{ MPa}} \right) +$$

$$111.0 \text{ mol} \times \left(29.10 \text{ J/(mol·K)} \times \ln \frac{315.6 \text{ K}}{328 \text{ K}} - \right.$$

$$\left. 8.314\ 5 \text{ J/(mol·K)} \times \ln \frac{0.323\ 6 \text{ MPa}}{0.504 \text{ MPa}} \right)$$

$$= 837.4 \text{ J/K}$$

讨论:不同种类气体的混合过程是非平衡过程,虽遵循热力学第一定律,但即使起始时各气体压力和温度相等,过程也必定不可逆。由于容器内全部气体构成封闭热力系且过程绝热,故混合前后的熵增加不可能由系统与外界交换质量或换热引起,只能归结于混合过程的不可逆性,也就是熵在不可逆过程中可以产生出来,因而系统熵是不守恒的。归纳起来,造成系统熵变的原因有:系统与外界产生热交换,系统与外界交换质量,系统过程不可逆。

4.3　湿　空　气

烘干、采暖、空调、冷却塔等工程中通常都是采用环境大气,环境大气是干空气和水蒸气的混合物。由于大气中干空气和水蒸气的压力都很低,因此干空气和水蒸气均处于理想气体状态,它们的混合物——湿空气也处在理想气体状态,理想气体遵循的规律及理想气体混合物的计算公式都可应用。一般情况下,大气中水蒸气的含量及变化都较小,可近似作为干空气来计算。但烘干装置、采暖通风、室内调温调湿,以及冷却塔等设备中作工质的空气,其水蒸气含量的多少具有特殊作用,因此本节和以下几节将对湿空气的热力性质、参数的确定等做专门研究。

4.3.1　湿空气和干空气

湿空气是指含有水蒸气的空气,完全不含水蒸气的空气则称为干空气。通常,湿空气中水蒸气分压力很低,为(0.002~0.004 MPa),一般处于过热状态。地球上的干空气成分会随时间、地理位置、海拔、环境污染等因素而产生微小的变化,为便于计算,工程上将干空气标准化,标准化的干空气的摩尔分数(体积分数)见表4-1。因干空气的组元和成分通常是一定的,故可以看成一种"单一气体"。

表 4-1　标准化干空气的组成表

成分	相对分子质量	摩尔分数
O_2	32.000	0.209 5
N_2	28.016	0.780 9
Ar	39.944	0.009 3
CO_2	44.01	0.000 3

　　地球上大气压力随海拔升高而降低,也将随地理位置、季节等因素而变化。以海拔为 0,标准状态下大气压力 $p_0=760$ mmHg 为基础,则地球表面以上大气压 p 的值可按下式计算:

$$p=p_0(1-2.255\ 7\times10^{-5}z)^{5.256} \tag{4-25}$$

式中:z 为海拔高度,m;p 为海拔高度为 z 时的大气压力,mmHg。大气压力的改变,导致各地水的沸点也不一致,表 4-2 列出了不同海拔高度水的沸点。

表 4-2　不同海拔高度水的沸点

海拔高度/m	大气压力/kPa	水的沸点/℃
0	101.33	100.0
1 000	89.55	96.3
2 000	79.50	93.2
5 000	54.05	83.0
10 000	26.50	66.2
20 000	5.53	34.5

　　此外,在湿空气分析计算中做如下两点假设:(1) 湿空气中水蒸气凝聚成的液相水或固相冰中,不含有空气;(2) 空气的存在不影响水蒸气与凝聚相的相平衡,相平衡温度为水蒸气分压力所对应的饱和温度。

　　为了描述方便,分别以下标"a""v""s"表示干空气、水蒸气和饱和水蒸气的参数,而无下标时则为湿空气参数。

4.3.2　未饱和空气和饱和空气

　　根据理想气体的分压力定律,湿空气总压力等于干空气分压力 p_a 和水蒸气分压力 p_v 之和,即 $p=p_a+p_v$,如果湿空气来自环境大气,其压力即为大气压力 p_b,这时

$$p_b=p_a+p_v \tag{4-26}$$

湿空气中水蒸气，由于其含量不同（表现为分压力的高低）以及温度不同，或者处于过热状态，或者处于饱和状态，因而湿空气有未饱和与饱和之分。干空气和过热水蒸气组成未饱和湿空气。温度为 t 的湿空气，当水蒸气分压力 p_v 低于对应于 t 的饱和压力 p_s 时，水蒸气处于过热状态，如图 4-4 中点 A 所示，这时，水蒸气的密度 ρ_v 小于饱和蒸汽密度 $\rho''[=f(t)]$，即

$$\rho_v < \rho'' \quad 或 \quad v_v > v''$$

如果湿空气保持温度不变，而水蒸气含量增加，则水蒸气分压力增大，其状态点将沿着定温线向左上方（p-v 图上），或水平向左（T-s 图上）变化，当分压力增大到 $p_s(t)$，如图 4-4 中点 C 时，水蒸气达到饱和状态，这种干空气和饱和水蒸气组成的湿空气称为饱和湿空气。饱和湿空气吸收水蒸气的能力已经达到极限，若再向它加入水蒸气，将凝结为水滴从中析出，这时水蒸气的分压力和密度是该温度下可能有的最大值，即 $p_v = p_s(t)$、$\rho = \rho''$，p_s 和 ρ'' 按温度 t 在饱和水蒸气图表或饱和湿空气表（附表 14）上查得。

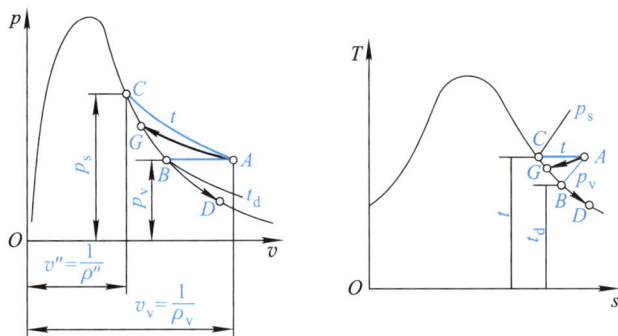

图 4-4 湿空气中水蒸气状态的 p-v 图和 T-s 图

4.3.3 露点

未饱和湿空气也可通过另一途径达到饱和，如果湿空气内水蒸气的含量保持一定，即分压力 p_v 不变而温度逐渐降低，状态点将沿着定压冷却线 A-B 与干饱和蒸汽线相交于点 B（图 4-4），也达到了饱和状态，继续冷却就会结露。点 B 温度即为对应于 p_v 的饱和温度，称为露点，用 t_d 表示。显然 $t_d = f(p_v)$。可在饱和水蒸气表或饱和湿空气表上由 p_v 值查得。

露点是在一定的 p_v 下（指不与水或湿物料相接触的情况），未饱和湿空气冷却达到饱和湿空气，即将结出露珠时的温度，可用湿度计或露点仪测量，测得 t_d 相当于测定了 p_v。达到露点后继续冷却，就会有水蒸气凝结成水滴析出，湿空气

未饱和湿空气达到饱和的途径

饱和湿空气和露点

中的水蒸气状态,将沿着饱和蒸汽线变化,如图 4-4 上的 *B-D* 所示,这时温度降低,分压力也随之降低,即为析湿过程。

4.4 湿空气的状态参数

在某一温度下湿空气中水蒸气分压力的大小固然反映了水蒸气含量的多少,但为方便湿空气吸湿能力和热力过程的分析计算,本节引入湿空气的相对湿度、含湿量和焓等概念。

4.4.1 湿空气的绝对湿度和相对湿度

绝对湿度是单位体积(1 m³)的湿空气中所含水蒸气的质量,其符号为 ρ_v。由于湿空气中水蒸气具有与湿空气同样的体积,所以绝对湿度就是湿空气中水蒸气的密度

$$\rho_v = \frac{m_v}{V} = \frac{1}{v_v}$$

对于饱和空气,因其中的水蒸气处于饱和状态,故其绝对湿度即为干饱和蒸汽的密度

$$\rho_v'' = \frac{1}{v_v''}$$

绝对湿度并不能完全说明湿空气的潮湿程度和吸湿能力。因为同样的绝对湿度,若空气温度不同,湿空气吸湿能力也不同。例如,若 $\rho_v = 0.009 \text{ kg/m}^3$,当湿空气温度 t 为 25 ℃时,因其饱和密度 $\rho_v'' = 0.024\ 4 \text{ kg/m}^3$,远大于 ρ_v,所以湿空气中水蒸气远未达到饱和,空气具有较强的吸湿能力。若空气温度较低,仅 10 ℃,则因该温度所对应的饱和压力和水蒸气饱和密度都较低,$\rho_v = 0.009\ 4 \text{ kg/m}^3$,非常接近 ρ_v,因而吸湿能力较小,会感到阴冷潮湿。所以绝对湿度不能完全说明空气的吸湿能力,为此,引入相对湿度的概念。

湿空气中所含水蒸气质量和同温度下最大可能包含的水蒸气质量的比值,称为相对湿度,以 φ 表示。由于湿空气中的水蒸气可当作理想气体,故其密度与压力成正比,亦即相对湿度也可写成湿空气中水蒸气分压力 p_v 与同一温度同样总压力的饱和湿空气中水蒸气分压力 $p_s(t)$ 的比值

$$\varphi = \frac{p_v}{p_s} \approx \frac{\rho_v}{\rho''}(p_s \leqslant p) \tag{4-27}$$

φ 值介于 0 和 1 之间,φ 愈小表示湿空气离饱和湿空气愈远,即空气愈干燥,吸取水蒸气的能力愈强,当 $\varphi = 0$ 时即为干空气;反之,φ 愈大空气愈潮湿,吸取水蒸

气的能力也愈差,当 $\varphi = 1$ 时,$p_v = p_s$,即为饱和湿空气。所以,不论温度如何,φ 的大小直接反映了湿空气的吸湿能力。同时,它也反映出湿空气中水蒸气含量接近饱和的程度,故又称饱和度。计算 φ 值时,式(4-27)中饱和蒸气压 p_s 既可由水蒸气图表查出,也可由经验公式计算。

某些场合,如作为干燥介质的湿空气,被加热到相当高的温度,这时的 $p_s(t)$ 可能大于总压力 p,实际上湿空气中水蒸气的分压力最高等于总压力,所以这时 φ 定义为

$$\varphi = \frac{p_v}{p} \quad (p_s > p) \tag{4-28}$$

4.4.2　湿空气的含湿量

以湿空气为工作介质的某些过程,如干燥、吸湿等过程中,干空气作为载热体或载湿体,它的质量或质量流量是恒定的,发生变化的只是湿空气中水蒸气的质量。因此,湿空气的一些状态参数,如湿空气的含湿量、焓、气体常数、比体积、比热容等,都是以单位质量干空气为基准,以方便计算。定义 1 kg 干空气所带有的水蒸气质量为含湿量(又称比湿度),以 d 表示,习惯上表示为 kg(水蒸气)/kg(干空气),即

$$d = \frac{m_v}{m_a} = \frac{n_v M_v}{n_a M_a} \tag{4-29}$$

式中:n_v 和 n_a 分别为湿空气中水蒸气和干空气的摩尔数;M_v、M_a 分别为水蒸气和干空气的摩尔质量,$M_v = 18.016 \times 10^{-3}$ kg/mol,$M_a = 28.97 \times 10^{-3}$ kg/mol。由分压力定律可知,理想气体混合物中的各组元摩尔数之比等于分压力之比,且 $p_a = p - p_v$,所以

$$d = 0.622 \frac{p_v}{p_a} = 0.622 \frac{p_v}{p - p_v} \tag{4-30}$$

通常,湿空气中水蒸气的分压力与空气压力相比可以忽略不计,于是

$$d \approx 0.622 \frac{p_v}{p} \tag{4-31}$$

可见,总压力一定时,湿空气的含湿量 d 只取决于水蒸气的分压力 p_v,并且随着 p_v 的升降而增减,即

$$d = f(p_v) \quad (p = 常数)$$

若将式(4-27)$p_v = \varphi p_s$ 代入式(4-30),则

$$d = 0.622 \frac{\varphi p_s}{p - \varphi p_s} \tag{4-32}$$

空气的湿度

绝对湿度、相对湿度和含湿量

因 $p_s=f(t)$，所以，压力一定时，含湿量取决于 φ 和 t，即
$$d=F(\varphi,t)$$
式(4-29)、式(4-30)和式(4-32)与 $p_s=f(t)$，$t_d=f(p_v)$ 一起，给出了在总压力和温度一定时，湿空气的状态参数 p_v、t_d、φ、d 之间的关系。

4.4.3　湿空气的焓

湿空气的比焓是指含有 1 kg 干空气的湿空气的焓值，它等于 1 kg 干空气的焓和 d kg 水蒸气的焓之和，以 h 表示，即
$$h=\frac{H}{m_a}=\frac{m_ah_a+m_vh_v}{m_a}=h_a+dh_v \tag{4-33}$$
湿空气的焓值是以 0 ℃时干空气和 0 ℃时饱和水为基准点，单位是 kJ/kg(干空气)。

若温度变化范围不大(不超过 100 ℃)，干空气比定压热容为 $c_{p,a}=$ 1.005 kJ/(kg·K)，则干空气的比焓
$$\{h_a\}_{kJ/kg(干空气)}=c_{p,a}t=1.005\{t\}_℃$$
水蒸气的比焓也有足够精确的经验公式：
$$\{h_v\}_{kJ/kg(水蒸气)}=2\,501+1.86\{t\}_℃$$
式中，2 501 kJ/(kg·K)是 0 ℃时饱和水蒸气的焓值，而常温低压下水蒸气的平均质量定压热容可取 1.86 kJ/(kg·K)。将 h_a 和 h_v 的计算式代入式(4-33)，得
$$h=1.005t+d(2\,501+1.86t)\quad kJ/kg(干空气) \tag{4-34①}$$
式中：t 单位为℃；d 单位为 kg(水蒸气)/kg(干空气)。

水蒸气比焓 h_v 的精确值，可由水蒸气图表中查得。为了简便，通常以温度为 t 的饱和水蒸气焓 h'' 代替，即取 $h_v\approx h''(t)$。温度不太高时误差极微($t=100$ ℃时，误差不超过 0.3%)，因此湿空气的比焓也近似可由下式确定：
$$h=1.005t+dh''\quad kJ/kg(干空气) \tag{4-35}$$

4.4.4　湿空气的比体积

1 kg 干空气和 d kg 水蒸气组成的湿空气的体积，称为湿空气的比体积，用 v(m³/kg 干空气)表示：
$$v=(1+d)\frac{R_gT}{p} \tag{4-36}$$

---

① 按国标规定，该式正确写法是 $\{h\}_{kJ/kg(干空气)}=1.005\{t\}_℃+\{d\}_{kg/kg(干空气)}(2\,501+1.86\{t\}_℃)$，考虑到过去的习惯仍采用如式(4-34)这样的表达式。

式中，R_g 为湿空气的气体常数。

$$R_g = \sum w_i R_{g,i} = \frac{1}{1+d}R_{g,a} + \frac{d}{1+d}R_{g,v} = \frac{R_{g,a}+R_{g,v}d}{1+d} \qquad (4-37)$$

例 4-3　房间的容积为 50 m³，室内空气温度 30 ℃，相对湿度为 60%，大气压力 $p_b = 0.101\ 3$ MPa，求湿空气的露点温度 t_d、含湿量 d、干空气质量 m_a、水蒸气质量 m_v 及湿空气的焓值 H。

解　由饱和水蒸气表或附表 14 查得 $t = 30$ ℃时 $p_s = 4\ 241$ Pa，所以

$$p_v = \varphi p_s = 0.6 \times 4\ 241\ \text{Pa} = 2\ 544.6\ \text{Pa}$$

与此分压力对应的饱和温度即为湿空气的露点温度，从上述表中可查得 $t_d = 21.36$ ℃。

含湿量

$$d = 0.622\frac{p_v}{p-p_v} = 0.622 \times \frac{2\ 544.6\ \text{Pa}}{101\ 300\ \text{Pa}-2\ 544.6\ \text{Pa}}$$
$$= 0.016\ 0\ \text{kg(水蒸气)/kg(干空气)}$$

干空气分压力

$$p_a = p - p_v = 101\ 300\ \text{Pa} - 2\ 544.6\ \text{Pa} = 98\ 755.4\ \text{Pa}$$

干空气质量

$$m_a = \frac{p_a V}{R_{g,a}T} = \frac{98\ 755.4\ \text{Pa} \times 50\ \text{m}^3}{287\ \text{J/(kg·K)} \times (30+273)\ \text{K}} = 56.78\ \text{kg}$$

水蒸气质量

$$m_v = dm_a = 0.016\ 0\ \text{kg(水蒸气)/kg(干空气)} \times 56.78\ \text{kg(干空气)} = 0.91\ \text{kg}$$

将 $t = 30$ ℃代入式(4-34)，得湿空气的比焓为

$$h = 71.06\ \text{kJ/kg(干空气)}$$

湿空气的总焓

$$H = m_a h = 56.78\ \text{kg(干空气)} \times 71.06\ \text{kJ/kg(干空气)} = 4\ 034.8\ \text{kJ}$$

讨论：(1) 与湿空气的分压力对应的饱和温度即为露点，因此含湿量相等（总压力相同）的湿空气的露点相同。(2) 水蒸气比焓的确定有三种方法：① 由 $t = 30$ ℃、$p_v = 2\ 544.6$ Pa，过热蒸汽表中查得 $h_v = 2\ 556.8$ kJ/kg；② 取 h_v 近似等 $t = 30$ ℃的饱和水蒸气焓，在饱和水蒸气表中查得 $h_v = 2\ 556.4$ kJ/kg；③ 由经验公式 $h_v = 2\ 501 + 1.86t$，代入 $t = 30$ ℃，得 $h_v = 2\ 556.8$ kJ/kg。温度较低时，三种方法的结果基本一致。

例 4-4　若上例中湿空气定压冷却到 10 ℃，求凝水量 Δm_v 和放热量。

解　终态温度 $t_2 = 10$ ℃低于露点，故终态为饱和湿空气。湿空气冷却到 $t_d = 21.36$℃达到饱和，再继续冷却就会有凝水析出。凝水量等于初、终态湿空气

中含有水蒸气量的差值。

由 $t_2 = 10\,℃$,在饱和水蒸气表中查出 $p_s = 1\,227.9\,Pa$,$p_{v,2} = p_s = 1\,227.9\,Pa$。

终态含湿量

$$d_2 = 0.622\frac{p_v}{p - p_v} = 0.622 \times \frac{1\,227.9\,Pa}{101\,300\,Pa - 1\,227.9\,Pa}$$
$$= 0.007\,63\,kg(水蒸气)/kg(干空气)$$

凝水量

$\Delta m_v = m_a(d_2 - d_1)$
$\qquad = 56.78\,kg(干空气) \times (0.016\,0 - 0.007\,63)\,kg(水蒸气)/kg(干空气)$
$\qquad = -0.475\,kg$

$t = 10\,℃$ 代入式(4-34)计算得终态湿空气比焓

$$h_2 = 29.27\,kJ/kg(干空气)$$

定压冷却过程湿空气的放热量 $Q = m_a(h_1 - h_2)$,上题已得出 $h_1 = 71.06\,kJ/kg$(干空气),$m_a = 56.78\,kg$。因此

$Q = 56.78\,kg(干空气) \times [71.06\,kJ/kg(干空气) - 29.27\,kJ/kg(干空气)]$
$\quad = 2\,372.8\,kJ$

讨论:湿空气定压降温过程中达到露点前无液态水凝出,故保持含湿量不变,从露点继续降温则保持相对湿度为1,随饱和蒸汽压下降,湿空气中能携带的水蒸气质量随之下降,过量的水蒸气凝结为液态水从空气中析出,同时放出汽化潜热。又因等压过程的热量等于焓差,所以总热量等于干空气质量与湿空气初、终态比焓差的乘积。

4.5　湿球温度和绝热饱和温度

4.5.1　湿球温度

湿空气的 φ 和 d 的简便测量方法通常是采用干湿球温度计,示意图如图4-5,图4-6所示是一种实用的便携式干湿球温度计。干球温度计即普通温度计,测出的是湿空气的真实温度 t 也称干球温度。另一支温度计的感温球上包裹有浸在水中的湿纱布,称为湿球温度计。

大量未饱和空气流吹过干湿球温度

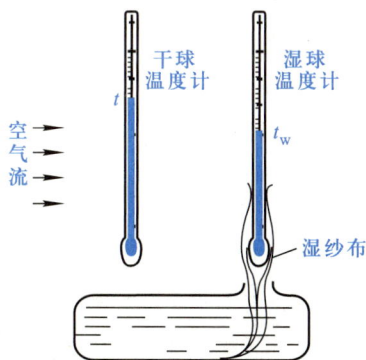

图 4-5　干湿球温度计示意图

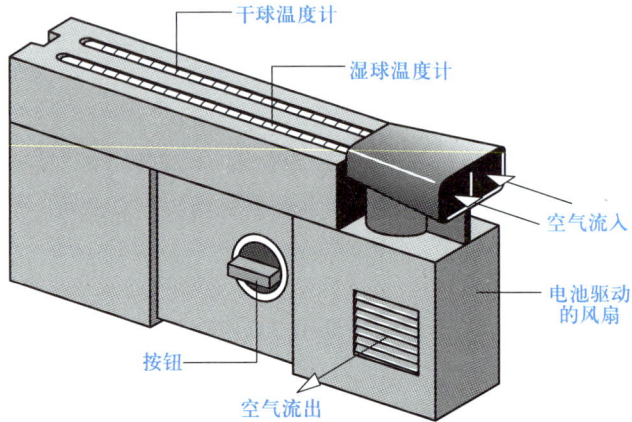

图 4-6   便携式干湿球温度计

计,开始时湿纱布中水分温度与主体湿空气温度相同,由于湿空气未饱和,湿纱布中水分汽化,在湿纱布表面形成薄层有效汽膜(图4-7),有效汽膜内湿空气接近饱和。汽膜内水蒸气分压力 p_v' 高于空气流内水蒸气的分压力 p_v,汽膜内水蒸气向空气流扩散。汽化需要的热量来自水分本身,使水分温度下降,温度低于湿空气流温度,热量由空气传给湿纱布中水分,传热速率随着两者温差增大而提高。因湿空气流量大,湿纱布表面积小,湿空气向湿纱布的传热和从湿纱布汽化的水分对主流湿空气 t、d 的影响可忽略不计。直到空气向湿纱布单位时间传递的热量等于

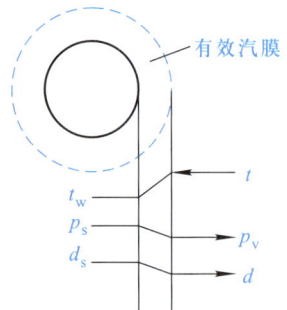

图 4-7   湿球温度原理示意图

单位时间内湿纱布表面水分汽化所需热量达到平衡,湿纱布中水温保持恒定不变,湿球温度计指示的正是平衡时湿纱布中水分的温度,这一温度称为湿空气的湿球温度,以 t_w 表示。由于汽膜内湿空气接近饱和,故 t_w 也是气膜内水蒸气分压力对应的饱和温度。湿空气的 φ 愈小,湿纱布中水分汽化愈快,汽化所需热量愈大,湿球温度愈低。当然,气流的速度对蒸发和传热过程会有影响,但实验表明,当气流速度在 $2 \sim 10$ m/s 范围内时,气流速度对湿球温度值影响很小。若湿空气已达饱和状态,湿纱布中水分不能汽化,湿球温度与干球温度相等。所以 φ 与 t_w 及 t 有一定的函数关系。

考虑到露点是湿空气中水蒸气分压力 p_v 对应的饱和温度,湿球温度可看成汽膜内水蒸气分压力 p_v' 对应的饱和温度,因而

$$t \geq t_w \geq t_d \tag{4-38}$$

式中,未饱和湿空气取不等号,饱和湿空气取等号。

根据 t 和 t_w 计算 d 的解析式为

$$d = \frac{c_{p,a}(t_w-t)+d_s\gamma(t_w)}{c_{p,v}(t-t_w)+\gamma(t_w)} \tag{4-39}$$

式中:$c_{p,a}$ 为干空气比定压热容;$c_{p,v}$ 是低压时水蒸气的比定压热容;d_s 湿球表面饱和含湿量;γ 为汽化潜热。

*4.5.2 湿空气的绝热饱和温度

图 4-8 为一绝热饱和冷却器示意图,未饱和的湿空气(参数为 t、d、h)由下部送入,大量的水由顶部喷淋而下,它们逆向而行在填料层中接触,因为空气尚未饱和,水分不断汽化进入湿空气。又因饱和器是绝热的,水分汽化所需的潜热只能来自空气的显热,致使过程中空气温度逐渐降低,含湿量逐渐增大,水分汽化潜热又被蒸汽带回了空气,所以湿空气的焓值几乎不变。因此,该过程看作等焓增湿降温过程,该等焓过程在图 4-4 中以过程线 A-G 表示。如果有足够长的接触时间,最终湿空气达到饱和,空气温度不再下降。此稳定状态

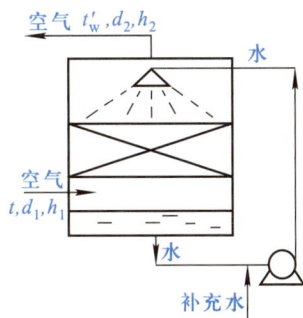

图 4-8 绝热饱和冷却器

的温度称为初始状态湿空气的绝热饱和温度,以 t'_w 表示。它是湿空气状态参数之一。绝热饱和器循环水温和补充水温也应保持 t'_w。根据能量守恒,可以导得

$$d_2 = \frac{c_{p,a}(t'_w-t_1)+d_1\gamma(t'_w)}{c_{p,v}(t_1-t'_w)+\gamma(t'_w)} \tag{4-40}$$

式中 d_1 和 d_2 分别是来流空气和其绝热饱和湿空气的含湿量。考虑到湿空气可作为理想气体混合物,且一般 d 很小,所以湿空气比定压热容 $c_p \approx c_{p,a}+c_{p,v}d$,从式(4-40)可得

$$t'_w = t_1 - \frac{\gamma(0\ ℃)}{c_p}(d_2-d_1) \tag{4-41}$$

实用上,绝热饱和过程实施较困难,好在绝热饱和温度 t'_w 与湿球温度 t_w 数值上极为相近,实际应用时可以 t_w 代替 t'_w。

4.6　湿空气的焓−湿图

　　湿空气是干空气和水蒸气的混合物,通常处于理想气体状态,满足简单可压缩系的条件。所以在一定的总压力下,虽湿空气的状态可用 t、t_d、t_w、φ、d、p_v 等不同参数表示,但其中只有两个是独立变量。根据两个独立参数用解析法确定其他参数,从而对湿空气的热力过程进行分析计算,虽然较为繁复,但为利用计算机进行工程计算提供了依据。

　　目前工程计算仍大量利用线图,线图法虽精度略差,但比解析法简捷方便。常用的线图有焓湿图(h−d 图)、温湿图(t−d 图)、焓温图(h−t 图)等,本书限于篇幅只介绍 h−d 图。

h−d 图

　　h−d 图是根据式(4−32)和式(4−34)绘制而成,如图 4−9 和图 4−10 所示。

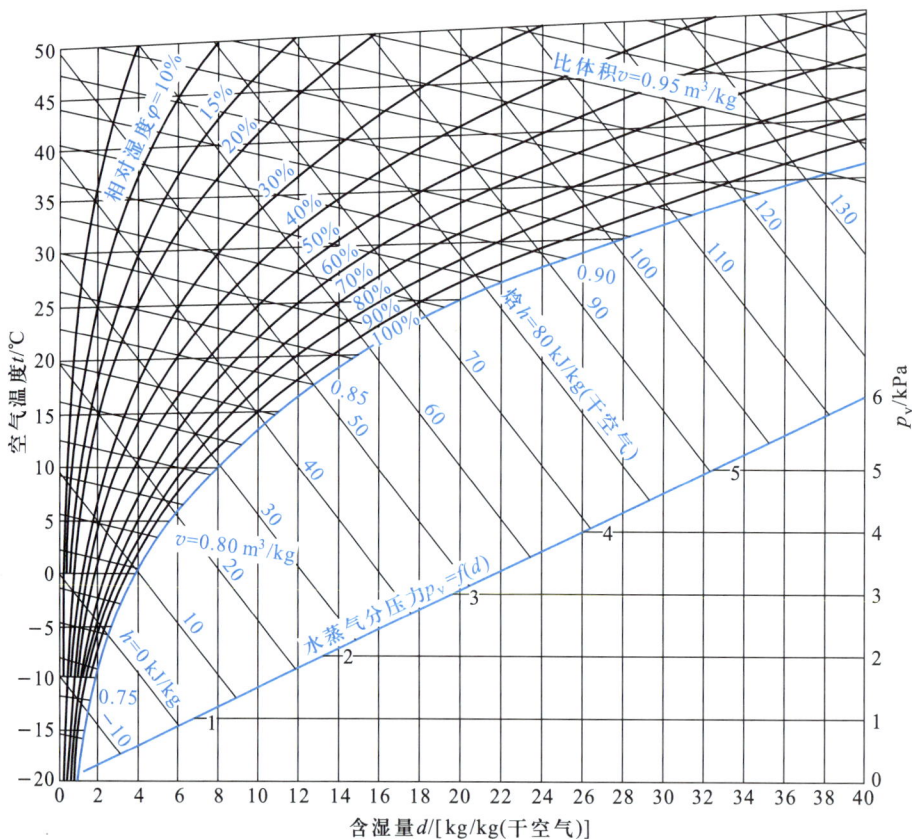

图 4-9　湿空气 h−d 图($t<50$ ℃)

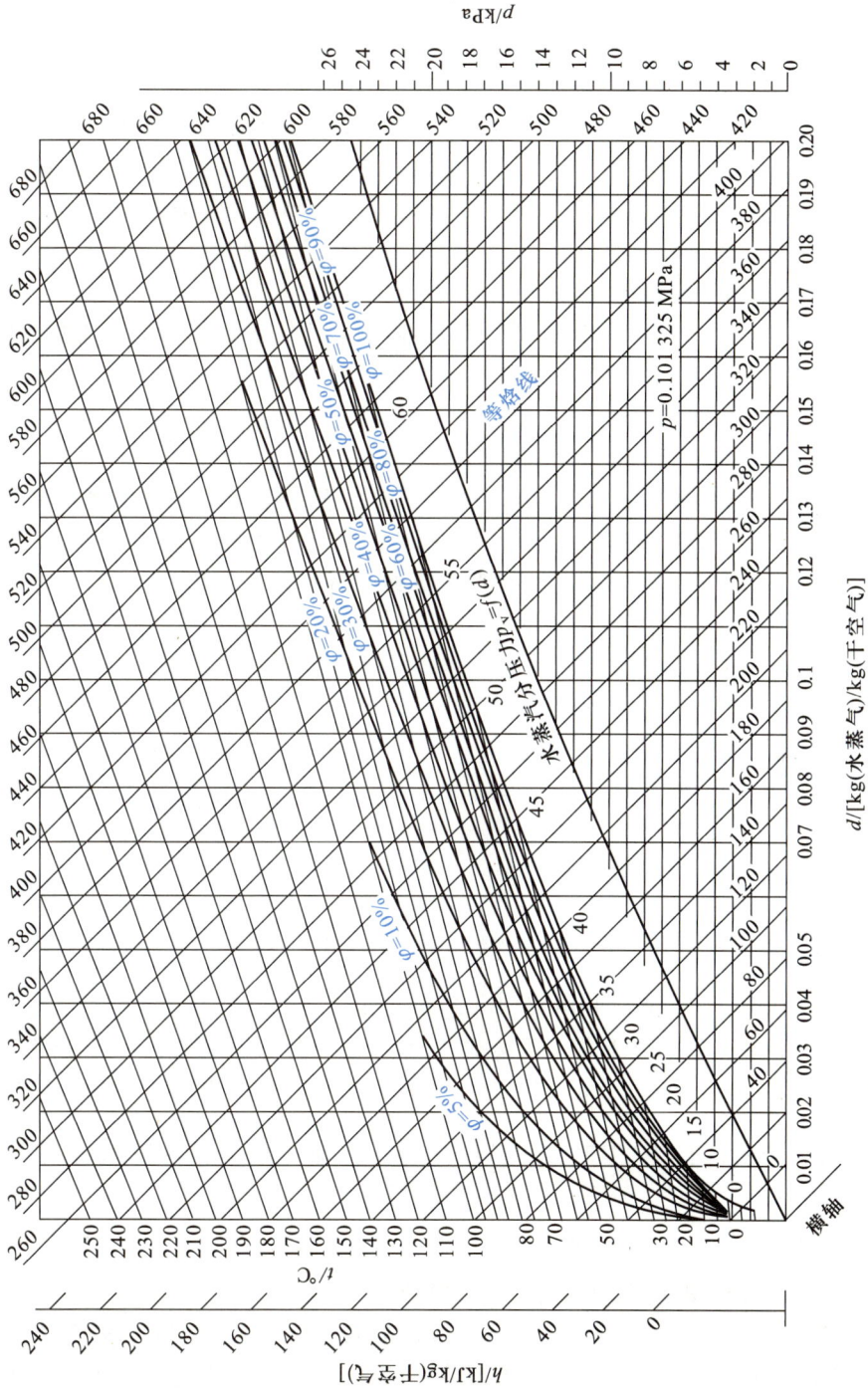

图 4-10 湿空气 h-d 图（t<250 ℃）

两图均以 1 kg 干空气量的湿空气为基准。图 4-9 的温度范围较小(-20~50 ℃),总压力为 $p=0.1$ MPa,图 4-10 的温度范围较宽(0~250 ℃),总压力为 $p=0.101$ 33 MPa。

$h-d$ 图的纵坐标是湿空气的比焓 h,单位为 kJ/kg(干空气),横坐标是含湿量 d,单位为 kg(水蒸气)/kg(干空气),为使各曲线簇不致太密集,提高读数准确度,两坐标夹角为 135°,而不是 90°。图中水平轴标出的是含湿量值。

$h-d$ 图由下列五种线群组成:

(1) 等湿线(等 d 线)

等 d 线是一组平行于纵坐标的直线群。露点 t_d 是湿空气冷却到 $\varphi=100\%$ 时的温度。因此,含湿量 d 相同、状态不同的湿空气具有相同的露点。

(2) 等焓线(等 h 线)

等 h 线是一组与横轴成 135°角的平行直线。

前已述及,湿空气的湿球温度 t_w 近似等于绝热饱和温度 t'_w,绝热增湿过程近似为等 h 过程,故焓值相同而状态不同的湿空气具有相同的湿球温度。$\varphi=100\%$ 时的干球温度等于湿球温度,因此等 h 线上各点湿球温度相等,等于通过与该等 h 线及 $\varphi=100\%$ 交点的干球温度。

(3) 等温线(等 t 线)

由湿空气比焓表达式 $\{h\}_{\text{kJ/kg(干空气)}}=1.005\{t\}_{℃}+\{d\}_{\text{kg/kg(干空气)}}(2\ 501+1.86\{t\}_{℃})$ 可见,当湿空气的干球温度 $t=$ 定值时,h 和 d 间成直线变化关系。t 不同时斜率不同。因此,等 t 线是一组互不平行的直线,t 愈高,则等 t 线斜率愈大。

(4) 等相对湿度线(等 φ 线)

等 φ 线是一组上凸形的曲线。由式(4-32)$d=0.622\dfrac{\varphi p_s}{p-\varphi p_s}$可知,总压力 p 一定时,$\varphi=f(d,t)$。这表明利用式(4-32)可在 $h-d$ 图上绘出等 φ 线。

$h-d$ 图是在一定的总压力 p 下绘制的,水蒸气的分压力最大也不可能超过 p。图 4-10 的 $p=0.101$ 325 MPa,对应的水蒸气饱和温度为 100 ℃。因此,当湿空气温度等于或高于 100 ℃时,据式(4-28)$\varphi=\dfrac{p_v}{p}$,即 $p_v=\varphi p$。式(4-32)将成为 $d=0.622\dfrac{\varphi p}{p-\varphi p}=0.622\dfrac{\varphi}{1-\varphi}$。这时,等 φ 线就是等 d 线,所以各等 φ 线与 $t=$ 100 ℃ 的等温线相交后,向上折与等 d 线重合。

$\varphi=100\%$ 的曲线,称临界线。它将 $h-d$ 图分成了两部分:上部是未饱和湿空气,$\varphi<1$;$\varphi=100\%$曲线上的各点是饱和湿空气;下部没有实际意义。因为达到

$\varphi = 100\%$ 空气已经饱和,再冷却则水蒸气凝结为水析出,湿空气本身仍保持 $\varphi = 100\%$。

$\varphi = 0$,即干空气状态,这时 $d = 0$,所以它和纵坐标线重合。

(5)水蒸气分压力线

式(4-32)给出了总压一定时 p_v 与 d 的函数关系,重新整理后可得

$$p_v = \frac{pd}{0.622+d} \tag{4-42}$$

据此可绘制 $p_v - d$ 的关系曲线。当 $d \ll 0.622$ 时,p_v 与 d 近似成直线关系。所以图中 d 很小那段的 p_v 为直线。该曲线画在 $\varphi = 100\%$ 等相对湿度线下方,p_v 的单位为 kPa。

例 4-5　已知条件与例 4-3 相同:$t = 30\ ℃$,$\varphi = 60\%$,$p = 0.101\ 3\ MPa$,求 d、t_d、h、p_v、p_a。

解　因 $p = 0.101\ 3\ MPa$,利用图 4-10 根据 $t = 30\ ℃$ 的等温线和 $\varphi = 60\%$ 的等 φ 线的交点确定状态 A,直接读出 $d = 0.016$ kg(水蒸气)/kg(干空气),$h = 71$ kJ/kg(干空气)。由通过点 A 的等 d 线与 $\varphi = 100\%$ 的等 φ 线交点 B,读出 $t_d = 21.5\ ℃$。再向下与空气分压力线的交点 C,读得 $p_v = 2.5\ kPa$(图 4-11)。于是

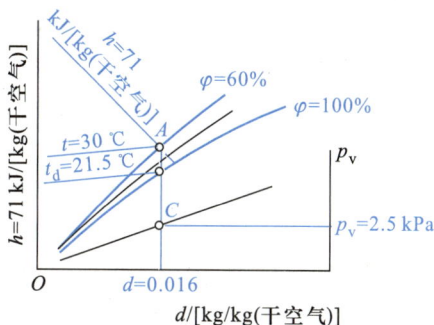

图 4-11　例 4-5 附图

$$p_a = p - p_v = 101.3\ kPa - 2.5\ kPa = 98.8\ kPa$$

讨论:查取露点的过程基于含湿量与水蒸气分压力的对应关系,且等 d 线上各状态的露点相同;与例 4-3 比较,查 $h-d$ 图获得的湿空气数据虽较粗糙,但更快捷。

例 4-6　由干湿球温度计测出湿空气的干球温度 $t = 15\ ℃$、湿球温度 $t_w = 12\ ℃$,若已知空气总压力 $p_b = 0.1\ MPa$,利用解析式和 $h-d$ 图求湿空气的 d、φ、p_v、p_a。

解　根据 $t = 15\ ℃$,在附表 14 中查得 $p_s(t) = 1.707$ kPa,同表中还查得 $t_w = 12\ ℃$ 时:$p_s(t_w) = 1.401$ kPa、$d_s(t_w) = 8.84 \times 10^{-3}$ kg(水蒸气)/kg(干空气)、$\gamma(t_w) = 2\ 472$ kJ/kg,代入式(4-39),得

$$d = \frac{c_{p,a}(t_w - t) + d_s \gamma(t_w)}{c_{p,v}(t - t_w) + \gamma(t_w)}$$

$$= \frac{1.005 \text{ kJ/}(kg \cdot K) \times (12-15)\text{ ℃} + 8.84 \times 10^{-3} \text{ kg(水蒸气)/kg(干空气)} \times 2\,472 \text{ kJ/kg}}{1.86 \text{ kJ/}(kg \cdot K) \times (15-12)\text{ ℃} + 2\,472 \text{ kJ/kg}}$$

$$= 0.007\,603 \text{ kg(水蒸气)/kg(干空气)}$$

与 $p_s(t) = 1.707$ kPa 一起代入 d 的定义式 $d = 0.622 \dfrac{\varphi p_s}{p - \varphi p_s}$，解得 $\varphi = 0.707\,4$。

水蒸气的分压力

$$p_v = \varphi p_s(t) = 0.707\,4 \times 1.707 \text{ kPa} = 1.207\,5 \text{ kPa}$$

干空气的分压力

$$p_a = p_b - p_v = 100 \text{ kPa} - 1.207\,5 \text{ kPa} = 98.792\,5 \text{ kPa}$$

因 $p = 0.1$ MPa，利用图 4-9，根据 $t = 12$ ℃ 的等温线与 $\varphi = 100\%$ 的等 φ 线相交于点 A，得 $h = 34.0$ kJ/kg（干空气）。该等焓线与 $t = 15$ ℃ 的等温线相交于点 B，点 B 即为要求确定的湿空气状态点。读出 $d = 0.007$ kg（水蒸气）/kg（干空气），$\varphi = 0.71$，$p_v = 1.2$ kPa，如图 4-12 所示。

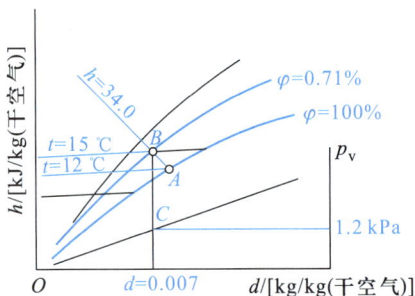

图 4-12　例 4-6 附图

讨论：$h-d$ 图上根据干球温度和湿球温度确定湿空气状态的依据是 $h-d$ 图上等焓线与等湿球温度线近似平行，而在饱和空气状态干球温度等于湿球温度，所以点 A 满足 $t_w = 12$ ℃，而通过点 A 等焓线与 $t = 15$ ℃ 的等干球温度线的交点 B，同时满足题目条件。

本章归纳

名词和
术语

工程上大量存在混合气体，本章讨论如何由组成气体的性质确定混合气体（包括湿空气）的热物性。

工程上处理理想气体混合物的基本方法是把组分气体都处在理想气体状态的混合气体作为某种假想的理想气体，所以只要据组分气体的成分确定折合气体常数和折合摩尔质量就可像对待空气一样考虑其他气体混合物。需要强调的是混合气体中各个组分气体状态是与混合气体温度、容积相同，压力为分压力,所以在处理与压力有关的量,如同温同压不同气体混合熵变时,组分气体的压力应采用分压力,计算各组分气体在混合过程中的熵变,然后累加,不能如热力学能等直接利用混合前参数累加。

湿空气是干空气和水蒸气的混合物,由于水蒸气的分压力很低,所以湿空气可以作为理想气体混合物,但是,水蒸气还受到饱和温度和饱和压力对应的制约,也就是湿空气中水蒸气的分压力不能超过与湿空气温度对应的饱和压力,造成空气有饱和及未饱和之分,有吸湿能力高低的区别,因而就有相对湿度、含湿量、湿球温度、露点等这样的参数。在一定的大气压力下,湿空气的含湿量与水蒸气分压力有对应关系,故而 d 相等的湿空气 p_v 相等,对应的饱和温度也相等,亦即具有相同的 t_d;湿球温度近似等于绝热饱和温度,绝热增湿过程近似为等焓过程,所以 h 相等的各状态点 t_w 也相等;饱和空气中 $p_v = p_s$,因此干球温度、湿球温度和露点之间有 $t \geqslant t_w \geqslant t_d$(饱和时取等号)。特别要强调的是若用焓湿图确定湿空气参数,必须确保总压力与使用的图一致,且保持不变。

思考题

4-1 处于平衡状态的理想气体混合气体中,各种组成气体可以各自互不影响地充满整个体积,它们的行为可以与它们各自单独存在时一样,为什么?

4-2 理想气体混合物中各组成气体究竟处于什么样的状态?

4-3 道尔顿分压定律和亚美格分体积定律是否适用于实际气体混合物?

4-4 混合气体中如果已知两种组分 A 和 B 的摩尔分数 $x_A > x_B$,能否断定质量分数也是 $w_A > w_B$?

4-5 可以近似认为空气是 1 mol 氧气和 3.76 mol 氮气混合构成(即 $x_{O_2} = 0.21$、$x_{N_2} = 0.79$),所以 0.1 MPa、20 ℃ 的 4.76 mol 空气的熵应是 0.1 MPa、20 ℃ 的 1 mol 氧气的熵和 0.1 MPa、20 ℃ 的 3.76 mol 氮气熵的和,对吗? 为什么?

4-6 为什么混合气体的比热容以及热力学能、焓和熵可由各组成气体的性质及其在混合气体中的混合比例来决定? 混合气体的温度和压力能不能由同样方法确定?

4-7 为何阴雨天温度较高晒衣服不易干,而温度较低的晴天却容易干?

4-8 为何冬季人在室外呼出的气是白色雾状? 冬季室内有供暖装置时,为什么会感到空气干燥? 用火炉取暖时,经常在火炉上放一壶水,目的何在?

4-9 绝对湿度是 1 m³ 的湿空气中所含水蒸气的质量,它非常直接地指出了湿空气中水蒸气的量,能不能用绝对湿度衡量湿空气的吸湿能力?

4-10　何谓湿空气的露点温度？解释降雾、结露、结霜现象，并说明它们发生的条件。

4-11　何谓湿空气的含湿量？相对湿度愈大含湿量愈高，这样说对吗？

习题

4-1　混合气体中各组成气体的摩尔分数为：$x_{CO_2} = 0.4$，$x_{N_2} = 0.2$，$x_{O_2} = 0.4$。混合气体的温度 $t = 50$ ℃，表压力 $p_e = 0.04$ MPa，气压计上显示压力为 $p_b = 750$ mmHg。求：（1）体积 $V = 4$ m³ 混合气体的质量；（2）混合气体在标准状态下的体积 V_0。

4-2　50 kg 废气和 75 kg 的空气混合，废气中各组成气体的质量分数为：$w_{CO_2} = 14\%$，$w_{O_2} = 6\%$，$w_{H_2O} = 5\%$，$w_{N_2} = 75\%$。空气中的氧气和氮气的质量分数为：$w_{O_2} = 23.2\%$，$w_{N_2} = 76.8\%$。混合后气体压力 $p = 0.3$ MPa，求：（1）混合气体各组分的质量分数；（2）折合气体常数；（3）折合摩尔质量；（4）摩尔分数；（5）各组成气体分压力。

4-3　烟气进入锅炉第一段管群时温度为 1 200 ℃，流出时温度为 800 ℃，烟气的压力几乎不变。求每 1 kmol 烟气的放热量 Q_p。可借助平均摩尔定压热容表计算。已知烟气的体积分数为：$\varphi_{CO_2} = 0.12$，$\varphi_{H_2O} = 0.08$，其余为 N_2。

4-4　流量为 3 mol/s 的 CO_2，2 mol/s 的 N_2 和 4.5 mol/s 的 O_2 三股气流稳定流入总管道混合，混合前每股气流的温度和压力相同，都是 76.85 ℃，0.7 MPa，混合气流的总压力 $p = 0.7$ MPa，温度仍为 $t = 76.85$ ℃。借助气体热力性质表试计算：（1）混合气体中各组分的分压力；（2）混合前后气流焓值变化 $\Delta \dot{H}$ 及混合气流的焓值；（3）导出温度、压力分别相同的几种不同气体混合后，系统熵变为：$\Delta S = -R \sum n_i \ln x_i$，并计算本题混合前后熵的变化量 $\Delta \dot{S}$；（4）若三股气流为同种气体，熵变如何？

4-5　$V = 0.55$ m³ 的刚性容器中装有 $p_1 = 0.25$ MPa、$T_1 = 300$ K 的 CO_2，N_2 气在输气管道中流动，参数保持 $p_L = 0.85$ MPa、$T_L = 440$ K，如图 4-13 所示，打开阀门充入 N_2，直到容器中混合物压力达 $p_2 = 0.5$ MPa 时关闭阀门。充气过程绝热，求容器内混合物终温 T_2 和质量 m_2。按定值比热容计算，$c_{V,N_2} = 751$ J/(kg · K)，$c_{p,N_2} = 1\,048$ J/(kg · K)；$c_{V,CO_2} = 657$ J/(kg · K)，$c_{p,CO_2} = 846$ J/(kg · K)。

*4-6　刚性绝热容器中放置一个只能透过氧气，而不能透过氮气的半渗透

膜,如图 4-14 所示。两侧体积各为 $V_A = 0.15\ m^3$,$V_B = 1\ m^3$,渗透开始前左侧氧气压力 $p_{A1} = 0.4$ MPa,温度 $T_{A1} = 300$ K,右侧为空气 $p_{B1} = 0.1$ MPa、$T_{B1} = 300$ K,这里空气中含有的氧气和氮气的摩尔分数各为 0.22 和 0.78。通过半渗透膜氧气最终将均匀占据整个容器,试计算:(1) 渗透终了 A 中氧气的量 $n_{O_2}^A$;(2) B 中氧气和氮气混合物的压力以及各组元的摩尔分数 x_{O_2}、x_{N_2};(3) 渗透前后系统熵变 ΔS。

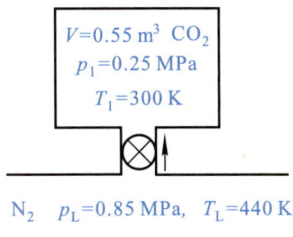

$V = 0.55\ m^3\ CO_2$
$p_1 = 0.25$ MPa
$T_1 = 300$ K

N_2　$p_L = 0.85$ MPa,　$T_L = 440$ K

图 4-13　习题 4-5 附图

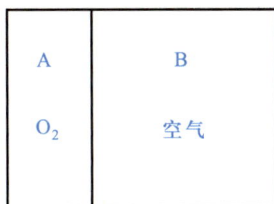

图 4-14　习题 4-6 附图

4-7　设大气压力 $p_b = 0.1$ MPa,温度 $t = 28\ ℃$,相对湿度 $\varphi = 0.72$,试用饱和空气状态参数表确定空气的 p_v、t_d、d、h。

4-8　设压力 $p = 0.1$ MPa,填充下列 6 种状态的空格。

	$t/℃$	$t_w/℃$	$\varphi/\%$	$d/[\ kg(水蒸气)/kg(干空气)]$	$t_d/℃$
1	25		40		
2	20	15			
3	20				10
4	30			0.020	
5		20	100		
6			60	0.010	

4-9　湿空气 $t = 35\ ℃$,$t_d = 24\ ℃$,总压力 $p = 0.101\ 33$ MPa,求:(1) φ 和 d;(2) 在海拔 1 500 m 处,大气压力 $p = 0.084$ MPa,求这时 φ 和 d。

4-10　(1) 湿空气总压 $p = 0.1$ MPa,水蒸气分压力 p_v 由 1.2 kPa 增至 2.4 kPa,求含湿量相对变化率 $\Delta d/d_1$。(2) $p = 0.1$ MPa,p_v 由 13.5 kPa 增大到 27.0 kPa,求 $\Delta d/d_1$。(3) $p_v = 1.2$ kPa,但 p 由 0.1 MPa 变为 0.061 MPa,求 $\Delta d/d_1$。(4) 写出 $p_v \sim \Delta d/d_1$ 的函数关系式。

4-11　测得湿空气的压力为 100 kPa,干球温度为 20 ℃,湿球温度为 14 ℃,分别用水蒸气表和焓湿图求取 p_v、t_d、d、h、φ。

4-12　湿空气温度为 30 ℃,压力为 100 kPa,测得露点温度为 22 ℃,计算其相对湿度及含湿量。

第五章

气体和蒸汽的基本热力过程

　　能量的转换是系统与外界通过工质的状态变化过程来实现的。由于所有的实际过程非常复杂,均不可逆,且工质各个状态参数都在变化,不易掌握变化规律。为了便于分析各种过程,寻找其固有规律,常常要分析研究工质基本的可逆理想过程。取进行过程的工质为闭口系统,分析计算工质基本热力过程的目的,在于揭示过程中工质状态参数的变化规律以及能量转化情况,进而找出影响转化的主要因素。在 $p-v$ 图和 $T-s$ 图中画出过程曲线,以直观地表达过程中工质状态参数的变化规律及能量转换情况,对分析计算气体热力过程非常有益。工质热力状态变化的规律及能量转换状况与工质是否流动无关,对于确定的工质它只取决于过程特征。例如,可逆绝热稳定流动喷管内气流的参数变化可由进口截面上工质的可逆绝热过程表达,所以本章研究对于开口系同样具有重要意义。

　　本章主要讨论气体和蒸汽的基本热力过程。

5.1　理想气体的可逆多变过程

5.1.1　气体的基本热力过程

　　热力设备中,为了实施热能与机械能间的相互转换,或使工质达到预期的状态,通常是通过工质的吸热、膨胀、放热、压缩等一些热力状态变化过程实现。实际过程是很复杂的不可逆过程,为了分析、寻找过程中状态参数变化及能量转换的规律,需抓住过程的主要特征。例如:汽油机气缸中工质的燃烧加热过程,由于燃烧速度很快,压力急剧上升而体积几乎不变,接近定容;燃气轮机装置燃烧室内的燃烧加热过程及冰箱蒸发器管子中制冷工质的汽化吸热过程,燃气和制冷剂压力变化较小,近似于定压;蒸汽电厂中冷凝器内乏汽的凝结过程近似定温;蒸汽流过汽轮机,或空气流经叶轮式压气机时,流速很大,故气体向外界散失的热量相对极少,近乎绝热。热力设备中上述各种过程可近似地概括为定容、定压、定温和绝热过程。同时,为使问题简化,暂不考虑实际过程中不可逆的耗损而作为可逆过程。工程热力学把这四种典型的可逆过程称为基本热力过程,可用简单的热力学方法予以分析计算。对于实际不可逆耗损,可再借助一些经验系数进行修正。这样,就可对热设备或系统的性能、效率作出合理的评价。可以认为,工质基本热力过程的分析和计算是热力设备设计计算的基础和依据。必须指出,工质热力状态变化的规律及能量转换状况常与是否流动无关,对于确定的工质它只取决于过程特征,故重点讨论闭口系基本热力过程。例如,空气可逆绝热稳定流经喷管时进、出口状态参数变化,与空气在闭口系中经可逆绝热膨胀过程时初、终状态参数的变化是一致的,过程中能量变化规律也相同,只是前者对外输出技术功,表现为气流本身的动能增量,后者对外输出膨胀功。

5.1.2　理想气体可逆多变过程方程式

　　工程中有多种多样的热力过程,图 5-1 是实测的汽车发动机工作过程中气缸内压力和气缸容积的关系,从中可以发现,大部分过程中气体的基本状态参数间满足 $pv^n = $ 常数,即

$$p_1 v_1^n = p_2 v_2^n \qquad (5-1)$$

其中 n 为常数。这样的可逆过程称为多变过程,n 称为多变指数,可以是 $-\infty \sim \infty$ 间的任意数值。

　　考虑到热力过程中每一平衡态气体均需满足状态方程式 $pv = R_g T$,代入式(5-1)可得 $Tv^{n-1} = $ 常数,即

$$T_1 v_1^{n-1} = T_2 v_2^{n-1} \qquad (5-2)$$

及 $Tp^{-\frac{n-1}{n}} = $ 常数,即

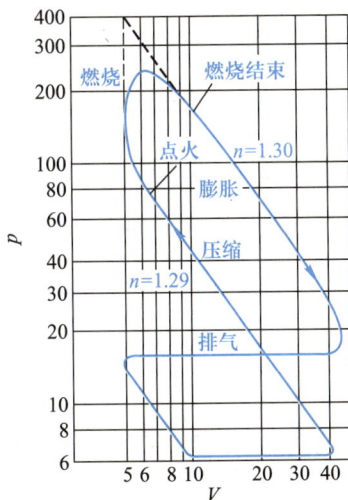

图 5-1　汽车发动机的 $p\text{-}V$ 图

$$T_2 p_2^{-\frac{n-1}{n}} = T_1 p_1^{-\frac{n-1}{n}} \qquad (5-3)$$

式(5-1)~式(5-3)即是可逆多变过程基本状态参数变化关系。

　　$n = 0$ 时,由式(5-1)可得 $p = $ 常数,表示过程中压力不变;$n = 1$ 时,由式(5-1)可得 $pv = $ 常数,考虑到理想气体状态方程 $pv = R_g T$,即表示过程中温度不

变;式(5-1)两侧开 n 次方,并令 $n \to \infty$,可得 v = 常数,即定比体积过程(或称定容过程)。后面将证明 $n = \gamma$,其中 $\gamma = c_p/c_v$,为气体的比热容比时,表示过程绝热。所以理想气体的基本热力过程是可逆多变过程的特例。

　　实际过程往往更为复杂。例如,汽车发动机气缸中的压缩过程,开始时工质温度低于缸壁温度,边吸热边压缩而温度升高,高于缸壁温度后则边压缩边放热,整个过程若可用多变过程描述,其 n 大约从 1.6 变化到 1.2 左右。至于膨胀过程,由于存在后燃及高温时被离解气体的复合放热现象,情况更为复杂,其散热规律的研究已不属于热力学范围。对于多变指数 n 变化的实际过程,若 n 的变化范围不大,可用一个不变的平均值近似地代替实际变化的 n;若 n 的变化较大,则将实际过程分成数段,每一段近似为 n 值不变。

5.1.3　多变指数

　　对式(5-1)取对数,整理后可得

$$n = \frac{\ln p_2 - \ln p_1}{\ln v_1 - \ln v_2} = \frac{\ln(p_2/p_1)}{\ln(v_1/v_2)} \tag{5-4}$$

类似地,读者也可由式(5-2)和式(5-3)推得用 T_2、T_1 及 v_2、v_1 和 T_2、T_1 及 p_2、p_1 表达的求取 n 的式子。

5.1.4　多变过程的 p-v 图及 T-s 图

　　前已述及,可逆过程在 p-v 图及 T-s 图上可用连续实线表示。根据数学知识,求得各点的斜率即可画出该曲线。因此,只要求得 $\left(\dfrac{\partial p}{\partial v}\right)_n$ 及 $\left(\dfrac{\partial T}{\partial s}\right)_n$,即可在 p-v 图及 T-s 图上画出多变过程线。

　　由 pv^n = 常数,可得

$$\left(\frac{\partial p}{\partial v}\right)_n = -n\frac{p}{v} \tag{5-5}$$

据熵的定义,可逆过程中

$$\delta q = T\mathrm{d}s \tag{a}$$

而由多变过程比热容的概念

$$\delta q = c_n \mathrm{d}T \tag{b}$$

式中,c_n 为多变过程的比热容,本节最后可证得 $c_n = \dfrac{n-\kappa}{n-1}c_V$。联立求解式(a)和式(b),得

$$\left(\frac{\partial T}{\partial s}\right)_n = \frac{T}{c_n} = \frac{(n-1)T}{(n-\kappa)c_V} \tag{5-6}$$

式中,κ 称为绝热指数。理想气体绝热指数等于比热容比,即 $\gamma = \kappa$。

在第 5.4 节将进一步讨论多变过程的过程线在 p-v 图及 T-s 图上的分布规律。

5.1.5　多变过程功、技术功及过程热量

可逆多变过程的过程功计算式可按 $w = \int_1^2 p \mathrm{d}v$ 积分确定,将 $pv^n = p_1 v_1^n$ 代入,得

$$w = \int_1^2 p \mathrm{d}v = p_1 v_1^n \int_1^2 \frac{\mathrm{d}v}{v^n} = \frac{1}{n-1}(p_1 v_1 - p_2 v_2) \tag{5-7}$$

或

$$w = \frac{1}{n-1}R_g(T_1 - T_2) = \frac{\kappa-1}{n-1}c_V(T_1 - T_2) \tag{5-8}$$

$$w = \frac{1}{n-1}R_g T_1 \left[1 - \left(\frac{p_2}{p_1}\right)^{\frac{n-1}{n}} \right] \tag{5-9}$$

对于稳定流动开口系,其技术功则可按 $w_t = -\int_1^2 v \mathrm{d}p$ 积分求得:

$$w_t = -\int_1^2 v \mathrm{d}p = -\int_1^2 \left[\mathrm{d}(pv) - p\mathrm{d}v \right] = p_1 v_1 - p_2 v_2 + \int_1^2 p \mathrm{d}v$$

$$= p_1 v_1 - p_2 v_2 + \frac{1}{n-1}(p_1 v_1 - p_2 v_2)$$

所以

$$w_t = \frac{n}{n-1}(p_1 v_1 - p_2 v_2) \tag{5-10}$$

或

$$w_t = \frac{n}{n-1}R_g(T_1 - T_2) \tag{5-11}$$

$$w_t = \frac{n}{n-1}R_g T_1 \left[1 - \left(\frac{p_2}{p_1}\right)^{\frac{n-1}{n}} \right] \tag{5-12}$$

与多变过程功比较,技术功是过程功的 n 倍,即

$$w_t = nw \tag{5-13}$$

定值比热容时多变过程的热力学能变量仍为 $\Delta u = c_V(T_2 - T_1)$,在求得 w 和 Δu 后,过程热量可直接由热力学第一定律确定:

$$q = \Delta u + w = c_V(T_2 - T_1) + \frac{\kappa-1}{n-1}c_V(T_1 - T_2) = \frac{n-\kappa}{n-1}c_V(T_2 - T_1) \tag{5-14}$$

引入多变过程比热容的概念,则

$$q = c_n(T_2 - T_1)$$

与式(5-14)比较,可得多变过程的比热容为

$$c_n = \frac{n-\kappa}{n-1}c_V \tag{5-15}$$

上述讨论中,n 取各特定值时即可得基本热力过程的各种关系。

5.2　定容过程、定压过程和定温过程

可逆定容过程是比体积保持不变的过程,例如汽油机气缸中工质的燃烧加热过程和高压锅内蒸煮食物过程中放汽前的加热过程,工质的比体积保持不变,就是这种过程。定压过程中工质压力保持不变,工程上使用的加热器、冷却器、燃烧器、锅炉等很多设备是在接近定压的情况下工作。定温过程是工质状态变化时温度保持不变的过程,冰箱内制冷剂吸热汽化、锅炉内水定压汽化都可近似为温度不变的过程。若工质可视为理想气体,将 $n \to \infty$、$n=0$ 和 $n=1$ 代入上节各式,即得可逆定容过程、可逆定压过程和可逆定温过程的相应关系,计算未知的初态和终态参数,进而求得过程的功和热量。由于蒸汽没有适当而简单的状态方程式,较难用分析的方法求得各个参数,而且因为蒸汽的 c_p、c_v 以及 h 和 u 都不只是温度的函数,而是 p 或 v 和 T 的复杂函数,所以宜查图、表或由专用方程用计算机计算得出。过程的功和热量则可由热力学第一定律和第二定律及从它们推得的一般关系式计算,如 $q = \Delta u + w$、$q = \Delta h + w_t$;$q_v = u_2 - u_1$、$q_p = h_2 - h_1$。若可简化为可逆过程还可利用 $w = \int_1^2 p\mathrm{d}v$、$w_t = -\int_1^2 v\mathrm{d}p$、$q = \int_1^2 T\mathrm{d}s$ 诸式。为加深理解,本节及下面几节从热力学第一定律、理想气体和水蒸气性质,导出这些过程的状态参数及过程的功和热量等表达式。

5.2.1　定容过程

可逆定容过程 $\mathrm{d}v = 0$,其过程方程式为

$$v = 定值, \quad v_2 = v_1$$

理想气体初、终态参数的关系可根据 $v = 定值$ 及 $pv = R_g T$ 得出

$$\frac{p_2}{p_1} = \frac{T_2}{T_1} \tag{5-16}$$

定容过程中气体的压力与热力学温度成正比。式(5-16)推导过程中应用了理想气体状态方程,故不适用于高压水蒸气等实际气体。

理想气体定容过程曲线如图 5-2 所示,把 $n = \infty$ 代入式(5-5)和式(5-6),即可得定容过程线在 p-v 图上是一条与横坐标垂直的直线;在 T-s 图上是一条

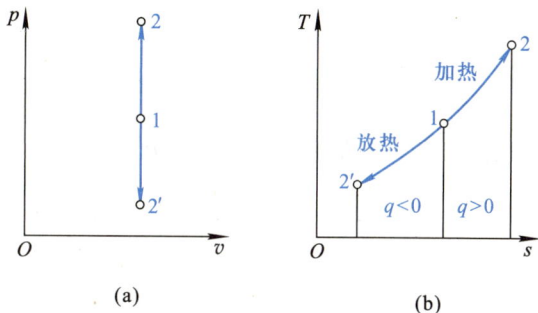

图 5-2 定容过程的 p-v 图及 T-s 图

曲线,取定值比热容时定容过程的熵变量可简化为 $\Delta s_V \approx c_V \ln \dfrac{T_2}{T_1}$,所以定容过程线近似为对数曲线。

由于比体积不变,$dv=0$,定容过程的过程功为零,$w=\displaystyle\int_{v_1}^{v_2} pdv=0$,过程热量可根据热力学第一定律第一解析式得出

$$q_V = \Delta u = u_2 - u_1 \tag{5-17}$$

定容过程中工质不输出膨胀功,与外界交换的热量未转变为机械能,全部用于改变工质的热力学能,因而工质吸热则升温增压,放热则降温减压。上述结论直接由热力学第一定律推得,故不限于理想气体,对任何工质都适用。在 T-s 图(图 5-2)上理想气体的定容吸热过程线 1-2 指向右上方;定容放热过程线 1-2′指向左下方。

气体定容过程的热量或热力学能差还可借助比定容热容计算,即

$$q_V = u_2 - u_1 = c_V \big|_{t_1}^{t_2}(t_2 - t_1)$$

定容过程的技术功

$$w_t = -\int_{p_1}^{p_2} vdp = v(p_1 - p_2) \tag{5-18}$$

上述各式中 q_V 的计算结果为正,是吸热过程,反之是放热过程;w_t 的计算结果为正,是对外作功过程,反之是外界对系统作功过程。其他几种基本热力过程也是如此。

5.2.2 定压过程

$n=0$ 的理想气体可逆多变过程是实际定压过程的理想化。其过程方程式为

$$p=定值,\quad p_1=p_2$$

据 $p=$ 定值和 $pv=R_gT$ 可得定压过程中气体的比体积与热力学温度成正比:

$$\frac{v_2}{v_1}=\frac{T_2}{T_1} \tag{5-19}$$

定压过程线如图 5-3 所示,定压过程线在 $p-v$ 图(图 5-3a)上是一条水平的直线;取定值比热容时定压过程的熵变量可简化为 $\Delta s_p = c_p \ln \frac{T_2}{T_1}$,在 $T-s$ 图(图 5-3b)上为对数曲线。将 $n=\infty$ 和 $n=0$ 分别代入式(5-6),并考虑到 $c_p = \kappa c_V$,得理想气体可逆定容过程线和可逆定压过程线斜率分别为

$$\left(\frac{\partial T}{\partial s}\right)_v = \frac{T}{c_V} \quad 及 \quad \left(\frac{\partial T}{\partial s}\right)_p = \frac{T}{c_p}$$

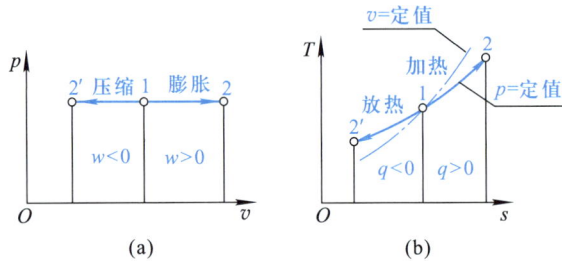

图 5-3   定压过程的 $p-v$ 图及 $T-s$ 图

任何一种气体,同一温度下总是 $c_p>c_V$,所以 $\frac{T}{c_p}<\frac{T}{c_V}$,$\left(\frac{\partial T}{\partial s}\right)_p<\left(\frac{\partial T}{\partial s}\right)_v$,即定压线斜率小于定容线斜率,故相同区间内的定压线比定容线平坦。此外,c_V、c_p、T 均恒为正值,故定容线和定压线都是斜率为正的对数曲线。定压过程 1-2 是吸热升温膨胀过程,1-2′是放热降温压缩过程。

由于 $p=$ 定值,定压过程的过程功为

$$w = \int_{v_1}^{v_2} p\mathrm{d}v = p(v_2-v_1) \tag{5-20}$$

对于理想气体,定压过程的过程功可进一步表示为

$$w = R_g(T_2-T_1) \tag{5-21}$$

上式表明:理想气体的气体常数 R_g 数值上等于 1 kg 气体在定压过程中温度升高 1 K 所作的膨胀功。

过程热量可根据热力学第一定律解析式得出:

$$q_p = u_2-u_1+p(v_2-v_1) = h_2-h_1 \tag{5-22}$$

即任何工质在定压过程中吸入(或放出)的热量等于焓增(焓降)。定压过程的热量或焓差还可借助于比定压热容计算,即

$$q_p = h_2-h_1 = c_p\big|_{t_1}^{t_2}(t_2-t_1) \tag{5-23}$$

定压过程的技术功 $w_t = -\int_{p_1}^{p_2} v\mathrm{d}p = 0$，表明工质定压稳定流过换热器等类设备时，不对外作技术功，这时 $q_p - \Delta u = pv_2 - pv_1$，即热能转化来的机械能全部用来维持工质流动。

上述式(5-20)、式(5-22)是根据过程功的定义和热力学第一定律直接导出的，故不限于理想气体，对任何工质都适用。而式(5-21)和式(5-23)只适用于理想气体。

此外，对理想气体式(5-23)还可演化为

$$q_p = c_V\Big|_{t_1}^{t_2}(t_2 - t_1) + R_g(T_2 - T_1) = \left(c_V\Big|_{t_1}^{t_2} + R_g\right)(t_2 - t_1)$$

与式(5-23)比较，可得

$$c_p\Big|_{t_1}^{t_2} = c_V\Big|_{t_1}^{t_2} + R_g \tag{5-24}$$

上式表明：同样温度范围内的平均比定压热容与平均比定容热容之间的关系也遵守迈耶公式。当 $t_2 - t_1$ 为无穷小量 $\mathrm{d}t$ 时，相应的比热容是温度 t 时的真实比热容 c_p、c_V，即为迈耶公式(3-14)。

水和水蒸气(包括常用的压缩蒸气制冷工质)的基本过程中以定压过程和绝热过程最为重要。因为水在锅炉中的加热、汽化和过热，乏汽在冷凝器中凝结以及制冷剂在蒸发器中汽化吸热等都可简化为定压过程。蒸汽在汽轮机中的膨胀作功和制冷工质在压缩机中压缩升温过程等可近似为绝热过程。这些过程在 $h-s$ 图上求解更为方便。

图 5-4 是水蒸气从初态 p_1、t_1 定压冷却到终态 p_1、x_2 的定压过程。可以从定压线 p_1 与定温线 t_1 的交点定出状态 1，它的纵坐标就是 h_1。沿同一定压线与定干度线 x_2 的交点就是状态 2，它的纵坐标就是 h_2。每 1 kg 蒸汽在定压下放出的热量就等于焓差 $h_1 - h_2$。如果查表计算，则可根据 p_1、t_1 查出 h_1，再查 p_1 下的饱和蒸汽和水的 h'' 和 h'，h_2 可根据 $h_2 = x_2h'' + (1-x)h'$ 计算 h_2，进而据式(5-22)计算过程热量。

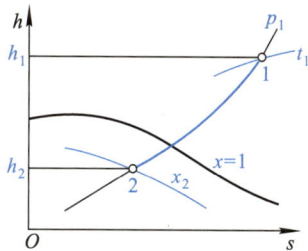

图 5-4 水蒸气的定压冷却过程

5.2.3 定温过程

定温过程中工质 $T =$ 定值，即过程初终态有

$$T_1 = T_2$$

对于理想气体，过程方程式为

$$pv = 定值，\quad p_1v_1 = p_2v_2 \tag{5-25}$$

式(5-25)说明定温过程中气体的压力与比体积成反比。

　　定温过程线在 p-v 图上为一条等轴双曲线,在 T-s 图上则为水平直线,如图 5-5 所示。气体的热力学能及焓是温度和压力(或比体积)的函数,但理想气体的热力学能和焓都只是温度的函数,故其定温过程也即定热力学能过程、定焓过程,这时

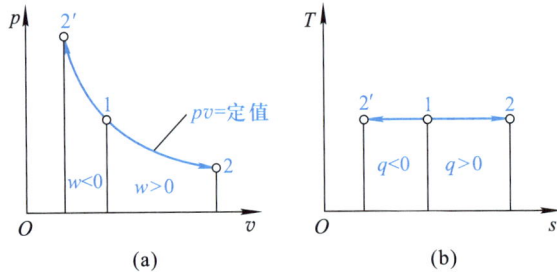

图 5-5　定温过程的 p-v 图及 T-s 图

$$\Delta u = 0, \quad \Delta h = 0$$

理想气体定温过程熵变量为

$$\Delta s = R_{g}\ln \frac{v_2}{v_1} = -R_{g}\ln \frac{p_2}{p_1} \tag{5-26}$$

定温过程过程功为

$$w = \int_1^2 p\mathrm{d}v = \int_1^2 pv\frac{\mathrm{d}v}{v} = \int_1^2 R_{g}T\frac{\mathrm{d}v}{v} = R_{g}T\ln \frac{v_2}{v_1} = p_1v_1\ln \frac{v_2}{v_1} = -p_1v_1\ln \frac{p_2}{p_1} \tag{5-27}$$

过程技术功为

$$w_{t} = -\int_1^2 v\mathrm{d}p = -\int_1^2 pv\frac{\mathrm{d}p}{p} = -\int_1^2 R_{g}T\frac{\mathrm{d}p}{p} = -R_{g}T\ln \frac{p_2}{p_1} = -p_1v_1\ln \frac{p_2}{p_1} \tag{5-28}$$

因过程中 $\Delta u = 0, \Delta h = 0$,故据 $q = \Delta u + w$ 和 $q = \Delta h + w_t$,过程热量为

$$q_T = w = w_t = R_{g}T\ln \frac{v_2}{v_1} = p_1v_1\ln \frac{v_2}{v_1} = -p_1v_1\ln \frac{p_2}{p_1} \tag{5-29}$$

　　可逆定温过程热量也可由 $q_T = \int_1^2 T\mathrm{d}s$ 导出,结果相同。可见,理想气体定温过程的热量 q_T 和过程功 w 及技术功数值相等,且正负也相同。这是由于理想气体的热力学能不变,定温膨胀时吸热量全部转变为膨胀功;定温压缩时消耗的压缩功全部转变为放热量。而理想气体定温稳定流经开口系时,由于 $p_1v_1 = p_2v_2$,流动功为零,吸热量全部转为技术功。图 5-5 中定温过程线 1-2 是吸热膨胀降压过程,1-2' 是放热压缩增压过程。

定温过程 $\Delta u = 0$，$\Delta h = 0$，及式（5-26）~式（5-29）只适用于理想气体，因为推导过程中引用了理想气体状态方程式 $pv = R_g T$，以及 $u = f_u(T)$、$h = f_h(T)$ 等理想气体的性质。值得强调的是因水和水蒸气的热力学能和焓不能简化为仅是温度的函数，故在等温过程中水蒸气与外界交换的热量也不能全部转换成功或焓。

例 5-1 1 kg 空气，已知其初始状态时 $p_1 = 0.1$ MPa、$t_1 = 100$ ℃，按定压过程 $1-2_p$ 加热到温度 $t_2 = 400$ ℃。求终态压力 p_{2_p} 和比体积 v_{2_p}，以及过程的 Δu、Δh、Δs、q、w 和 w_t。（1）按定值比热容计算，且 $c_V = 0.717$ kJ/(kg·K)，$c_p = 1.004$ kJ/(kg·K)；（2）利用平均热容表计算；（3）利用气体热力性质表计算。

解 空气的气体常数

$$R_g = c_p - c_V = 1.004 \ \text{kJ/(kg·K)} - 0.717 \ \text{kJ/(kg·K)}$$
$$= 0.287 \ \text{kJ/(kg·K)} = 287 \ \text{J/(kg·K)}$$

初态 1 的比体积

$$v_1 = \frac{R_g T_1}{p_1}$$

$$= \frac{287 \ \text{J/(kg·K)} \times (100+273) \ \text{K}}{0.1 \times 10^6 \ \text{Pa}} = 1.070 \ 5 \ \text{m}^3/\text{kg}$$

状态 $2_p : p_{2_p} = p_1 = 0.1 \times 10^6$ Pa

$$v_{2_p} = \frac{R_g T_2}{p_{2_p}} = \frac{287 \ \text{J/(kg·K)} \times (400+273) \ \text{K}}{0.1 \times 10^6 \ \text{Pa}} = 1.931 \ 5 \ \text{m}^3/\text{kg}$$

或

$$v_{2_p} = \frac{T_2}{T_1} v_1 = \frac{(400+273) \ \text{K} \times 1.070 \ 5 \ \text{m}^3/\text{kg}}{(100+273) \ \text{K}} = 1.931 \ 5 \ \text{m}^3/\text{kg}$$

（1）按定值比热容计算

由于理想气体的 u、h 是温度的单值函数，故

$$\Delta u_{1-2} = c_V(t_2 - t_1) = 0.717 \ \text{kJ/(kg·K)} \times (400 \ \text{℃} - 100 \ \text{℃}) = 215.1 \ \text{kJ/kg}$$

$$\Delta h_{1-2} = c_p(t_2 - t_1) = 1.004 \ \text{kJ/(kg·K)} \times (400 \ \text{℃} - 100 \ \text{℃}) = 301.2 \ \text{kJ/kg}$$

$$\Delta s_{1-2} = c_p \ln \frac{T_2}{T_1} = 1.004 \ \text{kJ/(kg·K)} \times \ln \frac{673 \ \text{K}}{373 \ \text{K}} = 0.592 \ 5 \ \text{kJ/(kg·K)}$$

$$q = \Delta h_{1-2} = c_p(t_2 - t_1) = 301.2 \ \text{kJ/kg}$$

$$w = p(v_2 - v_1) = R_g(T_2 - T_1) = 0.287 \ \text{kJ/(kg·K)} \times (673 - 373) \ \text{K} = 86.1 \ \text{kJ/kg}$$

或

$$w = q - \Delta u = 301.2 \ \text{kJ/kg} - 215.1 \ \text{kJ/kg} = 86.1 \ \text{kJ/kg}$$

$$w_t = 0$$

（2）利用平均热容表

由附表 5 查得：$t_1 = 100$ ℃ 时，$c_p \big|_0^{100 \, \text{℃}} = 1.006$ kJ/(kg·K)；$t_2 = 400$ ℃ 时，

$c_p\Big|_{0\,℃}^{400\,℃}=1.028\ \mathrm{kJ/(kg\cdot K)}$。利用式(5-24)求得:

$$c_V\Big|_{0\,℃}^{100\,℃}=0.719\ \mathrm{kJ/(kg\cdot K)},\quad c_V\Big|_{0\,℃}^{400\,℃}=0.741\ \mathrm{kJ/(kg\cdot K)}$$

$$c_p\Big|_{100\,℃}^{400\,℃}=\frac{c_p\Big|_{0\,℃}^{400\,℃}t_2-c_p\Big|_{0\,℃}^{100\,℃}t_1}{t_2-t_1}$$

$$=\frac{1.028\ \mathrm{kJ/(kg\cdot K)}\times400\ ℃-1.006\ \mathrm{kJ/(kg\cdot K)}\times100\ ℃}{400\ ℃-100\ ℃}$$

$$=1.035\ \mathrm{kJ/(kg\cdot K)}$$

$$\Delta u_{1-2_p}=c_V\Big|_{0\,℃}^{400\,℃}t_2-c_V\Big|_{0\,℃}^{100\,℃}t_1$$

$$=0.741\ \mathrm{kJ/(kg\cdot K)}\times400\ ℃-0.719\ \mathrm{kJ/(kg\cdot K)}\times100\ ℃$$

$$=224.5\ \mathrm{kJ/kg}$$

$$\Delta h_{1-2_p}=c_p\Big|_{0\,℃}^{400\,℃}t_2-c_p\Big|_{0\,℃}^{100\,℃}t_1$$

$$=1.028\ \mathrm{kJ/(kg\cdot K)}\times400\ ℃-1.006\ \mathrm{kJ/(kg\cdot K)}\times100\ ℃$$

$$=310.6\ \mathrm{kJ/kg}$$

$$\Delta s_{1-2_p}=c_p\Big|_{100\,℃}^{400\,℃}\ln\frac{T_2}{T_1}=1.035\ \mathrm{kJ/(kg\cdot K)}\times\ln\frac{673\ \mathrm{K}}{373\ \mathrm{K}}$$

$$=0.610\ 8\ \mathrm{kJ/(kg\cdot K)}$$

$$q=\Delta h_{1-2_p}=310.6\ \mathrm{kJ/kg}$$

$$w=p(v_2-v_1)=R_g(T_2-T_1)=86.1\ \mathrm{kJ/kg}$$

或 $w=q-\Delta u=310.6\ \mathrm{kJ/kg}-224.5\ \mathrm{kJ/kg}=86.1\ \mathrm{kJ/kg}$

$$w_t=0$$

(3)利用气体热力性质表计算

由附表7查得:$t_1=100\ ℃$时,$h_1=375.72\ \mathrm{kJ/kg}$,$s_1^0=6.926\ 6\ \mathrm{kJ/(kg\cdot K)}$;$t_2=400\ ℃$时,$h_2=686.36\ \mathrm{kJ/kg}$,$s_2^0=7.535\ 9\ \mathrm{kJ/(kg\cdot K)}$。于是得:

$$u_1=h_1-R_gT_1=375.72\ \mathrm{kJ/kg}-0.287\ \mathrm{kJ/(kg\cdot K)}\times373\ \mathrm{K}=268.67\ \mathrm{kJ/kg}$$

$$u_2=h_2-R_gT_2=686.36\ \mathrm{kJ/kg}-0.287\ \mathrm{kJ/(kg\cdot K)}\times673\ \mathrm{K}=493.21\ \mathrm{kJ/kg}$$

$$\Delta u_{1-2_p}=u_2-u_1=493.21\ \mathrm{kJ/kg}-268.67\ \mathrm{kJ/kg}=224.5\ \mathrm{kJ/kg}$$

$$\Delta h_{1-2_p}=h_2-h_1=686.36\ \mathrm{kJ/kg}-375.72\ \mathrm{kJ/kg}=310.6\ \mathrm{kJ/kg}$$

$$\Delta s_{1-2_p}=s_2^0-s_1^0-R_g\ln\frac{p_2}{p_1}=s_2^0-s_1^0=7.535\ 9\ \mathrm{kJ/(kg\cdot K)}-6.926\ 6\ \mathrm{kJ/(kg\cdot K)}$$

$$=0.609\ 3\ \mathrm{kJ/(kg\cdot K)}$$

$$q=\Delta h_{1-2_p}=310.6\ \mathrm{kJ/kg}$$

$$w=R_g(T_2-T_1)=0.287\ \mathrm{kJ/(kg\cdot K)}\times(673-373)\ \mathrm{K}=86.1\ \mathrm{kJ/kg}$$

或 $w=q-\Delta u_{1-2_p}=310.6\ \mathrm{kJ/kg}-224.5\ \mathrm{kJ/kg}=86.1\ \mathrm{kJ/kg}$

$$w_t = 0$$

讨论:本题(2)与(3)均为考虑热容随温度变化的精确计算,计算结果基本上一致,只是两种方法的 Δs 略有差别。方法(2)这种基于热量相同而得的热容平均值,用于 Δs 计算式显然是近似的,按定值比热容计算的结果则误差较大。

例 5-2　空气以 $q_m = 0.012\ \text{kg/s}$ 的流量稳定流过散热良好的压缩机,入口参数 $p_1 = 0.102\ \text{MPa}$、$T_1 = 305\ \text{K}$,可逆压缩到出口压力 $p_2 = 0.51\ \text{MPa}$,然后进入储气罐。求 1 kg 空气的焓变量 Δh 和熵变量 Δs,以及压缩机消耗的功率 P_t 和每小时的散热量 q_Q。(1)设空气按定温压缩;(2)设空气按 $n = 1.28$ 的多变过程压缩,比热容取定值。

解　(1)定温压缩,故

$$T_2 = T_1 = 305\ \text{K}, \Delta h = 0$$

$$\Delta s = -R_g \ln \frac{p_2}{p_1} = -0.287\ \text{kJ/(kg}\cdot\text{K)} \times \ln \frac{0.51\ \text{MPa}}{0.102\ \text{MPa}} = -0.461\ 9\ \text{kJ/(kg}\cdot\text{K)}$$

$$w_{t,T} = -R_g T_1 \ln \frac{p_2}{p_1} = -0.287\ \text{kJ/(kg}\cdot\text{K)} \times 305\ \text{K} \times \ln \frac{0.51\ \text{MPa}}{0.102\ \text{MPa}}$$

$$= -140.88\ \text{kJ/kg}$$

$$P_{t,T} = q_m \left| w_{t,T} \right| = 0.012\ \text{kg/s} \times 140.88\ \text{kJ/kg} = 1.69\ \text{kW}$$

$$q_T = w_{t,T} = -140.88\ \text{kJ/kg}$$

$$q_{Q,T} = q_m q_T = 0.012\ \text{kg/s} \times 3\ 600\ \text{s/h} \times (-140.88\ \text{kJ/kg}) = -6\ 086.0\ \text{kJ/h}$$

(2)多变压缩

查附表 2,对于空气:$c_V = 717\ \text{J/(kg}\cdot\text{K)}$,$c_p = 1\ 004\ \text{J/(kg}\cdot\text{K)}$,$\kappa = 1.4$。

$$T_2 = \left(\frac{p_2}{p_1} \right)^{\frac{n-1}{n}} T_1 = \left(\frac{0.51\ \text{MPa}}{0.102\ \text{MPa}} \right)^{\frac{1.28-1}{1.28}} \times 305\ \text{K} = 433.71\ \text{K}$$

$$\Delta h = c_p (T_2 - T_1) = 1.004\ \text{kJ/(kg}\cdot\text{K)} \times (433.71\ \text{K} - 305\ \text{K}) = 129.22\ \text{kJ/kg}$$

$$\Delta s = c_p \ln \frac{T_2}{T_1} - R_g \ln \frac{p_2}{p_1}$$

$$= 1.004\ \text{kJ/(kg}\cdot\text{K)} \times \ln \frac{433.71\ \text{K}}{305\ \text{K}} - 0.287\ \text{kJ/(kg}\cdot\text{K)} \times \ln \frac{0.51\ \text{MPa}}{0.102\ \text{MPa}}$$

$$= -0.108\ 4\ \text{kJ/kg}$$

$$w_{t,n} = \frac{n}{n-1} R_g T_1 \left[1 - \left(\frac{p_2}{p_1} \right)^{\frac{n-1}{n}} \right]$$

$$= \frac{1.28}{1.28-1} \times 0.287\ \text{kJ/(kg}\cdot\text{K)} \times 305\ \text{K} \times \left[1 - \left(\frac{0.51\ \text{MPa}}{0.102\ \text{MPa}} \right)^{\frac{1.28-1}{1.28}} \right]$$

$$= -168.87 \text{ kJ/kg}$$

$$P_{t,n} = q_m \left| w_{t,n} \right| = 0.012 \text{ kg/s} \times 168.87 \text{ kJ/kg} = 2.03 \text{ kW}$$

多变过程比热容

$$c_n = \frac{n-\kappa}{n-1} c_V = \frac{1.28-1.4}{1.28-1} \times 0.717 \text{ kJ/(kg} \cdot \text{K)} = -0.307\ 3 \text{ kJ/(kg} \cdot \text{K)}$$

$$q_n = c_n (T_2 - T_1) = -0.307\ 3 \text{ kJ/(kg} \cdot \text{K)} \times (433.71 \text{ K} - 305 \text{ K}) = -39.55 \text{ kJ/kg}$$

$$q_{Q,n} = q_n q_m = -39.55 \text{ kJ/kg} \times 0.012 \text{ kg/s} \times 3\ 600 \text{ s/h} = -1\ 708.6 \text{ kJ/h}$$

讨论:压气机多变压缩消耗功率大于定温压缩,而且随多变指数增大而加大,因等温压缩气体的热力学能不变,而随多变指数升高,压缩终态温度也高,热力学能增大,所以压缩机耗功加大。

5.3　绝 热 过 程

绝热过程是状态变化的任何微元过程中系统与外界都不交换热量的过程,即过程中每一时刻均有

$$\delta q = 0$$

当然,全部过程与外界交换的热量也为零,即

$$q = 0$$

绝对绝热的过程难以实现,工质无法与外界完全隔热,但当实际过程进行很快,工质换热量相对极少时,可近似地看作绝热过程。过程进行迅速,往往是非准平衡的和不可逆的,所以可逆的绝热过程是实际过程的一种近似。近似于绝热的过程是很普遍的,例如,活塞式内燃机气缸内工质进行的膨胀过程和压缩过程、叶轮式压缩机中气体的压缩过程、汽轮机和燃气轮机喷管内的膨胀过程等,因而对绝热过程的研究很有实用价值。

根据熵的定义,$ds = \dfrac{\delta q_{\text{rev}}}{T}$,可逆绝热时 $\delta q_{\text{rev}} = 0$,故有 $ds = 0$,$s =$ 定值。可逆绝热过程又称为定(比)熵过程。

5.3.1　理想气体可逆绝热过程方程式

对理想气体,可逆过程的热力学第一定律解析式的两种形式为

$$\delta q = c_V dT + p dv \quad \text{和} \quad \delta q = c_p dT - v dp$$

因绝热 $\delta q = 0$,将两式分别移项后相除,得

$$\frac{dp}{p} = -\frac{c_p}{c_V} \frac{dv}{v}$$

式中比热容比 $\dfrac{c_p}{c_V}=\gamma=1+\dfrac{R_g}{c_V}$。由于 c_V 是温度的复杂函数,故上式的积分解十分繁复,不便用于工程计算。设比热容为定值,则 γ 也是定值,上式可以直接积分:

$$\ln p+\gamma\ln v=\text{定值}$$

$$pv^{\gamma}=\text{定值}$$

所以,定熵过程方程式是指数方程。定熵指数(绝热指数)通常以 κ 表示。理想气体的定熵指数等于比热容比 γ,恒大于 1。因此,定熵过程的方程式即

$$pv^{\kappa}=\text{定值} \tag{5-30}$$

该式的适用范围为比热容取定值的理想气体的可逆绝热过程。实际上,气体的定熵指数 κ 并非定值,通常温度愈高 κ 值愈小。所以,式(5-30)只是近似式。式(5-30)微分形式为

$$\frac{\mathrm{d}p}{p}+\kappa\frac{\mathrm{d}v}{v}=0 \tag{5-31}$$

这是表达定熵过程的更为一般的形式,用来分析定熵过程中参数的变化规律有时更方便。

5.3.2 气体可逆绝热过程初、终态参数的关系

将初、终态的 p、v、T 参数及理想气体状态方程代入式(5-30),经整理后得出

$$p_2v_2^{\kappa}=p_1v_1^{\kappa} \tag{5-32}$$

$$\frac{T_2}{T_1}=\left(\frac{v_1}{v_2}\right)^{\kappa-1} \tag{5-33}$$

$$\frac{T_2}{T_1}=\left(\frac{p_2}{p_1}\right)^{\frac{\kappa-1}{\kappa}} \tag{5-34}$$

当初、终态温度变化范围在室温到 600 K 之间,比热容比或定熵指数作为定值时,应用上述各式误差不大。若温度变化幅度较大,为减少计算误差建议采取平均定熵指数 κ_{av} 来代替。可有两种平均方法。一种方法是取

$$\kappa_{av}=\frac{c_p\big|_{t_1}^{t_2}}{c_V\big|_{t_1}^{t_2}}$$

式中,$c_p\big|_{t_1}^{t_2}$ 和 $c_V\big|_{t_1}^{t_2}$ 分别是温度由 t_1 到 t_2 的平均比定压热容和平均比定容热容,可由附表 5 确定平均比定压热容,再按迈耶公式确定比定容热容。另一种方法是令

$$\kappa_{av}=\frac{\kappa_1+\kappa_2}{2}$$

式中：$\kappa_1=\dfrac{c_{p1}}{c_{V1}}$、$\kappa_2=\dfrac{c_{p2}}{c_{V2}}$；$c_{p1}$、$c_{p2}$ 和 c_{V1}、c_{V2} 分别是温度 t_1、t_2 时气体的真实比定压热容和真实比定容热容，可借助附表 4 结合迈耶公式确定。在某些情况下 t_2 是未知数，而 $c_p\big|_{t_1}^{t_2}$、$c_V\big|_{t_1}^{t_2}$ 又取决于 t_2，这时需先设定 t_2，得出 κ 后再计算 t_2，如此重复，使计算结果与设定值逐渐接近。可见，该方法较繁复，且所得结果仍为近似值。本节最后将介绍一种用于计算定熵过程准确度高、应用简便的图表计算法。

把 $n=\kappa$ 代入式（5-5），即可得可逆绝热过程线在 $p-v$ 图上的斜率 $\left(\dfrac{\partial p}{\partial v}\right)_s=-\kappa\dfrac{p}{v}$，所以为一条高次双曲线。与定温线斜率 $\left(\dfrac{\partial p}{\partial v}\right)_T=-\dfrac{p}{v}$ 相比，因 $\kappa>1$，定熵线斜率的绝对值大于等温线的，所以定熵线更陡些，如图 5-6 所示。

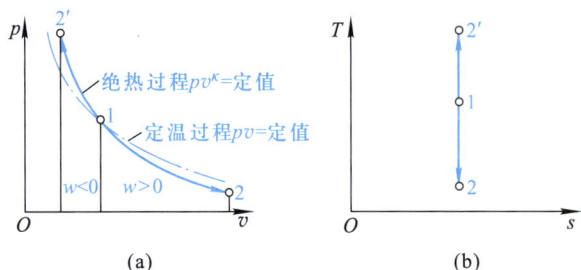

图 5-6   定熵过程的 $p-v$ 图及 $T-s$ 图

在 $T-s$ 图上，定熵过程线是垂直于横坐标的直线。此外，由式（5-32）和式（5-34）可见，可逆绝热过程中压力和比体积的 κ 次方成反比，温度与压力的 $\dfrac{\kappa-1}{\kappa}$ 次方成正比。因而，图 5-6 中过程线 1-2 是绝热膨胀降压降温过程；1-2′ 是绝热压缩增压升温过程。

图 5-7 为水蒸气从初态 p_1、t_1 可逆绝热膨胀到 p_2 的过程。先由已知初态 p_1、t_1 在 $h-s$ 图上查出 h_1，再从状态 1 作垂直线（定熵线）交 p_2 定压线于点 2，即绝热膨胀后的终态。从点 2 可查出 h_2、x_2。绝热膨胀的技术功等于焓降 h_1-h_2，膨胀功等于热力学能的降低量，即 u_1-u_2。

有时为了便于分析起见，水蒸气的绝热过程也写成 $pv^\kappa=$定值的形式，但此时 κ 不再具有比热容比的意义，而是一纯经验数字。它是根

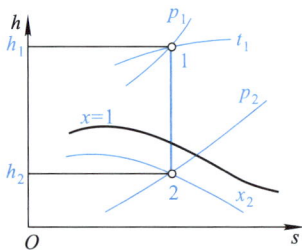

图 5-7   水蒸气的定熵膨胀过程

据实际的过程曲线测算而得的,且随着蒸汽状态的不同而有较大的变化。作为近似的估算,可以取过热蒸汽的 $\kappa=1.3$,干饱和蒸汽的 $\kappa=1.135$,而湿蒸汽的 $\kappa=1.035+0.1x$。用此法计算所得结果误差甚大,故不应用它来求蒸汽的状态参数值。实用上,此 κ 值只用在某些需要水蒸气绝热过程指数近似值的场合,如求取水蒸气在喷管流动中的临界压力比(参阅第七章)。

5.3.3 绝热过程中能量的传递和转换

绝热过程体系与外界不交换热量,$q=0$。由闭口系热力学第一定律解析式 $q=\Delta u+w$,得过程功

$$w=-\Delta u=u_1-u_2 \tag{5-35}$$

式(5-35)表明:绝热过程中工质与外界无热量交换,过程功只来自工质本身的能量转换。绝热膨胀时,膨胀功等于工质的热力学能降;绝热压缩时,消耗的压缩功等于工质的热力学能增量。式(5-35)直接由能量守恒式导出,故普遍适用于理想气体和实际气体进行的可逆和不可逆绝热过程。

若为理想气体,且按定值比热容考虑,可得近似式

$$w=c_V(T_1-T_2)=\frac{1}{\kappa-1}R_g(T_1-T_2)=\frac{1}{\kappa-1}(p_1v_1-p_2v_2) \tag{5-36}$$

对于可逆的绝热过程,还可导得

$$w=\frac{1}{\kappa-1}R_gT_1\left[1-\left(\frac{p_2}{p_1}\right)^{\frac{\kappa-1}{\kappa}}\right] \tag{5-37}$$

或

$$w=\frac{1}{\kappa-1}R_gT_1\left[1-\left(\frac{v_1}{v_2}\right)^{\kappa-1}\right] \tag{5-38}$$

理想气体在可逆的绝热过程中,过程功也可由 $w=\int_1^2 pdv$ 结合 $p_2=p_1\left(\frac{v_1}{v_2}\right)^{\kappa}$ 积分求得,结果与式(5-37)和式(5-38)是一致的,请读者自行推导。

由稳定流动开口系的热力学第一定律解析式 $q=\Delta h+w_t$,可得绝热过程的技术功为

$$w_t=-\Delta h=h_1-h_2 \tag{5-39}$$

该式表明:工质在绝热过程中所作的技术功等于焓降。式(5-39)直接由能量守恒式导出,故无论理想气体和实际气体、可逆的和不可逆的绝热过程都普遍适用。

对于理想气体按定值比热容计算,则近似为

$$w_t=c_p(T_1-T_2)=\frac{\kappa}{\kappa-1}R_g(T_1-T_2)=\frac{\kappa}{\kappa-1}(p_1v_1-p_2v_2) \tag{5-40}$$

对于可逆的绝热过程,还可导出

$$w_t = \frac{\kappa}{\kappa-1} R_g T_1 \left[1 - \left(\frac{p_2}{p_1} \right)^{\frac{\kappa-1}{\kappa}} \right] \tag{5-41}$$

或

$$w_t = \frac{\kappa}{\kappa-1} R_g T_1 \left[1 - \left(\frac{v_1}{v_2} \right)^{\kappa-1} \right] \tag{5-42}$$

理想气体进行可逆绝热过程时的技术功,也可按 $w_t = -\int_1^2 v \, dp$ 积分得出,结果与式(5-41)和式(5-42)一致,请读者自行推导。显然,理想气体技术功是过程功的 κ 倍,即

$$w_t = \kappa w \tag{5-43}$$

水和水蒸气(包括常用的压缩蒸气制冷工质)的基本过程中以定压过程和绝热过程最为重要。绝热过程中与外界交换的功在 $h-s$ 图上求解极为方便。参见图5-7,先由已知初态 p_1、t_1 在 $h-s$ 图上查出 h_1、v_1 等计算 u_1,再从点2查出 h_2、v_2、x_2 等,计算 u_2。绝热膨胀的技术功等于焓降,$w_t = -\Delta h = h_1 - h_2$,膨胀功等于热力学能的降低量,$w = -\Delta u = u_1 - u_2$。

5.3.4　理想气体变比热容定熵过程图表计算法

由于假定比热容为定值,包括定熵过程的过程方程 $pv^\kappa =$ 定值在内,以及由此导出的状态参数间的关系式、过程功和技术功的部分计算式,用于定量计算不是很准确的,尤其在燃气轮机、叶轮式压缩机等高效热机的设计计算中,不能满足精度要求。借助于计算机可以解决这一问题,下面介绍的图表法同样准确而简单,通常误差不超过0.5%。这里以定熵过程中压力和温度的关系式为例,阐明制表依据。设已知气体初态参数 p_1、T_1(或 v_1、T_1),经定熵过程变化到终态 p_2(或比体积 v_2),计算的根本问题是要确定终温 T_2。由式(3-36)可知

$$\Delta s = \int_{T_1}^{T_2} c_p \frac{dT}{T} - R_g \ln \frac{p_2}{p_1} = 0$$

$$R_g \ln \frac{p_2}{p_1} = \int_{T_1}^{T_2} c_p \frac{dT}{T} \tag{a}$$

因理想气体 $c_p = f(T)$,故比值 p_2/p_1 也仅仅是温度 T_1、T_2 的函数。若选定一参照温度 T_0,并注意到 $\int_{T_0}^{T} c_p \frac{dT}{T} = s^0$(见3.3节),则式(a)可改写为

$$\ln \frac{p_2}{p_1} = \frac{1}{R_g} \left(\int_{T_0}^{T_2} c_p \frac{dT}{T} - \int_{T_0}^{T_1} c_p \frac{dT}{T} \right) = \frac{1}{R_g} (s_2^0 - s_1^0) \tag{b}$$

由式(b)可得

$$s_2^0 = s_1^0 + R_g \ln \frac{p_2}{p_1} \qquad (c)$$

据式（c）算出 s_2^0 后，可根据 s_2^0 的值查气体热力性质表确定终温 T_2。为使计算简化，定义一个新的参数——相对压力 p_r，$\ln p_r = \frac{1}{R_g} \int_{T_0}^{T} c_p \frac{\mathrm{d}T}{T} = \frac{s^0}{R_g}$。对于确定的气体，它只是温度的函数，显然

$$\ln \frac{p_{r2}}{p_{r1}} = \frac{1}{R_g}(s_2^0 - s_1^0) \qquad (d)$$

式（d）与式（b）相比较，可得

$$\frac{p_2}{p_1} = \frac{p_{r2}}{p_{r1}} \qquad (5\text{-}44)$$

定熵过程中气体的压力比等于相对压力比，它实质上表征了定熵过程压力与温度的关系。

用类同的方法，也可导得定熵过程中比体积和温度的关系。由式（3-38）得出

$$\Delta s = \int_{T_1}^{T_2} c_V \frac{\mathrm{d}T}{T} + R_g \ln \frac{v_2}{v_1} = 0$$

或

$$R_g \ln \frac{v_2}{v_1} = -\left(\int_{T_0}^{T_2} c_V \frac{\mathrm{d}T}{T} - \int_{T_0}^{T_1} c_V \frac{\mathrm{d}T}{T} \right)$$

定义相对比体积 v_r，$\ln v_r = -\frac{1}{R_g} \int_{T_0}^{T} c_V \frac{\mathrm{d}T}{T}$。同理可得

$$\frac{v_2}{v_1} = \frac{v_{r2}}{v_{r1}} \qquad (5\text{-}45)$$

定熵过程中气体的比体积比等于相对比体积比。v_r 也仅仅是温度的函数，其本质表征了理想气体定熵过程比体积与温度的关系。

附表 7 中列有低压时空气的 h、p_r、v_r 及 s^0 随温度的变化，表中 h、s^0 是对 1 kg 空气的数值。附表 8 中给出了一些常用气体 1 mol 的 H_m 和 S_m^0 随温度的变化，参照温度同为 $T_0 = 0$ K。终态参数确定后，根据 T_1 和 T_2 由表中可查出 h_1、h_2，而 $u = h - pv$。这时气体在定熵过程中的过程功和技术功则按式（5-35）和（5-39）确定。

例 5-3 若例 5-2 中空气在压缩机中进行的是可逆绝热压缩，试分别按定值比热容和变比热容（借助气体热力性质表）计算上例中要求的各项。

解 （1）定值比热容，取 $c_p = 1.004$ kJ/（kg·K），则有

$$T_2 = T_1 \left(\frac{p_2}{p_1} \right)^{\frac{\kappa-1}{\kappa}} = 305 \text{ K} \times \left(\frac{0.51 \text{ MPa}}{0.102 \text{ MPa}} \right)^{\frac{1.4-1}{1.4}} = 483.1 \text{ K}$$

$$\Delta h = c_p(T_2 - T_1) = 1.004 \text{ kJ}/(\text{kg} \cdot \text{K}) \times (483.1 \text{ K} - 305 \text{ K}) = 178.81 \text{ kJ/kg}$$

可逆绝热过程即是定熵过程,$\Delta s = 0$。

$$w_{t,s} = \frac{\kappa}{\kappa - 1} R_g T_1 \left[1 - \left(\frac{p_2}{p_1} \right)^{\frac{\kappa-1}{\kappa}} \right]$$

$$= \frac{1.4}{1.4-1} \times 0.287 \text{ kJ}/(\text{kg} \cdot \text{K}) \times 305 \text{ K} \times \left[1 - \left(\frac{0.51 \text{ MPa}}{0.102 \text{ MPa}} \right)^{\frac{1.4-1}{1.4}} \right]$$

$$= -178.87 \text{ kJ/kg}$$

或
$$w_{t,s} = -\Delta h = -178.81 \text{ kJ/kg}$$

$$P_{t,s} = q_m |w_{t,s}| = 0.012 \text{ kg/s} \times 178.81 \text{ kJ/kg} = 2.15 \text{ kW}$$

$$q_{Q,s} = 0$$

(2)变比热容

由附表 7 查得 $T_1 = 305$ K 时,$p_{r1} = 1.496\ 55$,$h_1 = 307.31$ kJ/kg,于是

$$p_{r2} = \frac{p_2}{p_1} p_{r1} = \frac{0.51 \text{ MPa}}{0.102 \text{ MPa}} \times 1.496\ 55 = 7.482\ 75$$

根据 p_{r2} 在同一表中查得 $T_2 = 481.6$ K,$h_2 = 486.13$ kJ/kg,于是

$$\Delta h = h_2 - h_1 = 486.13 \text{ kJ/kg} - 307.31 \text{ kJ/kg} = 178.82 \text{ kJ/kg}$$

$$\Delta s = 0$$

$$w_{t,s} = -\Delta h = -178.82 \text{ kJ/kg}$$

$$P_{t,s} = q_m |w_{t,s}| = 0.012 \text{ kg/s} \times 178.82 \text{ kJ/kg} = 2.15 \text{ kW}$$

$$q_{Q,s} = 0$$

讨论:(1)本例由于压力比不大,所以温度变化范围不大,但近似取比热容为定值还是有一定的误差;(2)与例 5-2 比较可知,绝热压缩后气体的温度最高,压气机耗功也最大。

例 5-4　1 mol 氮气由 $p_1 = 1$ MPa,$T_1 = 600$ K 经可逆绝热过程膨胀到 $p_2 = 0.4$ MPa,假定氮气处在理想气体状态,考虑比热容随温度变化,利用气体热力性质表确定氮气的终温 T_2 及 ΔU_m、W。

解　查附表 8,氮气 $T_1 = 600$ K,$S_{m1}^0 = 212.176$ J/(mol · K),$H_{m1} = 17\ 564.2$ J/mol。

$$S_{m2} - S_{m1} = S_{m2}^0 - S_{m1}^0 - R \ln \frac{p_2}{p_1} = 0$$

所以

$$S_{m2}^0 = S_{m1}^0 + R \ln \frac{p_2}{p_1}$$

$$= 212.176 \text{ J}/(\text{mol} \cdot \text{K}) + 8.314\ 5 \text{ J}/(\text{mol} \cdot \text{K}) \times \ln \frac{0.4 \text{ MPa}}{1 \text{ MPa}}$$

$$= 204.558 \ \text{J/(mol} \cdot \text{K)}$$

根据 S_{m2}^0 值由同表中查得 $T_2 = 466.8 \ \text{K}$，$H_{m2} = 13\ 603.4 \ \text{J/mol}$。于是

$$U_{m1} = H_{m1} - p_1 V_1 = H_{m1} - RT_1$$
$$= 17\ 564.2 \ \text{J/mol} - 8.314\ 5 \ \text{J/(mol} \cdot \text{K)} \times 600 \ \text{K}$$
$$= 12\ 575.5 \ \text{J/mol}$$

$$U_{m2} = H_{m2} - RT_2$$
$$= 13\ 603.4 \ \text{J/mol} - 8.314\ 5 \ \text{J/(mol} \cdot \text{K)} \times 466.8 \ \text{K}$$
$$= 9\ 722.2 \ \text{J/mol}$$

$$\Delta U_m = U_{m2} - U_{m1}$$
$$= (9\ 722.2 - 12\ 575.5) \ \text{J/mol} = -2\ 853.3 \ \text{J/mol}$$
$$= -2.85 \ \text{kJ/mol}$$

绝热过程的膨胀功

$$W = -\Delta U_m = 2.85 \ \text{kJ/mol}$$

讨论：不论比热容是否为温度的函数，可逆绝热过程的熵变为零。附表 8 气体的热力性质中未列出 p_r 或 v_r，但同样可利用 $\Delta S_m = 0$，计算 S_{m2}^0 后确定可逆绝热过程的终温。

例 5-5 水蒸气从 $p_1 = 1 \ \text{MPa}$、$t_1 = 300 \ ℃$ 的初态可逆绝热膨胀到 0.1 MPa，求 1 kg 水蒸气所作的膨胀功和技术功。

解 （1）用 h-s 图（图 5-7）计算

初态参数：从 h-s 图上找出 $p_1 = 1 \ \text{MPa}$ 的定压线和 $t_1 = 300 \ ℃$ 的定温线，两线的交点即为初始状态点 1。读得：

$$h_1 = 3\ 052 \ \text{kJ/kg},$$
$$v_1 = 0.26 \ \text{m}^3/\text{kg},$$
$$s_1 = 7.12 \ \text{kJ/(kg} \cdot \text{K)}$$

故

$$u_1 = h_1 - p_1 v_1 = 3\ 052 \ \text{kJ/kg} - 1 \times 10^3 \ \text{kPa} \times 0.26 \ \text{m}^3/\text{kg} = 2\ 792 \ \text{kJ/kg}$$

终态参数：已知终压 $p_2 = 0.1 \ \text{MPa}$，因可逆绝热膨胀，故 $s_1 = s_2 = 7.12 \ \text{kJ/(kg} \cdot \text{K)}$。从点 1 作垂线交 $p = 0.1 \ \text{MPa}$ 的定压线于点 2，即为终态点。读得

$$h_2 = 2\ 592 \ \text{kJ/kg}, v_2 = 1.62 \ \text{m}^3/\text{kg}, x_2 = 0.97, t_2 \approx 100 \ ℃$$

$$u_2 = h_2 - p_2 v_2 = 2\ 592 \ \text{kJ/kg} - 0.1 \times 10^3 \ \text{kPa} \times 1.62 \ \text{m}^3/\text{kg} = 2\ 430 \ \text{kJ/kg}$$

膨胀功和技术功：

$$w = u_1 - u_2 = 2\ 792 \ \text{kJ/kg} - 2\ 430 \ \text{kJ/kg} = 362 \ \text{kJ/kg}$$
$$w_t = h_1 - h_2 = 3\ 052 \ \text{kJ/kg} - 2\ 592 \ \text{kJ/kg} = 460 \ \text{kJ/kg}$$

（2）用蒸汽表计算

初态参数：据 $p_1=1$ MPa、$t_1=300$ ℃，查未饱和水和过热蒸汽表，得

$$h_1=3\ 050.4\ \text{kJ/kg}, v_1=0.257\ 93\ \text{m}^3/\text{kg}, s_1=7.121\ 6\ \text{kJ/(kg·K)}$$

所以　$u_1=h_1-p_1v_1=3\ 052.4\ \text{kJ/kg}-1×10^3\ \text{kPa}×0.257\ 93\ \text{m}^3/\text{kg}=2\ 794.5\ \text{kJ/kg}$

终态参数：据 $p_2=0.1$ MPa、$s_2=s_1=7.121\ 6$ kJ/(kg·K)，查以压力为独立变数的饱和水和饱蒸汽表，得

$$t_2=99.634\ ℃$$

$$h''=2\ 675.14\ \text{kJ/kg}, h'=417.52\ \text{kJ/kg}, v''=1.694\ 3\ \text{m}^3/\text{kg}$$

$$v'=0.001\ 043\ 2\ \text{m}^3/\text{kg}, s''=7.358\ 9\ \text{kJ/(kg·K)}, s'=1.302\ 8\ \text{kJ/(kg·K)}$$

因 $s''>s_2>s'$，所以状态 2 是湿蒸汽。先求 x_2：据 $s_2=x_2s''+(1-x_2)s'$，故

$$x_2=\frac{s_2-s'}{s''-s'}=\frac{7.121\ 6\ \text{kJ/(kg·K)}-1.302\ 8\ \text{kJ/(kg·K)}}{7.358\ 9\ \text{kJ/(kg·K)}-1.302\ 8\ \text{kJ/(kg·K)}}=0.96$$

$$h_2=x_2h''+(1-x_2)h'$$

$$=0.96×2\ 675.14\ \text{kJ/kg}+(1-0.96)×417.52\ \text{kJ/kg}=2\ 584.8\ \text{kJ/kg}$$

$$v_2=x_2v''+(1-x_2)v'\approx x_2v''=0.96×1.694\ 3\ \text{m}^3/\text{kg}=1.626\ 5\ \text{m}^3/\text{kg}$$

$u_2=h_2-p_2v_2=2\ 584.8\ \text{kJ/kg}-0.1×10^3\ \text{kPa}×1.626\ 5\ \text{m}^3/\text{kg}=2\ 422.2\ \text{kJ/kg}$

膨胀功和技术功：

$$w=u_1-u_2=2\ 794.5\ \text{kJ/kg}-2\ 422.2\ \text{kJ/kg}=372.3\ \text{kJ/kg}$$

$$w_t=h_1-h_2=3\ 050.4\ \text{kJ/kg}-2\ 584.8\ \text{kJ/kg}=465.6\ \text{kJ/kg}$$

讨论：绝热过程的技术功等于焓差，等压过程的热量也是焓差，所以在 $h-s$ 图上求解比较方便，但精度稍差；而查表求解精度较高但又乏味。利用计算机软件计算既能保证精度又方便，只要输入 p_1 和 t_1 即可输出 s_1、h_1、v_1 和 u_1，据 $s_2=s_1$ 和 p_2 又可输出 h_2、v_2 和 u_2，进而可计算膨胀功和技术功。

例 5-6　一封闭绝热的气缸活塞装置内有 1 kg 压力为 0.2 MPa 的饱和水，气缸内维持压力恒定不变。（1）若装设一叶轮搅拌器，搅动水，直至气缸内 80% 的水蒸发为止，求带动此搅拌器需消耗多少功？（2）若除去绝热层，用450 K 的恒温热源定压加热气缸内的水，使 80% 的水蒸发，求热源的加热量。

解　（1）由于气缸内未汽化的水无任何变化，故取缸内汽化的水为系统。这是一闭口热力系，据系统能量平衡的基本表达式(2-9)可得

$$Q=\Delta U-W'+p\Delta V$$

其中 W' 为搅拌器耗功，$p\Delta V$ 为水汽化膨胀作功。由题意 $Q=0$，所以

$$W'=\Delta U+p\Delta V=\Delta H=m(h_2-h_1)=m(h''-h')$$

据 $p=0.2$ MPa，查饱和水和饱和蒸汽表得

$$h''=2\ 706.5\ \text{kJ/kg}, h'=504.78\ \text{kJ/kg}$$

$$W' = 0.8 \text{ kg} \times (2\,706.5 \text{ kJ/kg} - 504.78 \text{ kJ/kg}) = 1\,761.4 \text{ kJ}$$

（2）移去绝热层,直接加热,因气缸内压力维持恒定,故加热量为使水定压汽化所需的热量:

$$Q = m(h'' - h') = 0.8 \text{ kg} \times (2\,706.5 \text{ kJ/kg} - 504.78 \text{ kJ/kg}) = 1\,761.4 \text{ kJ}$$

讨论:本例说明,同样达到使80%的水定压汽化的目的所耗费的功量和热量在数值上相同,但从第六章可知,功是高品位的能量,故而利用输入功使水汽化的做法不可取。

5.4　理想气体热力过程综合分析

前已述及,多变过程是一般化的可逆过程,服从过程方程 pv^n = 定值。当 $n = \pm\infty$、0、1、κ 时分别为定容、定压、定温和定熵四个基本热力过程。由于大量工程实际过程经简化后虽可用多变过程描述,但其过程特征（反映在多变指数）不同于上述描述,如汽车发动机气缸中的压缩过程简化后,其 n 大约从 1.6 变化到 1.2 左右。故有必要讨论多变指数变化时过程线及能量转换的变化趋势。

5.4.1　过程线的分布规律和过程特性

对于一个多变过程,只要据式(5-5)和式(5-6)计算各点的 $\left(\dfrac{\partial p}{\partial v}\right)_n$ 及 $\left(\dfrac{\partial T}{\partial s}\right)_n$

即可在 p-v 图和 T-s 图上画出该过程的过程线。仔细观察 p-v 图和 T-s 图上从同一状态 1 出发的四种基本热力过程线图（图 5-8）,可以发现,过程线在状态参数坐标图上的分布是有规律的:指数 n 的值按顺时针方向逐渐增大——由 $-\infty \to 0 \to 1 \to \kappa \to +\infty$。因此,对于任一多变过程,若已知多变指数 n 值,就能确定其在图上的相对位置。

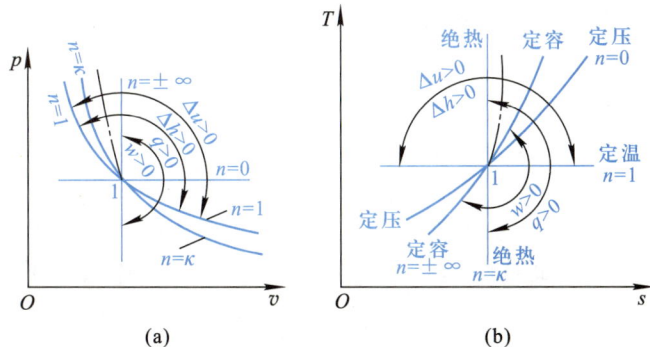

图 5-8　几种过程的 p-v 图和 T-s 图

由式(5-5),多变过程在 $p-v$ 图上的斜率 $\left(\dfrac{\delta p}{\delta v}\right)_n = -n\dfrac{p}{v}$,同一状态的 p、v 值相同,斜率只与 n 有关,指数 n 愈大,则过程线斜率的绝对值也愈大。如:定压时 $n=0$, $\left(\dfrac{\partial p}{\partial v}\right)_p = 0$,定压线为水平线;定容时 $n\to\pm\infty$, $\left(\dfrac{\partial p}{\partial v}\right)_v \to \mp\infty$,定容线为垂直线。当 $n>0$ 时, $\dfrac{\mathrm{d}p}{\mathrm{d}v}<0$, $\mathrm{d}p$ 与 $\mathrm{d}v$ 反号,压缩时压力升高,膨胀时压力降低,工程上多为这类过程;而 $n<0$ 时, $\dfrac{\mathrm{d}p}{\mathrm{d}v}>0$, $\mathrm{d}p$ 与 $\mathrm{d}v$ 同号,压缩时压力降低,膨胀时压力升高,这类过程工程上极少见。

$T-s$ 图上多变过程的斜率 $\left(\dfrac{\partial T}{\partial s}\right)_n = \dfrac{T}{c_n} = \dfrac{(n-1)T}{(n-\kappa)c_V}$,同样也与 n 有关。如:定温时 $n=1$, $\left(\dfrac{\partial T}{\partial s}\right)_T = 0$, $c_T\to\infty$,因而定温线是水平线;定熵时 $n=\kappa$, $\left(\dfrac{\partial T}{\partial s}\right)_s \to\infty$, $c_s = 0$,定熵线是垂直线。

$p-v$ 图上温度和熵的变化趋势和 $T-s$ 图上压力及比体积的变化趋势如图 5-8 所示。

过程线的位置在 $p-v$ 图、$T-s$ 图上确定后,可分析过程特性及过程中能量的传递方向。

过程功的正负以定容线为分界,如图 5-8 所示,定容线右侧($p-v$ 图)或右下区域($T-s$ 图)的各过程 $w>0$,即工质膨胀对外输出功;反之则 $w<0$,即工质被压缩消耗外功。

过程热量的正负以定熵线为分界,定熵线右侧($T-s$ 图)或右上区域($p-v$ 图)的各过程 $\Delta s>0$, $q>0$,是加热过程;反之则 $\Delta s<0$, $q<0$,必为放热过程。

理想气体热力学能(或焓)仅是温度的函数,故其增减以定温线为分界,定温线上侧($T-s$ 图)或右上区域($p-v$ 图)的各过程 $\Delta u>0$(或 $\Delta h>0$),工质的热力学能(或焓)是增大的;反之则 $\Delta u<0$(或 $\Delta h<0$),其热力学能(或焓)减小。

基本热力过程的状态参数图

例如, $\kappa=1.4$ 的某种气体,进行 $n=1.6$ 的多变压缩过程,因压缩 $\mathrm{d}v<0$ 及 $\kappa<n<\infty$,可在 $p-v$ 图和 $T-s$ 图上定性画出过程线,如图 5-8 中点画线所示。该过程线处于 $w<0$, $q>0$ 的区域,故为耗功、吸热、升温、升压过程。

习惯上,常认为气体吸热则温度升高,放热则温度降低。其实不然,只是具有某些特征的过程有此特性,这部分内容将在多变过程的能量转换规律 w/q 的分析中论述。

5.4.2　过程能量转换规律

将可逆多变过程功的计算式(5-8)和热量计算式(5-14)代入比值 w/q，可得

$$\frac{w}{q}=\frac{\kappa-1}{\kappa-n} \tag{5-46}$$

因定熵指数 κ 恒大于1，故 $\kappa-1>0$，因而 w/q 取决于 n 与 κ 的关系。

(1) $n<\kappa$ 的多变过程

这时 $\dfrac{\kappa-1}{\kappa-n}>0,\dfrac{w}{q}>0$，即 w 与 q 正负相同：膨胀过程($w>0$)，必须对气体加热($q>0$)；压缩过程($w<0$)，气体必定对外放热($q<0$)。

若 $1<n<\kappa$，则 $\dfrac{\kappa-1}{\kappa-n}>1,\dfrac{w}{q}>1$，则不仅 w 与 q 同号，且 $|w|>|q|$。这种多变膨胀过程输出的过程功大于气体的吸热量，据能量守恒原则，气体的热力学能一定减少，故温度降低；反之，多变压缩过程消耗的过程功大于气体的放热量，热力学能一定增大，故温度升高。因此，气体吸热温度升高，放热则温度降低，只是那些位于 T-s 图上斜率为正值区间的过程才有的特性，这时 $c_n>0$，$\mathrm{d}T$ 与 $\mathrm{d}s$(因而 δq)同号；当 $1<n<\kappa$，$c_n<0$ 时，T-s 图上斜率为负值，$\mathrm{d}T$ 与 δq 反号，加热则降温，放热反升温。

例如，柴油机内气体的膨胀过程，开始时气体温度高达 1 800 ℃ 左右，膨胀终了仍有 600 ℃ 左右。在此范围内，气体的平均定熵指数 $\kappa_{\mathrm{av}}=1.32\sim1.33$，而该过程的平均多变指数 $n=1.22\sim1.28$，故 $1<n<\kappa_{\mathrm{av}}$。因 $w>0$，所以输出的功大于气体的吸热量，气体的热力学能一定减少，温度降低。又如柴油机中压缩过程，气体的温度通常不超过 300~400 ℃，这时 $\kappa\approx1.4$，而平均压缩多变指数 $n=1.32\sim1.37$，$n<\kappa$，因 $w<0$，故为放热过程，表明该过程以气体向冷却水放出热量为主。

(2) $n>\kappa$ 的多变过程

这时 $\dfrac{\kappa-1}{\kappa-n}<0,\dfrac{w}{q}<0$，即 w 与 q 正负相反：膨胀过程($w>0$)，气体对外放热($q<0$)；压缩过程($w<0$)，对气体加热($q>0$)。

5.4.3　理想气体可逆过程计算公式列表

至此，本章出现了大量计算公式，表 5-1 汇总列出了理想气体取定值比热容时在各种可逆过程中的计算公式，供复习时对照参考。建议初学者在准确理解基本概念、基本定律的基础上，学会运用热力学第一定律、理想气体状态方程式

及一些定义式,自行推导和整理这些计算式,同时应注意各公式的适用范围。

表 5-1　理想气体可逆过程计算公式(定值比热容)

	定容过程 $n=\infty$	定压过程 $n=0$	定温过程 $n=1$	定熵过程 $n=\kappa$	多变过程 n
过程特征	$v=$ 定值	$p=$ 定值	$T=$ 定值	$s=$ 定值	
T、p、v 之间的关系式	$\dfrac{T_1}{p_1}=\dfrac{T_2}{p_2}$	$\dfrac{T_1}{v_1}=\dfrac{T_2}{v_2}$	$p_1v_1=p_2v_2$	$p_1v_1^{\kappa}=p_2v_2^{\kappa}$ $T_1v_1^{\kappa-1}=T_2v_2^{\kappa-1}$ $T_1p_1^{-\frac{\kappa-1}{\kappa}}=T_2p_2^{-\frac{\kappa-1}{\kappa}}$	$p_1v_1^{n}=p_2v_2^{n}$ $T_1v_1^{n-1}=T_2v_2^{n-1}$ $T_1p_1^{-\frac{n-1}{n}}=T_2p_2^{-\frac{n-1}{n}}$
Δu	$c_V(T_2-T_1)$	$c_V(T_2-T_1)$	0	$c_V(T_2-T_1)$	$c_V(T_2-T_1)$
Δh	$c_p(T_2-T_1)$	$c_p(T_2-T_1)$	0	$c_p(T_2-T_1)$	$c_p(T_2-T_1)$
Δs	$c_V\ln\dfrac{T_2}{T_1}$	$c_p\ln\dfrac{T_2}{T_1}$	$\dfrac{q}{T}$ $R_g\ln\dfrac{v_2}{v_1}$ $R_g\ln\dfrac{p_1}{p_2}$	0	$c_V\ln\dfrac{T_2}{T_1}+R_g\ln\dfrac{v_2}{v_1}$ $c_p\ln\dfrac{T_2}{T_1}-R_g\ln\dfrac{p_2}{p_1}$ $c_V\ln\dfrac{p_2}{p_1}+c_p\ln\dfrac{v_2}{v_1}$
比热容 c	$c_V=\dfrac{R_g}{\kappa-1}$	$c_p=\dfrac{\kappa R_g}{\kappa-1}$	∞	0	$\dfrac{n-\kappa}{n-1}c_V$
过程功 $w=\displaystyle\int_1^2 p\,dv$	0	$p(v_2-v_1)$ $R_g(T_2-T_1)$	$R_g T\ln\dfrac{v_2}{v_1}$ $R_g T\ln\dfrac{p_1}{p_2}$	$-\Delta u$ $\dfrac{R_g}{\kappa-1}(T_1-T_2)$ $\dfrac{R_g T_1}{\kappa-1}\left[1-\left(\dfrac{p_2}{p_1}\right)^{\frac{\kappa-1}{\kappa}}\right]$	$\dfrac{R_g}{n-1}(T_1-T_2)$ $\dfrac{R_g T_1}{n-1}\left[1-\left(\dfrac{p_2}{p_1}\right)^{\frac{n-1}{n}}\right]$
技术功 $w_t=-\displaystyle\int_1^2 v\,dp$	$v(p_1-p_2)$	0	$w_t=w$	$-\Delta h$ $\dfrac{\kappa R_g}{\kappa-1}(T_1-T_2)$ $\dfrac{\kappa R_g T_1}{\kappa-1}\left[1-\left(\dfrac{p_2}{p_1}\right)^{\frac{\kappa-1}{\kappa}}\right]$ $w_t=\kappa w$	$\dfrac{n R_g}{n-1}(T_1-T_2)$ $\dfrac{n R_g T_1}{n-1}\left[1-\left(\dfrac{p_2}{p_1}\right)^{\frac{n-1}{n}}\right]$ $w_t=nw$
过程热量 q	Δu	Δh	$T(s_2-s_1)$ $q=w=w_t$	0	$\dfrac{n-\kappa}{n-1}c_V(T_2-T_1)$

例 5-7 试确定下列多变过程的多变指数 n,并将过程绘于同一 p-v 图和 T-s 图上,并判定过程特性:吸热还是放热? 输出功还是耗功? 热力学能增大还是减小? 设工质为空气,比定容热容 $c_V = 0.717$ kJ/(kg · K)。(1)用示功器测得某气缸中气体的一组 p-v 数据,画在 $\lg p$-$\lg v$ 图上为一直线,其中两个状态为 $p_1 = 0.09$ MPa、$v_1 = 436.2$ cm^3/kg,$p_2 = 0.966\ 7$ MPa、$v_2 = 72.7$ cm^3/kg。(2)已知是多变过程,测得吸热量 $q = 650$ kJ/kg,温差 $\Delta T = 150$ K。

解 (1)该过程在 $\lg p$-$\lg v$ 图上为一直线,则 $\lg p + n\lg v =$ 定值,其斜率为 $-n$,故

$$n_{(1)} = -\frac{\lg p_2 - \lg p_1}{\lg v_2 - \lg v_1} = -\frac{\lg \dfrac{p_2}{p_1}}{\lg \dfrac{v_2}{v_1}} = -\frac{\lg \dfrac{0.966\ 7\ \text{MPa}}{0.09\ \text{MPa}}}{\lg \dfrac{72.7\ \text{cm}^3/\text{kg}}{436.2\ \text{cm}^3/\text{kg}}} = 1.325$$

(2)多变过程热量 $q = c_n(T_2 - T_1) = \dfrac{n-\kappa}{n-1}c_V(T_2 - T_1)$,故 $\dfrac{n-\kappa}{n-1} = \dfrac{q}{c_V \Delta T}$。又空气的 $\kappa = 1.4$,即

$$\frac{n_{(2)} - 1.4}{n_{(2)} - 1} = \frac{650\ \text{kJ/kg}}{0.717\ \text{kJ/(kg · K)} \times 150\ \text{K}}$$

解得 $n_{(2)} = 0.92$。

根据 $p_2 > p_1$,$v_2 < v_1$,且 $1 < n_{(1)} < \kappa$,可在 p-v 图上得出过程线 1-$2_{(1)}$,以及相应 T-s 图上的过程线 1-$2_{(1)}$。该过程为耗功、放热、升温升压过程,$\Delta u > 0$。根据 $q > 0$,$0 < n_{(2)} < 1$,在 T-s 图上画出过程线 1-$2_{(2)}$,然后在 p-v 图上画出相应过程线 1-$2_{(2)}$。该过程为吸热、膨胀作功、升温过程,$\Delta u > 0$,如图 5-9 所示。

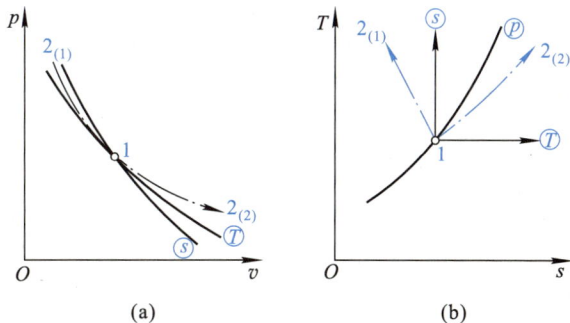

图 5-9 例 5-7 附图

讨论:多变指数可以利用初、终态参数也可利用比热容的概念求取。

例 5-8 在 $T\text{-}s$ 图上用图形面积表示某种理想气体可逆过程 $a\text{-}b$ (图 5-10) 的焓差 $h_a - h_b$ 和技术功值。

解 通过 b 点作等温线与通过 a 点的等压线相交于 c 点。因 $T\text{-}s$ 图上过程线下的面积可以表示过程的热量,所以图中面积 $a\text{-}b\text{-}d\text{-}e\text{-}a$ 即为过程 $a\text{-}b$ 的热量。

据热力学第一定律,$q = \Delta h + w_t$,过程的技术功

$$w_t = q - \Delta h = q + (h_a - h_b)$$

考虑沿等压线进行过程 $c\text{-}a$,该过程的热量 $q_{c\text{-}a} = h_a - h_c$,可用面积 $a\text{-}e\text{-}f\text{-}c\text{-}a$ 表示。由于 $T_c = T_b$,理想气体的焓只是温度的函数,所以 $h_c = h_b$。因此,面积 $a\text{-}e\text{-}f\text{-}c\text{-}a$ 也表示 $h_a - h_b$ 的大小。于是面积 $a\text{-}b\text{-}d\text{-}e\text{-}f\text{-}c\text{-}a$ 就可表示过程 $a\text{-}b$ 的技术功数值。

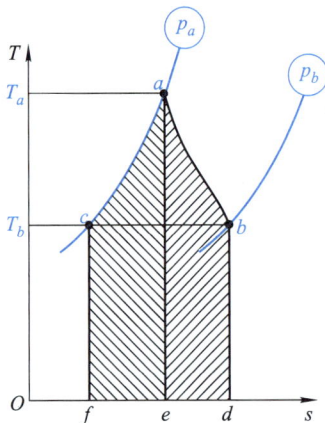

图 5-10   例 5-8 附图   图 5-11   例 5-9 附图

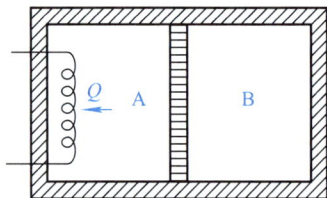

讨论:利用 $T\text{-}s$ 图上图形面积表示焓差(进而绝热过程的技术功)的关键在于将之转换成等值的过程热量。

例 5-9 有一气缸和活塞组成的系统,气缸壁和活塞均由绝热材料制成,活塞可在气缸中无摩擦地自由移动。初始时活塞位于气缸中央,A、B 两侧各有 1 kg 的空气,压力均为 0.45 MPa,温度同为 900 K,如图 5-11 所示。现对 A 侧通水冷却,A 侧压力逐渐降低。求压力降低到 0.3 MPa 时两侧的体积 V_{A2} 和 V_{B2},以及冷却水从系统带走的热量 Q,并在 $p\text{-}v$ 图及 $T\text{-}s$ 图上大致表示两侧气体进行的过程。按定值比热容计算,且 $c_V = 0.717$ kJ/(kg·K),$\kappa = 1.4$。

解 根据题意,B 侧为可逆绝热膨胀过程。A 和 B 两侧气体的压力时刻相同,终态时有 $p_{A2} = p_{B2}$,且过程中总体积不变,即 $V_A + V_B = $ 定值。

$$V_{A1}=V_{B1}=\frac{m_A R_g T_{A1}}{p_{A1}}=\frac{1\ \text{kg}\times287\ \text{J/(kg}\cdot\text{K})\times900\ \text{K}}{0.45\times10^6\ \text{Pa}}=0.574\ \text{m}^3$$

先取 B 为热力系,其中进行的是可逆绝热过程,故

$$T_{B2}=\left(\frac{p_{B2}}{p_{B1}}\right)^{\frac{\kappa-1}{\kappa}}T_{B1}=\left(\frac{0.3\ \text{MPa}}{0.45\ \text{MPa}}\right)^{\frac{1.4-1}{1.4}}\times900\ \text{K}=801.55\ \text{K}$$

$$V_{B2}=\frac{m_B R_g T_{B2}}{p_{B2}}=\frac{1\ \text{kg}\times287\ \text{J/(kg}\cdot\text{K})\times801.55\ \text{K}}{0.3\times10^6\ \text{Pa}}=0.766\ 8\ \text{m}^3$$

$$V_{A2}=2V_{B1}-V_{B2}=2\times0.574\ \text{m}^3-0.766\ 8\ \text{m}^3=0.381\ 2\ \text{m}^3$$

$$T_{A2}=\frac{p_{A2}V_{A2}}{m_A R_g}=\frac{0.3\times10^6\ \text{Pa}\times0.381\ 2\ \text{m}^3}{1\ \text{kg}\times287\ \text{J/(kg}\cdot\text{K})}=398.47\ \text{K}$$

再取 A+B 为热力系,不作外功,故

$$Q=\Delta U_A+\Delta U_B=m_A c_V(T_{A2}-T_{A1})+m_B c_V(T_{B2}-T_{B1})$$

因 $m_A=m_B=m=1$ kg,$T_{B1}=T_{A1}=900$ K,故

$$\begin{aligned}Q&=mc_V(T_{A2}+T_{B2}-2T_{A1})\\&=1\ \text{kg}\times0.717\ \text{kJ/(kg}\cdot\text{K})\times(398.47\ \text{K}+801.55\ \text{K}-2\times900\ \text{K})\\&=-430.2\ \text{kJ}\end{aligned}$$

下面以热力系 A 中能量平衡关系加以校核。因 B 为闭口绝热系,$W_B=-\Delta U_B$,故

$$\begin{aligned}W_A&=-W_B=m_B c_V(T_{B2}-T_{B1})\\&=1\ \text{kg}\times0.717\ \text{kJ/(kg}\cdot\text{K})\times(801.55\ \text{K}-900\ \text{K})\\&=-70.59\ \text{kJ}\end{aligned}$$

$$\begin{aligned}\Delta U_A&=m_A c_V(T_{A2}-T_{A1})\\&=1\ \text{kg}\times0.717\ \text{kJ/(kg}\cdot\text{K})\times(398.47\ \text{K}-900\ \text{K})\\&=-359.60\ \text{kJ}\end{aligned}$$

$$\Delta U_A+W_A=-70.59\ \text{kJ}-359.60\ \text{kJ}=-430.2\ \text{kJ}=Q\quad(\text{正确})$$

过程线 $1\text{-}2_B$ 是定熵线;$1\text{-}2_A$ 可由 $p_A=p_B$、$v_{A2}=2v_{A1}-v_{B2}$ 确定,大致位置见图 5-12。

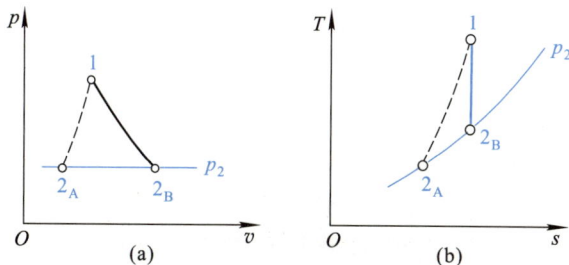

图 5-12 例 5-9 的 $p\text{-}v$ 图和 $T\text{-}s$ 图

　　讨论:冷却水从系统带走的热量 Q 还可以热力系 A 中能量平衡关系加以校核。由于 $W_A = -W_B$,而 B 为闭口绝热系,$W_B = -\Delta U_B$,故可求得 W_A,进而利用 $Q = \Delta U_A + W_A$ 进行校核,请读者自行计算。

📖 本章归纳

名词和
术语

　　本章讨论理想气体和水蒸气的基本热力过程以及研究热力过程的方法。

　　分析热力过程的目的是确定过程中工质参数及与外界交换的功和热量。工质基本热力过程的分析和计算是热力设备设计计算的基础和依据。工程实践的许多过程可抽象简化为可逆多变过程,用 $pv^n =$ 常数描述,定压($n = 0$)、定容($n = \infty$)、定温($n = 1$)和定比熵($n = \kappa$)这四种典型的可逆过程称为基本热力过程,可用简单的热力学方法予以分析计算。

　　工质热力状态变化的规律及能量转换状况与工质是否流动无关,对于确定的工质它只取决于过程特征。

　　归纳起来,分析计算理想气体热力过程的方法和步骤如下:

　　(1)根据过程的特点,结合状态方程式找出不同状态时状态参数间的关系式,从而由已知初态确定终态参数,或者反之。

$T-s$ 图上
图形面积
表示的 Δu
和 Δh

　　(2)在 $p-v$ 图和 $T-s$ 图中画出过程曲线,以直观地表达过程中工质状态参数的变化规律及能量转换情况。

　　(3)确定工质初、终态比热力学能、比焓、比熵的变化量。不论对哪种过程,或过程是否可逆,理想气体的 Δu、Δh、Δs 都可按式(3-28)、(3-29)和(3-37)等计算。

　　(4)确定工质对外作出的功和过程热量。各种可逆过程的膨胀功都可由 $w = \int_1^2 p\mathrm{d}v$ 计算。在求出 w 和 Δu 之后,可按 $q = \Delta u + w$ 计算过程热量,或反之从已知热量求过程功。定容过程和定压过程的热量还可按比热容乘以温差计算,定温过程可由温度乘以比熵差计算。两种方法得到的结果是一致的。各种可逆过程的技术功都可按 $w_t = -\int_1^2 v\mathrm{d}p$ 计算。

　　对于不能作为理想气体的水蒸气等实际气体,它们的基本热力过程也是定容过程、定压过程、定温过程和定比熵过程四种,求解的任务与解理想气体的过程一样,由于水蒸气的状态方程式很复杂,比热容 c_p、c_v 以及 h 和 u 不仅仅是温度的函数,所以不能得到形式简洁的过程方程,过程中状态参数通常必须查专用图、表或用计算机软件计算确定。但热力学第一定律和第二定律的基本原理和从它们推得的一般关系式,如 $q = \Delta u + w$、$q = \Delta h + w_\mathrm{t}$、$q_v = u_2 - u_1$、$q_p = h_2 - h_1$ 及可逆过程中 $w = \int_1^2 p \, \mathrm{d}v$、$w_\mathrm{t} = -\int_1^2 v \, \mathrm{d}p$、$q = \int_1^2 T \, \mathrm{d}s$ 仍可利用。水和水蒸气的热力过程中以定压过程和绝热过程最为重要。无论过程是否可逆,水蒸气在绝热过程中的体积变化功和在等压过程中的热量都表现为焓差(但不等于比定压热容与温差的乘积)。

思考题

5-1 试以理想气体的定温过程为例,归纳气体的热力过程要解决的问题及使用方法。

5-2 对于理想气体的任何一种过程,下列两组公式是否都适用?

$$\Delta u = c_V(t_2 - t_1), \quad \Delta h = c_p(t_2 - t_1); \quad q = \Delta u = c_V(t_2 - t_1), \quad q = \Delta h = c_p(t_2 - t_1)$$

5-3 在定容过程和定压过程中,气体的热量可根据过程中气体的比热容乘以温差来计算。定温过程气体的温度不变,在定温膨胀过程中是否需对气体加入热量?如果加入的话应如何计算?

5-4 过程热量 q 和过程功 w 都是过程量,都和过程的途径有关。由理想气体可逆定温过程热量公式 $q = p_1 v_1 \ln \dfrac{v_2}{v_1}$ 可知,只要状态参数 p_1、v_1 和 v_2 确定了,q 的数值也确定了,是否可逆定温过程的热量 q 与途径无关?

5-5 闭口系在定容过程中外界对系统施以搅拌功 δw,问这时 $\delta Q = m c_V \mathrm{d}T$ 是否成立?

5-6 绝热过程的过程功 w 和技术功 w_t 计算式

$$w = u_1 - u_2, \quad w_\mathrm{t} = h_1 - h_2$$

是否只限于理想气体?是否只限于可逆绝热过程?为什么?

5-7 试判断下列各种说法是否正确:

(1)定容过程即无膨胀(或压缩)功的过程;

(2)绝热过程即定熵过程;

(3)多变过程即任意过程。

5-8 参照图 5-13,试证明:$q_{1-2-3} \neq q_{1-4-3}$。图中 1-2、4-3 为定容过程,1-4、2-3 为定压过程。

5-9 如图 5-14 所示,今有两个任意过程 a-b 及 a-c,b 点及 c 点在同一条绝热线上,(1)试问 Δu_{ab} 与 Δu_{ac} 哪个大?(2)若 b 点及 c 点在同一条定温线上,

结果又如何?

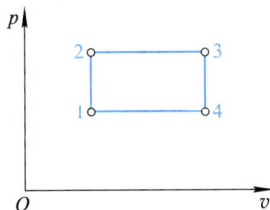

图 5-13 思考题 5-8 附图

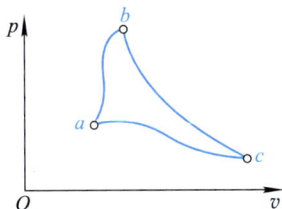

图 5-14 思考题 5-9 附图

5-10 理想气体定温过程的膨胀功等于技术功否推广到任意气体?

5-11 下列三式的使用条件是什么?

$$p_2 v_2^\kappa = p_1 v_1^\kappa, \ T_1 v_1^{\kappa-1} = T_2 v_2^{\kappa-1}, \ T_1 p_1^{-\frac{\kappa-1}{\kappa}} = T_2 p_2^{-\frac{\kappa-1}{\kappa}}$$

5-12 T-s 图上如何表示绝热过程的技术功 w_t 和膨胀功 w?

5-13 在 p-v 和 T-s 图上如何判断过程 q、w、Δu、Δh 的正负?

5-14 试以可逆绝热过程为例,说明水蒸气的热力过程与理想气体的热力过程的分析计算有什么异同?

5-15 实际过程都不可逆,那么本章讨论的理想可逆过程有什么意义?

*5-16 在分析某建筑物的排气扇把质量流量 q_m,压力为 p_1,温度为 t_1 的空气通过直径为 d 的排气孔排出,排气扇所需最小功率(忽略排气扇两侧的压力差和温差)时,有人取流体团为控制质量,$q = \Delta u + w$,因 $\Delta T = 0$、$q = 0$,所以 $w = 0$。请问是否认同其分析,为什么? 提示:取流体团为控制质量求解这类问题未尝不可,由于系统与外界交换的功包括电能,而系统能量的变化包含宏观动能部分,故能量方程应为 $q = \Delta e + w_{tot}$,式中 w_{tot} 应包含电能,Δe 包含宏观动能。忽略排气扇两侧的温差和压力差,$\Delta h = 0$,加之 $q = 0$,但排气扇两侧速度不等,可得 $w \neq 0$,$P = q_m \dfrac{\Delta c_f^2}{2}$。

习题

5-1 有 2.3 kg 的 CO,初态时 $T_1 = 477$ K、$p_1 = 0.32$ MPa,经可逆定容加热达终温 $T_2 = 600$ K。设 CO 为理想气体,求 ΔU、ΔH、ΔS、过程功及过程热量。(1)按比热容为定值计算;(2)比热容为变值,按气体性质表计算。

5-2 甲烷 CH_4 的初始状态为 $p_1 = 0.47$ MPa、$T_1 = 393$ K,经可逆定压冷却对

外放出热量4 110.76 J/mol,试确定其终温及 1 mol 的 CH_4 的热力学能变化量 ΔU_m、焓变化量 ΔH_m。设甲烷的比热容近似为定值,且 $c_p = 2.329\ 8$ kJ/ $(kg \cdot K)$。

5-3 氧气由 $t_1 = 40$ ℃、$p_1 = 0.1$ MPa 被压缩到 $p_2 = 0.4$ MPa,试计算压缩 1 kg氧气消耗的技术功。(1)按定温压缩计算;(2)按绝热压缩计算,设比热容为定值;(3)将它们表示在 p-v 图和 T-s 图上,并比较以上两种情况下技术功的大小。

5-4 同上题,若比热容为变值,试按气体热力性质表计算绝热压缩 1 kg 氧气消耗的技术功。

5-5 3 kg 空气从 $p_1 = 1$ MPa、$T_1 = 900$ K 绝热膨胀到 $p_2 = 0.1$ MPa。设比热容为定值,绝热指数 $\kappa = 1.4$,求:(1)终态参数 T_2 和 v_2;(2)过程功和技术功;(3)ΔU 和 ΔH。

5-6 同上题,比热容为变值,按空气热力性质表重新进行计算。

5-7 1 kg 空气,初态为 $p_1 = 0.5$ MPa、$T_1 = 1\ 000$ K,按定熵过程:(1)变化到 $T_2 = 500$ K,确定 p_2;(2)变化到 $p_2 = 0.1$ MPa,确定 T_2。空气的 c_p 可由以下空气真实热容公式确定:

$$\frac{C_{p,m}}{R} = 3.653 - 1.337 \times 10^{-3} \{T\}_K + 3.294 \times 10^{-6} \{T\}_K^2 - 1.913 \times 10^{-9} \{T\}_K^3 +$$

$$0.276\ 3 \times 10^{-12} \{T\}_K^4$$

将计算结果与利用气体性质表求出的值进行比较。

5-8 某气缸中,空气的初始参数为 $p_1 = 8$ MPa、$t_1 = 1\ 300$ ℃,进行了一个可逆多变过程后终态为 $p_2 = 0.4$ MPa、$t_2 = 400$ ℃,空气的气体常数 $R_g = 0.287$ kJ/ $(kg \cdot K)$,试按下列两种方法计算空气在该过程中的放热或吸热量。(1)按定值比热容,$c_v = 0.718$ kJ/$(kg \cdot K)$;(2)比热容是温度的线性函数 $\{c_V\}_{kJ/(kg \cdot K)} = 0.708\ 8 + 0.000\ 186\{t\}_{℃}$。

5-9 一容积为 0.15 m^3 的气罐,内装有 $p_1 = 0.55$ MPa、$t_1 = 38$ ℃的氧气。今对氧气加热,其温度、压力都将升高。罐上装有压力控制阀,当压力超过 0.7 MPa 时阀门自动打开,放走部分氧气,使罐中维持最大压力 0.7 MPa。问当罐中氧气温度为 285 ℃时,共加入了多少热量?设氧气的比热容为定值,且 $c_v = 0.657$ kJ/$(kg \cdot K)$,$c_p = 0.917$ kJ/$(kg \cdot K)$。

5-10 某理想气体在 T-s 图上的四种过程如图 5-15 所示,试在 p-v 图上画出相应的四种过程,并对每个过程说明 n 的范围,是吸热还是放热,是膨胀还是压缩过程?

5-11 试将满足以下要求的多变过程表示在 p-v 图和 T-s 图上(先标出 4 种基本热力过程):(1)工质膨胀、吸热且降温;(2)工质压缩、放热且升温;(3)工质压缩、吸热且升温;(4)工质压缩、降温且降压;(5)工质放热、降温且升压;(6)工质膨胀且升压。

5-12 有 1 kg 空气,初始状态为 $p_1 = 0.5$ MPa、$t_1 = 500$ ℃,(1)绝热膨胀到 $p_2 = 0.1$ MPa;(2)定温膨胀到 $p_2 = 0.1$ MPa;(3)多变膨胀到 $p_2 = 0.1$ MPa,多变指数 $n = 1.2$。试将各过程画在 p-v 图和 T-s 图上,并计算 Δs_{12}。设过程可逆,且比热容 $c_V = 718$ J/(kg·K)。

5-13 试证明理想气体在 T-s 图(图 5-16)上的任意两条定压线(或定容线)之间的水平距离相等,即求证 $\overline{14} = \overline{23}$。

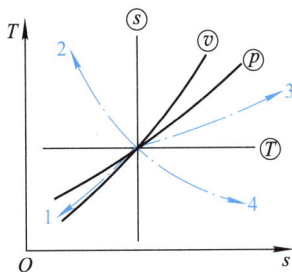

图 5-15 习题 5-10 附图   图 5-16 习题 5-13 附图

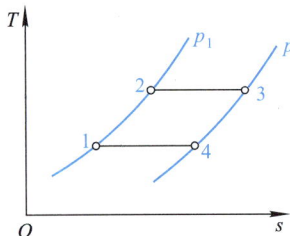

5-14 1 mol 理想气体,从状态 1 经定压过程到达状态 2,再经定容过程到达状态 3,另一途径为经 1-3 直接到达状态 3(图 5-17)。已知 $p_1 = 0.1$ MPa,$T_1 = 300$ K,$v_2 = 3v_1$,$p_3 = 2p_2$,试证明:(1)$Q_{12} + Q_{23} \neq Q_{13}$;(2)$\Delta S_{12} + \Delta S_{23} = \Delta S_{13}$。

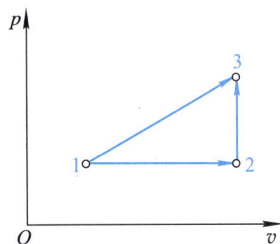

图 5-17 习题 5-14 附图

5-15 试导出理想气体定值比热容时多变过程熵差的计算式为

$$s_2 - s_1 = \frac{n-\kappa}{n(\kappa-1)} R_g \ln \frac{p_2}{p_1} \tag{a}$$

或

$$s_2 - s_1 = \frac{(n-\kappa) R_g}{(n-1)(\kappa-1)} \ln \frac{T_2}{T_1} \quad (n \neq 1) \tag{b}$$

并根据式(a)对图 5-18 中示出的三种压缩过程进行分析,它们的 n 是大于、等于 κ,还是小于 κ?它们各是吸热过程、绝热过程还是放热过程?

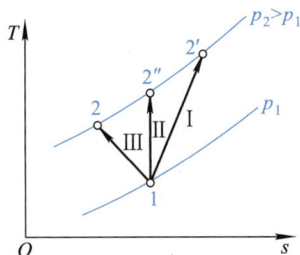
图 5-18   习题 5-15 附图

5-16   气缸活塞系统的缸壁和活塞均为刚性绝热材料制成,如图 5-19。A 侧为 N_2,B 侧为 O_2,两侧温度、压力、体积均相同:$T_{A1}=T_{B1}=300$ K,$p_{A1}=p_{B1}=0.1$ MPa,$V_{A1}=V_{B1}=0.5$ m^3。活塞可在气缸中无摩擦地自由移动。A 侧的电加热器通电后缓缓地对 N_2 加热,直到 $p_{A2}=0.22$ MPa。设 O_2 和 N_2 均为理想气体,试按定值比热容计算:(1) T_{B2} 和 V_{B2};(2) V_{A2} 和 T_{A2};(3) Q 和 W_A(A 侧 N_2 对 B 侧 O_2 作出的功);(4) ΔS_{O_2} 和 ΔS_{N_2};(5) 在 p-v 图及 T-s 图上定性地表示 A、B 两侧气体所进行的过程;(6) A 侧进行的是否是多变过程,为什么?

5-17   空气装在如图 5-20 所示的绝热刚性气缸活塞装置内,气缸中间有一块带有小孔的导热隔板,两活塞联动,故活塞移动时装置内总体积不变。设活塞移动时外界机器对系统作功 40 kJ,活塞与隔板静止后系统恢复平衡。已知初始状态为 $p_1=2.0$ MPa、$T_1=400$ K,空气总质量 $m=2$ kg。设比热容为定值,且 $c_v=0.718$ kJ/(kg·K),(1) 求终态空气的温度 T_2 和压力 p_2。(2) 求系统的熵变 ΔS_{12},该过程是定熵过程吗?(3) 在 T-s 图上示意性地画出该过程。

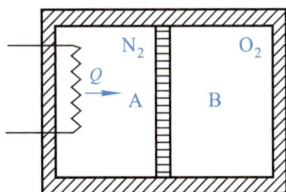
图 5-19   习题 5-16 附图

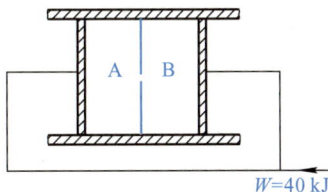
图 5-20   习题 5-17 附图

5-18   一孤立系统由带有活塞的气缸组成,活塞将气缸分成两部分:一侧装有理想气体氦,气体常数 $R_g=2.077$ kJ/(kg·K),比热容 $c_v=3.116$ kJ/(kg·K);另一侧为完全真空,内装有一弹簧,弹性系数 $k=900$ N/m,弹簧的自由长度为

0.3 m,弹性力 $F=kx$(x 表示伸长或压缩的长度)。初始位置如图 5-21 所示。初态为 $t_1=40$ ℃,$V_1=10^{-4}$ m³,$p_1=0.14$ MPa,弹簧长度为 0.25 m。开始时活塞由销子固定,现拔去销子,则气体和弹簧达到新的力平衡。假定不计活塞质量,且活塞是绝热的,面积 $A=0.001$ m²。不计移动摩擦阻力,求力平衡时气体的压力和温度,状态变化前后气体的熵变,该过程是定熵过程吗? 在 T-s 图上示意性地画出该过程。

5-19　一竖直气缸,截面积 $A=6\,450$ mm²,内置一重 100 N 活塞,通过管道、阀门与气源相通。如图 5-22,起初活塞在气缸底部,打开阀门空气缓缓流入,当活塞上移至 $L=0.6$ m 时阀门关闭,这时气缸内空气的温度为 30 ℃。已知输气管中空气的参数保持一定:$p_L=0.15$ MPa,$t_L=90$ ℃。活塞与缸壁间无摩擦损失,大气压力 $p_0=0.101\,3$ MPa,求:(1)气缸内的气体终态压力 p;(2)对外作出的功 W;(3)过程中气体对外作出的有用功 W_u;(4)吸收的热量 Q。已知 $c_V=718$ J/(kg·K),$c_p=1\,005$ J/(kg·K)。

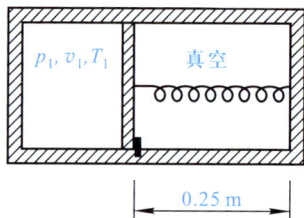

图 5-21　习题 5-18 附图　　　　图 5-22　习题 5-19 附图

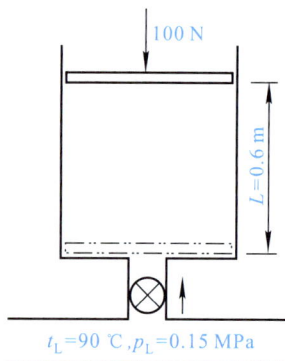

5-20　容器 A 中装有 0.2 kg 的 CO,压力为 0.07 MPa、温度为 77 ℃,容器 B 中装有 0.8 kg 压力为 0.12 MPa、温度为 27 ℃的 CO,见图 5-23。A 和 B 的壁面均为透热壁面,之间有管道和阀门相通,现打开阀门,CO 气体由 B 流向 A。若压力平衡时温度同为 $t_2=42$ ℃,CO 为理想气体,试求:(1)平衡时的终压 p_2;(2)吸收的热量 Q。过程中平均比热容 $c_v=0.745$ kJ/(kg·K)。

5-21　一刚性绝热容器被绝热隔板一分为二,$V_A=V_B=28\times10^{-3}$ m³,A 中装有 0.7 MPa、65 ℃的氧气,B 为真空,见图 5-24。打开安装在隔板上的阀门,氧气自 A 流向 B,两侧压力相同时关闭阀门。试求:(1)终压 p_2 和两侧终温 T_{A2} 和 T_{B2};(2)过程前后氧气的熵变 ΔS_{12},设氧气的 $c_p=0.920$ kJ/(kg·K)。

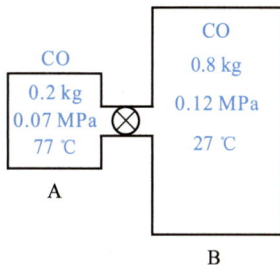

图 5-23 习题 5-20 附图   图 5-24 习题 5-21 附图

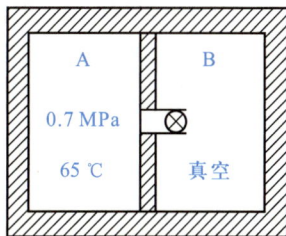

5-22 空气瓶内装有 $p_1 = 3$ MPa、$T_1 = 296$ K 的高压空气,可驱动一台小型气轮机,用作发动机的启动装置,如图 5-25 所示。要求该气轮机能产生 5 kW 的平均输出功率,并持续半分钟而瓶内空气压力不得低于 0.3 MPa。设气轮机中进行的是可逆绝热膨胀过程,气轮机出口排气压力保持一定并为 $p_b = 0.1$ MPa。空气瓶是绝热的,不计管路和阀门的摩阻损失,问空气瓶的容积 V 至少要多大?

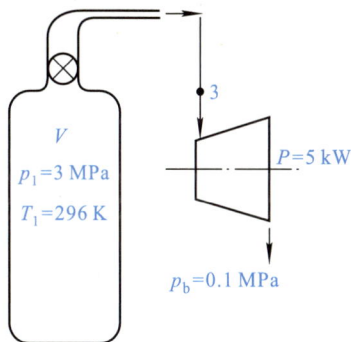

图 5-25 习题 5-22 附图

5-23 某锅炉每小时生产 10 000 kg 表压力 $p_e = 1.9$ MPa、温度 $t_1 = 350$ ℃的蒸汽。设锅炉给水的温度 $t_2 = 40$ ℃,锅炉的效率 $\eta_B = 0.78$。煤的发热量(热值)为 $Q_p = 2.97 \times 10^4$ kJ/kg。求每小时锅炉的煤耗量。锅炉内水的加热和汽化以及蒸汽的过热都在定压下进行。锅炉效率 η_B 的定义为

$$\eta_B = \frac{水和蒸汽所吸收的热量}{燃料燃烧时所发出的热量}$$

(未被水和蒸汽所吸收的热量是锅炉的热损失,其中主要是烟囱出口处排烟所带走的热量。)

5-24 1 kg 蒸汽，$p_1 = 3$ MPa，$t_1 = 450$ ℃，可逆绝热地膨胀至 $p_2 = 0.004$ MPa，试用 h-s 图求终点状态参数 t_2、v_2、h_2、s_2，并求膨胀功和技术功。

5-25 1 kg 蒸汽，由初态 $p_1 = 2$ MPa，$x_1 = 0.95$，定温膨胀到 $p_2 = 1$ MPa，求终态参数 t_2、v_2、h_2、s_2 及过程中对蒸汽所加入的热量 q_T 和过程中蒸汽对外界所作的膨胀功 w。

5-26 一台功率为 20 000 kW 的汽轮机，其耗汽率 $d = 1.32 \times 10^{-6}$ kg/J。从汽轮机排出的乏汽参数 $p_2 = 0.004$ MPa、$x_2 = 0.9$。乏汽进入冷凝器后凝结为冷凝水。冷凝器中的压力设为 0.004 MPa，即等于乏汽压力。冷凝水的温度等于乏汽压力下的饱和温度，乏汽在凝结时放出热量。这些热量为冷却水所吸收，因此冷却水离开冷凝器时的温度高于进入时的温度。设冷却水进入冷凝器时的温度为 10 ℃，离开时温度为 18 ℃，求冷却水每小时的流量（t/h）。冷却水在管内流动，乏汽在管壁外凝结，如图 5-26 所示。管子通常用黄铜管（大型冷凝器中装有数千根黄铜管）。

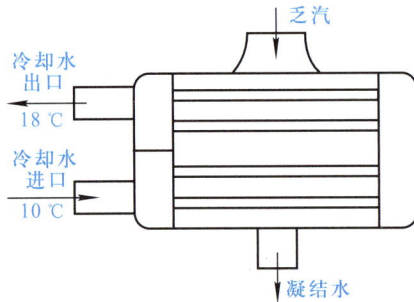

图 5-26　冷凝器示意图

5-27 锅炉给水在温度 $t_1 = 60$ ℃ 和压力 $p_1 = 3.5$ MPa 下进入蒸汽锅炉的省煤器中，再流经水冷壁、过热器等设备在锅炉中加热成 $t_2 = 350$ ℃ 的过热蒸汽。试把过程表示在 T-s 图上，并求出加热过程中水的平均吸热温度。

5-28 图 5-27 所示的刚性容器的容积为 3 m³，内贮压力 3.5 MPa 的饱和水和饱和蒸汽，其中汽和水的质量之比为 1∶9。将饱和水通过阀门排出容器，使容器内蒸汽和水的总质量减为原来的一半。若要保持容器内温度不变，问需从外界传入多少热量？

5-29 绝热良好的圆筒内装有可自由活动、无摩擦的活塞，活塞下有压力为 0.8 MPa、干度为 0.9 的湿蒸汽 0.5 kg，活塞上方有空气以保持压力平衡。吹空气进入活塞上方空间，下压活塞，使蒸汽压力上升，干度变为 1。试求：（1）终态（$x=1$）时的蒸汽压力；（2）压缩中对蒸汽所作的功。

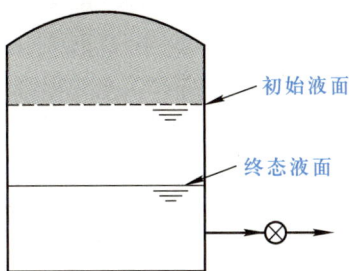

图 5-27 习题 5-28 附图

5-30 压力维持 200 kPa 恒定的汽缸内有 0.25 kg 的饱和水蒸气。加热使温度升高到 200 ℃,试求:(1) 初、终态水蒸气的热力学能;(2) 过程的加热量。

5-31 反应堆容积为 1 m³,其中充满 20 MPa、360 ℃的水。反应堆置于密封、绝热良好的压力壳内,初始时压力壳抽空。在反应堆烧毁事故中,水充满压力壳,为了使终态压力壳内压力不超过 200 kPa,试确定压力壳的最小体积。

5-32 容积为 100 L 的刚性透热容器内有 30 ℃的氟利昂 R134a 饱和蒸气,容器 A 和气缸 B 用阀门管道相通,如图 5-28。B 中通过活塞传递的压力恒定为 200 kPa。打开阀门,氟利昂 R134a 缓慢流入 B,直至容器 A 内压力也为 200 kPa。过程中容器 A 和 B 内工质的温度保持 30 ℃不变,求过程的热量。

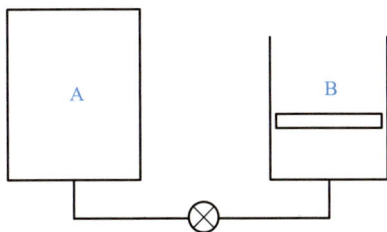

图 5-28 习题 5-32 附图

5-33 某大型蒸汽膨胀发动机有两股流体流入,一股是参数为 $p_1 = 2$ MPa、$t_1 = 500$ ℃的蒸汽,质量流量 $q_{m1} = 2.0$ kg/s;另一股是 $p_2 = 120$ kPa、$t_2 = 30$ ℃的冷却水,质量流量 $q_{m2} = 0.5$ kg/s。两股流体汇合成一股流出设备时 $p_3 = 150$ kPa、干度 $x_3 = 80\%$,流出管的直径是 0.15 m。若过程中的热损失是 300 kW,试求工质通过管道排出时的速度和发动机的输出功率。

5-34 气缸活塞系统的缸内含有 5 kg 氟利昂 R134a 过热蒸气,参数为 20 ℃、0.5 MPa,在温度维持常数的条件下冷却到干度为 0.5 的终态。过程中系统放热 500 kJ,求过程初、终态的体积和过程功。

5-35 容积均为 1 m³ 的两个刚性容器 A 和 B 用管道阀门相连(图 5-29),初始时容器 A 内干度为 0.15,温度为 20 ℃ 的氟利昂 R134a,容器 B 为真空。打开阀门,氟利昂 R134a 蒸气缓缓流入容器 B,直至容器 A 和 B 内的压力相等。过程进行得足够缓慢,以使过程中温度保持 20 ℃ 不变,且两侧状态相同,求过程中的换热量。

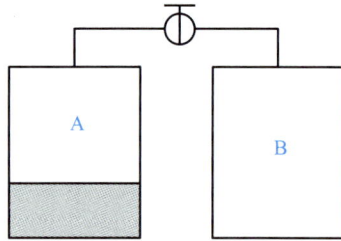

图 5-29 习题 5-35 附图

第六章

热力学第二定律

热力学第一定律说明了能量在传递和转换时的数量关系,温度不同的两物体传递热量时,一物体失去的热量必等于另一物体得到的热量,但未说明热量传递的方向,谁失谁得?什么条件下能传递?过程进行到何时为止?当热能和机械能相互转换时,两者数量相等,但未说明热转功和功转热是否都能自动进行?转换的条件是什么?能否全部转换?大多数膳食分析基于食物热量的数量,即能量守恒原理:若一个人获取的热量比人体消耗的多,他的体重就将增加;反之,其体重减少。研究营养的专家提出了一些关于膳食的理论。有一种理论提出,一些人具有很高的"食物效率"。这些人进行同样活动需要比其他人少得多的热量,就像一台高效的汽车发动机行驶同样的距离仅需较少的汽油。另一种理论提出,那些在儿童期和青春期体内产生太多的脂肪细胞的人更容易发胖。有些人把体重归咎于"基因"。这些讨论说明,第一定律并不能给出能量转换过程的全部特性,需要有另外的基本原理,以表明能量传递或转换时的方向、条件和限度。热力学第二定律就是研究与热现象有关的过程进行的方向、条件和限度等问题的规律,其中最根本的是方向问题。热力学第一、第二定律是两个相互独立的基本定律,它们共同构成了热力学的理论基础。

本章将讨论热力学第二定律的实质及表述,建立第二定律各种形式的数学表达式,给出过程能否实现的数学判据,重点剖析作为过程不可逆程度的度量——孤立系的熵增、不可逆过程的熵产、㶲损失、烌增的内在联系。最后简要介绍热系统的㶲分析方法,为合理用能和有效用能提供必要的理论依据。

6.1　热力学第二定律概述

6.1.1　自然过程的方向性

观察实际过程,人们发现大量的自然过程具有方向性。

(1) 功热转换

经验表明,功可以自动地转换为热,常见的例子是摩擦功全部转换为热。如图 6-1 所示,重物下降时带动叶轮旋转搅拌容器内的流体。由于实际流体存在黏性阻力,通过流体与叶轮壁面之间以及流体各部分之间的摩擦,重物的位能转换为热能,或使流体的热力学能增加,或向周围环境传热。功转热是不可逆过程,其反向过程即降低流体热力学能或收集散给环境的热量转换为功重新举起重物回复原位的过程,则不能单独地、自动地进行,即热不可能全部无条件地转换为功。

这类因摩擦使机械能转换为热能,或因电阻使电能转换为热能等的现象,称耗散效应。耗散效应是造成过程不可逆的因素之一。

(2) 有限温差传热

温度不同的两物体 A 和 B 通过透热壁面传热,热量一定自动地从高温物体 A 传向低温物体 B;而反向过程,热量由低温物体传回高温物体、系统恢复原状的过程,则不能自动进行,需要依靠外界的帮助,比如借助热泵装置消耗一定的外功 W(图 6-2)。因而,有限温差下的传热是不可逆过程。

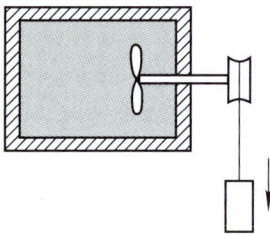

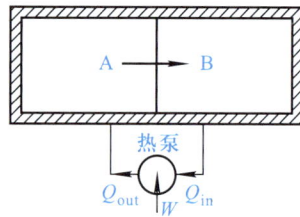

图 6-1　摩擦耗散　　　　　　　　图 6-2　不等温传热

(3) 自由膨胀

隔板将刚性绝热容器分成两部分,一侧充有气体,另一侧为真空(参见图 2-10),抽去隔板后,气体必定自动地向另一侧膨胀并占据整个容器。这种在膨胀过程中未遇阻力、不对外作功的过程也称为无阻膨胀,也是一种典型的不可逆过程,气体不会自动压缩、升压返回原侧。

（4）混合过程

容器内两侧分别装有不同种类的流体,隔板抽开后,两种流体必定自动地相互扩散混合,或者几股流动着的不同流体汇集为一股时,同样也会自动混合。所有的混合过程都是不可逆过程,使混合物中各组分分离要花代价:耗功或耗热。

上述温差传热、自由膨胀、混合等过程是在温度差、压力差、浓度差等作用下进行的过程,而在有限势差推动下进行的过程是非准平衡过程,非准平衡变化是造成过程不可逆的另一因素。

自然过程中凡是能够独立、无条件地自动进行的过程,称为自发过程。上述列举的诸过程均为自发过程。不能独立地自动进行而需要外界帮助作为补充条件的过程,称为非自发过程。自发过程的反向过程是非自发过程,例如热转化为功、热量由低温物体传向高温物体、气体的压缩、流体组分的分离等。由于自然过程存在方向性,热力系中进行的自发过程,虽然可以通过反向的非自发过程使系统复原,但后者会给外界留下影响,无法做到热力系和外界全部恢复原状,因而不可逆是自发过程的重要特征和属性。

6.1.2　热力学第二定律的表述

热力学第二定律是阐明与热现象相关的各种过程进行的方向、条件及限度的定律。由于工程实践中热现象普遍存在,热力学第二定律广泛应用于热量传递、热与功的转换、化学反应、燃料燃烧、气体扩散、混合、分离、溶解、结晶、辐射、生物化学、生命现象、信息理论、低温物理、气象以及其他许多领域。针对各类具体问题,热力学第二定律有各种形式的表述。这里只介绍两种最基本的、广为应用的表达形式。

热力学第二定律的克劳修斯说法:

1850 年,克劳修斯从热量传递方向性的角度提出:热不可能自发地、不付代价地从低温物体传至高温物体。

这里需强调的是"自发地、不付代价地"。通过热泵装置的逆向循环可以将热量自低温物体传向高温物体,但这并不违反热力学第二定律的克劳修斯说法,因为它是花了代价而非自发进行的。非自发过程(热量自低温传向高温)的进行,必须同时伴随一个自发过程(如机械能转变为热能)作为代价、补充条件,后者称为补偿过程。

热力学第二定律的开尔文说法:

1824 年,卡诺最早提出了热能转化为机械能的根本条件:"凡有温度差的地方都能产生动力。"实质上,它是热力学第二定律的一种表达方式。随着蒸汽机的出现,人们在提高热机效率的研究中认识到,只有一个热源的热动力装置是无法工作的,要使热能连续地转化为机械能至少需要两个(或多于两个)温度不同的热源:通常以大气中的空气或环境温度下的水作为低温热源,另外还需有高于环境温度的高温热源,例如高温烟气。1851年左右,开尔文和普朗克等人从热能转换为机械能的角度先后提出更为严密的表述,被称为热力学第二定律的开尔文说法:

不可能制造出从单一热源吸热,使之全部转换为功而不留下其他任何变化的热力发动机。

上述说法中,"不留下其他任何变化"包括对热机内部、外界环境及其他物体都不留下其他任何变化,当然热机必须是循环发动机。开尔文的说法意味着用任何技术手段都不可能使取自热源的热全部转换为机械功,不可避免地有一部分要排给温度更低的低温热源。同样得出结论:非自发过程(热转变为功)的实现,必须有一个自发过程(部分热量由高温传向低温)作为补充条件。这种自发过程不限于一种形式。开尔文说法从本质上反映了热能和机械能存在质的差别。

上述说法中"发动机"的概念可以推广到将热能转换为电能的装置,如温差电池。

有人设想制造一台机器,使其从环境大气或海水里吸热不断获得机械功。这种单一热源下作功的动力机称为第二类永动机。它虽不违反热力学第一定律的能量守恒原则,但是违背了热力学第二定律,因而热力学第二定律也可以表述为:第二类永动机是不存在的。

前已述及,耗散效应和有限势差作用下的非准平衡变化是造成过程不可逆的两大因素,而实际过程不可避免地存在这样或那样的不可逆因素。因而,不可逆过程相互之间是关联的,反映在热力学第二定律的各种说法在表征过程方向上也是等效的。换言之,若违反说法A,则总效果必然违反说法B;反之亦然。

经典热力学采用宏观的研究方法。热力学第一定律和热力学第二定律是根据无数实践经验得出的经验定律,具有广泛的适用性和高度的可靠性。但是热能的本质、热现象有方向性的原因,都不是用宏观方法所能解释的,只有在统计热力学中用微观的以及统计的方法才能予以阐明。

6.2   卡诺循环和多热源可逆循环分析

卡诺在力求提高热机效率的研究中,发现任何不可逆因素都会引起功损失。不同温度物体之间直接传热引起的损失实质上也是功损失,因为它们之间本来可以利用一台动力机使部分热转化为功,而热量不可逆地传递使这部分可能得到的机械功没有得到。因而,设想工质在与热源同样温度下定温吸热,在与冷源同样温度下定温放热,就可以避免损失,最为理想。

6.2.1 卡诺循环

卡诺循环是工作于温度分别为 T_1 和 T_2 的两个热源之间的正向循环,由两个可逆定温过程和两个可逆绝热过程组成。工质为理想气体时卡诺循环的$p-v$图和 $T-s$ 图如图 6-3 所示。图中:$d-a$ 为绝热压缩;$a-b$ 为定温吸热;$b-c$为绝热膨胀;$c-d$ 为定温放热。

根据定义,循环热效率为

$$\eta_t = \frac{w_{\text{net}}}{q_1} = 1 - \frac{q_2}{q_1} \tag{a}$$

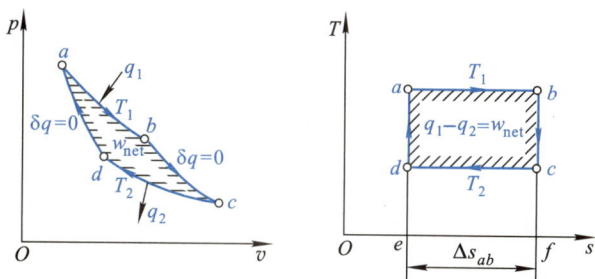

图 6-3 卡诺循环

循环可逆吸热过程 $a-b$ 的吸热量

$$q_1 = T_1 \Delta s_{ab} \tag{b}$$

可逆放热过程 $c-d$ 的放热量

$$q_2 = T_2 \left| \Delta s_{cd} \right| \tag{c}$$

将式(b)、(c)代入式(a),因 $\Delta s_{ab} = \left| \Delta s_{cd} \right|$,得卡诺循环的热效率

$$\eta_c = 1 - \frac{T_2}{T_1} \tag{6-1}$$

分析卡诺循环热效率公式,可得出如下几点重要结论:

(1)卡诺循环的热效率只决定于高温热源和低温热源的温度,也就是工质吸热和放热时的温度;提高 T_1、降低 T_2,可以提高热效率。

(2)卡诺循环的热效率只能小于 1,决不能等于 1,因为 $T_1 = \infty$ 或 $T_2 = 0$ 都不可能实现。这就是说,在热力循环发动机中,即使在理想情况下也不可能将热能全部转化为机械能。热效率当然更不可能大于 1。

(3)当 $T_1 = T_2$ 时,循环热效率 $\eta_c = 0$。它表明,在温度平衡的体系中热能不可能转化为机械能,热能产生动力一定要有温度差作为热力学条件,从而验证了借助单一热源连续作功的机器是制造不出的,或第二类永动机是不存在的。

卡诺循环及其热效率公式在热力学的发展上具有重大意义。首先,它奠定了热力学第二定律的理论基础;其次,卡诺循环的研究为提高各种热动力机热效率指出了方向:尽可能提高工质的吸热温度和尽可能降低工质的放热温度,使放热在接近可自然得到的最低温度——环境温度时进行。卡诺循环中所提出的,利用绝热压缩以提高气体吸热温度的方法,至今在以气体为工质的热动力机中普遍采用。

虽然至今为止未能制造出严格按照卡诺循环工作的热力发动机,但是卡诺循环是实际热机选用循环时的最高理想。以气体为工质时实现卡诺循环的困难在于:第一,要提高卡诺循环热效率,T_1、T_2 的相差要大,因而需要有很大的压力差和体积压缩比,结果造成 p_a 很高,或者 v_c 极大,这两点都给实际设备带来很大的困难。这时的卡诺循环在 $p-v$ 图上的图形显得狭长,循环功不大,因而摩擦损失等各种不可逆损失所占的比例相对很大,根据动力机传到外界的轴功而计算的有效效率,实际上不高。第二,气体的定温过程不易实现,不易控制。

6.2.2　概括性卡诺循环

工作于两个恒温热源间的可逆循环,除了卡诺循环外是否还有其他循环?答案是肯定的,例如双热源间的极限回热循环,称为概括性卡诺循环。它由两个可逆定温过程 $a-b$、$c-d$ 以及两个同类型其他可逆过程 $d-a$、$b-c$ 组成。工质是理想气体时,这两个过程的多变指数 n 相同,如图 6-4 所示。借助温度由 T_1 到 T_2

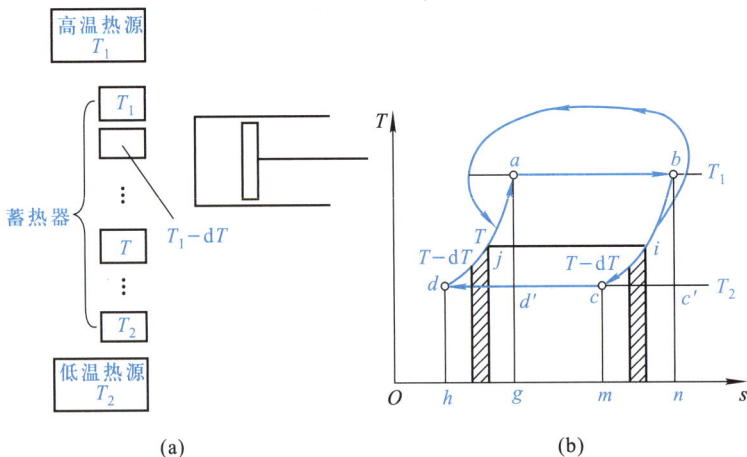

(a)　　　　　(b)

图 6-4　概括性卡诺循环

（或 T_2 到 T_1）连续变化的蓄热器，可以满足 b-c 和 d-a 过程按无温差传热。工质在可逆过程 b-c 中放给蓄热器的热量（面积 A_{bcmnb}），在可逆过程 d-a 中又从蓄热器收回（面积 A_{daghd}）。蓄热器不是热源，经过一个循环，蓄热器无所得失。该循环仍然只有两个温度分别为 T_1、T_2 的热源。循环中工质的吸热量 $q_1 = T_1 \Delta s_{ab}$，放热量 $q_2 = T_2 \Delta s_{dc} = T_2 \Delta s_{ab}$（$T$-$s$ 图上线段 $ab = ji = dc$，见习题 5-13），循环净功 $w_{net} = q_1 - q_2 = (T_1 - T_2) \Delta s_{ab}$，循环热效率

$$\eta_t = 1 - \frac{q_2}{q_1} = 1 - \frac{T_2 \Delta s_{ab}}{T_1 \Delta s_{ab}} = 1 - \frac{T_2}{T_1} = \eta_c \qquad (6\text{-}2)$$

显然，概括性卡诺循环的热效率与卡诺循环相同。多变指数 n 可以为任何实数，因而在 T_1 和 T_2 之间工作的可逆循环有无数个。这种利用工质原本排出的热量来加热工质本身的方法称为回热。回热可有多种方法，借助蓄热器就是其中一种。回热是提高热效率的一种行之有效的方法，被广泛采用。由两个定容过程和两个定温过程组成的斯特林发动机循环，以及近代燃气轮机装置和大、中型蒸汽动力装置已普遍地采用回热。

回热和概括性卡诺循环

6.2.3　逆向卡诺循环

按与卡诺循环相同的路线而反方向进行的循环即逆向卡诺循环。如图 6-5 中 a-d-c-b-a，它按逆时针方向进行。各过程中功和热量的计算式与正向卡诺循环相同，只是传递方向相反。

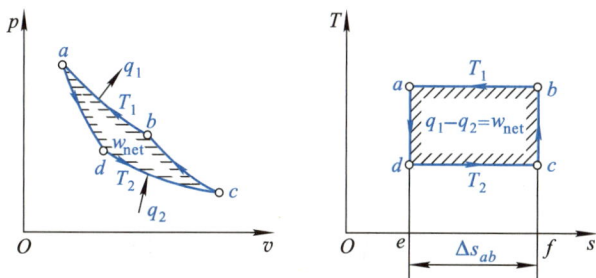

图 6-5　逆向卡诺循环

采用类似的方法，可以求得逆向卡诺循环的经济指标。逆向卡诺制冷循环的制冷系数为

$$\varepsilon_c = \frac{q_2}{w_{net}} = \frac{q_2}{q_1 - q_2} = \frac{T_2}{T_1 - T_2} \qquad (6\text{-}3)$$

逆向卡诺热泵循环的供暖系数为

$$\varepsilon_c' = \frac{q_1}{w_{net}} = \frac{q_1}{q_1 - q_2} = \frac{T_1}{T_1 - T_2} \tag{6-4}$$

制冷循环和热泵循环的热力循环特性相同,只是二者工作温度范围有差别。制冷循环以环境大气作为高温热源向其放热;而热泵循环通常以环境大气作为低温热源从中吸热。对于制冷循环,降低环境温度 T_1,提高冷库温度 T_2,则制冷系数增大;对于热泵循环,提高环境温度 T_2,降低室内温度 T_1,供暖系数增大,且 ε' 总是大于 1。

逆向卡诺循环是理想的、经济性最高的制冷循环和热泵循环。由于种种困难,实际的制冷机和热泵难以按逆向卡诺循环工作,但逆向卡诺循环有着极为重要的理论价值,它为提高制冷机和热泵的经济性指出了方向。

6.2.4 多热源的可逆循环

可以证明,热源多于两个的可逆循环,其热效率低于同温限间工作的卡诺循环。如图 6-6 所示,在吸热过程 $e-h-g$ 和放热过程 $g-l-e$ 中工质的温度都在变化,要使循环过程可逆,必须有无穷多个热源和冷源,热源的温度依次自 T_e 逐个连续升高到 T_h,再降低到 T_g;冷源则从 T_g 逐个连续降低到 T_l,再升高到 T_e。任何时候工质和热源间均保持无温差传热。例如工质温度变化到 T_i 时向温度为 T_i 的热源吸取热量,$\delta q = T_i ds$,从而保证了循环 $e-h-g-l-e$ 实现可逆。可逆循环的热效率

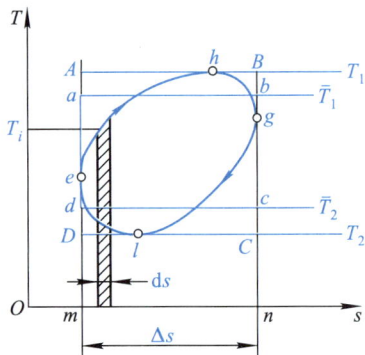

图 6-6 多热源可逆循环

$$\eta_t = 1 - \frac{q_2'}{q_1'} = 1 - \frac{A_{gnmelg}}{A_{ehgnme}}$$

工作在 $T_1 = T_h$、$T_2 = T_l$ 的卡诺循环 $A-B-C-D-A$ 的热效率

$$\eta_c = 1 - \frac{q_2}{q_1} = 1 - \frac{A_{DCnmD}}{A_{ABnmA}}$$

由于 $q_1' < q_1$,$q_2' > q_2$,所以 $\eta_t < \eta_c$。

为了便于分析比较任意可逆循环的热效率,热力学中引入平均温度的概念。据定积分中值定理的概念,在吸热过程 $e-h-g$(图 6-6)中必定可以找到某个温度,使 $T-s$ 图上以其为高度的矩形面积 A_{abnma} 等于面积 A_{ehgnme}(吸热量),这个温度即是平均吸热温度 $\overline{T}_1$,同样,可得放热过程 $g-l-e$ 的平均放热温度 $\overline{T}_2$。于是,可逆循环 $e-h-g-l-e$ 的热效率也可以表示为

$$\eta_t = 1 - \frac{q'_2}{q'_1} = 1 - \frac{\overline{T}_2 \Delta s}{\overline{T}_1 \Delta s} = 1 - \frac{\overline{T}_2}{\overline{T}_1} \qquad (6-5)$$

显然,$\overline{T}_1 < T_1$,$\overline{T}_2 > T_2$,与相同温限内卡诺循环的热效率 $\eta_c = 1 - \frac{T_2}{T_1}$ 比较,同样得到 $\eta_t < \eta_c$。由此可得出结论:工作于两个热源间的一切可逆循环(包括卡诺循环)的热效率高于相同温限间多热源的可逆循环。

平均温度和多热源循环

6.3　卡诺定理

上节已论述了卡诺循环与极限回热的概括性卡诺循环,其热效率相同,同为 $\eta_c = 1 - \frac{T_2}{T_1}$。在两个热源间工作的一切可逆循环的热效率是否都相同? 如果采用不同工质呢? 不可逆循环的热效率又如何? 这些正是卡诺定理要阐明的问题。本节将根据热力学第二定律及可逆的定义,采用"反证法"对卡诺定理予以论证。卡诺定理包括两个分定理:

定理一　在相同温度的高温热源和相同温度的低温热源之间工作的一切可逆循环,其热效率都相等,与可逆循环的种类无关,与采用哪一种工质也无关。

设有两台可逆机 A 和 B,A 是用理想气体作为工质的卡诺循环,B 是应用实际气体作为工质的其他可逆机。它们都在相同的高温热源 T_1 和低温热源 T_2 间工作。适当地调节两台机器的容量,使它们的循环吸热量同为 Q_1。当 A 和 B 都按正向循环工作时(图 6-7a),根据热力学第一定律,它们各自的循环净功为

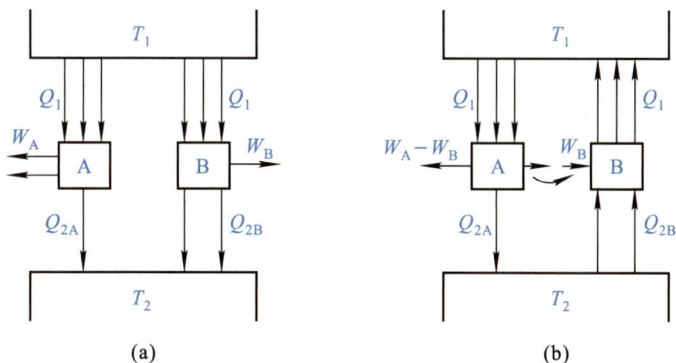

(a)　　　　　　　　(b)

图 6-7　卡诺定理证明图

$W_A = Q_1 - Q_{2A}$、$W_B = Q_1 - Q_{2B}$，热效率分别为 $\eta_A = \dfrac{W_A}{Q_1}$，$\eta_B = \dfrac{W_B}{Q_1}$。比较其大小，有三种可能：（1）$\eta_A > \eta_B$；（2）$\eta_A < \eta_B$；（3）$\eta_A = \eta_B$。如果否定了其中两种，余下的另一种就是唯一可能成立的。

先假定 $\eta_A > \eta_B$，因为 Q_1 相同，可知 $W_A > W_B$ 及 $Q_{2A} < Q_{2B}$。既然 A 和 B 都是可逆机，现在令 B 循原路线按反向运行，见图 6-7b，B 成为制冷机将从 T_2 吸热 Q_{2B}，向 T_1 排热 Q_1，消耗循环净功 W_B，W_B 由热机 A 提供，它只占 W_A 中的一部分。热机 A 与制冷机 B 联合运行一个循环后总的结果是：A 和 B 中工质经过循环都恢复原状，高温热源无所得失，低温热源净失热量 $Q_{2B} - Q_{2A}$，复合系统对外输出净功 $W_A - W_B$，此外没有其他变化。根据能量守恒原则，$W_A - W_B = Q_{2B} - Q_{2A}$，因此总效果相当于取出低温热源的热量 $Q_{2B} - Q_{2A}$ 转化为功 $W_A - W_B$，这将违反热力学第二定律的开尔文说法，因此假定 $\eta_A > \eta_B$ 的条件是不成立的。

再假定 $\eta_B > \eta_A$，这时令 A 按反方向运行，可逆热机 B 带动可逆制冷机 A，按类似的方法和步骤，也可得出总效果为低温热源净失热量 $Q_{2A} - Q_{2B}$ 转化为功 $W_B - W_A$。这也违反了热力学第二定律的结论，$\eta_B > \eta_A$ 同样被否定。

因而，唯一的可能是 $\eta_A = \eta_B$。A 是卡诺机，所以在 T_1 和 T_2 之间工作的所有可逆机的热效率均为 $\eta_c = 1 - \dfrac{T_2}{T_1}$。

卡诺循环揭示出一个普遍规律，在热源条件相同时，各种不可逆循环，因其不可逆因素和不可逆程度可以各不相同，所以各个不可逆循环的热效率可能完全不相同。但对于各种可逆循环，因都不存在任何不可逆损失，这时热能向机械能转化的规律，即它们的热效率只由热源条件所决定。当只有两个热源 T_1 和 T_2 时，其间无论进行哪一种可逆循环，热效率自然都一样。上一节所证明的概括性卡诺循环与卡诺循环的热效率相等，只是卡诺定理的一个具体例证。

定理二   在温度同为 T_1 的热源和同为 T_2 的冷源间工作的一切不可逆循环，其热效率必小于可逆循环。

仍参见图 6-7。设 A 为不可逆机（参数右上角加"'"以示区别），B 是可逆机。假定 $\eta_A' \geqslant \eta_B$，令不可逆机 A 按正向循环工作带动按逆向循环工作的可逆机 B。若 $\eta_A' > \eta_B$，会得出冷源失去的热量转化为功而不留下其他变化的结果，违反了热力学第二定律。若 $\eta_A' = \eta_B$，经过一个循环将得出：A 和 B 中的工质、热源、冷源及相关的功源全部恢复原状而不留下其他变化，该结果与 A 是不可逆机的假设相矛盾，因为系统中出现了不可逆过程，则系统与相关物体以及外界不可能全部复原而无任何改变。因而，这两种假定都不能成立。唯一可能的只有 $\eta_A' < \eta_B$。

　　卡诺定理有着广泛和重要的意义,任何一种将热能转化为机械能、电能或其他能量的转化装置(包括热力循环机、温差电池等)都受到热力学第二定律的制约,都必须有热源和冷源,其热效率均不可能超过相应的卡诺循环。

　　综合以上两节的讨论,可得出几点有关热效率方面的重要结论:

　　(1)在两个热源间工作的一切可逆循环,它们的热效率都相同,与工质的性质无关,只决定于热源和冷源的温度,热效率都可以表示为 $\eta_c = 1 - \dfrac{T_2}{T_1}$;

　　(2)温度界限相同,但具有两个以上热源的可逆循环,其热效率低于卡诺循环;

　　(3)不可逆循环的热效率必定小于同样条件下的可逆循环。

　　例 6-1　设工质在 $T_H = 1\,000$ K 的恒温热源和 $T_L = 300$ K 的恒温冷源间按热力循环工作(图 6-8),已知吸热量为100 kJ,求循环热效率和净功。

　　(1)理想情况无任何不可逆损失;

　　(2)吸热时有 200 K 温差,放热时有100 K 温差。

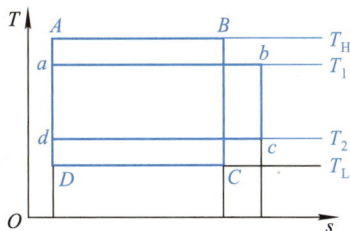

图 6-8　例 6-1 附图

　　解　(1)在两个热源间工作的可逆循环热效率与卡诺循环相同

$$\eta_c = 1 - \frac{T_L}{T_H} = 1 - \frac{300\ \text{K}}{1\,000\ \text{K}} = 70\%$$

又因
$$\eta_t = \frac{W_{net}}{Q_1}, \qquad W_{net} = \eta_t Q$$

所以
$$W_{net} = 0.7 \times 100\ \text{kJ} = 70\ \text{kJ}$$

也是最大循环净功 $W_{net,max}$。

　　(2)这时工质的吸热和放热温度分别为 $T_1 = 800$ K、$T_2 = 400$ K,与热源间存在传热温差。设想在热源和工质间插入中间热源,比如热阻板,使与热源接触的一侧温度接近 T_H,与工质接触的另一侧温度接近 T_1。将不可逆循环问题转化为工质与 $T_1 = 800$ K、$T_2 = 400$ K 的两个中间热源换热的内可逆循环,因而热效率

$$\eta_t = 1 - \frac{T_2}{T_1} = 1 - \frac{400\ \text{K}}{800\ \text{K}} = 0.5$$

净功
$$W_{net} = \eta_t Q_1 = 0.5 \times 100\ \text{kJ} = 50\ \text{kJ}$$

　　讨论:计算表明 $\eta_t < \eta_c$,即在 T_H 和 T_L 下进行的不可逆循环的热效率低于可逆循环,验证了卡诺定理二。

6.4　熵、热力学第二定律的数学表达式

熵是与热力学第二定律紧密相关的状态参数。它为判别实际过程的方向、过程能否实现、是否可逆提供了判据,在过程不可逆程度的量度、热力学第二定律的量化等方面有至关重要的作用。

6.4.1　状态参数熵的导出

熵是在热力学第二定律基础上导出的状态参数。热力学第二定律有各种表述方式,状态参数熵的导出也有各种方法。有从物系出发,直接用热力学第二定律的喀喇氏(Caratheodory)表述导出熵的公理法等。本节介绍从循环出发,利用卡诺循环及卡诺定理的克劳修斯法,它较为简单、直观,便于理解。

分析任意工质进行的一个任意可逆循环。如图 6-9 中循环 $1-A-2-B-1$,为了保证循环可逆,需要与工质温度变化相对应的无穷多个热源。

用一组可逆绝热线将它分割成许多个微小循环,这些小循环的总合构成了循环 $1-A-2-B-1$。可以证明,可逆过程 $a-b$ 可以用可逆绝热过程 $a-a'$、可逆等温过程 $a'-b'$ 和可逆绝热过程 $b'-b$ 取代(参阅参考文献 $[24]$)。同样,过程 $f-g$ 也可用一组可逆绝热($f-f'$)、等温($f'-g'$)、可逆绝热($g'-g$)过程取代。这样小循环 $a-b-f-g-a$ 就可

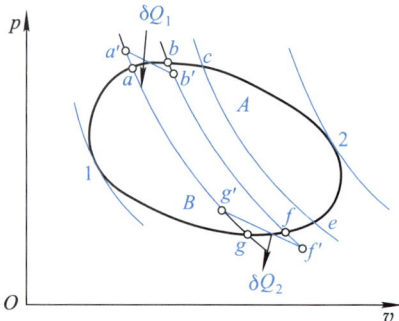

图 6-9　熵参数导出用图

用卡诺循环 $a'-b'-f'-g'-a'$ 替代。同理,循环 $b-c-e-f-b$ 等都可用相应的卡诺循环替代,这些微小卡诺循环的总合等价于循环 $1-A-2-B-1$。

在任一卡诺循环,如 $a'-b'-f'-g'-a'$ 中,$a'-b'$ 是定温吸热过程,工质与热源温度相同,都是 T_{r1},吸热量为 δQ_1;$f'-g'$ 是定温放热过程,工质与冷源温度相同都是 T_{r2},放热量为 δQ_2,热效率为

$$1-\frac{\delta Q_2}{\delta Q_1}=1-\frac{T_{r2}}{T_{r1}}$$

即

$$\frac{\delta Q_1}{T_{r1}}=\frac{\delta Q_2}{T_{r2}}$$

式中 δQ_2 为绝对值,若改用代数值,δQ_2 为负值,上式要加"-"号,因而得

$$\frac{\delta Q_1}{T_{r1}}+\frac{\delta Q_2}{T_{r2}}=0$$

令可逆绝热线数量趋向无穷大,任意相邻两根可逆绝热线之间相距无穷小,则所有小循环都可用微元卡诺循环替代。对全部微元卡诺循环积分求和,即得出

$$\int_{1-A-2}\frac{\delta Q_1}{T_{r1}}+\int_{2-B-1}\frac{\delta Q_2}{T_{r2}}=0$$

式中 δQ_1、δQ_2 都是工质与热源间的换热量,既然采用了代数值,可以统一用 δQ_{rev} 表示;T_{r1}、T_{r2} 是换热时热源温度,统一用 T_r 表示。上式改写为

$$\int_{1-A-2}\frac{\delta Q_{rev}}{T_r}+\int_{2-B-1}\frac{\delta Q_{rev}}{T_r}=0 \tag{a}$$

即

$$\oint\frac{\delta Q_{rev}}{T_r}=0 \quad 或 \quad \oint\frac{\delta Q_{rev}}{T}=0 \tag{6-6}$$

用文字表达为:任意工质经任一可逆循环,微量 $\frac{\delta Q_{rev}}{T}$ 沿循环的积分为零。积分 $\oint\frac{\delta Q_{rev}}{T}$ 由克劳修斯首先提出,称为克劳修斯积分。式(6-6)称为克劳修斯积分等式。

根据状态函数的数学特性,可以断定被积函数 $\frac{\delta Q_{rev}}{T_r}$ 是某个状态参数的全微分。1865 年,克劳修斯将这个新的状态参数定名为熵(entropy),以符号 S 表示,即

$$dS=\frac{\delta Q_{rev}}{T_r}=\frac{\delta Q_{rev}}{T} \tag{6-7}$$

式中 δQ_{rev} 表示可逆过程换热量,T_r 为热源温度。因为此微元换热过程可逆,无传热温差,故热源温度 T_r 也等于工质温度 T,这就是熵参数的定义式。1 kg 工质的比熵变

$$ds=\frac{\delta q_{rev}}{T_r}=\frac{\delta q_{rev}}{T} \tag{6-8}$$

因为循环 1-A-2-B-1 是可逆的,过程 1-B-2 与 2-B-1 是在同一途径上正、反方向的两个可逆过程,对应微元段的 δQ_{rev} 数值相等,符号相反,故有

$\int_{2-B-1}\frac{\delta Q_{rev}}{T_r}=-\int_{1-B-2}\frac{\delta Q_{rev}}{T_r}$,代入式(a),得

$$\int_{1-A-2}\frac{\delta Q_{rev}}{T_r}=\int_{1-B-2}\frac{\delta Q_{rev}}{T_r}=\int_1^2\frac{\delta Q_{rev}}{T_r}=\int_1^2\frac{\delta Q_{rev}}{T} \tag{6-9}$$

$1-A-2$、$1-B-2$ 是任意的两个可逆过程,上式表明:从状态 1 到状态 2,无论沿哪一条可逆路线,$\frac{\delta Q_{rev}}{T_r}$ 的积分值都相同,故可写作 $\int_1^2\frac{\delta Q_{rev}}{T_r}$ 或 $\int_1^2\frac{\delta Q_{rev}}{T}$,这正是状态参数的特征。

将熵的定义式(6-7)代入式(6-6)和式(6-9),得

$$\oint dS=0 \tag{6-10}$$

$$\Delta S=\int_1^2 dS=\int_1^2\frac{\delta Q_{rev}}{T_r}=\int_1^2\frac{\delta Q_{rev}}{T} \tag{6-11}$$

式(6-11)提供了计算任意可逆过程熵变的途径。

由式(6-11)可知,系统在微元可逆过程的熵变化等于系统与热源(外界)的换热量与热源温度的比值,即 $\frac{\delta Q_{rev}}{T_r}$。系统吸热,$Q$ 为正,系统熵增加;系统放热,Q 为负,系统热减少;微元可逆过程换热量为零,其熵保持不变。

6.4.2　相对熵及熵变量计算

假设纯物质在热力学温度 0 K(绝对温度零度)时的熵为零,以此为起点的熵称为绝对熵。人为规定一个参照状态(基准点)下的熵值 $S_{基准点}=0$(或等于某一定值),从而得出的熵的相对值称作相对熵。在 p、T 状态下的比熵相对值为

$$s_{p,T}=s_{基准点}+\int_{基准点}^{p,T}\frac{\delta q}{T} \tag{6-12}$$

基准点选得不同,熵的相对值可能不同。但是相同初、终态熵变值相同,它与基准点的选择无关。通常,理想气体选择标准状态时 $s_{基准点}=0$;水和水蒸气取三相点($p_{tp}=0.611\ 7\times10^{-3}$ MPa,$T_{tp}=273.16$ K)时液态水的熵为零。

通常的热力过程计算中,工质化学成分不变,往往只需确定初、终态的熵差 ΔS_{1-2},这时可以采用相对熵。对化学成分发生变化的化学反应物系等,必须采用绝对熵计算。

熵是状态参数,只要系统的状态 1 和 2 是平衡状态,无论 1 到 2 经历的是何种过程,是否可逆,都有确定的 S_1 和 S_2 值。可以由通过 1 和 2 的任何可逆过程,按式(6-11)$\Delta S_{1-2}=\int_1^2\frac{\delta Q_{rev}}{T}$ 计算。这是计算熵变量的原则方法。两个状态之间可以设想出许多可逆途径,按各种可逆途径积分得出的熵变结果应该相同。

如果有相变过程出现,如固体溶解、液体汽化、蒸气凝结或凝固,在定压相变过程中,工质的饱和温度 T_s 保持不变,这时整个过程的熵变量必须分段计算。以 1 kg 温度为 T_1 的液体定压加热到温度为 $T_2(T_2>T_s)$ 的蒸气为例,过程的熵变量等于液体的熵变、汽化过程熵变及蒸气的熵变之总和,即 $\Delta s = \Delta s_l + \Delta s_{l,v} + \Delta s_v$。

若工质为水和水蒸气,选择三相态时液态水的熵值为零,即 $T=273.16$ K 时 $s_0=0$。液态水的熵变 $\mathrm{d}s_l = \dfrac{\delta Q}{T}$,$\Delta s_l = \displaystyle\int_{T_0}^{T} \dfrac{c_{p,l}\mathrm{d}T}{T}$,温度范围不大时水的比热容可近似取为定值,因而从温度 T_1 定压加热到 T_s 时水的熵变为

$$\Delta s_l = \int_{T_0}^{T_s} \frac{c_{p,l}\mathrm{d}T}{T} - \int_{T_0}^{T_1} \frac{c_{p,l}\mathrm{d}T}{T} = c_{p,l}\ln\frac{T_s}{T_1}$$

定压相变过程中,水的饱和温度保持不变,$\Delta s_{l,v} = \dfrac{\gamma}{T_s}$。水蒸气的熵变 $\Delta s_v = \displaystyle\int_{T_s}^{T_2} \dfrac{c_{p,v}\mathrm{d}T}{T}$。从而得出

$$\Delta s = c_{p,l}\ln\frac{T_s}{T_1} + \frac{\gamma}{T_s} + \int_{T_s}^{T_2} \frac{c_{p,v}\mathrm{d}T}{T}$$

式中:T_s 和 γ 分别为汽化温度和汽化潜热;$c_{p,l}$、$c_{p,v}$ 分别为水和水蒸气的比定压热容。

6.4.3　热力学第二定律的数学表达式

如上所述,任意工质经任一可逆循环,微小量 $\dfrac{\delta Q_{rev}}{T}$ 沿循环的积分为零,故克劳修斯积分等式 $\displaystyle\oint \dfrac{\delta Q_{rev}}{T}=0$ 可用作循环可逆的一种判据,那么如何判断循环不可逆呢?

循环过程只是一种特殊的热力过程。自然界中有着大量的各种形式的热过程,它们都是不可逆过程,都有一定的方向性。寻求更为一般的、适用于一切热过程进行方向的判据,或者说建立其热力学第二定律相应的数学判据是进一步需要解决的问题。

(1) 克劳修斯积分不等式

如果循环中全部或部分是不可逆过程,即为不可逆循环。见图 6-10 中 $1-A-2-B-1$,类似上述方法,令一组可逆绝热线将循环分割成若干个小循环,其中部分为可逆的循环,求和则有 $\displaystyle\oint \dfrac{\delta Q_{rev}}{T}=0$。余下的那部分不可逆循环,根据卡

诺定理可知,其热效率小于微元卡诺循环的热效率,即 $1-\dfrac{\delta Q_2}{\delta Q_1}<1-\dfrac{T_{r2}}{T_{r1}}$。同样考虑 δQ_2 用代数值,统一用 δQ 表示,对所有的不可逆循环求和,则 $\sum\dfrac{\delta Q}{T_r}<0$。综合全部小循环,包括可逆的和不可逆的全部相加。并令可逆绝热线的数量趋向无穷大,任意相邻两根可逆绝热线之间相距无限小,用积分代替求和,即得出

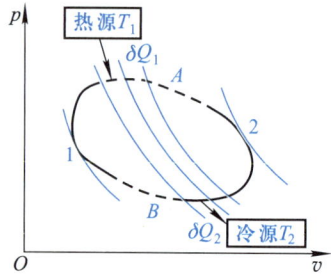

图6-10   克劳修斯积分
不等式导出图

$$\oint\frac{\delta Q}{T_r}<0 \qquad\qquad (6-13)$$

表明:工质经过任意不可逆循环,微量 $\dfrac{\delta Q}{T_r}$ 沿整个循环的积分必小于零。式(6-13)即为著名的克劳修斯积分不等式。

(2) 热力学第二定律的数学表达式

归并式(6-6)和式(6-13),得

$$\oint\frac{\delta Q}{T_r}\leqslant 0 \qquad\qquad (6-14)$$

这就是用于判断循环是否可逆的热力学第二定律的数学表达式。克劳修斯积分 $\oint\dfrac{\delta Q}{T_r}$ 等于零为可逆循环,小于零为不可逆循环,而大于零的循环则不能实现。

式(6-11)已经给出了可逆过程的熵变 ΔS_{1-2} 等于积分 $\displaystyle\int_1^2\frac{\delta Q_{rev}}{T}$,下面考察经过不可逆过程两者的关系。如图6-11所示,设工质由平衡的初态 1 分别经可逆过程 1-B-2 和不可逆过程 1-A-2 到达平衡状态 2。因 1-B-2 可逆,故有 $\displaystyle\int_{1-B-2}\frac{\delta Q}{T_r}=-\int_{2-B-1}\frac{\delta Q}{T_r}$,已知 1 和 2 是平衡态,$S_1$ 和 S_2 各有一定的数值,据式(6-11),此可逆过程熵变

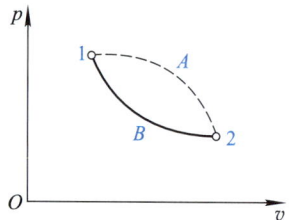

图6-11   不可逆过程的熵变

$$\Delta S_{1-2}=S_2-S_1=\int_1^2\frac{\delta Q}{T}=\int_{1-B-2}\frac{\delta Q}{T_r}=-\int_{2-B-1}\frac{\delta Q}{T_r} \qquad (b)$$

1-A-2-B-1 为一不可逆循环,应用克劳修斯积分不等式 $\oint\dfrac{\delta Q}{T_r}<0$,即

$$\int_{1-A-2} \frac{\delta Q}{T_r} + \int_{2-B-1} \frac{\delta Q}{T_r} < 0 \quad 或 \quad -\int_{2-B-1} \frac{\delta Q}{T_r} > \int_{1-A-2} \frac{\delta Q}{T_r}$$

将式(b)代入,即得

$$S_2 - S_1 > \int_{1-A-2} \frac{\delta Q}{T_r}$$

或写作

$$S_2 - S_1 > \int_1^2 \frac{\delta Q}{T_r}\bigg|_{irrev} \tag{6-15}$$

上式表明:初、终态是平衡态的不可逆过程,熵变量大于不可逆过程中工质与热源交换的热量与热源温度比值的积分。

式(6-15)、(6-11)归并为一,即

$$S_2 - S_1 \geq \int_1^2 \frac{\delta Q}{T_r} \tag{6-16}$$

式(6-16)即为用于判断热力过程是否可逆的热力学第二定律数学表达式的积分形式。任何不可逆过程的熵变大于 $\int_1^2 \frac{\delta Q}{T_r}$;极限状况(可逆)时相等;不可能出现小于 $\int_1^2 \frac{\delta Q}{T_r}$ 的过程。

对于 1 kg 工质,则为

$$s_2 - s_1 \geq \int_1^2 \frac{\delta q}{T_r} \tag{6-17}$$

式(6-15)的微分形式与熵的定义式一起归并为

$$dS \geq \frac{\delta Q}{T_r}, \quad ds \geq \frac{\delta q}{T_r} \tag{6-18}$$

式(6-18)是判断微元过程是否可逆的热力学第二定律的数学表达式。

式(6-14)、(6-16)和式(6-18)这三个热力学第二定律数学表达式中的 δQ 表示系统与外界间的实际微元传热量,系统吸热为正,放热为负;T_r 为热源温度。式中等号适用于可逆过程,不等号适用于不可逆过程。

例 6-2　有人设计一台热泵装置,它在 393 K 和 300 K 两个热源之间工作,热泵消耗的功由一台热机装置供给。已知热机在温度为 1 200 K 和 300 K 的两个恒温热源之间工作,吸热量 $Q_H = 1\,100$ kJ,循环净功 $W_{net} = 742.5$ kJ,如图 6-12 所示,问:(1) 热机循环是否可行? 是否可逆? (2) 若热泵设计供热量 $Q_1 = 2\,400$ kJ,问该热泵循环是否可行? 是否可逆? (3) 求热泵循环理论最大的供热量 $Q_{1,max}$。

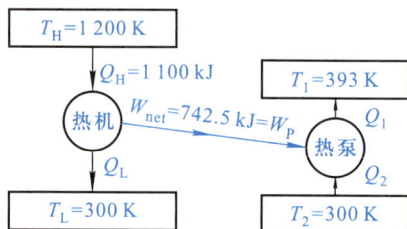

图 6-12　例 6-2 附图

解　（1）根据循环的能量守恒,确定热机循环的放热量

$$Q_L = Q_H - W_{net} = 1\ 100\ \text{kJ} - 742.5\ \text{kJ} = 357.5\ \text{kJ}$$

循环判据

$$\oint \frac{\delta Q}{T_r} = \frac{Q_H}{T_H} + \frac{Q_L}{T_L} = \frac{1\ 100\ \text{kJ}}{1\ 200\ \text{K}} + \frac{-357.5\ \text{kJ}}{300\ \text{K}} = -0.275\ \text{kJ/K} < 0$$

由此判断,该热机循环是不可逆循环。

（2）已知热泵循环的 $T_1 = 393$ K, $T_2 = 300$ K, $W_P = W_{net} = 742.5$ kJ, $Q_1 = 2\ 400$ kJ,则

$$Q_2 = Q_1 - W_P = 2\ 400\ \text{kJ} - 742.5\ \text{kJ} = 1\ 657.5\ \text{kJ}$$

循环判据

$$\oint \frac{\delta Q}{T_r} = \frac{Q_1}{T_1} + \frac{Q_2}{T_2} = \frac{-2\ 400\ \text{kJ}}{393\ \text{K}} + \frac{1\ 657.5\ \text{kJ}}{300\ \text{K}} = -0.581\ 9\ \text{kJ/K} < 0$$

由此判断,该热泵循环可以实现,是不可逆循环。

（3）理想情况按可逆循环工作。由克劳修斯积分等式 $\oint \dfrac{\delta Q}{T_r} = 0$ 确定 $Q_{1,max}$:

$$|Q_2| = |Q_{1,max}| - |W_P|$$

$$-\frac{|Q_{1,max}|}{T_1} + \frac{|Q_{1,max}| - |W_P|}{T_2} = 0, \quad -\frac{|Q_{1,max}|}{393\ \text{K}} + \frac{|Q_{1,max}| - 742.5\ \text{kJ}}{300\ \text{K}} = 0$$

得

$$Q_{1,max} = -3\ 137.7\ \text{kJ}$$

负值表示循环工质向热源 T_1 放热。

讨论:需要强调指出,循环过程能量守恒式 $Q_1 = Q_2 + W_{net}$ 中的 Q_1 和 Q_2 是绝对值,而热力学第二定律判据 $\oint \dfrac{\delta Q}{T_r} \leqslant 0$ 的 Q_1 和 Q_2 均用代数值。同时,应该以循环工质为系统,而不是以热源为系统决定 Q_1 和 Q_2 的正负。

例 6-3　有 1 mol 某种理想气体,从状态 1 经过一个不可逆过程变化到 2。已知状态 1 的压力、体积和温度分别为 p_1、V_1 和 T_1,状态 2 的体积 $V_2 = 2V_1$,温度 $T_2 = T_1$。若设比热容为定值,求熵差 $S_{m,2} - S_{m,1}$。

解 为了通过此例熟悉熵差的计算方法,并进一步理解熵是状态参数,选择两种可逆途径来计算。

(1)因 $T_2 = T_1$,状态 1 和 2 一定在一条定温线上,如图 6-13 所示,所以可借助一可逆的定温过程来计算。据式(3-44),1 mol 气体的熵变为

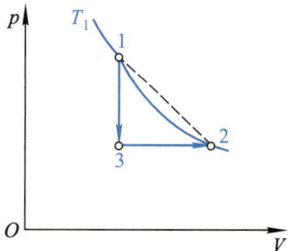

$$S_2 - S_1 = M\left(c_V \ln \frac{T_2}{T_1} + R_g \ln \frac{V_2}{V_1}\right) = R \ln \frac{V_2}{V_1}$$

已知 $\dfrac{V_2}{V_1} = 2$,所以 $S_2 - S_1 = R \ln 2$

图 6-13 例 6-3 附图

(2)选另一可逆途径:由状态 1 经可逆的定容过程到达状态 3,再经可逆的定压过程到达状态 2。

$$S_2 - S_1 = S_2 - S_3 + S_3 - S_1$$

$$= M\left(c_p \ln \frac{T_2}{T_3} - R_g \ln \frac{p_2}{p_3} + c_V \ln \frac{T_3}{T_1} + R_g \ln \frac{V_3}{V_1}\right)$$

由于 $p_2 = p_3$,$V_3 = V_1$,$T_2 = T_1$,代入上式得

$$S_2 - S_1 = M(c_p - c_V) \ln \frac{T_1}{T_3}$$

根据理想气体状态方程,由 $V_2 = 2V_1$,$T_2 = T_1$,得 $p_2 = \dfrac{1}{2}p_1$;由 $p_3 = p_2 = \dfrac{1}{2}p_1$,$V_3 = V_1$

得 $T_3 = \dfrac{1}{2}T_1$。另外,$M(c_p - c_V) = MR_g = R$,一起代入上式。则

$$S_2 - S_1 = R \ln 2$$

讨论:两种途径计算结果相同。还有其他许多的可选途径,不论选择哪条途径,熵变计算结果都相同。此外,系统从状态 1 不可逆变化到状态 2,与设计的两条可逆途径在相同的状态 1 和状态 2 之间与外界交换的功必然不同,可见系统的熵变与体积功的交换无关。

6.5 熵 方 程

上一节由克劳修斯积分等式导出了状态参数熵,由克劳修斯积分等式和不等式得出了过程判据。本节将根据热力学第二定律数学式,导出各种热力系的熵方程,进一步揭示过程不可逆性、方向性和熵的内在联系,为得出热现象又一重要原理——孤立系统熵增原理作准备。

6.5.1　闭口系(控制质量)熵方程

考察系统熵发生改变的原因:微元过程热力学第二定律数学表达式(6-18)

$dS \geqslant \dfrac{\delta Q}{T_r}$说明,系统与外界发生热量交换就会造成系统熵的变化;熵是广延性参

数,所以系统与外界交换物质也将引起系统熵改变;刚性绝热容器中气体的自由

膨胀(例3-5),尽管气体没与外界发生质量和热量的交换,但熵增大。同时例

6-3又导出系统熵变与可逆体积功交换无关,因而闭口系统的熵变可归结为换

热和过程不可逆:

$$dS = \frac{\delta Q}{T_r} + \delta S_g = \delta S_{f,Q} + \delta S_g \qquad (6-19)$$

式中,$\delta S_{f,Q} = \dfrac{\delta Q}{T_r}$称热熵流(简称熵流),是换热量与热源温度的比值,表明系统与

外界换热(无论可逆与否)引起的系统熵变,系统吸热为正,系统放热为负,过程

绝热为零。δS_g称为熵产,是不可逆因素造成的系统熵增加,即不可逆性对系统

熵变的"贡献",熵产只可能是正值,极限情况(可逆过程)为零。式(6-19)表明

闭口系不可逆微元过程的熵变大于过程中换热引起的热熵流。

对于闭口系绝热过程,无论是否可逆,均有 $\delta Q = 0, \delta S_{f,Q} = 0$,故

$$dS_{ad} = \delta S_g \geqslant 0 \qquad (6-20)$$

其中等号用于可逆过程,不等号用于不可逆过程。可见,闭口系可逆绝热过程中

熵不变;不可逆绝热过程中,工质的熵必定增大。因而从同一初始状态出发,经

不可逆绝热达到的终态与可逆绝热达到的终态不一致,若分别以 $2'$ 和 2 表示,

则必有 $S_{2'} > S_2$。

绝热的闭口系与外界不交换热量,也没有交换物质,虽可以与外界交换功,

不过可逆功交换不会引起系统熵的变化,闭口系内不可逆绝热过程中熵之所以

增大,是由于过程中存在不可逆因素引起耗散效应,使机械功转化为热能(耗散

热)被工质吸收。这部分由耗散热产生的熵增量,就是熵产。因为所有不可逆

热力过程的共同特征是耗散效应,故内部存在不可逆耗散效应是绝热闭口系熵

产生出来的这一结论也可推广到所有的不可逆过程,所以熵产可作为过程不可

逆的标志,其值的大小可作为不可逆性程度的量度。

6.5.2　开口系(控制体积)熵方程

由上述讨论,系统的熵变可由系统与外界交换热量造成,也可由系统内发生

不可逆过程产生,同时系统与外界交换质量也将引起系统熵改变。因物质迁移

而引起的熵流称为质熵流。考察图 6-14 所示的开口系,初始时刻 τ 系统的熵为 S,在微元时间段内外界向系统输入质量 $\sum_i \delta m_i$,系统向外界输出质量 $\sum_j \delta m_j$,系统与温度为 $T_{r,l}$ 的热源交换热量为 $\sum_l \delta Q_l$,交换功的代数和为 δW_{tot}。显然,物质流进(出)系统,物质的熵就带进(出)系统,造成系统熵的增减。其次,据熵流、熵产的概念,系统与外界换热和系统发生了不可逆过程也会造成系统熵的增减。故经 $\mathrm{d}\tau$ 时间后该系统熵变为

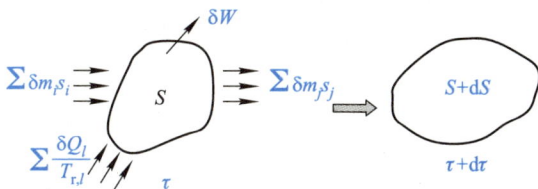

图 6-14 开口系熵方程导出模型

$$\mathrm{d}S_{CV} = \sum_i s_i \delta m_i - \sum_j s_j \delta m_j + \sum_l \frac{\delta Q_l}{T_{r,l}} + \delta S_g$$

或
$$\mathrm{d}S_{CV} = \delta S_{f,m} + \delta S_{f,Q} + \delta S_g \tag{6-21}$$

式中:$\delta S_{f,m} = \sum_i s_i \delta m_i - \sum_j s_j \delta m_j$ 为质熵流,$\sum_i s_i \delta m_i$ 是输入系统的物质带入系统的熵、$\sum_j s_j \delta m_j$ 是离开系统的物质带走的熵;$\delta S_{f,Q} = \sum_l \frac{\delta Q_l}{T_{r,l}}$ 是(热)熵流的代数和;δS_g 是熵产。式(6-21)即为开口系统的熵方程,表明控制体积的熵变等于熵流(包括热熵流和质熵流)与熵产之和。

考虑工程上最常见的一股流体流入、一股流体流出的稳态稳流系统(图6-15)。因系统稳定,所以 $\mathrm{d}S_{CV}=0$,$\delta m_1 = \delta m_2 = \delta m$,代入式(6-21),得其熵方程为

$$\delta S_g = \delta m(s_2 - s_1) - \delta S_{f,Q}$$

或 $S_g = m(s_2 - s_1) - S_{f,Q}$,$s_2 - s_1 = s_g + s_{f,Q}$ (6-22)

对于绝热的稳态稳流过程

$$s_2 - s_1 = s_g \geqslant 0 \tag{6-23}$$

式中 s_1 和 s_2 分别是进、出口截面上工质的比熵。式(6-23)表明,可逆绝热的稳态稳流过程中,开口系统的总熵保持不变,即 $\Delta S_{CV} = 0$,进口截面上的比熵等于出口截面的比熵;不可逆绝热的稳态稳流过程中,虽然开口系统的总熵仍然保持不

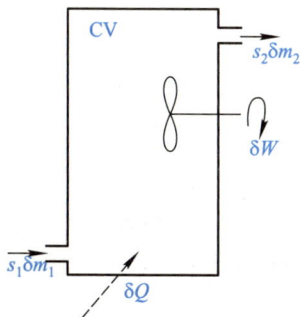

图 6-15 稳态稳流装置示意图

变,即 $\Delta S_{CV} = 0$,但由于工质在过程中的不可逆性,出口截面的比熵大于进口截面的比熵。

这里需要强调:

(1)系统的熵变只取决于系统的初、终态,它可正可负;但熵流(热熵流和质熵流)和熵产不只取决于系统的初、终态,还与过程有关。

(2)(热)熵流取决于系统与外界的换热情况,系统吸热为正、放热为负、绝热为零;熵产是非负的,任何可逆过程中均为零,不可逆过程中永远大于零,由于实际过程不可逆,所以实际过程中熵不守恒。

(3)系统与外界传递任何形式的可逆功时,都不会因此而引起系统熵的变化,也不会引起外界熵的变化。

例 6-4　1 kg 温度为 100 ℃ 的水在温度恒为 500 K 的加热器内在标准大气压力下定压加热,完全汽化为 100 ℃ 的水蒸气。已知需要加入热量 $q = 2\,257.2$ kJ/kg。试求:(1)水在汽化过程中的比熵变 Δs_{1-2};(2)过程的熵流和熵产;(3)恒温加热器温度为 800 K 时水的熵变及过程中的熵流和熵产。

解　(1)取容器中的工质为热力系,它是闭口系。在定压的汽化过程中工质温度不变,$T = (100+273.15)$ K $= 373.15$ K。已知热源温度 $T_r = 500$ K,加热量 $q = 2\,257.2$ kJ/kg。显然 $T_r > T$,有限温差传热是不可逆过程,工质的比熵变 $\Delta s_{1-2} > q/T_r$。如图 6-16 所示,设想一个中间热源,热量 q 由热源先传给中间热源,再由它传给系统。中间热源的温度与水温相同,$T' = T$,它们之间是可逆传热过程。而中间热源的温度与热源不同,它们之间是不可逆的传热过程。因而转化为热力系内部可逆、外部不可逆问题,按式(6-8)积分,得

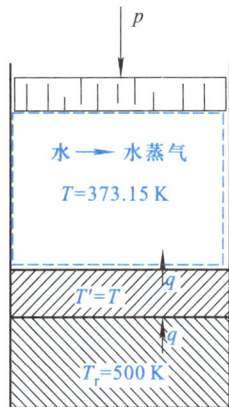

图 6-16　例 6-4 附图

$$\Delta s_{1-2} = \int \frac{\delta q}{T_r} = \frac{q}{T'} = \frac{q}{T}$$

$$= \frac{2\,257.2 \text{ kJ/kg}}{373.15 \text{ K}}$$

$$= 6.049\,0 \text{ kJ/(kg·K)}$$

对于无摩擦损耗,只存在温差传热的不可逆问题,都可以按此方法处理。式(6-7)、(6-8)对闭口系可逆过程和内部可逆过程都适用。如果在吸热过程中工质温度是变化的,则需要设置无数多个中间热源,随时都与工质温度相同,工质熵变仍按 $\Delta s_{1-2} = \int_1^2 \frac{\delta q}{T}$ 计算。

（2）由闭口系的熵方程,式（6-19）

$$\Delta s_{1-2} = s_g + s_{f,Q}$$

其中熵流

$$s_{f,Q} = \int_1^2 \frac{\delta q}{T_r} = \frac{q}{T_r} = \frac{2\ 257.2\ \text{kJ/kg}}{500\ \text{K}} = 4.514\ 4\ \text{kJ/(kg·K)}$$

熵产

$$\begin{aligned} s_g &= \Delta s_{1-2} - s_{f,Q} \\ &= 6.049\ 0\ \text{kJ/(kg·K)} - 4.514\ 4\ \text{kJ/(kg·K)} \\ &= 1.534\ 6\ \text{kJ/(kg·K)} > 0 \end{aligned}$$

熵产 $s_g > 0$,验证了温差传热是不可逆过程。

（3）若 $T_r = 800$ K,其他条件不变。这时仍设想一个温度 $T' = T$ 的中间热源,工质的熵变仍为 6.049 0 kJ/（kg·K）。由于热源温度改变,故熵流

$$s_{f,Q} = \int_1^2 \frac{\delta q}{T_r} = \frac{q}{T_r} = \frac{2\ 257.2\ \text{kJ/kg}}{800\ \text{K}} = 2.821\ 5\ \text{kJ/(kg·K)}$$

熵产

$$\begin{aligned} s_g &= \Delta s_{1-2} - s_{f,Q} \\ &= 6.049\ 0\ \text{kJ/(kg·K)} - 2.821\ 5\ \text{kJ/(kg·K)} \\ &= 3.227\ 5\ \text{kJ/(kg·K)} > 0 \end{aligned}$$

讨论:（Ⅰ）计算结果（1）和（3）的 Δs_{1-2} 相同。热源温度不同并不影响热力系的熵变,因为热力系的熵变是状态参数,两个不同的不可逆过程可以借助同样的内可逆过程计算 Δs_{1-2}。（Ⅱ）由（2）、（3）的计算结果 $s_{g(3)} > s_{g(2)}$,表明传热温差大,不可逆程度也更严重,可见过程的熵产是不可逆程度的量度。

例6-5 容积为 V 的刚性容器,初态为真空,打开阀门,大气环境中参数为 p_0、T_0 的空气充入。设容器壁具有良好的传热性能,充气过程中容器内空气保持和环境温度相同,最后达到热力平衡,即 $T_2 = T_0$、$p_2 = p_0$。试证明非稳态定温充气过程是不可逆过程。

解 取容器内空间为控制体积,先求出通过边界面的传热量 Q。根据控制体积能量方程一般表达式

$$\delta Q = \mathrm{d}U_{CV} + h_j \delta m_j - h_i \delta m_i + \delta W_i$$

已知容器为刚性,$\delta W_i = 0$,无气体流出 $\delta m_j = 0$,流入空气量等于控制体积内的空气增量,$\delta m_i = \mathrm{d}m$ 且 $h_i = h_0$,故上式简化为

$$\delta Q = \mathrm{d}U_{CV} - h_0 \mathrm{d}m$$

积分上式得

$$Q_{1-2} = U_2 - U_1 - h_0(m_2 - m_1)$$

将 $m_1 = 0$、$U_1 = 0$、$u_2 = u_0$、$h_0 - u_0 = p_0 v_0$ 代入,则

$$Q_{1-2}=u_2m_2-m_2h_0=(u_2-h_0)m_2=-p_0v_0m_2=-p_0V$$

根据控制体积熵方程式

$$\mathrm{d}S_{CV}=\sum_i s_i\delta m_i-\sum_j s_j\delta m_j+\sum_l \frac{\delta Q_l}{T_{r,l}}+\delta S_g$$

又因 $\delta m_j=0$，代入后积分得

$$(S_2-S_1)_{CV}=\frac{Q_{1-2}}{T_0}+s_0(m_2-m_1)+S_g$$

初态真空，$m_1=0$，$S_1=0$，且 $S_2=m_2s_2=m_2s_0$，$Q_{1-2}=-p_0V$，故

$$S_g=\frac{p_0V}{T_0}>0$$

由 $S_g>0$ 可以断定充气过程是不可逆过程。

讨论：由于向真空容器的充气是有限势差作用的过程，所以必定不可逆，证明的关键是根据能量方程求出通过边界面的热量，进而求出（热）熵流，再由熵方程确定熵产大于零。

6.6 孤立系统熵增原理

本节探讨孤立系熵增原理及其作为系统热过程方向判据的意义。

6.6.1 孤立系熵增原理

下面通过几个常见的热力过程具体考察孤立系内熵的变化。

1. 单纯的传热过程

温度为 T_A、T_B 的两物体 A 和 B 组成孤立系，在微元传热过程中孤立系的熵变

$$\mathrm{d}S_{iso}=\mathrm{d}S_A+\mathrm{d}S_B \tag{a}$$

过程中物体 A 放热，故熵变为 $\mathrm{d}S_A=-\dfrac{\delta Q}{T_A}$，物体 B 吸热，故熵变为 $\mathrm{d}S_B=\dfrac{\delta Q}{T_B}$，得

$$\mathrm{d}S_{iso}=-\frac{\delta Q}{T_A}+\frac{\delta Q}{T_B}$$

若为有限温差传热，$T_A>T_B$，有 $\dfrac{\delta Q}{T_A}<\dfrac{\delta Q}{T_B}$，$\mathrm{d}S_{iso}>0$；若为无限小温差传热，$T_A=T_B$，有 $\dfrac{\delta Q}{T_A}=\dfrac{\delta Q}{T_B}$，故 $\mathrm{d}S_{iso}=0$。可见，不可逆的有限温差传热，孤立系总熵变 $\mathrm{d}S_{iso}>0$；可逆同温传热，$\mathrm{d}S_{iso}=0$。

2. 热转化为功

在两个温度为 T_1、T_2 的恒温热源间工作的热机可实现热能转化为功,这时系统熵变包括热源、冷源的熵变和循环热机中工质的熵变,即

$$\Delta S_{iso} = \Delta S_{T_1} + \Delta S + \Delta S_{T_2} \qquad\qquad (b)$$

热源放热,熵变 $\Delta S_{T_1} = \dfrac{-Q_1}{T_1}$;冷源吸热,熵变 $\Delta S_{T_2} = \dfrac{Q_2}{T_2}$($Q_1$、$Q_2$ 均为绝对值)。工质在热机中完成一个循环,$\Delta S = \oint dS = 0$。将以上关系代入式(b),得

$$\Delta S_{iso} = -\frac{Q_1}{T_1} + 0 + \frac{Q_2}{T_2} = \frac{Q_2}{T_2} - \frac{Q_1}{T_1}$$

热机进行可逆循环时,$\dfrac{Q_1}{T_1} = \dfrac{Q_2}{T_2}$,所以 $\Delta S_{iso} = 0$;进行不可逆循环时,因热效率低于卡诺循环,$1 - \dfrac{Q_2}{Q_1} < 1 - \dfrac{T_2}{T_1}$,故 $\dfrac{Q_1}{T_1} < \dfrac{Q_2}{T_2}$,所以 $\Delta S_{iso} > 0$。说明热机、热源和冷源组成的复合系统中进行可逆变化总熵不变,进行不可逆变化,则系统总熵必增大。

3. 耗散功转化为热

由于摩擦等耗散效应而损失的机械功称耗散功,以 W_l 表示。耗散功转化为热量称为耗散热,以 Q_g 表示。在孤立系统内部耗散功转化为热时有 $Q_g = W_l$,它由孤立系内物体吸收,引起物体的熵增大,据式(6-20),即为熵产 S_g。可逆过程无耗散热,故熵产为零。对于不可逆过程,设吸热时物体温度为 T,则 $dS = \dfrac{\delta Q_g}{T} = \dfrac{\delta W_l}{T} = \delta S_g > 0$,这是孤立系统内部存在耗散损失而产生熵变化的唯一后果。因而,孤立系的熵增等于不可逆损失造成的熵产,且恒大于零,即

$$\Delta S_{iso} = S_g > 0 \quad 或 \quad dS_{iso} = \delta S_g > 0$$

可见,孤立系统内只要有机械功不可逆地转化为热能,系统的熵必定增大。

实际上,据熵方程直接可以导出上述三个事例的共同结论。任何一个热力系,总可以将它连同与其发生质、能相互作用的一切物体组成一个复合系统(图6-17),该复合系统即为孤立系统。根据熵的可加性,该孤立系统总熵变等于各子系统熵变的代数和。孤立系统当然是闭口绝热系,从式(6-20)可得

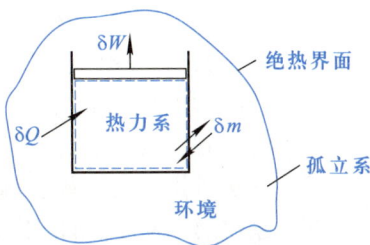

图 6-17 复合系统熵增

$$dS_{iso} = \delta S_g \geq 0, \quad \Delta S_{iso} = S_g \geq 0 \qquad (6-24)$$

式(6-24)表明:孤立系内部发生不可逆变化时孤立系的熵增大,$dS_{iso}>0$;极限情况(发生可逆变化)熵保持不变,$dS_{iso}=0$;使孤立系熵减小的过程不可能出现。简言之,孤立系统的熵可以增大,或保持不变,但不可能减少。这一结论即孤立系统熵增原理,简称熵增原理。

进一步考虑上述 3 种使孤立系统熵增大的不可逆过程对孤立系统内能量变化的影响。在单纯的传热过程中,若在高温物体 A 和低温物体 B 之间运行一台热机,就可以从高温的物体向低温物体传输热量的同时使一部分热量转化为机械功输出,所以虽然热量从高温物体传向低温物体时,热能的数值并没有改变,但失去了可以得到的机械能。根据卡诺定理,利用不可逆循环把热量转变成机械功的过程中所得到的循环净功比从高温物体吸收同样数量热量的可逆热机循环输出的净功小,所以不可逆即意味孤立系统机械能的损失。热力学第二定律指出"不可能制造出从单一热源吸热使之全部转化为功而不留下其他任何变化的热力发动机",所以耗散功转化为热的过程中耗散热不可能重又全部转化为功,因此必定有机械能的减少。这 3 种不可逆过程中孤立系统总能量都没有改变,但都损失了机械(功)能。归纳起来,孤立系统内的一切不可逆过程并不改变系统的总能量,但任何不可逆过程都将造成机械功(能)的耗散,使孤立系统的熵增大。所以,孤立系统的熵增与机械能的损失有必然的联系,这是一切不可逆过程的共性。

6.6.2　熵增原理的实质

熵增原理指出:凡是使孤立系统总熵减小的过程都是不可能发生的,理想可逆情况也只能实现总熵不变,实际过程都不可逆,所以实际热力过程总是朝着使孤立系统总熵增大的方向进行,即 $dS_{iso}>0$。熵增原理阐明了过程进行的方向。

熵增原理给出了系统达到平衡状态的判据。孤立系统内部存在不平衡势差是过程自发进行的推动力。随着过程进行,孤立系统内部由不平衡向平衡发展,总熵增大,当孤立系统总熵达到最大值时,过程停止进行,系统达到相应的平衡状态,这时 $dS_{iso}=0$,即为平衡判据。因而,熵增原理指出了热过程进行的限度。

熵增原理还指出:如果某一过程的进行,会导致孤立系中各物体的熵同时减小,或者虽然各有增减但其总和使系统的熵减小,则这种过程不能单独进行,除非有熵增大的过程作为补偿,使孤立系统总熵增大,至少保持不变。从而,熵增原理揭示了热过程进行的条件。例如,热转功,或热量由低温传向高温,这类过程会使孤立系统总熵减小,所以不能单独进行,必须有能导致熵增大的过程作为补偿;而功转热,或热量由高温传向低温,这类过程本来就导致孤立系统总熵增大,故不需要补偿,能单独进行,并且还可以用作补偿过程。非自发过程必须有自发过程相伴而行,原因于此。

孤立系统熵增原理全面地、透彻地揭示了热过程进行的方向、限度和条件,这些正是热力学第二定律的实质。由于热力学第二定律的各种说法都可以归结为熵增原理,又总能将任何系统与相关外界一起归入一个孤立系统,所以可以认为式(6-24),即 $dS_{iso} \geqslant 0$,是热力学第二定律数学表达式的一种最基本的形式。

最后应强调指出:熵增原理只适用于孤立系统,可以推广到闭口绝热系统。至于非孤立系,或孤立系中某个子系统,它们在过程中可以吸热也可以放热,质量也可以变化,所以它们的熵可能增大,可能不变,也可能减小。

*6.6.3 生物中的负熵流

生物中的负熵流,简称生物体的负熵,是指生物体在生物过程中,造成生物体熵的减少。生命运动中广泛包含着复杂的热运动,热力学的基本原理在生命运动中也是适用的。按照热力学第二定律,任何自发过程总是朝着熵增大的方向进行的,对于孤立系统,它的熵总要达到其最大值。从物理意义上理解,孤立系统是由有序向无序发展的,最终达到平衡状态。但是,按照达尔文的进化论对于生命物质来说,生命的起源是从无生命物质变为有生命物质,生物由简单变复杂,由低等向高等进化。所谓的复杂和高等是指生物在形态和功能上的,也就是指构成生物体的生物化学物质的高度有序。换句话说,生物进化是向着有序程度逐渐递增、熵减少的方向发展的。表面看来,生命使其内部熵降低,有悖于热力学第二定律,其实不然。生物体是开放的体系,与外界进行着质、能的交换,其熵变取决于两个部分:一部分来自与外界的交换——熵流(包括质熵流和热熵流);另一部分来自于体系的内部,由体系内部的化学反应、扩散等不可逆过程产生的熵产,熵产总是大于零的。要使生物体能健康生存、发展、进化,必须使其"熵变"小于或者等于零。生物体通过不断地从外界补充"秩序",即"负熵流",使生物体的熵不断减少,使生物体更加有序,更有组织,从而保证了生物体的生存与种族进化。例如,高等动物的食物的状态是极有序的,动物在利用这些食物后的排泄物的有序性大大降低,因而使动物的熵减少,变得更加有序。如果把生物孤立起来不与外界联系,"负熵流"没有来源,"熵产"越积越多,体系就越趋于混乱,终将死亡。以人类为例,人可以数天不吃不喝,但不能停止心脏跳动或停止呼吸。为了维持心肌和呼吸肌的正常作功,要供给一定的能量,这些能量最终耗散变为热量,向环境释放,或者说从环境吸收负熵,维持生存。因此,机体是在新陈代谢过程中成功地从周围环境中不断地吸取负熵,向周围环境释放其生命活动不得不产生的全部正的熵维持生存和进化的。总之,生命体是开放的、不可逆的非热力学平衡体系。平衡态是无序的,而非平衡态则是有序的根源,这是与热力学第二定律一致的,也是符合熵增原理的。薛定谔(Erwin Schrödinger, 1887—1961)生动地用"生命赖负熵为生"这一句名言予以概括。至于如何估算一个生物的熵,布里渊(Marcel Brillouin,1854—1948)的回答是:生命机体的熵含量是一个毫无意义的概念。薛定谔进一步指出:我们不可能用物理定律去完全解释生命物质,因为生命物质的构造同迄今物理实验过程中的任何东西都不一样。为此,我们必须去探索、发现在生命物质中占支配地位的新的规律。

例 6-6　气体在气缸中被压缩,其熵和热力学能的变化分别为 $-0.289\ \mathrm{kJ/(kg \cdot K)}$ 和 $45\ \mathrm{kJ/kg}$,外界对气体作功 $165\ \mathrm{kJ/kg}$。过程中气体只与环境大气交换热量,环境温度为 $300\ \mathrm{K}$,问该过程是否能够实现?

解　气缸内气体与外界(本题是环境大气)共同组成闭口绝热系。已知 $\Delta u = 45\ \mathrm{kJ/kg}$,$w = -165\ \mathrm{kJ/kg}$,$\Delta s = -0.289\ \mathrm{kJ/(kg \cdot K)}$,由能量守恒式

$$q = \Delta u + w = 45\ \mathrm{kJ/kg} - 165\ \mathrm{kJ/kg} = -120\ \mathrm{kJ/kg}$$

q 为负值表示工质放热,则环境吸热,吸热量 $q_{\mathrm{sur}} = -q = 120\ \mathrm{kJ/kg}$,故

$$\Delta s_{\mathrm{sur}} = \frac{q_{\mathrm{sur}}}{T_{\mathrm{sur}}} = \frac{120\ \mathrm{kJ/kg}}{300\ \mathrm{K}} = 0.4\ \mathrm{kJ/(kg \cdot K)}$$

孤立系的熵增 $\Delta s_{\mathrm{iso}} = \Delta s + \Delta s_{\mathrm{sur}}$ 同样适用于闭口绝热系,故

$$\Delta s_{\mathrm{iso}} = -0.289\ \mathrm{kJ/(kg \cdot K)} + 0.4\ \mathrm{kJ/(kg \cdot K)} = 0.111\ \mathrm{kJ/(kg \cdot K)} > 0$$

该过程可以实现,是不可逆过程。

本题也可用闭口系的熵方程求解。过程中气体熵流

$$s_{\mathrm{f},Q} = \int_1^2 \frac{\delta q}{T_{\mathrm{r}}} = \frac{q}{T_{\mathrm{r}}} = \frac{-120\ \mathrm{kJ/kg}}{300\ \mathrm{K}} = -0.4\ \mathrm{kJ/(kg \cdot K)}$$

过程熵产

$$s_{\mathrm{g}} = \Delta s - s_{\mathrm{f},Q} = -0.289\ \mathrm{kJ/(kg \cdot K)} - [-0.4\ \mathrm{kJ/(kg \cdot K)}] = 0.111\ \mathrm{kJ/(kg \cdot K)} > 0$$

熵产大于零,故过程可以实现,是不可逆过程。

讨论:应用孤立系熵增原理计算每一子系统熵变时,以该对象为主体来确定热量的符号,而熵方程中熵流的热量符号则由系统本身来确定。

例 6-7　利用稳定供应的 $0.69\ \mathrm{MPa}$、$26.8\ ℃$ 的空气源和 $-196\ ℃$ 的冷源,生产 $0.138\ \mathrm{MPa}$、$-162.1\ ℃$ 的空气流,质量流量 $q_m = 20\ \mathrm{kg/s}$。装置示意图如图 6-18 所示。求:(1)冷却器的每秒放热量 q_Q;(2)整个系统熵增,判断该方案能否实现。假设低温空气流最终返回空气源。已知空气的气体常数 $R_{\mathrm{g}} = 0.287\ \mathrm{kJ/(kg \cdot K)}$,比定压热容 $c_p = 1.004\ \mathrm{kJ/(kg \cdot K)}$,绝热指数 $\kappa = 1.4$。

解　由题意,$T_1 = 299.95\ \mathrm{K}$,$T_3 = 111.05\ \mathrm{K}$,$T_{\mathrm{r}} = 77.15\ \mathrm{K}$。

(1)由热力学第一定律能量守恒式确定热流量 q_Q。

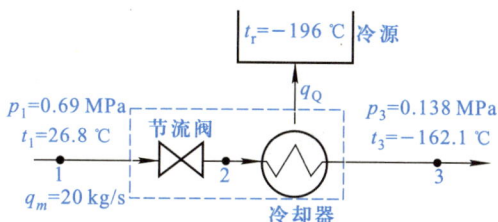

图 6-18 例 6-7 附图

节流前后焓值相同,故 $h_2 = h_1$。又理想气体的焓取决于温度,所以 $T_2 = T_1 = 299.95$ K。冷却器不对外作功,忽略冷却器内压降,放热量等于焓降,所以

$$q_Q = q_m(h_3 - h_2) = q_m c_p(T_3 - T_2)$$
$$= 20 \text{ kg/s} \times 1.004 \text{ kJ/(kg·K)} \times (111.05 \text{ K} - 299.95 \text{ K})$$
$$= -3\ 973.11 \text{ kJ/s}$$

负值表示放热。

(2)取图 6-18 中虚线为控制体积,空气稳定流经控制体积,其熵方程

$$\Delta \dot{S}_{CV} = \dot{S}_{f,Q} + \dot{S}_g - q_m(s_3 - s_1)$$

其中,因稳定流动 $\Delta \dot{S}_{CV} = 0$

$$\dot{S}_{f,Q} = \frac{q_Q}{T_r} = -\frac{3\ 793.11 \text{ kJ/s}}{77.15 \text{ K}} = -49.165 \text{ kJ/(K·s)}$$

$$q_m(s_3 - s_1) = q_m \left(c_p \ln \frac{T_3}{T_1} - R_g \ln \frac{p_3}{p_1} \right)$$

$$= 20 \text{ kg/s} \times \left[1.004 \text{ kJ/(kg·K)} \times \ln \frac{111.05 \text{ K}}{299.95 \text{ K}} - 0.287 \text{ kJ/(kg·K)} \times \ln \frac{0.138 \text{ MPa}}{0.69 \text{ MPa}} \right]$$

$$= -10.714 \text{ kJ/(K·s)}$$

$$\dot{S}_g = -\dot{S}_{f,Q} + q_m(s_3 - s_1)$$

$$= 49.165 \text{ kJ/(K·s)} - 10.714 \text{ kJ/(K·s)} = 38.451 \text{ kJ/(K·s)} > 0$$

该方案能够实现,是不可逆过程。

讨论:开口系统的熵方程内熵流包括质熵流和热熵流两部分,而对于稳定流动的开口系,控制体积的熵不随时间而变。

6.7 㶲

6.7.1 能量的可转换性,㶲和炕

　　实践证明,各种形态能量相互转换时,具有明显的方向性。机械能、电能等可全部转化为热能或其他形式的能量,理论上转换效率为(或接近)100%。这类能量称为无限可转换能。由于有用功与机械能的对价关系,习惯上将"有用功"作为"无限可转换能量"的同义词。但是热能却不可能全部转换为机械能(或电能)等,其转换能力受到热力学第二定律的制约。所以,就人类对机械能的利用而言,各种不同形态的能量的价值是不同的。从技术使用和经济价值角度,机械能品位(质量)更高,更为宝贵。

　　热能本身也有质量的差别,取决于物体(热源)的温度。以高于环境温度的物体提供的热量为例,热量中一部分可转换为机械能。因为以该物体为高温热源,环境为低温热源,通过热机可把该热源放出的热量中一部分转化为循环净功(有用功)输出。这类热能属于有限可转换能量。供热物体(热源)温度愈高,可转换成机械能的比例愈高,热量品质也愈高。地球表面的大气、海水、河水是一个温度基本恒定(环境温度)的大热库,有着巨量的内热能(热力学能)。由于单一热源提供的热量是不能连续作功,因而它们包含的巨大热能无法转变为机械功,这类能量是不可转换的能量,从动力的观点称其为废热。

　　热力系中的工质或物质流因其状态与环境不平衡也具备作有用功的能力。此外,热力系与环境间存在化学势、浓度、电磁场等其他力场不平衡时,系统也都具有作功能力。

　　这里所谓的环境指一种抽象的环境,它具有稳定的压力 p_0、温度 T_0 及确定的化学组成,任何热力系与其交换热量、功量和物质,它都不会改变。

　　热力学中定义:在环境条件下,能量中可转化为有用功的最高份额称为该能量的㶲(exergy)。或者,热力系只与环境相互作用,从任意状态可逆地变化到与环境相平衡的状态时,作出的最大有用功称为该热力系的㶲。在环境条件下不可能转化为有用功的那部分能量称为炕(anergy)。

　　任何能量 E 都由㶲(E_x)和炕(A_n)两部分组成,即

$$E = E_x + A_n \tag{6-25}$$

可无限转换的能量,$A_n = 0$,如机械能、电能全部是㶲,$E_x = E$;不可转换的能量,$E_x = 0$,如环境介质中的热能全为炕。不同形态的能量或物质处于不同状态时,包含的㶲和炕比例各不相同。

㶲和炕

　　㶲参数的引出,为评价能量的"量"和"质"提供了一个统一尺度。由此而建立的热系统㶲平衡分析法,结合了热力学第一、第二定律,比起由热力学第一定律得出的能平衡方法更科学、更合理。㶲平衡法为热系统经济分析提供了热力学基础。

　　我国学者过增元院士在不可逆传热过程的分析和优化研究中提出了"㶲"概念,后来,"㶲"的概念也被延伸应用于热力学循环的分析。有兴趣的读者可以研究相关材料,尝试作出自己的判断。

"㶲"理论
简介

6.7.2　热量㶲和冷量㶲

(1) 热量㶲

　　在温度为 T_0 的环境条件下,系统($T>T_0$)所提供的热量中可转化为有用功的最大值是热量㶲,用 $E_{x,Q}$ 表示。

　　先考虑恒温的系统提供热量中的㶲。与任何温度不同于环境的热源交换的热量中都含有部分可转换能,运行以系统为热源,以环境为冷源的可逆卡诺循环可以从系统提供的热量中获得最大有用功——热量㶲,如图 6-19a 所示。此时

$$E_{x,Q} = \left(1 - \frac{T_0}{T} \right) Q = Q - T_0 \Delta S \qquad (6-26)$$

$$A_{n,Q} = T_0 \frac{Q}{T} = T_0 \Delta S \qquad (6-27)$$

　　若系统为变温系统,则可设想有一系列微元卡诺热机在它们之间工作,如图 6-19b 所示,显然,每一微元卡诺循环作出的循环净功,即为系统提供的热量 δQ 中的热量㶲

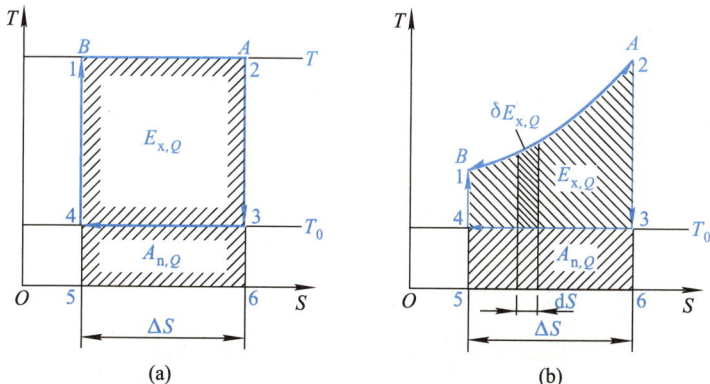

图 6-19　热量㶲和热量㸮

$$\delta E_{x,Q} = \left(1 - \frac{T_0}{T}\right)\delta Q \qquad (6-28)$$

系统提供热量 Q 中的热量㶲为

$$E_{x,Q} = \int_1^2 \left(1 - \frac{T_0}{T}\right)\delta Q = Q - T_0\int_1^2 \frac{\delta Q}{T} \qquad (6-29)$$

因为是可逆循环,各过程可逆,所以 $dS = \dfrac{\delta Q}{T}$。于是

$$E_{x,Q} = Q - T_0\Delta S \qquad (6-30)$$

热量㶲为

$$A_{n,Q} = Q - E_{x,Q} = T_0\Delta S \qquad (6-31)$$

在 T-S 图(图 6-19)上,A-B 表示系统的供热过程,A-B 与 S 轴包围的面积代表热量 Q,则可逆机的循环净功面积 A_{12341} 表示热量㶲 $E_{x,Q}$,面积 A_{34563} 表示排向环境的热量,这里即是热量㷫 $A_{n,Q}$。显然,同样大小的热量,供热温度愈高,则 ΔS 愈小,$A_{n,Q}$ 愈小,$E_{x,Q}$ 愈大;而与环境温度相同的系统所放出的热量,则不具有热量㶲。

环境状态一定时,热量㶲还与系统供热温度变化规律有关。所以,热量㶲是过程量,由于 $T > T_0$,$E_{x,Q}$ 与 Q 正负相同,系统放出热量 Q 的同时也放出了热量㶲。反之亦然。

(2)冷量㶲

工程上把与温度低于环境温度 T_0 的物体($T < T_0$)交换的热量称为冷量,温度低于环境温度的系统,吸入热量 Q_c(即冷量)时作出的最大有用功称为冷量㶲,用 E_{x,Q_c} 表示。

以恒温系统吸热为例(图 6-20a)。这时以环境为热源,系统为冷源,其间设想有一可逆卡诺机,卡诺机从环境吸热 Q,向冷源放热。系统(冷源)吸热 Q_c(图 6-20a 中面积 A_{AB56A})时作出的最大有用功称为冷量㶲,即

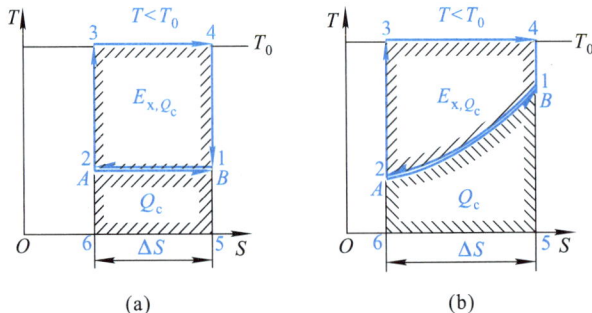

(a)　(b)

图 6-20　冷量㶲和冷量㷫

$$E_{x,Q_0} = \left(1 - \frac{T}{T_0}\right) Q$$

由循环的能量关系式 $Q = E_{x,Q_c} + Q_c$，代入上式，得

$$E_{x,Q_c} = \left(\frac{T_0}{T} - 1\right) Q_c = T_0 \Delta S - Q_c \tag{6-32}$$

冷量㶳为循环从环境的吸热量（图 6-20a 中面积 A_{34563}），即

$$A_{n,Q_c} = T_0 \Delta S \tag{6-33}$$

式中，ΔS 为系统吸热时的熵变。因而得出

$$Q_c = -E_{x,Q_c} + A_{n,Q_c} \tag{6-34}$$

若为 $T < T_0$ 的变温系统（图 6-20b），取微元卡诺循环，用与 $T > T_0$ 时变温系统类同的方法，可以导出冷量㶲

$$E_{x,Q_c} = \int_1^2 \left(\frac{T_0}{T} - 1\right) \delta Q_c$$

或将式（6-32）中 T 改成平均温度 $\overline{T}$ 即可。

在 T-S 图上（图 6-20），冷量㶲为面积 A_{12341}，冷量㶳为面积 A_{34563}。因为 $T < T_0$，由式（6-32）可知，E_{x,Q_c} 与 Q_c 正负相反。即系统吸热放出冷量㶲（系统的㶲减少），利用它对外作功；系统放热，则得到冷量㶲（系统的㶲增加），这时外界提供最小有用功。通常要使制冷系统中冷库温度降低并维持低温，必须从系统取出热量（系统放出热量），或者说得到冷量，而环境以外的外界必须提供最小有用功，因而有冷量㶲之称。

图 6-21 给出了 $\dfrac{E_{x,Q}}{Q}$（$T > T_0$ 时）或 $\left|\dfrac{E_{x,Q_c}}{Q_c}\right|$（$T < T_0$ 时）与温度 T 的关系（$T_0 = 298$ K）。它们由式（6-29）和式（6-32）得出。可见，当 $T = T_0$ 时 $\dfrac{E_{x,Q}}{Q} = 0$，热量㶲为零；$T > T_0$ 时，$\dfrac{E_{x,Q}}{Q}$ 随着 T 的增加而增大，并且变化逐渐平缓。$T \to \infty$ 时 $\dfrac{E_{x,Q}}{Q} \to 1$，但永远小于 1，表明热量不可能 100% 地转化为有用功；$T < T_0$ 时，随着 T 的下降，$\left|\dfrac{E_{x,Q_c}}{Q_c}\right|$ 增大，在 $\dfrac{1}{2} T_0 < T < T_0$ 范围

热量㶲和冷量㶲

循环放热量和废热

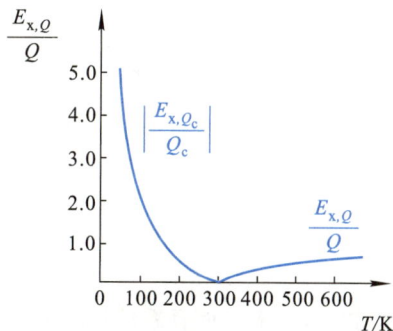

图 6-21 热量㶲和冷量㶲与温度的关系

内 $\left|\dfrac{E_{x,Q_c}}{Q_c}\right|<1$，冷量烟数量上小于冷量，但是当 $T<\dfrac{1}{2}T_0$ 后，$\left|\dfrac{E_{x,Q_c}}{Q_c}\right|>1$ 并随着 T 的下降急剧增大。这意味着冷量烟数值上可以大于冷量本身。此时，冷量烟更珍贵，超低温系统可以获得很大的有用功，故低温系统的保温更有意义。

6.7.3　闭口系工质的热力学能烟

前已述及，与环境处于热力不平衡的系统均具备作出有用功的能力。闭口热力系只与环境作用，从给定状态以可逆方式变化到与环境平衡的状态，所能作出的最大有用功，称为闭口系该状态下的作功能力，也称闭口系的烟，或称热力学能烟，以 $E_{x,U}$ 表示。

考察处于环境$(p_0\,、T_0)$中的任意闭口系由初始状态 $p\,、T\,、V\,、U\,、S$ 变化到与环境相平衡的状态 $p_0\,、T_0\,、V_0\,、U_0\,、S_0$，过程中闭口系只与环境交换热量。由于系统温度可能不同于环境，为使过程可逆，设想在系统和环境间有一系列微元卡诺机，如图 6-22 所示。闭口系和可逆热机组成一个复合系统，它们全部按可逆过程工作。

由热力学第一定律，闭口系的微元过程功

$$\delta W=\delta Q-\mathrm{d}U$$

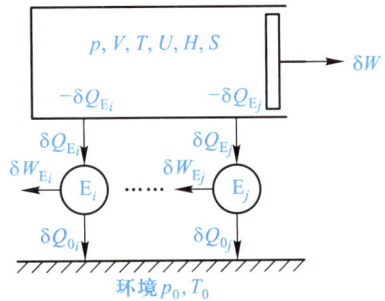

图 6-22　闭口系工质的
烟导出模型

据有用功概念，闭口系作出的过程功需扣除反抗大气压力耗费的功 $p_0\mathrm{d}V$，即

$$\delta W_{\mathrm{u}}=\delta W-p_0\mathrm{d}V=\delta Q-\mathrm{d}U-p_0\mathrm{d}V$$

对微元卡诺机，循环的净功是可输出有用功

$$\delta W_{\mathrm{E}}=\left(1-\dfrac{T_0}{T}\right)\delta Q_{\mathrm{E}}=\delta Q_{\mathrm{E}}-T_0\dfrac{\delta Q_{\mathrm{E}}}{T}$$

复合系统对外作出的最大有用功等于闭口系的有用功与卡诺机循环净功之和

$$\delta W_{\mathrm{u,max}}=\delta Q-\mathrm{d}U-p_0\mathrm{d}V+\delta Q_{\mathrm{E}}-T_0\dfrac{\delta Q_{\mathrm{E}}}{T}$$

注意到 $\delta Q_{\mathrm{E}}=-\delta Q$，而且系统熵变 $\mathrm{d}S=\dfrac{\delta Q}{T}$，可以得微元过程最大有用功

$$\delta W_{\mathrm{u,max}}=-\mathrm{d}U-p_0\mathrm{d}V+T_0\mathrm{d}S \tag{6-35}$$

将上式由给定状态到环境状态积分，即是闭口系仅与环境换热，从给定状态以可

逆方式变化到与环境平衡的状态所能作出的最大有用功——闭口系在给定状态的热力学能㶲

$$E_{x,U} = W_{u,max} = U - U_0 - T_0(S - S_0) + p_0(V - V_0) \tag{6-36}$$

热力学能炕为

$$A_{n,U} = U - E_{x,U} = U_0 + T_0(S - S_0) - p_0(V - V_0) \tag{6-37}$$

对于 1 kg 工质,比热力学能㶲和比热力学能炕分别为

$$e_{x,U} = u - u_0 - T_0(s - s_0) + p_0(v - v_0) \tag{6-38}$$

$$a_{n,U} = u_0 + T_0(s - s_0) - p_0(v - v_0) \tag{6-39}$$

由式(6-36)、式(6-38)可知,系统的热力学能㶲取决于环境状态和系统状态,当环境状态给定后,可以认为 $E_{x,U}$ 是系统的状态参数。

系统由状态 1 变化到状态 2,除环境外无其他热源交换热量时,所能作出的最大有用功 $W_{1-2,max}$ 可由式(6-35)从 1 到 2 积分得出

$$W_{1-2,max} = U_1 - U_2 - T_0(S_1 - S_2) + p_0(V_1 - V_2) = E_{x,U_1} - E_{x,U_2} = -\Delta E_{x,U} \tag{6-40}$$

6.7.4　稳定流动工质的焓㶲

稳流工质只与环境作用下,从给定状态以可逆方式变化到环境状态,所能作出的最大有用功,即为稳流工质的物流㶲,以 E_x 表示。

如图 6-23 所示,状态 p、T、v、h、s 的 1 kg 工质以流速 c_f、高度 z 稳定流经开口系,流出时达到与环境相平衡的状态,相应的参数为 p_0、T_0、v_0、h_0、s_0,相对于环境宏观流速 $c_{f,0}$,基准高度 $z_0 = 0$。对气体工质,通常可不计位能差。系统能量方程为

$$q = h_0 - h + w_t - \frac{1}{2}c_f^2 \quad 或 \quad w_t = q + h - h_0 + \frac{1}{2}c_f^2$$

$$(a)$$

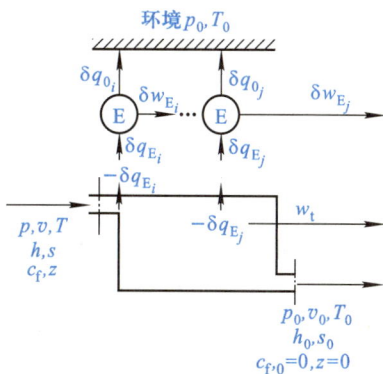

图 6-23　稳流工质的㶲导出模型

为使开口系与环境之间可逆传热,其间设置有一系列在系统和环境之间工作的微元卡诺机,该复合系统作出的最大有用功为开口系工质输出的技术功和若干个运行的微元卡诺机循环净功的累加。

对每个微元卡诺循环

$$\delta w_E = \left(1 - \frac{T_0}{T}\right)\delta q_E = \delta q_E - T_0\frac{\delta q_E}{T}$$

注意到 $\delta q_E = -\delta q$，而且过程都可逆，$T_0 \dfrac{\delta q_E}{T} = -T_0 \dfrac{\delta q}{T} = -T_0 \mathrm{d}s$，式中 $\mathrm{d}s$ 为流动工质的熵变，代入上式得 $\delta w_E = -\delta q + T_0 \mathrm{d}s$，将所有与 1 kg 工质流入、流出开口系间发生换热的微元卡诺循环净功累加，有

$$w_E = -q + T_0 \Delta s \tag{b}$$

式中，Δs 为流动工质进、出口的熵差。

式（a）和式（b）相加即得复合系统作出的最大有用功——稳流工质的物流㶲为

$$w_{u,max} = e_x = h - h_0 + T_0 \Delta s + \frac{1}{2}c_f^2 = h - h_0 - T_0(s - s_0) + \frac{1}{2}c_f^2 \tag{6-41}$$

热力学能
㶲和焓㶲

宏观动能 $\dfrac{1}{2}c_f^2$ 全部是㶲，称为机械㶲，若速度不高，也可以忽略不计。因而，稳流工质的㶲，通常是指其能量焓中的㶲，故称焓㶲，用 $E_{x,H}(e_{x,H})$ 表示：

$$E_{x,H} = H - H_0 - T_0(S - S_0)，\quad e_{x,H} = h - h_0 - T_0(s - s_0) \tag{6-42}$$

焓炻为

$$A_{n,H} = H_0 + T_0(S - S_0)，\quad a_{n,H} = h - e_{x,H} = h_0 + T_0(s - s_0) \tag{6-43}$$

相对于确定环境状态，稳流工质㶲只取决于给定状态，是状态参数。

在除环境外无其他热源的条件下，稳流工质在两个确定状态下所能作出的最大有用功为

$$W_{1-2,max} = E_{x,H_1} - E_{x,H_2} = -\Delta E_{x,H} = H_1 - H_2 - T_0(S_1 - S_2) \tag{6-44}$$

6.8　能量贬值原理

综前所述，体系的㶲是指其处于环境条件下仅与环境作用经完全可逆过程过渡到与环境平衡时所作出的有用功，所以就人类对机械能利用而言，体系能量中㶲比例的大小可以反映能量品质的高低。任何不可逆过程，必然有机械能损失，或者说必然有㶲损失，导致体系的作功能力降低，因而能量品质下降。不可逆程度愈严重，作功能力降低愈多，㶲损失愈大。所以㶲损（或炻增）可以作为不可逆尺度的又一个度量。孤立系熵增原理表明：孤立系内发生任何不可逆变化时，孤立系的熵必大。因而孤立系的熵增和㶲损失必然有其内在联系。

6.8.1　孤立系熵增与㶲损失

下面采用从特殊到一般的方法，以工程中普遍存在的孤立系中发生不可逆传热和热功转换中膨胀不可逆引起体系熵增与㶲损失为例进行分析。

（1）设有两个恒温体系 A 和 B，$T_A > T_B$，如图 6-24 所示。根据热量㶲的定义，以 A 为热源，环境为冷源，其间工作的可逆机作出的最大循环净功 $W_{\max(A)}$ 即为体系 A 放出热量 Q 中的热量㶲，即

$$E_{x,Q(A)} = W_{\max(A)} = \left(1 - \frac{T_0}{T_A}\right) Q \tag{a}$$

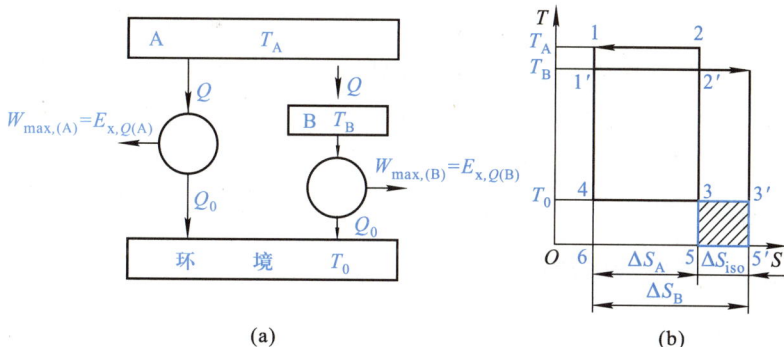

(a)　　　　　　　(b)

图 6-24　孤立系统的熵增与㶲损

体系 B 放出热量 Q，则它所包含的热量㶲为

$$E_{x,Q(B)} = W_{\max(B)} = \left(1 - \frac{T_0}{T_B}\right) Q \tag{b}$$

孤立系中因发生了 A 向 B 不可逆传热而引起的㶲损失是 $E_{x,Q(A)} - E_{x,Q(B)}$，若以 I 表示㶲损失，则

$$I = E_{x,Q(A)} - E_{x,Q(B)} = T_0 \left(\frac{1}{T_B} - \frac{1}{T_A}\right) Q \tag{c}$$

由于不可逆传热引起的孤立系统熵增大（第 6.6 节）为

$$\Delta S_{iso} = \Delta S_B + \Delta S_A = \frac{Q}{T_B} - \frac{Q}{T_A} = \left(\frac{1}{T_B} - \frac{1}{T_A}\right) Q = S_g$$

将此式代入式（c），并且注意到孤立系熵增等于熵产，可得

$$I = T_0 \Delta S_{iso} = T_0 S_g \tag{6-45}$$

㶲损失在 T-S 图上以图中阴影面积 $A_{33'5'53}$ 表示（图 6-24b）。由于 $T_A > T_B$，体系 A 放热，熵变 $\Delta S_A < 0$，可用图中线段 56 表示；体系 B 吸热，熵变 $\Delta S_B > 0$，为线段 65′。因此，55′表示孤立系的熵增 ΔS_{iso}，矩形面积 $A_{33'5'53}$ 表示㶲损失 $T_0 \Delta S_{iso}$。

（2）设热源放热过程为 A-B（图 6-25），放热量中的㶲和㶲分别如图中面积 A_{12341} 和面积 A_{36543}。当膨胀过程不可逆时，由于不可逆绝热熵产大于零，所以尽管熵流等于零，但过程熵变大于零，其值等于过程的熵产。此时放热量中的㶲增

大为面积 $A_{3'6'543'}$，增大了面积 $A_{3'6'633'}$，此面积等于环境温度和不可逆绝热过程的熵产乘积。因为热量并没有改变，炕的增大量必定是热量中烟的减少值，所以不可逆烟损失同样可用式(6-45)计算。

式(6-45)称为 Gouy-Stodla 公式(G-S公式)。它表明：环境温度 T_0 一定时，孤立系统烟损失与其熵增成正比。G-S 公式虽由特例导出，但是个普适公式，适用于计算任何不可逆因素引起的烟损失。

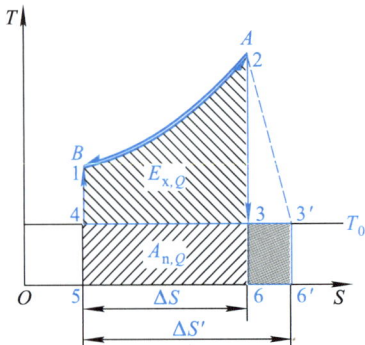

图 6-25　不可逆膨胀的烟损

熵产和
烟损

G-S 公式不限于孤立系，任何开口系统或闭口系统不可逆过程均有 $I=T_0S_g$。

6.8.2　能量贬值原理

上面的分析指出，孤立系统中的各种不可逆因素，总可以归结为机械功不可逆地转化为热，使孤立系统的熵增大，最终表现为系统机械能损失，这是一切不可逆过程的共性。一切实际过程总有某种不可逆因素，都意味着机械功损失。不可逆循环，显然有机械功损失；热量 Q 由 A 传入 B，热能的数量并未减少，但是 Q 中的烟减少了，热能的"质量"降低了，同样意味着机械功损失。耗散功转化的热能，如果全部被一个温度与环境温度 T_0 相同的物体吸收，它将不再具有作出有用功的能力，或者说作功能力丧失殆尽。不可逆过程中能量的一部分(甚至全部)烟不可避免地退化为炕，而且一旦退化为炕就再也无法转变为烟，称之为能量贬值。烟损失是真正意义上的损失。孤立系统中进行热力过程时烟只会减小不会增大，极限情况(可逆过程)下烟保持不变，这就是能量贬值原理。即

$$\mathrm{d}E_{x,iso}\leqslant 0 \qquad (6-46)$$

一定环境下的系统(或能量)其烟和炕的比例是确定的，合理用能及节能的指导方向应该是减少烟损失而不是减少炕。

例 6-8　设 $Q=100$ kJ，环境温度 $T_0=300$ K。求下列三种不可逆传热造成的烟损失：(1) $T_A=420$ ℃，$T_B=400$ ℃；(2) $T_A=70$ ℃，$T_B=50$ ℃；(3) $T_A=200$ K，$T_B=220$ K。

解　由式(6-45)，烟损失

$$I=T_0\Delta S_{iso}=T_0S_g$$

(1) $T_A=(420+273)$ K $=693$ K，$T_B=(400+273)$ K $=673$ K，因 $T_A>T_B>T_0$，热量由 A 传向 B。

$$\Delta S_{\text{iso}} = \Delta S_{\text{A}} + \Delta S_{\text{B}} = \left(\frac{1}{T_{\text{B}}} - \frac{1}{T_{\text{A}}} \right) Q$$

$$= \left(\frac{1}{673\ \text{K}} - \frac{1}{693\ \text{K}} \right) \times 100\ \text{kJ} = 0.004\ 3\ \text{kJ/K}$$

$$I = T_0 \Delta S_{\text{iso}} = 300\ \text{K} \times 0.004\ 3\ \text{kJ/K} = 1.29\ \text{kJ}$$

(2)、(3)的计算过程与(1)相同,计算结果列于表 6-1。

表 6-1 例 6-8 㶲损失

序号	温度关系	热量传递方向	孤立系统熵增或熵产	㶲损失
1	$T_{\text{A}} > T_{\text{B}} > T_0$	热量由 A 传向 B	$\Delta S_{\text{iso}} = 0.004\ 3\ \text{kJ/K}$	$I = 1.29\ \text{kJ}$
2	$T_{\text{A}} > T_{\text{B}} > T_0$	热量由 A 传向 B	$\Delta S_{\text{iso}} = 0.018\ 1\ \text{kJ/K}$	$I = 5.42\ \text{kJ}$
3	$T_{\text{A}} < T_{\text{B}} < T_0$	热量由 B 传向 A	$\Delta S_{\text{iso}} = 0.045\ 5\ \text{kJ/K}$	$I = 13.64\ \text{kJ}$

讨论:由本例可知,同样大小的传热温差 ΔT,低温传热时㶲损失更大。工程上,在不降低(或少降低)传热效果的同时,尽量减小传热温差,对低温换热器尤为重要。

例 6-9 设热源 $T_{\text{H}} = 1\ 300\ \text{K}$,冷源即环境大气 $T_0 = 288\ \text{K}$。工质的平均吸热温度 $T_1 = 600\ \text{K}$,平均放热温度 $T_2 = 300\ \text{K}$。已知循环发动机 E 的热效率为工作于 T_1 和 T_2 的卡诺循环的热效率的 80%,即 $\eta_{\text{t}} = 0.8\eta_{\text{c}}$,如图 6-26 所示。若对于每千克工质,热源放热量100 kJ,试求发动机实际循环净功 W_{net},及各处不可逆因素引起的㶲损失,并在 T-s 图上表示。

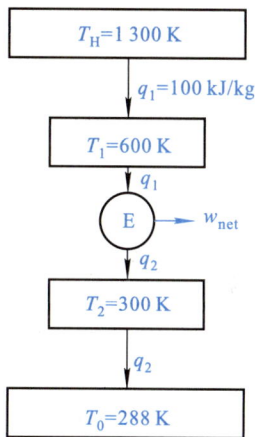

图 6-26 例 6-9 附图

解 应用热力学第二定律分析有两种方法:熵分析法和㶲分析法。熵分析法是建立在熵方程和 G-S 公式基础上,对各子系统或整个大系统列出熵平衡方程,确定各处熵产 S_{g},然后求出㶲损失。本题采用熵分析法。

将整个过程划分为三个子过程:热源 T_{H} 和中间热源 T_1 间单纯地传热;两个中间热源 T_1 和 T_2 与实际热机完成热量 $q_1 - q_2$ 转变为功 w_{net} 的循环;中间热源 T_2 和环境 T_0 间单纯地传热。三个子过程完成的效果与整个过程相同,并且各自可作为孤立系统(或闭口绝热系)。下面对三个子过程分别计算。

(1) 由 $T_{\text{H}} \rightarrow T_1$,热源放热,熵变 $\Delta s_{T_{\text{H}}} = \dfrac{-q_1}{T_{\text{H}}}$;中间热源吸热,熵变 $\Delta s_{T_1} = \dfrac{q_1}{T_1}$,孤

立系统的熵增 $\Delta s_{\mathrm{iso},1}$ 即不可逆传热的熵产 $s_{g,1}$，等于热源熵变与中间热源熵变之和

$$\Delta s_{\mathrm{iso},1}=s_{g,1}=\Delta s_{T_{\mathrm{H}}}+\Delta s_{T_1}=\frac{-q_1}{T_{\mathrm{H}}}+\frac{q_1}{T_1}$$

不可逆传热的㶲损失为 $I_1=T_0\Delta s_{\mathrm{iso},1}=T_0 s_{g,1}$，得

$$I_1=T_0\left(\frac{1}{T_1}-\frac{1}{T_{\mathrm{H}}}\right)q_1=288\ \mathrm{K}\times\left(\frac{1}{600\ \mathrm{K}}-\frac{1}{1\ 300\ \mathrm{K}}\right)\times100\ \mathrm{kJ/kg}=25.8\ \mathrm{kJ/kg}$$

（2）工作在 T_1 和 T_2 间的卡诺机

$$\eta_{\mathrm{c}}=1-\frac{T_2}{T_1}=1-\frac{300\ \mathrm{K}}{600\ \mathrm{K}}=0.5$$

$$w_{\mathrm{c}}=\eta_{\mathrm{c}}q_1=0.5\times100\ \mathrm{kJ/kg}=50\ \mathrm{kJ/kg}$$

由题意，实际循环的热效率

$$\eta_{\mathrm{t}}=0.8\eta_{\mathrm{c}}=0.8\times0.5=0.4$$

实际循环净功 $w_{\mathrm{net}}=\eta_{\mathrm{t}}q_1=0.4\times100\ \mathrm{kJ/kg}=40.0\ \mathrm{kJ/kg}$

实际放热量 $q_2=q_1-w_{\mathrm{net}}=100\ \mathrm{kJ/kg}-40\ \mathrm{kJ/kg}=60\ \mathrm{kJ/kg}$

$$\Delta s_{\mathrm{iso},2}=s_{g,2}=\Delta s_{T_1}+\oint \mathrm{d}s+\Delta s_{T_2}=\frac{-q_1}{T_1}+0+\frac{q_2}{T_2}$$

$$=\frac{-100\ \mathrm{kJ/kg}}{600\ \mathrm{K}}+\frac{60\ \mathrm{kJ/kg}}{300\ \mathrm{K}}=0.033\ 3\ \mathrm{kJ/(kg\cdot K)}$$

$$I_2=T_0 s_{g,2}=288\ \mathrm{K}\times0.033\ 3\ \mathrm{kJ/(kg\cdot K)}=9.6\ \mathrm{kJ/kg}$$

（3）由 $T_2\rightarrow T_0$，不可逆传热引起的孤立系熵增

$$\Delta s_{\mathrm{iso},3}=s_{g,3}=\Delta s_{T_2}+\Delta s_{T_0}=\frac{-q_2}{T_2}+\frac{q_2}{T_0}$$

㶲损失

$$I_3=T_0\Delta s_{\mathrm{iso},3}=T_0\left(-\frac{1}{T_2}+\frac{1}{T_0}\right)q_2$$

$$=288\ \mathrm{K}\times\left(-\frac{1}{300\ \mathrm{K}}+\frac{1}{288\ \mathrm{K}}\right)\times60\ \mathrm{kJ/kg}=2.4\ \mathrm{kJ/kg}$$

整个系统的㶲损失

$$I=\sum_{i=1}^{3}I_i=(25.8\ \mathrm{kJ/kg}+9.6\ \mathrm{kJ/kg}+2.4\ \mathrm{kJ/kg})$$

$$=37.8\ \mathrm{kJ/kg}$$

I_1、I_2、I_3 在 $T\text{-}s$ 图上表示，如图 6-27 所示。

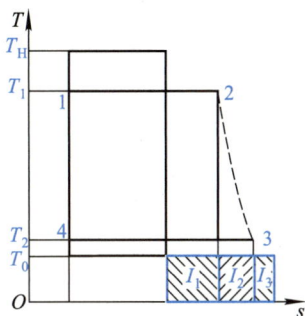

图 6-27　例 6-9 中不可逆烟损

讨论：与烟分析法从收支的烟差分析过程的烟损失不同，熵分析法是求出各环节的熵产，再按 Gouy–Stodla 公式计算该环节的作功能力损失，两种方法的效果是一样的，建议读者用烟方法再解此题。

6.9　烟平衡方程

烟参数为评价能量的"质量"提供了一种尺度。由此而建立的热系统烟平衡分析法，结合热力学第一定律，为热系统经济分析提供了热力学基础。本节讨论闭口系统和稳定流动热力系的烟平衡方程。

*6.9.1　烟平衡方程

烟分析方法的基础是烟平衡方程。能量烟是能量本身的特性，系统具有能量，同时也具有能量烟；工质携带能量或传递能量，同时也携带或传递能量烟。任何可逆过程都不会发生烟向炕的转变，所以可逆过程不存在烟损失；任何不可逆过程的发生，系统中都会出现烟损失，在这点上它不同于能量。系统烟平衡方程的建立可参照能量平衡方程建立的方法，但需增加一支出项——烟损失 I，即：输入系统的烟减去输出系统的烟，再减去烟损失等于系统的烟增量。

（1）闭口系统烟平衡方程

考察图 6-28 虚线所示任意闭口系经热力变化过程由状态 1 变化到状态 2。这时热力学能变量为 U_2-U_1，过程中可能分别与热源及环境交换热量 Q 和 Q_0，作出过程功 W，是系统有用功 W_u 和排斥大气功 $p_0(V_2-V_1)$ 之和。与此相应的各项能量烟分别为 $E_{x,U_2}-E_{x,U_1}$、$E_{x,Q}$、E_{x,Q_0}、$E_{x,W_u}(=W_u)$、E_{x,W_0}。此外，尚有烟损失 I。系统的能量方程为

$$Q+Q_0=U_2-U_1+W=U_2-U_1+W_u+p_0(V_2-V_1)$$

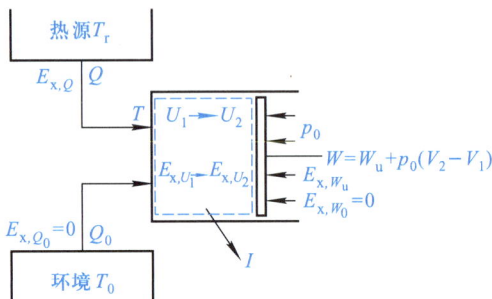

图 6-28　闭口系统㶲平衡模型

考虑到系统与环境交换热量的㶲 E_{x,Q_0} 为零,以及与环境交换的功不能有效利用,故排斥大气功㶲值也为零,输入系统的㶲仅有热量㶲,输出系统的㶲仅是有用功㶲, E_{x,W_u} 系统的㶲增量为初、终态热力学能㶲的差,所以㶲平衡方程为

$$E_{x,Q}-W_u-I=E_{x,U_2}-E_{x,U_1}$$

整理得

$$E_{x,Q}=E_{x,U_2}-E_{x,U_1}+W_u+I$$

或
$$I=E_{x,Q}+E_{x,U_1}-E_{x,U_2}-W_u \tag{6-47}$$

式中： $E_{x,U_1}-E_{x,U_2}=U_1-U_2-T_0(S_1-S_2)+p_0(V_1-V_2)$;

$E_{x,W_u}=W_u=W-p_0(V_2-V_1)$;

$E_{x,Q}=\int_1^2\left(1-\dfrac{T_0}{T}\right)\delta Q$ 。

上式中,若是考虑系统内部不可逆因素引起的㶲损失, T 是通过界面换热处的工质温度;若同时考虑到热源与工质可能的不可逆传热,则采用热源温度 T_r ,这时得出的㶲损失包括热源与系统换热的不可逆㶲损。

若热力过程是可逆过程, $I=0$,这时作出的是最大有用功,由式(6-47)可得
$$W_{1-2,max}=E_{x,Q}+E_{x,U_1}-E_{x,U_2} \tag{6-48}$$
它表示系统与环境外的其他热源也交换热量时的最大有用功。系统如果进行的是可逆压缩过程,式(6-48)表示消耗的最小有用功。

（2）稳定流动系统㶲平衡方程

设有单股流体流入和流出的任意稳定流动系,如图6-29所示。当不计位能差时,流入 1 kg 工质,进口处工质携带入能量为 $h_1+\dfrac{1}{2}c_{f1}^2$;出口处同时也流出 1 kg 工质,携带走能量 $h_2+\dfrac{1}{2}c_{f2}^2$;系统与热源的换热量为 q ;与环境的换热量为

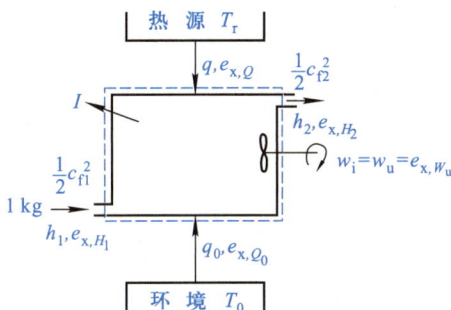

图 6-29　稳流开口系统㶲平衡模型

q_0;作出内部功 w_i(不考虑轴承等摩擦时内部功等于轴功,全为有用功,$w_i = w_s = w_u$)。与其相应的各项能量㶲为:$e_{x,H_1} + \dfrac{1}{2}c_{f1}^2, e_{x,H_2} + \dfrac{1}{2}c_{f2}^2, e_{x,Q}, e_{x,Q_0} = 0, e_{x,W_u} = w_u$,以及附加支出项㶲损失 i。

稳定流动系的能量方程为

$$q + q_0 = h_2 - h_1 + \frac{1}{2}c_{f2}^2 - \frac{1}{2}c_{f1}^2 + w_s$$

系统㶲平衡方程为

$$e_{x,Q} + e_{x,H_1} + \frac{1}{2}c_{f1}^2 - e_{x,H_2} - \frac{1}{2}c_{f2}^2 - w_s - i = \Delta E_{x,CV}$$

因稳定流动系的 $\Delta E_{x,CV} = 0$,所以整理后得

$$e_{x,Q} = e_{x,H_2} - e_{x,H_1} + \frac{1}{2}c_{f2}^2 - \frac{1}{2}c_{f1}^2 + w_s + i$$

或　　　　　　　　$i = e_{x,1} - e_{x,2} + e_{x,Q} - w_u$ 　　　　　　（6-49）

式中:　$e_{x,1} - e_{x,2} = e_{x,H_1} - e_{x,H_2} + \dfrac{1}{2}c_{f1}^2 - \dfrac{1}{2}c_{f2}^2 = h_1 - h_2 - T_0(s_1 - s_2) + \dfrac{1}{2}(c_{f1}^2 - c_{f2}^2)$

$$e_{x,Q} = \int_1^2 \left(1 - \frac{T_0}{T}\right)\delta Q$$

如果进行的是可逆过程,$i = 0$,这时作出的最大有用功可由式(6-49)得出

$$w_{1-2,\max} = e_{x,1} - e_{x,2} + e_{x,Q} \qquad (6-50)$$

它表示稳定流动系与除环境外的其他热源也交换热量时的最大有用功。稳定流动系中如果进行的是可逆压缩过程,则式(6-50)表示消耗的最小有用功。

6.9.2　㶲效率

前述分析表明:和过程的熵产一样,㶲损失的大小能够用来衡量过程不可逆

的程度,㶲损失大,表明过程的不可逆性大,㶲的有效利用程度小,或者说过程的热力学完善程度低。但是,㶲损失是损失的一个绝对数量,并不能用来比较在不同条件的过程对㶲有效利用程度。为表达系统在过程中㶲的利用程度,定义㶲效率 η_{e_x}——过程中被利用或收益的㶲 $E_{x,u}$ 与支付或耗费的㶲 $E_{x,p}$ 的比值,即

$$\eta_{e_x} = \frac{E_{x,u}}{E_{x,p}} \tag{6-51}$$

㶲效率弥补了仅从能量的数量评价过程对能量利用程度的不足,可作为评价各种实际过程热力学完善程度的统一尺度。例如,高温高压的蒸汽流经汽轮机作绝热膨胀过程,可以忽略通过汽轮机热量的散失,其能量利用率为 1,从热力学第一定律来看过程是完善的。但从㶲分析的角度看,蒸汽在汽轮机内绝热膨胀㶲效率小于 1,过程不够完善,改善汽轮机的设计,降低蒸汽流经汽轮机的不可逆损失,提高其㶲效率,就可更充分利用输入蒸汽的㶲,发出更多的电。

例 6-10　参见例 6-9 条件,采用㶲分析法,试求:(1)各相应温度下的热量㶲和热量㷎;(2)各处不可逆因素引起的㶲损失。

解　(1)热量㶲和热量㷎

① 已知 $q_1 = 100$ kJ,$T_0 = 288$ K。由 $T_H = 1\,300$ K 热源放出热量中的热量㶲和热量㷎为

$$e_{x,Q_1,T_H} = \left(1 - \frac{T_0}{T_H}\right)q_1 = \left(1 - \frac{288\text{ K}}{1\,300\text{ K}}\right) \times 100 \text{ kJ/kg} = 77.8 \text{ kJ/kg}$$

$$a_{n,Q_1,T_H} = q_1 - e_{x,Q_1,T_H} = 100 \text{ kJ/kg} - 77.8 \text{ kJ/kg} = 22.2 \text{ kJ/kg}$$

② 热量 q_1 由热源传给 $T_1 = 600$ K 的中间热源,再由中间热源放出时的热量㶲和热量㷎为

$$e_{x,Q_1,T_1} = \left(1 - \frac{T_0}{T_1}\right)q_1 = \left(1 - \frac{288\text{ K}}{600\text{ K}}\right) \times 100 \text{ kJ/kg} = 52.0 \text{ kJ/kg}$$

$$a_{n,Q_1,T_1} = q_1 - e_{x,Q_1,T_1} = (100 \text{ kJ/kg} - 52.0 \text{ kJ/kg}) = 48.0 \text{ kJ/kg}$$

③ 同例 6-9,实际循环净功 $w_{net} = 40.0$ kJ/kg,放热量 $q_2 = 60$ kJ/kg。工质向 $T_2 = 300$ K 的中间热源放热 q_2 中的热量㶲和热量㷎为

$$e_{x,Q_2,T_2} = \left(1 - \frac{T_0}{T_2}\right)q_2 = \left(1 - \frac{288\text{ K}}{300\text{ K}}\right) \times 60 \text{ kJ/kg} = 2.4 \text{ kJ/kg}$$

$$a_{n,Q_2,T_2} = q_2 - e_{x,Q_2,T_2} = 60 \text{ kJ/kg} - 2.4 \text{ kJ/kg} = 57.6 \text{ kJ/kg}$$

④ 冷源(环境)由中间热源获得的热量 q_2 的热量㶲和热量㷎为

$$e_{x,Q_2,T_0} = 0, \quad a_{n,Q_2,T_0} = q_2 = 60 \text{ kJ/kg}$$

(2)整个装置共有三处有不可逆损失:两处不等温传热以及热机按不可逆循环工作。

① 由 $T_H \to T_1$, 不可逆传热的㶲损失为

$$I_1 = e_{x,Q_1,T_H} - e_{x,Q_1,T_1} = 77.8 \text{ kJ/kg} - 52.0 \text{ kJ/kg} = 25.8 \text{ kJ/kg}$$

② 不可逆循环㶲损失为

$$I_2 = e_{x,Q_1,T_1} - w_{net} - e_{x,Q_2,T_2} = 52 \text{ kJ/kg} - 40 \text{ kJ/kg} - 2.4 \text{ kJ/kg} = 9.6 \text{ kJ/kg}$$

③ 由 $T_2 \to T_0$, 不可逆传热的㶲损失为

$$I_3 = e_{x,Q_2,T_2} - e_{x,Q_2,T_0} = 2.4 \text{ kJ/kg} - 0 = 2.4 \text{ kJ/kg}$$

整个系统的㶲损失为

$$I = I_1 + I_2 + I_3 = 25.8 \text{ kJ/kg} + 9.6 \text{ kJ/kg} + 2.4 \text{ kJ/kg} = 37.8 \text{ kJ/kg}$$

讨论:(1)对照例 6-9,㶲分析法得到的结果和熵分析法相同。(2)实际循环比可逆循环少作功 $w_c - w_{net} = (50-40) \text{ kJ/kg} = 10 \text{ kJ/kg}$,而㶲损失 $I_2 = 9.6 \text{ kJ/kg}$,即 $w_c - w_{net} \neq I_2$。这是因为可逆机放热量为 50 kJ/kg,其中热量㶲为

$$\left(1 - \frac{T_0}{T_2}\right)q_{2,r} = \left(1 - \frac{288 \text{ K}}{300 \text{ K}}\right) \times 50 \text{ kJ/kg} = 2.0 \text{ kJ/kg}$$

而不可逆机放热量为 60 kJ/kg,其中热量㶲为 2.4 kJ/kg,不可逆机多放出的 10 kJ/kg 热量中尚有热量㶲 0.4 kJ/kg,故㶲损失要比少作的功小 0.4 kJ/kg。

这里,$\int_1^2 \left(1 - \frac{T_0}{T}\right)\delta q$ 是可逆等温过程系统自热源吸热,从中获得的热量㶲。

例 6-11　同例 6-7,同样的冷源(-196 ℃),同样的空气源(0.69 MPa,26.8 ℃),同样生产质量流量 $q_m = 20 \text{ kg/s}$,0.138 MPa、-162.1 ℃ 的空气。现改进方案,以气轮机代替节流阀,起降压作用。设气轮机内进行的是绝热膨胀过程,已知其相对内部效率 $\eta_T = 0.8$(η_T 是气轮机实际作出的功和理论功的比值)。求:(1)气轮机输出功率 P_T;(2)冷却器的放热量 q_Q;(3)整个系统熵增;(4)两个方案的㶲损失。新方案示意图如图 6-30 所示,环境温度设为 $t_0 = 25$ ℃。

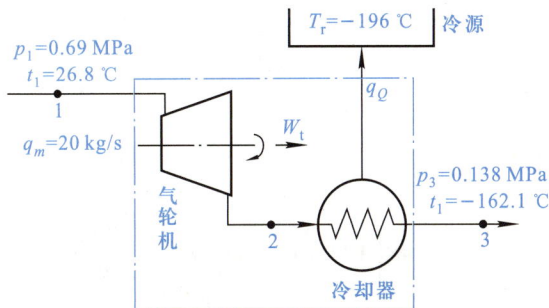

图 6-30　例 6-11 附图

解　（1）同例 6-7，$p_2 = p_3 = 0.138$ MPa，$T_1 = 299.95$ K，$T_3 = 111.05$ K，$T_r = 77.15$ K。

气轮机理论技术功率为

$$P_T = q_m(h_1 - h_{2_s}) = q_m c_p(T_1 - T_{2_s})$$

而

$$T_{2_s} = T_1 \left(\frac{p_2}{p_1}\right)^{\frac{\kappa-1}{\kappa}} = \left(\frac{0.138 \text{ MPa}}{0.69 \text{ MPa}}\right)^{\frac{1.4-1}{1.4}} \times 299.95 \text{ K} = 189.38 \text{ K}$$

又，据热力学第一定律的数学表达式，绝热过程的技术功等于焓差，故气轮机相对内部效率为

$$\eta_T = \frac{h_1 - h_2}{h_1 - h_{2_s}} = \frac{c_p(T_1 - T_2)}{c_p(T_1 - T_{2_s})}$$

所以

$$T_2 = T_1 - (T_1 - T_{2_s})\eta_T = 299.95 \text{ K} - (299.95 - 189.38) \text{ K} \times 0.8 = 211.5 \text{ K}$$

气轮机输出功率为

$$\begin{aligned}
P_T &= q_m(h_1 - h_2) = q_m c_p(T_1 - T_2) \\
&= 20 \text{ kg/h} \times 1.004 \text{ kJ/(kg·K)} \times (299.95 \text{ K} - 211.5 \text{ K}) \\
&= 1\ 776.076 \text{ kW}
\end{aligned}$$

（2）冷却器内进行定压冷却放热过程，热量等于焓差

$$\begin{aligned}
q_Q &= q_m(h_3 - h_2) = q_m c_p(T_3 - T_2) \\
&= 20 \text{ kg/s} \times 1.004 \text{ kJ/(kg·K)} \times (111.05 \text{ K} - 211.5 \text{ K}) \\
&= -2\ 017.04 \text{ kJ/s}
\end{aligned}$$

负值为放热。

（3）取图 6-30 中点画线为控制体积，与冷源、空气源构成复合体系，此复合体系为闭口绝热系统。流入空气源的工质比熵为 s_3，流出空气源的工质比熵为 s_1。孤立系统熵增原理可以适用。

$$\Delta \dot{s}_{iso} = \Delta \dot{s}_r + \Delta \dot{s}_{CV} + q_m(s_3 - s_1)$$

$$\Delta \dot{s}_r = \frac{-q_Q}{T_r} = \frac{2\ 017.04 \text{ kJ/s}}{77.15 \text{ K}} = 26.144 \text{ kJ/(K·s)}$$

$$\begin{aligned}
\Delta \dot{s}_{1-3} &= q_m(s_3 - s_1) = q_m \left[c_p \ln \frac{T_3}{T_1} - R_g \ln \frac{p_3}{p_1} \right] \\
&= 20 \text{ kg/s} \times \left[1.004 \text{ kJ/(kg·K)} \times \ln \frac{111.05 \text{ K}}{299.95 \text{ K}} - \right. \\
&\quad \left. 0.287 \text{ kJ/(kg·K)} \times \ln \frac{0.138 \text{ MPa}}{0.69 \text{ MPa}} \right]
\end{aligned}$$

$$= -10.714 \text{ kJ}/(\text{K} \cdot \text{s})$$

$$\Delta \dot{s}_{iso} = \Delta \dot{s}_r + \Delta \dot{s}_{CV} + q_m(s_3 - s_1)$$

$$= 26.144 \text{ kJ}/(\text{K} \cdot \text{s}) + 0 + [-10.714 \text{ kJ}/(\text{K} \cdot \text{s})]$$

$$= 15.43 \text{ kJ}/(\text{K} \cdot \text{s}) > 0$$

新方案并不违反孤立系统熵增原理,也是可行的。

（4）两种方案的㶲损

取例 6-7 为方案 I,本例为方案 II。方案 I 和方案 II 的熵产分别是

$$\Delta \dot{s}_{iso,I} = 38.45 \text{ kJ}/(\text{K} \cdot \text{s}) \text{、} \quad \dot{s}_{iso,II} = 15.43 \text{ kJ}/(\text{K} \cdot \text{s})\text{。}$$

$$\dot{I}_I = T_0 \Delta \dot{s}_{iso,I} = (25 + 273.15) \text{ K} \times 38.45 \text{ kJ}/(\text{K} \cdot \text{s}) = 11\,463.9 \text{ kJ/s}$$

$$\dot{I}_{II} = T_0 \Delta \dot{s}_{iso,II} = (25 + 273.15) \text{ K} \times 15.43 \text{ kJ}/(\text{K} \cdot \text{s}) = 4\,600.5 \text{ kJ/s}$$

讨论:计算结果表明,方案 II 通过气轮机作出有用功,㶲损失比方案 I 小得多,因而从热力学能源利用的角度更合理。本题计算㶲损采用 G-S 公式,读者可尝试采用㶲平衡法进行计算比较。

本章归纳

本章讨论热力学第二定律、孤立系统熵增原理以及孤立系统熵增与能量品质衰减的关系。

名词和术语

热力学第二定律是阐明与热现象有关的各种过程进行的方向、条件以及进行的限度的定律。只有同时满足热力学第一定律和热力学第二定律的过程才能实现。由于自然界有各种过程,从不同角度去观察就可得到各种不同的关于过程方向性的描述,因此学习热力学第二定律时应抓住其本质:过程进行的结果表现为使孤立系统熵增大,其实质是在能量的传递和转移过程中能量的数量不变,可用性下降。

卡诺循环和卡诺定理在热力学第二定律的建立过程中起了极重要的作用,提高工质吸热温度、降低放热温度、合理组织循环,使过程尽可能接近可逆,对热机发展具有指导意义。同时,也指出了不要试图建造循环热效率高于同温限卡诺机的热力发动机。

应特别注意克劳修斯积分中温度是热源的温度,热量的符号是依循环的工质确定的,工质吸热为正,放热为负,而孤立系统熵增原理的热（冷）源熵变计算中热量符号据各自吸热还是放热确定,与循环工质相反,因而克劳修斯积分不

等式是 $\oint \dfrac{\delta q}{T_r} \leqslant 0$。

　　熵是热力学中抽象但很重要的概念,熵是表征由大量粒子组成的系统的"有序"程度的参数,熵值大的状态出现的概率也大,系统的"有序"程度愈小。熵参数的变化与过程的方向性,与过程进行的程度、条件密切联系。而且,与能量、动量等物理量不一样,熵是不守恒的,熵方程的核心是不可逆过程的熵产,孤立系统的熵只增不减是因为一切过程均不可逆,故熵不断产生出来。因此,把与研究的系统发生质、能交换的外界综合组成的孤立系统,考察此孤立系统的熵变情况,即可判断在所研究的系统中的过程是否可能进行:孤立系统的熵增大,过程可以进行,不可逆;孤立系统的熵不变,只有过程是可逆的才可以进行;孤立系统的熵减小,过程不能进行。由于实际过程都是不可逆的,所以只有使孤立系统的熵增大的实际过程才可以进行,当孤立系统的熵达到极大值时,系统达到平衡状态,这就是孤立系统的熵增原理。孤立系统的熵增原理是过程进行方向和平衡的判据。孤立系统的熵增原理可推广应用到闭口绝热系统。

　　能量由㶲和㶲构成,所以能量除了数量的属性外还有质量的差异,用能的实质是用㶲。能量(或物质)的作功能力(即㶲)是在给定的环境条件下且只与环境作用,能量(或物质)作出的最大有用功。温度与环境温度不同的热源输出的热量具有作功能力,故具有热量㶲。和热量一样,冷量也具有作功能力,故也有冷量㶲。但物体输出热量本身(热量)㶲值减少,而物体输出冷量本身(冷量)㶲值增大。且当热源温度趋向无穷大时输出的热量全部为㶲,㶲为零。而输出冷量的物体的温度趋向于绝对零度时,其冷量㶲将趋于无穷大。物质系统的状态与环境不平衡时其热力学能(或焓)也具备㶲,而且其值仅取决于环境参数和系统的状态参数,所以在一定的状态下热力学能㶲和焓㶲都是状态参数。进而闭口系统(或稳态稳流工质)在两个状态之间变化的过程中所能作出的最大有用功等于热力学能㶲(或焓㶲)的差。概括起来能量由㶲和㶲构成,两者之一可以为零。

　　就人类对机械能利用而言,能量中㶲含量的高低决定了能量品质的高低。实践指出,任何不可逆因素都将造成㶲(即作功能力)的损失,即㶲不可逆地转化为㶲。一般而言,用能的实质是用㶲,节能的本质是节㶲,是减少过程的㶲损,绝非减少㶲。孤立系统的熵增即为熵产,熵产是不可逆性的一种量度,各种不可逆均造成系统作功能力的损失。因而,就能量的可用性而言,孤立系统的熵增(或熵产)意味孤立系统作功能力的损失。系统作功能力损失(即㶲损失)与熵产成正比,而其比例系数为环境介质温度。㶲平衡方程指出孤立系统的㶲是不断减少的,系统对输入㶲的利用程度可以作为其热力学完善程度的一种计量方法。

能量的
可用性

思考题

　　6-1　热力学第二定律能否表达为："机械能可以全部变为热能,而热能不可能全部变为机械能"? 理想气体进行定温膨胀时,可从单一恒温热源吸入的热量,将之全部转变为功对外输出,是否与热力学第二定律的开尔文叙述有矛盾? 为什么?

　　6-2　自发过程是不可逆过程,非自发过程必为可逆过程,这一说法是否正确?

　　6-3　请归纳热力过程中有哪几类不可逆因素。

　　6-4　试证明热力学第二定律各种说法的等效性:若克劳修斯说法不成立,则开尔文说法也不成立。

　　6-5　下述说法是否有错误,并说明理由:(1)循环净功 W_{net} 愈大则循环热效率愈高;(2)不可逆循环热效率一定小于可逆循环热效率;(3)可逆循环热效率都相等, $\eta_t = 1 - \dfrac{T_2}{T_1}$。

　　6-6　循环热效率公式: $\eta_t = \dfrac{q_1 - q_2}{q_1}$ 和 $\eta_t = \dfrac{T_1 - T_2}{T_1}$ 是否完全相同? 各适用于哪些场合?

　　6-7　下述说法是否正确,并说明理由:(1)熵增大的过程必定为吸热过程;(2)熵减小的过程必为放热过程;(3)定熵过程必为可逆绝热过程;(4)熵增大的过程必为不可逆过程;(5)使系统熵增大的过程必为不可逆过程;(6)熵产 $S_g > 0$ 的过程必为不可逆过程。

　　6-8　下述说法是否有错误,并说明理由:(1)不可逆过程的熵变 ΔS 无法计算;(2)如果从同一初始态到同一终态有两条途径,一为可逆,另一为不可逆,则 $\Delta S_{不可逆} > \Delta S_{可逆}$, $S_{f,不可逆} > S_{f,可逆}$, $S_{g,不可逆} > S_{g,可逆}$;(3)不可逆绝热膨胀终态熵大于初态熵 $S_2 > S_1$,不可逆绝热压缩终态熵小于初态熵 $S_2 < S_1$;(4)工质经过不可逆循环 $\oint ds > 0$, $\oint \dfrac{\delta q}{T_r} < 0$ 。

　　6-9　从点 a 开始有两个可逆过程:定容过程 $a-b$ 和定压过程 $a-c$, b 、 c 两点在同

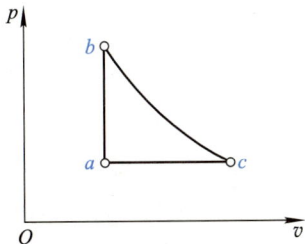

图 6-31　思考题 6-9 附图

一条绝热线上(图6-31),问 q_{a-b} 和 q_{a-c} 哪个大?并在 $T-s$ 图上表示过程 $a-b$ 和 $a-c$ 及 q_{a-b} 和 q_{a-c}。

6-10　某种理想气体由同一初态经可逆绝热压缩和不可逆绝热压缩两种过程,将气体压缩到相同的终压,在 $p-v$ 图上和 $T-s$ 图上画出两过程,并在 $T-s$ 图上示出两过程的技术功及不可逆过程的㶲损失。

6-11　孤立系统中进行了(1)可逆过程;(2)不可逆过程,问孤立系统的总能、总熵、总㶲各如何变化?

6-12　下列命题是否正确?若正确,说明理由;若错误,请改正。(1)成熟的苹果从树枝上掉下,通过与大气、地面的摩擦、碰撞,苹果的势能转变为环境介质的热力学能,苹果的势能全部是㶲,过程中全部转变为㿷。(2)在水壶中烧水,必有热量散发到环境大气中,这就是㿷,而使水升温的那部分称之为㶲。(3)一杯热水含有一定的热量㶲,冷却到环境温度,这时的热量就已没有㶲值。(4)系统的㶲只能减少不能增加。(5)任一使系统㿷增加的过程必然同时发生一个或多个使㶲减少的过程。

6-13　闭口系统绝热过程中由初态1变化到终态2,则 $w=u_1-u_2$。考虑排斥大气作功,有用功为 $w_u=u_1-u_2-p_0(v_2-v_1)$,但据㶲的概念系统由初态1变化到终态2可以得到的最大有用功即为热力学能㶲差: $w_{u,max}=e_{x,U1}-e_{x,U2}=u_1-u_2-T_0(s_1-s_2)-p_0(v_2-v_1)$。为什么系统由初态1可逆变化到终态2得到的最大有用功反而小于系统由初态1不可逆变化到终态2得到的有用功?两者为什么看起来不一致?

习题

6-1　利用逆向卡诺机作为热泵向房间供热,设室外温度为-5 ℃,室内温度为保持20 ℃。要求每小时向室内供热 $2.5×10^4$ kJ,试问:(1)热泵每小时从室外吸多少热量?(2)此循环的供暖系数多大?(3)热泵由电机驱动,设电机效率为95%,求电机功率多大?(4)如果直接用电炉取暖,问每小时耗电几度(kW·h)?

6-2　一种固体蓄热器利用太阳能加热岩石块蓄热,岩石块的温度可达400 K。现有体积为 2 m³的岩石床,其中的岩石密度为 $\rho=2\,750$ kg/m³,比热容 $c=0.89$ kJ/(kg·K),求岩石块降温到环境温度290 K时其释放的热量转换成功的最大值。

6-3　设有一由两个定温过程和两个定压过程组成的热力循环,如图6-32

所示。工质加热前的状态为 $p_1 = 0.1$ MPa，$T_1 = 300$ K，定压加热到 $T_2 = 1\,000$ K，再在定温下每千克工质吸热 400 kJ。试分别计算不采用回热和采用极限回热循环的热效率，并比较它们的大小。设工质比热容为定值，$c_p = 1.004$ kJ/(kg·K)。

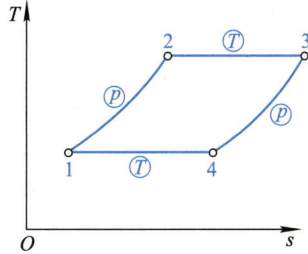

图 6-32　习题 6-3 附图

6-4　试证明：同一种工质在参数坐标图上（例如 p-v 图上）的两条绝热线不可能相交。

6-5　设有 1 kmol 某种理想气体进行图 6-33 所示循环 1-2-3-1。且已知：$T_1 = 1\,500$ K、$T_2 = 300$ K、$p_2 = 0.1$ MPa。设比热容为定值，取绝热指数 $\kappa = 1.4$。（1）求初态压力；（2）在 T-s 图上画出该循环；（3）求循环热效率；（4）该循环的放热很理想，T_1 也较高，但热效率不很高，问原因何在？

6-6　如图 6-34 所示，在恒温热源 T_1 和 T_0 之间工作的热机作出的循环净功 W_{net} 正好带动工作于 T_H 和 T_0 之间的热泵，热泵的供热量 Q_H 用于谷物烘干。已知 $T_1 = 1\,000$ K、$T_H = 360$ K、$T_0 = 290$ K、$Q_1 = 100$ kJ，（1）若热机效率 $\eta_t = 40\%$，热泵供暖系数 $\varepsilon' = 3.5$，求 Q_H；（2）设 E 和 P 都以可逆机代替，求此时的 Q_H；（3）计算结果 $Q_H > Q_1$，表示冷源中有部分热量传入温度为 T_H 的热源，此复合系统并未消耗机械功，将热量由 T_0 传给了 T_H，是否违背了热力学第二定律？为什么？

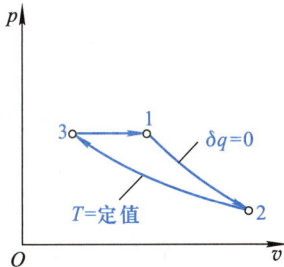

图 6-33　习题 6-5 附图

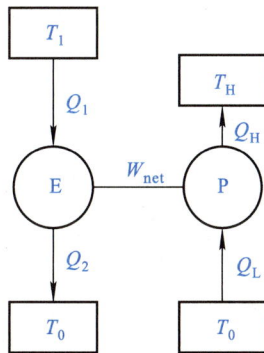

图 6-34　习题 6-6 附图

6-7　某热机工作于 $T_1 = 2\,000$ K、$T_2 = 300$ K 的两个恒温热源之间，试问下列几种情况能否实现？是否是可逆循环？（1）$Q_1 = 1$ kJ，$W_{net} = 0.9$ kJ；（2）$Q_1 = 2$ kJ，$Q_2 = 0.3$ kJ；（3）$Q_2 = 0.5$ kJ，$W_{net} = 1.5$ kJ。

6-8　有人设计了一台热机,工质分别从温度为 $T_1 = 800$ K、$T_2 = 500$ K 的两个高温热源吸热 $Q_1 = 1\,500$ kJ 和 $Q_2 = 500$ kJ,以 $T_0 = 300$ K 的环境为冷源,放热 Q_3,问:(1)要求热机作出循环净功 $W_{net} = 1\,000$ kJ,该循环能否实现?(2)最大循环净功 $W_{net,max}$ 为多少?

6-9　试判别下列几种情况的熵变是:(a)正;(b)负;(c)可正可负;(d)零。

(1)闭口系中理想气体经历一可逆过程,系统与外界交换功量 20 kJ,热量 20 kJ;

(2)闭口系经历一不可逆过程,系统与外界交换功量 20 kJ,热量-20 kJ;

(3)工质稳定流经开口系,经历一可逆过程,开口系作功 20 kJ,换热-5 kJ,工质流在系统进出口的熵变;

(4)工质稳定流经开口系,按不可逆绝热变化,系统对外作功 10 kJ,系统的熵变。

6-10　燃气经过燃气轮机,由 0.8 MPa、420 ℃绝热膨胀到 0.1 MPa、130 ℃。设比热容 $c_p = 1.01$ kJ/(kg·K),$c_V = 0.732$ kJ/(kg·K),问:(1)该过程能否实现? 过程是否可逆?(2)若能实现,计算 1 kg 燃气作出的技术功 w_t,设进、出口的动能差、位能差忽略不计。

6-11　0.25 kg 的 CO 在闭口系中由 $p_1 = 0.25$ MPa、$t_1 = 120$ ℃膨胀到 $t_2 = 25$ ℃、$p_2 = 0.125$ MPa,作出膨胀功 $W = 8.0$ kJ。试计算过程热量,并判断该过程是否可逆。已知环境温度 $t_0 = 25$ ℃,CO 的 $R_g = 0.297$ kJ/(kg·K),$c_V = 0.747$ kJ/(kg·K)。

6-12　某太阳能供暖的房屋用 5 m×8 m×0.3 m 的大块混凝土板作为蓄热材料,该混凝土的密度为 2\,300 kg/m^3,比热容 0.65 kJ/(kg·K)。若混凝土板在晚上从 23 ℃冷却到 18 ℃,求此过程的熵产(设 $t_0 = 18$ ℃)。

6-13　将一根 $m = 0.36$ kg 的金属棒投入绝热容器内 $m_w = 9$ kg 的水中,初始时金属棒的温度 $T_{m,1} = 1\,060$ K,水的温度 $T_w = 295$ K。金属棒和水的比热容分别为 $c_m = 0.42$ kJ/(kg·K)和 $c_w = 4.187$ kJ/(kg·K),求:终温 T_f 和金属棒、水以及它们组成的孤立系的熵变。

6-14　刚性密闭容器中有 1 kg 压力 $p_1 = 0.101\,3$ MPa 的空气,可以通过叶轮搅拌,或由 $t_r = 283$ ℃的热源加热及搅拌联合作用,而使空气温度由 $t_1 = 7$ ℃上升到 $t_2 = 317$ ℃。求:(1)联合作用下系统的熵产 s_g;(2)系统的最小熵产 $s_{g,min}$;(3)系统的最大熵产 $s_{g,max}$。

6-15　要求将绝热容器内管道中流动的空气由 $t_1 = 17$ ℃定压加热到 $t_2 = 57$ ℃。有两种方案。方案 A:叶轮搅拌容器内的黏性液体,通过黏性液体加热空气;方案 B:容器中通入 $p_3 = 0.1$ MPa 的饱和水蒸气,加热空气后冷却为饱和水,如图 6-35 所示。设系统稳态工作,且不计动能、位能影响。试分别计算两种方案流过 1 kg 空气时系统的熵产并从热力学角度分析哪一种方案更合理。

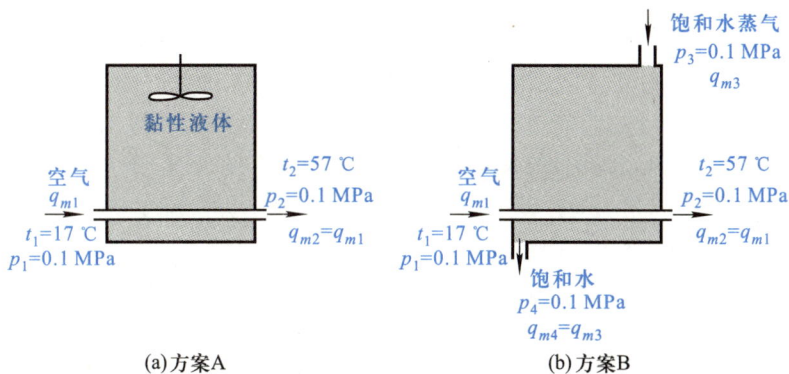

(a)方案A   (b)方案B

图 6-35　习题 6-15 附图

6-16　某小型运动气手枪射击前枪管内空气压力 250 kPa、温度 27 ℃、体积 1 cm³,被扳机锁住的子弹像活塞,封住压缩空气。扣动扳机,子弹被释放。若子弹离开枪管时枪管内空气压力为 100 kPa、温度为 235 K,求此时空气的体积、过程中空气作的功及单位质量空气熵产。

6-17　$m = 1 \times 10^6$ kg,温度 $t = 45$ ℃ 的水向环境放热,温度降低到环境温度 $t_0 = 10$ ℃,试确定其热量㶲 $E_{x,Q}$ 和热量㶲 $A_{n,Q}$。已知水的比热容 $c_w = 4.187$ kJ/(kg·K)。

6-18　根据熵增与热量㶲的关系来讨论对气体:(1)定容加热;(2)定压加热;(3)定温加热,哪一种加热方式较为有利? 比较的基础分两种情况:(1)从相同的初温出发;(2)达到相同的终温。

6-19　设工质在 1 000 K 的恒温热源和 300 K 的恒温冷源间按循环 a-b-c-d-a 工作(图 6-8),工质从热源吸热和向冷源放热都存在 50 K 的温差。(1)计算循环的热效率;(2)设体系的最低温度即环境温度,$T_0 = 300$ K,求热源每供给 1 000 kJ 热量时,两处不可逆传热引起的㶲损失 I_1 和 I_2,及总㶲损失。

6-20　将 100 kg 温度为 20 ℃ 的水与 200 kg 温度为 80 ℃ 的水在绝热容器中混合,求混合前后水的熵变及㶲损失。设水的比热容为定值,$c_w = 4.187$ kJ/(kg·K),环境温度 $t_0 = 20$ ℃。

6-21　100 kg 温度为 0 ℃ 的冰,在大气环境中融化为 0 ℃ 的水,已知冰的溶解热为 335 kJ/kg,设环境温度 $T_0 = 293$ K,求冰化为水的熵变,过程中的熵流和熵产,及㶲损失。

6-22　若上题中冰在 20 ℃ 的环境中融化为水后升温至 20 ℃。已知冰的溶解热为 335 kJ/kg,水的比热容为 $c_w = 4.187$ kJ/(kg·K),求:(1)冰融化为水并升温到 20 ℃ 的熵变量;(2)包括相关环境在内的孤立系统的熵变;(3)㶲损失,并将其示于 $T\text{-}s$ 图上。

6-23　两物体 A 和 B 质量及比热容相同,即 $m_1 = m_2 = m$、$c_{p1} = c_{p2} = c_p$,温度各为 T_1 和 T_2,且 $T_1 > T_2$,设环境温度为 T_0。按一系列微元卡诺循环工作的可逆机,以 A 为热源,B 为冷源,循环运行,使 A 物体温度逐渐降低,B 物体温度逐渐升高,直至两物体温度相等,为 T_f 为止,试证明:(1)$T_f = \sqrt{T_1 T_2}$,以及最大循环净功 $W_{max} = mc_p(T_1 + T_2 - 2T_f)$;(2)若 A 和 B 直接传热,热平衡时温度为 T_m,求 T_m 及不等温传热引起的㶲损失。

6-24　稳定工作的齿轮箱,由高速轴输入功率 300 kW,由于摩擦损耗和其他不可逆损失,从低速驱动轴输出功率 292 kW,如图 6-36 所示。齿轮箱的外表面被环境空气冷却,散热量 $q_Q = -hA(T_b - T_0)$。式中表面传热系数 $h = 0.17$ kW/(m²·K),齿轮箱外表面积 $A = 1.2$ m²。T_b 为外壁面平均温度。已知环境温度 $T_0 = 293$ K。试求:(1)齿轮箱系统的熵产和㶲损失;(2)齿轮箱及相关环境组成的孤立系熵增(kW/K)和㶲损失(kW)。

6-25　有一热交换器用干饱和蒸汽加热空气,已知蒸汽压力为 0.1 MPa,空气出入口温度分别为 66 ℃ 和 21 ℃,环境温度为 $t_0 = 21$ ℃。若热交换器与外界完全绝热,求稳流状态下 1 kg 蒸汽凝结为饱和液时,空气质流量和整个系统不可逆作功能力损失。

6-26　垂直放置的气缸活塞系统内含有 100 kg 水,初温为 27 ℃,外界通过搅拌器向系统输入功 $W_s = 1\,000$ kJ,同时温度为 373 K 的热源向系统内水传热 100 kJ,如图 6-37 所示。若加热过程中水维持定压,且水的比热容取定值,$c_w = 4.187$ kJ/(kg·K),环境参数为 $T_0 = 300$ K、$p_0 = 0.1$ MPa。求:(1)过程中水的熵变及热源熵变;(2)过程中作功能力损失。

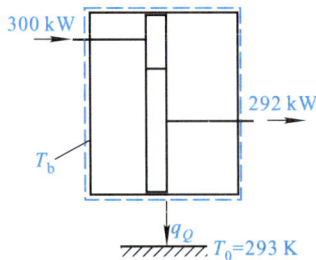

图 6-36　习题 6-24 附图　　　　图 6-37　习题 6-26 附图

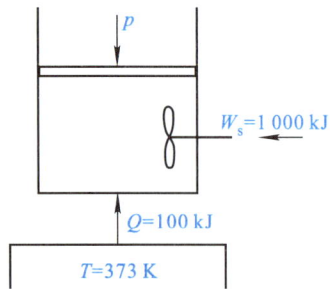

6-27　在一台蒸汽锅炉中,烟气定压放热,温度从 1 500 ℃降低到 250 ℃,所放出的热量用以生产水蒸气。压力为 9.0 MPa、温度为 30 ℃的锅炉给水被加热、汽化、过热成 $p_1 = 9.0$ MPa、$t_1 = 450$ ℃的过热蒸汽。将烟气近似为空气,取比热容为定值、且 $c_p = 1.079$ kJ/(kg·K)。每生产 1 kg 过热蒸汽,试求:(1) 所需烟气量(kg);(2) 烟气及过热蒸汽熵的变化;(3) 过程的熵产;(4) 环境温度为 15 ℃时作功能力的损失。

6-28　上题中加热、汽化和过热过程若在电热锅炉内完成,同样生产 1 kg 过热蒸汽,试求:(1) 耗电量;(2) 整个系统作功能力损失;(3) 蒸汽获得的可用能。

6-29　分别求取例 5-6 两种情况的㶲损失。

6-30　体积 $V = 0.1$ m³的刚性真空容器,打开阀门,$p_0 = 10^5$ Pa,$T_0 = 303$ K 的环境大气充入,充气终了 $p_2 = 10^5$ Pa。分别按绝热充气和等温充气两种情况,求:(1) 终温 T_2 和充气量 m_i;(2) 充气过程的熵产 S_g;(3) 充气过程㶲损失 I。已知空气的 $R_g = 0.287$ kJ/(kg·K),$c_p = 1.004$ kJ/(kg·K),$\kappa = 1.4$。

6-31　一刚性密封容器体积为 V,其中装有压力为 p 温度为 T_0 的空气,环境状态为 p_0,T_0。若不计系统的动能和位能,试证明其热力学能㶲为:$E_{x,U} = p_0 V \left(1 - \dfrac{p}{p_0} + \dfrac{p}{p_0} \ln \dfrac{p}{p_0} \right)$。

6-32　活塞-气缸系统的容积 $V = 2.45 \times 10^{-3}$ m³,内有 $p_1 = 0.7$ MPa、$t_1 = 867$ ℃的燃气,已知环境温度、压力分别为 $t_0 = 27$ ℃、$p_0 = 0.101\ 3$ MPa,燃气的 $R_g = 0.296$ kJ/(kg·K),$c_p = 1.04$ kJ/(kg·K)。求:(1) 燃气的热力学能㶲;(2) 除环境外无其他热源的情况下,燃气膨胀到 $p_2 = 0.3$ MPa、$t_2 = 637$ ℃时的最大有用功 $W_{u,max}$。

6-33　试证明理想气体状态下比热容为定值的稳定流动气流的无量纲焓㶲的表达式为:$\dfrac{e_{x,H}}{c_p T_0} = \dfrac{T}{T_0} - 1 - \ln \dfrac{T}{T_0} + \ln \left(\dfrac{p}{p_0} \right)^{\frac{\kappa-1}{\kappa}}$,式中:$c_p$ 为气体的比定压热容;T_0 为环境温度,K;p_0 为环境压力,MPa;p 为气体压力,MPa;T 为温度,K。

6-34　空气稳定流经绝热气轮机,由 $p_1 = 0.4$ MPa、$T_1 = 450$ K、$c_{f1} = 30$ m/s、膨胀到 $p_2 = 0.1$ MPa、$T_2 = 330$ K、$c_{f2} = 130$ m/s。若环境参数 $p_0 = 0.1$ MPa、$T_0 = 293$ K,设空气的 $R_g = 0.287$ kJ/(kg·K)、$c_p = 1.004$ kJ/(kg·K)。不计位能变化,求:(1) 工质稳定流经气轮机时进、出口处的比焓㶲 e_{x,H_1}、e_{x,H_2},以及比物流㶲 e_{x_1}、e_{x_2};(2) 每千克空气从状态变 1 化到状态 2 的最大有用功 $w_{u,max}$;(3) 实际有用功。

6-35　同例 4-2,氧气和氮气绝热混合,求混合过程的熵产和㶲损失。设环

境温度为 $T_0 = 298$ K。

6-36 表面式换热器中用热水加热空气。空气进、出口参数为 $p_1 =$ 0.13 MPa、$t_1 = 20$ ℃ 和 $p_2 = 0.12$ MPa、$t_2 =$ 60 ℃，空气流量 $q_m = 1$ kg/s，热水进口温度 $t_{w1} = 80$ ℃，流量 $q_{m,w} = 0.8$ kg/s，压力几乎不变。水和空气的动能差、位能差也可不计。如图 6-38 所示，已知环境温度 $t_0 =$ 10 ℃、压力 $p_0 = 0.1$ MPa，空气和水的比热容为 $c_p = 1.004$ kJ/(kg·K) 和 $c_w =$ 4.187 kJ/(kg·K)，空气的气体常数 $R_g =$ 0.287 kJ/(kg·K)，换热器散热损失可忽略不计，试采用㶲平衡方程确定㶲损失。

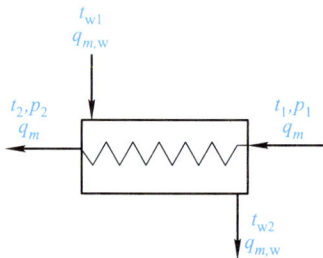

图 6-38 习题 6-36 附图

6-37 空气稳定地流经绝热气轮机，由 $p_1 = 0.75$ MPa、$t_1 = 750$ ℃ 膨胀到 $p_2 =$ 0.1 MPa、$t_2 = 320$ ℃，若不计动能，位能变化，环境参数 $p_0 = 0.1$ MPa、$T_0 = 298$ K，已知空气 $R_g = 0.287$ kJ/(kg·K)，$c_p = 1.004$ kJ/(kg·K)。针对流入 1 kg 空气，计算：(1) 实际过程输出的轴功 w_s，过程是否可逆？(2) 1 到 2 的最大有用功 $w_{u,max}$；(3) 㶲损失 I；(4) 可逆绝热膨胀到 $p_2 = 0.1$ MPa 时的轴功 $w_{s,rev}$，并讨论 I 与 $(w_{s,rev} - w_s)$ 为何不相同？

6-38 容器 A 的体积为 3 m³，内装 0.08 MPa、27 ℃ 的空气，容器 B 中空气的质量和温度与 A 中相同，但压力为 0.64 MPa，用空气缩压机将容器 A 中空气全部抽空送到容器 B，如图 6-39 所示。设抽气过程中 A 和 B 的温度保持不变。已知环境温度为 27 ℃，求：(1) 空气压缩机消耗的最小有用功；(2) 容器 A 抽空后，打开旁通阀门，使两容器内空气压力平衡，空气温度仍保持 27 ℃，该不可逆过程中气体的㶲损失。

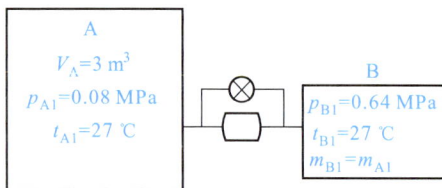

图 6-39 习题 6-38 附图

第七章

气体与蒸汽的流动

工程中,常要处理气体和蒸汽在管道及管路设备,如喷管、扩压管、节流阀及其他设备内的流动过程。例如蒸汽轮机、燃气轮机等动力设备中,使高温高压的气体通过喷管,产生高速流动,然后利用高速气流冲击叶轮旋转而输出机械功。火箭尾喷管、喷射式抽气器、扩压管及减温减压器等是工程上常见的另一些实例。此外,热力工程上还常遇到气体或蒸汽流经阀门、孔板等狭窄通道时产生的节流现象。本章主要讨论流动过程中气体能量传递和转化及在流经喷管等设备时气流参数变化与流道截面积的关系,以及绝热节流过程等问题。此外还将简要地讨论与空调、烘干等密切相关的湿空气加热、冷却去湿等热力过程。

7.1 稳定流动的基本方程式

前已述及,流体在流经空间任何一点时,其全部参数都不随时间而变化的流动过程,称为稳定流动。工程中,常见的流动都是稳定的或接近稳定的流动。严格地说,运动流体在流道同一截面上的不同点,由于受摩擦力及传热等的影响,流速、压力、温度等参数也有所不同,但为研究问题简便起见,常取同一截面上某参数的平均值作为该截面上各点该参数的值,这样,问题就可简化为沿流动方向上的一维问题。实际流动问题都是不可逆的,而且流动过程中工质可能与外界有热量交换。但是,一般热力管道外都包有隔热保温材料,而且流体流过如喷管这样的设备的时间很短,与外界的换热也很小,故为简便起见把问题看成可逆绝热过程,由此而造成的误差以后可利用实验系数修正。本节主要讨论可逆绝热的一维稳定流动的基本方程式。

7.1.1　连续性方程

稳定流动中,任一截面的一切参数均不随时间而变,故流经一定截面的质量流量应为定值,不随时间而变。设图 7-1 中流经截面 1-1 和2-2 的质量流量分别为 q_{m1}、q_{m2};流速为 c_{f1} 和 c_{f2};比体积为 v_1 和 v_2;流道截面积为 A_1、A_2,若在此两截面间没有引进或排出流体,则据质量守恒原理有

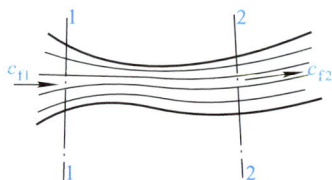

图 7-1　一维稳定流动

$$q_{m1}=q_{m2}=q_m=\frac{A_1 c_{f1}}{v_1}=\frac{A_2 c_{f2}}{v_2}=\cdots=\frac{A c_f}{v}=常数 \tag{7-1}$$

将上式微分,并整理得

$$\frac{\mathrm{d}A}{A}+\frac{\mathrm{d}c_f}{c_f}-\frac{\mathrm{d}v}{v}=0 \tag{7-2}$$

式(7-1) 称为稳定流动的连续性方程式,方程描述了流道内流体的流速、比体积和截面积之间的关系。表明流道的截面积增加率,等于比体积增加率与流速增加率之差。对于不可压缩流体(例如温度不变时水、机油等)$\mathrm{d}v=0$,故截面积 A 与流速 c_f 成反比,当流速增大时,管截面收缩;当流速减小时,则要求流道截面扩张。而对于气体和蒸汽,喷管截面的变化规律不仅取决于流速的变化,而且还与工质的比体积变化有关。连续性方程式可普遍适用于稳定流动过程,而不论流体的性质如何和过程是否可逆。

7.1.2　稳定流动能量方程式

气体或蒸汽在任一流道内作稳定流动,服从稳定流动能量方程式

$$q=(h_2-h_1)+\frac{(c_{f2}^2-c_{f1}^2)}{2}+g(z_2-z_1)+w_i$$

在一般情况下,流道的位置改变不大,气体工质的密度也较小,因此气体的位能的变化极小,可以忽略不计。如在流动中气体与外界没有热量交换,又不对外作功,则上式可简化为

$$h_2+\frac{c_{f2}^2}{2}=h_1+\frac{c_{f1}^2}{2}=h+\frac{c_f^2}{2}=常数 \tag{7-3}$$

对于微元过程,式(7-3)可写为

$$\mathrm{d}h+\mathrm{d}\left(\frac{c_f^2}{2}\right)=0 \tag{7-4}$$

式(7-3)指出,工质在绝热不作外功的稳定流动过程中,任一截面上工质的焓与其动能之和保持定值,因而,气体动能的增加,等于气流的焓降。式(7-3)是研究喷管内流动的能量变化的基本关系式,既适用于可逆过程,也适用于不可逆过程。

气体在绝热流动过程中,因受到某种物体的阻碍,而流速降低为零的过程称为绝热滞止过程。

据能量方程式(7-3),任一截面上气体的焓和气体流动动能的和恒为常数。当气体绝热滞止时速度为零,故滞止时气体的焓 h_0 为

$$h_0 = h_1 + \frac{c_{f1}^2}{2} = h_2 + \frac{c_{f2}^2}{2} = h + \frac{c_f^2}{2} \tag{7-5}$$

式中,h_0 称为总焓或滞止焓,它等于任一截面上气流的焓和其动能的总和。气流滞止时的温度和压力分别称为滞止温度和滞止压力,用 T_0 和 p_0 表示。

绝热滞止对气流所起的作用与绝热压缩无异,若过程可逆,则过程中熵不变,也可按可逆绝热过程的方法计算其他滞止参数。对于理想气体,若比热容近似为定值,由式(7-5)得

$$c_p T_0 = c_p T_1 + \frac{c_{f1}^2}{2} = c_p T_2 + \frac{c_{f2}^2}{2} = c_p T + \frac{c_f^2}{2}$$

所以
$$T_0 = T + \frac{c_f^2}{2c_p} \tag{7-6}$$

式中,T 和 c_f 分别是同一截面上气流的热力学温度和流速。据绝热过程方程式,理想气体比热容近似当作定值时的滞止压力为

$$p_0 = p \left(\frac{T_0}{T} \right)^{\frac{\kappa}{\kappa-1}} \tag{7-7}$$

式中,p 和 T 是同一截面上气流的压力和温度。

对于水蒸气,据式(7-5)计算出 h_0 后,其他滞止参数可从 h-s 图上读得。如图 7-2 所示,点 1 代表工质在截面 1-1 的状态。从点 1 向上作垂线,取线段 0-1,使其长度

$$\overline{01} = h_0 - h_1 = \frac{1}{2} c_{f1}^2$$

图中点 0 即为滞止状态的状态点,可以从它读出滞止温度、滞止压力等其他滞止参数。或根据 $s_0 (= s_1)$ 和 h_0 利用水蒸气表或计算程序获得滞止温度、滞止压力等其他滞止参数。

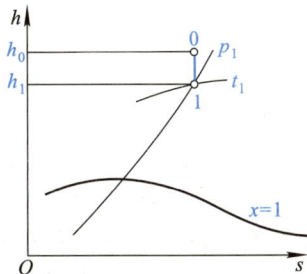

图 7-2 水蒸气的滞止状态

式(7-6)和(7-7)表明滞止温度高于气流温度,滞止压力高于气流压力,且气流速度越大,这种差别也越大。如双原子气体,当流速达声速时,滞止温度 T_0 可比气流温度 T 大20%;流速是声速3倍时,T_0几乎可达 T 的2.8倍。因此在处理高速气流问题时,滞止参数的计算具有重要地位。

7.1.3   过程方程式

气体在稳定流动过程中若与外界没有热量交换,且气体流经相邻两截面时各参数是连续变化的,同时又无摩擦和扰动,则过程可认为是可逆绝热过程。由于稳定流动中任一截面上的参数均不随时间而变化,所以任意两截面上气体的压力和比体积的关系可用同一气团的可逆绝热过程方程式描述,对理想气体取定比热容时则有

$$p_1 v_1^{\kappa} = p_2 v_2^{\kappa} = p v^{\kappa}$$

对上式取微分得

$$\frac{\mathrm{d}p}{p} + \kappa \frac{\mathrm{d}v}{v} = 0 \qquad (7-8)$$

上式原则上只适用于理想气体定比热容可逆绝热流动过程,但也用于表示变比热容的理想气体绝热过程,此时 κ 是过程范围内的平均值。对于水蒸气一类的实际气体在喷管内作可逆绝热流动分析时也近似采用上述关系式,不过式中 κ 是纯粹经验值,不具有比热容比的含义。

7.1.4   声速方程

由物理学已经知道,声速是微弱扰动在连续介质中所产生的压力波传播的速度。在气体介质中,压力波的传播过程可近似看作定熵过程,拉普拉斯声速方程为

$$c = \sqrt{(\partial p / \partial \rho)_s} = \sqrt{-v^2 (\partial p / \partial v)_s}$$

据式(7-8)对于理想气体定熵过程,有

$$\left(\frac{\partial p}{\partial v} \right)_s = -\kappa \frac{p}{v}$$

所以
$$c = \sqrt{\kappa p v} = \sqrt{\kappa R_g T} \qquad (7-9)$$

因此,声速不是一个固定不变的常数,它与气体的性质及其状态有关,也是状态参数。在流动过程中,流道各个截面上气体的状态是在不断变化着的,所以各个截面上的声速也在不断变化。为了区分在不同状态下气体的声速,引入"当地声速"的概念。所谓当地声速就是指所考虑的流道某一截面上的声速。

在研究气体流动时,通常把气体的流速与当地声速的比值称为马赫数,用符

号 Ma 表示：

$$Ma = \frac{c_\mathrm{f}}{c} \qquad (7-10)$$

马赫数是研究气体流动特性的一个很重要的数值。当 $Ma<1$ 时，即气流速度小于当地声速时，称为亚声速；当 $Ma=1$ 时，气流速度等于当地声速；当 $Ma>1$ 时，气流速度大于当地声速，气流为超声速。亚声速流动与超声速流动的特性有原则的区别，后面将作进一步讨论。

连续性方程式、可逆绝热过程方程式、稳定流动能量方程式和声速方程式是分析流体一维、稳定、不作功的可逆绝热流动过程的基本方程组。

7.2　促使流速改变的条件

从力学的观点来说，要使工质流速改变必须有压力差。一般地讲，气体流经喷管，只要喷管进出口截面上有足够的压差，不管过程是否可逆，气体流速总会增大。但若流道截面积的变化能与气体体积变化相配合，那么膨胀过程的不可逆损失会减少，动能的增加量就较大，喷管出口截面上的气体流速就会更大。下面讨论喷管截面上压力变化及喷管截面积变化与气流速度变化之间的关系，建立气体流速 c_f 和压力 p 及流道截面积 A 之间的单值关系，导出促使流速改变的力学条件和几何条件。

7.2.1　力学条件

在绝热条件下比较不作功的管内流动能量方程式

$$(h_2-h_1)+\frac{1}{2}(c_\mathrm{f2}^2-c_\mathrm{f1}^2)=0$$

和热力学第一定律解析式

$$(h_2-h_1)-\int_1^2 v\mathrm{d}p=0$$

可得

$$\frac{1}{2}(c_\mathrm{f2}^2-c_\mathrm{f1}^2)=-\int_1^2 v\mathrm{d}p \qquad (\text{a})$$

上式表明气流的动能增加是和技术功相当的。在管道内流动的工质膨胀时并不对机器作功，工质在膨胀中产生的机械能和流进流出的推动功之差的代数和，即技术功，并未向机器设备传出，而是全部变成气流的动能了。

将上式写成微分形式

$$c_\mathrm{f}\mathrm{d}c_\mathrm{f}=-v\mathrm{d}p \qquad (\text{b})$$

式(b)两端各乘以 $1/c_\mathrm{f}^2$,右端分子分母各乘以 κp,得

$$\frac{dc_\mathrm{f}}{c_\mathrm{f}}=-\frac{\kappa pv}{\kappa c_\mathrm{f}^2}\frac{dp}{p} \tag{c}$$

将上节声速方程式(7-9)代入式(c),并用马赫数来表示,得

$$\frac{dp}{p}=-\kappa Ma^2\frac{dc_\mathrm{f}}{c_\mathrm{f}} \tag{7-11}$$

上式即为促使流速变化的力学条件。从上式可见,dc_f 和 dp 的符号是始终相反的。这说明气体在流动中,如流速增加,则压力必然降低;如压力升高,则流速必降低。上述结论是易于理解的,因压力降低时技术功为正,故气流动能增加,流速增加;压力升高时技术功是负的,故气流动能减少,流速降低。

上述讨论表明,如要使气流的速度增加,必须使气流有机会在适当条件下膨胀以减低其压力,火箭的尾喷管、气轮机的喷管,就是使气流膨胀以获得高速流动的设备。反之,如要获得高压气流,则必须使高速气流在适当条件下降低其流速。叶轮式压气机以及涡轮喷气式发动机和引射式压缩器的扩压管就是使高速气流降低速度而获得高压气体的设备。

7.2.2　几何条件

现在讨论当流速变化时气流截面的变化规律,以揭示有利于流速变化的几何条件。

将绝热过程方程式的微分式(7-8)代入式(7-11),可得:

$$\frac{dv}{v}=Ma^2\frac{dc_\mathrm{f}}{c_\mathrm{f}} \tag{7-12}$$

式(7-12)揭示了定熵流动中气体比体积的变化率与流速变化率之间的关系与气流马赫数有关。在亚声速流动范围内,因 $Ma<1$,所以 $\frac{dv}{v}<\frac{dc_\mathrm{f}}{c_\mathrm{f}}$,即比体积的变化率小于流速变化率;在超声速流动范围内,由于 $Ma>1$,$\frac{dv}{v}>\frac{dc_\mathrm{f}}{c_\mathrm{f}}$,即比体积的变化率大于流速变化率。可见,亚声速流动和超声速流动的特性是不同的。

将式(7-12)代入连续性方程(7-2),移项、整理可得

$$\frac{dA}{A}=(Ma^2-1)\frac{dc_\mathrm{f}}{c_\mathrm{f}} \tag{7-13}$$

从上式可见,当流速变化时,气流截面积的变化规律不但与流速是高于当地声速还是低于当地声速有关,还与流速是增加还是降低,即是喷管还是扩压管有关。

若气流通过喷管,气体绝热膨胀、压力降低、流速增加,所以气流截面的变化

规律是:

$Ma<1$,亚声速流动,$dA<0$,气流截面收缩;

$Ma=1$,声速流动,$dA=0$,气流截面缩至最小;

$Ma>1$,超声速流动,$dA>0$,气流截面扩张。

相应地,对喷管的要求是:亚声速气流要做成渐缩喷管;超声速气流要做成渐扩喷管;气流由亚声速连续增加至超声速时要做成渐缩渐扩喷管(缩放喷管),或称拉瓦尔喷管。喷管截面变化与气流截面变化相符合,才能保证气流在喷管中充分膨胀,达到理想加速的效果。拉瓦尔喷管的最小截面处称为喉部,喉部处气流速度即是声速。各种喷管的形状如图 7-3 所示。

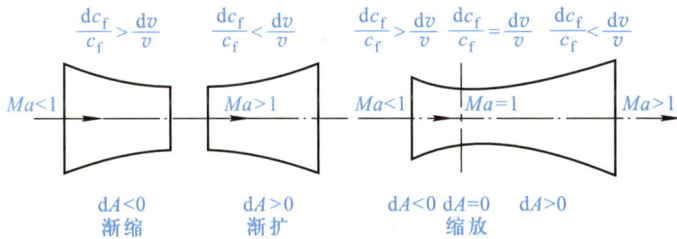

图 7-3 喷管($dp<0,dv>0,dc_f>0$)

气流截面如此变化的原因解释如下:据连续性方程 $\dfrac{dA}{A}+\dfrac{dc_f}{c_f}-\dfrac{dv}{v}=0$,$dA$ 的正负取决于 $\dfrac{dv}{v}-\dfrac{dc_f}{c_f}$ 的符号。由式(7-12),$Ma<1$ 时,$\dfrac{dv}{v}<\dfrac{dc_f}{c_f}$,$\dfrac{dv}{v}-\dfrac{dc_f}{c_f}<0$,故 dA 为负,截面积减小;$Ma>1$ 时,$\dfrac{dv}{v}>\dfrac{dc_f}{c_f}$,$\dfrac{dv}{v}-\dfrac{dc_f}{c_f}>0$,$dA$ 为正,截面积增大。

缩放喷管的喉部截面是气流从 $Ma<1$ 向 $Ma>1$ 的转换面,所以喉部截面也称为临界截面,截面上各参数均称临界参数,临界参数用相应参数加下标 cr 表示,如临界压力 p_{cr}、临界温度 T_{cr}、临界比体积 v_{cr} 和临界流速 $c_{f,cr}$ 等。临界截面上 $c_{f,cr}=c$,即 $Ma=1$,所以

$$c_{f,cr}=\sqrt{\kappa p_{cr}v_{cr}} \tag{7-14}$$

从上面的分析可以看出,喷管进出口截面的压力差恰当时,在渐缩喷管中,气体流速的最大值只能达到当地声速,而且只可能出现在出口截面上;要使气体流速由亚声速转变到超声速,必须采用缩放喷管,缩放喷管的喉部截面是临界截面,其上速度达到当地声速。

气体流经喷管做充分膨胀时,各参数的变化关系如图 7-4 所示。

若气流通过扩压管,此时气体绝热压缩,压力升高、流速降低,气流截面的变

化规律是：

$Ma>1$，超声速流动，$dA<0$，气流截面
收缩；

$Ma=1$，声速流动，$dA=0$，气流截面缩至
最小；

$Ma<1$，亚声速流动，$dA>0$，气流截面
扩张。

同样，对扩压管的要求是：对超声速气
流要制成渐缩形；对亚声速气流要制成渐扩
形，当气流由超声速连续降至亚声速时，要
作成渐缩渐扩形扩压管，如图7-5所示。但
这种扩压管中气流流动情况复杂，不能按理
想的可逆绝热流动规律实现由超声速到亚
声速的连续转变。

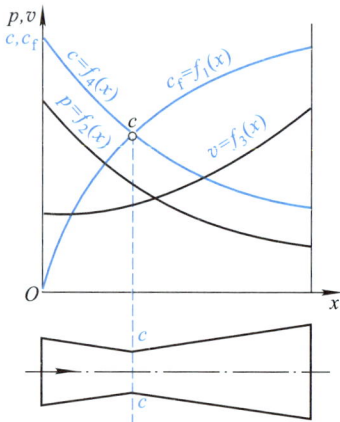

图 7-4　喷管内参数变化示意图

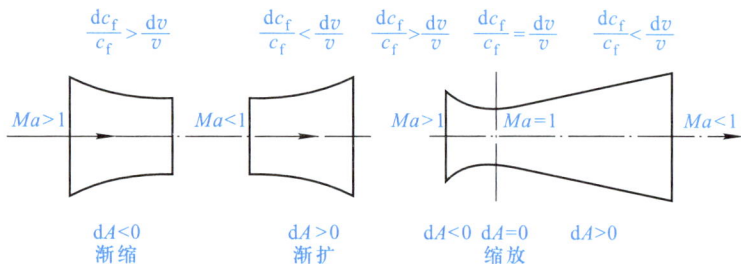

图 7-5　扩压管（$dp>0$，$dv<0$，$dc_f<0$）

7.3　喷管的计算

通常依据已知工质初态参数和背压，即喷管出口截面外的工作压力，并在给
定的流量等条件下进行喷管设计计算，以选择喷管的外形及确定其几何尺寸；有
时也需就已有的喷管进行校核计算，此时喷管的外形和尺寸已定，须计算在不同
条件下喷管的出口流速及流量。

7.3.1　流速计算及其分析

1. 计算流速的公式

据式（7-5）

$$h_0 = h_1 + \frac{c_{f1}^2}{2} = h_2 + \frac{c_{f2}^2}{2} = h + \frac{c_f^2}{2}$$

气体在喷管中绝热流动时任一截面上的流速可由下式计算：

$$c_f = \sqrt{2(h_0 - h)} \qquad (7-15)$$

因此，出口截面上流速

$$c_{f2} = \sqrt{2(h_0 - h_2)} = \sqrt{2(h_1 - h_2) + c_{f1}^2} \qquad (7-16)$$

式中：c_{f1} 和 c_{f2} 分别为喷管进出口截面上气流速度，m/s；h_1、h_2、h_0 分别为喷管进出口截面上气流的焓值和滞止焓，J/kg；$h_1 - h_2$ 称为绝热焓降，又称可用焓差。入口速度 c_{f1} 较小时，上式中 c_{f1}^2 可忽略不计，于是

$$c_{f2} \approx \sqrt{2(h_1 - h_2)} \qquad (7-17)$$

式（7-15）~式（7-17）对理想气体和实际气体均适用，与过程是否可逆无关。如果理想气体可逆绝热流经喷管，可据初态参数 p_1、T_1 及速度 c_{f1} 求取滞止参数 p_0、T_0，然后结合出口截面参数如 p_2，按要求精度不同采用变比热容或定比热容求出 T_2，从而计算 h_2 再求得 c_{f2}；对水蒸气可逆绝热流经喷管，可以利用 $h-s$ 图，或借助专用程序，求出 h_1 和 h_2，代入上述各式即可求出出口流速。

2. 状态参数对流速的影响

下面分析在几何条件得到满足的情况下，状态参数对流速的影响。假定气体为理想气体，取定值比热容，且流动可逆。分析得出的结论可定性地应用于水蒸气等实际气体。据式（7-17），可得

$$c_{f2} = \sqrt{2(h_0 - h_2)} = \sqrt{2c_p(T_0 - T_2)} = \sqrt{2\frac{\kappa R_g}{\kappa - 1}(T_0 - T_2)}$$

$$= \sqrt{2\frac{\kappa R_g T_0}{\kappa - 1}\left[1 - \left(\frac{p_2}{p_0}\right)^{\frac{\kappa-1}{\kappa}}\right]} \qquad (7-18)$$

或

$$c_{f2} = \sqrt{2\frac{\kappa p_0 v_0}{\kappa - 1}\left[1 - \left(\frac{p_2}{p_0}\right)^{\frac{\kappa-1}{\kappa}}\right]} \qquad (7-19)$$

上式也可从气流的动能增加与技术功相当出发导得，读者可自行推导。

式（7-18）及式（7-19）中的 p_0、T_0 及 v_0 是气流的滞止参数，p_2 是出口截面上的压力。由于滞止参数取决于进口截面上气体的初参数，故出口截面的流速决定于工质在喷管进出口截面上的参数。当初态一定时，流速依出口截面上压力与滞止压力之比而变，如图 7-6 所示。c_{f1} 较小时，可用进口截面上的压力代替滞止压力。

$p_2/p_0 = 1$，即出口截面压力等于滞止压力时，$c_{f2} = 0$，气体不会流动；当 p_2/p_0

逐渐减小时, c_{f2} 逐渐增加, 初期增加较快, 以后逐渐减慢。按式 (7-19), 当 p_2 趋向于零时流速趋近其最大值

$$c_{f2,max} = \sqrt{2\frac{\kappa}{\kappa-1}p_0 v_0} = \sqrt{2\frac{\kappa}{\kappa-1}R_g T_0}$$

此速度实际上不可能达到, 因压力趋于零时, 比体积趋于无穷大, 要求出口截面积无穷大, 显然是不可能的。

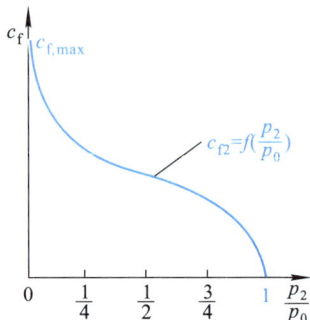

图 7-6　喷管出口流速 c_{f2}

3. 临界压力比

临界截面上流速 $c_{f,cr}$ 可由式 (7-19) 计算如下:

$$c_{f,cr} = \sqrt{2\frac{\kappa p_0 v_0}{\kappa-1}\left[1-\left(\frac{p_{cr}}{p_0}\right)^{\frac{\kappa-1}{\kappa}}\right]} \tag{a}$$

但在临界截面, 气流速度等于当地声速 $c_{f,cr} = \sqrt{\kappa p_{cr} v_{cr}}$,

故可得
$$2\frac{\kappa}{\kappa-1}p_0 v_0\left[1-\left(\frac{p_{cr}}{p_0}\right)^{\frac{\kappa-1}{\kappa}}\right] = \kappa p_{cr} v_{cr} \tag{b}$$

将 $v_{cr} = v_0\left(\dfrac{p_0}{p_{cr}}\right)^{\frac{1}{\kappa}}$ 代入式 (b), 得

$$2\frac{\kappa}{\kappa-1}p_0 v_0\left[1-\left(\frac{p_{cr}}{p_0}\right)^{\frac{\kappa-1}{\kappa}}\right] = \kappa p_0 v_0\left(\frac{p_{cr}}{p_0}\right)^{-\frac{\kappa-1}{\kappa}} \tag{c}$$

式中 p_{cr}/p_0 称为临界压力比, 常用 ν_{cr} 表示, 是流速达到当地声速时工质的压力与滞止压力之比。从式 (c) 可得

$$\frac{2}{\kappa-1}\left[1-\nu_{cr}^{\frac{\kappa-1}{\kappa}}\right] = \nu_{cr}^{\frac{\kappa-1}{\kappa}} \tag{d}$$

移项简化, 最后可得

$$\frac{p_{cr}}{p_0} = \nu_{cr} = \left(\frac{2}{\kappa+1}\right)^{\frac{\kappa}{\kappa-1}} \tag{7-20}$$

临界压力比是分析管内流动的一个非常重要的数值, 截面上工质的压力与滞止压力之比等于临界压力比是气流速度从亚声速到超声速的转折点。从式 (7-20) 可知, 临界压力比仅与工质性质有关。对于理想气体, 如取定值比热容, 则双原子气体 $\kappa = 1.4$, $\nu_{cr} = 0.528$。

上面这些分析原则上只适用于定比热容的理想气体可逆绝热流动, 因推导

中曾利用 $pv = R_g T$ 和 $pv^\kappa =$ 常数等这类仅适用于理想气体的关系式;但也可用于分析理想气体变比热容的情况,只是其中 κ 值应按过程的温度变化范围取平均值;有时也用于分析水蒸气的可逆绝热流动,不过此时式中 κ 值不再具有 c_p / c_V 的意义,而纯为一经验数据;对于过热蒸汽,取 $\kappa = 1.3$,$\nu_{cr} = 0.546$,干饱和蒸汽,取 $\kappa = 1.135$,$\nu_{cr} = 0.577$。

将临界压力比公式(7-20)代入式(7-19),整理可得

$$c_{f,cr} = \sqrt{2 \frac{\kappa}{\kappa+1} p_0 v_0} \tag{7-21}$$

对于理想气体可进一步得

$$c_{f,cr} = \sqrt{2 \frac{\kappa}{\kappa+1} R_g T_0} \tag{7-22}$$

由于滞止参数由初态参数确定,故而临界流速只决定于进口截面上的初态参数,对于理想气体则仅决定于滞止温度。

喷管内气
体流速
分析

7.3.2 流量的计算

根据气体稳定流动的连续性方程,气体通过喷管任何截面的质量流量都是相同的。因此,无论按哪一个截面计算流量,所得的结果都应该一样。但是各种形式喷管的流量大小都受其最小截面制约,所以常常按最小截面(即收缩喷管的出口截面,缩放喷管的喉部截面)来计算质量流量,即

$$q_m = \frac{A_2 c_{f2}}{v_2} \quad \text{或} \quad q_m = \frac{A_{cr} c_{f,cr}}{v_{cr}}$$

式中:A_2、A_{cr} 分别为收缩喷管出口截面积和缩放喷管喉部截面积,m^2;c_{f2}、$c_{f,cr}$ 分别为收缩喷管出口截面上速度和缩放喷管喉部截面上速度,m/s;v_2、v_{cr} 分别为收缩喷管出口截面上气体的比体积和缩放喷管喉部截面上气体的比体积,m^3/kg。

为了揭示喷管中流量随工作条件而变的关系,假定工质为理想气体并取定值比热容,做进一步推导,分析的结论可以定性地应用于水蒸气。将式(7-19)和 $p_2 v_2^\kappa = p_0 v_0^\kappa$ 代入式(7-1),化简整理后得

$$q_m = A_2 \sqrt{2 \frac{\kappa}{\kappa-1} \frac{p_0}{v_0} \left[\left(\frac{p_2}{p_0}\right)^{\frac{2}{\kappa}} - \left(\frac{p_2}{p_0}\right)^{\frac{\kappa+1}{\kappa}} \right]} \tag{7-23}$$

由上式可知,当 A_2 及 p_0、v_0 保持不变,也即出口截面积和进口截面参数保持不变时,流量仅随出口截面压力与滞止压力之比而变,如图 7-7 所示。

对于收缩喷管,当背压 p_b(喷管出口截面外压力)从大于临界压力 p_{cr} 逐渐降低时,出口截面上压力 p_2 也逐渐下降且数值上与 p_b 相等,而 q_m 则逐渐增大;到

$p_b = \nu_{cr} p_0$，即背压等于临界压力时，p_2仍等于p_b，q_m达到最大值，如图中曲线ab所示。若p_b继续下降，p_2不随之下降，仍维持等于p_b，q_m也保持不变，为点b的值。因为若气流继续膨胀，气流的速度要增至超声速，气流的截面要逐渐扩大，而渐缩喷管不能提供气流展开所需的空间，故气流在渐缩喷管中只能膨胀到$p_2 = p_{cr}$为止，出口截面上流速也只能达到当地声速 $c_{f2} = c_{f,cr} = \sqrt{2\dfrac{\kappa}{\kappa+1}p_0 v_0}$，故而质量流量 q_m 维持达临界时的

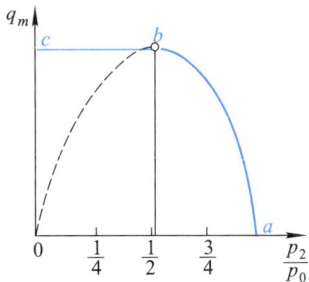

图 7-7　喷管流量 q_m

值不变。将此时之压比，即临界压力比代入式（7-23），得

$$q_{m,\max} = A_2 \sqrt{2\frac{\kappa}{\kappa+1}\left(\frac{2}{\kappa+1}\right)^{\frac{2}{\kappa-1}}\frac{p_0}{v_0}} \qquad (7-24)$$

如喷管为缩放喷管，其正常工作条件下 $p_b < p_{cr}$，在喷管最小截面处压力为p_{cr}，流速为当地声速 $c_{f,cr}$。尽管在喷管最小截面以后，气流速度达超声速，喷管截面积扩大，但据质量守恒原理其截面上质量流量与最小截面处相等。降低背压，最小截面处压力及流速不变，所以虽然出口截面压力下降，出口流速也增大，出口截面积需增大，但流量保持不变，如图 7-7 中直线 bc 所示。但若出口截面A_2是定值，随 p_2 降低，减小喉部流通面积，就会出现流量减小，如图 7-7 中虚线所示。

7.3.3　喷管外形选择和尺寸计算

在给定条件下进行喷管的设计，首先需要确定喷管的几何形状，然后再按照给定的流量计算截面的尺寸。其目的是使喷管的外形和截面尺寸完全符合气流在可逆膨胀中体积变化的需要，保证气流得到充分膨胀，尽可能减少不可逆损失。

1. 外形选择

综合 7.2 节中的讨论及本节上面的论述可知，在背压 $p_b \geqslant p_{cr}$ 时出口截面上压力 $p_2 = p_b \geqslant p_{cr}$，气流速度在亚声速范围内，其截面始终是渐缩的，因此应采用渐缩喷管；若 $p_b < p_{cr}$，气流充分膨胀到 $p_2 = p_b < p_{cr}$，其流速将超过声速，即气流速度包括亚声速和超声速两个范围，故而应采用缩放喷管以适应气流截面渐缩至最小然后扩大的需要。因此喷管外形的选择取决于滞止压力 p_0 和背压 p_b，因 p_0 取决于进口截面参数 p_1、T_1 等，所以也就是取决于进口截面参数和背压。归纳起

喷管内气体流量分析

背压对管内流动的影响

喷管限流原理

来,当 $p_b \geqslant p_{cr}$ 时采用渐缩喷管;当 $p_b < p_{cr}$ 时采用缩放喷管。

2. 尺寸计算

对于渐缩喷管,尺寸计算主要是求出口截面积。当流量及初参数和背压力(此时应等于气流出口截面压力)给定时,截面积计算如下式:

$$A_2 = q_m \frac{v_2}{c_{f2}} \qquad (7-25)$$

式中:q_m 为给定的质量流量,kg/s;v_2 为出口截面上气流的比体积,m^3/kg;c_{f2} 为出口流速,m/s。

对于缩放喷管,尺寸计算需求得喉部截面积 A_{min} 和出口截面积 A_2 及扩展部分长度 l:

$$A_{min} = q_m \frac{v_{cr}}{c_{f,cr}} \quad \text{或} \quad A_2 = q_m \frac{v_2}{c_{f2}} \qquad (7-26)$$

式中:v_{cr}、v_2 为最小截面处和出口截面处的比体积,m^3/kg;$c_{f,cr}$、c_{f2} 分别为最小截面处和出口截面处的流速,m/s。

扩展部分长度通常依经验而定,如选过短,则气流扩张过快,易引起扰动增加内部摩擦损失;如选过长,则气流与壁面摩擦损失增加,也不利,通常取顶锥角 φ(图 7-8)在 $10° \sim 12°$ 之间,并有

$$l = \frac{d_2 - d_{min}}{2\tan \frac{\varphi}{2}} \qquad (7-27)$$

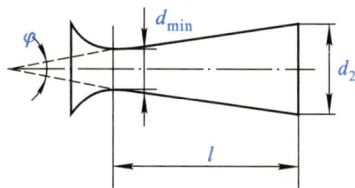

图 7-8 缩放喷管顶锥角

例 7-1 空气由输气管送来,管端接一出口截面积为 $A_2 = 10 \ cm^2$ 的渐缩喷管,进入喷管前空气压力 $p_1 = 2.5$ MPa,温度 $T_1 = 353$ K,速度 $c_{f1} = 40$ m/s。已知喷管出口处背压 $p_b = 1.5$ MPa,若空气作理想气体,比热容取定值,且 $c_p = 1.004$ kJ/(kg·K),试确定空气经喷管射出的速度、流量及出口截面上空气的比体积 v_2 和温度 T_2。

解 先求滞止参数。因空气作理想气体且比热容为定值

$$T_0 = T_1 + \frac{c_{f1}^2}{2c_p} = 353 \ K + \frac{(40 \ m/s)^2}{2 \times 1\ 004 \ J/(kg \cdot K)} = 353.8 \ K$$

$$p_0 = p_1 \left(\frac{T_0}{T_1}\right)^{\kappa/(\kappa-1)} = 2.5 \times 10^6 \ Pa \times \left(\frac{353.8 \ K}{353 \ K}\right)^{1.4/(1.4-1)} = 2.520 \times 10^6 \ Pa$$

$$v_0 = \frac{R_g T_0}{p_0} = \frac{287 \ J/(kg \cdot K) \times 353.8 \ K}{2.520 \times 10^6 \ Pa} = 0.040\ 3 \ m^3/kg$$

计算临界压力

$$p_{cr} = \nu_{cr}p_0 = 0.528 \times 2.520 \times 10^6 \text{ Pa} = 1.333 \times 10^6 \text{ Pa}$$

因为 $p_{cr} < p_b$，所以空气在喷管内只能膨胀到 $p_2 = p_b$，即 $p_2 = 1.5$ MPa。

计算出口截面状态参数：

$$v_2 = v_0 \left(\frac{p_0}{p_2}\right)^{1/\kappa} = 0.040\ 3\ \text{m}^3/\text{kg} \times \left(\frac{2.520\ \text{MPa}}{1.5\ \text{MPa}}\right)^{1/1.4} = 0.058\ 4\ \text{m}^3/\text{kg}$$

$$T_2 = \frac{p_2 v_2}{R_g} = \frac{1.5 \times 10^6\ \text{Pa} \times 0.058\ 4\ \text{m}^3/\text{kg}}{287\ \text{J}/(\text{kg} \cdot \text{K})} = 305.2\ \text{K}$$

计算出口截面上的流速和喷管流量：

$$c_{f2} = \sqrt{2(h_0 - h_2)} = \sqrt{2c_p(T_0 - T_2)}$$

$$= \sqrt{2 \times 1\ 004\ \text{J}/(\text{kg} \cdot \text{K}) \times (353.8\ \text{K} - 305.2\ \text{K})} = 312.4\ \text{m}/\text{s}$$

$$q_m = \frac{A_2 c_{f2}}{v_2} = \frac{10 \times 10^{-4}\ \text{m}^2 \times 312.4\ \text{m}/\text{s}}{0.058\ 4\ \text{m}^3/\text{kg}} = 5.35\ \text{kg}/\text{s}$$

讨论：本例中，若忽略进口截面初速 c_{f1} 的影响，可求得 $c_{f2} = 311.4$ m/s、$q_m = 5.34$ kg/s，（读者可自行计算），与考虑 c_{f1} 所得计算结果误差极小。因此，在 c_{f1} 较小时，可以忽略不计 c_{f1} 的影响，近似取进口截面参数为滞止参数。

例 7-2 初速 $c_{f1} = 100$ m/s、压力 $p_1 = 2.0$ MPa、温度 $t_1 = 300$ ℃的水蒸气经过一拉瓦尔喷管流入压力为 0.1 MPa 的大空间中，喷管的最小截面积 $A_{\min} = 20$ cm²，求临界速度、出口速度、每秒流量及出口截面积。

解 根据 $p_1 = 2.0$ MPa、$t_1 = 300$ ℃，可在 h-s 图上确定其初态是过热蒸汽，取临界压力比 $\nu_{cr} = 0.546$。通过初态点 1 作等熵线，如图7-9 所示。流动过程中各状态点均在此垂线上。向上截取 $\overline{01}$，使

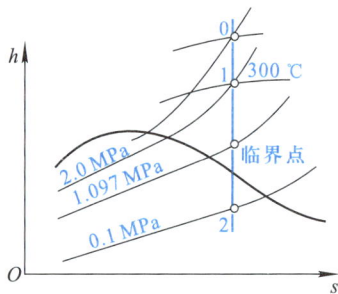

图 7-9 例 7-2 附图

$$\overline{01} = \frac{c_{f1}^2}{2} = \frac{(100\ \text{m}/\text{s})^2}{2} = 5\ 000\ \text{J}/\text{kg} = 5\ \text{kJ}/\text{kg}$$

点 0 即为滞止点，并由此查得：$p_0 = 2.01$ MPa，$h_0 = 3\ 025$ kJ/kg。故临界压力

$$p_{cr} = \nu_{cr}p_0 = 0.546 \times 2.01 \times 10^6\ \text{Pa} = 1.097 \times 10^6\ \text{Pa}$$

等压线 p_{cr} 与通过点 1 的垂线交点即为喷管中临界截面的状态点，如图 7-9 所示。由图得 $h_{cr} = 2\ 865$ kJ/kg，$v_{cr} = 0.219$ m³/kg。同样，据 $p_2 = p_b = 0.1$ MPa，确定点 2 为出口截面处状态点，查得 $h_2 = 2\ 420$ kJ/kg、$v_2 = 1.55$ m³/kg。所以

$$c_{\mathrm{f,cr}}=\sqrt{2(h_0-h_{\mathrm{cr}})}=\sqrt{2\times(3\ 025-2\ 865)\times10^3\ \mathrm{J/kg}}=565.7\ \mathrm{m/s}$$

$$q_m=\frac{A_{\min}c_{\mathrm{f,cr}}}{v_{\mathrm{cr}}}=\frac{20\times10^{-4}\ \mathrm{m}^2\times565.7\ \mathrm{m/s}}{0.219\ \mathrm{m}^3/\mathrm{kg}}=5.17\ \mathrm{kg/s}$$

$$c_{\mathrm{f2}}=\sqrt{2(h_0-h_2)}=\sqrt{2\times(3\ 025-2\ 420)\times10^3\ \mathrm{J/kg}}=1\ 100\ \mathrm{m/s}$$

$$A_2=\frac{q_m v_2}{c_{\mathrm{f2}}}=\frac{5.17\ \mathrm{kg/s}\times1.55\ \mathrm{m}^3/\mathrm{kg}}{1\ 100\ \mathrm{m/s}}=7.29\times10^{-3}\ \mathrm{m}^2=72.9\ \mathrm{cm}^2$$

讨论:气体在喷管内可逆流动时,所经历的状态位于同一条等熵线上,流动过程中各点的滞止参数是相同的,从而临界状态也是唯一确定的。所以只要知道了流动过程的初始状态及喷管的工作条件(如背压),即可通过求出该流动过程的滞止参数及临界压力而确定喷管的形式及出口截面的压力,进而计算流速、流量或截面积。对于水蒸气,有时利用 h-s 图比较方便。

*7.4 背压变化时喷管内流动过程简析

上节讨论喷管的设计计算,此时由已知进口参数、背压和流量,按气体在喷管内实现完全膨胀,喷管出口截面上压力 p_2 等于背压 p_b 确定喷管外形、计算出口截面参数及截面积等。但喷管运行时工作条件常会发生变化,下面简要讨论背压变化时喷管内流动的情况。

7.4.1 渐缩喷管

由前面的讨论可知,在背压 p_b 大于等于临界压力 p_{cr} 时,渐缩喷管内气体能够膨胀到出口截面上压力等于背压。因此,当喷管外背压发生变化,但只要背压仍大于临界压力,即 $p_b>p_{\mathrm{cr}}$,理论上喷管内气体总是能够完全膨胀,出口截面上压力 p_2 维持等于背压,即 $p_2=p_b>p_{\mathrm{cr}}$,如图 7-10 中曲线 AB 所示。当然,其流量及出口截面上流速均小于对应进口参数下可以达到的最大值。

当背压 p_b 变化到正好等于 p_{cr} 时,喷管内气体完全膨胀到 $p_2=p_b=p_{\mathrm{cr}}$,如图中曲线 AC 所示,这时喷管出口流速达到 $c_{\mathrm{f,cr}}$,流量达到相应条件下的最大值 $q_{m,\max}$。

如背压进一步变化到 $p_b<p_{\mathrm{cr}}$,据前面分析,渐缩喷管出口截面上气体压力 p_2 不能降低到 p_{cr} 以下,故喷管内气体不能充分膨胀到背压 p_b,p_2 仍维持等于 p_{cr}。气流在喷管外发生自由膨胀,压力由 p_{cr} 降低到 p_b,如图 7-10 中 ACD 所示。这种自由膨胀是不可逆的,其压降不能有效地用来增加气体流速,喷管出口流速仍保持 $c_{\mathrm{f,cr}}$,流量保持 $q_{m,\max}$,这就是所谓的膨胀不足。

7.4.2　渐缩渐放喷管

在设计工况下,渐缩渐放喷管的喉部截面处气流达到临界状态,气流速度在收缩段是亚声速的,到最小截面处等于当地声速,在扩张段达到超声速。设计工况下气体在喷管内压力变化如图 7-11 中曲线 ABC 所示。

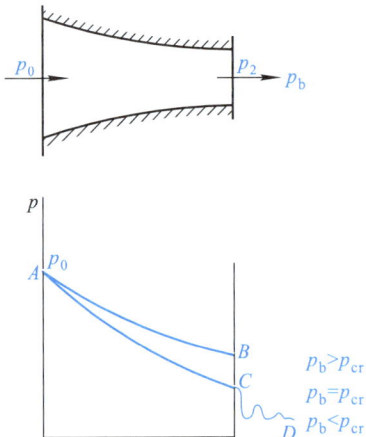

图 7-10　渐缩喷管中压力变化曲线　　　图 7-11　缩放喷管中压力变化曲线

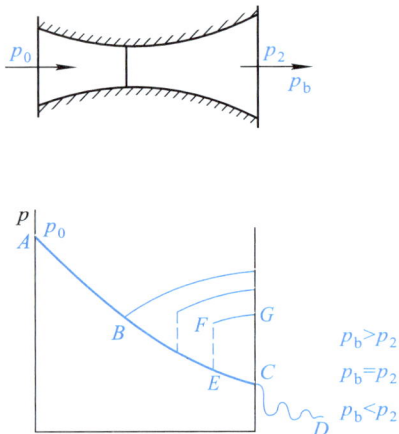

若降低背压 p_b,使之小于原出口截面设计压力 p_2,此时喉部截面处气流仍为临界状态,故喷管流量不变。但按喷管内气体实现完全膨胀的情况,通过相同的流量要求更大的出口截面积,故喷管内气体只能膨胀到原设计出口截面压力 p_2,而不能继续膨胀到 p_b。气体流出喷管后,在管外自由膨胀,降压至 p_b,情况与渐缩喷管相似,也称为膨胀不足。

若背压 p_b 升高,则缩放喷管的工作将受到阻碍。这时喷管内气体流动情况较为复杂,读者可参阅气体动力学的有关书籍,这里仅稍作说明。研究表明,当 p_b 比原设计压力 p_2 高时,喷管内气体可膨胀到比 p_b 低的压力,此即所谓过度膨胀,如图 7-11 中曲线 ABE 所示。在扩张段,气流速度增至超声速,然后在某一截面处产生冲击波,使压力跃升,如虚线 EF 所示,气流速度急剧降至亚声速,再按扩压管方式升压至背压流出喷管,此时,流量仍等于设计流量。冲击波产生截面的位置随背压 p_b 的升高而逐渐向内迁移,直至喉部截面。因为发生冲击波过程是不可逆过程,故应避免发生这种情况。

喷管内非
设计工况
流动简析

7.5 有摩阻的绝热流动

前面讨论了气流在喷管内的可逆绝热流动。实际上由于存在摩擦,流动过程中发生能量耗散,部分动能重又转化成热能被气流吸收,故实际过程是不可逆的。若忽略与外界的热交换,则过程中熵流为零($s_f=0$),由于摩擦引起熵产大于零($s_g>0$),因而过程中熵变大于零($\Delta s=s_f+s_g>0$)。同时,由于动能减少,气流出口速度将变小。因此,有摩擦的流动较之相同压降范围内的可逆流动出口速度要小。

工程上常用"速度系数"φ或"能量损失系数"ζ来表示气流出口速度的下降和动能的减少。速度系数的定义是

$$\varphi=\frac{c_{f2}}{c_{f2_s}} \qquad (7-28)$$

能量损失系数的定义是

$$\zeta=\frac{c_{f2_s}^2-c_{f2}^2}{c_{f2_s}^2}=1-\varphi^2 \qquad (7-29)$$

两式中:c_{f2}为气流在喷管出口截面上实际流速;c_{f2_s}为理想可逆流动时的流速。

速度系数依喷管的形式、材料及加工精度等而定,一般在 0.92~0.98 之间。渐缩喷管的速度系数较大,缩放喷管的则较小(因缩放喷管相对较长,且超声速气流的摩擦损耗较大)。

稳定流动能量方程式(7-3)仅要求过程绝热和不作功,对过程是否可逆及工质性质无任何限制,故也可用于气体不可逆绝热流动,此时式(7-3)可写成

$$h_0=h_1+\frac{c_{f1}^2}{2}=h_{2_s}+\frac{c_{f2_s}^2}{2}=h_2+\frac{c_{f2}^2}{2}$$

式中:h_{2_s}和c_{f2_s}分别是理想可逆流动时出口截面上气流的焓和速度;h_2和c_{f2}分别是出口截面上气流的实际焓值和速度。从上式可知,出口动能的减小引起出口焓值的增大,焓的增加量 $h_2-h_{2_s}$ 即为动能的减小值 $\frac{1}{2}(c_{f2_s}^2-c_{f2}^2)$。

工程计算常先按理想情况求出 c_{f2_s},再据 φ 由式(7-28)求得 c_{f2}。或者据 $c_{f2}=\sqrt{2(h_0-h_2)}$ 求得流速,其中 h_2 的值可由实测 p_2 及 t_2 确定,也可由能量损失系数 ζ 及理想情况的焓值 h_{2_s} 求出。摩擦损耗的动能转化为热能,而这部分热能又被气流所吸收,使其焓值增大,故 $h_2=h_{2_s}+\zeta(h_0-h_{2_s})$。出口截面上气体的其他参数值可由 p_2 及 h_2 确定。

例 7-3 某种气体流入绝热收缩喷管时,压力和温度分别为 0.6 MPa 和 800 ℃,速度为 100 m/s,若喷管背压 $p_b = 0.2$ MPa,速度系数 $\varphi = 0.92$,喷管出口截面积为 2 400 mm^2,求喷管流量及摩擦引起的㶲损失。气体的比热容可取常数,$R_g = 318.3$ J/(kg·K),$c_p = 1 159$ J/(kg·K),环境温度 $T_0 = 300$ K。

解 据题意,气体的比定容热容和绝热指数为

$$c_V = c_p - R_g = 1.159 \text{ kJ/(kg·K)} - 0.318 3 \text{ kJ/(kg·K)} = 0.840 7 \text{ kJ/(kg·K)}$$

$$\kappa = \frac{c_p}{c_V} = \frac{1.159 \text{ kJ/(kg·K)}}{0.840 7 \text{ kJ/(kg·K)}} = 1.379$$

$$T_0 = T_1 + \frac{c_{f1}^2}{2c_p} = (800+273) \text{ K} + \frac{(100 \text{ m/s})^2}{2 \times 1 159 \text{ J/(kg·K)}} = 1 077.3 \text{ K}$$

$$p_0 = p_1 \left(\frac{T_0}{T_1}\right)^{\frac{\kappa}{\kappa-1}} = 0.6 \text{ MPa} \times \left(\frac{1 077.3 \text{ K}}{1 073 \text{ K}}\right)^{\frac{1.379}{1.379-1}} = 0.609 \text{ MPa}$$

$$p_{cr} = \nu_{cr} p_0 = \left(\frac{2}{\kappa+1}\right)^{\frac{\kappa}{\kappa-1}} p_0 = \left(\frac{2}{1+1.379}\right)^{\frac{1.379}{1.379-1}} \times 0.609 \text{ MPa} = 0.324 \text{ MPa} > p_b$$

所以喷管出口截面的压力 $p_2 = p_{cr} = 0.324$ MPa。

若可逆膨胀,则:

$$T_{2_s} = T_0 \left(\frac{p_2}{p_0}\right)^{\frac{\kappa-1}{\kappa}} = 1 077.3 \text{ K} \times \left(\frac{0.324 \text{ MPa}}{0.609 \text{ MPa}}\right)^{\frac{1.379-1}{1.379}} = 905.76 \text{ K}$$

$$v_{2_s} = \frac{R_g T_{2_s}}{p_2} = \frac{318.3 \text{ J/(kg·K)} \times 905.76 \text{ K}}{0.324 \times 10^6 \text{ Pa}} = 0.889 8 \text{ m}^3/\text{kg}$$

$$c_{f2_s} = \sqrt{2(h_0 - h_{2_s})} = \sqrt{2c_p(T_0 - T_{2_s})}$$
$$= \sqrt{2 \times 1 159 \text{ J/(kg·K)} \times (1 077.3 - 905.76) \text{ K}} = 630.58 \text{ m/s}$$

$$q_m = \frac{A_2 c_{f2_s}}{v_{2_s}} = \frac{2 400 \times 10^{-6} \text{ m}^2 \times 630.58 \text{ m/s}}{0.889 8 \text{ m}^3/\text{kg}} = 1.701 \text{ kg/s}$$

由于过程不可逆,所以

$$c_{f2} = \varphi c_{f2_s} = 0.92 \times 630.58 \text{ m/s} = 580.13 \text{ m/s}$$

因摩擦而损耗的动能被气流吸收,故需对温度修正。据能量方程 $h_2 = h_0 - \dfrac{c_{f2}^2}{2}$,有

$$T_2 = T_0 - \frac{c_{f2}^2}{2c_p} = 1 077.3 \text{ K} - \frac{(580.13 \text{ m/s})^2}{2 \times 1 159 \text{ J/(kg·K)}} = 932.11 \text{ K}$$

$$v_2 = \frac{R_g T_2}{p_2} = \frac{318.3 \text{ J/(kg·K)} \times 932.11 \text{ K}}{0.324 \times 10^6 \text{ Pa}} = 0.915 7 \text{ m}^3/\text{kg}$$

$$q'_m = \frac{A_2 c_{f2}}{v_2} = \frac{2\,400 \times 10^{-6}\ \text{m}^2 \times 580.13\ \text{m/s}}{0.915\,7\ \text{m}^3/\text{kg}} = 1.521\ \text{kg/s}$$

由于流动过程不可逆绝热,所以过程的熵增即是熵产

$$s_g = \Delta s_{1-2} = \Delta s_{2_s-2} = c_p \ln \frac{T_2}{T_{2_s}} = 1.159\ \text{kJ/(kg·K)} \times \ln \frac{932.11\ \text{K}}{905.76\ \text{K}} = 0.033\ \text{kJ/(kg·K)}$$

㶲损失

$$\dot{I} = q'_m T_0 s_g = 1.521\ \text{kg/s} \times 300\ \text{K} \times 0.033\ \text{kJ/(kg·K)} = 15.06\ \text{kW}$$

讨论:(1)由速度系数修正出口截面上气流速度后,还应根据能量守恒方程修正出口截面气流的温度等参数,才能得到不可逆绝热流动的流量,显然该流量小于可逆流动时的流量。

(2)本例㶲损失也可利用㶲方程计算。据"输入系统的㶲减去输出系统的㶲减去不可逆㶲损失等于系统㶲增量",考虑到稳流,系统㶲增量 $\Delta E_{\text{x,H}} = 0$,即可得㶲损失

$$\dot{I} = q'_m \left[\left(e_{\text{x,H},1} + \frac{c_{f1}^2}{2} \right) - \left(e_{\text{x,H},2} + \frac{c_{f2}^2}{2} \right) \right] = q'_m \left[(e_{\text{x,H},1} - e_{\text{x,H},2}) - \frac{c_{f2}^2}{2} + \frac{c_{f1}^2}{2} \right]$$

$$= q'_m \left[(h_1 - h_2) - T_0(s_1 - s_2) - \frac{1}{2}(c_{f2}^2 - c_{f1}^2) \right]$$

$$= q'_m \left[c_p(T_1 - T_2) - T_0 \left(c_p \ln \frac{T_1}{T_2} - R_g \ln \frac{p_1}{p_2} \right) - \frac{1}{2}(c_{f2}^2 - c_{f1}^2) \right]$$

代入数据后算得 $\dot{I} = 15.00\ \text{kW}$,与利用熵产计算一致。

7.6　绝　热　节　流

　　流体在管道内流动时,有时流经阀门、孔板等设备,由于局部阻力,使流体压力降低,这种现象称为节流现象。如在节流过程中流体与外界没有热量交换,就称为绝热节流,也简称节流。

　　节流过程是典型的不可逆过程。流体在孔口附近发生强烈的扰动及涡流,处于极度不平衡状态,如图7-12所示,故不能用平衡态热力学方法分析孔口附近的状况。但在距孔口较远的地方,如图7-12中截面1-1和2-2,流体仍处于

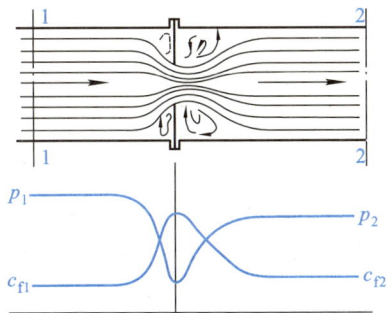

图 7-12　节流

平衡状态。若取管段 1-2 为控制容积,引用绝热流动的能量方程式并稍做整理即可得

$$h_1 = h_2 + \frac{1}{2}(c_{f2}^2 - c_{f1}^2)$$

在通常情况下,节流前后流速 c_{f1} 和 c_{f2} 差别不大,流体动能差和 h_1 及 h_2 相比极小,可忽略不计,故得

$$h_1 = h_2 \qquad (7-30)$$

该式表明,经节流后流体焓值仍恢复原值。由于在 1-1 截面和 2-2 截面之间流体处于不平衡状态,因而不能确定各截面的焓值。因此,尽管 $h_1 = h_2$,但不能把节流过程看作定焓过程。

节流过程是不可逆绝热过程,过程中有熵产,故其熵增大,即

$$s_2 > s_1 \qquad (7-31)$$

对于理想气体,$h = f(T)$,焓值不变,则温度也不变,即 $T_2 = T_1$。节流后的其他状态参数可依据 p_2 及 T_2 求得。实际气体节流过程的温度变化比较复杂,节流后温度可以降低、可以升高、也可以不变,视节流时气体所处的状态及压降的大小而定。

节流过程的温度变化,可从分析焓值不变时温度对压力的依变关系即焦耳-汤姆孙系数 $(\partial T/\partial p)_h$ 着手。据焓的一般方程[参见式(12-35)]

$$dh = c_p dT + \left[v - T \left(\frac{\partial v}{\partial T} \right)_p \right] dp$$

对于焓值不变的过程 $dh = 0$,若用 μ_J 表示焦耳-汤姆孙系数表示,上式可改写为

$$\mu_J = \left(\frac{\partial T}{\partial p} \right)_h = \frac{T \left(\frac{\partial v}{\partial T} \right)_p - v}{c_p} \qquad (7-32)$$

系数 μ_J 也称为节流的微分效应,即气流在节流中压力变化为 dp 时的温度变化。当压力变化为一定数值时,节流所产生的温度差称为节流的积分效应 $\left(T_2 - T_1 = \int_1^2 \mu_J dp \right)$。按状态方程式求得 $(\partial v/\partial T)_p$ 并与气体的 T、v 一起代入式(7-32),即可得节流前后温度变化。由于节流过程压力下降($dp < 0$),所以:

若 $T(\partial v/\partial T)_p - v > 0$,$\mu_J$ 取正值,节流后温度降低;

若 $T(\partial v/\partial T)_p - v < 0$,$\mu_J$ 取负值,节流后温度升高;

若 $T(\partial v/\partial T)_p - v = 0$,$\mu_J = 0$,节流前后温度不变。

例如,理想气体状态方程 $pv = R_g T$,$\left(\frac{\partial v}{\partial T} \right)_p = \frac{R_g}{p}$,$T \left(\frac{\partial v}{\partial T} \right)_p - v = 0$,所以理想气体在任

何状态下绝热节流,$\mu_J \equiv 0$,故 $T_2 \equiv T_1$;实际气体则要依其状态方程的具体形式和节流前气体状态而定。

节流后温度不变的气流温度称为转回温度,用 T_i 表示。已知气体的状态方程,利用 $T\left(\dfrac{\partial v}{\partial T}\right)_p - v = 0$ 的关系,就可求出不同压力下的转回温度。在 $T\text{-}p$ 图上把不同压力下的转回温度连起来,就得到一条连续曲线,称为转回曲线,如图7-13a所示。

转回温度也可由实验测定。在某一给定的进口状态下通过控制阀门的开度而形成不同的局部阻力,以获得不同的出口压力。测出不同压力对应的温度值,即可在 $T\text{-}p$ 坐标图标出若干对应点,连接这些点,就得到一条定焓线。改变进口状态,重复进行上述步骤,就可得到一系列的定焓线。每条定焓线上任意一点切线的斜率$(\partial T/\partial p)_h$即是该点的 μ_J 的值。由图可见,每条定焓线上有一点达到温度的最大值,此点上节流微分效应 $\mu_J = (\partial T/\partial p)_h = 0$,该点的温度即为转回温度。连接每条定焓线上的转回温度,就得到一条实验转回温度曲线。转回曲线把 $T\text{-}p$ 图分划成两个区域:在曲线与温度轴所包围的区域内部,节流的微分效应 $\mu_J > 0$,此区域称为冷效应区;在曲线与温度轴所包围的区域之外,节流的微分效应 $\mu_J < 0$,此区域称为热效应区。初始状态处于冷效应区域的气体,节流后无论压力改变微量 dp,或是压力下降较大,温度总是下降,且压力下降愈大温度下降愈多。初始状态处于热效应区域的气体,节流后当压力仅改变微量 dp,或是压力下降较小时,温度则上升,只是当压力下降较大,如图7-13b中由 $2a$ 经节流后压力下降到 $2d$ 的压力以下时温度才开始下降。可见,节流的微分效应和节流的积分效应不尽相同。转回曲线与温度轴上方交点的温度是最大转回温度 $T_{i,\max}$,下方交点的温度是最小转回温度 $T_{i,\min}$。流体温度高于最大转回温度或是低于最小转回温度时不可能发生节流冷效应。

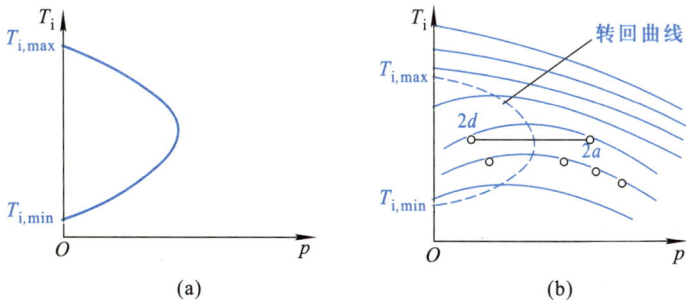

图 7-13　转回曲线

范德瓦耳斯气体的最大转回温度为 $T_{i,\max} = \dfrac{2a}{R_g b}$（请读者自行推导），是范德瓦耳斯气体临界温度的 6.75 倍，即 $T_{i,\max} = 6.75 T_{cr}$。由于实际气体并不完全符合范德瓦耳斯方程，所以这一结果仅在定性上与实验相符，只能用来近似估计各种气体的转回温度。对于一般临界温度不太低的气体，$T_{i,\max}$ 有很高的数值，大多数气体节流后温度是降低的，利用这一关系可使气体节流降温而获得低温和使气体液化。对于临界温度极低的气体，如 H_2 和 He，它们的最大转回温度很低，约为 $-80\ ℃$ 和 $-236\ ℃$，故在常温下节流后温度不但不降低，反而会升高。所以，应该先用其他方法把它们冷却到比各自的最大转回温度更低的温度，然后再节流降温进行液化。

节流的微
分效应和
积分效应

对于水蒸气的节流过程，利用 $h\text{-}s$ 图计算是非常方便的。如图 7-14 所示，根据节流前状态$(t_1 、 p_1)$可定出点 1，从点 1 作水平线与节流后之压力 $p_{1'}$ 的定压线相交于 $1'$，此即节流后之状态点$(h_1 = h_{1'})$，其时之温度 $t_{1'}$ 低于 t_1，同时 $s_{1'} > s_1$。从图 7-14 可清楚地看出，节流前的水蒸气经可逆绝热膨胀到 p_2 时之技术功为 $h_1 - h_2$；节流后的水蒸气，同样膨胀到 p_2 时的技术功为 $h_{1'} - h_{2'}$。显然 $h_{1'} - h_{2'} < h_1 - h_2$，技术功之减少量为 $\Delta w_t = h_{2'} - h_2$。

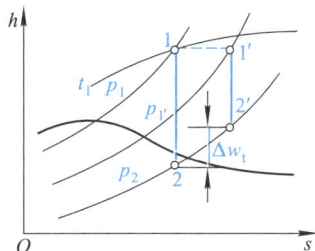

图 7-14　水蒸气节流

节流过程的工程应用除利用其冷效应进行制冷外，还可以用来调节发动机的功率、测量流体的流量等。因为绝热节流是不可逆绝热过程，所以工质熵必然增加，因此节流后工质的作功能力必将减小，故节流是简易可行的调节发动机功率的方法。工程上常用的孔板流量计是利用节流现象测量流体流量的常用仪器，它利用孔板使流体产生节流，再用压差计测定孔板前后的压力差，从而精确地计算出流体流量。节流现象还可利用来帮助建立实际气体的状态方程式，限于篇幅，请感兴趣的读者可参阅相关资料。

例 7-4　来自锅炉的过热蒸汽参数为 $p_1 = 4\ MPa 、 t_1 = 450\ ℃$。蒸汽首先经过一个阀门节流到 3 MPa，然后以 100 m/s 的初速度流入一个缩放喷管。已知喷管的出口截面上蒸汽压力为 1 MPa，蒸汽的质流量 0.5 kg/s，忽略喷管的摩擦损失，求：(1) 喷管的喉部截面积和出口截面积；(2) 节流造成的技术功损失；(3) 节流造成的作功能力损失（环境温度 $t_0 = 20\ ℃$）。

解　(1) 由 $p_1 = 4\ MPa 、 t_1 = 450\ ℃$ 在 $h\text{-}s$ 图上确定点 1 的位置，如图 7-15，查得：$h_1 = 3\ 330\ kJ/kg$；$s_1 = 6.938\ kJ/(kg \cdot K)$。通过点 1 分别作垂线和水平线，

分别与 $p_2=1$ MPa 的等压线交于点 2 和与 $p_{1'}=3$ MPa 的等压线交于点 1′。读得：$h_2=2\,947$ kJ/kg；$s_{1'}=7.066$ kJ/(kg·K)。

$$h_0=h_{1'}+\frac{c_{f1}^2}{2}$$
$$=3\,330 \text{ kJ/kg}+\frac{(100\text{ m/s})^2}{2\times10^3}$$
$$=3\,335 \text{ kJ/kg}$$

因 $s_0=s_{1'}$，所以可查得 $p_0=3.05$ MPa。由于是过热蒸汽，故取 $\nu_{cr}=0.546$，所以

$$p_{cr}=p_0\nu_{cr}=3.05 \text{ MPa}\times0.546=1.665 \text{ MPa}$$

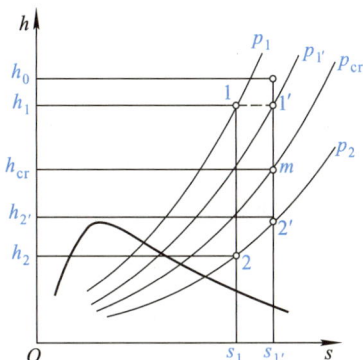

图 7-15　例 7-4 附图

通过点 1′作垂线，分别与 $p_{cr}=1.665$ MPa 和 $p_2=1$ MPa 的等压线交于点 m 和点 2′，读得：$h_{cr}=3\,148$ kJ/kg；$v_{cr}=0.172$ m³/kg；$h_{2'}=3\,012$ kJ/kg；$v_{2'}=0.250$ m³/kg。

$$c_{f,cr}=\sqrt{2(h_0-h_{cr})}=\sqrt{2\times(3\,335-3\,148)\text{ kJ/kg}\times10^3}=611.6 \text{ m/s}$$
$$c_{f2}=\sqrt{2(h_0-h_{2'})}=\sqrt{2\times(3\,335-3\,012)\text{ kJ/kg}\times10^3}=803.7 \text{ m/s}$$
$$A_{cr}=\frac{q_m v_{cr}}{c_{f,cr}}=\frac{0.5 \text{ kg/s}\times0.172 \text{ m}^3/\text{kg}}{611.6 \text{ m/s}}=1.41\times10^{-4} \text{ m}^2$$
$$A_2=\frac{q_m v_2}{c_{f2}}=\frac{0.5 \text{ kg/s}\times0.250 \text{ m}^3/\text{kg}}{803.7 \text{ m/s}}=1.56\times10^{-4} \text{ m}^2$$

（2）技术功损失

$$\Delta\dot{W}_t=(H_1-H_2)-(H_{1'}-H_{2'})=H_{2'}-H_2=q_m\times(h_{2'}-h_2)$$
$$=0.5 \text{ kg/s}\times(3\,012-2\,947)\text{ kJ/kg}=32.5 \text{ kJ/s}$$

（3）作功能力损失

$$\dot{I}=T_0(S_{1'}-S_1)=q_m T_0(s_{1'}-s_1)$$
$$=0.5 \text{ kg/s}\times293.15 \text{ K}\times(7.066-6.938)\text{ kJ/(kg·K)}=18.8 \text{ kJ/s}$$

讨论：（1）本例节流后水蒸气技术功减少量大于其作功能力损失，$\Delta\dot{W}_t>\dot{I}$，是因节流后水蒸气膨胀到 p_2 的温度高于不节流直接膨胀到 p_2 的温度，因此其焓㶲增大。换句话说，减少的技术功中一部分转化为焓㶲，储存在气流内，并未损失。（2）据绝热节流焓不变以及可逆绝热膨胀比熵不变，利用计算软件确定上述各点的参数常常更方便、精确。

7.7　湿空气的热力过程

通常,湿空气过程分析主要是研究过程中湿空气焓值及含湿量与温度、相对湿度之间的变化关系。一般方法为利用稳定流动能量方程(通常不计动能差和位能差)及质量守恒方程,并借助湿空气的线图。本节简要介绍几种典型过程以及工程应用。

7.7.1　加热和冷却去湿过程

湿空气单纯地加热时,压力(p_v和p_a)与含湿量均保持不变。在h-d图上过程沿等d线方向进行,过程中湿空气温度升高,焓增大,相对湿度减小,为图7-16中1-2。冷却过程反之,为图中1-A-2′。

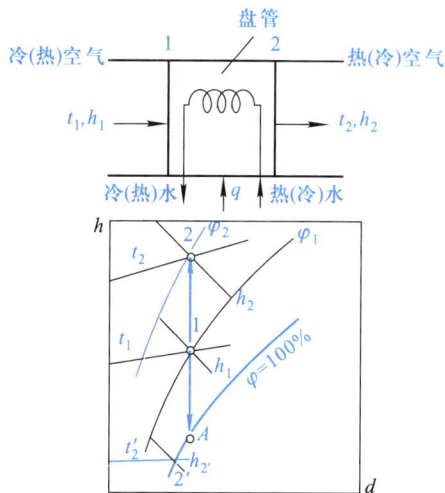

图7-16　加热(或冷却)过程

根据稳定流动能量方程,过程中吸热量(或放热量)等于焓差,即

$$q = \Delta h = h_2 - h_1 \tag{7-33}$$

式中,h_1、h_2分别为初、终态湿空气的焓值。

湿空气被冷却到露点温度前,湿空气处于未饱和状态,过程中含湿量不变,达到露点温度时空气达饱和状态,若继续冷却,将有水蒸气凝结析出,空气继续保持饱和状态但含湿量减小,达到冷却除湿的目的。如图7-16所示,过程沿1-A-2′方向进行,温度降到露点A后,沿$\varphi = 100\%$的等φ线向d、t减小的方向,一直保持饱和湿空气状态。1 kg干空气的凝水量为

$$\frac{q_{m,l}}{q_{m,a}} = d_1 - d_{2'} \tag{7-34}$$

据稳定流动能量方程,冷却水带走的热量为

$$q = (h_1 - h_{2'}) - (d_1 - d_{2'})h_l \tag{7-35}$$

式中:h_l为凝结水的比焓;$(d_1 - d_{2'})h_l$为凝结水带走的能量。

7.7.2 喷水绝热加湿过程

在绝热的条件下向湿空气喷水,增加其含湿量时,因水分蒸发需要热量,汽化热量将由空气本身供给,因而加湿后空气的温度降低。

据质量守恒,喷水量等于湿空气流含湿量的增加

$$q_{m,l} = q_{m,a}(d_2 - d_1) \quad 或 \quad \frac{q_{m,l}}{q_{m,a}} = d_2 - d_1 \tag{7-36}$$

式中下标 l 表示液态水。据能量守恒,稳定流动,且绝热不作外功,$q=0$、$w=0$,故

$$q_{m,a}h_1 + (d_2 - d_1)q_{m,a}h_l = q_{m,a}h_2$$
$$h_1 + (d_2 - d_1)h_l = h_2$$

水的焓值 h_l 相对来说要小得多,含湿量差 $d_2 - d_1$ 也较小,所以,喷水带入的焓值可忽略不计,即 $(d_2 - d_1)h_l \approx 0$,因此

$$h_1 \approx h_2$$

如图 7-17 所示,绝热喷水过程 1-2 沿着等焓线向 d、φ 增大,t 减小的方向进行。

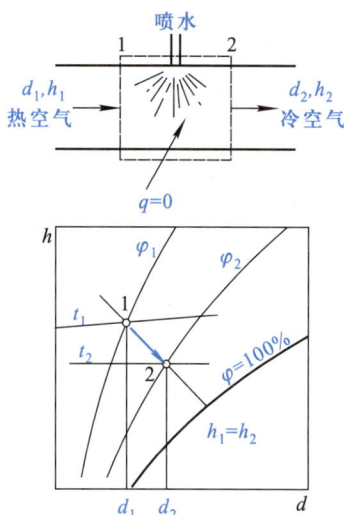

图 7-17 绝热加湿过程

7.7.3 绝热混合过程

几股不同状态的湿空气气流绝热混合,混合后的湿空气状态取决于混合前各股湿空气的状态及各流量比。

如图 7-18 所示,两股湿空气 1 和 2,绝热混合后状态为 3。据干空气质量守恒

$$q_{m,a3} = q_{m,a1} + q_{m,a2} \tag{a}$$

据湿空气中水蒸气质量守恒

$$q_{m,v3} = q_{m,v1} + q_{m,v2} \quad 或 \quad q_{m,a3}d_3 = q_{m,a1}d_1 + q_{m,a2}d_2 \tag{b}$$

据能量守恒

$$q_{m,a3}h_3 = q_{m,a1}h_1 + q_{m,a2}h_2 \qquad (c)$$

式（a）、（b）和式（c）联立求解，整理后得出

$$\frac{h_3-h_1}{d_3-d_1} = \frac{h_2-h_3}{d_2-d_3} \qquad (d)$$

式（d）左侧代表 $h\text{-}d$ 图上过程 1-3 线的斜率，右侧代表过程 3-2 线的斜率。过程 1-3 和过程 3-2 斜率相同，因此可以判定 3 在 1-2 的连线上。式（d）还可写作

$$\frac{q_{m,a1}}{q_{m,a2}} = \frac{d_2-d_3}{d_3-d_1} = \frac{h_2-h_3}{h_3-h_1} = \frac{\overline{23}}{\overline{31}} \qquad (7\text{-}37)$$

由上式可见，状态 3 在 1-2 连线上，$\overline{23}:\overline{31}=q_{m,a1}:q_{m,a2}$，点 3 将 $\overline{12}$ 分割时与干空气质量流量成反比。

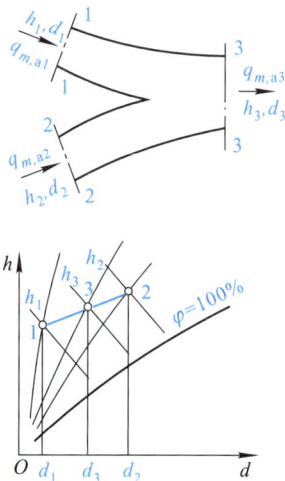

图 7-18　绝热混合过程

例 7-5　烘干设备是利用未饱和空气流经湿物体，吸收其中水分的装置。为提高湿空气的吸湿能力，一般吸湿前先对湿空气加热，所以，烘干的全过程包括湿空气的加热过程和绝热吸湿过程，如图 7-19 所示。已知烘干用的湿空气进入加热器前 $t_1=25\ ℃$、$t_{w1}=20\ ℃$，在加热器中被加热到 $t_2=90\ ℃$ 后进入烘箱，出烘箱时 $t_3=40\ ℃$。设当地大气压 $p=0.101\ 3\ \text{MPa}$，求：（1）d_1、h_1、t_{d1}、p_{v1}；（2）1 kg 干空气在烘箱中吸收的水分；（3）烘箱中每吸收 1 kg 水分所需的干空气量及在加热器中吸收的热量。

解　（1）在图 7-20 上，由 $t_w=20\ ℃$ 的等温线与 $\varphi=100\%$ 的等 φ 线的交点 a 得 $h_1=56.5\ \text{kJ/kg}$（干空气），该等温线与 $t=25\ ℃$ 的等温线相交于点 1，通过点 1 的等 d 线与 $\varphi=100\%$ 的线交于点 A，即为露点，直接读出 $t_{d1}=17\ ℃$，通过点 1 的等 d 线与水蒸气分压力线相交于点 B，得 $p_{v1}=1.9\ \text{kPa}$。

从点 1 向上作垂线与 $t_2=90\ ℃$ 的等温线相交于点 2，得出 $h_2=123.5\ \text{kJ/kg}$（干空气），$d_2=d_1=0.012\ 5\ \text{kg}$（水蒸气）/kg（干空气）。

由点 2 沿等焓线与 $t_3=40\ ℃$ 的等温线相交于 3，得出 $d_3=0.032\ 5\ \text{kg}$（水蒸气）/kg（干空气）。

（2）1 kg 干空气吸收的水分为

$$\Delta d = d_3-d_2 = d_3-d_1$$
$$= 0.032\ 5\ \text{kg（水蒸气）/kg（干空气）} - 0.012\ 5\ \text{kg（水蒸气）/kg（干空气）}$$
$$= 0.02\ \text{kg（水蒸气）/kg（干空气）}$$

（3）每吸收 1 kg 水分需的干空气量

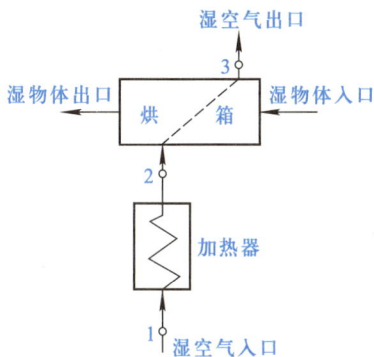

图 7-19　烘干装置示意图

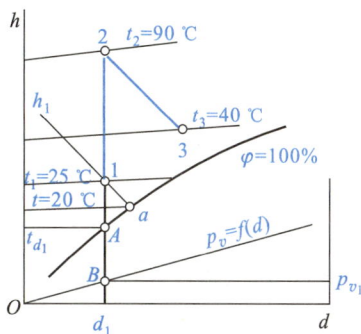

图 7-20　烘干过程在 h-d 图上表示

$$m_a = \frac{1}{\Delta d} = \frac{1 \text{ kg}}{0.02 \text{ kg(水蒸气)/kg(干空气)}} = 50 \text{ kg}$$

在加热器中的吸热量

$$Q = m_a(h_2 - h_1) = 50 \text{ kg} \times (123.5 \text{ kJ/kg} - 56.5 \text{ kJ/kg}) = 3\ 350 \text{ kJ}$$

讨论:烘干过程的核心是湿空气加热过程中水蒸气的质量不变,所以含湿量 d 不变;若不计液态水的焓,未饱和空气绝热吸湿过程中焓近似不变。

例 7-6　冷却塔是利用蒸发冷却原理(利用液态工质自身蒸发而使液体降温),使热水降温以获得工业用循环冷却水的节水装置,主要分为自然通风和机械通风两大类。图 7-21 为自然通风冷却塔装置示意图。热水向下喷淋,与自下向上的湿空气流接触,装置中部有填料,用以增大两者的接触面积及接触时间,热水与空气间进行着复杂的传热和传质过程,总效果是水分蒸发,吸收汽化潜热,使水温降低。湿空气在过程中进行的是升温、增湿、焓值增大的过程,出口处湿空气可达饱和或接近饱和状态。如图 7-21 所示,初参数为 $p = 0.1$ MPa、$t_1 = 15$ ℃、$\varphi_1 = 65\%$ 的湿空气,以体积流量 $q_{V,1} = 1\ 100$ m³/min 自冷却塔下部流入,从顶部流出时已为 $t_2 = 32$ ℃ 的饱和空气。热水进入冷却塔时水温 $t_3 = 38$ ℃,冷却后的水温为 $t_4 = 17$ ℃。已知干空气和水蒸气的气体常数分别为 $R_{g,a} = 287$ J/(kg·K)、$R_{g,v} = 462$ J/(kg·K);比定压热容分别为 $c_{p,a} = 1\ 005$ J/(kg·K)、$c_{p,v} = 1\ 860$ J/(kg·K)。试求:(1) 蒸发的水量 $\Delta q_{m,w}$;(2) 进入冷却塔的热水的质量流量 $q_{m,3}$。

解　(1) 冷却塔中湿空气初终态如图 7-22 中点 1 和 2。空气入口截面 1 处参数,由 $t_1 = 15$ ℃ 在附表 14 中查得 $p_{s,1} = 1.707$ kPa。

$$p_{v,1} = \varphi_1 p_{s,1} = 0.65 \times 1.707 \text{ kPa} = 1.110 \text{ kPa}$$

入口处湿空气中水蒸气的质量流量

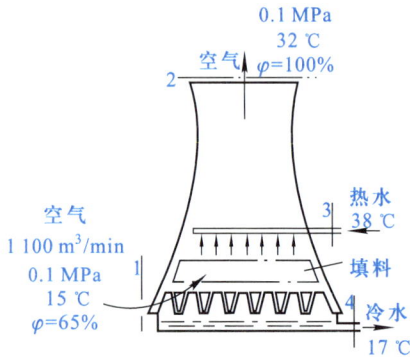

图 7-21　冷却塔装置示意图

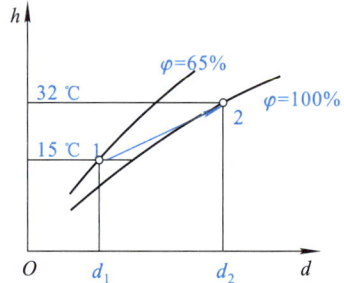

图 7-22　冷却塔中湿空气的变化过程

$$q_{m,\mathrm{v1}}=\frac{p_\mathrm{v1}q_{V,1}}{R_{\mathrm{g,v}}T_1}=\frac{1\ 110\ \mathrm{Pa}\times1\ 100\ \mathrm{m^3/min}}{462\ \mathrm{J/(kg\cdot K)}\times(273+15)\ \mathrm{K}}=9.18\ \mathrm{kg/min}$$

入口处湿空气中干空气的质量流量

$$q_{m,\mathrm{a1}}=\frac{p_\mathrm{a1}q_{V,1}}{R_{\mathrm{g,a}}T_1}=\frac{(0.1\times10^6\ \mathrm{Pa}-1\ 110\ \mathrm{Pa})\times1\ 100\ \mathrm{m^3/min}}{287\ \mathrm{J/(kg\cdot K)}\times288\ \mathrm{K}}=1\ 316\ \mathrm{kg/min}$$

湿空气出口截面 2 处参数, 由 $t_2=32$ ℃在附表 14 中查得 $p_{\mathrm{v,2}}=p_{\mathrm{s,2}}=4.753$ kPa。

$$d_2=0.622\frac{p_\mathrm{v,2}}{p-p_\mathrm{v,2}}=0.622\times\frac{4.753\ \mathrm{kPa}}{(100-4.753)\ \mathrm{kPa}}=0.031\ 04\ \mathrm{kg(水蒸气)/kg(干空气)}$$

因 $q_{m,\mathrm{a2}}=q_{m,\mathrm{a1}}$, 所以

$$q_{m,\mathrm{v2}}=d_2q_{m,\mathrm{a2}}=0.031\ 04\ \mathrm{kg(水蒸气)/kg(干空气)}\times1\ 316\ \mathrm{kg(干空气)/min}$$
$$=40.85\ \mathrm{kg/min}$$

单位时间蒸发的水量等于湿空气中水蒸气质量流量的增量, 即

$$\Delta q_{m,\mathrm{w}}=q_{m,\mathrm{v2}}-q_{m,\mathrm{v1}}=40.85\ \mathrm{kg/min}-9.18\ \mathrm{kg/min}=31.7\ \mathrm{kg/min}$$

（2）进水量的计算

如果不计冷却塔的散热损失, 不计动能差、位能差, 则能量方程为

$$q_{m,\mathrm{a2}}h_{\mathrm{a,2}}+q_{m,\mathrm{v2}}h_{\mathrm{v,2}}+q_{m,4}h_{\mathrm{w,4}}=q_{m,\mathrm{a1}}h_{\mathrm{a,1}}+q_{m,\mathrm{v1}}h_{\mathrm{v,1}}+q_{m,3}h_{\mathrm{w,3}}$$

或　　　　$$q_{m,\mathrm{a}}c_{p,\mathrm{a}}(T_2-T_1)+(q_{m,\mathrm{v2}}h_{\mathrm{v,2}}-q_{m,\mathrm{v1}}h_{\mathrm{v,1}})+(q_{m,4}h_{\mathrm{w,4}}-q_{m,3}h_{\mathrm{w,3}})=0 \qquad (\mathrm{a})$$

质量守恒方程为　$q_{m,3}-q_{m,4}=q_{m,\mathrm{v2}}-q_{m,\mathrm{v1}}=\Delta q_{m,\mathrm{w}}$　或　$q_{m,4}=q_{m,3}-\Delta q_{m,\mathrm{w}}$

由饱和水蒸气表中查得: $h_\mathrm{v,2}=h''(32\ ℃)=2\ 558.9\ \mathrm{kJ/kg}$; $h_\mathrm{w,3}=h'(38\ ℃)=159.14\ \mathrm{kJ/kg}$; $h_\mathrm{w,4}=h'(17\ ℃)=71.32\ \mathrm{kJ/kg}$。

$$h_\mathrm{v,1}=2\ 501\ \mathrm{kJ/kg}+1.86\ \mathrm{kJ/(kg\cdot K)}\times15\ ℃=2\ 528.9\ \mathrm{kJ/kg}$$

将得出的各数据代入式（a）, 可解得 $q_{m,3}=1\ 160\ \mathrm{kg/min}$。

讨论:（1）冷却塔内热水与空气间进行着复杂的传热和传质过程, 但取冷却

塔为控制体积,仅需关注边界面上的质、能交换;(2)归纳起来,湿空气问题求解过程可先进行简化,在图上示意其过程,再对之列出质量守恒方程和能量守恒方程,最后据过程特征确定各状态参数代入方程求解。

*7.8 非稳态流动过程

前面几节讨论的典型可逆过程,过程方程式形式简单,状态参数变化遵循一定的规律,分析计算的方法和步骤也大致类同。但一些实际过程显然属于不可逆过程,或非稳定流动过程。例如:自由膨胀、搅拌、绝热节流、绝热混合等是典型的不可逆过程;活塞式机械的吸气、排气(充气过程、放气过程),容器中气体的泄漏,热力设备或系统处于启动、关机、变动负荷阶段的工作过程等,则是非稳态过程。这类问题较为复杂,必须在热力学第一定律、第二定律和自然界一般规律的指导下,根据具体条件具体分析。

本节通过几个典型示例介绍研究均匀的、非稳态流动问题的一般方法。非稳态流动指体系状态随时间变化的流动过程,这时至少有一个状态参数随时间变化。很多情况下,开口热力系边界处流入工质与流出工质的流量不相同,流动工质输出的功率或与外界交换的热流率不一定为常数,这时热力系统内的总能 E(不计系统宏观动能和位能变化时为系统的热力学能 U)往往是时间 τ 的函数,而任意时刻控制体积内的状态仍可作为均匀态。

通常选取边界面限定的一个空间区域作为控制体积。边界面可以是固体壁面,也可以是假想界面;可以是固定的,也可以是移动的或可以胀缩的。非稳态系多为变质量系,对控制体积写出以微分形式表达的能量平衡一般关系式,结合质量平衡方程和气体的特性方程,最终确定控制体积中参数的变化规律以及通过控制面与外界交换的热量和功量。这种分析方法称为控制体积法,它是求解非稳态流动问题广泛采用的方法。

有时对非稳态问题用控制质量法,即选取一定质量的某部分物质为控制质量也很方便。例如,固定体积的容器中气体的放气过程,取放气前气体质量为控制质量,放气后则为控制体积内的质量与流出的气体质量之和。针对这部分控制质量写出定质量系能量方程及其他相关方程,最终也可得到控制体积的参数变化规律及能量关系与采用控制体积方法所得出结果是一致的。两种方法可以灵活选用。

至于由多个子系统组成的复杂热力系,还需各个子系统之间的约束关系作为补充方程。

例 7-7 如图 7-23 所示,体积为 V 的刚性绝热容器内装有高压气体。初态

时气体参数为 p_1、T_1,打开阀门向外界低压空间放气,当容器内气体压力降为 p_2 时关闭阀门。(1)试分析放气过程中容器内气体的过程特性;(2)若为理想气体,求终温 T_2。

解 (1)取容器内空间为控制体积,其能量方程为

$$\delta Q = \mathrm{d}E_{CV} + h_{out}\delta m_{out} - h_{in}\delta m_{in} + \delta W_i$$

根据题意,控制体积的边界面为绝热壁,$\delta Q = 0$;不对外作功,$\delta W_i = 0$;没有气体流入,故 $\delta m_{in} = 0$,当排气的动能、位能可忽略不计时,方程简化为

$$\mathrm{d}U + h_{out}\delta m_{out} = 0 \tag{a}$$

微元过程中放气量等于控制体积内气体的减少量,故质量方程为

$$\delta m_{out} = -\mathrm{d}m \tag{b}$$

过程中放气的比焓等于该瞬时容器内气体的比焓,即 $h_{out} = h$。将式(b)代入式(a),得

$$\mathrm{d}U = h\mathrm{d}m$$

即

$$m\mathrm{d}u + u\mathrm{d}m = h\mathrm{d}m$$

移项整理得

$$m\mathrm{d}u = (h - u)\mathrm{d}m$$

$$m\mathrm{d}u = pv\mathrm{d}m \tag{c}$$

刚性容器,$\mathrm{d}V = 0$,$m\mathrm{d}v + v\mathrm{d}m = 0$,所以

$$\frac{\mathrm{d}m}{m} = -\frac{\mathrm{d}v}{v} \tag{d}$$

将式(d)代入式(c)后得

$$\mathrm{d}u + p\mathrm{d}v = 0$$

与可逆条件下的热力学第一定律解析式 $\delta q = T\mathrm{d}s = \mathrm{d}u + p\mathrm{d}v$ 相比较,可得容器内气体过程的特性

$$\mathrm{d}s = 0$$

(2)对于理想气体,$pv = R_g T$,$\mathrm{d}u = c_V\mathrm{d}T$,$c_V = \dfrac{1}{\kappa - 1}R_g$,代入式(c),得

$$\frac{\mathrm{d}m}{m} = \frac{1}{\kappa - 1}\frac{\mathrm{d}T}{T}$$

考虑到理想气体的状态方程 $pV = mR_g T$ 的微分形式 $\dfrac{\mathrm{d}p}{p} + \dfrac{\mathrm{d}V}{V} = \dfrac{\mathrm{d}m}{m} + \dfrac{\mathrm{d}T}{T}$,且 $\mathrm{d}V = 0$,则

$$\frac{\mathrm{d}T}{T} = \frac{\kappa - 1}{\kappa}\frac{\mathrm{d}p}{p}$$

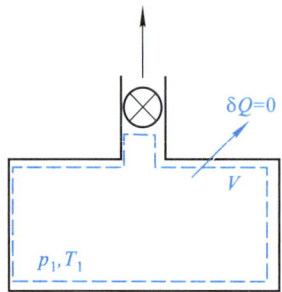

图 7-23 例 7-7 附图

比热容取定值积分,即得

$$Tp^{-\frac{\kappa-1}{\kappa}} = 常数$$

讨论:本例证明了刚性容器中气体绝热放气时留在容器中的气体按定熵过程变化,参数的变化规律与定质量系统定比熵过程的相同。证明过程中未涉及气体性质,因而该结论适用于任何气体,而不限于理想气体。

例7-8 一个良好隔热的容器,其容积为 3 m^3,内装有 200 ℃ 和 0.5 MPa 的过热蒸汽,打开阀门让蒸汽流出,直至容器内压力降到 0.1 MPa。若过程进行得足够快,以致容器壁与蒸汽之间换热可忽略不计,试计算容器内蒸汽的终了温度和流出的蒸汽量。

解 查水和水蒸气热力性质表,得:

$t = 200$ ℃、$p = 0.5$ MPa 时

$$v = 424.9 \times 10^{-3} \ m^3/kg, s = 7.060\ 3 \ kJ/(kg \cdot K)$$

$p = 0.1$ MPa 时

$$s' = 1.302\ 7 \ kJ/(kg \cdot K), s'' = 7.360\ 8 \ kJ/(kg \cdot K), v' = 0.001\ 043\ 4 \ m^3/kg$$

$$v'' = 1.694\ 6 \ m^3/kg$$

初态质量 $\quad m_1 = \dfrac{V}{v_1} = \dfrac{3 \ m^3}{424.9 \times 10^{-3} \ m^3/kg} = 7.060 \ kg$

考虑到放汽过程进行得很快,是不可逆绝热的,但由例 7-7,留在容器内的蒸汽进行等比熵变化,即 $s_2 = s_1 = 7.060\ 3 \ kJ/(kg \cdot K)$。因 $s' < s_2 < s''$,所以终态容器内是压力为 0.1 MPa 的湿饱和蒸汽,$t_2 = t_s = 99.634$ ℃。于是

$$x_2 = \frac{s_2 - s'}{s'' - s'} = \frac{7.060\ 3 \ kJ/(kg \cdot K) - 1.302\ 7 \ kJ/(kg \cdot K)}{7.360\ 8 \ kJ/(kg \cdot K) - 1.302\ 7 \ kJ/(kg \cdot K)} = 0.95$$

$$v_2 = v' + x_2(v'' - v') = 0.001\ 043\ 4 \ m^3/kg + 0.95 \times (1.694\ 6 - 0.001\ 043\ 4) \ m^3/kg$$

$$= 1.609\ 9 \ m^3/kg$$

$$m_2 = \frac{V}{v_2} = \frac{3 \ m^3}{1.609\ 9 \ m^3/kg} = 1.863 \ kg$$

$$m_2 - m_1 = 7.060 \ kg - 1.863 \ kg = 5.20 \ kg$$

讨论:刚性容器内蒸汽放汽过程中留在容器内的蒸汽同样按等比熵变化。

例7-9 一可自由伸缩、不计张力的容器内有压力 $p = 0.8$ MPa、温度 $t = 27$ ℃ 的空气 74.33 kg。由于泄漏,压力降至 0.75 MPa,温度不变。称重后发现少了 10 kg。不计容器热阻,求过程中通过容器的换热量。已知大气压力 $p_0 = 0.1$ MPa,温度 $t_0 = 27$ ℃。

解 取容器为控制容积,初态时

$$V_1 = \frac{m_1 R_g T_1}{p_1} = \frac{74.33 \text{ kg} \times 287 \text{ J/(kg} \cdot \text{K)} \times (273+27) \text{ K}}{0.8 \times 10^6 \text{ Pa}} = 8.0 \text{ m}^3$$

终态时

$$m_2 = m_1 - m_{out} = 74.33 \text{ kg} - 10 \text{ kg} = 64.33 \text{ kg}$$

$$V_2 = \frac{m_2 R_g T_2}{p_2} = \frac{64.33 \text{ kg} \times 287 \text{ J/(kg} \cdot \text{K)} \times 300 \text{ K}}{0.75 \times 10^6 \text{ Pa}} = 7.39 \text{ m}^3$$

泄漏过程是不稳定流动放气过程,列出微元过程的能量守恒方程:

加入系统的能量 $\qquad\qquad \delta Q + \delta W$

离开系统的能量 $\qquad\qquad h\delta m$

系统储能的增量 $\qquad\qquad \mathrm{d}U$

故 $\qquad\qquad\qquad\qquad \delta Q + \delta W - h\delta m = \mathrm{d}U$ $\qquad\qquad$ (a)

据题意,容器无热阻,故过程中容器内空气维持 27 ℃不变,因此过程中空气比焓 h 及比热力学能 u 是常数;同时因不计张力,故空气与外界交换功仅为容积变化功,即环境大气对之作功,流出系统的质量等于系统内增加量的负值,所以对上式积分可得

$$Q + p_0(V_1 - V_2) - h(m_1 - m_2) = \Delta U \qquad\qquad (\text{ b})$$

所以

$$\begin{aligned}
Q &= (U_2 - U_1) - h(m_2 - m_1) + p_0(V_2 - V_1)\\
&= (m_2 u_2 - m_1 u_1) - h(m_2 - m_1) + p_0(V_2 - V_1)\\
&= (m_2 - m_1)u - (m_2 - m_1)h - p_0(V_2 - V_1) = -(m_2 - m_1)(h - u) + p_0(V_2 - V_1)\\
&= 10 \text{ kg} \times (1\ 005 \text{ J/kg} - 718 \text{ J/kg}) \times 300 + 0.1 \times 10^6 \text{ Pa} \times (7.39 \text{ m}^3 - 8.0 \text{ m}^3)\\
&= 8.0 \times 10^5 \text{ J}
\end{aligned}$$

讨论:本题也可取初始时容器内的全部空气为热力系(闭口系)求解。此时终态空气分两部分:一部分留在容器内;另一部分在大气中(可假想有一边界使之与大气分开),压力为 p_0,温度为 T_0。此时,能量方程为 $Q = \Delta U + W$。若用 u_2' 和 V_2' 分别表示漏入大气中空气的比热力学能和体积,则

$$\begin{aligned}
Q &= [m_2 u_2 + (m_1 - m_2)u_2'] - m_1 u_1 + p_0[(V_2 + V_2') - V_1]\\
&= m_1(u_2' - u_1) + m_2(u_2 - u_2') + p_0\left[(V_2 - V_1) + \frac{(m_1 - m_2)R_g T_0}{p_0}\right]
\end{aligned}$$

上式等号右侧前两项是初、终态空气的热力学能差,第三项是因热力系体积变化而与外界交换的功量。由于过程中空气温度不变且等于环境大气温度,据题意,空气比热力学能 $u_1 = u_2 = u_2'$,故而

$$Q = p_0(V_2 - V_1) + (m_1 - m_2)R_gT_0$$
$$= 0.1 \times 10^6 \text{ Pa} \times (7.39 \text{ m}^3 - 8.0 \text{ m}^3) + 10 \text{ kg} \times 287 \text{ J}/(\text{kg} \cdot \text{K}) \times 300 \text{ K}$$
$$= 8 \times 10^5 \text{ J}$$

可见选取热力系不同,列出的方程也随之改变。还可以采用控制质量分析法,利用闭口系能量方程,但此时方程中各项内应计入过程中流进和流出系统工质的相应值。读者可通过大量练习以使自己能熟练地列出各种不同条件下不同的能量方程式。

本章归纳

本章主要研究气体和蒸汽在喷管中的流动、绝热节流的特性及与空调、烘干等密切相关的湿空气加热、冷却去湿等热力过程。此外还简要地讨论非稳态流动过程。

名词和
术语

对于气体在喷管内流动,先讨论气体可逆流动特性,其后,对于实际的不可逆流动,利用实验系数进行修正。研究喷管中可逆流动的基本方程有连续性方程(质量守恒方程)、稳定流动能量方程、可逆绝热过程方程和音速方程。必须建立声速是状态参数的概念,它取决于喷管各截面上气流的状态,由于喷管不同截面上参数在变化,所以各个截面上的"当地"声速是不同的。

气体在流道中流速改变的根本原因是存在压差,是由于气体压力降低、温度降低使气流的焓值转化为气流的动能。几何条件是使气流可逆加速,即不产生㶲损失的外部条件,在压力条件得到满足的前提下几何条件才是决定性的。

进行喷管计算的关键是确定喷管出口截面上气流的压力,而背压(喷管出口截面外的压力,即喷管工作环境压力)对喷管出口截面上压力的确定有直接影响,喷管内可逆流动时背压对喷管选型及出口截面流速等的影响见表 7-1。在进行喷管分析时导出了一些理想气体定比热容可逆绝热过程适用的一些公式,通过这些公式可以较清晰地看到哪些因素影响了流速、流量等,但在进行喷管计算时建议不要采用这些公式,因为这些公式不仅远比那些从能量方程等直接导出的公式复杂,而且适用范围也小。

对于实际的不可逆流动,先是计算同等压力变化条件下的可逆流动,再通过速度系数等修正得到实际流动的参数,应注意的是在用速度系数修正速度后还要对温度进行修正,以满足流动过程的能量守恒。

表 7-1　背压对喷管选型及出口截面流速等的影响

	$p_b > p_{cr}$	$p_b = p_{cr}$	$p_b < p_{cr}$
外形	A_1 … A_2　l	A_1 … A_2　l	A_{min}　A_1 … A_2　l
p_2	$p_2 = p_b > p_{cr}$	$p_2 = p_b = p_{cr}$	$p_2 = p_b < p_{cr}$
c_{f2}	$c_{f2} < c_2$　$Ma_2 < 1$	$c_{f2} = c_2$　$Ma_2 = 1$	$c_{f2} > c_2$　$Ma_2 > 1$　$Ma_{cr} = 1$
速度曲线	c_1, c, c_2, c_{f1}, c_f, c_{f2}	c_1, c, $c_{f2}=c_2$, c_{f1}, c_f	c_1, c_{f2}, c_{f1}, c_2
能量关系	p-v 图：p_1, $p_2=p_b$, p_{cr}	p-v 图：p_1, p_{cr}, $p_2=p_b=p_{cr}$	p-v 图：p_1, p_{cr}, $p_2=p_b$

　　扩压管中气体的流动特性与喷管内相反。

　　绝热节流过程的参数变化特征是节流前后工质的压力下降,熵增大,焓不变,温度变化与焦耳-汤姆孙系数及节流压降大小等有关。理想气体节流后温度不变,实际气体的转回曲线把 T-p 图分成三个区域:气体节流前温度高于最大转回温度和低于最小转回温度时节流后温度升高,节流前气体处于冷效应区,节流后温度下降,节流前处于热效应区,温度变化根据节流前参数和节流压降判断。必须强调,虽然节流前后焓不变,但由于节流熵增,使能量品质有所下降。

　　湿空气过程往往伴随水蒸气质量的改变,所以湿空气过程的求解,就需求解水蒸气和干空气的质量守恒方程以及过程的能量方程(通常为开系稳定流动能量方程)构成的方程组。通常在焓-湿图(h-d 图)上示意画出过程的特征对问题的求解大有裨益。湿空气中的水蒸气处于理想气体状态,其参数可以利用理想气体的关系式计算,也可查相关水蒸气图表。需要注意,每一张使用方便的 h-d 图都是基于一定的大气压力绘制的,若用来确定湿空气参数,必须确保湿空气总压力与使用的图一致,更不能简单地在同一张普通 h-d 图上分析总压变化的过程。

　　对于状态随时间变化的非稳态流动过程,广泛采用的求解方法是对控制体积写出以微分形式表达的能量平衡关系式,结合质量平衡方程和气体的特性方程求解,有时也可采用控制质量法。

思考题

7-1 对改变气流速度起主要作用的是通道的形状还是气流本身的状态变化?

7-2 如何用连续性方程解释日常生活的经验:水的流通截面积增大,流速就降低?

7-3 在高空飞行可达到高超音速的飞机在海平面上是否能达到相同的高马赫数?

7-4 当气流速度分别为亚声速和超声速时,下列形状的管道(图7-24)宜于作喷管还是宜于作扩压管?

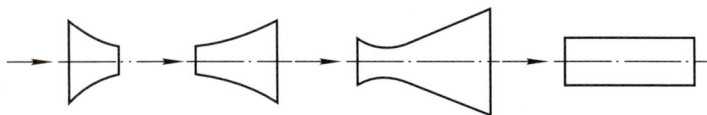

图 7-24 思考题 7-4 附图

7-5 当有摩擦损耗时,喷管的流出速度同样可用 $c_{f2}=\sqrt{2(h_0-h_2)}$ 来计算,似乎与无摩擦损耗时相同,那么,摩擦损耗表现在哪里呢?

7-6 考虑摩擦损耗时,为什么修正喷管出口截面上速度后还要修正温度?

7-7 考虑喷管内流动的摩擦损耗时,动能损失是不是就是流动不可逆损失? 为什么?

7-8 如图7-25所示,(a)为渐缩喷管,(b)为缩放喷管。设两喷管工作背压均为 0.1 MPa,进口截面压力均为 1 MPa,进口流速 c_{f1} 可忽略不计。若(1)两喷管最小截面积相等,问两喷管的流量、出口截面流速和压力是否相同?(2)假如沿截面 2-2′切去一段,将产生哪些后果? 出口截面上的压力、流速和流量将起什么变化?

7-9 既然节流过程不可逆,为何在推导节流微分效应 μ_J 时可利用 $dh=0$?

7-10 既然绝热节流前后焓值不变,为什么作功能力有损失?

7-11 多股气流汇合成一股混合气流称为合流,请导出各股支流都是理想气体的混合气流温度表达式。混合气流的熵值是否等于各股支流熵值之和,为

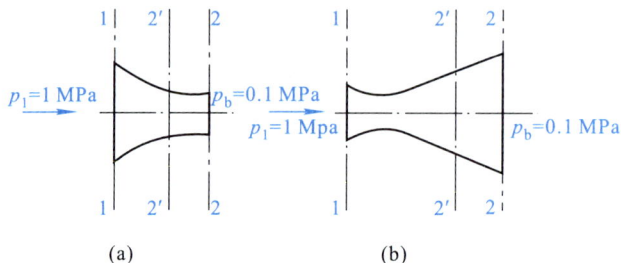

图 7-25   思考题 7-8 附图

什么? 应该怎么计算?

7-12   刚性容器内湿空气温度保持不变而充入干空气,问容器内空气的 φ、d、p_v 如何变化? 湿空气节流后,p_v、φ、d、h 如何变化? 若封闭气缸内的湿空气定压升温,问湿空气的 φ、d、h 如何变化?

7-13   湿空气加湿除喷水外还可以喷蒸汽,请写出喷蒸汽加湿的质量守恒方程和能量守恒方程,并将过程示意表示在 $h-d$ 图上。

7-14   有人说热水流经冷却塔后,温度可以降到低于冷却塔的进气温度(即环境大气温度)对不对? 为什么?

7-15   某项工程中需使用高纯度的氮气,为防止因杂质水蒸气冻结而堵塞管道,要求该气体在 0.1 MPa 条件下的露点不高于 -40 ℃。测试过程在 0.2 MPa 下进行,测得露点为 -50 ℃,请问这批气体是否合格? 为什么?

7-16   我国大部分地区水资源不足,严重制约我国经济发展和人民生活提高。冷却塔是利用蒸发冷却原理,使热水降温以获得工业用循环冷却水的节水装置。所以我国缺水地区,甚至像地处江南水乡的上海地区也在火力发电厂建设冷却塔达到节水和降低热污染的目的。为了进一步节水有些地方利用强电场让已蒸发到空气中的水蒸气凝结,回收。你对此有什么看法?

习题

7-1   空气以 $c_f = 180$ m/s 的流速在风洞中流动,用水银温度计测量空气的温度,温度计上的读数是 70 ℃,假定气流在温度计周围得到完全滞止,求空气的实际温度(即所谓热力学温度)。

7-2   已测得喷管某一截面空气的压力为 0.5 MPa,温度为 800 K,流速为 600 m/s,若空气按理想气体定比热容计,试求滞止温度和滞止压力。

7-3 喷气发动机前端是起扩压器作用的扩压段,其后为压缩段。若空气流以900 km/h的速度流入扩压段,流入时温度为−5 ℃,压力为50 kPa。空气流离开扩压段进入压缩段时速度为 80 m/s,此时流通截面积为入口截面积的80%,试确定进入压缩段时气流的压力和温度。

7-4 进入出口截面积 $A_2 = 10$ cm^2 的渐缩喷管的空气初速度很小可忽略不计,初参数为 $p_1 = 2 \times 10^6$ Pa、$t_1 = 27$ ℃。求空气经喷管射出时的速度,流量以及出口截面处空气的状态参数 v_2、t_2。设空气取定值比热容,$c_p = 1\ 005$ J/(kg·K)、$\kappa = 1.4$,喷管的背压力 p_b 分别为 1.5 MPa 和 1 MPa。

7-5 空气进入渐缩喷管时的初速为 200 m/s,初压为 1 MPa,初温为 500 ℃。求喷管达到最大流量时出口截面的流速、压力和温度。

7-6 空气流经渐缩喷管。在喷管某一截面处,压力为 0.5 MPa,温度为 540 ℃,流速为 200 m/s,截面积为 0.005 m^2。试求:(1)气流的滞止压力及滞止温度;(2)该截面处的声速及马赫数;(3)若喷管出口处的马赫数等于1,求出口截面积、出口温度、压力及速度。

7-7 燃气经过燃气轮机中渐缩喷管形的通道绝热膨胀,燃气的初参数为 $p_1 = 0.7$ MPa、$t_1 = 750$ ℃,燃气在通道出口截面上的压力 $p_2 = 0.5$ MPa,经过通道的流量 $q_m = 0.6$ kg/s,若通道进口处流速及通道中的摩擦损失均可忽略不计,求燃气外射速度及通道出口截面积。(燃气比热容按变值计算,设燃气的热力性质近似地和空气相同。)

7-8 有一玩具火箭装满空气,其参数为:$p = 13.8$ MPa、$t = 43.3$ ℃。空气经缩放喷管排向大气产生推力。已知喷管喉部截面积为 1 mm^2,出口上截面压力与喉部压力之比为1:10,试求稳定情况下火箭的净推力。($p_0 = 0.1$ MPa)

7-9 滞止压力为 0.65 MPa,滞止温度为 350 K 的空气可逆绝热流经收缩喷管,在截面积为 2.6×10^{-3} m^2 处气流马赫数为 0.6。若喷管背压力为 0.28 MPa,试求喷管出口截面积。

7-10 空气等熵流经缩放喷管,进口截面上压力和温度分别为 0.58 MPa、440 K,出口截面压力 $p_2 = 0.14$ MPa。已知喷管进口截面积为 2.6×10^{-3} m^2,空气质量流量为 1.5 kg/s,试求喷管喉部及出口截面积和出口流速。空气取定值比热容,$c_p = 1\ 005$ J/(kg·K)。

7-11 流入绝热喷管的过热氨蒸气压力为 800 kPa,温度为 20 ℃,喷管出口截面上压力为 300 kPa,流速达 450 m/s。若喷管中质量流量为 0.01 kg/s,试求喷管出口截面积。

7-12 压力 $p_1 = 2$ MPa,温度 $t_1 = 500$ ℃的蒸汽,经收缩喷管射入压力为 $p_b =$

0.1 MPa 的空间中,若喷管出口截面积 $A_2 = 200~mm^2$,试确定:(1)喷管出口截面上蒸汽的温度、比体积、焓;(2)蒸汽射出速度;(3)蒸汽的质量流量。

7-13　压力 $p_1 = 2$ MPa,温度 $t_1 = 500$ ℃ 的蒸汽,经拉瓦尔喷管流入压力为 $p_b = 0.1$ MPa 的大空间中,若喷管出口截面积 $A_2 = 200~mm^2$,试求临界速度、出口速度、喷管质量流量及喉部截面积。

7-14　压力 $p_1 = 0.3$ MPa,温度 $t_1 = 24$ ℃ 的空气,经喷管射入压力为 0.157 MPa 的空间中,应采用何种喷管?若空气质量流量为 $q_m = 4$ kg/s,则喷管最小截面积应为多少?

7-15　内燃机排出的废气压力为 0.2 MPa,温度为 550 ℃,流速为 110 m/s,若将之引入背压为 0.1 MPa 的渐缩喷管,(1)求废气通过喷管出口截面的流速,并分析若忽略进口流速时引起的误差;(2)若喷管速度系数 $\varphi = 0.96$,再计算喷管出口截面的流速及熵产。

7-16　初态为 3.5 MPa、450 ℃ 的水蒸气以初速 100 m/s 进入喷管,在喷管中绝热膨胀到 2.5 MPa,已知流经喷管的质量流量为 10 kg/min。(1)忽略摩擦损失,试确定喷管的形式和尺寸;(2)若存在摩擦损失,且已知速度系数 $\varphi = 0.94$,确定上述喷管实际流量。

7-17　压力为 0.1 MPa,温度为 27 ℃ 的空气流经扩压管,压力升高到 0.18 MPa,试问空气进入扩压管时的初速至少有多大?

7-18　试证明理想气体的绝热节流微分效应 μ_J 恒等于零。

7-19　1.2 MPa、20 ℃ 的氮气经节流阀后压力降至 100 kPa,为了使节流前后速度相等,求节流阀前后的管径比。

7-20　通过测量节流前后蒸汽的压力及节流后蒸汽的温度可推得节流前蒸汽的干度。现有压力 $p_1 = 2$ MPa 的湿蒸汽被引入节流式干度计,蒸汽被节流到 $p_2 = 0.1$ MPa,测得 $t_2 = 130$ ℃,试确定蒸汽最初的干度 x_1。

7-21　750 kPa、25 ℃ 的 R134a 经节流阀后压力降至 165 kPa,求节流后 R134a 的温度和为了使节流前后速度相等,节流阀前后的管径比。

7-22　压力 $p_1 = 2$ MPa,温度 $t_1 = 400$ ℃ 的蒸汽,经节流阀后,压力降为 $p_{1'} = 1.6$ MPa,再经喷管可逆绝热膨胀后射入压力为 $p_b = 1.2$ MPa 的大容器中,若喷管出口截面积 $A_2 = 200~mm^2$。求:(1)节流过程熵增;(2)应采用何种喷管?其出口截面上的流速及喷管质量流量是多少?(3)若喷管内流动不可逆,速度系数 $\varphi = 0.94$,试确定喷管内不可逆流动引起的熵增。

7-23　压力为 6.0 MPa,温度为 490 ℃ 的蒸汽,经节流后压力为 2.5 MPa,然后定熵膨胀到 0.04 MPa。求(1)绝热节流后蒸汽温度及节流过程蒸汽的熵增;

（2）若节流前后膨胀到相同的终压力，求由于节流而造成的技术功减少量和作功能力的损失。（$T_0 = 300$ K）

7-24　1 kg 温度 $T_1 = 330.15$ K、压力 $p_1 = 7.1$ MPa 的空气，经绝热节流压力降至0.1 MPa。（1）计算节流引起的熵增量。（2）上述空气不经节流而是在气轮机内作可逆绝热膨胀到 0.1 MPa，气轮机能输出多少功？（3）上述功是否即为空气绝热节流的作功能力损失，为什么？取环境大气 $T_0 = 300.15$ K、$p_0 = 0.1$ MPa。

7-25　用管子输送压力为 1 MPa，温度为 300 ℃的水蒸气，若管中容许的最大流速为 100 m/s，水蒸气的质量流量为 12 000 kg/h 时管子直径最小要多大？

7-26　两输送管送来两种蒸汽进行绝热混合，一管的蒸汽流量为 $q_{m1} = 60$ kg/s，状态$p_1 = 0.5$ MPa、$x = 0.95$；另一管的蒸汽流量为 $q_{m2} = 20$ kg/s，其状态为 $p_2 = 8$ MPa、$t_2 = 500$ ℃。如经混合后蒸汽压力为 0.8 MPa，求混合后蒸汽的状态。

*7-27　在绝热稳态过程中，20 MPa、-20 ℃的氮被节流降压到 2 MPa，确定节流后氮的温度。

*7-28　试证明任意气体的状态方程可用 $\dfrac{v}{T} = \int_T \dfrac{\mu_J(p,T)c_p(p,T)}{T^2}\mathrm{d}T + \dfrac{R_g}{p}$ 表示，其中 $\mu_J = \mu_J(p,T)$ 和 $c_p = c_p(p,T)$ 为实验测得的该气体关系式。

7-29　$V = 0.6$ m³ 的钢筒内空气的初态 $p_1 = 0.146$ MPa，$t_1 = 32$ ℃。已知外界环境压力和温度分别为 $p_0 = 0.101\,3$ MPa、$t_0 = 32$ ℃。钢筒缓缓漏气，筒内空气温度与环境温度时刻相同，求压力降低到 $p_2 = 0.12$ MPa 时的放气量和吸热量 Q。

7-30　室内空气的 $t_1 = 20$ ℃、$\varphi_1 = 40\%$，与室外 $t_2 = -10$ ℃、$\varphi_2 = 80\%$ 的空气相混合，已知 $q_{m,a1} = 50$ kg/s、$q_{m,a2} = 20$ kg/s，求混合后湿空气状态 t_3、φ_3、h_3。

7-31　湿空气体积流率 $q_V = 15$ m³/s、$t_1 = 6$ ℃、$\varphi = 60\%$，总压力 $p = 0.1$ MPa，进入加热装置，（1）温度加热到 $t_2 = 30$ ℃，求 φ_2 和加热量 Q；（2）再经绝热喷湿装置，使其相对湿度提高到 $\varphi_3 = 40\%$，喷水温度 $t_{w,i} = 22$ ℃，求喷水量。（喷水带入的焓值忽略不计，按等焓过程计算）

7-32　$p = 0.1$ MPa、$\varphi_1 = 60\%$、$t_1 = 32$ ℃的湿空气，以 $q_{m,a} = 1.5$ kg/s 的质量流量进入制冷设备的蒸发盘管，被冷却去湿，以 15 ℃的饱和湿空气离开。求每秒钟的凝水量 $q_{m,w}$ 及放热量 Φ。

7-33　压力为 $p_1 = 0.1$ MPa，温度为 $t_1 = 30$ ℃，相对湿度 $\varphi_1 = 0.6$ 的湿空气在活塞式压气机内压缩后，压力升至 $p_2 = 0.2$ MPa，（1）若压缩过程绝热；（2）若压缩过程等温，分别求压缩后湿空气的相对湿度 φ_2，含湿量 d_2。

7-34　烘干装置入口处湿空气 $t_1 = 20$ ℃、$\varphi_1 = 30\%$、$p = 0.101\,3$ MPa，加热到 $t_2 = 85$ ℃后送入烘房，烘房出口温度 $t_3 = 35$ ℃。试计算从湿物体中吸收 1 kg 水

分所需干空气质量和加热量。

7-35 某干燥作业流程如图 7-26 所示,现测得温度为 30 ℃,露点温度为 20 ℃,流量为 1 000 m^3/h 的湿空气在冷却器中除去水分 2.5 kg/h 后,经预热器预热到50 ℃后进入干燥器,操作在常压($p_h = 100$ kPa)下进行,试求:(1) 流出冷却器空气的温度和含湿量;(2) 流出预热器空气的相对湿度。

7-36 某厂一台机械通风冷却塔供应工艺用循环冷却水,已知热水流量为 190 kg/s,温度为 40 ℃,设计出口处冷水水温为 29 ℃,流率为 190 kg/s,湿空气进口参

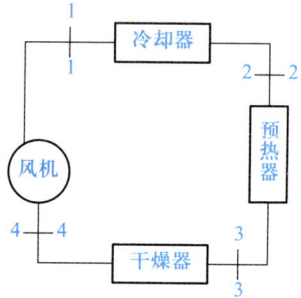

图 7-26   干燥作业流程示意

数,$p_1 = 0.1$ MPa、$t_1 = 24$ ℃、$\varphi_1 = 50\%$,流出时为 $t_2 = 31$ ℃ 的饱和湿空气,为保持水流量稳定,向底部冷却水中充入补充水,补充水温度为 $t_l = 29$ ℃,如图 7-27 所示。已知干空气和水蒸气的气体常数及比定压热容为 $c_{p,v} = 1.86$ J/(kg · K)、$c_{p,a} = 1\,005$ J/(kg · K)、$R_{g,a} = 287$ J/(kg · K)、$R_{g,v} = 462$ J/(kg · K)。求:(1) 干空气质量流量 $q_{m,a}$;(2) 补充水质量流量 $q_{m,w}$。

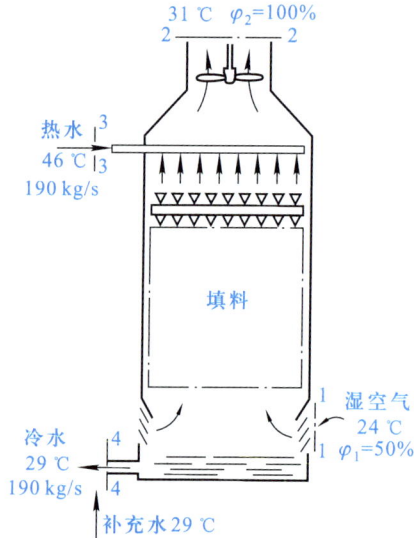

图 7-27   冷却塔示意图

7-37 实验室需安装空调系统,它由冷却去湿器和加热器组成,如图 7-28所示,已知入口空气参数为 $p_1 = 0.1$ MPa、$t_1 = 32$ ℃、$\varphi_1 = 80\%$,体积流率

$q_v = 800 \ \text{m}^3/\text{min}$，经冷却盘管冷却到饱和湿空气后，继续冷却到 10 ℃，这时有冷凝水输出，凝水量 $q_{m,w} = \Delta q_{m,v} = q_{m,a}(d_1 - d_2)$，然后进入加热器，加热到相对湿度 $\varphi_3 = 40\%$ 时离开空调系统。求：（1）d_1、h_1、d_2、h_2；（2）在冷却去湿器中放热量 Φ_{1-2} 及加热器中吸热量 Φ_{2-3}；（3）凝水流率 $q_{m,w}$。

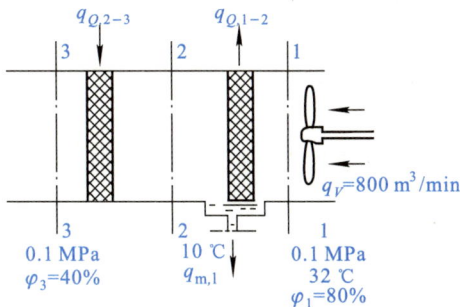

图 7-28　空调系统示意图

7-38　编写一个程序，用来确定大气压力 p_b 下湿空气的性质。（1）按输入 t、φ、p_b，输出 d、h、p_v、t_d、v；（2）按输入 t、t_w、p_b 输出 h、d、p_v、φ、t_d、v。

7-39　利用上题确定湿空气性质的程序，编写一个计算冷却去湿过程的放热量 Φ_{1-2} 和加热量 Φ_{2-3} 的程序，用来计算习题 7-37。

第八章

压气机的热力过程

　　压缩气体在工程上有广泛的用途,例如动力工程中一些大、中型内燃机的启动需高压空气,在冶金炉中鼓风也应用压缩空气。此外,在风动工具、化学工业、潜水作业、医疗及家庭生活上也广泛使用压缩气体。

　　压气机是生产压缩气体的设备,它不是动力机,通常消耗机械能(或电能)来得到压缩气体。压气机按其动作原理及构造可分为活塞式压气机、叶轮式压气机以及特殊的引射式压缩器等。活塞式压气机和叶轮式压气机的结构和工作原理虽然不同,但从热力学观点来看,气体状态变化过程并没有本质的不同,都是消耗外功,使气体压缩升压的过程,在正常的工况下都可以视为稳定流动过程。本章以活塞式压缩机为重点,分析压缩气体生产过程的热力学特性。

8.1　单级活塞式压气机的工作原理和理论耗功量

8.1.1　工作原理

　　压气机是广泛使用的工程机械,主要有两类:活塞式压气机(图 8-1)和叶轮式压气机(图 8-2),依其产生压缩气体的压力范围,习惯上常分为通风机、鼓风机和压气机。此外,还有罗茨式压气机(图 8-3)等。广义地说,抽真空的真空泵也是压气机,它将低于大气压力的气体吸入,升高压力至略高于大气压时排出。下面讨论单级活塞式压气机的工作原理。

　　图 8-1 为单级活塞式压气机示意图及示功图,图中,过程 f-1 为气体引入气缸;1-2 为气体在气缸内进行压缩;2-g 为气体流出气缸,输向储气筒。其中 f-1 和 2-g 即进气和排气过程都不是热力过程,只是气体的移动过程,气体状态不发

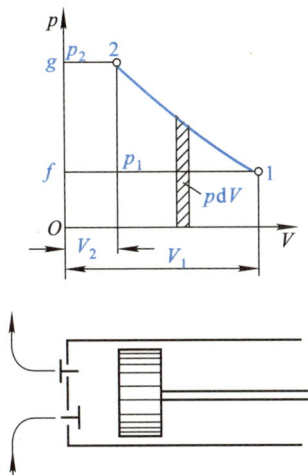

图 8-1　活塞式压气机示功图　　图 8-2　叶轮式压气机示意图

生变化,缸内气体的数量发生变化;1-2
是热力过程,气体的参数发生变化。压
缩过程的耗功可由图中过程线 1-2 与 V
轴所包围的面积表示。

　　简化后的压缩过程有两种极限情况:
一为过程进行极快,气缸散热较差,气体
与外界的换热可以忽略不计,过程可视作
可逆绝热过程,如图 8-4 中的 $1-2_s$;另一
为过程进行十分缓慢,且气缸散热条件
良好,压缩过程中气体的温度始终保持
与初温相同,可视为可逆定温压缩过程,
如图中 $1-2_T$。压气机中进行的实际压缩
过程通常在此两者之间,压缩过程中有

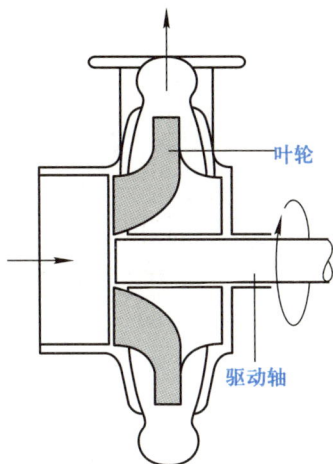

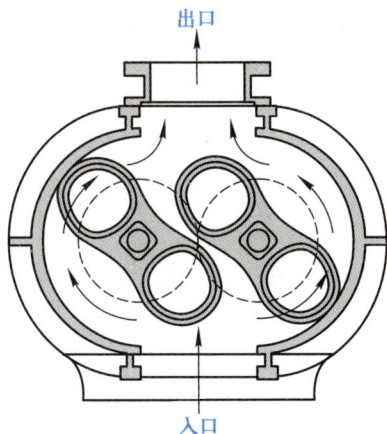

图 8-3　罗茨式压气机示意图

热量传出,气体温度也有所升高,即是 n 介于 1 与 κ 之间的可逆多变过程,如图
中 $1-2_n$ 所示。

8.1.2　压气机理论耗功

　　压缩气体的生产过程包括气体的流入、压缩和输出,所以压气机耗功应以技
术功计。通常用符号 W_C 表示压气机的耗功,并令
$$W_C = -W_t$$

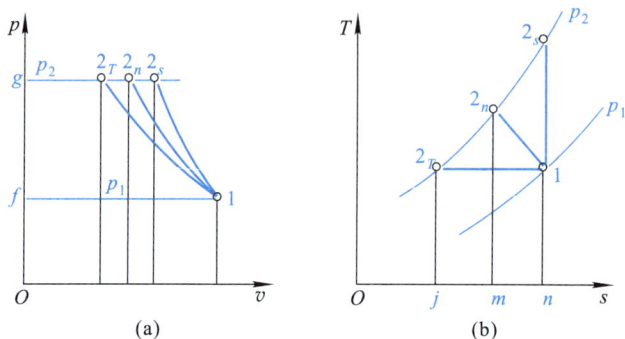

图 8-4　压缩过程的 p-v 图和 T-s 图

对 1 kg 工质,可写成

$$w_C = -w_t$$

因此,压气机所需的功因压缩过程不同而异,根据技术功的表达式,结合压缩过程的过程方程,可导出针对上述三种情况的理论耗功。对理想气体定比热容,据第五章有:

(1) 可逆绝热压缩

$$w_{C,s} = -w_{t,s} = \frac{\kappa}{\kappa-1}(p_2v_2 - p_1v_1) = \frac{\kappa R_g}{\kappa-1}(T_2 - T_1)$$

$$= \frac{\kappa}{\kappa-1}R_g T_1\left[\left(\frac{p_2}{p_1}\right)^{\kappa-1/\kappa} - 1\right] \tag{8-1}$$

(2) 可逆多变压缩

$$w_{C,n} = -w_{t,n} = \frac{n}{n-1}(p_2v_2 - p_1v_1) = \frac{n}{n-1}R_g T_1\left[\left(\frac{p_2}{p_1}\right)^{n-1/n} - 1\right] \tag{8-2}$$

(3) 可逆定温压缩

$$w_{C,T} = -w_{t,T} = -R_g T_1 \ln\frac{v_2}{v_1} = R_g T_1 \ln\frac{p_2}{p_1} \tag{8-3}$$

上述各式中,p_2/p_1 是压缩过程中气体终压和初压之比,称为增压比,用 π 表示。

分析图 8-4a 和 b,很容易看出:

$$w_{C,s} > w_{C,n} > w_{C,T};T_{2,s} > T_{2,n} > T_{2,T};v_{2,s} > v_{2,n} > v_{2,T}$$

这就是说,绝热压缩所消耗的功最多,定温压缩最少,多变压缩介于两者之间,并随 n 减小而减少。同时,绝热压缩后气体的温度升高较多,可能导致润滑油失效,甚至引起爆炸,不利于机器的安全运行。此外,绝热压缩后气体的比体积较大,需要体积较大的储气筒,这也是不利的。所以尽量降低压缩过程的多变指数

n,使过程接近于定温过程是有利的。然而,活塞式压气机即使采用水套冷却,也不能使气体的压缩过程成为定温过程,对于单级活塞式压气机,通常多变指数$n=1.2\sim1.3$。

8.2 余隙容积的影响

在实际的活塞式压气机中,因为制造公差、金属材料的热膨胀及安装进、排气阀等零件的需要,当活塞运动到上死点位置时,在活塞顶面与气缸盖间留有一定的空隙,该空隙的容积称为余隙容积。图 8-5 是考虑了余隙容积后的示功图,图中 V_c 表示余隙容积,$V_h=V_1-V_3$ 是活塞从上死点运动到下死点时活塞扫过的容积,称为气缸的排量。图上 1-2 为压缩过程,2-3 为排气过程,3-4 为余隙容积中剩余气体的膨胀过程,4-1 表示有效进气。余隙容积的影响可从生产量和理论作功两个方面讨论。

(1) 生产量

由于存在余隙容积 V_c,活塞在右行之初,因余隙容积内剩余的气体压力高于压气机进气口外气体压力而不能进气(图 8-6),直到气缸内气体体积从 V_3 膨胀到 V_4,缸内气体压力低于进气口外压力,才开始进气。气缸实际进气容积 V,称有效吸气容积,$V=V_1-V_4$。可见,由于余隙容积的存在,不但余隙容积 V_c 本身不起进气作用,而且使另一部分气缸容积也不起进气作用。因此,有效吸气容积 V 小于气缸排量 V_h,两者之比称为容积效率,以 η_V 表示,则

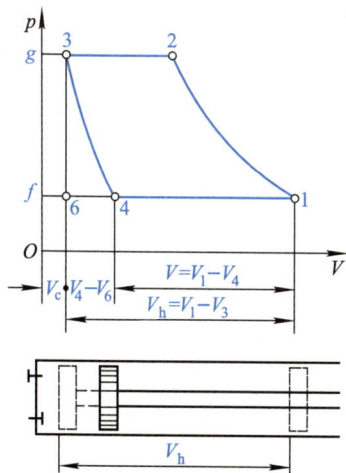

图 8-5 有余隙容积时的示功图　　图 8-6 余隙容积对生产量的影响

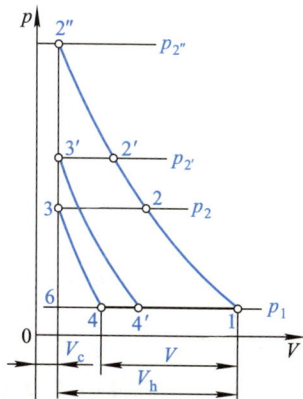

$$\eta_V = \frac{V}{V_h} \tag{8-4}$$

如图 8-6 所示,在相同的余隙容积下,如增压比增大,则有效吸气容积减少,容积效率降低,达到某一极限时将完全不能进气。下面导出容积效率与增压比 π 的关系。

$$\eta_V = \frac{V}{V_h} = \frac{V_1 - V_4}{V_1 - V_3} = \frac{(V_1 - V_3) - (V_4 - V_3)}{V_1 - V_3} = 1 - \frac{V_4 - V_3}{V_1 - V_3}$$

$$= 1 - \frac{V_3}{V_1 - V_3}\left(\frac{V_4}{V_3} - 1\right) = 1 - \sigma\left(\frac{V_4}{V_3} - 1\right)$$

式中,$\sigma = \dfrac{V_3}{V_1 - V_3} = \dfrac{V_c}{V_h}$ 称为余隙容积百分比(简称余容比)。假设压缩过程1-2和余隙容积中剩余气体的膨胀过程 3-4 都是多变过程,且多变指数相等,均为 n,则

$$\frac{V_4}{V_3} = \left(\frac{p_3}{p_4}\right)^{\frac{1}{n}} = \left(\frac{p_2}{p_1}\right)^{\frac{1}{n}}$$

故

$$\eta_V = 1 - \sigma\left[\left(\frac{p_2}{p_1}\right)^{\frac{1}{n}} - 1\right] = 1 - \sigma\left[\pi^{\frac{1}{n}} - 1\right] \tag{8-5}$$

由此可见,当余隙容积百分比 σ 和多变指数 n 一定时,增压比 π 越大,则容积效率越低,当 π 增加到某一值时容积效率为零;当增压比 π 一定时,余隙容积百分比越大,容积效率越低。

(2)理论耗功

由于余隙容积中剩余气体的膨胀功可利用,故压气机耗功 W_c 可用图 8-5 中面积 12gf1 和面积 43gf4 的差表示,即

$$W_C = \frac{n}{n-1}p_1 V_1\left[\left(\frac{p_2}{p_1}\right)^{\frac{n-1}{n}} - 1\right] - \frac{n}{n-1}p_4 V_4\left[\left(\frac{p_3}{p_4}\right)^{\frac{n-1}{n}} - 1\right]$$

由于 $p_1 = p_4$、$p_3 = p_2$,所以

$$W_C = \frac{n}{n-1}p_1(V_1 - V_4)\left[\left(\frac{p_2}{p_1}\right)^{\frac{n-1}{n}} - 1\right] = \frac{n}{n-1}p_1 V\left[\left(\frac{p_2}{p_1}\right)^{\frac{n-1}{n}} - 1\right]$$

$$= \frac{n}{n-1}m R_g T_1\left[\pi^{\frac{n-1}{n}} - 1\right] \tag{8-6}$$

式中:V 为有效吸气容积;π 为增压比;m 为压气机生产的压缩气体质量。

生产 1 kg 压缩气体的耗功为

$$w_C = \frac{n}{n-1}R_g T_1(\pi^{\frac{n-1}{n}} - 1) \tag{8-7}$$

与式(8-2)比较,可见有余隙容积后,如生产压比相同,质量相同的同种压缩气体,理论上所消耗的功与无余隙容积时相同。

综上所述,活塞式压气机余隙容积的存在,虽对压缩 1 kg 的气体理论耗功并无影响,但使容积效率降低。因此,若需压缩同样数量的气体,必须使用有较大气缸的机器,这显然是不利的,而且这一有害影响将随着增压比的增大而扩大。

例 8-1 活塞式压气机活塞每往复一次生产 0.5 kg,压力为 0.35 MPa 的压缩空气。空气进入压气机时的温度为 17 ℃,压力为 0.098 MPa,若压缩过程为 $n = 1.35$ 的可逆多变过程,余隙容积比为 0.05,试求压缩过程中气缸内空气的质量。

解 参见图 8-5,活塞式压气机各过程中气缸内气体的质量不同。活塞每往复一次生产气体的体积是 $V_2 - V_3$(也可用有效吸气容积 $V_1 - V_4$ 表示),因排气过程状态参数不变,故压力为 $p_3 = p_2 = 0.35$ MPa,温度为 $T_3 = T_2$,与存在于余隙容积中空气的参数相同。

$$T_3 = T_2 = T_1 \left(\frac{p_2}{p_1}\right)^{(n-1)/n} = (273+17)\ \text{K} \times \left(\frac{0.35\ \text{MPa}}{0.098\ \text{MPa}}\right)^{(1.35-1)/1.35} = 403.4\ \text{K}$$

容积效率

$$\eta_V = 1 - \sigma\left[\left(\frac{p_2}{p_1}\right)^{\frac{1}{n}} - 1\right] = 1 - 0.05 \times \left[\left(\frac{0.35\ \text{MPa}}{0.098\ \text{MPa}}\right)^{1/1.35} - 1\right] = 0.921\ 6$$

据容积效率定义,$\eta_V = \dfrac{V}{V_h} = \dfrac{V_1 - V_4}{V_1 - V_3}$,而有效吸气容积内气体即是产出的压缩空气

$$V = V_1 - V_4 = \frac{mR_g T_1}{p_1} = \frac{0.5\ \text{kg} \times 287\ \text{J/(kg·K)} \times 290\ \text{K}}{0.098 \times 10^6\ \text{Pa}} = 0.424\ 6\ \text{m}^3$$

所以

$$V_1 - V_3 = \frac{V_1 - V_4}{\eta_V} = \frac{0.424\ 6\ \text{m}^3}{0.921\ 6} = 0.460\ 7\ \text{m}^3$$

由题给余隙容积比 $\sigma = \dfrac{V_3}{V_1 - V_3} = 0.05$,故

$$V_3 = \sigma(V_1 - V_3) = 0.05 \times 0.460\ 7\ \text{m}^3 = 0.023\ 0\ \text{m}^3$$

因此余隙容积中残存的空气量为

$$m_3 = \frac{p_3 V_3}{R_g T_3} = \frac{0.35 \times 10^6\ \text{Pa} \times 0.023\ 0\text{m}^3}{287\ \text{J/(kg·K)} \times 403.4\ \text{K}} = 0.069\ 5\ \text{kg}$$

压缩过程中气缸内的空气总质量为

$$m + m_3 = 0.5\ \text{kg} + 0.069\ 5\ \text{kg} = 0.569\ 5\ \text{kg}$$

讨论:压气机每往复一次,生产压缩气体0.5 kg,但由于存在余隙容积,需配备适合0.57 kg气体的气缸,如果压力比提高,或余容比增大,配备的气缸体积需更大。因此,虽不增加压缩1 kg气体的理论耗功量,但实际耗功增大。同时余隙容积的存在使生产量下降,所以有人称余隙容积为有害容积。

8.3　多级压缩和级间冷却

从上一节的分析已得出气体压缩以等温压缩最有利,因此应设法使压气机内气体压缩过程指数 n 减小。采用水套冷却是改进压缩过程的有效方法,但在转速高、气缸尺寸大的情况下,其作用也较小。同时为避免单级压缩因增压比太高而造成气体终温过高并影响容积效率,常采用多(分)级压缩节间冷却的方法。

分级压缩、级间冷却压气机的基本工作原理是气体逐级在不同气缸中被压缩,每经过一次压缩以后就在中间冷却器中被定压冷却到压缩前温度,然后进入下一级气缸继续被压缩,图8-7示出了两级压缩、中间冷却的系统及其工作过程。其中 e-1 为低压气缸吸入气体;1-2 为低压气缸内气体的压缩过程;2-f 为气体排出低压气缸;f-2 为压缩气体进入中间冷却器;2-2′ 为气体在冷却器中的定压放热过程,$T_{2'} = T_1$;2′-f 为冷却后的气体排出冷却器;f-2′ 为冷却后的气体进入高压气缸;2′-3 为高压气缸中气体的压缩过程;3-g 为压缩气体排出高压气缸,输入储气筒。这样分级压缩后所消耗的功等于两个气缸所需功的总和,可用面积 $e12fe$ 和面积 $f2'3gf$ 之和表示。和不分级压缩时所需之功,即面积 $e13'ge$ 相比,采取分级压缩、级间冷却节省的功可用图8-7b中阴影部分那一块面积表示。依次类推,分级愈多,逐级采取中间冷却时理论上可节省更多的功。如增多到无数级,则可趋近定温压缩。实际上,分级不宜太多,否则机构复杂,机械摩擦损失和流动阻力等不可逆损失亦将随之增大,一般视增压比的大小,分为两级、三级,最多四级。

采用分级压缩、级间冷却时,选择不同的中间压力,消耗的功不一样。有利的中间压力是使各个气缸中所消耗的功的总和为最小,它可以从压气机耗功的公式导出。因余隙容积对理论耗功无影响,故推导中不计余隙容积。以两级压缩为例,设中间冷却器能使气体得到最有效的冷却,气体的温度能达到 $T_{2'} = T_1$。又设两级压缩的多变指数 n 相同,则

$$w_C = w_{C,L} + w_{C,H} = \frac{n}{n-1}R_g T_1\left[\left(\frac{p_2}{p_1}\right)^{\frac{n-1}{n}} - 1\right] + \frac{n}{n-1}R_g T_{2'}\left[\left(\frac{p_3}{p_2}\right)^{\frac{n-1}{n}} - 1\right]$$

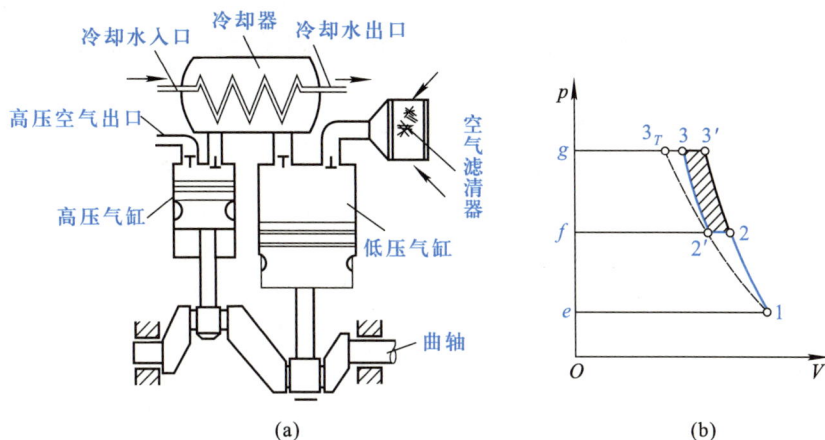

图 8-7   两级压缩、中间冷却压气机示意图

$$w_C = \frac{n}{n-1}R_g T_1 \left[\left(\frac{p_2}{p_1}\right)^{\frac{n-1}{n}} + \left(\frac{p_3}{p_2}\right)^{\frac{n-1}{n}} - 2 \right]$$

式中：$w_{C,L}$ 表示低压缸耗功；$w_{C,H}$ 表示高压缸耗功。对 p_2 求导并使之等于零，可得到最有利的中间压力为

$$p_2 = \sqrt{p_1 p_3} \quad \text{或} \quad \frac{p_1}{p_2} = \frac{p_2}{p_3}$$

如果采用 m 级压缩，各级压力为 p_1、p_2、$\cdots$、p_m 和 p_{m+1}，每级中间冷却器都将气体冷却到初始温度，则使压气机消耗的总功最小的各中间压力满足

$$\frac{p_1}{p_2} = \frac{p_2}{p_3} = \cdots = \frac{p_{m-1}}{p_m} = \frac{p_m}{p_{m+1}}$$

这时，各级的增压比 π_i 相同，各级压气机需功相同，且

$$\pi_1 = \pi_2 = \cdots = \pi_i \cdots = \pi_m = \sqrt[m]{\frac{p_{m+1}}{p_1}} \quad i = 1, 2, \cdots, m \tag{8-8}$$

$$w_{C,1} = w_{C,2} = \cdots = w_{C,m} = \frac{n}{n-1}R_g T_1 (\pi^{\frac{n-1}{n}} - 1) \tag{8-9}$$

压气机所消耗的总功为

$$w_C = \sum_{i=1}^{m} w_{C,i} = m\frac{n}{n-1}R_g T_1 (\pi^{\frac{n-1}{n}} - 1) \tag{8-10}$$

按此原则选择中间压力还可得到一些其他有利结果：

（1）每级压气机所需的功相等，有利于压气机曲轴的平衡；

（2）每个气缸中气体压缩后所达到的最高温度相同，每个气缸的温度条件相同；

（3）每级向外排出的热量相等，而且每一级中间冷却器向外排出的热量也相等。

此外，还有各级的气缸容积按增压比递减，等等。

分级压缩对容积效率的提高也有利。由上节分析可知，余隙容积的有害影响随增压比的增加而扩大。分级后，每一级的增压比缩小，故同样大的余隙容积对容积效率的有害影响将缩小，使总容积效率比不分级时大。

综上所述，活塞式压气机无论是单级压缩还是多级压缩都应尽可能采用冷却措施，力求接近定温压缩。工程上通常采用压气机的定温效率来作活塞式压气机性能优劣的指标。当压缩前气体的状态相同、压缩后气体的压力相同时，可逆定温压缩过程所消耗的功 $w_{C,T}$ 和实际压缩过程所消耗的功 w'_C 之比，称为压气机的定温效率，用 $\eta_{C,T}$ 表示，即

$$\eta_{C,T} = \frac{w_{C,T}}{w'_C} \qquad (8-11)$$

需要指出的是，至此有关活塞式压气机过程的讨论都是基于可逆过程，因此并不存在可用能损失。但是实际压缩过程是不可逆的，且绝大多数场合下高压气体贮存在储气筒内，最终与环境达到热平衡，故而多变压缩和绝热压缩最终还是有作功能力损失。

例 8-2 空气初态为 $p_1 = 0.1$ MPa、$t_1 = 20$ ℃，经三级压缩，压力达到 12.5 MPa。设进入各级气缸时的空气温度相同，各级多变指数均为1.3，各级中间压力按压气机耗功最小原则确定。若压气机每小时产出压缩空气 120 kg，求：（1）各级排气温度及压气机的最小功率；（2）倘若改为单级压缩，多变指数 n 仍为1.3，压气机耗功及排气温度是多少？

解 （1）压气机耗功最小时各级压力比相等，且为

$$\pi_i = \sqrt[3]{\frac{p_4}{p_1}} = \sqrt[3]{\frac{12.5 \text{ MPa}}{0.1 \text{ MPa}}} = 5$$

各级排气温度相等

$$T_2 = T_3 = T_4 = T_1 \left(\frac{p_2}{p_1}\right)^{\frac{n-1}{n}} = T_1 (\pi_1)^{\frac{n-1}{n}} = (273+20) \text{ K} \times 5^{\frac{1.3-1}{1.3}} = 424.8 \text{ K}$$

各级耗功相同，压气机耗功率 P_C 为各级功率 $P_{C,i}$ 之和

$$P_C = m P_{C,i} = m q_m w_{C,i} = m q_m \frac{n}{n-1} R_g T_1 \left[\pi_1^{(n-1)/n} - 1\right]$$

$$= \frac{3 \times 1.3}{1.3-1} \times \frac{120}{3\,600} \text{ kg/s} \times 0.287 \text{ kJ/(kg · K)} \times 293 \text{ K} \times$$

$$\left[5^{(1.3-1)/1.3}-1\right]=16.39\ \text{kW}$$

（2）单级压缩排气温度

$$\pi=\frac{12.5\ \text{MPa}}{0.1\ \text{MPa}}=125$$

$$T_2=T_1\left(\frac{p_2}{p_1}\right)^{(n-1)/n}=T_1\pi^{(n-1)/n}=293\ \text{K}\times125^{(1.3-1)/1.3}=892.8\ \text{K}$$

功率

$$P_C=q_m w_C=q_m\frac{n}{n-1}R_g T_1\left[\pi^{(n-1)/n}-1\right]$$

$$=\frac{1.3}{1.3-1}\times\frac{120}{3\ 600}\ \text{kg/s}\times0.287\ \text{kJ/(kg}\cdot\text{K)}\times293\ \text{K}\times\left[125^{(1.3-1)/1.3}-1\right]$$

$$=24.87\ \text{kW}$$

讨论：本例计算表明，单级压气机不仅比多级压气机消耗更多的功，而且排气温度大大提高，这将会造成润滑油变质，甚至引起自燃爆炸。此外，对制造压气机的材质也要求更高。

8.4　叶轮式压气机的工作原理

活塞式压气机的缺点是单位时间内产气量小，其原因是转速不高，间隙性的吸气和排气，以及余隙容积的影响。叶轮式压气机克服了这些缺点，它的转速比活塞式压气机高，能连续不断地吸气和排气，没有余隙容积，所以它的机体紧凑而产气量大。但它也有缺点，每级的增压比小，如要得到较高的压力，则需级数甚多。其次，因气流速度相当高，容易造成较大的摩擦损耗，故对叶轮式压气机的设计和制造的技术水平要求甚高。

叶轮式压气机分径流式（即离心式）与轴流式两种形式，示意图如图 8-8 和图 8-9 所示。离心式压气机适用于中、小型生产量，高转速但效率稍低。轴流式压气机则结构很紧凑，便于安排较多的级数，且效率较高，适宜于大流量的场合。

图 8-10 为多级轴流式压气机的构造示意图。气体从进口流入压气机，经收缩器时流速得到初步提高，进口导向叶片使气流改为轴向，同时还起扩压管的作用，使压力有所提高。转子由外力带动，作高速转动，固装其上的工作叶片（亦称动叶片）推动气流，使气流获得很高的流速。高速气流进入固装在机壳上的导向叶片（亦称定叶片）间的通道，使气流的动能降低而压力提高，相邻导向叶片间的通道相当于一个扩压管。气流经过每一级（由一排工作叶片和一排导向叶片所构成）时连续进行类似的过程，使气体的压力逐级提高，最后经扩压器从

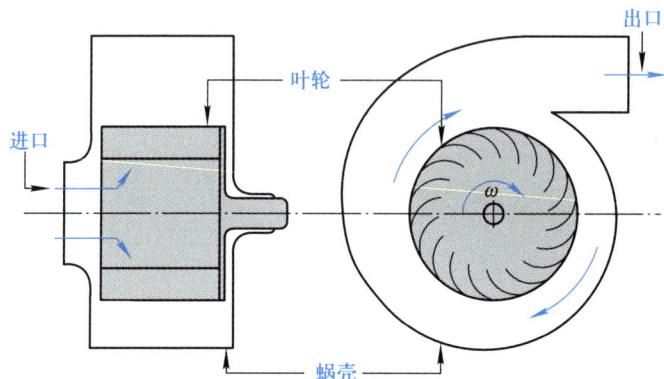

图 8-8   径流式压气机示意图

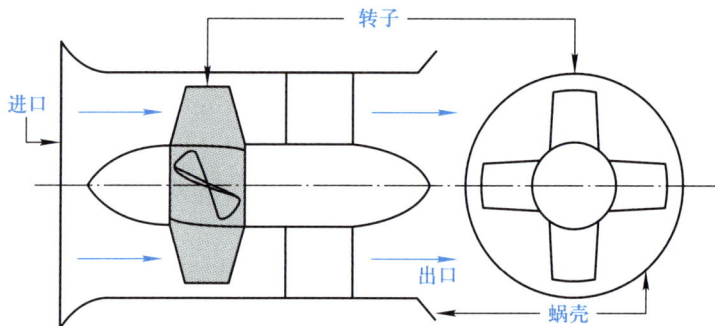

图 8-9   轴流式压气机示意图

出口排出。流经扩压器时,气流的余速亦有一部分被利用而提高其压力。

叶轮式压气机压缩过程

叶轮式压气机的工作原理虽与活塞式压气机不同,但从热力学观点分析气体的状态变化过程,则完全与活塞式压气机无异,故对它的工作过程作热力学分析时,和活塞式压气机是一样的。如果忽略通过机壳向外散热,则气体压缩过程可看作是绝热的,如图 8-11a 中 $1\text{-}2_s$ 所示。实际压缩过程有相当大的摩擦损失,是不可逆的绝热压缩过程,过程中气体的比熵增大,如图中 $1\text{-}2'$ 所示。

压气机实际所需要的功为

$$w'_{\text{C}} = h_{2'} - h_1 = A_{j2T2'nj}$$

实际压缩多耗功为

$$w'_{\text{C}} - w_{\text{C},s} = h_{2'} - h_{2,s} = A_{2'2_smn2'}$$

水蒸气压缩过程的 $T\text{-}s$ 图如图 8-11b 所示,图中 $1\text{-}2_s$ 为理想可逆绝热压缩过程,压气机耗功为

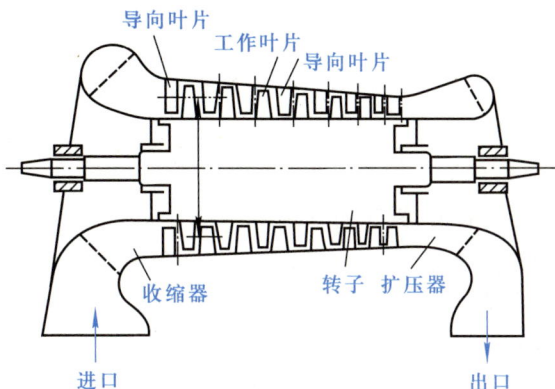

图 8-10　多级轴流式压气机示意图

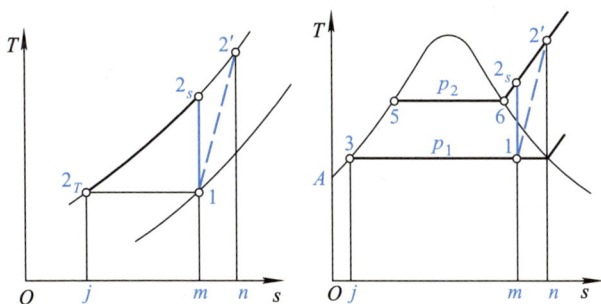

图 8-11　叶轮式压气机的压缩过程

$$w_{C,s} = h_{2,s} - h_1 = A_{A562,mOA} - A_{A31mOA} = A_{3562,13}$$

实际的压缩过程如虚线 1-2′ 所示,压气机所耗的功为

$$w_C' = h_{2'} - h_1 = A_{A562'nOA} - A_{A31mOA} = A_{3562'nm13}$$

两者比较,实际压缩过程要多耗功为

$$w_C' - w_{C,s} = h_{2'} - h_{2,s} = A_{m2_s2'nm}$$

　　由于叶轮式压气机一般在不冷却情况下工作,所以常采用绝热效率来衡量其工作的优劣。通常把在压缩前气体状态相同、压缩后气体的压力也相同的情况下,可逆绝热压缩时压气机所需的功 $w_{C,s}$ 和不可逆绝热压缩时所需的功 w_C' 之比称为压气机的绝热效率,也称压气机绝热内效率,以 $\eta_{C,s}$ 表示。

$$\eta_{C,s} = \frac{w_{C,s}}{w_C'} = \frac{h_{2,s} - h_1}{h_{2'} - h_1} \tag{8-12}$$

若为理想气体,且比热容为定值,则

$$\eta_{C,s} = \frac{T_{2_s} - T_1}{T_{2'} - T_1} \qquad (8-13)$$

在已知压气机的绝热效率时,可利用上式求取不可逆绝热压缩终态温度

$$T_{2'} = T_1 + \frac{T_{2_s} - T_1}{\eta_{C,s}} \qquad (8-14)$$

例 8-3　叶轮式压缩机,氮气进口 $p_1 = 0.097\ 2$ MPa、$t_1 = 20$ ℃,出口压力 $p_2 = 311.11$ kPa,进口处氮气流量 $q_V = 113.3\ \mathrm{m^3/min}$,压气机绝热效率 $\eta_{C,s} = 0.80$,略去进出口动能差和位能差,求:(1)压气机定熵压缩的耗功量;(2)实际耗功量;(3)由于不可逆而多耗功;(4)若 $t_0 = 20$ ℃,求作功能力损失 $\dot{I}$。氮气的比热容取常数,$c_p = 1.038\ \mathrm{kJ/(kg \cdot K)}$、$R_g = 0.297\ \mathrm{kJ/(kg \cdot K)}$。

解　(1)定熵压缩功率

$$T_2 = T_1 \left(\frac{p_2}{p_1}\right)^{\frac{\kappa-1}{\kappa}} = (20+273)\ \mathrm{K} \times \left(\frac{311.11\ \mathrm{kPa}}{97.2 \times 10^3\ \mathrm{Pa}}\right)^{\frac{1.4-1}{1.4}} = 408.5\ \mathrm{K}$$

$$v_1 = \frac{R_g T_1}{p_1} = \frac{297\ \mathrm{J/(kg \cdot K)} \times 293\ \mathrm{K}}{97.2 \times 10^3\ \mathrm{Pa}} = 0.895\ \mathrm{m^3/kg}$$

$$q_m = \frac{q_V}{v_1} = \frac{113.3\ \mathrm{m^3/min}}{0.895\ \mathrm{m^3/kg}} = 126.6\ \mathrm{kg/min}$$

$$\begin{aligned} P_s &= q_m c_p (T_1 - T_2) \\ &= 126.6\ \mathrm{kg/min} \times 1.038\ \mathrm{kJ/(kg \cdot K)} \times (293-408.5)\ \mathrm{K} \\ &= -15\ 178\ \mathrm{kJ/min} = -252.97\ \mathrm{kW} \end{aligned}$$

(2)实际功率

$$P_s' = \frac{P_s}{\eta_{C,s}} = \frac{-15\ 178\ \mathrm{kJ/min}}{0.8} = -18\ 972.5\ \mathrm{kJ/min} = -316.21\ \mathrm{kW}$$

(3)不可逆而多耗功率

$$\begin{aligned} \Delta P &= P_s' - P_s = -18\ 972.5\ \mathrm{kJ/min} + 15\ 178\ \mathrm{kJ/min} \\ &= -3\ 794.5\ \mathrm{kJ/min} = -63.24\ \mathrm{kW} \end{aligned}$$

(4)作功能力损失

$$T_{2'} = T_1 + \frac{T_2 - T_1}{\eta_{C,s}} = 293\ \mathrm{K} + \frac{408.5\ \mathrm{K} - 293\ \mathrm{K}}{0.8} = 437.4\ \mathrm{K}$$

$$\begin{aligned} \Delta \dot{S}_{N_2} &= q_m \left(c_p \ln \frac{T_{2'}}{T_2} - R_g \ln \frac{p_{2'}}{p_2}\right) = q_m c_p \ln \frac{T_{2'}}{T_2} \\ &= 126.6\ \mathrm{kg/min} \times 1.038\ \mathrm{kJ/(kg \cdot K)} \times \ln \frac{437.4\ \mathrm{K}}{408.5\ \mathrm{K}} \end{aligned}$$

$$= 8.983 \text{ kJ/(K} \cdot \text{min)}$$

$$\dot{I} = T_0 \Delta S_{\text{iso}} = T_0 (\Delta \dot{S}_{\text{N}_2} + \Delta \dot{S}_0) = T_0 \Delta \dot{S}_{\text{N}_2}$$

$$= 293 \text{ K} \times 8.983 \text{ kJ/(K} \cdot \text{min)} = 2\,632.0 \text{ kJ/(K} \cdot \text{min)} = 43.87 \text{ kW}$$

讨论:由于不可逆压气机多耗功率 63.24 kW,但不可逆㶲损仅 43.87 kW,小于压气机多消耗的功率,这是因为虽然 $p_{2'} = p_2$ 但因 $T_{2'} > T_2$ 故气体的焓㶲增大,而这部分㶲增量是由外界输入压气机的功转化而来,换句话说,由于不可逆压气机多耗功率中只有一部分(43.87 kW)才是热力学意义上的损耗。

*8.5 引射式压缩器简述

工业上有时会遇到这样的情况,实际需要的是中压的蒸汽,而供应的是高压蒸汽和低压蒸汽。如果采用节流来降低压力是不合理的,可采用引射式压缩器,以较少的高压蒸汽,引射低压蒸汽,混合而得较多的中压蒸汽以供应用。蒸汽动力循环中的凝汽器中用以抽出空气的引射式抽气器也是一种引射式压缩器。引射式压缩器的优点是机构简单,没有运动部件,虽其效率不佳,但仍有实用价值,在制冷装置、凝汽器的抽气设备、小型锅炉中的给水设备等中均有应用。

图 8-12 所示为一引射式压缩器的结构简图。压力为 p_1 的高压蒸汽经过喷管流入,在喷管中膨胀加速,动能增加,压力降低。在喷管出口,当压力降低到被引射流体压力 p_2 之下时,将被引射流体引入混合室进行混合,以某一平均流速流向扩压管,降速而增压至 p_3 流出。

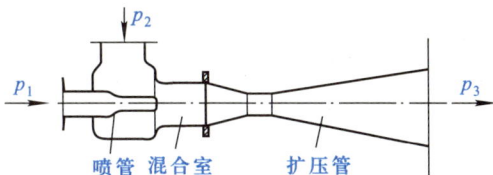

图 8-12 引射式压缩器简图

引射式压缩器的工作性能以每千克工作蒸汽所引射的流体质量来表示,称为引射系数 μ,即

$$\mu = \frac{\text{被引射流体的质量流量}}{\text{工作蒸汽的质量流量}}$$

在引射式压缩器的工作过程中有很大的能量耗散,尤其在混合和扩压过程中不可逆程度较大。通常,用热力学方法导得的理想的引射系数远大于实际数值,所以在设计计算中应查阅有关手册选取合理的引射系数。

◉本章归纳

名词和
术语

　　本章研究热力学原理在常见工程设备——压气机中的具体应用。通常压气机是消耗机械能（或电能）来生产压缩气体的一种工作机。按其动作原理及构造大致可分为：活塞式压气机、叶轮式压气机以及特殊的引射式压缩器等。活塞式压气机和叶轮式压气机的结构和工作原理虽然不同，但从热力学观点来看，气体状态变化过程并没有本质的不同，都是消耗外功，使气体压缩升压的过程。

　　活塞式压气机的特点是压力比大，间隙性的吸气和排气，单位时间内产气量小。

　　活塞式压气机绝热压缩所消耗的功最多，定温压缩最少，多变压缩介于两者之间，并随 n 减小而减少。同时，绝热压缩后气体的温度升高较多，不利于压气机的安全运行；气体的比体积较大，需要体积较大的储气筒，所以应尽量减少压缩过程的多变指数 n，使过程接近于定温过程。

　　实际的活塞式压气机的余隙容积是不可避免的，因而产生了容积效率问题，且随着压力比增大容积效率下降，意味着生产每千克同样压力的高压气体需要更大的气缸容量，所以虽然余隙容积对理论耗功没有影响，但仍被称为有害容积。为避免单级压缩因增压比太高而影响容积效率以及温度过高带来的安全问题，常采用多级压缩级间冷却的方法。分级压缩、级间冷却各级压力比相等，并等于 $\sqrt[m]{p_{m+1}/p_1}$ 时，压气机耗功最小，同时还能带来每级压气机所需的功相等；每个气缸中气体压缩后所达到的最高温度相同；每级向外排出的热量相等；各级的气缸容积按增压比递减等好处。

　　叶轮式压气机的转速高，连续不断地吸气和排气，没有余隙容积，所以产气量大。但每级的增压比小，因气流速度高，容易造成较大的摩擦损耗，并且冷却困难，故叶轮式压气机压缩过程分析以不可逆绝热压缩为主，压气机的绝热效率表示了叶轮式压气机压缩过程的工作情况。

◉思考题

　　8-1　利用人力打气筒为车胎打气时用湿布包裹气筒的下部，会发现打气时轻松了一点，工程上压气机气缸常以水冷却或气缸上有肋片，为什么？

8-2　压气机按定温压缩时,气体对外放出热量,放热量须由输入的外功转换而来,而按绝热压缩时,不向外放热,为什么定温压缩反较绝热压缩更为经济?

8-3　既然余隙容积具有不利影响,是否可能完全消除它? 为什么?

8-4　活塞式压气机生产高压气体为什么要采用多级压缩及级间冷却的工艺? 如果由于应用气缸冷却水套以及其他冷却方法,气体在压气机气缸中已经能够按定温过程进行压缩,这时是否还需要采用分级压缩? 为什么?

8-5　压气机所需要的功可从热力学第一定律能量方程式导出,试导出定温、多变、绝热压缩压气机所需要的功并用 T-s 图上面积表示其值。

8-6　叶轮式压气机不可逆绝热压缩比可逆绝热压缩多耗功可用图 8-11 上面积 $m2_s2'nm$ 表示,这是否即是此不可逆过程的作功能力损失? 为什么?

8-7　如图 8-13 所示的压缩过程 1-2 若是可逆的,则这一过程是什么过程? 它与

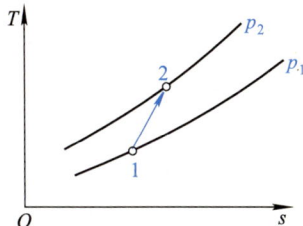

图 8-13　思考题 8-7 附图

不可逆绝热压缩过程 1-2 的区别何在? 两者之中哪一过程消耗的功大? 大多少?

习题

8-1　某单级活塞式压气机每小时吸入的空气量 $V_1 = 140$ m^3,吸入空气的状态参数是 $p_1 = 0.1$ MPa、$t_1 = 27$ ℃,输出空气的压力 $p_2 = 0.6$ MPa。试按下列三种情况计算压气机所需要的理想功率(以 kW 表示):(1)定温压缩;(2)绝热压缩(设 $\kappa = 1.4$);(3)多变压缩(设 $n = 1.2$)。

8-2　某单级活塞式压气机吸入空气参数为 $p_1 = 0.1$ MPa、$t_1 = 50$ ℃、$V_1 = 0.032$ m^3,经多变压缩 $p_2 = 0.32$ MPa、$V_2 = 0.012$ m^3。求:(1)压缩过程的多变指数;(2)压缩终了空气温度;(3)所需压缩功;(4)压缩过程中传出的热量。

8-3　压气机中气体压缩后的温度不宜过高,若取限极值为 150 ℃。某单缸压气机吸入空气的压力和温度为 $p_1 = 0.1$ MPa、$t_1 = 20$ ℃,吸气量为 250 m^3/h,若压气机中缸套流过冷却水 465 kg/h,温升为 14 ℃。求:(1)空气可能达到的最高压力;(2)压气机必需的功率。

8-4　三台空气压缩机的余隙容积比均为 6%,进气状态均为 0.1 MPa、27℃,出口压力为 0.5 MPa,但压缩过程的指数分别为:$n_1 = 1.4$、$n_2 = 1.25$、$n_3 = 1$,

试求各压气机的容积效率(假设膨胀过程的指数和压缩过程相同)。

8-5　某单级活塞式压气机,其增压比为 7,活塞排量为 0.009 m^3,余容比为 0.06,转速为 750 r/min,压缩过程多变指数为 1.3。求:(1)容积效率;(2)生产量(kg/h);(3)理论消耗功率;(4)压缩过程中放出的热量。已知吸入空气参数为 $p_1 = 0.1$ MPa、$t_1 = 20$ ℃。

8-6　利用单缸活塞式压气机制备 0.8 MPa 的压缩空气,已知气缸直径 $D = 300$ mm,活塞行程 $S = 200$ mm,余隙容积比为 0.05,机轴转速为 400 r/min。压气机吸入空气的参数是 $t_1 = 20$ ℃、$p_1 = 0.1$ MPa,压缩过程多变指数 $n = 1.25$。若压气机的定温效率为 $\eta_{C,T} = 0.77$,试计算压气机生产量(kg/h)及带动该压气机所需的原动机的功率(压气机的外部摩擦损失忽略不计)。

8-7　空气初态为 $p_1 = 0.1$ MPa、$t_1 = 20$ ℃,经过三级活塞式压气机后,压力提高到12.5 MPa,假定各级压力比相同,各级压缩过程的多变指数 $n = 1.3$。试求:(1)生产 1 kg 压缩空气理论上应消耗的功;(2)各级气缸出口的温度;(3)如果不用中间冷却器,压气机消耗的功及各级气缸出口温度;(4)若采用单级压缩,压气机消耗的功及气缸出口温度。

8-8　一台两级压气机,示功图如图 8-7 所示,若此压气机吸入空气的温度是 $t_1 = 17$ ℃、$p_1 = 0.1$ MPa,压气机将空气压缩到 $p_3 = 2.5$ MPa。压气机的生产量为 500 m^3/h(标准状态下),两个气缸中的压缩过程均按多变指数 $n = 1.25$ 进行。以压气机所需的功量最小作为条件,试求:(1)空气在低压气缸中被压缩后所达到的压力 p_2;(2)压气机中气体被压缩后的最高温度 t_2 和 t_3;(3)设压气机转速为 250 r/min,每个气缸在每个进气冲程中吸入的空气体积 V_1 和 V_2;(4)每级压气机中每小时所消耗的功 W_1 和 W_2,以及压气所消耗的总功 W;(5)空气在中间冷却器及两级气缸中每小时放出的热量。

8-9　某活塞式空气压缩机容积效率为 $\eta_V = 0.95$,每分钟吸进 $p = 0.1$ MPa、$t = 21$ ℃的空气 14 m^3,压缩到 0.52 MPa 输出,设压缩过程可视为等熵压缩,求:(1)余隙容积比;(2)所需输出入功率。

8-10　一台单缸活塞式压气机(其示功图见图 8-5),气缸直径 $D = 200$ mm,活塞行程 $S = 300$ mm。从大气中吸入空气,空气初态为 $p_1 = 97$ kPa、$t_1 = 20$ ℃,经多变压缩到 $p_2 = 0.55$ MPa,若多变指数为 $n = 1.3$,机轴转速为 500 r/min,压气机余隙容积比 $\sigma = 0.05$。求:(1)压气机有效吸气容积及容积效率;(2)压气机的排气温度;(3)压气机的生产量;(4)拖动压气机所需的功率。

8-11　轴流式压气机每分钟吸入 $p_1 = 0.1$ MPa、$t_1 = 20$ ℃的空气 1 200 kg,经

绝热压缩到 $p_2 = 0.6$ MPa,该压气机的绝热效率为 0.85,求:(1)出口处气体的温度及压气机所消耗的功率;(2)过程的熵产率及㶲损失($T_0 = 293.15$ K)。

8-12　某轴流式压气机从大气环境吸入 $p_1 = 0.1$ MPa、$t_1 = 27$ ℃的空气,其体积流量为 516.6 m^3/min,绝热压缩到 $p_2 = 1$ MPa。由于摩擦作用,使出口气温度达到 350 ℃。求压气机:(1)绝热效率;(2)因摩擦引起的熵产;(3)拖动压气机所需的功率;(4)㶲损失。

8-13　某次对轴流压气机的实例数据如下:压气机进口处空气压力 $p_1 = 0.1$ MPa,温度 $t_1 = 17$ ℃,出口处温度 $t_2 = 207$ ℃,压力 $p_2 = 0.4$ MPa,气体质量流量是 60 kg/min;消耗功率185 kW,若压缩过程绝热,分析测试的可靠性。

8-14　以 R134a 为工质的制冷循环装置中,蒸发器温度为 -15 ℃,进入压缩机工质的干度近似为 1,压缩后的压力为 1 160.5 kPa,若压缩机的绝热效率为 0.95,求压缩机出口处工质的焓值。

8-15　以 R134a 为工质的制冷装置循环的制冷工质进入压缩机的状态为 $t_1 = -10$ ℃、$x_1 = 0.99$,压缩后压力 $p_2 = 1.0$ MPa、温度 $t_2 = 60$ ℃。求:压缩机耗功和压缩机的绝热效率。

8-16　某两级气体压缩机进气参数为 100 kPa、300 K,每级压力比为 5,绝热效率为0.82,从中间冷却器排出的气体温度是 330 K。若空气的比热容可取定值,计算每级压气机的排气温度和生产 1 kg 压缩空气压气机消耗的功。

8-17　某高校实验室需要压力为 6.0 MPa 的压缩空气。有两人分别提出下述两个方案:A 方案采用绝热效率为 0.9 的轴流式压气机;B 方案采用活塞式气机,二级压缩,中间冷却,两缸压缩多变指数均为 1.25。试述上述两个方案的优劣。(设 $p_0 = 0.1$ MPa、$t_0 = 27$ ℃)

第九章

气体动力循环

　　人类利用的机械能绝大部分是由工质在热能动力设备中吸收化石燃料燃烧(或核燃料裂变反应)释放的热能转化而来。热能动力设备可分为气体动力循环装置和蒸汽动力循环装置,也有将之分为内燃(如活塞式内燃机)和外燃(如水蒸气动力循环装置)两类的。分析动力循环的目的是在热力学基本定律的基础上分析各种动力循环的特性、能量转换的经济性,寻求提高经济性的方向、途径。本章讨论热力学原理在分析活塞式内燃机和燃气轮机装置这两类可简化为理想气体为工质的动力机中的应用。

9.1　分析动力循环的一般方法

　　实际循环是复杂的不可逆的,为使分析简化,突出主要问题,对动力循环分析大致可分两步走:首先,把实际问题抽象概括成内可逆理论循环,分析该理论循环,找出影响循环热效率的主要因素及提高该循环效率的可能措施,以指导实际循环的改善;然后,分析实际循环与理论循环的偏离程度,找出实际损失的部位、大小、原因及提出改进办法。限于篇幅,本课程侧重于前者。

　　目前,工程应用的分析动力循环的方法,主要是采用热力学第一定律为基础的"热力学第一定律分析法"。这种方法以能量的数量为立足点,从能量转换的数量关系来评价循环的经济性,以热效率为其指标。由于这种方法没有把能量的品质放在明确的地位上,近年来一种综合热力学第一定律、第二定律作为依据,从能量的数量和质量来分析,以"作功能力损失和㶲效率"为指标的"第二定律分析法"正日益受到重视。两类方法所揭示的不完善部位及损失的大小是不同的。例如蒸汽动力循环中,自汽轮机排出的乏汽在凝汽器中的放热过程,据热力学第一定律分析法,工质放给冷却水的热量很多,所以能量损失很大;但据热力学第二定律分析法,由于放热温度很低,所以不可逆性及由此造成的作功能力损失并不大。因此为了全面地反映循环的真实经济性,在分析动力循环时,不仅要考虑能的数量,还应考虑能的质量。两种方法各有侧重,不可偏废。

气体动力循环在简化时常应用所谓"空气标准假设":假定工作流体是一种理想气体;假设它具有与空气相同的热力性质;将排气过程和燃烧过程用向低温热源的放热过程和自高温热源的吸热过程取代。实际气体循环中工质主要是燃气,且在循环的不同部位成分及质量稍有不同。由于燃气和空气的热物性相近,所以在作初步理论分析时假定工质全部由空气构成通常不会造成很大的误差。当然,这样的假设仅可适用于气体动力循环,在分析蒸汽动力循环及其他工质不能简化为理想气体的循环时不可采用。

实际循环简化抽象后得到内部可逆的理论循环,通过比较该内部可逆循环与同温限的卡诺循环,可以发现影响该循环热效率提高的主要原因,指导实际循环的改善。一般地讲,欲提高循环热效率,合理组织循环过程,在现实条件许可的情况下尽可能减少过程的不可逆性、提高循环中工质平均吸热温度,降低平均放热温度是必由之途径。实际循环由于存在各种不可逆因素,其效率较相应的理论可逆循环低。实际循环中能量的损失除去散热、泄漏等因素外,可归结为工质内部损失和外部损失,其实质是传热存在温差及运动有摩擦。定义不可逆循环中实际输出循环净功量和循环加热量之比为该循环的内部热效率,用 η_i 表示,则

$$\eta_i = \frac{w_{\text{net,act}}}{q_1} = \frac{\eta_T w_{\text{net}}}{q_1} = \eta_t \eta_T = \eta_{t,c} \eta_o \eta_T \qquad (9-1)$$

式中:$w_{\text{net,act}}$ 为实际循环净功,w_{net} 是与实际循环相应的内部可逆循环的净功;$\eta_{t,c} = 1 - T_0/T_1$,是以燃气为高温热源(假定其温度恒定为 T_1),环境(温度为 T_0)为低温热源时卡诺循环热效率;η_t 是与实际循环相应的内部可逆循环的热效率;η_T 称为相对内效率,是循环中实际功量和理论功量之比,反映了内部摩擦引起的损失;$\eta_o = \eta_t/\eta_{t,c}$,称相对热效率,反映该内部可逆理论循环因与高、低温热源存在温差(外部不可逆)而造成的损失。因此式(9-1)考虑了温差传热及摩阻对循环经济性的影响。

在第六章已经阐明,过程的熵产可以衡量过程不可逆性的程度及作功能力损失的大小。对整个动力装置逐一分析各设备的熵产即可找出不可逆性程度最大的薄弱环节,指导实际循环的改善。利用熵分析法计算作功能力损失的普遍式可写成

$$I = T_0 \sum_{j=1}^{n} S_g \qquad (9-2)$$

式中：T_0 为环境温度；$\sum\limits_{j=1}^{n} S_g$ 为工质流经整个动力装置或热力循环各部件之总熵产。有时也以作功能力损失与循环最大作功能力之比表示损失的大小：

$$\eta_I = I / W_{\max} \tag{9-3}$$

式中，$W_{\max} = (1 - T_0 / T_1) Q_1$，是在高温热源 T_1 与环境 T_0 间的循环可能作出的最大功。

分析循环的不可逆损失也可采用㶲方法。设备或系统的㶲效率用 η_{e_x} 表示，通常定义为

$$\eta_{e_x} = E_{x,\mathrm{eff}} / E_{x,\mathrm{suf}} \tag{9-4}$$

式中：$E_{x,\mathrm{eff}}$ 为有效㶲；$E_{x,\mathrm{suf}}$ 为向系统工提供的㶲。㶲效率考虑了从供给能量的最大作功能力中获得的效果，是从能量的质量来评价热力系统热力学完善程度的参数。但是对有效㶲和提供的㶲的理解不同，可能会对同一过程的描述产生差异。

9.2　活塞式内燃机实际循环的简化

活塞式内燃机的燃料燃烧、工质膨胀、压缩等过程都是在同一带有活塞的气缸内进行的，因此结构比较紧凑。活塞式内燃机按所使用的燃料分为煤气机、汽油机和柴油机；按点火方式分为点燃式和压燃式两大类。点燃式内燃机吸入燃料和空气的混合物，经压缩后，由电火花点燃；而压燃式内燃机吸入的仅仅是空气，经压缩后使空气的温度上升到燃料自燃的温度，再喷入燃料燃烧。煤气机、汽油机一般是点燃式内燃机，而柴油机通常是压燃式内燃机；按完成一个循环所需要的冲程又分为四冲程和二冲程两类。四冲程是由进气、压缩、燃烧及膨胀、排气四个冲程完成一次循环；而二冲程是进气、压缩、燃烧、膨胀和排气共用两个冲程即完成一个工作循环。与四冲程内燃机相比二冲程循环的热效率无多大的变化，但在相同气缸尺寸及相同转速的情况下，二冲程发动机的功率可达四冲程发动机的 1.6~1.7 倍，故广泛应用于轻型交通工具及园艺机械上。

现有的内燃机循环都是开式的，吸入的空气经过和燃料的混合、燃烧，燃气膨胀作功后以废气的形式排入大气，下一循环要另行吸入新鲜空气。燃烧、排气都是不可逆过程，而且燃气的质量和成分与空气都不同。工程热力学中引用"空气标准假设"，把实际开式循环抽象成闭式的以空气为工质的理想循环，并按不同燃烧方式归纳成三类理想循环：定容加热理想循环、定压加热理想循环和混合加热理想循环。

下面以四冲程柴油机为例，讨论如何从实际循环抽象、概括得出理论循环。

示功器记录的四冲程柴油机实际循环中压
力和容积变化的关系如图 9-1 所示。0-1
是活塞右行的吸气过程,由于进气阀的节流
作用,进入气缸的气体的压力略低于大气压
力。活塞右行到下止(死)点 1,进气阀关
闭。然后活塞回行,进行压缩过程 1-2,由
于缸壁夹层中有水冷却,所以压缩过程并
不完全绝热。在活塞左行到上止点之前的
2′点,柴油被高压油泵喷入气缸,此时被压
缩的空气的压力可达 3.5~5.0 MPa,温度也

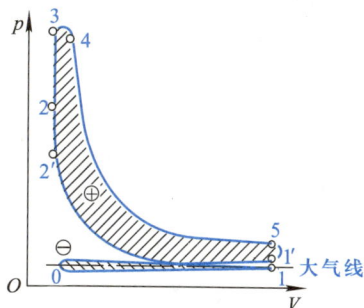

图 9-1 四冲程柴油机的示功图

可达到 600~800 ℃,超过了柴油的自燃温度(约 335 ℃)。但被喷入的柴油需有
一个滞燃期才会燃烧,加上现代柴油机的转速较高,因此要到活塞运行到接近上
止点 2 才燃烧起来。由于燃烧过程十分迅猛,压力迅速上升到 5.0~9.0 MPa,而
活塞移动并不显著,燃料的燃烧过程就接近于定容过程,如图中的过程 2-3。活
塞到达上止点 3 后,又开始右行,此时燃烧在继续进行,气缸内气体的压力变化
很少,所以 3-4 这一段过程接近于定压过程。到点 4 时缸内气体的温度可高达
1 700~1 800 ℃。活塞继续右行,气缸内高温高压气体实现膨胀作功过程 4~5,
同时向冷却水放热,所以也不完全是绝热过程。到点 5 时气体的压力一般降为
0.3~0.5 MPa,温度约为 500 ℃。这时排气阀打开,部分废气排入大气,气缸中压
力突然下降,接近于定容降压过程,如图 9-1 中过程 5-1′。随着活塞左行,废气
在压力稍高于大气压下被排出气缸,实现排气过程 1′-0,完成一个循环。这个
循环是开式的不可逆循环,由于喷入燃料并燃烧,循环中工质的成分、质量也在
改变。但为了便于从理论上分析,必须忽略一些次要因素,引用空气标准假设对
实际循环加以合理的抽象和概括:

(1)把燃料定容及定压燃烧产生高温、高压燃气的过程简化成工质从高温
热源可逆定容及定压吸热过程,把排气过程简化成向低温热源可逆定容放热
过程;

(2)把循环工质简化为空气,且作理想气体处理,比热容取定值;

(3)忽略实际过程的摩擦阻力及进、排气阀的节流损失,认为进、排气压力
相同,进、排气推动功相抵消,即图 9-1 中 0-1 和 1′-0 重合,加之把燃烧改成加
热后,不必考虑燃烧耗氧问题,因而开式循环就可抽象为闭式循环;

(4)在膨胀和压缩过程中忽略气体与气缸壁之间的热交换,简化为可逆绝
热过程。

通过上述简化,整个循环理想化为以空气为工质的混合加热内可逆理想循

环。这种抽象和概括的方法同样适用于其他以气体为工质的热机循环。

标准空气假设

有些高增压柴油机及船用柴油机,它们的燃烧过程主要在活塞离开上止点后的一段行程中进行。这时,一边燃烧一边膨胀,整个燃烧过程中气体的压力基本保持不变,接近定压燃烧过程,其示功图如图9-2所示。引用空气标准假设可把定压燃烧实际循环理想化为以空气为工质的定压加热内可逆理想循环。

由于煤气机、汽油机和柴油机燃料性质不同,机器的构造也不同,其燃烧过程接近于定容过程,不再有边燃烧边膨胀接近于定压的过程,其示功图如图9-3所示。引用空气标准假设可把定容燃烧实际循环理想化为以空气为工质的定容加热内可逆理想循环。

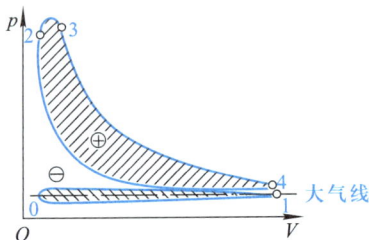

图 9-2　定压燃烧柴油机的示功图　　　图 9-3　定容燃烧汽油机的示功图

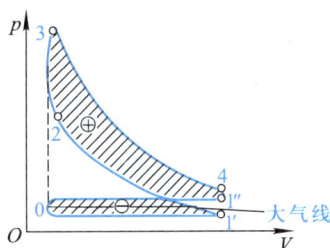

活塞式内燃机的压缩、膨胀过程中压力是变化的,由于假定理想循环经历一系列内部可逆过程,故其净功可由 pdv 积分求得,为简化计算并提供一种往复式发动机的比较手段,工程界引进平均有效压力的概念,用 p_{MEP} 表示,定义为

$$p_{MEP} = \frac{W_{net,act}}{V_h} \tag{9-5}$$

式中:$W_{net,act}$ 为实际循环净功;V_h 为活塞排量,是上止点和下止点之间气缸容积之差。当两个相同尺寸的发动机进行性能比较时,p_{MEP} 值较大的机器较之 p_{MEP} 值小的可产生更多的净输出功。

9.3　活塞式内燃机的理想循环

9.3.1　混合加热理想循环

混合加热柴油机的实际循环经上节所述抽象和概括,被理想化为混合加热内可逆理想循环,又称萨巴德循环,其 p-v 图和 T-s 图如图9-4所示。现行的柴油机大都是在这种循环的基础上设计制造的。循环构成如下:1-2 为定熵压缩

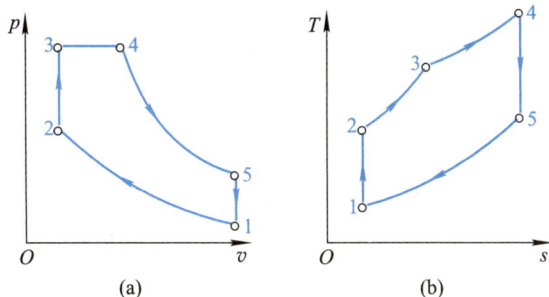

图 9-4 混合加热理想循环的 $p\text{-}v$ 图和 $T\text{-}s$ 图

过程;2-3 为定容加热过程;3-4 为定压加热过程;4-5 为定熵膨胀过程;5-1 为定容放热过程。表示混合加热循环特征的参数有压缩比 $\varepsilon = \dfrac{v_1}{v_2}$、定容增压比 $\lambda = \dfrac{p_3}{p_2}$ 和定压预胀比 $\rho = \dfrac{v_4}{v_3}$。

下面研究混合加热循环的热效率。循环中工质从高温热源吸收热量 q_1 为

$$q_1 = q_{2\text{-}3} + q_{3\text{-}4} = c_V(T_3 - T_2) + c_p(T_4 - T_3)$$

向低温热源放出的热量 q_2 为

$$q_2 = q_{5\text{-}1} = c_V(T_5 - T_1)$$

循环净功 w_{net} 为

$$w_{\text{net}} = q_1 - q_2$$

据循环热效率定义有

$$\eta_t = \frac{w_{\text{net}}}{q_1} = 1 - \frac{q_2}{q_1} = 1 - \frac{c_V(T_5 - T_1)}{c_V(T_3 - T_2) + c_p(T_4 - T_3)}$$

$$= 1 - \frac{T_5 - T_1}{(T_3 - T_2) + \kappa(T_4 - T_3)} \tag{9-6}$$

通常把活塞式内燃机循环的热效率表示为循环特性参数的函数,下面从式(9-6)导出由压缩比 ε、定容增压比 λ 和定压预胀比 ρ 等表达的公式。因为1-2与4-5是定熵过程,故有

$$p_1 v_1^{\kappa} = p_2 v_2^{\kappa}, \quad p_4 v_4^{\kappa} = p_5 v_5^{\kappa}$$

注意到 $p_4 = p_3$、$v_1 = v_5$、$v_2 = v_3$,将上两式相除得

$$\frac{p_5}{p_1} = \frac{p_4}{p_2}\left(\frac{v_4}{v_2}\right)^{\kappa} = \frac{p_3}{p_2}\left(\frac{v_4}{v_3}\right)^{\kappa} = \lambda \rho^{\kappa}$$

由于 5-1 是定容过程,所以

$$T_5 = T_1 \frac{p_5}{p_1} = T_1 \lambda \rho^{\kappa}$$

1-2 是定熵过程,有

$$T_2 = T_1 \left(\frac{v_1}{v_2}\right)^{\kappa-1} = T_1 \varepsilon^{\kappa-1}$$

2-3 是定容过程,有

$$T_3 = T_2 \frac{p_3}{p_2} = \lambda T_2 = \lambda T_1 \varepsilon^{\kappa-1}$$

3-4 是定压过程,有

$$T_4 = T_3 \frac{v_4}{v_3} = \rho T_3 = \rho \lambda T_1 \varepsilon^{\kappa-1}$$

把以上各温度代入式(9-6)可得

$$\eta_t = 1 - \frac{\lambda \rho^\kappa - 1}{\varepsilon^{\kappa-1}[(\lambda-1) + \kappa \lambda (\rho-1)]} \tag{9-7}$$

下面分析压缩比、定容增压比和定压预胀比对循环热效率的影响:

(1)参见图 9-5,图中循环 1-2'-3'-4'-5-1 的压缩比和循环 1-2-3″-4″-5-1 的定容增压比分别大于原循环 1-2-3-4-5-1 的压缩比和增压比,因为随压缩比 ε 和定容增压比 λ 的增大,循环平均吸热温度提高($T'_{1m} > T_{1m}$,$T''_{1m} > T_{1m}$),而循环平均放热温度不变,故混合加热循环的热效率随压缩比 ε 和定容增压比 λ 的增大而提高。

(2)混合加热循环的热效率随定压预胀比 ρ 的增大而降低,这是因为增大定压加热份额造成循环平均吸热温度下降($T'''_{1m} < T_{1m}$),故而热效率反而降低。

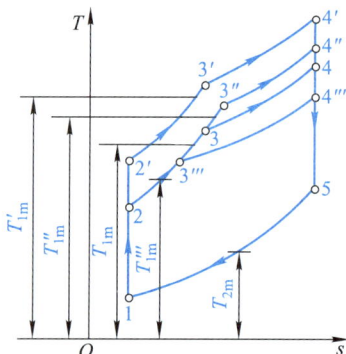

图 9-5   混合加热理想循环 η_t

9.3.2   定压加热理想循环

定压加热的内可逆理想循环又称狄塞尔循环,其 $p-v$ 图和 $T-s$ 图如图9-6所示。其中 1-2 是定熵压缩过程,2-3 是定压加热过程,3-4 是定熵膨胀过程,4-1 是定容放热过程。

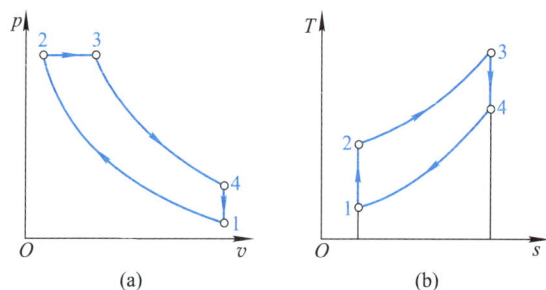

(a)   (b)

图 9-6   定压加热理想循环的 $p-v$ 图和 $T-s$ 图

循环中,工质吸热

$$q_1 = c_p(T_3 - T_2)$$

工质放热

$$q_2 = c_V(T_4 - T_1)$$

故其循环的热效率

$$\eta_t = 1 - \frac{q_2}{q_1} = 1 - \frac{T_4 - T_1}{\kappa(T_3 - T_2)} \tag{9-8}$$

由上式仿照混合加热循环,也可导出用特性参数表示的热效率计算公式,但是考虑到可以把定压加热理想循环看成混合加热理想循环的特例——没有定容加热过程,故只需把 $\lambda = 1$ 代入式(9-7),即可得到

$$\eta_t = 1 - \frac{\rho^\kappa - 1}{\varepsilon^{\kappa-1}\kappa(\rho-1)} \tag{9-9}$$

上式说明,定压加热理想循环热效率随压缩比 ε 的增大而提高;随预胀比 ρ 的增大而降低。图9-7表示在 $\kappa = 1.35$ 时,各种 ε 值和 ρ 值与热效率的关系。当压缩比 ε 不变时,预胀比 ρ 越小,热效率越高;反之热效率越低。ρ 不变时,压缩比 ε 越大,热效率越高。

实际的柴油机在重负荷(此时,ρ 增大,q_1 增大)下,内部热效率要降低,除 ρ 的影响外,还有绝热指数 κ 的影响,当温度升高时,气体 κ 相应地变小,热效率也会降低。

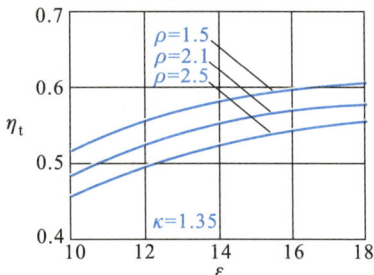

图9-7　定压加热理想循环 η_t

柴油机压缩比的提高也受到机械强度等方面的限制,且压缩比增大时虽然热效率增大,但机械效率减小,因此要选择适当的压缩比,使机器有效效率达最大值。

9.3.3 定容加热理想循环

内可逆定容加热理想循环又称奥托循环,基于这种循环而制造的煤气机和汽油机是最早的活塞式内燃机。由于煤气机、汽油机和柴油机燃料性质不同,机器的构造也不同,其燃烧过程接近于定容过程,不再有边燃烧边膨胀接近于定压的过程,故而在热力学分析中,奥托循环可以看作不存在定压加热过程的混合加热理想循环。图9-8是定容加热理想循环的 $p-v$ 图和 $T-s$ 图。1-2是定熵压缩过程,2-3是定容加热过程,3-4是定熵膨胀过程,4-1是定容放热过程。

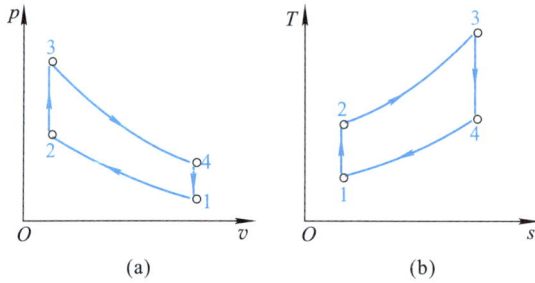

图 9-8   定容加热理想循环的 p-v 图和 T-s 图

循环中,工质在定容加热过程 2-3 中吸热

$$q_1 = c_V(T_3 - T_2)$$

工质定容放热过程 4-1 中放热

$$q_2 = c_V(T_4 - T_1)$$

故其循环的热效率

$$\eta_t = 1 - \frac{q_2}{q_1} = 1 - \frac{T_4 - T_1}{T_3 - T_2} \qquad (9-10)$$

或将 $\rho = 1$ 代入式(9-7)即可得到用特性参数表达的热效率计算式:

$$\eta_t = 1 - \frac{1}{\varepsilon^{\kappa-1}} \qquad (9-11)$$

上式表明,定容加热理想循环热效率随着压缩
比 ε 增大而提高。从图 9-9 中可以看出:当提
高压缩比而循环的最高温度不变时,即从循环
1-2-3-4-1 变为循环 1-2′-3′-4′-1 时,循环
的平均吸热温度增高,平均放热温度降低,循环
热效率相应提高。循环热效率也与绝热指数 κ
有关,而 κ 值随气体温度增大而减小,使 η_t 下降
(图 9-10)。

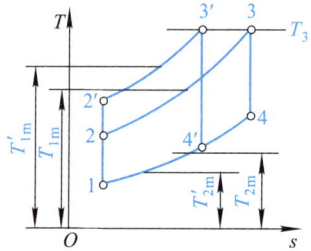

图 9-9   定容加热理想
循环 $\eta_t \sim \varepsilon$ 关系

从图 9-11 可以看出,随着负荷增加(表现
为 q_1 增大),因为压缩比 ε 不变,循环效率乃可
按式(9-11)计算,故理论上热效率并不变化。但是因循环净功增大,所以输出
功率增大。实际上由于压缩比的增大及吸热量的增加,都会使气体加热过程终
了时温度上升,造成 κ 值有所减小,而使循环热效率稍稍下降。

由于汽油机里被压缩的是燃料和空气的混合物,受混合气体自燃温度的限
制,不能采用大压缩比,不然混合气就会"爆燃",使发动机不能正常工作。实际

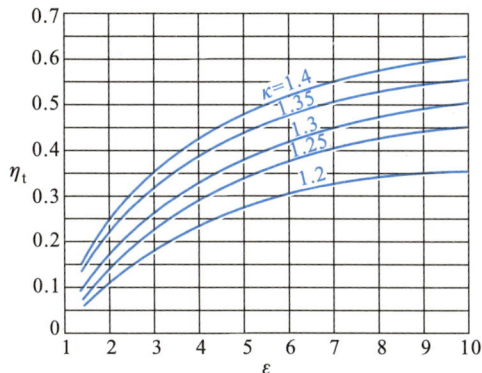

图 9-10 定容加热理想循环 $\eta_t \sim \kappa$ 关系

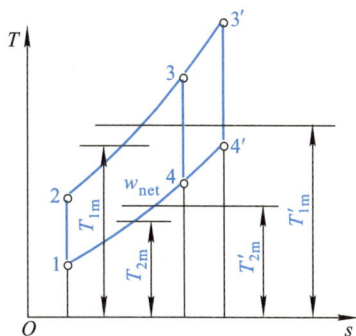

图 9-11 定容加热理想循环

$\eta_t \sim q_1$ 关系

汽油机压缩比大多在 $5 \sim 12$ 的范围内。而柴油机因压缩的仅仅是空气,不存在提高压缩比引起爆燃的问题,所以压缩比可以较高,一般柴油机压缩比多在 $14 \sim 20$ 的范围内。柴油机主要用于装备重型机械,如推土机、重型卡车、船舶主机等。汽油机主要应用于轻型设备,如轿车、摩托车、园艺机械、螺旋桨直升机等。

    归纳对活塞式内燃机理论循环的分析可知,增大压缩比 ε 可使循环热效率提高。实际发动机的内部热效率虽然由于气体的比热容不是常数、κ 值随气体温度而变,以及燃烧不完全等原因总是小于理想循环的热效率,但实际发动机的内部热效率在一定范围内仍然主要取决于压缩比,因此理想循环的分析结果对实际仍有指导意义。

    例 9-1 已知某柴油机混合加热理想循环(图 9-4)$p_1 = 0.17$ MPa、$t_1 = 60\ ℃$,压缩比 $\varepsilon = 14.5$,气缸中气体最大压力 $p_3 = 10.3$ MPa,循环加热量 $q_1 = 900$ kJ/kg。设其工质为空气,比热容为定值并取 $c_p = 1\ 004$ J/(kg·K),$c_V = 718$ J/(kg·K),$\kappa = 1.4$;环境温度 $t_0 = 20\ ℃$,压力 $p_0 = 0.1$ MPa。试分析该循环并求循环热效率及㶲效率。

    解 由已知条件:$p_1 = 0.17$ MPa,$T_1 = 333.15$ K

点 1:
$$v_1 = \frac{R_g T_1}{p_1} = \frac{287\ \text{J/(kg·K)} \times 333.15\ \text{K}}{0.17 \times 10^6\ \text{Pa}} = 0.562\ 4\ \text{m}^3/\text{kg}$$

点 2:
$$v_2 = \frac{v_1}{\varepsilon} = \frac{0.562\ 4\ \text{m}^3/\text{kg}}{14.5} = 0.038\ 79\ \text{m}^3/\text{kg}$$

1-2 是定熵过程,有

$$p_2 = p_1\left(\frac{v_1}{v_2}\right)^{\kappa} = p_1 \varepsilon^{\kappa} = 0.17\ \text{MPa} \times 14.5^{1.4} = 7.184\ \text{MPa}$$

$$T_2 = \frac{p_2 v_2}{R_g} = \frac{7.184 \times 10^6 \text{ Pa} \times 0.038\ 79 \text{ m}^3/\text{kg}}{287 \text{ J}/(\text{kg} \cdot \text{K})} = 971.0 \text{ K}$$

点 3： $\qquad p_3 = 10.3 \text{ MPa}, v_3 = v_2 = 0.038\ 79 \text{ m}^3/\text{kg}$

$$T_3 = \frac{p_3 v_3}{R_g} = \frac{10.3 \times 10^6 \text{ Pa} \times 0.038\ 79 \text{ m}^3/\text{kg}}{287 \text{ J}/(\text{kg} \cdot \text{K})} = 1\ 392.1 \text{ K}$$

$$\lambda = \frac{p_3}{p_2} = \frac{10.3 \text{ MPa}}{7.184 \text{ MPa}} = 1.434$$

$$q_{1V} = c_V (T_3 - T_2) = 0.718 \text{ kJ}/(\text{kg} \cdot \text{K}) \times (1\ 392.1 \text{ K} - 971.0 \text{ K}) = 302.3 \text{ kJ/kg}$$

$$q_{1p} = q_1 - q_{1V} = 900 \text{ kJ/kg} - 302.3 \text{ kJ/kg} = 597.7 \text{ kJ/kg}$$

点 4： $p_4 = p_3 = 10.3 \text{ MPa}$ 因 $q_{1p} = c_p (T_4 - T_3)$，所以

$$T_4 = T_3 + \frac{q_{1p}}{c_p} = 1\ 392.1 \text{ K} + \frac{597.7 \text{ kJ/kg}}{1.004 \text{ kJ}/(\text{kg} \cdot \text{K})} = 1\ 987.4 \text{ K}$$

$$v_4 = \frac{R_g T_4}{p_4} = \frac{287 \text{ J}/(\text{kg} \cdot \text{K}) \times 1\ 987.4 \text{ K}}{10.3 \times 10^6 \text{ Pa}} = 0.055\ 4 \text{ m}^3/\text{kg}$$

$$\rho = \frac{v_4}{v_3} = \frac{0.055\ 4 \text{ m}^3/\text{kg}}{0.038\ 79 \text{ m}^3/\text{kg}} = 1.428$$

点 5： $\qquad v_5 = v_1 = 0.562\ 4 \text{ m}^3/\text{kg}$

$$p_5 = p_4 \left(\frac{v_4}{v_5} \right)^\kappa = 10.3 \text{ MPa} \times \left(\frac{0.055\ 4 \text{ m}^3/\text{kg}}{0.562\ 4 \text{ m}^3/\text{kg}} \right)^{1.4} = 0.401\ 5 \text{ MPa}$$

$$T_5 = \frac{p_5 v_5}{R_g} = \frac{0.401\ 5 \times 10^6 \text{ Pa} \times 0.562\ 4 \text{ m}^3/\text{kg}}{287 \text{ J}/(\text{kg} \cdot \text{K})} = 786.8 \text{ K}$$

$$q_2 = c_V (T_5 - T_1) = 0.718 \text{ kJ}/(\text{kg} \cdot \text{K}) \times (786.8 \text{ K} - 333.15 \text{ K}) = 325.7 \text{ kJ/kg}$$

$$w_{\text{net}} = q_1 - q_2 = 900 \text{ kJ/kg} - 325.7 \text{ kJ/kg} = 574.3 \text{ kJ/kg}$$

$$\eta_t = 1 - \frac{\lambda \rho^\kappa - 1}{\varepsilon^{\kappa-1} \left[(\lambda - 1) + \kappa \lambda (\rho - 1) \right]}$$

$$= 1 - \frac{1.43 \times 1.42^{1.4} - 1}{14.5^{1.4-1} \times \left[(1.43 - 1) + 1.4 \times 1.43 \times (1.42 - 1) \right]} = 0.639$$

或 $\qquad \eta_t = \frac{w_{\text{net}}}{q_1} = \frac{574.3 \text{ kJ/kg}}{900 \text{ kJ/kg}} = 0.638$

在吸热过程中空气熵增为

$$\Delta s_{2\text{-}4} = c_p \ln \frac{T_4}{T_2} - R_g \ln \frac{p_4}{p_2}$$

$$= 1.004 \text{ kJ}/(\text{kg} \cdot \text{K}) \times \ln \frac{1\ 987.4 \text{ K}}{971.0 \text{ K}} - 0.287 \text{ kJ}/(\text{kg} \cdot \text{K}) \times$$

$$\ln\frac{10.3\ \text{MPa}}{7.187\ \text{MPa}}=0.615\ 8\ \text{kJ/(kg}\cdot\text{K)}$$

所以平均吸热温度为

$$T_{1\text{m}}=\frac{q_1}{\Delta s_{2\text{-}4}}=\frac{900\ \text{kJ/kg}}{0.615\ 8\ \text{kJ/(kg}\cdot\text{K)}}=1\ 461.5\ \text{K}$$

循环吸热量 q_1 中的可用能

$$e_{\text{x},Q}=\left(1-\frac{T_0}{T_{1\text{m}}}\right)q_1=\left(1-\frac{293.15\ \text{K}}{1\ 461.5\ \text{K}}\right)\times900\ \text{kJ/kg}=719.5\ \text{kJ/kg}$$

循环㶲效率

$$\eta_{e_{\text{x}}}=\frac{w_{\text{net}}}{e_{\text{x},Q}}=\frac{574.3\ \text{kJ/kg}}{719.5\ \text{kJ/kg}}=0.798$$

讨论:本例中,循环是内部可逆的,且只是放热过程中系统(工质)与环境有温差,从而有㶲损失,所以循环输出净功和放热过程㶲损失之和为循环吸热量中的可用能,即

$$i=T_0s_{\text{g}}=T_0(\Delta s_{5\text{-}1}+\Delta s_0)=T_0\left(-\Delta s_{2\text{-}4}+\frac{q_2}{T_0}\right)$$

$$=293.15\ \text{K}\times\left[-0.615\ 8\ \text{kJ/(kg}\cdot\text{K)}+\frac{325.7\ \text{kJ/kg}}{293.15\ \text{K}}\right]=145.2\ \text{kJ/kg}$$

$$e_{\text{x},Q}=w_{\text{net}}+i=574.3\ \text{kJ/kg}+145.2\ \text{kJ/kg}=719.5\ \text{kJ/kg}$$

9.4 活塞式内燃机各种理想循环的热力学比较

内燃机各种理想循环的热力性能(如循环热效率)取决于实施循环时的条件,因此在作各种理想循环的比较时,必须在一定参数条件下进行。一般,在初始状态相同的情况下,分别以压缩比、吸热量、最高压力和最高温度相同作为比较基础。在进行分析比较时,应用温熵图最为简便。

9.4.1 压缩比相同、吸热量相同时的比较

图 9-12 所示为三种理想循环的 T-s 图。图中 1-2-3-4-1 为定容加热理想循环;1-2-2'-3'-4'-1 为混合加热理想循环;1-2-3″-4″-1 为定压加热理想循环。在所给的条件下,三种循环的等熵压缩线 1-2 重合,同时定容放热过程都在通过点 1 的定容线上。因为工质在加热过程中吸热量 q_1 相同,所以图上表示循环吸热量的 3 个面积相同,即

$$A_{23562}=A_{22'3'5'62}=A_{23''5''62}$$

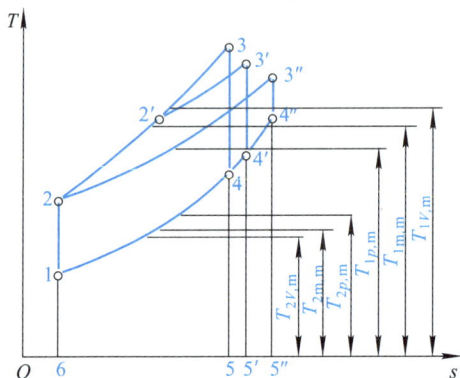

图 9-12 ε 相同、q_1 相同时理想循环的比较

各循环放热量各不相同：

$$A_{14561} < A_{14'5'61} < A_{14''5''61}$$

即定容加热循环的放热量 q_{2V} 最小，混合加热循环 q_{2m} 次之，定压加热循环的 q_{2p} 最大。根据循环热效率公式 $\eta_t = 1 - \dfrac{q_2}{q_1}$，三种理想循环热效率之间有如下关系：

$$\eta_{tV} > \eta_{tm} > \eta_{tp}$$

从循环的平均吸热温度和平均放热温度来比较，可得出相同的结果。

需说明的是上述结论是在各循环压缩比相同条件下分析得出的，回避了不同机型可有不同的压缩比的问题，并不完全符合内燃机的实际情况。

9.4.2 循环最高压力和最高温度相同时的比较

这个比较实际上是热力强度和机械强度相同情况下的比较。图 9-13 中 1-2-3-4-1 为定容加热理想循环；1-2′-3′-3-4-1 为混合加热理想循环；1-2″-3-4-1 为定压加热理想循环。在所给的条件下，三种循环的最高压力和最高温度重合在点 3，压缩的初始状态都重合在点 1。从 T-s 图上可以看出，三种循环排出的热量 q_2 都相同，都等于面积 A_{14651}，而所吸收的热量 q_1 则不同。$A_{2''3652''} > A_{2'3'3652'} > A_{23652}$，即

$$q_{1p} > q_{1m} > q_{1V}$$

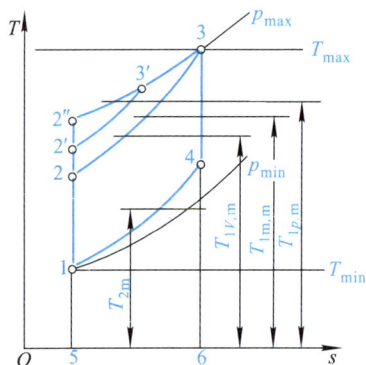

图 9-13 T_{max}、p_{max} 相同时
理想循环比较

所以循环的热效率

$$\eta_{tp} > \eta_{tm} > \eta_{tV}$$

从循环的平均吸热温度和平均放热温度来比较同样可得出上述结果。因此,在进气状态相同、循环的最高压力和最高温度相同的条件下,定压加热理想循环的热效率最高,混合加热理想循环次之,而定容加热理想循环最低。因此,在内燃机的热强度和机械强度受到限制的情况下,采用定压加热循环可获得较高的热效率,这是符合实际情况的。事实上,柴油机的热效率通常高于汽油机的热效率。

读者也可试就其他条件,如各循环的最高压力相同、热负荷 q_1 相同的情况进行比较,培养分析能力。同时可体会到各种场合的条件各不相同,故需要发展出不同的机器适应各种需要。

*9.5 活塞式热气发动机及其循环

活塞式热气发动机,又称斯特林发动机,是一种外部加热的闭式循环发动机。早在 1816 年,英国工程师斯特林(Robert Stirling,1790—1878)就提出了这种热气发动机的理想循环,由于当时技术水平较低,未能应用于工程实践。近年来随技术进步及对环境污染问题的关注,斯特林发动机重又引起人们的重视。

斯特林发动机按正向循环工作时可以作原动机,对外输出功;按逆向循环工作时,可以作热泵。其结构可以有多种多样,但循环原理基本相同。下面以双缸活塞式热气发动机为例,简略介绍其构造和工作循环。

双缸活塞式热气发动机由两个带活塞的气缸及加热器、冷却器和回热器组成,如图 9-14 所示。两个活塞连在同一轴上,通过特殊的曲轴机构使它们的移动规律符合一定的要求。气缸内充有一定的工质(如氢气、氦气等),由于两个活塞的相互作用,使工质在热气室和冷气室之间来回流动。循环由下列四个过程组成:

(1)定温压缩过程。如图 9-14a 所示,活塞 A 处于上死点位置不动,活塞 B 由下死点开始上行,压缩冷气室里的低温工质,冷却器起低温热源作用,吸收工质放出的热量 q_2,维持工质温度 T_L 不变,理想情况下可实现定温压缩过程,如图 9-15 中的过程 1-2。

(2)定容吸热过程。如图 9-14b 所示,活塞 B 和活塞 A 以同样的速度分别上升和下降。实现定容情况下将冷气室中的工质推入热气室。低温工质经回热器吸热,压力由 p_2 升至 p_3,温度由 T_L 升至 T_H,如图 9-15 中的过程 2-3。

(3)定温膨胀过程。如图 9-14c 所示,活塞 B 处于上死点位置不动,热气室

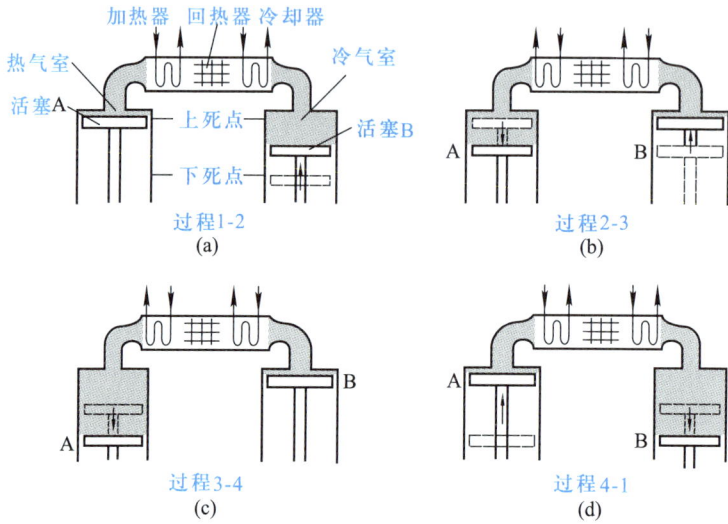

图 9-14　斯特林发动机工作循环示意图

中高压、高温工质膨胀推动活塞 A 继续下行至下死点对外作功,其间工质通过起高温热源作用的加热器,吸收热量 q_1,维持工质温度 T_H 不变。在理想情况下可实现定温膨胀过程 3-4。

（4）定容放热过程。如图 9-14d 所示,活塞 B 和活塞 A 以同样的速度分别下行和上行,各自达到下死点和上死点,将高温工质从热气室经回热器在定容下推回冷气室。经过回热器时,工质放出热量给回热器。使温度由 T_H 降为 T_L。在理想情况下可实现在回热器定容放热过程 4-1(图 9-15)。这样,工质恢复初始状态而完成闭合循环。

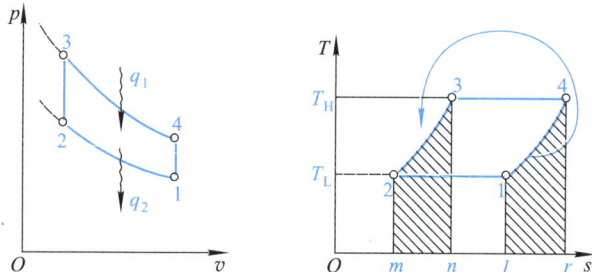

图 9-15　斯特林发动机循环的 p-v 图和 T-s 图

由此可见,热气机的理想循环是由两个定温过程和两个定容过程所组成,如图 9-15 所示,在极限回热时,定容放热过程 4-1 放出的热量正好为定容吸热过程 2-3 所吸收。在 $T\text{-}s$ 图上面积 $A_{14r l1}$ 等于面积 A_{23nm2}，这样，循环只在定温膨胀过程 3-4 从热源吸热，在定温压缩过程 1-2 向冷源放热。因此，斯特林循环即为概括性卡诺循环的一种，其热效率

$$\eta_t = 1 - \frac{q_2}{q_1} = 1 - \frac{T_L}{T_H}$$

理论上斯特林循环的热效率等于同温限卡诺循环的热效率，实际的斯特林循环发动机，由于存在种种不可逆因素，回热器的效率也不可能达到百分之百，所以热效率低于同温限卡诺循环的理论热效率，目前斯特林发动机的热效率可达 30%~45%。此外，斯特林发动机可以采用价廉易得的燃料，亦可利用太阳能及原子能作热源；它的排气污染少、噪声低，这对于缓解世界对优质能源需求、减少污染无疑是有利的。

9.6 燃气轮机装置循环

9.6.1 燃气轮机装置简介

燃气轮机装置也是一种以空气和燃气为工质的热动力设备。简单的定压燃烧燃气轮机装置由压气机、燃烧室和燃气轮机三个基本部分组成，如图 9-16 所示。与内燃机循环中各个过程都在气缸内进行不同，燃气轮机装置中工质在不同设备间流动，完成循环。

空气首先进入轴流式压气机中，压缩到一定压力后送入燃烧室。同时由电动机带动燃油泵将燃油经由喷油嘴（射油器），喷入燃烧室中与压缩空气混合燃烧，产生的燃气温度通常可高达 1 800~2 300 K，这时二次冷却空气（占总空气量的 60%~80%）经通道壁面渗入与高温燃气混合，使混合气体降低到适当的温度（防止高温损坏燃气轮机叶片），而后进入燃气轮机。在燃气轮机中混合气体先在由静叶片组成的喷管形通道中膨胀，把热能部分地转变为动能，形成高速气流，然后冲入固定在转子上的动叶片组成的通道，形成推力推动叶片，使转子转动而输出机械功。燃气轮机作出的功一部分带动压气机，剩余部分（净功量）对外输出。从燃气轮机排出的废气进入大气环境，放热后完成循环。所以，燃气轮机实际循环是开式的、不可逆的，图 9-17 为其简化的流程示意图。

此外，还有一种闭式燃气轮机装置，一般以氦气为工质。工作时氦气在压气机中压缩升压后，送至加热器定压加热，接着高温高压氦气在气轮机内膨胀作功，用以驱动压气机并输出有效功。由于闭式燃气轮机装置采用外部加热，因此，可燃用劣质的固体燃料或应用核反应产生的热量来加热工质。两类装置工

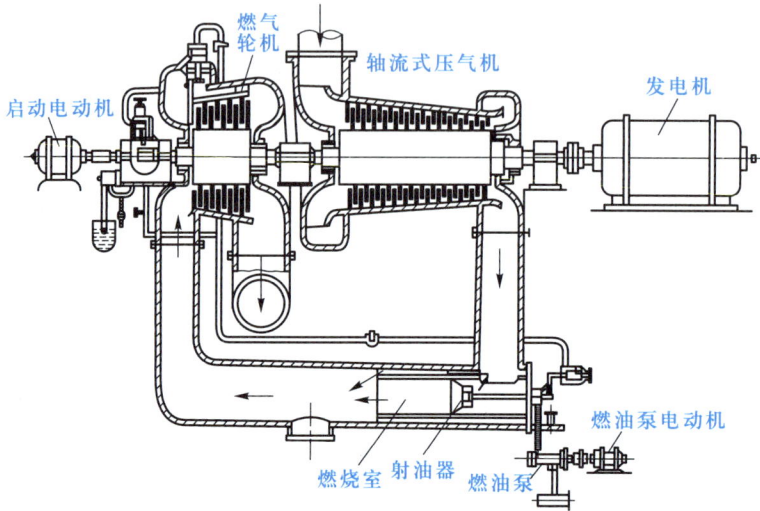

图 9-16　定压燃烧燃气轮机装置简图

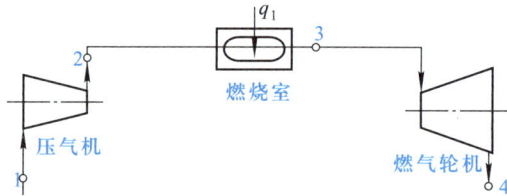

图 9-17　定压燃烧燃气轮机装置流程图

质的状态变化过程相似,故可采用同一分析方法。

　　燃气轮机是一种旋转式热力发动机,没有往复运动部件以及由此引起的不平衡惯性力,故可以设计成很高的转速,并且工作过程是连续的。因此,它可以在质量和尺寸都很小的情况下发出很大的功率。目前,燃气轮机装置在航空器、舰船、机车、峰负电站等部门得到广泛应用。

9.6.2　燃气轮机装置定压加热理想循环

　　对燃气轮机内过程进行如下简化:空气在轴流式压气机压缩过程可近似为绝热压缩,燃料在燃烧室中与压缩空气混合、燃烧近似等压,高温高压燃气在燃气轮机中把热能转变为动能,高速气流冲击叶片,使转子转动简化为绝热膨胀输出机械功。燃气轮机排出的废气进入大气环境放热,并与大气环境平衡,成为大气环境的一部分,简化为工质向环境介质等压放热。暂时不考虑材料耐高温而渗入的冷空气。引用空气标准假设,燃气轮机装置工作循环可以简化成由四个过程组成的内可逆理想循环,如图 9-18 所示。其中,1-2 为绝热压缩过程;2-3是定压加热过程;3-4 是绝热膨胀过程;4-1 是定压放热过程。这个循环称为定压加热的理想循环,又称布雷顿循环。

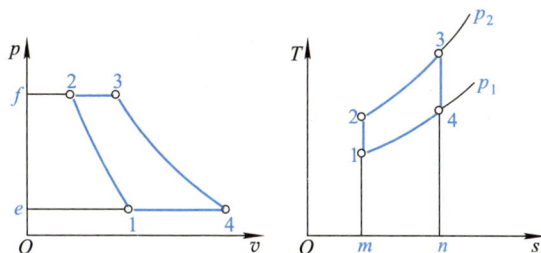

图 9-18　定压加热理想循环

下面分析布雷顿循环的热效率。

空气在压气机内绝热压缩消耗的功为

$$w_C = A_{f21ef} = h_2 - h_1$$

气体在燃气轮机内绝热膨胀输出的功为

$$w_T = A_{f34ef} = h_3 - h_4$$

装置的循环净功等于燃气轮机作出的功与压气机耗功之差:

$$w_{net} = w_T - w_C = A_{12341} = (h_3 - h_4) - (h_2 - h_1)$$

循环吸热量 q_1 和放热量 q_2 可分别用 T-s 图上过程线下面积表示:

$$q_1 = A_{23nm2} = h_3 - h_2 = c_p \Big|_{t_2}^{t_3} (T_3 - T_2)$$

$$q_2 = A_{14nm1} = h_4 - h_1 = c_p \Big|_{t_1}^{t_4} (T_4 - T_1)$$

据热力学第一定律

$$w_{net} = q_{net} = q_1 - q_2 = A_{12341}$$

因而,装置热效率 η_t 为

$$\eta_t = \frac{w_{net}}{q_1} = 1 - \frac{q_2}{q_1} = 1 - \frac{h_4 - h_1}{h_3 - h_2} \tag{9-12}$$

若循环最高压力与最低压力之比,即循环增压比,用 π 表示;循环最高温度与最低温度之比,即循环增温比,用 τ 表示,即

$$\pi = \frac{p_2}{p_1}, \quad \tau = \frac{T_3}{T_1}$$

并设比热容为定值,则据各过程特性可得

$$\frac{T_2}{T_1} = \left(\frac{p_2}{p_1}\right)^{\frac{\kappa-1}{\kappa}} = \left(\frac{p_3}{p_4}\right)^{\frac{\kappa-1}{\kappa}} = \frac{T_3}{T_4} = \pi^{\frac{\kappa-1}{\kappa}}$$

于是循环热效率

$$\eta_t = 1 - \frac{h_4 - h_1}{h_3 - h_2} = 1 - \frac{c_p(T_4 - T_1)}{c_p(T_3 - T_2)} = 1 - \frac{T_1\left(\frac{T_4}{T_1} - 1\right)}{T_2\left(\frac{T_3}{T_2} - 1\right)} = 1 - \frac{T_1}{T_2}$$

即
$$\eta_t = 1 - \frac{1}{\pi^{\frac{\kappa-1}{\kappa}}} \qquad (9-13)$$

上式表明,定压加热理想循环的热效率取决于压气机中绝热压缩的初态温度和终态温度,或者说主要取决于循环增压比 π,且随 π 值的增大而提高,此外也和工质的绝热指数 κ 的数值有关,而与循环增温比 τ 无关,这间接说明在引用空气标准假设时忽略高温燃气中混入冷空气具有一定的合理性。

对于热能动力装置,除了要求热效率高,还希望单位质量的工质在循环中所作的净功(也称比循环功)w_{net} 越大越好,对于某些场合,如航空、舰船等,后一指标尤为重要。

在定压加热理想循环中当循环增温比 τ 一定时,随着循环增压比 π 提高,单位质量的工质在循环中输出的净功 w_{net} 并不是越来越大,而是存在一个最佳增压比,使循环的净功输出为最大。这个最佳增压比可由下述方法确定。

$$w_{net} = w_T - w_C = (h_3 - h_4) - (h_2 - h_1) = c_p(T_3 - T_4) - c_p(T_2 - T_1)$$
$$= c_p T_1\left(\frac{T_3}{T_1} - \frac{T_4}{T_1} - \frac{T_2}{T_1} + 1\right) = c_p T_1\left(\frac{T_3}{T_1} - \frac{T_4}{T_3}\frac{T_3}{T_1} - \frac{T_2}{T_1} + 1\right)$$

考虑到过程 1-2 和 3-4 都是定熵过程,并引入循环增温比 τ,上式可写为

$$w_{net} = c_p T_1\left(\tau - \tau\pi^{\frac{1-\kappa}{\kappa}} - \pi^{\frac{\kappa-1}{\kappa}} + 1\right) \qquad (9-14)$$

上式表明,当 T_1、T_3 确定后,循环净功 w_{net} 仅仅是增压比 π 的函数。将循环净功 w_{net} 对增压比 π 求导并令之为零,即可求得最佳增压比为

$$\pi_{w_{net,max}} = \tau^{\frac{\kappa}{2(\kappa-1)}} \qquad (9-15)$$

将上述关系代入式(9-14),可以得到最大的循环净功:

$$w_{net,max} = c_p T_1(\sqrt{\tau} - 1)^2 \qquad (9-16)$$

图 9-19 反映了 $w_{net}/c_p T_1$、π、τ 之间的关系,因随 τ 增大,$\pi_{w_{net,max}}$ 愈大,同时,$w_{net,max}$ 显著增大。因此在材料热强度许可的前提下尽可能提高 T_3,有利于提高燃气轮机装置的比功率。

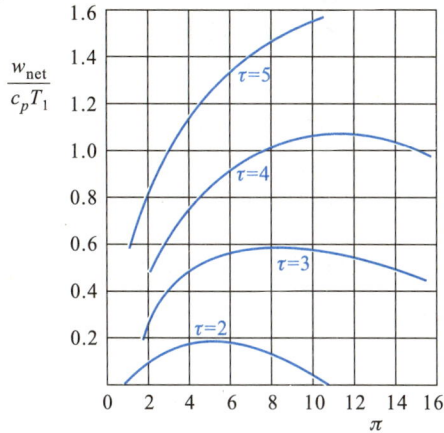

图 9-19　燃气轮机装置 w_{net}

9.6.3　燃气轮机装置的定压加热实际循环

燃气轮机装置实际循环的各个过程都存在着不可逆因素,这里主要考虑压缩过程和膨胀过程的不可逆性。因为流经叶轮式压气机和燃气轮机的工质通常在很高的流速下实现能量之间的转换,这时流体之间、流体与流道之间的摩擦不能再忽略不计。因此,工质流经压气机和燃气轮机时向外散热可忽略不计,其压缩过程和膨胀过程都是不可逆的绝热过程,如图 9-20 所示。图中虚线 1-2′即为压气机中不可逆绝热压缩,过程 3-4′为燃气轮机中不可逆绝热膨胀过程。

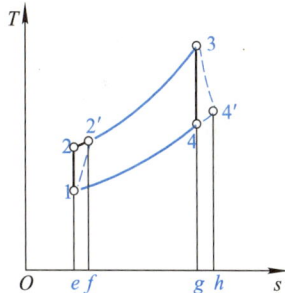

图 9-20　燃气轮机装置实际循环

第八章中已定义了压气机绝热效率

$$\eta_{C,s} = \frac{w_{C,s}}{w'_C}$$

实际压气机耗功　　　$w'_C = h_{2'} - h_1 = \frac{w_{C,s}}{\eta_{C,s}} = \frac{1}{\eta_{C,s}}(h_2 - h_1)$

所以　　　　　　　　$h_{2'} = h_1 + \frac{1}{\eta_{C,s}}(h_2 - h_1)$

燃气轮机的内部损耗通常以相对内效率 η_T 来衡量:

$$\eta_{\mathrm{T}} = \frac{实际膨胀作出的功}{理想膨胀作出的功} = \frac{w'_{\mathrm{T}}}{w_{\mathrm{T}}} \qquad (9\text{-}17)$$

燃气流经燃气轮机时实际作功

$$w'_{\mathrm{T}} = h_3 - h_{4'} = \eta_{\mathrm{T}} w_{\mathrm{T}} = \eta_{\mathrm{T}}(h_3 - h_4) \qquad (9\text{-}18)$$

$$h_{4'} = h_3 - \eta_{\mathrm{T}}(h_3 - h_4) \qquad (9\text{-}19)$$

因此,若仅考虑该两项损失,实际循环的内部净功,简称循环的内部功,为

$$w'_{\mathrm{net}} = w'_{\mathrm{T}} - w'_{\mathrm{C}} = \eta_{\mathrm{T}}(h_3 - h_4) - \frac{1}{\eta_{\mathrm{C},s}}(h_2 - h_1) \qquad (9\text{-}20)$$

循环中气体实际吸热量为

$$q'_1 = h_3 - h_{2'} = h_3 - h_1 - \frac{1}{\eta_{\mathrm{C},s}}(h_2 - h_1) \qquad (9\text{-}21)$$

因而循环内部热效率

$$\eta_{\mathrm{i}} = \frac{w'_{\mathrm{net}}}{q'_1} = \frac{\eta_{\mathrm{T}}(h_3 - h_4) - \dfrac{h_2 - h_1}{\eta_{\mathrm{C},s}}}{h_3 - h_1 - \dfrac{h_2 - h_1}{\eta_{\mathrm{C},s}}} \qquad (9\text{-}22)$$

当工质的比热容为定值并注意到 $\dfrac{T_2}{T_1} = \dfrac{T_3}{T_4} = \pi^{\frac{\kappa-1}{\kappa}}$、$\tau = \dfrac{T_3}{T_1}$,上式可改写为

$$\eta_{\mathrm{i}} = \frac{\eta_{\mathrm{T}}(T_3 - T_4) - \dfrac{T_2 - T_1}{\eta_{\mathrm{C},s}}}{(T_3 - T_1) - \dfrac{T_2 - T_1}{\eta_{\mathrm{C},s}}} = \frac{\dfrac{\tau}{\pi^{\frac{\kappa-1}{\kappa}}}\eta_{\mathrm{T}} - \dfrac{1}{\eta_{\mathrm{C},s}}}{\dfrac{\tau - 1}{\pi^{\frac{\kappa-1}{\kappa}} - 1} - \dfrac{1}{\eta_{\mathrm{C},s}}} \qquad (9\text{-}23)$$

分析上式可以得出如下结论:

（1）循环增温比越大,实际循环的热效率越高,因温度 T_1 决定于大气环境,故只能借提高循环最高温度 T_3 以增大 τ。但 T_3 受限于金属材料的耐热性能,故燃气轮机叶片常有进行冷却的设计,还有研究用陶瓷材料部分甚至全部取代金属材料,以达到更大的增温比。

（2）保持循环增温比 τ 及 η_{T}、$\eta_{\mathrm{C},s}$ 一定,随循环增压比提高循环内部热效率有一极大值,如图 9-21 所示。当增温比增大时,和内部热效率的极大值相对应的增压比的值也提高,因而可进一步提高内部热效率。因此,从循环特性参数方面说,提高 T_3 是提高循环热效率的主要方向。

（3）提高压气机的绝热效率和燃气轮机的相对内效率,即减小压气机中压缩过程和燃气轮机中膨胀过程的不可逆性,内部热效率随之提高。目前,一般压气机的绝热效率在 0.80~0.90 之间,而燃气轮机的相对内效率在 0.85~0.92 之间。

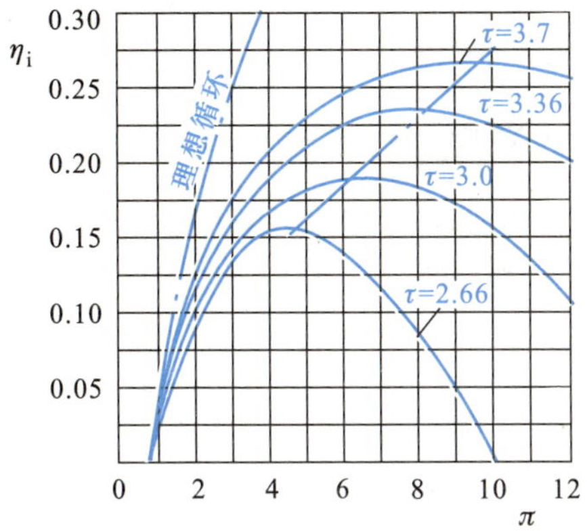

图 9-21　燃气轮机装置实际循环内部
热效率($\eta_{C,s} = \eta_T = 0.85$，$T_1 = 290$ K，$\kappa = 1.4$)

从热力学角度探讨提高定压加热理想循环的热效率，除上述讨论的通过改变循环特性参数的方法外，还可以从改进循环着手，如采用回热、在回热基础上采用分级压缩中间冷却和在回热基础上采用分级膨胀中间再热等方法。

例 9-2　某燃气轮机装置定压加热理想循环，空气进入压气机时压力 $p_1 = 101$ kPa，温度 $t_1 = 37$ ℃。压气机增压比 $\pi = 12$，空气排出燃气轮机时的温度 $t_4 = 497$ ℃。若环境温度 $t_0 = 37$ ℃，压力 $p_0 = 100$ kPa，空气比热容取定值，$\kappa = 1.4$、$c_p = 1\,005$ J/(kg·K)，试求：(1) 压缩 1 kg 空气压气机耗功；(2) 1 kg 空气流经燃气轮机作的功；(3) 燃烧过程和排气过程的换热量；(4) 假设低温热源、高温热源的温度分别是 37 ℃ 和 1 300 ℃确定系统在循环中的㶲损失；(5) 循环的热效率。

解　参照图 9-18。已知 $T_1 = 310$ K、$T_4 = 770$ K、$\pi = p_2/p_1 = 12$、$T_0 = 310$ K、$T_H = 1\,573$ K。

(1) 压缩过程绝热，所以

$$T_2 = T_1 \pi^{\frac{\kappa-1}{\kappa}} = 310 \text{ K} \times 12^{\frac{1.4-1}{1.4}} = 630.5 \text{ K}$$

$$w_C = h_2 - h_1 = c_p(T_2 - T_1) = 1.005 \text{ kJ/(kg·K)} \times (630.5 - 310) \text{ K} = 322.1 \text{ kJ/kg}$$

(2) 过程 3-4 是可逆绝热过程，所以

$$T_3 = T_4\left(\frac{p_3}{p_4}\right)^{\frac{\kappa-1}{\kappa}} = T_4\left(\frac{p_2}{p_1}\right)^{\frac{\kappa-1}{\kappa}} = T_4 \pi^{\frac{\kappa-1}{\kappa}} = 770 \text{ K} \times 12^{\frac{1.4-1}{1.4}} = 1\,566.1 \text{ K}$$

$$w_T = h_3 - h_4 = c_p(T_3 - T_4) = 1.005 \text{ kJ/(kg·K)} \times (1\,566.1 - 770) \text{ K} = 800.1 \text{ kJ/kg}$$

(3) 定压吸热过程和放热过程中的换热量分别为

$$q_1 = h_3 - h_2 = c_p(T_3 - T_2) = 1.005 \text{ kJ/(kg·K)} \times (1\,566.1 - 630.5) \text{ K} = 940.3 \text{ kJ/kg}$$

$$q_2 = h_1 - h_4 = c_p(T_1 - T_4) = 1.005 \text{ kJ/(kg · K)} \times (310 - 770) \text{ K} = -462.3 \text{ kJ/kg}$$

（4）循环中 1 kg 气体㶲损失

$$I = T_0 \Delta S_{\text{iso}} = T_0(\Delta S + \Delta S_{\text{H}} + \Delta S_0) = T_0(\Delta S_{\text{H}} + \Delta S_0) = T_0\left(\frac{Q_1}{T_{\text{H}}} + \frac{|Q_2|}{T_0}\right)$$

$$= 310 \text{ K} \times \left[\frac{940.3 \text{ kJ/kg}}{1\,573 \text{ K}} + \frac{462.3 \text{ kJ/kg}}{310 \text{ K}}\right] = 277.0 \text{ kJ/kg}$$

（5）循环热效率

$$\eta_{\text{t}} = \frac{w_{\text{net}}}{q_1} = 1 - \frac{q_2}{q_1} = 1 - \frac{462.3 \text{ kJ/kg}}{940.3 \text{ kJ/kg}} = 0.508$$

讨论：本例中循环不可逆㶲损失也可以分别求出吸热过程和放热过程的不可逆损失，然后相加或求出热源放热的热量㶲和循环输出的功㶲（循环净功）之差而得，请读者自行演算。

9.7   提高燃气轮机装置循环热效率的措施

9.7.1   回热

前已述及，利用作功后排出系统的工质来加热进入系统工质的工艺称为回热。工程实际中燃气轮机装置气轮机排气温度常常高达 650～700 ℃，有条件实施回热。事实上，在定压加热简单循环的基础上采用回热，是提高燃气轮机装置的热效率的一种有效措施。图 9-22 为具有回热的燃气轮机装置流程的示意图，其简化的回热循环的 $T\text{-}s$ 图如图 9-23 所示。由于工质在燃气轮机中膨胀作功后，温度 T_4 还相当高，向冷源放热造成很大的热损失。若在装置中增添一个回热器 R，利用燃气轮机排气的热量加热压缩后的空气。极限的情况下可以把压缩后的空气加热到 $T_5 = T_4$，同时，燃气轮机的排气降温到 $T_6 = T_2$。这样，工质自外热源吸热过程为 5-3，吸热量 $q_1 = h_3 - h_5 = A_{53h f 5}$。与无回热循环的吸热过程 2-3 比较，吸热量的减少相当于面积 A_{25fe2}。同时，循环净功 w_{net} 不变，仍相当于面积 A_{12341}。显然，采用回热后循环热效率提高。

在燃气轮机装置实际循环 1-2′-3-4′-1 中（图 9-24），采用回热同样可以提高装置的内部热效率。如果采用极限回热，可以把压缩后的工质加热到 $T_5 = T_{4'}$，膨胀后的工质冷却到 $T_6 = T_{2'}$。极限回热虽然对提高装置的内部热效率最为有利，但所需的回热器换热面积趋于无穷大，无法实现。实用上只把压缩后工质加热到较 T_5 为低的 T_7。实际利用的热量与理论上极限情况可利用的热量之比称为回热度 σ，即

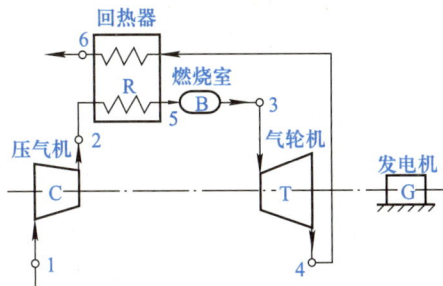

图 9-22　具有回热的燃气轮机
装置流程示意图

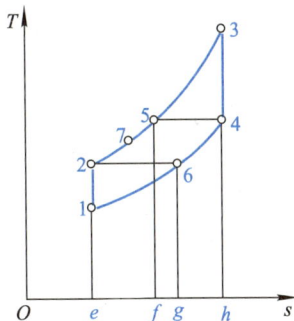

图 9-23　回热理论循环

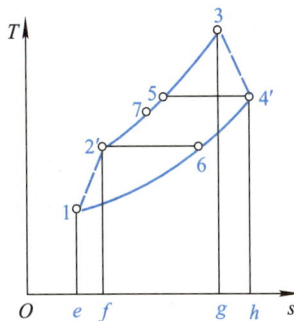

图 9-24　回热的实际循环

$$\sigma = \frac{h_7 - h_{2'}}{h_{4'} - h_{2'}} \qquad (9-24)$$

若近似地将比热容当作定值,则

$$\sigma = \frac{T_7 - T_{2'}}{T_{4'} - T_{2'}} \qquad (9-25)$$

此时装置加热量 $q = h_3 - h_7$,较无回热时少了 $h_7 - h_{2'}$。装置的内部功未变而加热量减少,使装置循环热效率提高。采用较大的回热度,可更多地提高内部效率,但同时需配备较大的回热器,使装置的投资费用、尺寸、质量增加。实际应用时,应权衡得失选用适当的 σ。

9.7.2　在回热的基础上分级压缩、中间冷却和分级膨胀、中间再热

第八章讨论压气机工作过程时,已分析过采用分级压缩,中间冷却可减少压气机耗功。因而,如图 9-25 所示,燃气轮机装置循环 1-2-3-4-1 中压气机耗功

$w_C = h_2 - h_1 = h_2 - h_8 = A_{2nm82}$。若采用分级压缩，工质首先在低压压气机中绝热压缩到某中间压力 p_5（过程 1-5），然后进入中间冷却器进行定压冷却（过程 5-6），再在高压压气机中绝热压缩到终压力 $p_7 = p_2$（过程 6-7），两级压气机理论总耗功 $w_C = w_{C,L} + w_{C,H} = h_5 - h_6 + h_7 - h_8 = A_{8765nm8} < A_{2nm82}$，同时，由于采用了回热，从 7 加热到 2 的过程不需从热源加入额外的热量，从而维持加热量（$= h_3 - h_9$）不变，故与基础循环 1-2-3-4-1 相比，回热的基础上分级压缩、中间冷却循环的热效率

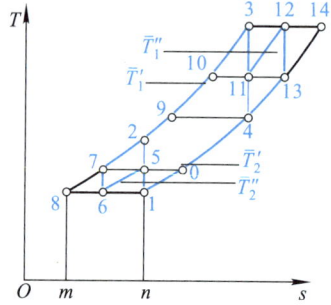

图 9-25　回热基础上分级压缩中间冷却分级膨胀中间再热循环

高。假若级数趋向无限多，每级压缩后进行定压冷却，则压缩过程接近定温过程 1-8。

图 9-25 中过程 3-11 是燃气在高压燃气轮机中的膨胀过程；11-12 为进入低压燃烧室中定压再热过程；12-13 为进入低压气轮机中绝热膨胀过程；排出的废气先进入回热器定压冷却（过程 13-0）用以加热压缩后的工质（过程 7-10），然后再排向冷源定压放热（过程 0-1）。在回热的基础上分级压缩的同时分级膨胀、中间再热循环放给冷源的热量与上述分级压缩循环相同，都是 $q_2 = h_0 - h_1 + h_5 - h_6$，但循环净功增大，因而循环的热效率进一步提高。从图上还可以看出，若分级膨胀和分级压缩的级数都无限增加，并采用回热时，则循环就变成概括性卡诺循环。

最后还应强调，分级压缩中间冷却，分级膨胀中间再热只有在回热的基础上进行，才能提高装置的热效率，若不采用回热，循环的热效率反将降低。

例 9-3　某大型陆上燃气轮机装置定压加热循环（图 9-26）输出净功率为 100 MW，循环的最高温度为 1 600 K，最低温度为 300 K，循环最低压力 100 kPa，压气机中的压比 $\pi = 14$。压气机绝热效率为 0.85，燃气轮机的相对内效率为 0.88，若忽略燃气与空气热力性质的差异，且比热容可取定值。（1）求压气机消耗的功率、燃气轮机产生的功率、循环空气的流量和循环的热效率；（2）若燃气轮机装置采用回热，回热度 $\sigma = 0.7$，求循环热效率；（3）假定 $\sigma = 1$，循环压力比超过多少时，回热不能进行。

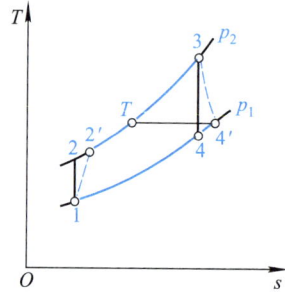

图 9-26　例 9-3 附图

解 （1）由题意，状态 1：$p_1=100$ kPa、$T_1=300$ K。

状态 2′：
$$p_3=p_2=1\,400\text{ kPa}$$

$$T_2=T_1\left(\frac{p_2}{p_1}\right)^{\frac{\kappa-1}{\kappa}}=T_1\pi^{\frac{\kappa-1}{\kappa}}=300\text{ K}\times14^{\frac{1.4-1}{1.4}}=637.66\text{ K}$$

$$T_{2'}=T_1+\frac{T_2-T_1}{\eta_{C,s}}=300\text{ K}+\frac{637.66\text{ K}-300\text{ K}}{0.85}=697.2\text{ K}$$

状态 3：
$$p_3=1\,400\text{ kPa}、T_3=1\,600\text{ K}$$

状态 4′：
$$p_4=100\text{ kPa}$$

$$T_4=T_3\left(\frac{p_{4_s}}{p_3}\right)^{\frac{\kappa-1}{\kappa}}=T_3\left(\frac{1}{\pi}\right)^{\frac{\kappa-1}{\kappa}}=1\,600\text{ K}\times\left(\frac{1}{14}\right)^{\frac{1.4-1}{1.4}}=752.8\text{ K}$$

$$T_{4'}=T_3-\eta_T(T_3-T_4)=1\,600\text{ K}-0.88\times(1\,600\text{ K}-752.8\text{ K})=854.5\text{ K}$$

循环中 1 kg 工质的吸热量、压气机内耗功、燃气轮机输出功及循环净功

$$w_C=h_{2'}-h_1=c_p(T_{2'}-T_1)=1.005\text{ kJ/(kg}\cdot\text{K)}\times(697.2\text{ K}-300\text{ K})=399.2\text{ kJ/kg}$$

$$w_T=h_3-h_{4'}=c_p(T_3-T_{4'})=1.005\text{ kJ/(kg}\cdot\text{K)}\times(1\,600\text{ K}-854.5\text{ K})=749.2\text{ kJ/kg}$$

$$w_{net}=w_T-w_C=749.2\text{ kJ/kg}-399.2\text{ kJ/kg}=350.0\text{ kJ/kg}$$

$$q_1=h_3-h_{2'}=c_p(T_3-T_{2'})=1.005\text{ kJ/(kg}\cdot\text{K)}\times(1\,600-697.2)\text{K}=907.3\text{ kJ/kg}$$

循环工质流量

$$q_m=\frac{P}{w_{net}}=\frac{100\,000\text{ kW}}{350.0\text{ kJ/kg}}=285.7\text{ kg/s}$$

压气机功率
$$P_C=q_mw_C=285.7\text{ kg/s}\times399.2\text{ kJ/kg}=114\,051.4\text{ kW}$$

燃气轮机功率
$$P_T=q_mw_T=285.7\text{ kg/s}\times749.2\text{ kJ/kg}=214\,046.4\text{ kW}$$

热流量
$$q_{Q1}=q_mq_1=285.7\text{ kg/s}\times907.3\text{ kJ/kg}=259\,215.6\text{ kW}$$

循环热效率
$$\eta_t=\frac{P_T-P_C}{q_{Q1}}=\frac{214\,046.4\text{ kW}-114\,051.4\text{ kW}}{259\,215.6\text{ kW}}=0.386$$

（2）由式（9-25）

$$\sigma=\frac{T_7-T_{2'}}{T_{4'}-T_{2'}}$$

$$T_7=T_{2'}+\sigma(T_{4'}-T_{2'})=697.2\text{ K}+0.7\times(854.5-697.2)\text{K}=807.3\text{ K}$$

$$q_1=h_3-h_7=c_p(T_3-T_7)=1.005\text{ kJ/(kg}\cdot\text{K)}\times(1\,600-807.3)\text{K}=796.7\text{ kJ/kg}$$

循环效率

$$\eta_t = \frac{w_{net}}{q_1} = \frac{350.0 \ kJ/kg}{796.7 \ kW} = 0.439$$

（3）若 $\sigma = 1$，则当 $T_{2'} \geq T_{4'}$ 时回热不能再进行

$$T_{2'} = T_1 + \frac{T_2 - T_1}{\eta_{C,s}} = T_1 + \frac{T_1 \pi^{\frac{\kappa-1}{\kappa}} - T_1}{\eta_{C,s}} = T_1 \left(1 + \frac{\pi^{\frac{\kappa-1}{\kappa}} - 1}{\eta_{C,s}} \right) \qquad (a)$$

$$T_{4'} = T_3 - \eta_T (T_3 - T_4) = T_3 \left\{ 1 - \eta_T \left[1 - \left(\frac{1}{\pi} \right)^{\frac{\kappa-1}{\kappa}} \right] \right\} \qquad (b)$$

联立求解式（a）和式（b），得 $\pi = 20.6$。

讨论：采用回热后，工质从热源的热量从 907.3 kJ/kg 下降到 796.7 kJ/kg，而循环净功不变，故循环热效率提高。

*9.8　喷气式发动机简介

喷气式发动机也像燃气轮机一样利用燃气膨胀后的动能，但动能不转变为发动机轴上的机械功，而是基于反作用原理来推动某些装置，如飞机、火箭和汽车等。

现代高速飞机应用的涡轮喷气式发动机，如图 9-27 所示。当飞机在空中高速飞行时，高速空气首先流入扩压管，速度不断降低而压力增加。为了保证一定的增压比，空气进入轴流式压气机继续压缩，压气机由燃气轮机带动。压缩空气进入燃烧室，另有油泵将油喷入，两者混合后进行定压燃烧。灼热燃气首先在燃气轮机中部分膨胀，产生功率用以带动压气机和油泵，然后再进入尾喷管继续膨胀，形成高速气流喷射出去，产生反作用力推进整个飞机。

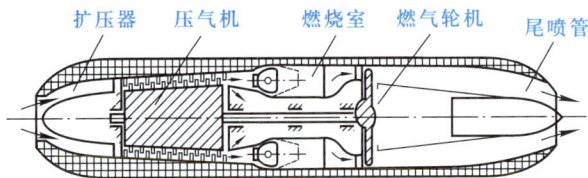

图 9-27　涡轮喷气式发动机示意图

图 9-28 是定压加热喷气式发动机的理想循环。它和定压燃烧燃气轮机装置理想循环相同，只是压缩过程和膨胀过程都分为两段。图中，2-3 为定压加热过程，4-1 为向冷源放热过程。1-5 为工质在扩压管中压缩，气体流经扩压管压力升高、速度降低，其动能减少量即相当于过程 1-5 的技术功（以图形面积 A_{51ab5} 表示）。5-2 为工质在压气机中压缩，压气机耗功（以面积 A_{52db5} 表示）。两段压

缩总耗功可用面积 A_{21ad2} 表示。3-6 为高温高压
燃气在燃气轮机中膨胀作功，以带动压气机。燃
气轮机所发出的功（以面积 A_{36cd3} 表示）等于压气
机耗功；6-4 为燃气在尾喷管中膨胀过程，工质
流经尾喷管绝热膨胀喷出高速气流，其动能增量
即相当于过程 6-4 的技术功（以面积 A_{64ac6} 表
示）。压缩耗功和膨胀作功两者之差即循环净
功，以图中面积 A_{12341} 表示，此即推动飞机前进的
动力。因而，有关定压加热喷气式发动机的理论

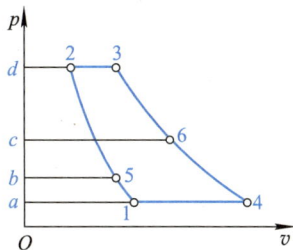

图 9-28　喷气式发动机
的理论循环

循环及实际循环的热力学分析与燃气轮机装置定压加热循环基本相同。

本章归纳

　　本章分析不同气体动力装置的特性和能量转换规律，研究提高各类装置热
效率的途径。

名词和
术语

　　由于燃料、工质等性质差异及其他原因，各种热力设备的循环有较大的不
同。分析热力循环时要注意不同设备的循环的特性对循环的影响，更要抓住影
响这些循环及其经济性的热力学本质。

　　本章主要讨论两种常见的气体为工质的动力循环：活塞式内燃机循环和燃
气轮机装置循环。无论活塞式内燃机还是燃气轮机装置，它们的实际循环都是
复杂和不可逆的，利用标准空气假设可将之抽象简化为内可逆的理想循环。

　　常见的活塞式内燃机理想循环有混合加热循环、定压加热循环及定容加热
循环，可以将定压加热理想循环及定容加热理想循环看成混合加热理想循环的
特例，循环分析可以混合加热为主。这些循环的 T-s 图对热效率计算和影响热
效率因素的分析很有帮助。构成这部分核心内容的还有循环特性参数 ε、λ、ρ
与热效率关系分析和各种理想循环的热力学比较以及由此得到的启示。分析
循环热效率影响因素时可以采用比较平均吸、放热温度或循环吸、放热量，故
T-s 图比较方便，如在平均放热温度不变的前提下，提高 ε 和 λ 均使平均吸热温
度升高，故热效率提高；而增大 ρ 则与之相反，故热效率降低。

　　根据燃气轮机装置的基本构成、特点简化得到燃气轮机动力装置的定压加
热理想循环不同于活塞式内燃机循环，但同样，循环（理想的和实际的）的 T-s
图对循环热效率和最大输出净功的计算以及循环分析有很大的助益。由于燃
气轮机装置的特点，产生与活塞式内燃机循环不一样的"新"问题：压气机绝热

效率 $\eta_{C,s}$ 和燃气轮机相对内效率 η_T、回热和回热度,分级压缩级间冷却以及它们对循环热效率的影响等。压气机绝热效率和相对内效率是衡量压气机和气轮机可逆程度的参数,提高 $\eta_{C,s}$ 和 η_T,循环热效率当然随之升高。回热是提高循环热效率的有效手段,回热度则与工质参数、设备情况等有关;在回热基础上进行分级压缩、级间冷却,可以降低压气机的耗功,并因循环平均吸热温度升高、平均放热温度降低而提升循环的热效率。在进行分析讨论时,应用 T–s 图较为简便。与活塞式内燃机循环分析一样,不应死记热效率的计算公式,而应把重点放在循环的 T–s 图和据 T–s 图进行分析,并将之提升到热力学原理的基础上。

🎦思考题

9-1 试以具有相同压缩比和循环放热量为条件,比较活塞式内热机混合加热理想循环、定容加热的理想循环和定压加热的理想循环热效率的大小。

9-2 从内燃机循环的分析、比较发现各种理想循环在加热前都有绝热压缩过程,这是否是必然的?

9-3 卡诺定理指出两个恒温热源之间工作的热机以卡诺机的热效率最高,为什么斯特林循环的热效率可以和卡诺循环的热效率一样?

9-4 根据卡诺定理和卡诺循环,热源温度越高,循环热效率越大,燃气轮机装置工作为什么要用二次冷却空气与高温燃气混合,使混合气体降低温度,再进入燃气轮机?

9-5 卡诺定理指出热源温度越高循环热效率越高。定压加热理想循环(布雷顿循环)的循环增温比 τ 高,循环的最高温度就越高,但为什么布雷顿循环的热效率与循环增温比 τ 无关而取决于循环增压比 π?

9-6 试以活塞式内燃机和定压加热燃气轮机装置为例,总结分析动力循环的一般方法。

9-7 内燃机定容加热理想循环和燃气轮机装置定压加热理想循环的热效率分别为 $\eta_t = 1 - \dfrac{1}{\varepsilon^{\kappa-1}}$ 和 $\eta_t = 1 - \dfrac{1}{\pi^{(\kappa-1)/\kappa}}$。若两者初态相同,压缩比相同,它们的热效率是否相同?为什么?若卡诺循环的压缩比与它们相同,则热效率如何?为什么?

9-8 活塞式内燃机循环理论上能否利用回热来提高热效率?实际中是否采用?为什么?

9-9 燃气轮机装置循环中,压缩过程若采用定温压缩可减少压缩所消耗的功,因而增加了循环净功(图 9-29),但在没有回热的情况下循环热效率为什么反而降低,试分析之。

9-10　燃气轮机装置循环中,膨胀过程在理想极限情况下采用定温膨胀,可增大膨胀过程作出的功,因而增加了循环净功(图9-30),但在没有回热的情况下循环热效率反而降低,为什么?

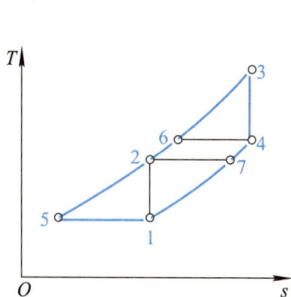

图 9-29　思考题 9-9 附图

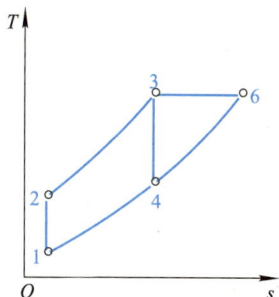

图 9-30　思考题 9-10 附图

9-11　燃气轮机装置循环中,压气机耗功占了燃气轮机输出功的很大部分(约60%),为什么广泛应用于飞机、舰船等场合?

9-12　加力燃烧涡轮喷气式发动机是在喷气式发动机尾喷管入口前装有加力燃烧用的喷油嘴的喷气发动机,需要突然提高飞行速度时此喷油嘴喷出燃油,进行加力燃烧,增大推力,其理论循环 1-2-3-5-6-7-1(图9-31)的热效率比定压燃烧喷气式发动机循环 1-2-3-4-1 的热效率提高还是降低? 为什么?

9-13　有一燃气轮机装置,其流程示意图如图9-32所示。它由一台压气机产生压缩空气,而后分两路进入两个燃烧室燃烧。燃气分别进入两台燃气轮机,其中燃气轮机 I 发出的动力全部供给压气机,另一台燃气轮机 II 发出的动力则为输出的净功率。设气体工质进入燃气轮机 I 和 II 时状态相同,两台燃气轮机的相对内效率也相同,试问这样的方案和图9-16及图9-17所示的方案相比较(压气机的 $\eta_{C,s}$ 和燃气轮机的 η_T 都相同),在热力学效果上有何差别? 装置的热效率有何区别?

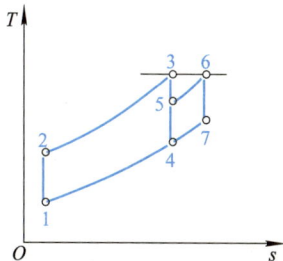

图 9-31　思考题 9-12 附图

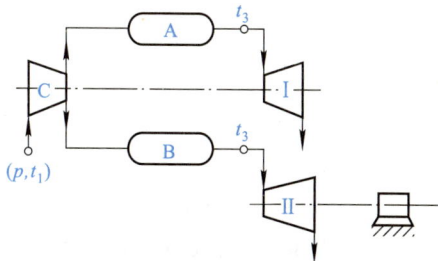

图 9-32　思考题 9-13 附图

习题

9-1　某活塞式内燃机定容加热理想循环,压缩比 $\varepsilon = 10$,气体在压缩冲程的起点状态是 $p_1 = 100$ kPa、$t_1 = 35$ ℃,加热过程中气体吸热 650 kJ/kg。假定比热容为定值且 $c_p = 1.005$ kJ/(kg·K)、$\kappa = 1.4$,求:(1) 循环中各点的温度和压力;(2) 循环热效率,并与同温度限的卡诺循环热效率做比较;(3) 平均有效压力。

9-2　利用空气标准的奥托循环模拟实际火花点火活塞式汽油机的循环。循环的压缩比为 7,循环加热量为 1 000 kJ/kg,压缩起始时空气压力为 90 kPa,温度 10 ℃,假定空气的比热容可取定值,求循环的最高温度、最高压力、循环热效率和平均有效压力。

9-3　某狄塞尔循环的压缩比是 19,输入 1 kg 空气的热量 $q_1 = 800$ kJ/kg。若压缩起始时状态是 $t_1 = 25$ ℃、$p_1 = 100$ kPa,计算:(1) 循环中各点的压力、温度和比体积;(2) 预胀比;(3) 循环热效率,并与同温限的卡诺循环热效率做比较;(4) 平均有效压力。假定气体的比热容为定值,且 $c_p = 1\ 005$ J/(kg·K)、$c_V = 718$ J/(kg·K)。

9-4　某内燃机狄塞尔循环的压缩比是 17,压缩起始时工质状态为 $p_1 = 95$ kPa、$t_1 = 10$ ℃。若循环最高温度为 1 900 K,假定气体比热容为定值 $c_p = 1.005$ kJ/(kg·K)、$\kappa = 1.4$。试确定:(1) 循环各点温度,压力及比体积;(2) 预胀比;(3) 循环热效率。

9-5　已知某活塞式内燃机混合加热理想循环 $p_1 = 0.1$ MPa、$t_1 = 60$ ℃,压缩比 $\varepsilon = \dfrac{v_1}{v_2} = 15$,定容升压比 $\lambda = \dfrac{p_3}{p_2} = 1.4$,定压预胀比 $\rho = \dfrac{v_4}{v_3} = 1.45$,试分析计算循环各点温度、压力、比体积及循环热效率。设工质比热容取定值,$c_p = 1.005$ kJ/(kg·K),$c_V = 0.718$ kJ/(kg·K)。

9-6　有一活塞式内燃机定压加热理想循环的压缩比 $\varepsilon = 20$,工质取空气,比热容取定值,$\kappa = 1.4$,循环作功冲程的 4% 为定压加热过程,压缩冲程的初始状态为 $p_1 = 100$ kPa,$t_1 = 20$ ℃。求:(1) 循环中每个过程的初始压力和温度;(2) 循环热效率。

9-7　某柴油机定压加热循环气体压缩前的参数为 290 K、100 kPa,燃烧完成后气体循环最高温度和压力分别是 2 400 K、6 MPa,利用空气的热力性质表,求循环的压缩比和循环的热效率。

9-8 内燃机混合加热循环,如图 9-4 所示。已知 $t_1 = 90\ ℃$、$p_1 = 0.1\ MPa$;$t_2 = 400\ ℃$,$t_3 = 590\ ℃$,$t_5 = 300\ ℃$。若比热容按变值考虑,试利用气体性质表计算各点状态参数,循环热效率及循环功并与按定值比热容计算做比较。

9-9 若某内可逆奥托循环压缩比 $\varepsilon = 8$,工质自 $1\ 000\ ℃$ 高温热源定容吸热,向 $20\ ℃$ 的环境介质定容放热。工质在定熵压缩前压力为 $110\ kPa$,温度为 $50\ ℃$;吸热过程结束后温度为 $900\ ℃$。假定气体的比热容可取定值,且 $c_p = 1\ 005\ J/(kg \cdot K)$、$\kappa = 1.4$,环境大气压 $p_0 = 0.1\ MPa$,求:(1)循环中各状态点的压力和温度;(2)循环热效率;(3)吸、放热过程作能力损失和循环㶲效率。

9-10 某内可逆狄塞尔循环压缩比 $\varepsilon = 17$,定压预胀比 $\rho = 2$,定熵压缩前 $t = 40\ ℃$,$p = 100\ kPa$,定压加热过程中工质从 $1\ 800\ ℃$ 的热源吸热;定容放热过程中气体向 $t_0 = 25\ ℃$、$p_0 = 100\ kPa$ 的大气放热。若工质为空气,比热容可取定值,$c_p = 1.005\ kJ/(kg \cdot K)$、$R_g = 0.287\ kJ/(kg \cdot K)$,求:(1)定熵压缩过程终点的压力和温度及循环的最高温度和最高压力;(2)循环热效率和㶲效率;(3)吸、放热过程的㶲损;(4)在给定热源间工作的热机的最高效率。

9-11 内燃机中最早出现的是煤气机,煤气机最初发明时无燃烧前的压缩。设这种煤气机的示功图如图 9-33 所示。图中:6-1 为进气线,这时活塞向右移动,进气阀开启,空气与煤气的混合物进入气缸。活塞到达位置 1 时,进气阀关闭,火花塞点火。1-2 为接近定容的燃烧过程,2-3 为膨胀线,3-4 为排气阀开启后,部分废气排出,气缸中压力降低。4-5-6 为排气线,这时活塞向左移动,排净废气。(1)试画出这一内燃机的理想循环的 p-v 图和 T-s 图;(2)分析这一循环热效率不高的原因;(3)设 $p_1 = 0.1\ MPa$、$t_1 = 50\ ℃$、$t_2 = 1\ 200\ ℃$、$v_4/v_2 = 2$,求此循环热效率。

9-12 如图 9-34 所示,在定容加热理想循环中,如果绝热膨胀不在点 4 停止,而使其继续进行到点 5,并使 $p_5 = p_1$。(1)试在 T-s 图上表示循环 1-2-3-5-1,并根据 T-s 图上这两个循环的图形比较它们的热效率哪一个较高;(2)设 1、2、3 各点上的参数与题 9-1 各点的相同,求循环 1-2-3-5-1 的热效率。

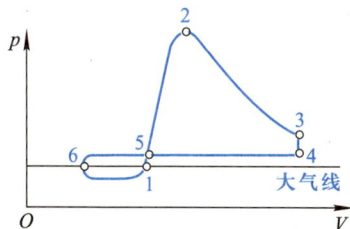

图 9-33 习题 9-11 附图

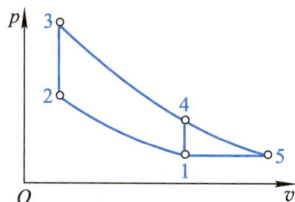

图 9-34 习题 9-12 附图

9-13　若使活塞式内燃机按卡诺循环进行,并设其温度界限和例 9-1 中混合加热循环相同,试求循环各特性点的状态参数和循环热效率。把循环表示在 $p-v$ 图和 $T-s$ 图上。分别从热力学理论角度和工程实用角度比较两个循环。

9-14　试分析斯特林循环并计算循环热效率及循环放热量 q_2。已知:循环吸热温度 $t_H = 527$ ℃。放热温度 $t_L = 27$ ℃(图 9-15)。从外界热源吸热量 $q_1 = 200$ kJ/kg。设工质为理想气体,比热容为定值。

9-15　某定压加热燃气轮机装置理想循环,参数为 $p_1 = 101\ 150$ Pa、$T_1 = 300$ K、$T_3 = 923$ K,$\pi = p_2/p_1 = 6$。循环的 $p-v$ 图和 $T-s$ 图如图 9-18 所示。试求:(1)循环 q_1、q_2、w_{net} 和循环热效率;(2)计算循环平均吸热温度和平均放热温度;(3)若装置压气机绝热效率 $\eta_{C,s} = 0.87$,气轮机相对内部效率为 $\eta_T = 0.90$,再求循环热效率。假定工质为空气,且设比热为定值,并取 $c_p = 1.03$ kJ/(kg·K)。

9-16　同上题,若燃气的比热容是变值,试利用空气热力性质表求出上题(1)中各项。

9-17　某采用回热的大型陆上燃气轮机装置定压加热理想循环输出净功率为100 MW,循环的最高温度为 1 600 K,最低温度为 300 K,循环最低压力100 kPa,压气机中的压比 $\pi = 14$,若回热度为 0.75,空气比热容可取定值,求:循环空气的流量和循环的热效率。

9-18　若例 9-2 燃气轮机装置的布雷顿循环配置一回热器,回热度 $\sigma = 70\%$,空气比热容 $c_p = 1.005$ kJ/(kg·K),$\kappa = 1.4$,试求:(1)循环净功及净热量;(2)循环热效率及㶲效率。

9-19　某极限回热的简单定压加热燃气轮机装置理想循环,已知参数:$T_1 = 300$ K,$T_3 = 1\ 200$ K,$p_1 = 0.1$ MPa、$p_2 = 1.0$ MPa、$\kappa = 1.37$。求:(1)循环热效率;(2)设 T_1、T_3、p_1 各维持不变,问 p_2 增大到何值时就不可能再采用回热?

9-20　燃气轮机装置发展初期曾采用定容燃烧,这种燃烧室配制置有进、排气阀门和燃油阀门。当压缩空气与燃料进入燃烧室混合后,全部阀门都关闭,混合气体借电火花点火定容燃烧,燃气的压力、温度瞬间迅速提高。然后,排气阀门打开,燃气流入燃气轮机膨胀作功。这种装置理想循环的 $p-v$ 图如图 9-35 所示。图中 1-2 为绝热压缩,2-3 为定容加热,3-4为绝热膨胀,4-1为定压放热。(1)画出理想循环的 $T-s$ 图;

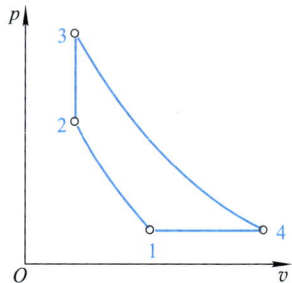

图 9-35　习题 9-20 附图

（2）设 $\pi=\dfrac{p_2}{p_1}$，$\theta=\dfrac{T_3}{T_2}$，并假定气体的绝热指数 κ 为定值，求循环热效率 $\eta_t=f(\pi,\theta)$。

9-21 一架喷气式飞机以 200 m/s 的速度在某高度上飞行，该高度的空气温度为 -33 ℃、压力为 50 kPa。飞机的涡轮喷气发动机（图 9-27）的进、出口面积分别为 0.6 m² 、0.4 m²。压气机的增压比为 9，燃气轮机的进口温度是 847 ℃。空气在扩压管中压力提高 30 kPa，在尾喷管内压力降低 200 kPa。假定发动机进行理想循环，燃气轮机产生的功恰好用于带动压气机。若气体比热容 $c_p=1.005$ kJ/(kg·K)、$c_V=0.718$ kJ/(kg·K)，试求：（1）压气机出口温度；（2）空气离开发动机时温度及速度；（3）发动机产生的推力；（4）循环效率。

9-22 某涡轮喷气推进装置（图 9-36），燃气轮机输出功用于驱动压气机。工质的性质与空气近似相同，装置进气压力 90 kPa，温度 290 K，压气机的压力比是 14:1，气体进入气轮机时的温度为 1 500 K，排出气轮机的气体进入喷管膨胀到 90 kPa，若空气比热容为 $c_p=1.005$ kJ/(kg·K)、$c_V=0.718$ kJ/(kg·K)，试求进入喷管时气体的压力及离开喷管时气流的速度。

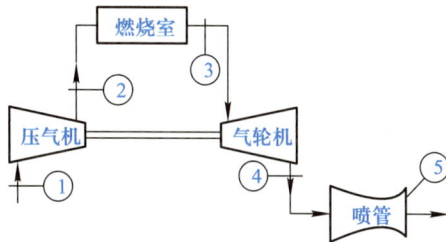

图 9-36　习题 9-22 附图

9-23 某电厂以燃气轮机装置为动力，输向发电机的能量为 20 MW。循环简图如图9-23所示，循环最低温度 290 K，最高为 1 500 K；循环最低压力为 95 kPa，最高压力 950 kPa，循环中设一回热器，回热度为 75%。压气机绝热效率 $\eta_{C,s}=0.85$，气轮机相对内部效率为 $\eta_T=0.87$。试求：（1）气轮机输出的总功率及压气机消耗的功率；（2）循环热效率；（3）假设循环中工质向 1 800 K 的高温热源吸热，向 290 K 的低温热源放热，各过程不可逆损失（$T_0=290$ K）。

第十章

蒸汽动力装置循环

　　工业上最早广泛使用的动力机是用水蒸气作工质的。在蒸汽动力装置中，水时而处于液态，时而处于气态，如在锅炉或其他加热设备中液态水汽化产生蒸汽，高温高压蒸汽经汽轮机膨胀作功后，进入冷凝器又凝结成水再返回锅炉，而且在汽化和凝结时可维持定温，因而蒸汽动力装置循环不同于气体动力循环。此外，水和水蒸气不能助燃，只能从外热源吸收热量，所以蒸汽循环必需配备锅炉，因此装置设备也不同于气体动力循环。由于燃烧产物不参与循环，故而蒸汽动力装置可利用各种燃料，如煤、渣油，甚至可燃垃圾。本章讨论蒸汽动力装置循环的能量转换特征。

10.1　简单蒸汽动力装置循环——朗肯循环

10.1.1　工质为水蒸气的卡诺循环

　　热力学第二定律指出在相同温限内，卡诺循环的热效率最高。在采用气体作工质的循环中，因定温加热和放热难以实施，而且在 $p\text{-}v$ 图上气体的定温线和绝热线的斜率相差不多，以致卡诺循环的净功并不大，故在实际上难于采用。在采用蒸汽作工质时，压力不变时液体的汽化和蒸汽的凝结的温度也不变，因而也就有了定温加热和放热的可能。更因这时定温过程亦即定压过程，在 $p\text{-}v$ 图上与绝热线之间的斜率相差亦大，故所作的净功也较大。所以，以蒸汽为工质时原则上可以采用卡诺循环，如图 10-1 中循环 6-7-8-5-6 所示。然而在实际的蒸汽动力装置中并不采用卡诺循环，其主要原因是：首先在压缩机中绝热压缩过程 8-5 难于实现，因状态 8 是水和蒸汽的混合物，压缩过程中压缩机工作不稳定；同时状态 8 的比体积比水的比体积大得多，需用比水泵大得多的压缩机。其次，循环局限于饱和区,上限温度受制于临界温度,故即使实现卡诺循环,其热效率也不高。再次,膨胀末期,湿蒸汽干度过小,即含水分甚多,不利于动力机安全。实际蒸汽动力循环均以朗肯循环为其基础。

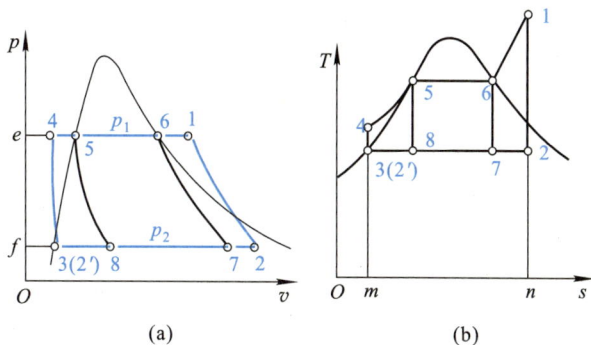

图 10-1　水蒸气的朗肯循环

10.1.2　朗肯循环及其热效率

简单蒸汽动力装置流程示意图如图 10-2 所示,其内可逆的理想循环——朗肯循环的 p-v 图和 T-s 图如图 10-1 所示。图中 B 为锅炉,燃料在炉中燃烧,放出热量,水在锅炉中定压吸热,汽化成饱和蒸汽,饱和蒸汽在蒸汽过热器 S 中定压吸热成过热蒸汽,过程中燃气平均温度可高达 800 ℃,而水、水蒸气的最高温度一般不超过 620 ℃,传热过程不可逆,为研究循环的参数对简单蒸汽动力装置影响,可先简化成内可逆定压吸热过程,如过程 4-5-6-1。高温高压的新蒸汽(状态 1)在汽轮机 T 内不可逆绝热膨胀作功,则简化为可逆绝热膨胀,如过程 1-2。从汽轮机排出的作过功的乏汽(状态 2)

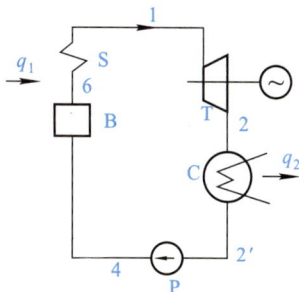

图 10-2　简单蒸汽动力
装置流程图

在冷凝器 C 内等压向冷却水放热,冷凝为饱和水(状态 3),基于传热原理及系统经济性考虑,乏汽与冷却水的平均温差至少应该维持在 5~10 ℃,同样将之简化为乏汽定压放热,相应于过程 2-3,这是定压过程同时也是定温过程。冷凝器内的压力(通常即汽轮机排出乏汽的压力,称为背压)很低,现代蒸汽电厂冷凝器内压力可低至 4~5 kPa,其相应的饱和温度为 28.95~32.88 ℃,仅稍高于环境温度。3-4 为简化后的凝结水在给水泵 P 内可逆的绝热压缩过程,压力升高后的未饱和水(状态 4)再次进入锅炉 B 完成循环。在利用原子能、太阳能等作为热源的蒸汽动力装置循环中,蒸汽发生器取代锅炉,产生的新蒸汽通常是饱和蒸汽或稍稍过热的蒸汽。目前,我国已建、在建及规划中的核电站以压水堆型为主。压水堆核电厂二回路的系统简图如图 10-3 所示。水在蒸汽发生器中预热、汽化生成饱和蒸汽,过程中压力近似为定值。蒸汽发生器由经过堆芯的一回路冷却剂提供热量。典型的压水堆核电厂二回路蒸汽循环的 $T\text{-}s$ 图如图 10-4 所示,除新蒸汽参数外,与图 10-1 所示循环没有实质差异。

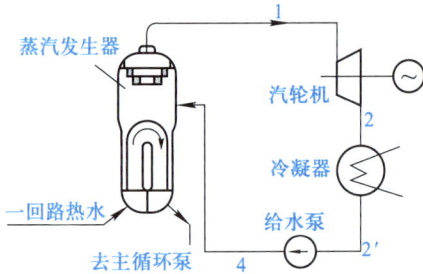

图 10-3　核电厂朗肯循环流程示意图　　　　图 10-4　二回路蒸汽循环的 $T\text{-}s$ 图

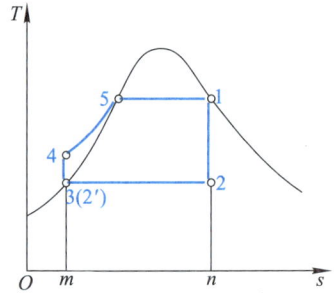

　　朗肯循环 1-2-3-4-5-6-1(图 10-1)与水蒸气的卡诺循环主要不同之处在于乏汽的凝结是完全的,即乏汽完全液化,而不是止于点 8。此外,采用了过热蒸汽,蒸汽在过热区的加热是定压加热但并不是定温加热(图 10-1 中过程 6-1)。完全凝结使循环中多一段水的加热过程 4-5,减小了循环平均温差,对热效率是不利的。但是对简化设备却是有利的,因压缩水比压缩水汽混合物方便得多。采用过热蒸汽则增大了循环的平均温差,并使乏汽的干度也提高,这些都是有利的。现今各种较复杂的蒸汽动力循环都是在朗肯循环的基础上予以改进而得到的。

　　下面分析朗肯循环的热效率。

　　参见朗肯循环的 $p\text{-}v$ 图和 $T\text{-}s$ 图(图 10-1),1 kg 新蒸汽在汽轮机内可逆绝热膨胀作出的技术功为

$$w_{\text{T}} = h_1 - h_2 = A_{e12fe}$$

乏汽在冷凝器中向冷却水放出的热量为

$$q_2 = h_2 - h_3 = A_{m32nm}$$

凝结水流经水泵,水泵消耗的功为

$$w_{\text{P}} = h_4 - h_3 = A_{e43fe}$$

新蒸汽从热源吸热量为

$$q_1 = h_1 - h_4 = A_{m4561nm}$$

循环净功为

$$w_{net} = w_T - w_P = (h_1 - h_2) - (h_4 - h_3) = A_{1234561}(p\text{-}v \text{ 图})$$

循环净热量为

$$q_{net} = q_1 - q_2 = (h_1 - h_4) - (h_2 - h_3) = (h_1 - h_2) - (h_4 - h_3) = A_{1234561}(T\text{-}s \text{ 图})$$

所以循环热效率为

$$\eta_t = \frac{w_{net}}{q_1} = \frac{q_1 - q_2}{q_1} = \frac{w_T - w_P}{q_1} = \frac{(h_1 - h_2) - (h_4 - h_3)}{h_1 - h_4} \tag{10-1}$$

式中：h_1 是新蒸汽的焓；h_2 是乏汽的焓；$h_3(=h_{2'})$ 和 h_4 分别是压力为 p_2 的凝结水和压力为 p_1 的过冷水的焓。这些参数可利用水和水蒸气的热力性质图表或计算程序确定。

由于水的压缩性很小，所以水流经水泵消耗的压缩功 $w \approx 0$，又因可以认为绝热，即 $q = 0$，因此 $\Delta u = u_4 - u_3 \approx 0$。这样，水泵功 w_P 的近似值为

$$w_P = h_4 - h_3 = (u_4 + p_4 v_4) - (u_3 + p_3 v_3)$$
$$\approx (p_4 - p_3)v_3 = (p_1 - p_2)v_{2'}$$

式中 $v_{2'}$ 为乏汽压力下饱和水的比体积。将 w_P 的近似值代入式（10-1）可得热效率的近似式：

$$\eta_t = \frac{h_1 - h_2 - (p_1 - p_2)v_{2'}}{h_1 - h_3 - (p_1 - p_2)v_{2'}} = \frac{h_1 - h_2 - (p_1 - p_2)v_{2'}}{h_1 - h_{2'} - (p_1 - p_2)v_{2'}} \tag{10-2}$$

因为 w_P 通常比式中 $(h_1 - h_2)$ 或 $(h_1 - h_{2'})$ 小得多，所以略去 w_P（与此对应循环 $T\text{-}s$ 图上状态 3 与 4 重合）对计算准确度的影响很小，而对分析计算循环热效率变化的大致趋势大为方便。这样，式（10-2）可进一步简化为

$$\eta_t = \frac{h_1 - h_2}{h_1 - h_{2'}} \tag{10-3}$$

当循环的初压力 p_1 甚高时，水泵功 w_P 约占汽轮机作功的 2% 左右。在较粗略的计算中，仍可将水泵功忽略不计，但在较精确的计算时，即使初压力不高，也不应忽略水泵功。

蒸汽动力装置中各设备的尺寸与装置蒸汽的消耗量密切相关，所以在蒸汽循环设计计算时，需要计算装置每输出单位功量所消耗的蒸气量，即耗汽率。通常耗汽率用 d 表示，理想可逆条件下的耗汽率——理想耗汽率 d_0（单位为 kg/J[①]）为

---

① 据国家标准规定，d 的单位应为 kg/J，动力工程上的习惯用法为 kg/(kW·h)。

$$d_0 = \frac{D/3\,600}{P_0} = \frac{1}{h_1 - h_2} \tag{10-4}$$

式中:D 为蒸汽消耗量,kg/h;$P_0 = D(h_1 - h_2)/3\,600$,为动力装置输出的功率,W。

10.1.3 蒸汽参数对热效率的影响

1. 初温 t_1 对热效率的影响

在相同的初压及背压(冷凝器内压力)下,提高新蒸汽的温度可使热效率增大。这是因为初温从 t_1 提高到 t_{1_a}(图 10-5),增加了循环的高温加热段,使循环温差增大,所以热效率提高。

另外,提高初温 t_1 还可使终态 2 的干度 x_2 增大,这对提高汽轮机相对内效率和延长汽轮机的使用寿命都有利。

提高新蒸汽的温度受材料耐热性能限制。蒸汽过热器外面是高温燃气,里面是蒸汽,所以过热器壁面的温度必定高于蒸汽温度。这点与燃气轮机装置和内燃机均不同。内燃机的气缸壁有冷却水和进入气缸的空气冷却,燃气轮机的燃烧室和叶片也都可以冷却,其材料就可以承受较高的燃气温度,如内燃机中燃气温度可高达 2 000 ℃,与此相对照,蒸汽循环的最高蒸汽温度很少超过 620 ℃。

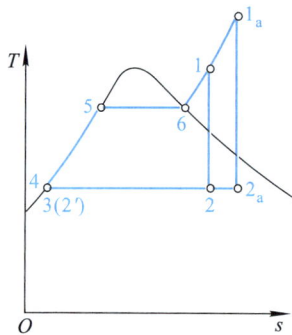

图 10-5 初温 t_1 对 η_t 的影响

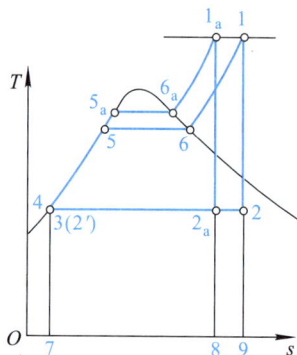

图 10-6 初压 p_1 对 η_t 的影响

2. 初压 p_1 对热效率的影响

在相同的初温和背压下,提高初压也可使热效率增大。由图 10-6 显见,当初压提高时,循环的平均温差增大,所以循环的热效率提高。

提高初压同时也产生了一些新问题,如设备的强度问题。另外,初压的增加会引起乏汽的干度迅速降低,乏汽中所含的水分增加,这将引起汽轮机内部效率降低。此外,若水分超过某一限度时,将引起汽轮机最后几级叶片的侵蚀,缩短汽轮机的使用寿命,并能引起汽轮机的危险振动,故乏汽干度不宜低于88%。在提高 p_1 的同时提高 t_1,可以抵消因提高初压而引起乏汽干度的降低。

3. 背压 p_2 对热效率的影响

从图10-7可见,由于循环温差加大的缘故,在相同的 p_1、t_1 下降低背压 p_2 也能使热效率提高。背压较低时循环净功 $1-2_a-3_a-5-6-1$ 比背压较高时循环净功 $1-2-3-5-6-1$ 大出相当于面积 $2-2_a-3_a-3-2$ 的数值,而循环吸热量 q_1 增加很少(面积 $3_a-3-7-7_a-3_a$),所以降低背压可以显著提高循环热效率。

p_2 的降低意味着冷凝器内饱和温度 t_2 的降低,而 t_2 必须高于外界环境温度,故其降低受环境温度的限制。同一设备由于冬、夏季节气温的变化,t_2 随之变化,p_2 也会有改变。

此外,降低 p_2 若不提高 t_1,亦会引起乏汽 x_2 降低,其后果与单独提高 p_1 类似。

图 10-7 背压 p_2 对 η_t 影响

工程实践表明,蒸汽动力装置的蒸汽参数是决定热经济性的重要因素。一般,压力在 16.6~31.0 MPa、温度在 535~600 ℃ 的范围内,压力每提高 1 MPa,机组的热效率上升 0.1%~0.29%,新蒸汽温度和再热(见第 10.2 节)蒸汽温度每升高 10 ℃,机组的热效率上升 0.25%~0.30%。而且大容量、高参数超超临界(蒸汽压力不低于 31 MPa)电站锅炉具有高效和环保等突出特点,与同等容量的亚临界(压力低于临界压力)设备相比较,燃料消耗量降低,可以实现较低的排放,减少对大气的污染。制约超超临界机组温度继续提高的主要是材料。此外,高效燃烧技术、热控制、热设计等都有许多需要解决的问题。

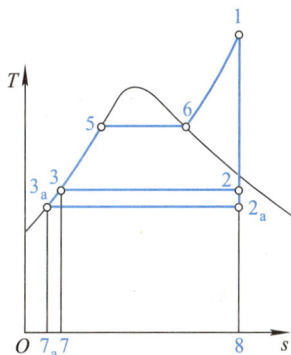

10.1.4 有摩阻的实际循环

以上讨论的是理想的内可逆循环。实际上蒸汽在动力装置中的全部过程都是不可逆过程,尤其是蒸汽经过汽轮机的绝热膨胀与理想可逆过程的差别较为显著。以下讨论仅考虑到汽轮机中有摩阻损耗的实际循环。

如果考虑到汽轮机中的不可逆损失,则理想循环中的可逆绝热过程 $1-2$ 将代之以不可逆绝热过程 $1-2_{act}$。这样在循环中 q_1 不变,而 q_2 增大(如图10-8a中面积 $822_{act}78$ 所示),故循环热效率必下降。

由于摩擦,蒸汽经过汽轮机时实际所作的技术功为

$$w_{T,act} = h_1 - h_{2,act} = (h_1 - h_2) - (h_{2,act} - h_2)$$

与可逆膨胀相比,所少做的功等于在冷凝器中多排出的热量 $(h_{2,act} - h_2)$,如图

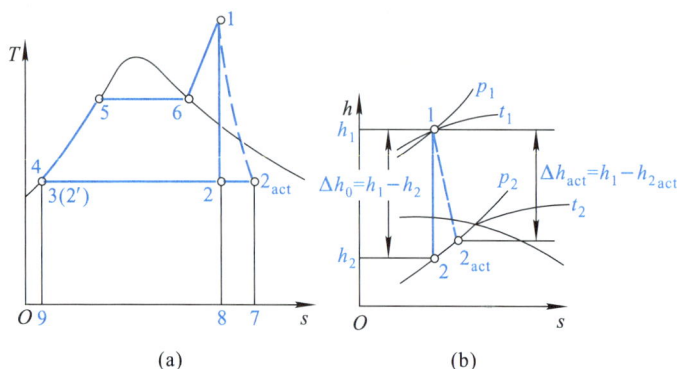

图 10-8　汽轮机中的不可逆过程

10-8b 所示。值得指出的是,由于 2_{act} 与 2 状态不同,故少作的功并不就是不可逆膨胀过程的作功能力损失。作功能力损失仍应由 $T_0 s_g$ 计算。

与燃气轮机相仿,汽轮机内蒸汽实际作功 $w_{T,act}$ 与理论功 w_T 的比值称为汽轮机的相对内效率,简称汽(轮)机效率,以 η_T 表示,则

$$\eta_T = \frac{w_{T,act}}{w_T} = \frac{h_1 - h_{2,act}}{h_1 - h_2} \tag{10-5}$$

这样

$$h_{2,act} = h_2 + (1 - \eta_T)(h_1 - h_2) = h_2 + (1 - \eta_T)\Delta h_0 \tag{10-6}$$

式中,$\Delta h_0 = h_1 - h_2$ 称为理想绝热焓降。汽轮机相对内效率 η_T 由生产厂据大量试验结果提供,近代大功率汽轮机的 η_T 在 $0.85 \sim 0.92$ 之间。

1 kg 蒸汽在实际工作循环中作出的循环净功称为实际循环内部功,用 $w_{net,act}$ 表示,$w_{net,act} = w_{T,act} - w_{P,act}$。如忽略水泵功,

$$w_{net,act} \approx w_{T,act} = h_1 - h_{2,act}$$

则循环内部热效率 η_i——蒸汽在实际循环中所作的循环净功与循环中热源所供给的热量的比值,为

$$\eta_i = \frac{w_{net,act}}{q_1} = \frac{h_1 - h_{2,act}}{h_1 - h_{2'}} = \frac{h_1 - h_{2,act}}{h_1 - h_2} \frac{h_1 - h_2}{h_1 - h_{2'}} = \eta_T \eta_t \tag{10-7}$$

若进一步再考虑轴承等处的机械损失,则汽轮机输出的有效功,即轴功为

$$w_s = \eta_m w_{T,act}$$

其中,η_m 为机械效率。将式(10-5)代入,得

$$w_s = \eta_m \eta_T w_T \tag{10-8}$$

或用轴功率表示:

$$P_s = \eta_m \eta_T P_0 = \eta_m \eta_T \frac{D(h_1 - h_2)}{3\,600} \tag{10-9}$$

上式是忽略水泵功时循环输出净功率表达式。式中：$P_0 = D(h_1 - h_2)/3\,600$ 是汽轮机理想输出功率，W；D 为蒸汽消耗量，kg/h。

以实际内部功率 P_i 为基准时的耗汽率，称内部功耗汽率，用 d_i 表示：

$$d_i = \frac{D/3\,600}{P_i} = \frac{1}{w_{net,act}} = \frac{1}{h_1 - h_{2,act}} = \frac{1}{\eta_T(h_1 - h_2)} = \frac{d_0}{\eta_T} \qquad (10\text{-}10)$$

若考虑有效功，则有效功耗汽率

$$d_e = \frac{D/3\,600}{P_s} = \frac{D/3\,600}{P_0 \eta_T \eta_m} = \frac{d_0}{\eta_T \eta_m} \qquad (10\text{-}11)$$

例 10-1　某太阳能动力装置利用水为工质，从太阳能集热器出来的是 175 ℃ 的饱和水蒸气，在汽轮机内等熵膨胀后排向 7.5 kPa 的冷凝器，求循环的热效率。

解　循环 $T\text{-}s$ 图如 10-4 所示。状态 1：由 175 ℃，查饱和水蒸气表 $p_s = 891.8$ kPa、$h_1 = 2\,773.23$ kJ/kg、$s_1 = 6.625\,3$ kJ/(kg·K)。由 7.5 kPa，查饱和水蒸气表，$h' = 168.65$ kJ/kg、$h'' = 2\,573.85$ kJ/kg；$s' = 0.576\,0$ kJ/(kg·K)、$s'' = 8.249\,3$ kJ/(kg·K)；$v' = 0.001\,01$ m³/kg。

据 $s_1 = s_2$，$s' < s_2 < s''$，所以状态 2 为饱和湿蒸汽状态

$$x_2 = \frac{s_2 - s'}{s'' - s'} = \frac{6.625\,3 \text{ kJ/(kg·K)} - 0.576\,0 \text{ kJ/(kg·K)}}{8.249\,3 \text{ kJ/(kg·K)} - 0.576\,0 \text{ kJ/(kg·K)}} = 0.788$$

$$h_2 = h' + x_2(h'' - h') = 168.65 \text{ kJ/kg} + 0.788 \times (2\,573.85 - 168.65) \text{ kJ/kg}$$
$$= 2\,063.95 \text{ kJ/kg}$$

状态 3：　　　　$h_3 = h' = 168.65$ kJ/kg，　$v_3 = v' = 0.001\,01$ m³/kg。

状态 4：　　　　　　　　　　$s_3 = s_4$

$$h_4 \approx h_3 + v_3(p_4 - p_3) = 168.65 \text{ kJ/kg} + 0.001\,01 \text{ m}^3\text{/kg} \times (891.8 - 7.5) \text{ kPa}$$
$$= 169.54 \text{ kJ/kg}$$

汽轮机输出功：

$$w_T = h_1 - h_2 = 2\,773.23 \text{ kJ/kg} - 2\,063.95 \text{ kJ/kg} = 709.28 \text{ kJ/kg}$$

水泵耗功：

$$w_P = h_4 - h_3 = 169.54 \text{ kJ/kg} - 168.65 \text{ kJ/kg} = 0.89 \text{ kJ/kg}$$

从集热器吸热量：

$$q_1 = h_1 - h_4 = 2\,773.23 \text{ kJ/kg} - 169.54 \text{ kJ/kg} = 2\,603.69 \text{ kJ/kg}$$

冷凝器中放热量：

$$q_2 = h_2 - h_3 = 2\,063.95 \text{ kJ/kg} - 168.65 \text{ kJ/kg} = 1\,895.3 \text{ kJ/kg}$$

循环热效率：

$$\eta_t = \frac{w_{net}}{q_1} = \frac{w_T - w_P}{q_1} = \frac{709.28 \text{ kJ/kg} - 0.89 \text{ kJ/kg}}{2\,603.69 \text{ kJ/kg}} = 0.272$$

或
$$\eta_t = 1 - \frac{q_2}{q_1} = 1 - \frac{1\ 895.3\ \text{kJ/kg}}{2\ 603.69\ \text{kJ/kg}} = 0.272$$

讨论:蒸汽动力循环计算最常见的错误是武断地把 h_2 等同于冷凝器压力下的干饱和蒸汽的焓,通常蒸汽膨胀末端处于湿饱和蒸汽状态,所以先按等比熵确定 x_2,再进一步计算 h_2。

例 10-2 我国生产的 300 MW 汽轮发电机组,其新蒸汽压力和温度分别为 $p_1 = 17$ MPa、$t_1 = 550$ ℃,汽轮机排汽压力 $p_2 = 5$ kPa。若按朗肯循环运行,求汽轮机所产生的功 w_T、水泵功 w_P、循环热效率 η_t 和理论耗汽率 d_0。

解 循环 $p-v$ 图见图 10-1。根据 $p_1 = 17$ MPa、$t_1 = 550$ ℃,在 $h-s$ 图上(图 10-8b)定出新蒸汽状态点 1,得 $h_1 = 3\ 426$ kJ/kg、$s_1 = 6.442$ kJ/(kg·K)。理想情况蒸汽在汽轮机中作可逆绝热膨胀,过程 1-2 为定熵过程。在 $h-s$ 图上从点 1 作定熵线与 $p_2 = 5$ kPa 等压线相交,得状态点 2,$h_2 = 1\ 963.5$ kJ/kg。查饱和水和饱和水蒸气表,得 $p_2 = 5$ kPa 时,$v' = 0.001\ 005\ 3$ m³/kg、$h' = 137.72$ kJ/kg。于是求得:

$$w_T = h_1 - h_2 = 3\ 426\ \text{kJ/kg} - 1\ 963.5\ \text{kJ/kg} = 1\ 462.5\ \text{kJ/kg}$$

$$w_P = h_4 - h_3 \approx (p_4 - p_3)v_{2'} = (p_1 - p_2)v_{2'}$$

$$= (17 \times 10^6\ \text{Pa} - 5 \times 10^3\ \text{Pa}) \times 0.001\ 005\ 3\ \text{m}^3/\text{kg} = 17.09 \times 10^3\ \text{J/kg}$$

$$h_4 = h_3 + w_P = h_{2'} + w_P = 137.72\ \text{kJ/kg} + 17.09\ \text{kJ/kg} = 154.81\ \text{kJ/kg}$$

$$q_1 = h_1 - h_4 = 3\ 426\ \text{kJ/kg} - 154.81\ \text{kJ/kg} = 3\ 271.19\ \text{kJ/kg}$$

$$\eta_t = \frac{w_{\text{net}}}{q_1} = \frac{h_1 - h_2 - w_P}{q_1} = \frac{3\ 426\ \text{kJ/kg} - 1\ 963.5\ \text{kJ/kg} - 17.09\ \text{kJ/kg}}{3\ 271.19\ \text{kJ/kg}} = 0.441\ 9$$

若略去水泵功,则

$$\eta_t = \frac{w_{\text{net}}}{q_1} = \frac{h_1 - h_2}{h_1 - h_{2'}} = \frac{3\ 426\ \text{kJ/kg} - 1\ 963.5\ \text{kJ/kg}}{3\ 426\ \text{kJ/kg} - 137.72\ \text{kJ/kg}} = 0.444\ 8$$

$$d_0 = \frac{1}{h_1 - h_2} = \frac{1}{(3\ 426 - 1\ 963.5)\ \text{kJ/kg} \times 10^3} = 6.84 \times 10^{-7}\ \text{kg/J}$$

讨论:(1)忽略水泵功造成循环热效率的计算误差仅为(0.444 8-0.441 9)/0.441 9 = 0.006 6,故在初步分析中常忽略水泵功;(2)在 $h-s$ 图上从点 1 作定熵线与 p_2 相交,可避免例 10-1 讨论中错误,但精度略差。

例 10-3 按照上例参数,假设锅炉中的传热过程是从 831.45 K 的热源向水传热,冷凝器中乏汽向 298 K 的环境介质放热,且汽轮机相对内效率为 $\eta_T = 0.90$。求:(1)水泵功 w_P、汽轮机产生的功 $w_{T,\text{act}}$ 和循环净功 $w_{\text{net,act}}$;(2)循环内部热效率 η_i 和实际耗汽率 d_i;(3)各过程及循环的不可逆损失。

解 （1）如图 10-8b 所示，蒸汽在汽轮机膨胀过程为 $1-2_\text{act}$，且

$$h_{2,\text{act}} = h_2 + (1-\eta_\text{T})(h_1-h_2)$$
$$= 1\,963.5 \text{ kJ/kg} + (1-0.9) \times (3\,426 \text{ kJ/kg} - 1\,963.5 \text{ kJ/kg})$$
$$= 2\,109.8 \text{ kJ/kg}$$

$$w_{\text{T,act}} = h_1 - h_{2,\text{act}} = 3\,426 \text{ kJ/kg} - 2\,109.8 \text{ kJ/kg} = 1\,316.2 \text{ kJ/kg}$$

w_P 同上题，仍为 17.09 kJ/kg。

$$w_{\text{net,act}} = w_{\text{T,act}} - w_\text{P} = 1\,316.2 \text{ kJ/kg} - 17.09 \text{ kJ/kg} = 1\,299.11 \text{ kJ/kg}$$

（2）内部热效率

$$q_1 = h_1 - h_4 = h_1 - h_{2'} - w_\text{P}$$
$$= 3\,426 \text{ kJ/kg} - 137.72 \text{ kJ/kg} - 17.09 \text{ kJ/kg} = 3\,271.19 \text{ kJ/kg}$$

$$\eta_\text{i} = \frac{w_{\text{net,act}}}{q_1} = \frac{1\,299.11 \text{ kJ/kg}}{3\,271.19 \text{ kJ/kg}} = 0.397\,1$$

若锅炉效率 $\eta_\text{B} = 0.90$，则循环热效率

$$\eta_\text{i}' = \frac{w_{\text{net,act}}}{q_1/\eta_\text{B}} = \eta_\text{B}\eta_\text{i} = 0.9 \times 0.397\,1 = 0.357\,4$$

忽略水泵功，实际耗汽率

$$d_\text{i} = \frac{1}{h_1 - h_{2,\text{act}}} = \frac{1}{1\,316.2 \times 10^3 \text{ J/kg}} = 7.598 \times 10^{-7} \text{ kg/J}$$

（3）过程作功能力损失

过程作功能力损失可据熵产计算。查水和水蒸气图表，得：$h_{2'} = 137.72$ kJ/kg、$s_{2'} = 0.476\,1$ kJ/(kg·K)、$t_{2'} = 32.88$ ℃、$s_4 = s_{2'} = s_{2,\text{act}} = 6.920$ kJ/(kg·K)、$v_{2,\text{act}} = 23$ m³/kg。在蒸汽轮机中，工质绝热膨胀，工质熵增即为熵产，所以

$$I_\text{T} = T_0 s_\text{g} = T_0(\Delta s - s_\text{f}) = T_0(s_{2,\text{act}} - s_1)$$
$$= 298 \text{ K} \times [6.920 \text{ kJ/(kg·K)} - 6.442 \text{ kJ/(kg·K)}] = 142.44 \text{ kJ/kg}$$

在冷凝器中，工质维持 32.88 ℃，向 298 K 的环境介质放热，所以

$$q_2 = h_{2,\text{act}} - h_{2'} = 2\,109.8 \text{ kJ/kg} - 137.72 \text{ kJ/kg} = 1\,972.08 \text{ kJ/kg}$$

$$I_\text{C} = T_0 s_\text{iso} = T_0 s_\text{g} = T_0(s_{2'} - s_{2,\text{act}} - s_\text{f}) = T_0\left(s_{2'} - s_{2,\text{act}} - \frac{q_2}{T_0}\right)$$

$$= 298 \text{ K} \times \left[0.476\,1 \text{ kJ/(kg·K)} - 6.920 \text{ kJ/(kg·K)} + \frac{1\,972.08 \text{ kJ/kg}}{298 \text{ K}}\right]$$

$$= 51.80 \text{ kJ/(kg·K)}$$

由于水泵内进行的过程是可逆绝热过程（$s_4 = s_{2'}$），所以作功能力的不可逆损失为零。在锅炉中，若取热源平均温度为 831.45 K，工质吸热量 $q_1 = 3\,271.19$ kJ/kg，则

$$I_B = T_0 s_g = T_0(s_1 - s_4 - s_f) = T_0\left(s_1 - s_4 - \frac{q_1}{T_H}\right)$$

$$= 298\ \text{K} \times \left[6.442\ \text{kJ/(kg·K)} - 0.476\ 1\ \text{kJ/(kg·K)} - \frac{3\ 271.19\ \text{kJ/kg}}{831.45\ \text{K}}\right]$$

$$= 605.41\ \text{kJ/(kg·K)}$$

所以循环的不可逆损失

$$I = \sum I_i = I_T + I_C + I_B = 142.44\ \text{kJ/kg} + 51.80\ \text{kJ/kg} + 605.41\ \text{kJ/kg}$$

$$= 799.65\ \text{kJ/kg}$$

或者,取工质、热源和环境冷源构成闭口热力系,考虑到循环后,工质熵变为零,所以

$$I = T_0 \Delta s_{iso} = T_0(\Delta s_0 + \Delta s_H) = T_0\left(\frac{q_2}{T_0} - \frac{q_1}{T_H}\right)$$

$$= 298\ \text{K} \times \left(\frac{1\ 972.08\ \text{kJ/kg}}{298\ \text{K}} - \frac{3\ 271.19\ \text{kJ/kg}}{831.45\ \text{K}}\right) = 799.65\ \text{kJ/kg}$$

由于锅炉效率为 0.90,所以每产生 1 kg 蒸汽燃料提供的热能

$$q_B = \frac{q_1}{\eta_B} = \frac{3\ 271.19\ \text{kJ/kg}}{0.90} = 3\ 634.66\ \text{kJ/kg}$$

　　讨论:本例所示的循环中虽然 q_2/q_B 高达 54.26%,即 55% 左右的热量在冷凝器中被冷却水带走,但因进入冷凝器的乏汽温度很接近环境介质温度,故作功能力损失仅占循环全部作功能力损失的很小一部分,本例中 $I_C/I = 6.48\%$。相反,锅炉内烟气平均温度远高于工质吸热平均温度,故不可逆传热引起的作功能力损失极大,本例中 $I_B/I = 75.71\%$。此外,汽轮机中不可逆绝热膨胀过程,虽然没有造成能量数量上的损失,但是也造成相当大的作功能力损失,本例占 17.81%。

10.2　再热循环

　　上节分析指出,朗肯循环中提高新蒸汽压力 p_1 可以提高循环热效率 η_t,但如不相应提高温度 t_1,将引起乏汽干度 x_2 减小,产生不利后果。为此将朗肯循环作适当改进。新蒸汽膨胀到某一中间压力后撤出汽轮机,导入锅炉中特设的再热器 R 或其他换热设备中,使之再加热,然后再导入汽轮机继续膨胀到背压 p_2。这样的循环称为再热循环,其设备简图如图 10-9 所示,图 10-10 为再热循环的 T-s 图。

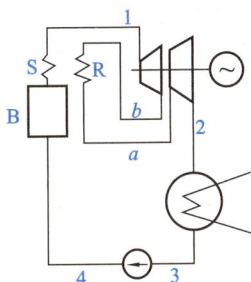

图 10-9   再热循环设备简图

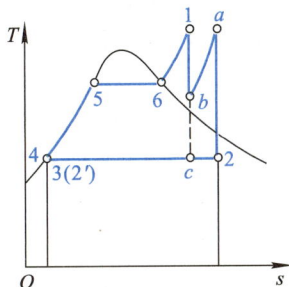

图 10-10   再热循环的 $T\text{-}s$ 图

从图 10-10 上可以看出,如不进行再热,蒸汽膨胀到背压 p_2 时的状态为 c;而再热后膨胀到相同的背压时的状态却为点 2,后者干度增高,这样可避免由于提高 p_1 而带来的不利影响。这对于太阳能热力发电、地热能发电、压水堆发电等利用饱和蒸汽或微过热蒸汽的装置尤为重要。

下面讨论再热对循环热效率的影响。

循环输出功(忽略水泵功)为

$$w_{\text{net}} = (h_1 - h_b) + (h_a - h_2)$$

加入的热量为

$$q_1 = (h_1 - h_{2'}) + (h_a - h_b)$$

热效率为

$$\eta_t = \frac{w_{\text{net}}}{q_1} = \frac{(h_1 - h_b) + (h_a - h_2)}{(h_1 - h_{2'}) + (h_a - h_b)} \qquad (10\text{-}12)$$

由式(10-12)不能直接判断再热循环的热效率较基本循环效率提高还是降低,但由 $T\text{-}s$ 图(图 10-10)可以看到,当再热的中间压力较高时,因循环放热温度不变,但增加了高温加热段使循环平均加热温度提高,而能使 η_t 提高;而若中间压力过低,有可能使循环平均加热温度降低,而使 η_t 降低但中间压力取得高对 x_2 的改善较少,根据已有的经验,中间压力在 $(20\% \sim 30\%)\,p_1$ 范围内对 η_t 提高的作用最大。选取中间压力时必须注意使乏汽干度在允许范围内,此为再热之根本目的,切不能只考虑提高 η_t 而忘其根本目的。

在采用再热循环后,因为每千克蒸汽所作的功增加了,故耗汽率可降低,使通过设备的水和蒸汽的质量减少,从而减轻水泵和冷凝器的负荷;另一方面因管道、阀门及换热面增多,增加了投资费用,且使管理运行复杂化。

例 10-4   目前我国运行中的核电站以压水堆型为主,压水堆核电厂二回路新蒸汽为饱和蒸汽,为保证汽轮机的安全,蒸汽在汽轮机高压缸内膨胀到一定压力后撤出,进入再热器,经再热后进入汽轮机低压缸继续膨胀。某压水堆二回路循环采用的再热循环抽象简化的 T-s 图如图 10-11 所示。若新蒸汽的 $p_1=6.69$ MPa、$t_1=282.2$ ℃,在高压缸膨胀到 $p_a=0.782$ MPa 时进入再热器,再热到 $t_b=265.1$ ℃再进入低压缸膨胀后进入冷凝器,冷凝器内维持 $p=0.007$ MPa,水流经水泵后焓增加 9.3 kJ/kg,求循环的热效率和耗汽率,并与不采用再热循环比较。

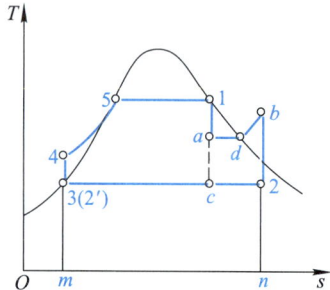
图 10-11　二回路再热循环

解　由 $p=6.69$ MPa、$t=282.2$ ℃,利用计算机软件或水蒸气图表得,$h_1=2\ 772.5$ kJ/kg,$s_1=5.830$ kJ/(kg·K);假定高压缸内蒸汽等熵膨胀,由 $s_a=s_1=5.830$ kJ/(kg·K),及再热压力 $p_a=0.782$ MPa,可得 $h_a=2\ 395.9$ kJ/kg;据 $s_c=s_1=5.830$ kJ/(kg·K),及 $p_c=0.007$ MPa,查得 $h_c=1\ 808.7$ kJ/kg、$x_c=0.68$;在再热器中的过程可近似为等压,所以由 $t=265.1$ ℃、$p=0.782$ MPa 查得再热后蒸汽的参数为:$h_b=2\ 982.3$ kJ/kg、$s_b=7.110$ kJ/(kg·K);同样假定低压缸膨胀过程为等熵过程,由 $s_2=s_b=7.110$ kJ/(kg·K) 及 $p_2=0.007$ MPa,查得 $h_2=2\ 208.3$ kJ/kg、$x_2=0.85$。同时,$h_3=163.4$ kJ/kg。

$$h_4=h_3+\Delta h=163.4\text{ kJ/kg}+9.3\text{ kJ/kg}=172.7\text{ kJ/kg}$$

$$q_1=h_1-h_4+h_b-h_a$$
$$=2\ 772.5\text{ kJ/kg}-172.7\text{ kJ/kg}+2\ 982.3\text{ kJ/kg}-2\ 395.9\text{ kJ/kg}$$
$$=3\ 186.2\text{ kJ/kg}$$

$$q_2=h_2-h_3=2\ 208.3\text{ kJ/kg}-163.4\text{ kJ/kg}=2\ 044.9\text{ kJ/kg}$$

$$w_{\text{net}}=w_{\text{T,H}}+w_{\text{T,L}}-w_{\text{T,C}}=h_1-h_a+(h_b-h_2)-(h_4-h_3)$$
$$=(2\ 772.5-2\ 395.9)\text{ kJ/kg}+(2\ 982.3-2\ 208.3)\text{ kJ/kg}-9.3\text{ kJ/kg}$$
$$=1\ 141.3\text{ kJ/kg}$$

$$\eta_t=\frac{w_{\text{net}}}{q_1}=\frac{1\ 141.3\text{ kJ/kg}}{3\ 186.2\text{ kJ/kg}}=35.82\%$$

$$d=\frac{1}{w_{\text{net}}}=\frac{1}{1\ 141.3\times10^3\text{ J/kg}}=8.762\times10^{-7}\text{ kg/J}$$

若不采用再热,则循环为 1-c-3-4-1,该循环

$$q_1'=h_1-h_4=2\ 772.5\text{ kJ/kg}-172.7\text{ kJ/kg}=2\ 599.8\text{ kJ/kg}$$

$$w_{\text{net}}'=w_{\text{T}}'-w_{\text{T,C}}=h_1-h_c-(h_4-h_3)$$
$$=(2\ 772.5\text{ kJ/kg}-1\ 808.7\text{ kJ/kg})-9.3\text{ kJ/kg}=954.5\text{ kJ/kg}$$

$$\eta'_t = \frac{w'_{net}}{q'_1} = \frac{954.5 \ kJ/kg}{2\ 599.8 \ kJ/kg} = 36.71\%$$

$$d' = \frac{1}{w'_{net}} = \frac{1}{954.5\times10^3 \ J/kg} = 1.048\times10^{-6} \ kg/J$$

讨论：由于本例没有具体考虑再热的热源，也没有考虑排水，所以计算结果只是针对图 10-11 所示的循环。可以看出采用再热后尽管使系统复杂，初投资增加，但是乏汽的干度由 0.68 提高到 0.85、汽耗率由 1.048×10^{-6} kg/J 降低到 8.762×10^{-7} kg/J。

10.3 回 热 循 环

朗肯循环热效率不高的主要原因是水的加热及水蒸气的过热过程不是定温的，尤其是经水泵加压后进入锅炉的水是未饱和的，温度较低，传热不可逆损失极大，加热过程的平均温度不高，致使热效率低下。回热循环是利用蒸汽回热对水进行加热，消除朗肯循环中水在较低温度下吸热的不利影响，以提高热效率。

10.3.1 抽汽回热

从概括性卡诺循环及定压加热燃气轮机装置循环可以知道，回热就是把本来要放给冷源的热量利用来加热工质，以减少工质从热源的吸热量。但是在朗肯循环中乏汽温度理论上等于进入锅炉的未饱和水的温度，因此不可能利用乏汽在冷凝器中传给冷却水的那部分热量，即采用乏汽来加热锅炉给水。目前工程上采用的回热方式是从汽轮机的适当部位抽出尚未完全膨胀的，压力、温度相对较高的少量蒸汽，去加热低温凝结水。这部分抽汽并未经过冷凝器，没有向冷源放热，而是加热了冷凝水，达到了回热的目的。这种循环称为抽汽回热循环。现代大中型蒸汽动力装置毫无例外均采用回热循环，抽汽的级数由 2~3 级到 7~8 级，参数越高、容量越大的机组，回热级数越多。抽汽回热的形式主要有混合式和间壁式两种。前者用于回热的蒸汽与冷凝水混合，利用抽汽的能量提高冷凝水的温度。因各级抽汽压力不同，所以这种方式需要每级设置水泵，导致系统复杂，使系统初始投资及运行管理成本增高。后者抽出蒸汽与冷凝水在管壁的两侧，蒸汽通过管壁向冷凝水放热后进入冷凝器，冷凝水升温后进入锅炉。由于冷凝水在管内，抽出蒸汽在管外，所以即使多级回热，理论上，冷凝水侧只需一个水泵即可，系统的复杂程度、初始投资、运行管理难度均较前者下降。但两种方式的热力学分析基本相同。

为了分析上的方便，以混合式一级抽汽回热循环为例进行讨论。其计算原则同样适用于多级回热循环。

混合式一级抽汽回热循环装置示意图如图 10-12 所示,循环的 T-s 图如图 10-13 所示。每千克状态为 1 的新蒸汽进入汽轮机,绝热膨胀到状态 $0_1(p_{0_1},t_{0_1})$ 后,从汽轮机中抽出 α kg,将之引入回热器。剩下的 $(1-\alpha)$ kg 蒸汽在汽轮机内继续膨胀到状态 2,然后进入冷凝器,被冷却凝结成冷凝水($2'$),再经给水泵加压到 p_{0_1} 进入回热器。在其中被从汽轮机抽出的蒸汽加热成压力为 p_{0_1} 的饱和水,并与 α kg 抽汽凝结的水汇成 1 kg 压力为抽汽压力的饱和水(状态 $0_1'$)。然后被水泵加压泵入锅炉,加热、汽化、过热成新蒸汽,完成循环。

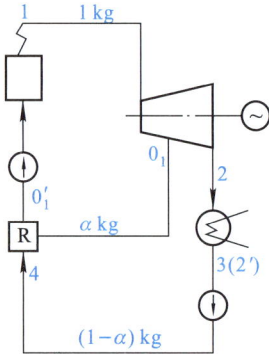

图 10-12　一级抽汽回热循环流程图　　图 10-13　一级抽汽回热循环 T-s 图

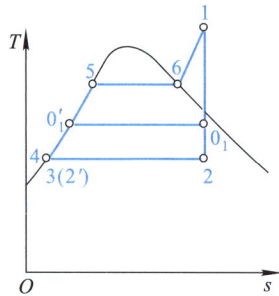

注意到工质经历不同过程时有质量的变化,因此,T-s 图上的面积不能直接代表热量。尽管如此,T-s 图对分析回热循环仍是十分有用的工具。

10.3.2　回热循环分析

回热循环的计算,首先要确定抽汽量 α,它可以从回热器的热平衡方程式及质量守恒式确定。图 10-14 是混合式回热器的示意图,其热平衡方程为

$$(1-\alpha)(h_{0_1'}-h_4)=\alpha(h_{0_1}-h_{0_1'})$$

若忽略水泵功,则 $h_4=h_{2'}$,可得

$$\alpha=\frac{h_{0_1'}-h_{2'}}{h_{0_1}-h_{2'}} \qquad (10-13)$$

循环净功为

$$w_{net}=(h_1-h_{0_1})+(1-\alpha)(h_{0_1}-h_2)$$
$$=(1-\alpha)(h_1-h_2)+\alpha(h_1-h_{0_1})$$

从热源吸入的热量为

$$q_1=h_1-h_{0_1'}$$

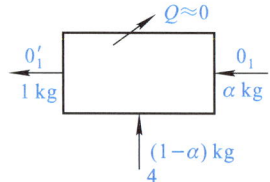

图 10-14　混合式回热器示意图

循环热效率

$$\eta_{t,R} = \frac{w_{net}}{q_1} = \frac{(h_1 - h_{0_1}) + (1-\alpha)(h_{0_1} - h_2)}{(h_1 - h_{0_1'})} \qquad (10-14)$$

由式(10-13)可以得出

$$h_{0_1'} = h_{2'} + \alpha(h_{0_1} - h_{2'})$$

将之代入式(10-14),整理后可得

$$\eta_{t,R} = \frac{(1-\alpha)(h_1 - h_2) + \alpha(h_1 - h_{0_1})}{(1-\alpha)(h_1 - h_{2'}) + \alpha(h_1 - h_{0_1})} > \frac{(1-\alpha)(h_1 - h_2)}{(1-\alpha)(h_1 - h_{2'})} = \frac{(h_1 - h_2)}{(h_1 - h_{2'})}$$

由上式可见,回热循环的热效率一定大于基本朗肯循环的热效率。

一级抽汽回热循环与朗肯循环 1-2-2′-5-6-1 的不同之处在于水的起始加热温度自 2′提高到 $0_1'$,而且 α kg 的蒸汽在作了一部分功后不再向外热源放热,向外热源放热的只是$(1-\alpha)$ kg 蒸汽。因此,循环中工质自热源吸热量 q_1、向冷源放热量 q_2 及循环净功 w_{net} 都比原朗肯循环对应量小。由于工质平均吸热温度提高,平均放热温度不变,故循环热效率提高。

采用抽汽回热,虽因部分水蒸气用于回热,作功减少,而使耗汽率增大,但能显著提高循环热效率。同时抽汽回热增加了回热器、管道、阀门及水泵等设备,使系统更加复杂,而且增加了投资。综合权衡,采用回热利大于弊,故而现代大中型蒸气动力装置都采用回热循环。当然抽汽级数过多会使系统过于复杂,因而采用大型机组的现代蒸汽电厂中,广泛采用一次再热与 7~8 级抽汽回热的循环。

有机朗肯循环

例 10-5　按例 10-3 各参数,若采用二级抽汽回热,抽汽压力分别为 4 MPa 和 0.4 MPa,试求:(1) 抽汽量 α_1 和 α_2;(2) 汽轮机作功 $W_{T,act}$、水泵耗功 W_P 及循环净功 $W_{net,act}$;(3) 循环内部热效率 η_i 和实际耗汽率 d_i;(4) 各过程及循环的不可逆损失。

解　本题装置示意图如图 10-15 所示,T-s 图如图 10-16 所示。

(1) 分别对回热器 R1 及 R2 列热平衡方程式,得

$$(1-\alpha_1)(h_{0_1'} - h_{0_2'}) = \alpha_1(h_{0_1} - h_{0_1'})$$

$$(1-\alpha_1-\alpha_2)(h_{0_2'} - h_{2'}) = \alpha_2(h_{0_2} - h_{0_2'})$$

所以

$$\alpha_1 = \frac{h_{0_1'} - h_{0_2'}}{h_{0_1} - h_{0_2'}}, \quad \alpha_2 = \frac{(1-\alpha_1)(h_{0_2'} - h_{2'})}{h_{0_2} - h_{2'}}$$

由状态 1 及 p_{0_1} = 4 MPa、p_{0_2} = 0.4 MPa,在 h-s 图上查得:h_a = 3 010 kJ/kg,h_b = 2 552 kJ/kg。由式(10-6)

$$h_{0_1} = h_a + (1-\eta_T)(h_1 - h_a)$$

$$= 3\ 010\ \text{kJ/kg} + (1-0.9) \times (3\ 426\ \text{kJ/kg} - 3\ 010\ \text{kJ/kg})$$

$$= 3\ 051.6\ \text{kJ/kg}$$

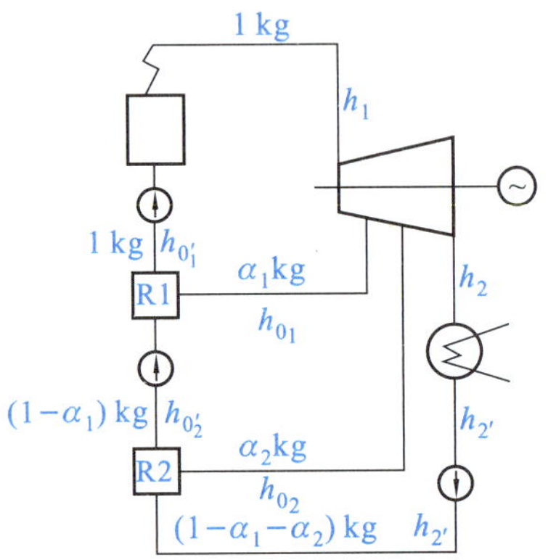

图 10-15　两级抽汽回热流程示意图

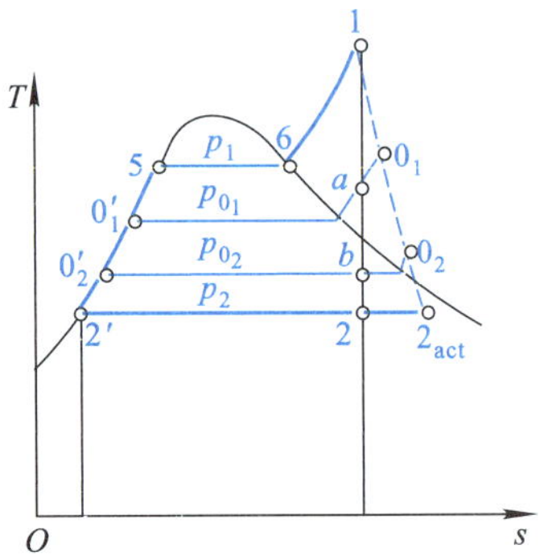

图 10-16　两级抽汽回热循环 T-s 图

同理可得 $h_{0_2} = 2\,639.4$ kJ/kg。

　　查饱和水和饱和水蒸气表,得:$h_{0_1'} = 1\,087.2$ kJ/kg,$h_{0_2'} = 604.87$ kJ/kg,$h_{2'} = 137.72$ kJ/kg。所以

$$\alpha_1 = \frac{h_{0_1'} - h_{0_2'}}{h_{0_1} - h_{0_2'}} = \frac{1\,087.2 \text{ kJ/kg} - 604.87 \text{ kJ/kg}}{3\,051.6 \text{ kJ/kg} - 604.87 \text{ kJ/kg}} = 0.197\,1$$

$$\alpha_2 = \frac{(1-\alpha_1)(h_{0_2'} - h_{2'})}{h_{0_2'} - h_{2'}} = \frac{(1-0.197\,1) \times (604.87 \text{ kJ/kg} - 137.72 \text{ kJ/kg})}{2\,639.4 \text{ kJ/kg} - 137.72 \text{ kJ/kg}} = 0.149\,9$$

　　(2)　$w_{\text{T,act}} = (h_1 - h_{0_1}) + (1-\alpha_1)(h_{0_1} - h_{0_2}) + (1-\alpha_1-\alpha_2)(h_{0_2} - h_{2,\text{act}})$

由例 10-3,$h_1 = 3\,426$ kJ/kg,$h_{2,\text{act}} = 2\,109.8$ kJ/kg,所以

$$\begin{aligned}
w_{\text{T,act}} = &(3\,426 \text{ kJ/kg} - 3\,051.6 \text{ kJ/kg}) + (1-0.197\,1) \times \\
&(3\,056.1 \text{ kJ/kg} - 2\,639.4 \text{ kJ/kg}) + (1-0.197\,1-0.149\,9) \times \\
&(2\,639.4 \text{ kJ/kg} - 2\,109.8 \text{ kJ/kg}) \\
= &1\,054.80 \text{ kJ/kg}
\end{aligned}$$

$$w_{\text{P}} = (1-\alpha_1-\alpha_2)(p_{0_2} - p_2)v_{2'} + (1-\alpha_1)(p_{0_1} - p_{0_2})v_{0_2'} + (p_1 - p_{0_1})v_{0_1'}$$

查饱和水和饱和水蒸气表,得:$v_{0_1'} = 0.001\,252\,4$ m³/kg,$v_{0_2'} = 0.001\,083\,5$ m³/kg,$v_{2'} = 0.001\,005\,3$ m³/kg,所以

$$\begin{aligned}
w_{\text{P}} = &(1-0.197\,1-0.149\,9) \times (0.4 \times 10^3 - 5) \text{ kPa} \times 0.001\,005\,3 \text{ m}^3/\text{kg} + \\
&(1-0.197\,1) \times (4 \times 10^3 - 0.4 \times 10^3) \text{ kPa} \times 0.001\,083\,5 \text{ m}^3/\text{kg} + \\
&(17 \times 10^3 - 4 \times 10^3) \text{ kPa} \times 0.001\,252\,4 \text{ m}^3/\text{kg} \\
= &19.67 \text{ kJ/kg}
\end{aligned}$$

$$w_{\text{net,act}} = w_{\text{T,act}} - w_{\text{P}} = 1\,054.80 \text{ kJ} - 19.67 \text{ kJ} = 1\,035.13 \text{ kJ}$$

（3）$\qquad q_1 = h_1 - h_{0'_1} = 3\ 426\ \text{kJ/kg} - 1\ 087.2\ \text{kJ/kg} = 2\ 338.8\ \text{kJ/kg}$

$q_2 = (1 - \alpha_1 - \alpha_2)(h_{2,\text{act}} - h_{2'})$

$\qquad = (1 - 0.197\ 1 - 0.149\ 9) \times (2\ 109.8 - 137.72)\ \text{kJ/kg} = 1\ 287.77\ \text{kJ/kg}$

$$\eta_i = \frac{w_{\text{net,act}}}{q_1} = 1 - \frac{q_2}{q_1} = 1 - \frac{1\ 287.77\ \text{kJ}}{2\ 338.8\ \text{kJ}} = 0.449$$

$$d_i = \frac{1}{w_{\text{net,act}}} = \frac{1}{1\ 035.13\ \text{kJ/kg}} = 9.661 \times 10^{-7}\ \text{kg/J}$$

若忽略水泵功

$$d'_i = \frac{1}{w_{\text{T,act}}} = \frac{1}{1\ 054.80\ \text{kJ/kg}} = 9.480 \times 10^{-7}\ \text{kg/J}$$

（4）据例 10-3，并查 h–s 图及饱和水和饱和水蒸气表有：

$\qquad s_1 = 6.442\ \text{kJ/(kg·K)}, \qquad s_{2'} = 0.476\ 1\ \text{kJ/(kg·K)},$

$\qquad s_{2,\text{act}} = 6.920\ \text{kJ/(kg·K)}, \qquad s_{0_1} = 6.510\ \text{kJ/(kg·K)},$

$\qquad s_{0_2} = 6.660\ \text{kJ/(kg·K)}, \qquad s_{0'_2} = 1.776\ 9\ \text{kJ/(kg·K)},$

$\qquad s_{0'_1} = 2.796\ 2\ \text{kJ/(kg·K)}。$

（a）蒸汽在汽轮机中绝热稳定流动，$\Delta s_{\text{CV}} = 0$，$s_{\text{f}} = 0$，故据熵方程

$s_{\text{g,T}} = s_{\text{out}} - s_{\text{in}} = \alpha_1 s_{0_1} + \alpha_2 s_{0_2} + (1 - \alpha_1 - \alpha_2) s_{2,\text{act}} - s_1$

$\qquad = 0.197\ 1 \times 6.510\ \text{kJ/(kg·K)} + 0.149\ 9 \times 6.660\ \text{kJ/(kg·K)} +$

$\qquad (1 - 0.197\ 1 - 0.149\ 9) \times 6.920\ \text{kJ/(kg·K)} - 6.442\ \text{kJ/(kg·K)}$

$\qquad = 0.358\ 2\ \text{kJ/(kg·K)}$

$\qquad i_{\text{T}} = T_0 s_{\text{g,T}} = 298\ \text{K} \times 0.358\ 2\ \text{kJ/(kg·K)} = 106.74\ \text{kJ/kg}$

（b）冷凝器中，乏汽凝结过程为稳定放热过程，故

$$s_{\text{g,C}} = s_{\text{out}} - s_{\text{in}} - s_{\text{f}} = (1 - \alpha_1 - \alpha_2)(s_{2'} - s_{2,\text{act}}) - \frac{q_2}{T_0}$$

$\qquad = (1 - 0.197\ 1 - 0.149\ 9) \times [\,0.476\ 1\ \text{kJ/(kg·K)} -$

$\qquad 6.920\ \text{kJ/(kg·K)}\,] - \dfrac{-1\ 287.77\ \text{kJ/kg}}{298\ \text{K}}$

$\qquad = 0.113\ 5\ \text{kJ/(kg·K)}$

$\qquad i_{\text{C}} = T_0 s_{\text{g,C}} = 298\ \text{K} \times 0.113\ 5\ \text{kJ/(kg·K)} = 33.82\ \text{kJ/kg}$

（c）设回热器保温良好，熵流为零，

$s_{\text{g,R1}} = s_{\text{out}} - s_{\text{in}} = s_{0'_1} - [\,\alpha_1 s_{0_1} + (1 - \alpha_1) s_{0'_2}\,]$

$\qquad = 2.796\ 2\ \text{kJ/(kg·K)} - [\,0.197\ 1 \times 6.510\ \text{kJ/(kg·K)} +$

$\qquad (1 - 0.197\ 1) \times 1.776\ 9\ \text{kJ/(kg·K)}\,]$

$\qquad = 0.086\ 4\ \text{kJ/(kg·K)}$

$$i_{R1} = T_0 s_{g,R1} = 298 \text{ K} \times 0.086 \text{ 4 kJ/(kg·K)} = 25.75 \text{ kJ/kg}$$

$$s_{g,R2} = s_{out} - s_{in} = (1-\alpha_1)s_{0_2'} - \left[\alpha_2 s_{0_2} + (1-\alpha_1-\alpha_2)s_{2'}\right]$$

$$= (1-0.197\ 1)\times 1.776\ 9 \text{ kJ/(kg·K)} - \left[0.149\ 9\times 6.660 \text{ kJ/(kg·K)} + (1-0.197\ 1-0.149\ 9)\times 0.476\ 1 \text{ kJ/(kg·K)}\right]$$

$$= 0.117\ 4 \text{ kJ/(kg·K)}$$

$$i_{R2} = T_0 s_{g,R2} = 298 \text{ K} \times 0.117\ 4 \text{ kJ/(kg·K)} = 34.99 \text{ kJ/kg}$$

（d）锅炉内吸热过程，热源即为烟气，据题意其平均温度 831.45 K，所以

$$s_{g,B} = s_1 - s_{0_1'} - \frac{q_1}{T_H}$$

$$= 6.442 \text{ kJ/(kg·K)} - 2.796\ 2 \text{ kJ/(kg·K)} - \frac{2\ 338.8 \text{ kJ}}{831.45 \text{ K}}$$

$$= 0.832\ 9 \text{ kJ/(kg·K)}$$

$$i_B = T_0 s_{g,B} = 298 \text{ K} \times 0.832\ 9 \text{ kJ/(kg·K)} = 248.20 \text{ kJ/kg}$$

（e）整个循环中系统不可逆损失：

$$i = \sum i_i = i_T + i_C + i_{R1} + i_{R2} + i_B$$

$$= 106.74 \text{ kJ/kg} + 33.82 \text{ k/kgJ} + 25.75 \text{ kJ/kg} + 34.99 \text{ kJ/kg} + 248.20 \text{ kJ/kg}$$

$$= 449.50 \text{ kJ/kg}$$

或

$$i = T_0 i_g = T_0 \Delta s_{iso} = T_0 (\Delta s_H + \Delta s_0)$$

$$= 298 \text{ K} \times \left(\frac{-2\ 338.8 \text{ kJ/kg}}{831.45 \text{ K}} + \frac{1\ 287.77 \text{ kJ/kg}}{298 \text{ K}}\right) = 449.52 \text{ kJ/kg}$$

讨论：（1）与例 10-3 的计算结果相比较可知，采用抽汽回热后，实际耗汽率增大，进入汽轮机的每千克蒸汽作功减少，水泵总耗功增大，但是工质自外热源吸热量减少；（2）循环平均吸热温度提高，而放热温度不变故而热效率提高。虽然回热器内不等温传热，造成了作功能力损失，但是由于减小了锅炉内传热温差，使锅炉内过程的作功能力损失显著下降，从而使循环总的不可逆损失有较大的下降。

*10.4　热电合供循环

　　蒸汽动力装置即使采用了高参数蒸汽和回热、再热等措施后，热效率仍很少超过 40%。燃料发出的热量中有 60% 左右散发到环境中，其中绝大部分是乏汽在冷凝器中排出，通常由冷却水带入电厂附近的水体或通过冷却塔排向大气。

大量热量排入自然环境会加剧城市"热岛效应",使电厂下游水体变暖,造成水系的热污染。这种热污染在大型电厂群及核电厂附近特别明显,它能破坏水系的生态平衡,从而对自然的生命形态构成威胁。热电合供循环是提高热量利用率的一种有效措施,受到工业界和环保界的推崇。

前已述及,为提高蒸汽动力装置循环的热效率,总是把乏汽压力尽可能降低。现代大型冷凝式汽轮机乏汽压力常低到 $4 \sim 5$ kPa,其对应饱和温度仅为 $28.95 \sim 32.88$ ℃。这种乏汽凝结放出的热量没有利用的价值。但若把乏汽的压力提高到 0.3 MPa,则其饱和温度可达 133.56 ℃,这样温度的热能可在印染工业、造纸工业以及一些化学工业和宾馆、居住区等得到应用。这样,不仅提高了热能利用率,而且可消除这些单位小锅炉带来的污染。所谓热化(即热电合供循环,简称热电循环)就是考虑到这两种需要,使蒸汽在电厂中膨胀作功到某一压力,再以此乏汽或乏汽的热能供给生活或工业之用的方案。同时供热和供电的工厂称为热电厂,图 10-17 是背压式热电循环的设备示意图,其中 A 为热用户。这时汽轮机的背压(即汽轮机设计排汽压力)通常大于 0.1 MPa,这种汽轮机称为背压式汽轮机。图 10-18 是这种热电循环($1-2_a-3_a-5-6-1$)的 $T\text{-}s$ 图。

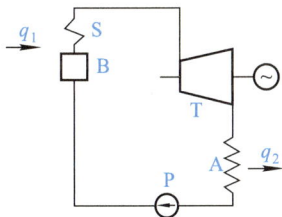

图 10-17   热电循环流程示意图

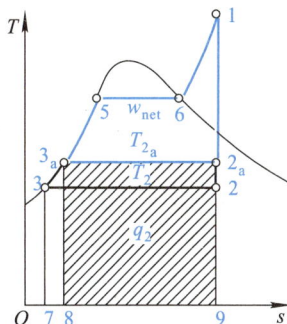

图 10-18   热电循环 $T\text{-}s$ 图

热电循环除了输出机械功 w_{net},同时提供可利用的热量 q_2,故衡量其经济性除了热效率外同时需考虑循环热量利用系数 ξ,或热电厂的热量利用系数 ξ',为

$$\xi = \frac{\text{已利用的热量}}{\text{工质从热源所吸收的热量}}$$

理想情况下 ξ 可以等于 1,实际上由于各种损失和热电负荷之间的不协调,一般 ξ 值在 70% 左右。

热电厂的热量利用系数以燃料的总释热量为计算基准,即

$$\xi' = \frac{\text{利用的热量}}{\text{燃料的总释热量}}$$

采用背压式汽轮机组的热电厂其电能生产随热用户对热量需求的变动而变动,且其热效率也较低,为避免这一缺点,热电厂多应用分汽供热冷凝式汽轮机组(也称为撤汽式汽轮机组),这种热电厂示意图如图 10-19 所示。在这样的装置中,热用户负荷 A 的变动对电能生产量的变动影响较小,且其热效率较背压式汽轮机组热电循环为高。

据图 10-18,热电循环 $1-2_a-3_a-5-6-1$ 的热效率较原循环 $1-2-3-5-6-1$ 低,这从热能转变成机械功的角度来看是不利的,但循环热量利用系数 ξ 未能区分电能和热能间的差异,而热电循环中热效率 η_t 仍是一个重要指标。

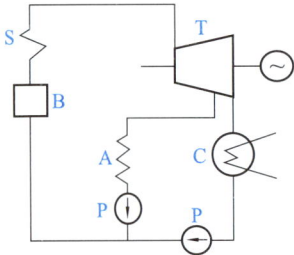

图 10-19　撤汽式汽轮机组示意图

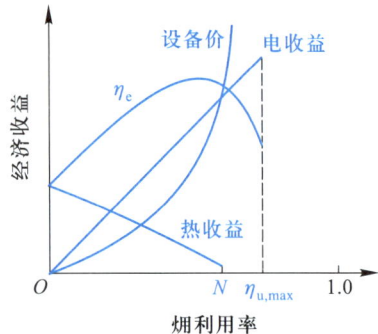

图 10-20　能量经济收益定性分析

在市场经济原则下追求能量的最有效利用,以最大经济收益率作为评价标准是一种合理的选择。显然,最大经济收益率是在电的收益、热的收益和设备的投资之间最高的平衡点。考虑到若由于过分追求燃料㶲的充分利用,即提高发电率将造成设备成本急剧增加并使供热量趋于零,以及材料、电能、热量的市场价格许多因素后,参考文献[15]提出了图 10-20 所示的能量经济收益定性分析图。图中纵轴为经济收益,横轴为㶲效率。图中显示,随着电收益的增加,热收益减小;总效益 η_e 随发电量增加而增大,但到一定程度后反而会下降,这是因设备费急剧增加,以及温度过低热量没有使用价值所影响。图中横轴上点 N 为对应于供热的低限温度时㶲利用率,忽略热量损失时它等于燃气从供热得到附加经济收益的系统㶲利用率的极限值。在横轴上大于点 N 时,产出的热量没有实际利用价值,还得花费代价排放到空气中。

*10.5　蒸汽-燃气联合循环

蒸汽动力装置的发展和进步一直是沿着提高参数(如 27 MPa、620 ℃,甚至更高)的方向前进的。采用高参数蒸汽的优点除了可提高装置的热效率,还可降低耗汽率,缩小装置的尺寸和重量。目前世界上已有很多压力超过水蒸气热力学临界压力的超临界发电机组在安全运行。超临界压力蒸汽动力装置的简单循环如图 10-21 所示,在实际应用上还带有回热和再热的循环。与朗肯循环比较,超临界循环的热效率有显著提高。但是与同温度区间内卡诺循环比较,因其平均吸热温度较低,故其热效率仍远低于同温限的卡诺循环。

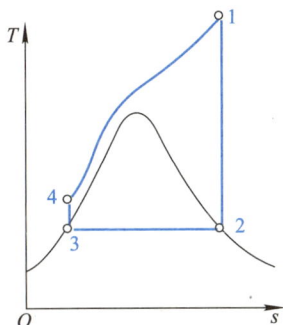

图 10-21 超临界装置简单循环 T-s 图

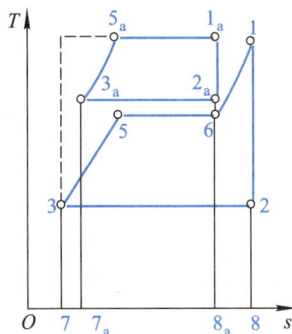

图 10-22 两气循环

两气循环是两种工质联合运行的循环。两种或几种不同工质循环互相复合或联合可有效提高整个联合装置的热效率。汞、水两气循环的 T-s 图如图 10-22 所示。图中 1_a-2_a-3_a-5_a-1_a 是汞循环,1-2-3-5-6-1 为水循环。若循环中汞和水的参数分别为:$p_{1_a} = 1.962$ MPa、$t_{1_a} = 582.4$ ℃;$p_{2_a} = 9.81$ kPa、$t_{2_a} = 249.6$ ℃(汞);$p_1 = 3.5$ MPa、$t_6 = 242.54$ ℃;$p_2 = 4$ kPa、$t_2 = 28.98$ ℃(水)时,理论上汞-水两气循环的热效率可达到 50% ~ 60%,一般为相同温度界限的卡诺循环热效率的 90% ~ 95%,且整个装置的压力仍不太高。但因汞的价格贵且有毒,这种循环至今没有实际应用。

蒸汽-燃气联合循环是以燃气为高温工质、蒸汽为低温工质,由燃气轮机的排气作为蒸汽轮机装置循环的加热源的联合循环。目前,燃气轮机装置循环中燃气轮机的进气温度虽高达 1 000 ~ 1 300 ℃,但排气温度在 400 ~ 650 ℃范围内,故其循环热效率较低。而蒸汽动力循环,其上限温度不高,极少超过 600 ℃,放热温度约为 30 ℃,却很理想。若将燃气轮机的排气作为蒸汽循环的加热源,则可充分利用燃气排出的能量,使联合循环的热效率有较大的提高。目前,如采用回热和再热的措施,这种联合循环的实际热效率可达 57%。图 10-23 是燃气轮机装置定压加热循环和朗肯循环组合的简单燃-蒸联合循环流程示意图及其 T-s 图。在理想情况下,燃气轮机装置定压放热量 Q_{41} 可全部由余热锅炉予以利

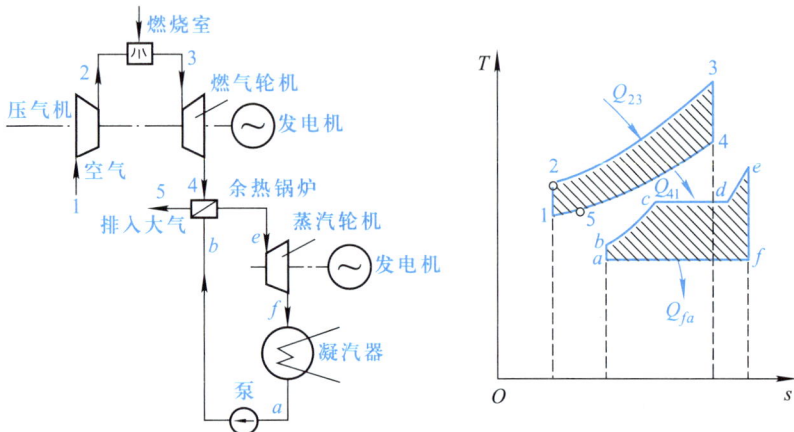

图 10-23　燃-蒸联合循环

用,产生水蒸气。所以理论上整个联合循环的加热量即为燃气轮机装置的加热量 Q_{23},放热量即为蒸汽轮机装置循环的放热量 Q_{fa},因此,联合循环的热效率为

$$\eta_t = 1 - \frac{Q_{fa}}{Q_{23}}$$

实际上仅有过程 4-5 排放的热量得到利用,过程 5-1 仍为向大气放热,故其热效率应为

$$\eta_t' = 1 - \frac{Q_{fa}+Q_{51}}{Q_{23}}$$

实用的燃-蒸联合循环在余热锅炉中还有燃料燃烧,作为辅助加热,上述两式中应计入这部分热量。

*10.6　蒸汽动力装置循环的㶲分析

在第九章和本章前几节中,对动力装置循环分析主要以能量平衡方程为基础,得出了循环热效率和能流分配。装置中各部分过程的可用能损失通过熵产计算求得。本节着重介绍㶲分析方法。㶲分析法得出的㶲损失直接反映了装置中各部分不可逆因素引起的作功能力损失以及整个循环的作功能力损失。

下面以一简单的蒸汽动力装置循环——朗肯循环为例进行㶲分析。该装置流程图如图 10-24a 所示,循环的 T-s 图如图 10-24b 所示。为方便对照,蒸汽参数及其他相关参数仍取例 10-2 和 10-3 中值。此外,已知锅炉内烟气最高温度 $T_{max}=1\,700$ K,锅炉效率 $\eta_B=0.90$;燃料(煤)的热值 $Q=-29\,300$ kJ/kg。为简化计算,假定燃料在锅炉内完全燃烧,忽略管道损失、汽轮机机械损失和发电机损失等。取环境温度 $T_0 = 298$ K、环境压力 $p_0 = 0.1$ MPa。

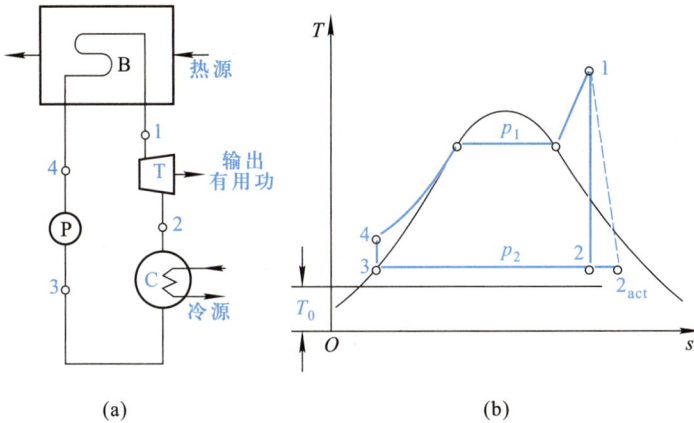

(a)　　　　　　　　　　　　(b)

图 10-24　简单蒸汽动力装置循环流程图及 $T-s$ 图

已知各点参数和例 10-2 和 10-3 计算结果汇列于表 10-1。

表 10-1　循环参数表

状态	1	2	2_{act}	3	4	0
p/MPa	17	0.005	0.005	0.005	17	0.1
t/℃	550	32.88	32.88	32.88		25
v/(m³/kg)	0.020		23	0.001 005 3		0.001 003 1
h/(kJ/kg)	3 426	1 963.5	2 109.8	137.72	154.81	104.87
s/[kJ/(kg·K)]	6.442	6.442	6.920	0.476 1	0.476 1	0.366 4
e_x/(kJ/kg)	1 510.60	48.10	51.96	0.16	17.25	0

能量平衡分析(又称热分析)结果为: $q_1 = 3\,271.19$ kJ/kg, $q_2 = 1\,972.08$ kJ/kg, $w_{T,act} = 1\,316.2$ kJ/kg, $w_P = 17.09$ kJ/kg, $\eta_i = 39.71\%$, $d_i = 7.598 \times 10^{-7}$ kg/J。由熵分析计算的每千克工质流经装置中各设备时作功能力(㶲)损失为

$$I_T = 142.44 \text{ kJ/kg}, \quad I_C = 51.08 \text{ kJ/kg}, \quad I_B = 605.41 \text{ kJ/kg}$$

其总损失

$$I = \sum I_i = I_T + I_C + I_B = 799.65 \text{ kJ/kg}$$

下面仍以 1 kg 工质为计算基准量,进行循环㶲平衡计算。先以烟气的㶲为 100%,对循环各过程进行㶲分析。

设 1 kg 燃料燃烧放出热量,能产生质量为 m 的蒸汽,则

$$m = \frac{|Q_p|\eta_B}{h_1-h_4} = \frac{1\ \text{kg}\times 29\ 300\ \text{kJ/kg}\times 0.9}{3\ 426\ \text{kJ/kg}-154.81\ \text{kJ/kg}} = 8.061\ \text{kg}$$

锅炉中燃烧接近定压,烟气的压力 p_{1g} 几乎不变,近似等于环境压力 p_0。设烟气近似按空气计算。由已知的烟气最高温度 $T_{max} = 1\ 700\ \text{K}$ 和环境温度 $T_0 = 298\ \text{K}$,从空气的热力性质表(附表7)中查得:

$$T_{0g} = T_0 = 298\ \text{K 时}, s_0^0 = 6.700\ 4\ \text{kJ/(kg}\cdot\text{K)}、h_{0g} = 300.28\ \text{kJ/kg}$$

$$T_{1g} = T_{max} = 1\ 700\ \text{K 时}, s_1^0 = 8.602\ 2\ \text{kJ/(kg}\cdot\text{K)}、h_{1g} = 1\ 881.17\ \text{kJ/kg}$$

根据变比热容时熵差计算式得:

$$s_{1g} - s_{0g} = s_1^0 - s_0^0 - R_{g,g}\ln\frac{p_{1g}}{p_{0g}} = s_1^0 - s_0^0$$

$$= 8.602\ 2\ \text{kJ/(kg}\cdot\text{K)} - 6.700\ 4\ \text{kJ/(kg}\cdot\text{K)}$$

$$= 1.901\ 8\ \text{kJ/(kg}\cdot\text{K)}$$

所以,稳定流动时 1 kg 烟气的㶲值为

$$e'_{x,g} = h_{1g} - h_{0g} - T_0(s_{1g} - s_{0g})$$

$$= 1\ 881.17\ \text{kJ/kg} - 300.28\ \text{kJ/kg} - 298\ \text{K}\times 1.901\ 8\ \text{kJ/(kg}\cdot\text{K)}$$

$$= 1\ 014.15\ \text{kJ/kg}$$

同时,1 kg 燃料燃烧后加热的烟气量为

$$m_g = \frac{|Q_p|}{h_{1g} - h_{0g}} = \frac{1\ \text{kg}\times 29\ 300\ \text{kJ/kg}}{1\ 881.17\ \text{kJ/kg} - 300.28\ \text{kJ/kg}} = 18.534\ \text{kg}$$

因此,对应于 1 kg 蒸汽,烟气提供的㶲值为

$$e_{x,g} = \frac{m_g e'_{x,g}}{m} = \frac{18.534\ \text{kg}\times 1\ 014.15\ \text{kJ/kg}}{8.061\ \text{kg}} = 2\ 331.75\ \text{kJ/kg}$$

另外,烟气的㶲值也可以根据烟气传出的热量的可用能 $E_{x,Q}$ 计算(读者可自行计算)。

给水带入锅炉的㶲为

$$e_{x,4} = (h_4 - h_0) - T_0(s_4 - s_0)$$

$$= 154.81\ \text{kJ/kg} - 104.87\ \text{kJ/kg} - 298\ \text{K}\times$$

$$[0.476\ 1\ \text{kJ/(kg}\cdot\text{K)} - 0.366\ 4\ \text{kJ/(kg}\cdot\text{K)}]$$

$$= 17.25\ \text{kJ/kg}$$

其他各点㶲值可通过类似计算或查有关水和水蒸气图表,如焓㶲图获得,同列于参数表内。

㶲分析的基本依据是㶲平衡方程:进入系统的㶲减去离开系统的㶲减去系

统㶲损失等于系统㶲增量。对于稳定流动系统,可简化成:㶲损失＝进入系统的㶲−离开系统的㶲。其中㶲损失是工质在设备内部经历不可逆过程的内部㶲损失和由于泄漏、散热等造成的外部㶲损失的总和。

同时,以㶲效率 η_{e_x} 来评定设备的热力学完善程度。本例中对于汽轮机进行绝热过程时,定义其㶲效率

$$\eta_{e_x,T}=\frac{\text{实际输出的轴功量}}{\text{设备进出口工质的㶲值差}}=\frac{w_T}{e_{x,in}-e_{x,out}}$$

对于无功量输入或输出的设备,如锅炉、冷凝器等,定义

$$\eta_{e_x}=\frac{\text{流出设备的工质㶲}}{\text{流入设备的工质㶲+热量㶲}}=\frac{e_{x,out}}{e_{x,in}+e_{x,Q}}$$

（1）锅炉

进入锅炉的㶲有给水带入的㶲值 $e_{x,4}$ 和烟气供给水和水蒸气的热量 Q_1 中的热量㶲 $E_{x,Q}$;离开设备的工质是状态 1 的过热蒸汽,它带走㶲值为 $e_{x,1}$。据㶲平衡方程,产生 1 kg 蒸汽,锅炉内过程的㶲损失为:

$$I_B=E_{x,4}+E_{x,Q}-E_{x,1}$$
$$=1\ kg\times17.25\ kJ/kg+2\ 331.75\ kJ-1\ kg\times1\ 510.60\ kJ/kg$$
$$=838.40\ kJ$$

㶲损占烟气㶲值的百分率为

$$\frac{I_B}{E_{x,Q}}=\frac{838.40\ kJ/kg}{2\ 331.75\ kJ/kg}=35.96\%$$

锅炉的㶲效率

$$\eta_{e_x,B}=\frac{E_{x,1}}{E_{x,4}+E_{x,Q}}=\frac{1\ kg\times1\ 510.60\ kJ/kg}{1\ kg\times17.25\ kJ/kg+2\ 331.75\ kJ}=64.31\%$$

（2）汽轮机

汽轮机内进行的是不可逆绝热过程,所以 1 kg 蒸汽流经汽轮机的㶲损失为

$$I_T=E_{x,1}-E_{x,2_{act}}-W_{T,act}$$
$$=1\ kg\times1\ 510.60\ kJ/kg-1\ kg\times51.96\ kJ/kg-1\ kg\times1\ 316.2\ kJ/kg$$
$$=142.44\ kJ$$

㶲损占烟气㶲值的百分率为

$$\frac{I_T}{E_{x,Q}}=\frac{142.44\ kJ/kg}{2\ 331.75\ kJ/kg}=6.11\%$$

汽轮机的㶲效率

$$\eta_{e_x,T}=\frac{w_{T,act}}{e_{x,1}-e_{x,2_{act}}}=\frac{1\ 316.2\ kJ/kg}{1\ 510.60\ kJ/kg-51.96\ kJ/kg}=90.23\%$$

（3）冷凝器

冷凝器中工质未对外输出功,且向环境介质放热,故放热量中的㶲耗散为零,所以

$$I_C = E_{x,2_{act}} - E_{x,3} - E'_{x,Q}$$

$$= 1 \text{ kg} \times 51.96 \text{ kJ/kg} - 1 \text{ kg} \times 0.16 \text{ kJ/kg} - 0 = 51.80 \text{ kJ}$$

㶲损占烟气㶲值的百分率为

$$\frac{I_C}{E_{x,Q}} = \frac{51.80 \text{ kJ/kg}}{2\,331.75 \text{ kJ/kg}} = 2.22\%$$

冷凝器的㶲效率为

$$\eta_{e_x,C} = \frac{E_{x,3}}{E_{x,2_{act}} + E'_{x,Q}} = \frac{1 \text{ kg} \times 0.16 \text{ kJ/kg}}{1 \text{ kg} \times 51.96 \text{ kJ/kg} + 0} = 0.31\%$$

（4）水泵

蒸汽动力装置中水泵耗功所占比例本身不大,本例没有考虑绝热压缩时的不可逆损失,故水泵过程中工质无㶲损失。即

$$I_P = 0$$

$$\eta_{e_x,P} = \frac{e_{x,4} - e_{x,3}}{w_P} = \frac{17.25 \text{ kJ/kg} - 0.16 \text{ kJ/kg}}{17.09 \text{ kJ/kg}} = 1$$

因此,整个装置的㶲损失为

$$I = I_B + I_T + I_C + I_P = 838.40 \text{ kJ} + 142.44 \text{ kJ} + 51.80 \text{ kJ} + 0 = 1\,032.64 \text{ kJ}$$

装置㶲平衡验证:

$$E_{x,Q} - W_{net} - I = E_{x,g} - (W_{T,act} - W_P) - I$$

$$= 2\,331.75 \text{ kJ} - 1 \text{ kg} \times (1\,316.2 - 17.09) \text{ kJ/kg} - 1\,032.64 \text{ kJ} = 0$$

由上式知,装置中烟气提供的㶲恰等于装置输出的净机械功与装置总的㶲损之和,收支平衡,计算正确。

整个装置的㶲效率:

$$\eta_{e_x} = \frac{W_{net}}{E_{x,Q}} = \frac{1 \text{ kg} \times (1\,316.2 - 17.09) \text{ kJ/kg}}{2\,331.75 \text{ kJ}} = 55.7\%$$

也可以燃料化学㶲为100%,对循环进行㶲分析。燃料进行可逆的化学反应时,化学能几乎可全部转化为电能,即有用功。这种可以转化为最大有用功的化学能称为化学㶲,在数值上近似等于燃料的低热值。通常的燃烧是典型的不可逆反应,因而存在不可逆㶲损。若考虑燃烧过程中实现化学能转变为热能造成的不可逆损失,则整个装置中锅炉的㶲损应计及燃烧㶲损,其他设备㶲损的计算并无区别,读者可自行分析,并与表10-1所列结果比较。

以烟气㶲为 100%画出的㶲流分布如图 10-25b 所示,图 10-25a 则是根据例 10-3 计算的热流分布,以示比较。同时计算结果汇总于表 10-2。

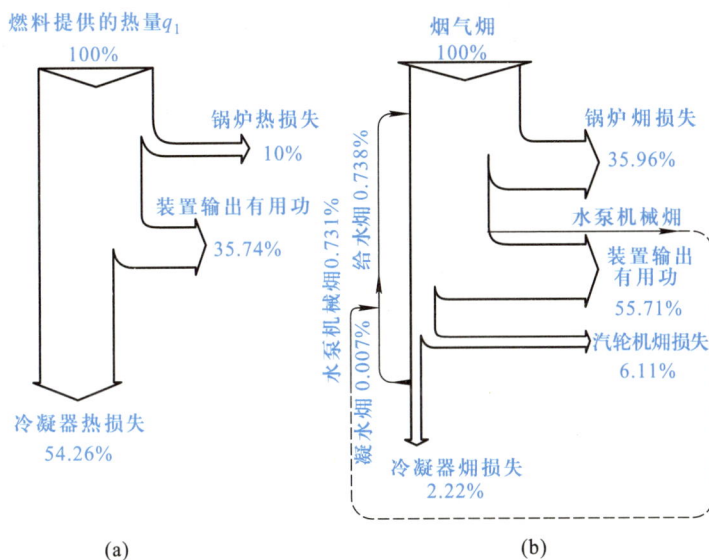

图 10-25 蒸汽动力装置热流图和㶲流图

表 10-2 热平衡法与㶲平衡法比照表

名称	数值/(kJ/kg)			相对百分率/%		
	㶲平衡法*		热平衡法	㶲平衡法		热平衡法
	Ⅰ	Ⅱ		Ⅰ	Ⅱ	
1. 燃料提供热量 q_1	3 634.69	3 634.69	3 634.69			100
烟气㶲值 $e_{x,g}$	2 331.75			100	64.15	
燃料化学㶲 $e_{x,ch}$		3 634.69			100	
2. 损失						
(1) 锅炉损失			363.47			10
① 不可逆燃烧损失		1 302.94			35.84	
② 不等温传热、散热排烟等损失	838.40	838.40		35.96	23.07	
(2) 汽轮机内部损失	142.44	142.44		6.11	3.92	
(3) 冷凝器损失	51.80	51.80	1 972.08	2.22	1.43	54.26
3. 净输出有用功	1 299.11	1 299.11	1 299.11	55.71	35.75	35.75

* 㶲平衡法Ⅰ,是以烟气㶲 $e_{x,g}$ 作为 100%;㶲平衡法Ⅱ,是以燃料化学㶲 $e_{x,ch}$ 作为 100%。

对循环㶲平衡计算和热平衡进行计算比较,可见:

(1) 从能量平衡角度分析,锅炉效率高达 90%,排烟、散热等损失仅占 10%,似乎已非常完善。但是从可用能角度分析,在以烟气㶲为 100% 时锅炉内㶲损失占烟气㶲值达 35.96%。产生的原因主要是烟气与水和水蒸气之间存在相当大的传热温差。而当以燃料化学㶲为 100% 时,锅炉内燃烧及不等温传热、排烟、散热等造成的总㶲损占燃料化学㶲的比例高达 35.84%+23.07% = 58.91%,即化学㶲的一半以上在锅炉内损失了,这其中燃烧㶲损又占了 60% 左右。因此改进的办法首先应发展如燃料电池这样的转换技术,把化学能直接转换成电能,而不是化学能转换成热能,再把热能转换成机械能、电能。但是目前科技发展水平还不能大规模经济地实现化学能直接转换电能,还需借助燃烧把化学能转换成热能后加以利用,因此设法提高水蒸气的最高温度和工质平均吸热温度,减小烟气与工质之间平均传热温差是减少锅炉内㶲损失的主要途径。

(2) 冷凝器中乏汽放给冷却水的热量很多,本例中占了燃料提供热量的 54.26%,但冷凝器的㶲损失在两种计算方法中分别仅占 2.22% 和 1.43%。主要原因是乏汽压力(亦即冷凝器内的压力)很低,使乏汽温度与环境介质的温差很小,本例中仅 7.88 ℃,因此乏汽排热中的可用能很小。但是维持冷凝器内高真空需要花费代价(本例中未考虑),同时过低的压力将使乏汽与冷却水温差过小,导致冷凝器传热面积过大而造成设备投资大大增加,因此不能过分追求减小冷凝器㶲损失。

(3) 汽轮机内部膨胀过程不可逆性引起的㶲损失,在两种计算方法中分别占了 6.11% 和 3.92%,但在热流分配图中汽轮机的热损失为零。提高汽轮机的相对内效率可减少汽轮机的㶲损失。

(4) 与例 10-3 中用熵分析法计算各设备内过程的作功能力损失比较,汽轮机内损失及冷凝器内损失完全相同,锅炉内损失不同。其原因是例 10-3 中锅炉内仅考虑不等温传热造成的作功能力损失,若把本例中锅炉内散热、排烟损失等扣除,则每产生 1 kg 蒸汽烟气的㶲值将减少 10%,由 2 331.75 kJ/kg 变为 2 098.58 kJ/kg,锅炉的㶲损失也减小到 605.20 kJ/kg,与例 10-3 中值相同。因此㶲分析法和熵分析法是从不同途径得出同一结论。

总之,采用朗肯循环的简单蒸汽动力装置,表面上看冷凝器中能量的数量损失最大,但锅炉中的不可逆过程造成的不可逆损失最严重,这点正是引起冷源损失大的主要原因。在当前的科技发展水平下,尽可能提高蒸汽的平均吸热温度,是提高装置效率的关键所在。

Kalina
循环

蒸汽动力
循环

🖥 本章归纳

本章讨论水蒸气动力装置中能量转换的规律和提高装置性能的热力学措施。

对各种不同的动力装置进行能量分析时应看到他们的共同本质，更应抓住其特性。水蒸气动力装置中，工质性质不同于气体动力循环。此外，水和水蒸气不能助燃，只能从外热源吸收热量，所以蒸汽循环必需配备锅炉，因此装置设备也不同于气体动力循环。这些决定了水蒸气动力装置循环能量转换特性必定不同于气体动力循环。

由于水在定压汽化和凝结过程中维持定温，所以循环温度控制在水的临界温度以下，理论上利用水、水蒸气为工质是可以实现卡诺循环的。但是，即使实现了卡诺循环，由于循环必须在环境温度和水的临界温度之间进行，循环的温差太小。而且还将面临蒸汽膨胀后的干度太低和需压缩汽水混合物等机械上的难题，所以迄今未见实际运行的水蒸气卡诺循环。水蒸气动力装置的基本循环是朗肯循环，现今各种水蒸气的复杂循环几乎都是在它的基础上发展起来的，朗肯循环的构成及初参数对朗肯循环影响的分析是掌握蒸汽循环的基础。对饱和蒸汽继续（等压）加热成为过热蒸汽再送入膨胀机器，不仅提高了循环的平均加热温度还提高了蒸汽膨胀后的干度。让冷凝器内的凝结过程进行彻底，使蒸汽全部凝结为液态凝结水，然后经由水泵升压进入锅炉，避免了压缩两相介质的难题，使设备能稳定、安全、经济运行，付出的代价是增加了循环放热量影响了循环的热效率。提高循环新蒸汽的压力、温度和降低冷凝器的运行压力是提高朗肯循环热效率有效手段，但单纯提高压力不同时提高温度会带来设备过于笨重和乏汽湿度过高等问题，而且降低冷凝器压力有环境压力的制约，所以人们不仅努力研发耐温耐压新材料，而且在朗肯循环的基础上研发了一系列复杂循环，如再热循环、抽汽回热循环、燃-蒸联合循环等以满足蒸汽动力装置对能源利用率，特别是热效率和环境保护的需求。再热循环主要为解决乏汽干度问题而形成的一种循环，因此，研究再热循环时不能把注意力全放在热效率上。抽汽回热是适合水蒸气循环的一种回热方式，应掌握从能量守恒原理计算各级的抽汽量，并从热力学原理上认识抽汽回热的作用。

水蒸气的动力循环即使在采用再热和多级抽汽回热后仍然效率不高，热电合供、燃气和蒸汽联合循环是提高水蒸气循环的能量利用率的有效措施。

名词和
术语

本章计算的关键在于根据循环 T-s 图,利用水蒸气的图表(或计算软件)确定蒸汽(特别是膨胀后的蒸汽)的状态参数,许多初学者经常犯的错误是武断地把汽轮机排汽当作干饱和蒸汽。

思考题

10-1   干饱和蒸汽朗肯循环(图 10-1 中循环 6-7-3-4-5-6)与同样初压力下的过热蒸汽朗肯循环(图 10-1 中循环 1-2-3-4-5-6-1)相比较,前者更接近卡诺循环,但热效率却比后者低,如何解释此结果?

10-2   20 世纪 20、30 年代,金属材料的耐热性仅为 400 ℃ 左右,为使蒸气初压提高,用再热循环很有必要。其后,耐热合金材料有进展,加之其他一些原因,在很长一段时期内不再设计制造被再热循环工作的设备。但近年来随着初压提高再热循环再次受到注意。请分析其原因。

10-3   图 10-14 所示回热系统采用混合式回热器,靠蒸汽与水的混合达到换热的目的。工程上大量采用的间壁式回热器,示意如图 10-26 所示,蒸汽在管外冷凝,将凝结热量传给管内的水,这种布置可减少系统中高压水泵的数量。试分析这种系统在热力学分析上与混合式系统有否不同?

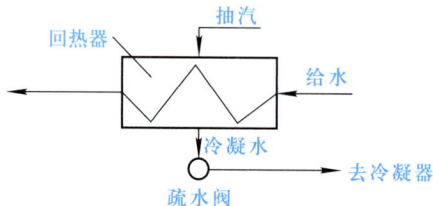

图 10-26   思考题 10-3 附图

10-4   各种实际循环的热效率无论是内燃机循环、燃气轮机装置循环,或是蒸汽循环肯定地与工质性质有关,这些事实是否与卡诺定理相矛盾?

10-5   蒸汽动力循环中,在动力机中膨胀作功后乏汽被排入冷凝器中,向冷却水放出大量的热量 q_2,如果将乏汽直接送入汽锅中使其再吸热变为新蒸汽,不是可以避免在冷凝器中放走大量热量,从而减少对新汽的加热量 q_1,大大提高热效率吗?这样想法对不对?为什么?

10-6   用蒸汽作循环工质,其放热过程为定温过程,而我们又常说定温吸热和定温放热最为有利,可是为什么在大多数情况下蒸汽循环反较柴油机循环的热效率低?

10-7 应用热泵来供给中等温度(例如 100 ℃ 上下)的热量比直接利用高温热源的热量来得经济,因此有人设想将乏汽在冷凝器中放出热量的一部分用热泵提高温度,用以加热低温段(100 ℃ 以下)的锅炉给水,这样虽然需增添热泵设备,但可以取消低温段的抽汽回热,使抽汽回热设备得以简化,而对循环热效率也能有所补益。这样的想法在理论上是否正确?

10-8 蒸汽动力装置中水泵进出口的压力差远大于燃气轮机压气机的压力差,为什么蒸汽动力循环中水泵消耗的功可以忽略?

10-9 "水蒸气在汽轮机内膨胀作功,水蒸气热力学能的一部分转变为功输出,其余部分在冷凝器中释放,也就是炕"这种讲法是否合理?

10-10 热量利用系数 ξ 说明了全部热量的利用程度,为什么又说它不能完善地衡量循环的经济性?

10-11 试总结气体动力循环和蒸汽动力循环提高循环热效率的共同原则。

习题

10-1 简单蒸汽动力装置循环(即朗肯循环),蒸汽的初压 $p_1 = 3$ MPa,终压 $p_2 = 6$ kPa,初温如下所示,试求在各种不同初温时循环的热效率 η_t、耗汽率 d 及蒸汽的终干度 x_2,并将所求得的各值填写入表内,以比较所求得的结果。

$t_1/℃$	300	500
η_t		
$d/(\text{kg/J})$		
x_2		

10-2 简单蒸汽动力装置循环,蒸汽初温 $t_1 = 500$ ℃,终压 $p_2 = 0.006$ MPa,初压 p_1 如下表所示,试求在各种不同的初压下循环的热效率 η_t、耗汽率 d 及蒸汽终干度 x_2,并将所求得的数值填入下表内,以比较所求得的结果。

p_1/MPa	3.0	15.0
η_t		
$d/(\text{kg/J})$		
x_2		

10-3　某蒸汽动力装置朗肯循环的最高运行压力是 5 MPa,最低压力是 15 kPa,若蒸汽轮机的排汽干度不能低于 0.95,输出功率不小于 7.5 MW,忽略水泵功,试确定锅炉输出蒸汽必须的温度和质量流量。

10-4　利用地热水作为热源,R134a 作为工质的朗肯循环(T-s 图参见图 10-4),R134a 离开锅炉时状态为 85 ℃ 的干饱和蒸汽,在汽轮机内膨胀后进入冷凝器时的温度是 40 ℃,计算循环热效率。

10-5　某项 R134a 为工质的朗肯循环利用当地海水为热源。已知 R134a 的流量为 1 000 kg/s,当地表层海水的温度 25 ℃,深层海水的温度为 5 ℃。若加热和冷却过程中海水和工质的温差 5 ℃,试计算循环的功率和热效率。

10-6　某发电厂采用的蒸汽动力装置,蒸汽以 $p_1 = 9.0$ MPa、$t_1 = 480$ ℃ 的初态进入汽轮机。汽轮机的 $\eta_T = 0.88$。冷凝器的压力与冷却水的温度有关。设夏天冷凝器温度保持 35 ℃,假定按朗肯循环工作,求汽轮机理想耗汽率 d_0 与实际耗汽率 d_1。若冬天冷却水水温降低,使冷凝器的温度保持 15 ℃,试比较冬、夏两季因冷凝器温度不同所导致的以下各项的差别:(1) 汽轮机作功;(2) 加热量;(3) 热效率(略去水泵功)。

10-7　某朗肯循环蒸汽初压 $p_1 = 6$ MPa,初温 $t_1 = 600$ ℃,冷凝器内维持压力 10 kPa,蒸汽质量流量是 80 kg/s,锅炉内传热过程假定在平均温度为 1 400 K 的热源和水之间进行;冷凝器内冷却水平均温度为 25 ℃。试求: (1) 水泵功;(2) 锅炉烟气对水的加热率;(3) 汽轮机作功;(4) 冷凝器内乏汽的放热率;(5) 循环热效率;(6) 各过程及循环不可逆作功能力损失。已知 $T_0 = 290.15$ K。

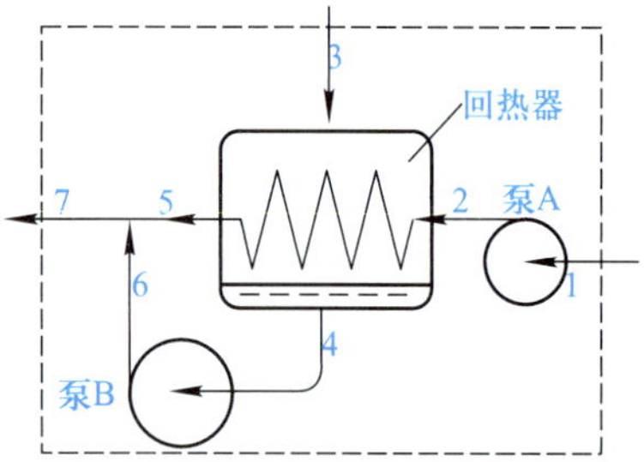

图 10-27　习题 10-8 附图

10-8　某抽汽回热循环采用间壁式回热器,如图 10-27 所示。该循环最高压力 5 MPa,锅炉输出蒸汽温度为 650 ℃,抽汽压力 1 MPa,冷凝器工作温度 45 ℃,送入锅炉的给水温度为 200 ℃。求循环抽汽量和水泵 A、B 的耗功。

10-9 设两个蒸汽再热动力装置循环,蒸汽的初参数都为 $p_1 = 12.0$ MPa, $t_1 = 450$ ℃,终压都为 $p_2 = 4$ kPa,第一个再热循环再热时压力为 2.4 MPa,另一个再热时的压力为 0.5 MPa,两个循环再热后蒸汽的温度都为 400 ℃。试确定这两个再热循环的热效率和水蒸气终态干度,将所得的热效率、终态干度和朗肯循环做比较,以说明再热时压力的选择对循环热效率和终态干度的影响。

10-10 具有两次抽汽加热给水的蒸汽动力装置回热循环。其装置示意图如图 10-16 所示。已知:第一次抽气压力 $p_{0_1} = 0.3$ MPa,第二次抽汽压力 $p_{0_2} = 0.12$ MPa,蒸汽初压 $p_1 = 3.0$ MPa,初温 $t_1 = 450$ ℃。冷凝器中压力 $p_2 = 0.005$ MPa。试求:(1) 抽汽量 α_1、α_2;(2) 循环热率 η_t;(3) 耗汽率 d;(4) 平均吸热温度;(5) 与朗肯循环的热效率 η_t、耗汽率 d 和平均吸热温度做比较,并说明耗汽率为什么反而增大?

10-11 某蒸汽循环进入汽轮机的蒸汽温度 400 ℃、压力 3MPa,绝热膨胀到 0.8 MPa 后,抽出部分蒸汽进入回热器,其余蒸汽在再热器中加热到 400 ℃后进入低压汽轮机继续膨胀到 10 kPa 排向冷凝器,忽略水泵功,求循环热效率。

10-12 某压水堆二回路循环采用一次抽汽加热给水,循环抽象简化为图 10-28 所示,若新蒸汽的 $p = 6.69$ MPa、$t = 282.2$ ℃,抽气压力 $p_{0_1} = 0.782$ MPa,凝汽器维持 0.009 MPa,忽略水泵功,试求:(1) 抽汽量 α;(2) 循环热率;(3) 耗汽率 d;(4) 与朗肯循环的热效率 η_t、耗汽率 d 比较,并说明耗汽率为什么反而增大?

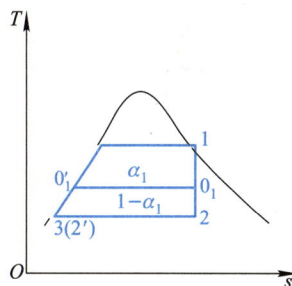

图 10-28 习题 10-12 附图

10-13 题 10-7 循环改成再热循环,从高压汽轮机排出的蒸汽压力为 0.5 MPa,加热到 500 ℃后再进入低压汽轮机,若所有其他条件均不变,假定循环总加热量也不变(即题 10-7 中锅炉内加热量)。试求:(1) 在低压汽轮机末端蒸汽的干度;(2) 锅炉及再热器内单位质量工质的加热量;(3) 高压汽轮机和低压汽轮机产生的总功率;(4) 循环热效率;(5) 各过程和循环不可逆作功能力损失。

10-14 题 10-7 循环改成一级抽汽回热循环,抽汽压力为 0.5 MPa,若其他条件均不变,假定锅炉总加热量不变。试求:(1)锅炉内水的质量流量;(2)两台水泵总耗功;(3)汽轮机作功;(4)冷凝器内放热量;(5)循环热效率;(6)各过程及循环不可逆作功能力损失。

10-15　某热电厂(或称热电站)以背压式汽轮机的乏汽供热,其新汽参数为 3 MPa、400 ℃。背压为 0.12 MPa。乏汽被送入用热系统,作加热蒸汽用。放出热量后凝结为同一压力的饱和水,再经水泵返回锅炉。设用热系统中热量消费为 1.06×10^7 kJ/h,问理论上此背压式汽轮机的电功率输出为多少(kW)?

10-16　某台蒸汽轮机由两台中压锅炉供给新蒸汽,这两台锅炉每小时的蒸汽生产量相同,新蒸汽参数 $p_1=3.0$ MPa、$t_1=450$ ℃,设备示意图如图 10-29a 所示。后来因所需要的动力增大,同时为了提高动力设备的热效率,将原设备加以改装。将其中一台中压锅炉拆走,同时在原址安装一台同容量(即每小时蒸汽生产量相同)的高压锅炉。并在汽轮机前增设了一台背压式的高压汽轮机(前置汽轮机)。高压锅炉所生产的蒸汽参数为 $p_0=18.0$ MPa、$t_0=550$ ℃。高压锅炉的新蒸汽进入高压汽轮机工作。高压汽轮机的排汽背压 $p_b=3.0$ MPa,排汽进入炉内再热。再热后蒸汽参数与另一台中压锅炉的新蒸汽参数相同,即 $p_1=3.0$ MPa、$t_1=450$ ℃,这蒸汽与另一台中压锅炉的新蒸汽会合进入原来的中压汽轮机工作,改装后设备示意图如图 10-29b 所示。求改装前动力装置的理想热效率。以及改装后动力装置理想效率,改装后功率增大百分之几?

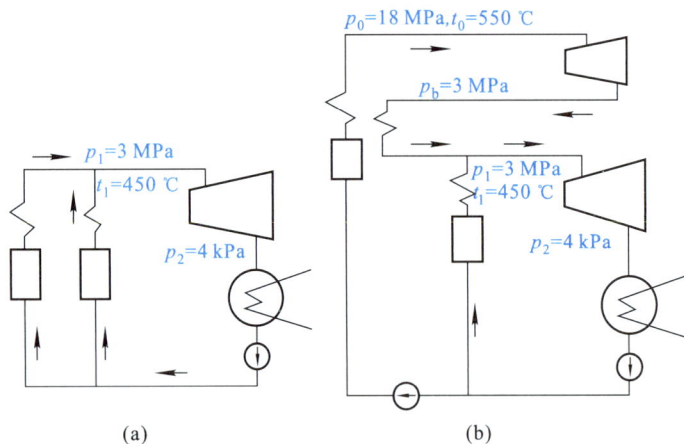

图 10-29　习题 10-16 附图

10-17 已知锅炉内烟气最高温度 $T_{max} = 1\ 700$ K,锅炉效率 $\eta_B = 0.90$;燃料(煤)的热值 $Q = -29\ 300$ kJ/kg。为简化计算,假定燃料在锅炉内完全燃烧,取环境温度 $T_0 = 298$ K、环境压力 $p_0 = 0.1$ MPa。据计算 1 kg 燃料燃烧放出热量,能产生质量为 8.061 kg 蒸汽,锅炉中燃烧接近定压,设烟气近似按空气计算。试求生产 1 kg 蒸汽,烟气提供的㶲值。

第十一章

制冷循环

第九章和第十章介绍的热能动力装置是把热能转换成机械能供人们利用,另有一类能量转换装置,如制冷装置和热泵,它们消耗外部机械功(或其他形式的能量),以实现热能由低温物体向高温物体转移。制冷循环和热泵循环都是逆向循环,两者的区别在于,前者的目的是从低温热源(如冷库)不断地取走热量,以维持其低温;后者则是向高温物体(如供暖的建筑物)提供热量,以保持其较高的温度。它们的热力学本质是相同的,都是使热量从低温物体传向高温物体。本章主要叙述制冷循环,对于热泵循环的理论分析可参照制冷循环。

11.1 概　述

制冷装置运行的目的是从冷库不断地把热量传输到环境介质,以维持冷库内低温。据热力学第二定律,进行这样的自发过程的逆向过程是需要付出代价的,因此必须提供机械能(或热能等),以确保包括低温冷源、高温热源、功源(或向循环供能的源)在内的孤立系统的熵不减少。

制冷循环的制冷系数(工程上也称为制冷装置的工作性能系数,用符号COP 表示)

$$\varepsilon = \frac{q_c}{q_0 - q_c} = \frac{q_c}{w_{net}} \tag{11-1}$$

式中:q_0为向高温热源(一般为环境介质)输出的热量;q_c为自冷库吸收的热量,即循环制冷量。

制冷装置的制冷量工程上常用"冷吨"表示,1 冷吨是 1 000 kg 0 ℃的饱和水在 24 小时冷冻为 0 ℃的冰所需要的制冷量,这个制冷量可换算为 3.86 kJ/s(但美国 1 冷吨相当于 3.517 kJ/s)。

由卡诺定理,在大气环境温度 T_0 与温度为 T_c 的低温热源(如冷库)之间的逆向循环的制冷系数以逆向卡诺循环为最大

$$\varepsilon_c = \frac{T_c}{T_0 - T_c} > \varepsilon$$

该式表明:制冷系数可以大于、等于、小于 1。在一定环境温度下,冷库温度 T_c 愈低,制冷系数就愈小。因此为取得良好的经济效益,没有必要把冷库的温度定得超乎需要的低。这也是一切实际制冷循环遵循的原则。

制冷循环包括压缩式制冷循环、吸收式制冷循环、吸附式制冷循环、蒸气喷射制冷循环及半导体制冷等。压缩式制冷循环又可分为压缩气体制冷循环和压缩蒸气制冷循环。世界上运行的制冷装置绝大部分是压缩蒸气制冷循环。以往,工质多半为商品名为氟利昂的氯氟烃物质 CFC(如 CFC11 或称 R11,CFC12 或称 R12)、含氢氯氟烃物质 HCFC(如 HCFC22 或称 R22)和氨等,前两者应用尤为广泛,但是这两类物质对大气臭氧层破坏很强烈。随着人类对环境与生态保护的认识日益深刻,除了积极寻求 CFC 和 HCFC 的替代工质外,各种对环境友善的制冷方式,如压缩气体(空气、二氧化碳等)制冷正愈来愈受到重视。

11.2 压缩空气制冷循环

11.2.1 压缩空气制冷循环

由于空气定温加热和定温排热不易实现,故不能按逆向卡诺循环运行。在压缩空气制冷循环中,用两个定压过程来代替逆向卡诺循环的两个定温过程,故可视为逆向布雷顿循环。其 $p-v$ 图和 $T-s$ 图如图 11-1 所示,实施这一循环的装置示意图如图 11-2 所示。图中 T_c 为冷库中需要保持的温度,T_0 为环境温度。

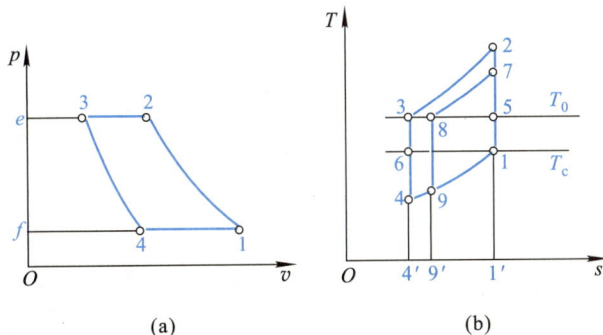

(a)   (b)

图 11-1   压缩空气制冷循环状态参数图

压缩机可以是活塞式的或是叶轮式的。从冷库出来的空气（状态 1），$T_1 = T_c$；进入压气机后被绝热压缩到状态 2，此时温度已高于 T_0；然后进入冷却器，在定压下将热量传给冷却水，达到状态 3，$T_3 = T_0$；再导入膨胀机绝热膨胀到状态 4，此时温度已低于 T_c；最后进入冷库，在定压下自冷库吸收热量（称作制冷量），回到状态 1，完成循环。

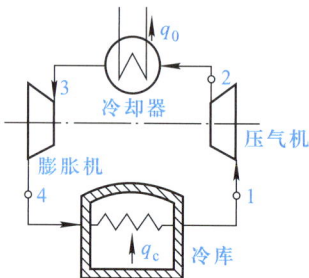

图 11-2　压缩空气制冷循环装置流程图

循环中空气排向高温热源的热量为

$$q_0 = h_2 - h_3$$

自冷库吸热量为

$$q_c = h_1 - h_4$$

在 T-s 图上 q_0 和 q_c 可分别用面积 234′1′2 和面积 144′1′1 表示，两者之差即为循环净热量 q_{net}，数值上等于净功量 w_{net}：

$$q_{net} = q_0 - q_c = (h_2 - h_3) - (h_1 - h_4) = (h_2 - h_1) - (h_3 - h_4) = w_C - w_T = w_{net}$$

其中 w_C 和 w_T 分别是压气机所消耗的功和膨胀机输出的功。

循环的制冷系数为

$$\varepsilon = \frac{q_c}{w_{net}} = \frac{h_1 - h_4}{(h_2 - h_3) - (h_1 - h_4)} \tag{11-2}$$

若近似取比热容为定值，则

$$\varepsilon = \frac{T_1 - T_4}{(T_2 - T_3) - (T_1 - T_4)}$$

过程 1-2 和 3-4 都是定熵过程，因而有

$$\frac{T_2}{T_1} = \left(\frac{p_2}{p_1}\right)^{\frac{\kappa - 1}{\kappa}} = \frac{T_3}{T_4}$$

将上式代入制冷系数表达式可得

$$\varepsilon = \frac{1}{\dfrac{T_3}{T_4} - 1} = \frac{T_4}{T_3 - T_4} = \frac{T_1}{T_2 - T_1} = \frac{1}{\left(\dfrac{p_2}{p_1}\right)^{\frac{\kappa - 1}{\kappa}} - 1} = \frac{1}{\pi^{\frac{\kappa - 1}{\kappa}} - 1} \tag{11-3}$$

式中 $\pi = p_2/p_1$，称为循环增压比。

在同样的冷库温度和环境温度条件下，逆向卡诺循环 1-5-3-6-1 的制冷系数为 $\dfrac{T_1}{T_3 - T_1}$，显然大于式（11-3）所表示的压缩空气制冷循环的制冷系数。

考察式(11-3),可见压缩空气制冷循环的制冷系数与循环增压比 π 有关: π 愈小,ε 愈大;π 愈大,则 ε 愈小。但 π 减小会导致膨胀温差变小从而使循环制冷量减小,如图 11-1b 中循环 1-7-8-9-1 的增压比较循环 1-2-3-4-1 的小,其制冷量(面积 199′1′1)小于循环 1-2-3-4-1 的制冷量(面积 144′1′1)。

压缩空气制冷循环的主要缺点是单位质量工质制冷量不大。因空气的比热容较小,且增压比增大循环制冷系数将减小,故在吸热过程 4-1 中每千克空气的吸热量(即制冷量)不多。为了提高制冷能力,空气的流量就要很大,如应用活塞式压气机和膨胀机,则设备很庞大,不经济。因此,在普冷范围内($t_c > -50\ ℃$),除了飞机空调等场合外,在其他方面很少应用,而且飞机机舱采用的是开式压缩空气制冷,自膨胀机流出的低温空气直接吹入机舱。近年来,随着人类对环境与生态保护的认识日益深刻,包括压缩气体制冷在内的各种对环境友善的制冷方式,重又开始受到重视。在压缩空气制冷设备中应用回热原理,并采用叶轮式压气机和膨胀机,改善了压缩空气制冷循环的主要缺点,为压缩空气制冷设备的广泛应用和发展提供了基础。这种循环已广泛应用于空气和其他气体(如氦气)的液化装置。

11.2.2　回热式压缩空气制冷循环

回热式压缩空气制冷装置示意图及理想回热循环的 $T\text{-}s$ 图如图 11-3 和图 11-4 所示。自冷库出来的空气(温度为 T_1,即低温热源温度 T_c),首先进入回热器升温到高温热源的温度 T_2(通常为环境温度 T_0),接着进入叶轮式压气机进行压缩,升温、升压到 T_3、p_3,再进入冷却器,实现定压放热,降温至 T_4(理论上可达高温热源温度 T_2),随后进入回热器进一步定压降温至 T_5(即低温热源温度 T_c),再进入叶轮式膨胀机实现定熵膨胀过程,降压、降温至 T_6、p_6,最后进入冷库实现定压吸热,升温到 T_1,完成循环。

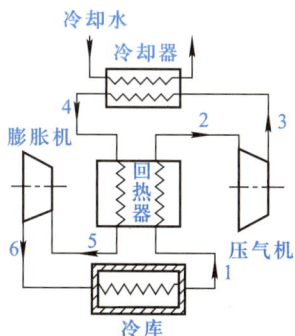

图 11-3　回热式压缩空气制冷装置流程图

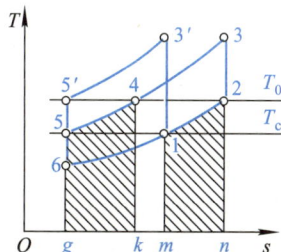

图 11-4　回热式压缩空气制冷循环 $T\text{-}s$ 图

在理想的情况下,空气在回热器中的放热量(即图中面积 $45gk4$)恰等于被预热的空气在过程 1-2 中的吸热量(图中面积 $12nm1$)。工质自冷库吸取的热量为面积 $61mg6$,排向外界环境的热量为面积 $34kn3$。这一循环的效果显然与没有回热的循环 $13'5'61$ 相同。因两循环中的 q_c 和 q_0 完全相同,它们的制冷系数也是相同的。但是循环增压比从 $p_{3'}/p_1$ 下降到 p_3/p_1。这为采用压力比不宜很高的叶轮式压气机和膨胀机提供了可能。叶轮式压气机和膨胀机具有大流量的特点,因而适宜于大制冷量的机组。此外,如不应用回热,则在压气机中至少要把工质从 T_c 压缩到 T_0 以上才有可能制冷(因工质要放热给环境大气)。而在气体液化等低温工程中 T_c 和 T_0 之间的温差很大,这就要求压气机有很高的 π,叶轮式压气机很难满足这种要求,应用回热解决了这一困难。再次,由于 π 减小,使压缩过程和膨胀过程的不可逆损失的影响也可减小。

例 11-1　参见图 11-1,假定空气进入压气机时的状态为 $p_1 = 0.1$ MPa、$t_1 = -20$ ℃,在压气机内定熵压缩到 $p_2 = 0.5$ MPa,然后进入冷却器。离开冷却器时空气的温度为 $t_3 = 20$ ℃。若 $t_c = -20$ ℃,$t_0 = 20$ ℃,空气视为定比热容的理想气体,$\kappa = 1.4$。试求:(1)无回热时的制冷系数 ε 及每千克空气的制冷量 q_c;(2)若 ε 保持不变而采用回热,理想情况下压缩比 π_R 是多少?

解　(1)无回热时的 ε 和 q_c

据题意　　　　$T_1 = T_c = 253.15$ K,　$T_3 = T_0 = 293.15$ K

$$\pi = \frac{p_2}{p_1} = \frac{0.5 \text{ MPa}}{0.1 \text{ MPa}} = 5$$

且由　　　　　　$$\frac{T_2}{T_1} = \left(\frac{p_2}{p_1}\right)^{\frac{\kappa-1}{\kappa}} = \frac{T_3}{T_4}$$

故　　　　$T_2 = T_1 \pi^{\frac{\kappa-1}{\kappa}} = 253.15 \text{ K} \times 5^{\frac{1.4-1}{1.4}} = 400.94$ K

$$T_4 = T_3 \pi^{-\frac{\kappa-1}{\kappa}} = 293.15 \text{ K} \times 5^{-\frac{1.4-1}{1.4}} = 185.09 \text{ K}$$

压缩机耗功为

$$w_C = h_2 - h_1 = c_p(T_2 - T_1)$$
$$= 1.005 \text{ kJ/(kg · K)} \times (400.94 \text{ K} - 253.15 \text{ K}) = 148.53 \text{ kJ/kg}$$

膨胀机作出的功为

$$w_T = h_3 - h_4 = c_p(T_3 - T_4)$$
$$= 1.005 \text{ kJ/(kg · K)} \times (293.15 \text{ K} - 185.09 \text{ K}) = 108.60 \text{ kJ/kg}$$

空气在冷却器中放热量为

$$q_0 = h_2 - h_3 = c_p(T_2 - T_3)$$
$$= 1.005 \text{ kJ/(kg · K)} \times (400.94 \text{ K} - 293.15 \text{ K}) = 108.33 \text{ kJ/kg}$$

每千克空气在冷库中的吸热量，即每千克空气的制冷量：

$$q_c = h_1 - h_4 = c_p(T_1 - T_4)$$
$$= 1.005 \text{ kJ}/(\text{kg} \cdot \text{K}) \times (253.15 \text{ K} - 185.09 \text{ K}) = 68.40 \text{ kJ/kg}$$

循环的净功为

$$w_{net} = w_C - w_T = 148.53 \text{ kJ/kg} - 108.60 \text{ kJ/kg} = 39.93 \text{ kJ/kg}$$

循环的净热量为

$$q_{net} = q_0 - q_c = 108.33 \text{ kJ/kg} - 68.40 \text{ kJ/kg} = 39.93 \text{ kJ/kg}$$

故循环的制冷系数为

$$\varepsilon = \frac{q_c}{w_{net}} = \frac{68.40 \text{ kJ/kg}}{39.93 \text{ kJ/kg}} = 1.71$$

（2）有回热时的压力比 π_R

据题意，参照图 11-4，$T_{3'} = 400.94$ K，$T_2 = 293.15$ K，且

$$\frac{T_3}{T_2} = \left(\frac{p_3}{p_2}\right)^{\frac{\kappa-1}{\kappa}} = \pi_R^{\frac{\kappa-1}{\kappa}}$$

所以

$$\pi_R = \left(\frac{T_3}{T_2}\right)^{\frac{\kappa}{\kappa-1}} = \left(\frac{T_{3'}}{T_0}\right)^{\frac{\kappa}{\kappa-1}} = \left(\frac{400.94 \text{ K}}{293.15 \text{ K}}\right)^{\frac{1.4}{1.4-1}} = 3.0$$

讨论：（1）比较 π 和 π_R 可知，压缩空气制冷装置理想循环采用回热后，只要 q_c、T_c、T_0 不变，则 w_{net} 和 ε 亦相同，但压力比减小，对使用叶轮式机械就很有利。（2）同样冷库温度 T_c 和环境温度 T_0 条件下逆向卡诺循环的制冷系数是 6.33（请读者自行计算），远大于本例计算值，这是由于压缩空气制冷循环中定压吸、排热偏离定温吸、排热甚远之故，但这是工质性质决定了的。

11.3 压缩蒸气制冷循环

从上节的讨论中可以看出压缩空气制冷循环有两个根本弱点，其一是不能实现定温吸、排热过程，使循环偏离了逆向卡诺循环而降低了经济性；其二是由于空气的比定压热容较小，单位质量工质的制冷量也较小。这两个缺点是由气体的热力性质决定的。采用回热后，可以使之得到改善，但仍不能根本消除。采用低沸点物质作制冷剂，利用在湿蒸气区定压即定温的特性，在低温下定压气化吸热制冷，可以克服压缩空气制冷循环的上述缺点。

理论上可以实现压缩蒸气的逆向卡诺制冷循环，如图 11-5 中循环 7-3-4-6-7。但在状态 7 时工质干度相当小，两相物质的压缩是不利的。为了避免这种不利状况，也为增加制冷量，使工质气化到干度更大的状态 1。此外为了简化

设备,提高装置运行的可靠性,实际应用的压缩蒸气制冷循环常采用节流阀(或称膨胀阀)代替膨胀机,主要设备流程图如图 11-6 所示。从冷库定压气化吸热后,状态为 1(通常为干饱和蒸气或接近干饱和蒸气)的制冷工质进入压缩机在绝热状态下压缩,升温升压到状态 $2(T_2 > T_0)$ 再进入冷凝器向环境介质等压散热,在冷凝器内过热的制冷剂蒸气先等压降温到对应于压力 p_2 的饱和温度 T_3,然后继续等压(同时也是等温)冷凝成饱和液状态 4 进入节流阀,绝热节流降温、降压至对应于 p_1 的湿饱和蒸气状态 5,再进入冷库定压气化吸热完成循环。其循环 T-s 图如图 11-5 中 1-2-3-4-5-1 所示。

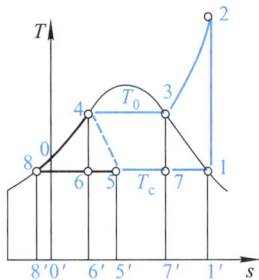

图 11-5　压缩蒸气制冷循环 T-s 图　　图 11-6　压缩蒸气制冷装置流程图

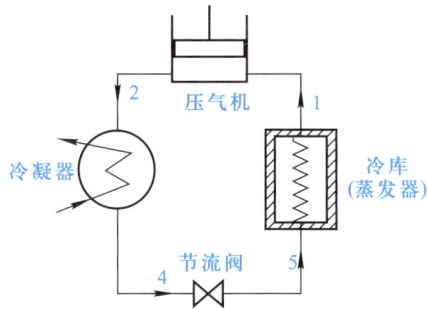

　　上述压缩蒸气制冷循环的制冷系数分析如下。

　　工质自冷库吸收的热量为

$$q_c = h_1 - h_5 = h_1 - h_4$$

式中 h_4 是饱和液的焓值,因绝热节流后工质的焓值不变,所以 $h_5 = h_4$,h_4 的值可从有关图、表和计算机程序获取。

　　工质向外界排出的热量为

$$q_0 = h_2 - h_4$$

压缩机耗功即为循环耗净功

$$w_C = h_2 - h_1 = w_{net}$$

制冷系数

$$\varepsilon = \frac{q_c}{w_{net}} = \frac{h_1 - h_4}{h_2 - h_1} \tag{11-4}$$

　　从以上计算式可以看到,制冷循环的吸热量(即制冷量)、放热量和功量均与过程的比焓差有关,如将循环表示在 $\lg p$-h 图上,则上述诸量均可用过程线在横坐标上的投影长度表示,因此对蒸气压缩制冷循环进行分析计算时,常采用压焓图。上述循环的压焓图的示意图如图 11-7 所示。根据状态 1 的 p_1(或 t_1)及 x_1

可在图上确定状态点 1;由通过点 1 的等熵线
与压力为 p_2 等压线的交点可定出状态点 2;
p_2 等压线与 $x=0$ 线的交点即为状态点 4;通过
点 4 作垂线与 p_1 等压线的交点即为状态点 5。
当然上述各点焓值也可以从该制冷剂的热力
性质表上查取,但显然在 $\lg p\text{-}h$ 图上求取更
为方便。本书附录中提供了 HFC134a 的参数
供查用。

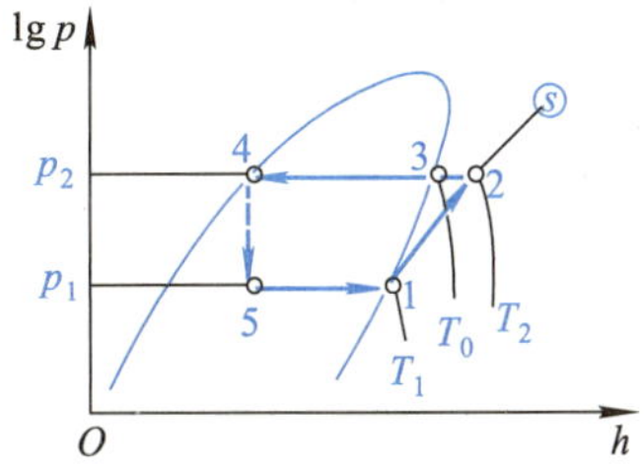

图 11-7 $\lg p\text{-}h$ 图

实际上,由于有传热温差与摩阻的存在,压缩蒸气制冷循环中制冷剂的冷凝
温度高于环境温度;蒸发温度低于冷库温度,而且压缩过程也是不可逆的绝热压
缩。当考虑上述情况时,循环的 $T\text{-}s$ 图和 $\lg p\text{-}h$ 图如图 11-8 所示。图中状态 2
为实际压缩状态。对图示循环,除状态 2 外,其他状态的确定方法如上所述。状
态 2 的确定与压缩机的绝热效率 $\eta_{C,s}$ 有关。据绝热效率的定义:

$$\eta_{C,s}=\frac{h_{2_s}-h_1}{h_2-h_1}$$

即 $h_2=h_1+\dfrac{h_{2_s}-h_1}{\eta_{C,s}}$,由 $\lg p\text{-}h$ 得出 h_{2_s} 就可进而求得 h_2。

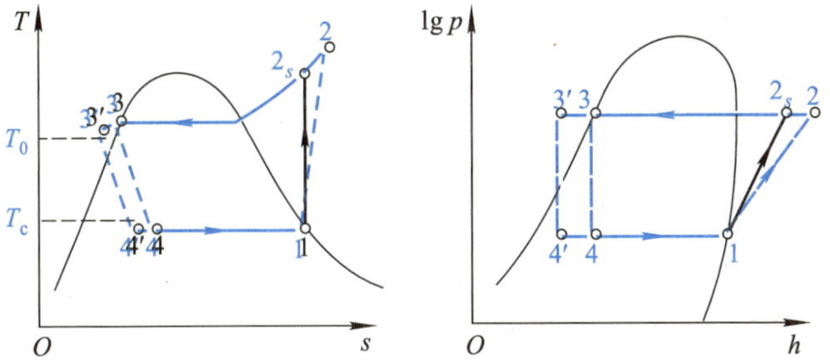

图 11-8   实际制冷循环的 $T\text{-}s$ 图及 $\lg p\text{-}h$ 图

为提高制冷装置的制冷系数,实际循环中还采用过冷的方法在不增加耗功
的情况下增加制冷量,而使 ε 提高。图 11-8 中的过程 3-3′,即为过冷过程。它
将冷凝器中的饱和液进一步冷却,节流后的状态由 4 变为 4′,汽化过程的制冷量
由 h_1-h_4 增加到 $h_1-h_{4'}$。由于循环耗功未变,仍为 h_2-h_1,所以装置的制冷系数
提高。

例 11-2   用 HFC134a(R134a)作工质的理想制冷循环如图 11-7 中循环 1-
2-3-4-5-1 所示。若在蒸发器中制冷剂汽化温度 $t_c=t_1=-20\ ℃$,在冷凝器中冷
凝温度 $t_4=t_3=40\ ℃$,制冷剂的质量流量 $q_m=0.005\ \text{kg/s}$,环境温度 $t_0=30\ ℃$。

压缩蒸气
制冷循环

求：(1) 循环的制冷系数；(2) 制冷量；(3) 电动机功率；(4) 节流过程的作功能力损失；(5) 装置㶲效率。

解　(1) 制冷系数

状态 1 是饱和温度为 -20 ℃ 的干饱和蒸气，由 $t_1 = -20$ ℃，从 HFC134a 饱和性质表(附表 11)中查得：

$$p_1 = 133.2 \text{ kPa}, \quad h_1 = 385.89 \text{ kJ/kg}, \quad s_1 = 1.738\ 7 \text{ kJ/(kg · K)}$$

同理，由 $t_4 = 40$ ℃，及 $x_4 = 0$ 查得：

$$p_4 = p_3 = p_2 = 1\ 016.3 \text{ kPa}, \quad h_4 = 256.44 \text{ kJ/kg}, \quad s_4 = 1.190\ 6 \text{ kJ/(kg · K)}$$

由 $p_2 = 1\ 016.3$ kPa、$s_2 = s_1 = 1.738\ 7$ kJ/(kg · K)，从 HFC134a 过热蒸气表(附表 13)经由插值求得 $h_2 = 427.65$ kJ/kg，压缩过程绝热，故压缩机耗功

$$w_C = h_2 - h_1 = 427.65 \text{ kJ/kg} - 385.89 \text{ kJ/kg} = 41.76 \text{ kJ/kg}$$

1 kg 工质的制冷量

$$q_c = h_1 - h_5 = h_1 - h_4 = 385.89 \text{ kJ/kg} - 256.44 \text{ kJ/kg} = 129.45 \text{ kJ/kg}$$

制冷系数为

$$\varepsilon = \frac{q_c}{w_{net}} = \frac{q_c}{w_C} = \frac{129.45 \text{ kJ/kg}}{41.76 \text{ kJ/kg}} = 3.10$$

(2) 总制冷量

$$q_Q = q_m q_c = 0.005 \text{ kg/s} \times 129.45 \text{ kJ/kg} = 0.647 \text{ kW}$$

若用冷吨表示，则总制冷量为 0.168 冷吨。

(3) 电动机功率

$$P = q_m w_{net} = q_m w_C = 0.005 \text{ kg/s} \times 41.76 \text{ kJ/kg} = 0.21 \text{ kW}$$

(4) 节流过程的作功能力损失

由 $p_5 = p_1 = 133.2$ kPa 及 $h_4 = h_5$，在 lg p-h 图上查得 $s_5 = 1.242$ kJ/(kg · K)。因节流过程 4-5 为绝热稳定流动过程，所以熵产及作功能力损失分别为

$$s_g = s_5 - s_4 = 1.242 \text{ kJ/(kg · K)} - 1.190\ 6 \text{ kJ/(kg · K)} = 0.051\ 4 \text{ kJ/(kg · K)}$$

$$I = T_0 s_g = 303.15 \text{ K} \times 0.051\ 4 \text{ kJ/(kg · K)} = 15.58 \text{ kJ/kg}$$

(5) 循环㶲效率

由题意，$T_0 = 303.15$ K，循环制冷量 q_c 中的冷量㶲为

$$e_{x,Q} = \left(\frac{T_0}{T_1} - 1\right) q_c = \left(\frac{303.15 \text{ K}}{253.15 \text{ K}} - 1\right) \times 129.45 \text{ kJ/kg} = 25.57 \text{ kJ/kg}$$

所以循环㶲效率为

$$\eta_{e_x} = \frac{e_{x,Q}}{w_{net}} = \frac{25.57 \text{ kJ/kg}}{41.76 \text{ kJ/kg}} = 61.23\%$$

讨论：(1) 题中 HFC134a 数据主要从 HFC134a 的饱和蒸气表及过热蒸气表

查得,建议读者利用 HFC134a 的 lg$p$-h 图和有关电子文档查取并对照,归纳不同方法获取数据的特点;(2) 请考虑本题节流过程的㶲损失与冷量㶲之和与输入压气机的机械功的关系。

例 11-3 一台以 HFC134a 为制冷工质的冰箱放在室温为 20 ℃ 的房间内,在压缩机内进行的过程既非绝热也不可逆。进入压缩机的是温度 $t_1 = -20$ ℃ 的干饱和蒸气,离开压缩机时工质温度 $t_2 = 50$ ℃,冷凝液的温度 $t_3 = 40$ ℃,如图 11-9 所示。经实测,装置的工作性能系数 COP = 2.3,循环中制冷剂的流量 $q_m = 0.2$ kg/s。(1) 求循环制冷量、输入压缩机的功率、压缩过程的熵产率和作功能力损失;(2) 若总制冷量不变,但冷凝液过冷到 35 ℃,求循环制冷量及制冷剂流量。

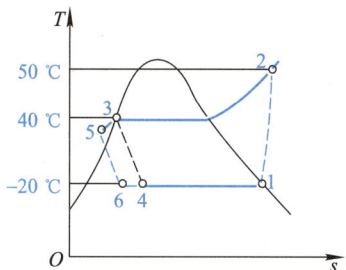

图 11-9 例 11-3 附图

解 (1) 由 $t_1 = -20$ ℃,$t_3 = 40$ ℃,查 HFC134a 热力性质表:$h_1 = 385.89$ kJ/kg、$s_1 = 1.738\ 7$ kJ/(kg·K)、$h_3 = h_4 = 256.44$ kJ/kg、$p_3 = p_2 = 1\ 016.3$ kPa、$h_2 = 430.28$ kJ/kg。由 h_2 和 p_2,查表得 $s_2 = 1.745\ 9$ kJ/(kg·K)。

$$q_c = h_1 - h_4 = h_1 - h_3 = 385.89\text{ kJ/kg} - 256.44\text{ kJ/kg} = 129.45\text{kJ/kg}$$

$$q_{Q_c} = q_m q_c = 0.2\text{ kg/s} \times 129.45\text{ kJ/kg} = 25.89\text{ kW}$$

$$w_{net} = \frac{q_c}{\varepsilon} = \frac{129.45\text{ kJ/kg}}{2.3} = 56.28\text{ kJ/kg}$$

据热力学第一定律解析式,过程 1-2,$q = (h_2 - h_1) + w_t$,因过程 3-4 为节流过程,所以 $w_t = w_C = -w_{net} = -56.28$ kJ/kg,故

$$q = (h_2 - h_1) + w_C$$
$$= 430.28\text{ kJ/kg} - 385.89\text{ kJ/kg} - 56.28\text{ kJ/kg} = -11.89\text{ kJ/kg}$$

据稳定流动开口系熵方程,$(s_1 - s_2) + s_f + s_g = 0$,压缩过程熵产

$$s_g = (s_2 - s_1) - s_f$$
$$= [1.745\ 9\text{ kJ/(kg·K)} - 1.738\ 7\text{ kJ/(kg·K)}] - \frac{-11.89\text{ kJ/kg}}{(273.15 + 20)\text{K}}$$
$$= 0.047\ 8\text{ kJ/(kg·K)}$$

$$P_C = q_m w_{net} = 0.2\text{ kg/s} \times 56.28\text{ kJ/kg} = 11.26\text{kW}$$

$$\dot{S}_g = q_m s_g = 0.2\text{ kg/s} \times 0.047\ 8\text{ kJ/(kg·K)} = 0.009\ 6\text{ kW/K}$$

$$\dot{I} = T_0 \dot{S}_g = 293.15\text{ K} \times 0.009\ 6\text{ kW/K} = 2.81\text{ kJ/s}$$

（2）由 $p_2 = 1\ 016.3\ \text{kPa}, t_5 = 35\ ℃$，得 $h_5 = 249.0\ \text{kJ/kg}, s_5 = 1.167\ \text{kJ/(kg·K)}$。

$$q'_c = h_1 - h_6 = h_1 - h_5 = 385.89\ \text{kJ/kg} - 249.0\ \text{kJ/kg} = 136.89\ \text{kJ/kg}$$

$$q'_m = \frac{q_{Q_c}}{q'_c} = \frac{25.89\ \text{kW}}{136.89\ \text{kJ/kg}} = 0.189\ \text{kg/s}$$

讨论：（1）在简化分析中常常假定压缩机压缩过程绝热，本题压缩机内进行的过程既非绝热也不可逆，可通过稳流能量方程求出换热量，再由熵方程计算熵产率进而求得㶲损失；（2）采用过冷工艺，完成同样的制冷率循环的制冷剂质量减少，所以尽管循环净功不变，但压气机的总功率下降。

11.4　制冷剂的性质

压缩蒸气制冷循环具有单位质量工质制冷量大，制冷系数更接近于同温限的逆向卡诺循环等优点，因此得到了广泛应用。由于实际装置的运行和性能与制冷工质的性质密切相关，因此在热力性质和环境保护等方面对制冷剂提出了要求。

对制冷剂的热力性质的主要要求如下：

（1）对应于装置工作温度（蒸发温度、冷凝温度），要有适中的压力。若蒸发压力过低，密封容易出问题；冷凝压力过高，对冷凝系统材料的耐压强度要求提高，增加了成本也对焊接等工艺提出了更高要求。

（2）在工作温度下汽化潜热要大，使单位质量工质具备较大的制冷能力。

（3）临界温度应较高于环境温度，使冷却过程能更多地利用定温排热。

（4）制冷剂在 $T-s$ 图上的上、下界限线应要陡峭，以便使冷却过程更加接近定温放热过程，并可减少节流引起的制冷能力下降。

（5）工质的三相点温度要低于制冷循环的下限温度，以免造成凝固阻塞。

（6）蒸气的比体积要小、工质的传热特性要好，使装置更紧凑。

此外，还要求制冷剂溶油性好、化学性质稳定、与金属材料及压缩机中密封材料等有良好的相容性、安全无毒、价格低廉等。

常用的制冷剂有氨（NH_3）和多种称为氟利昂的氯氟烃和含氢氯氟烃等商品。氨是一种良好的制冷剂，对应于制冷温度范围有合适的压力，汽化潜热大，制冷能力较强，价格低廉，对环境破坏小，但有较大的毒性，对铜有腐蚀性，具有气味，应用场合受到一定限制。氟利昂类制冷剂气化时吸热能力适中，性能稳定，能够满足不同温度范围对制冷剂的要求，由于其优异的热工性能，应用尤为广泛，例如 CFC12（R12）、CFC11（R11）和 HCFC22（R22）等曾分别作为家用冰箱、汽车空调和热泵型空调的重要制冷剂。

但是在 20 世纪 70 年代首先由美国科学家 Molina 和 Rowland 发现,由于 CFC 和 HCFC 物质相当稳定,进入大气后能逐渐穿越大气对流层而进入同温层,在紫外线的照射下,CFC 和 HCFC 物质中的氯游离成氯离子 Cl⁻,与臭氧发生连锁反应,使臭氧浓度急剧减小。根据调查显示,自 1978 年开始的 10 年内,全球各纬度平流层的臭氧含量降低 1.2%～10%,南极上空则是臭氧被破坏最严重的区域,甚至在春季期间更会出现所谓的"臭氧空洞"。南极上空的臭氧层是在 20 亿年的漫长岁月中形成的,可是仅在一个世纪里就被破坏了 60%。21 世纪初全球臭氧层削减率达每年 2%～3%,如果任其发展,在 21 世纪末,平流层臭氧含量将降至极低的水平。

臭氧层阻挡了太阳辐射中紫外线,如果没有臭氧层,进入大气层的紫外线就很容易被细胞核吸收,破坏生物的遗传物质 DNA。臭氧层变薄甚至出现大面积空洞大大削弱了对紫外线 B 的吸收能力,使大量紫外线 B 直接照射到地球表面,导致人体免疫功能降低,皮肤癌增加,并使农、畜、水产品减产,破坏原有的生态平衡。此外,地球上空大量积聚 CFC 和 HCFC 类物质还加剧了温室效应。因此,虽然 CFC 和 HCFC 类物质有优异的热力性能,但是必须限制进而禁止使用。我国政府于 1992 年 8 月起正式成为保护臭氧层的"蒙特利尔协定书"的缔约国。按照该协定书规定,我国在 2010 年前停止使用与生产 CFC 物质。

作为替代物,首先必须满足环境保护方面的要求,而且也应该满足前述对制冷剂的热力性质及其他方面的要求。考虑到不可能抛弃现有的冰箱、空调等设备,因此替代物的热物理性质愈接近被替代的 CFC 或 HCFC 物质愈好,以实现现有设备顺利改用新工质。研究和试验表明 HCF134a 是 CFC12 较好的替代物的新工质,它是一种含氢的氟代烃物质,由于不含氯原子,因而不会破坏臭氧层,对温室效应也仅为 CFC12 的 30%左右。它的正常沸点和蒸气压曲线与 CFC12 十分接近,热工性能也接近 CFC12,其他有关性能也较为有利。为了使替代工质的性质更完善,常采用两种甚至多种纯物质的混合物作为制冷剂,有关这方面的论述请参阅有关专业文献。

11.5　其他制冷循环

压缩气体制冷循环和压缩蒸气制冷循环都是以消耗机械功作为补偿手段,使热量从低温物体传向高温物体的。本节介绍的吸收式制冷循环和气流引射压气制冷循环则主要是耗费热能或较高压的蒸汽来达到制冷的目的。消耗机械能和热能从热力学第二定律的角度来看都是使熵增大,以弥补热量从低温物体传向高温物体造成的熵减小,从而使孤立系统熵增大。

11.5.1 吸收式制冷循环

工质(制冷剂)从冷库吸热时的温度需小于冷库温度,而为了向高温热源(通常为环境介质)转移从冷库吸收的热量,工质的温度必须高于环境温度。无论在压缩蒸气制冷还是在压缩气体制冷循环中,均通过外界向压缩机输入机械功压缩制冷剂,实现温度升高。由于通常的压缩蒸气制冷循环工质的压缩过程完全处于过热区,因此压气机耗功较大。若能设计循环,在制冷剂的液态区实施压缩,将可使压缩耗功实质性地减少。吸收式制冷循环就是一种在液态区实施压缩,使压缩耗功减少的制冷循环。

吸收式制冷循环的流程及相应的设备示意图如图11-10所示。吸收式制冷循环利用制冷剂在溶液中不同温度下具有不同溶解度的特性,使制冷剂在较低的温度和压力下被吸收剂(即溶剂)吸收,同时又使它在较高的温度和压力下从溶液中蒸发,完成循环实现制冷目的的。与压缩蒸气制冷循环相比,吸收式制冷系统中同样有冷凝器、节流阀以及蒸发器,而图中右侧吸收器、溶液泵、蒸汽发生器和减压阀组成的一组设备则起到类似压缩机的作用,实现制冷剂的升压。下边以溴化锂为吸收剂、水作制冷剂的吸收式制冷循环为例进行说明。以水为吸收剂、氨作制冷剂的吸收式制冷循环原理与之相同。吸收式制冷系统中冷凝器、节流阀以及蒸发器与压缩蒸气制冷循环的相同。从冷凝器流出的饱和水(状态7)经节流阀降压降温,形成干度很小的湿饱和蒸汽(状态8)。进入蒸发器从冷库吸热,定压汽化,成为干度很大的湿饱和蒸汽或干饱和蒸汽(状态1),送入吸收器。与此同时,蒸汽发生器中由于水蒸发而浓度升高的溴化锂溶液(状态4)经减压阀降压到吸收器压力(状态5)后也流入吸收器,吸收由蒸发器来的饱和水蒸气,生成稀溴化锂溶液,吸收过程中放出的热量由冷却水带走。稀

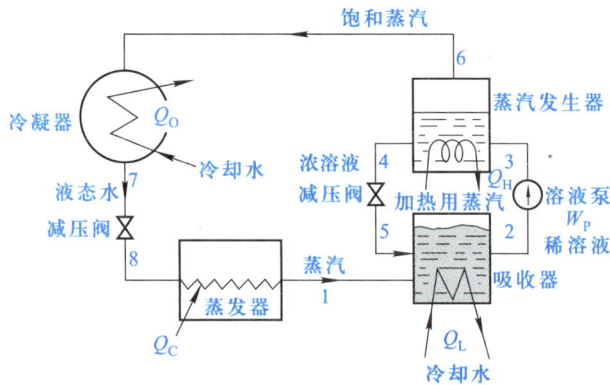

图 11-10   吸收式制冷循环流程图

溴化锂溶液(状态 2)由溶液泵加压到状态 3 送入蒸汽发生器并被加热。由于温度升高,水在溴化锂溶剂中的溶解度降低,蒸汽逸出液面形成与溶液平衡的较高压力、较高温度的水蒸气(状态 6)。水蒸气进入冷凝器,放热凝结成饱和水(状态 7),完成循环。

吸收式制冷装置的特点,首先是循环耗功很小,因为循环中升压是通过溶液泵压缩液体完成的;其次是加热浓溶液的外热源的温度不需很高,因此可利用余热甚至太阳能、地热能等资源。

循环的性能系数是

$$COP = \frac{Q_C}{Q_H + W_P} \tag{11-5}$$

式中:Q_C是蒸发器中制冷工质气化时吸收的热量;Q_H是蒸汽发生器中热源对溶液的加热量;W_P是溶液泵消耗的功。

若忽略溶液泵消耗的少量功,则装置性能系数为

$$COP = \frac{Q_C}{Q_H} \tag{11-6}$$

目前,实际的吸收式制冷循环的性能系数的数量级为 1。在制冷量相同的情况下,吸收式制冷装置体积比压缩蒸气制冷装置大,也需要更多的维护工作量,并且只适用于冷负荷稳定的场合,但它可以利用温度较低的余热资源,如低压水蒸气、地热水、烟气、内燃机排气等,因而近年来得到迅速发展。由于水的热物理特性,这种制冷系统还只能应用于空调场合。但是溴化锂溶液对普通碳钢有较强的腐蚀性,机组要求很高的气密性,因而对材料及制造有较高的要求。

11.5.2　气流引射式制冷

气流引射压气式制冷装置是利用喷射器或引射器代替压缩机来实现对制冷用蒸气的压缩,以消耗较高压力的蒸气来实现制冷的设备。制冷温度在 3~10 ℃范围内时,可采用水蒸气作为制冷剂的蒸汽喷射式制冷机,消耗的水蒸气压力在 0.3 MPa~1 MPa。

图 11-11a 给出了这种形式制冷装置的示意图,它主要由锅炉、喷射器、冷凝器、节流阀、蒸发器和水泵组成。锅炉中产生的蒸汽在喷管内绝热膨胀到很低的压力,因而造成混合室内压力较低,于是将作为制冷工质的蒸汽吸入。两路蒸汽混合后进入扩压管,利用蒸汽在经过喷管时得到的动能将混合汽压缩,使压力增加到其饱和温度比冷凝器中冷却水温度稍高的值。此后,蒸汽进入冷凝器,凝结成液态。由冷凝器出来的凝结水一部分由水泵升压送入锅炉,完成工作蒸汽循

环,如图 11-11b 中 $1-2-2_m-3-4-6-1$。其余的流经减压节流阀,降压降温后进入蒸发器,吸热汽化,完成逆向循环 $1_R-2_m-3-4-5_R-1_R$。

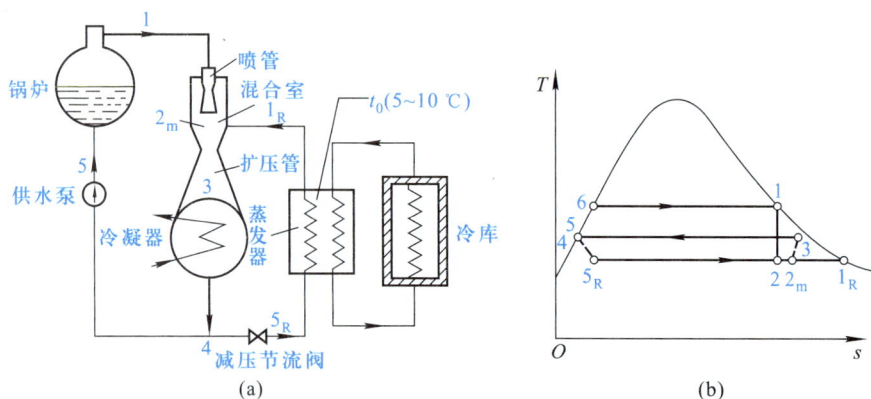

图 11-11　气流引射压气制冷循环装置流程图及 $T\text{-}s$ 图

若忽略水泵耗功,这种装置的效果是将热量 Q_2 从冷库转移到环境介质,而其代价是工作蒸汽从热源吸入热量 Q_1,所以其经济性指标可用能量利用系数 ξ 来度量,即

$$\xi = \frac{Q_2}{Q_1} \tag{11-7}$$

式中,Q_2 就是装置的制冷能力。

这种装置除水泵消耗少量电力或机械功,不需要动力机和压缩机,代之以构造简单、体积很小的引射式压缩器,在有蒸汽供应的场合有其采用的价值。但是经济性较差,且所能达到的最低温度不宜低于 5 ℃,故仅适用于空调、冷藏,不能用作冷冻。

*11.5.3　热电制冷

从物理学中知道,当直流电通过两种不同导体组成的回路时,节点上将产生吸热或放热现象,这就是珀尔贴效应。珀尔贴效应的本质是导体中的自由电子(载流子)从一种材料向另一种材料迁移通过节点时,因每种材料载流子的势能不同与外界交换能量,以满足能量守恒。

实用的热电制冷装置是半导体电偶构成的。在半导体材料中,N 型材料有多余的电子;P 型材料则电子不足。若把一只 P 型半导体元件和一只 N 型半导体元件联结成电偶,接上直流电后,在接头处就会产生温差和实现热量转移。若把一些半导体热电偶在电路上串联,就可构成一个常见的制冷热电堆,如图 11-12

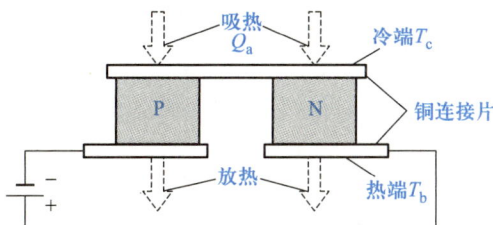

图 11-12 热电制冷原理示意图

所示。在上面接头处,电流方向是 N→P,温度下降并吸热,是冷端;下面的接头处电流方向是 P→N,温度上升并放热,是热端。

热电制冷装置与一般制冷装置的显著区别在于:不使用制冷剂,没有运动部件,无噪声、无振动、无磨损,容量尺寸宜于小型化,使用直流电工作,工作可靠、维护方便、使用寿命长。但是,热电制冷装置对于工作电压的脉动范围的要求较高,目前半导体材料的成本比较高,热电制冷的效率比较低,再加上制造工艺比较复杂,必须使用直流电等因素,这些都在一定程度上限制了热电制冷的推广和应用。

11.6 热泵循环

前已述及,热泵循环与制冷循环的本质都是消耗高质能以实现热量从低温热源向高温热源的传输。热泵是将热能从低温物系(如环境大气)向加热对象(高温热源,如室内空气)输送的装置。热泵循环和制冷循环的热力学原理相同,但热泵装置与制冷装置两者的工作温度范围和达成的效果不同。如利用空气源热泵对房间进行供暖,则热泵在房间空气温度 T_R(即高温热源 T_H)和大气温度 T_0(即低温热源 T_L)之间工作,其效果是室内空气获得热能,维持 T_R 不变。制冷循环则是在环境温度 T_0(高温热源)和冷库温度 T_c(低温热源)之间工作的循环,其效果是从冷库移走热量,使冷库温度维持 T_c 不变。压缩蒸气式热泵系统及其 $T\text{-}s$ 图与图 11-5 及图 11-6 相似,仅温限不同而已。

热泵循环的能量平衡方程为

$$q_H = q_L + w_{net} \qquad (11\text{-}8)$$

式中:q_H 为供给室内空气的热量;q_L 为取自环境介质的热量;w_{net} 为供给系统的净功。

热泵循环的经济性指标为供暖系数 ε'(或热泵工作性能系数 COP′),其表达式为

$$\varepsilon' = \frac{q_{\mathrm{H}}}{w_{\mathrm{net}}} \quad\quad\quad (11-9)$$

将循环能量平衡关系代入上式,得供暖系数与制冷系数之间关系式,即

$$\varepsilon' = \frac{w_{\mathrm{net}} + q_{\mathrm{L}}}{w_{\mathrm{net}}} = \varepsilon + 1 \quad\quad\quad (11-10)$$

上式表明,ε'永远大于1。和其他加热方式(如电加热、燃料燃烧加热等)比较,热泵循环不仅把消耗的能量(如电能等)转化成热能输向加热对象,而且依靠这种能质下降的补偿作用,把低温热源的热量 q_{L} "泵"送到高温热源。因此热泵是一种比较合理的供暖装置。由于热泵循环和制冷循环的雷同性,经过合理设计,同一装置可轮流用来制冷和供暖,夏季作为制冷机用于空调,冬季作为热泵用来供暖。

*11.7　提高循环能量利用经济性的热力学措施

工程上各种热能动力装置的用途、结构、使用的工质大相径庭,提高能量利用经济性指标的具体措施也不相同。虽然近年来分布式能源系统受到足够的重视,但采用高参数、大容量设备和合理组织循环,降低循环的不可逆性等仍是提高循环能量利用经济性的主要方向。回顾热能动力装置的发展历史可以发现,人们不断地提高活塞式内燃机循环的压缩比,提高蒸汽动力装置循环的初温、初压并减低冷凝器的压力,采用回热、构建联合循环等以提高循环能量利用的经济性。本节从热力学角度简要讨论这些措施。

11.7.1　适当的循环参数

提高能量利用的经济性很重要的方面是选择恰当的参数,如温度、压力等。例如在蒸汽动力装置领域,人们不断提高新蒸汽的压力 p_1 和温度 T_1,同时降低冷凝器内的压力 p_2(当前已达 0.004 MPa)。工程实践表明,蒸汽动力装置的蒸汽参数压力在 16.6~31.0 MPa、温度在 535~600 ℃ 的范围内,压力每提高 1 MPa,机组的热效率上升 0.1% ~ 0.29%;新蒸汽温度每升高 10 ℃,机组的热效率上升 0.25%~0.30%。虽然提高蒸汽初压、初温后必须采用更耐高温、强度更高的材料,极大地提高了设备的投资;保持冷凝器内的低压,更是需要消耗更多的蒸汽甚至机械功。但这些措施提高了平均吸热温度,降低了循环放热温度,加大了循环的温差,提高了循环热效率,故成为发展的趋势。在制冷循环,冷库温度 T_2 愈低,即环境温度 T_0 与冷库温度的温差愈大,则 $T_0 - T_2$ 越大,完成同样的制冷量需供给的功越大。因此,在实际工作中不应该在冷库中维持超过必要的低温,同时

应注意机组的通风散热,不要使局部环境温度升高,加大 T_0 和 T_2 的温差,以减少能耗。而内燃机中最早出现的煤气机在最初发明时无燃烧前的压缩,循环热效率不足 10%。在其后的发展历程中,不断提高压缩比 ε,现代柴油机的典型压缩比的值达到 24 左右。虽然提高 ε 会带来压缩不可逆性增大、燃气绝热指数变化以及机体强度等多方面问题,但提高压缩比 ε 使气体起始吸热温度提高,在同样加热量的条件下,气体的平均吸热温度随之提高,若活塞式内燃机循环平均放热温度基本保持不变,则据 $\eta_t = 1 - \dfrac{T_{m2}}{T_{m1}}$,循环热效率提高。再如活塞式压气机,若单级压比定得过高,则绝热效率 $\eta_{C,s}$ 下降,不可逆的损失将随之增大,压缩过程将消耗更多的功,而且压缩后期温度过高,安全性下降。分级压缩、中间冷却、每级选择适当的中间压力,虽系统复杂,初始成本可能增加,但因温度降低、系统容积效率升高、耗功下降,因而在运行安全性、运行成本等方面得到补偿。

11.7.2 合理组织循环

合理组织循环,减少过程的不可逆性是提高循环经济性指标有效途径。

回热就是一种提高循环热效率的有效措施,无论是燃气动力装置还是蒸汽动力装置的回热循环都充分说明了这一点。利用回热装置将燃气轮机装置的定压加热循环中向低温热源放热量的一部分用来加热压缩后的工质,使工质在循环中不改变循环净功,但减少从高温热源吸收的热量。蒸汽动力装置朗肯循环热效率不高的一个重要原因是进入锅炉的未饱和水的温度较低,与锅炉烟气的温度相差极大,吸热过程的不可逆性较强,循环的平均加热温度与平均放热温度的差距较小。采用抽汽回热对水进行加热,提高进入锅炉的水温,减少朗肯循环中水在较低温度下吸热造成的不可逆性,提高了循环平均吸、放热的温差。两类动力装置,采用回热和抽汽回热,虽使系统更加复杂,增加了投资和运行的复杂性,但都显著提高循环热效率。选取适当中间压力的蒸汽动力装置再热循环,在保证蒸汽膨胀终态的干度外兼顾了提高水蒸气的平均吸热温度,加大了循环的温差,也可对提高循环热效率作出贡献。

压缩空气制冷循环的回热虽然与动力循环回热的目的有本质的差异,但在保持循环制冷量不变的前提下降低了循环的压力比,使采用大流量但压比受限的叶轮式压气机取代活塞式压气机成为可能,因而增大了装置的制冷量,适应一些场合的需求。

据工质、设备的特性,采用联合循环,充分利用余热也是提高热利用率的积极措施。

众所周知,为提高蒸汽动力装置循环的热效率,总是不惜消耗更多的蒸汽甚至电力,把乏汽压力尽可能降低,但这种乏汽凝结放出的热量较少利用的价值。热电合供循环(热电循环)把乏汽的压力提高到适当压力,使之在印染、造纸、食品以及制冷等领域得到应用。这样,不仅提高了热能利用率,而且可消除这些单位锅炉带来的污染。将燃气轮机排出的燃气送入余热锅炉中作为主加热源加热水、水蒸气的燃气和蒸汽联合循环由于充分利用燃气排出的能量,使联合循环的热量利用率有较大的提高。这种方式还可推广到利用有机介质作为低温端循环工质的朗肯循环,更充分利用温度较低的余热资源。但目前主要瓶颈是缺少效率高、寿命长的膨胀机以及工质的安全性。近期在余热应用领域受到大量注意的卡林那循环是用氨和水的"混合物"进行朗肯循环的一种"改进"循环。氨水混合物具有变温蒸发的特性,能够减小换热过程中的传热温差,减少传热过程中的不可逆㶲损失,从而使得余热利用效率大幅提高。到目前为止,卡林那循环绝大多数还在理论研究层面,广泛进入实用还需克服一些实际困难,如氨对铜和含铜合金的腐蚀性产生的工程问题等。

　　总之,根据卡诺定理,合理组织循环,使循环各个过程尽可能接近可逆;确保工质在循环中的平均吸热温度和平均放热温度的差值在合理的水平上是提高循环的经济性指标应共同遵循的原则。

📖▶ 本章归纳

名词和
术语

　　不同于动力循环,逆向循环的目的是将热量从低温物体传向高温物体。本章着重讨论制冷循环的能量转换规律和提高装置性能的措施。

　　制冷循环是逆向循环的一种,它与热泵循环的区别仅在于工作温度范围与运行的目的不同,它们的热力学本质是相同的,都是使热量从低温物体传向高温物体,据热力学第二定律这是需要付出代价的,因此必须提供机械能(或其他能量),以确保包括低温冷源、高温热源、功源(或向循环供能的能源)在内的孤立系统的熵增大。

　　压缩气体(如空气、二氧化碳等)制冷循环及其改进——回热式压缩气体制冷循环是对环境保护较为有利的一种制冷形式。压缩气体制冷循环也称为逆向布雷顿循环,常可利用理想气体性质和过程的特征进行循环分析,计算循环制冷量、制冷系数、气体流量等,需要突出强调提高循环压力比,虽可提高循环制冷量,但循环制冷系数将下降,而回热式压缩气体制冷循环可以在保持制冷系数不变的前提下降低循环压力比,为采用大流量的叶轮式压缩机提供可能,从而同时提高循环制冷量。压缩蒸气制冷循环的循环制冷量、制冷系数(即制冷机工作性能系数)、制冷剂流量的计算很大程度依赖于制冷剂的焓及其他参数的确定,制冷剂参数确定的原则与水蒸气的一样,制冷剂的热力性质表查取方法与水蒸气热力性表也相同,但使用的图以 lg $p-h$ 为主。制冷剂过冷在不增加压缩机耗功的前提下增加了制冷量,因而有益于循环经济性指标。此外,对制冷剂热力性质和制冷剂与环境保护的关系也应有所了解。

热泵循环通常从环境介质等低温热源吸取能量,输送到高温热源加以利用,它与制冷循环一样必须消耗某种形式的能量。所以对于热泵循环的理论分析可参照制冷循环。

虽然各种正向循环和逆向循环运行的目的、装置设备大相径庭,提高循环经济性指标措施有合理组织循环、恰当制定循环参数、充分利用余热资源等,但它们热力学本质是共通的:合理利用资源、减少过程不可逆性。

🔲 思考题

11-1 家用冰箱的使用说明书上指出,冰箱应放置在通风处,并距墙壁适当距离,以及不要把冰箱温度设置过低,为什么?

11-2 为什么压缩空气制冷循环不采用逆向卡诺循环?

11-3 压缩蒸气制冷循环采用节流阀来代替膨胀机,压缩空气制冷循环是否也可以采用这种方法? 为什么?

11-4 压缩空气制冷循环的制冷系数、循环压力比、循环制冷量三者之间的关系如何?

11-5 压缩空气制冷循环采用回热措施后是否提高其理论制冷系数? 能否提高其实际制冷系数? 为什么?

11-6 按热力学第二定律,不可逆节流必然带来作功能力损失,为什么几乎所有的压缩蒸气制冷装置都采用节流阀?

11-7 参看图 11-5,若压缩蒸气制冷循环按 1-2-3-4-8-1 运行,循环耗功量没有变化,仍为 h_2-h_1,而制冷量却从 h_1-h_5 增大到 h_1-h_8,显见是"有利"的。这种考虑可行吗? 为什么?

11-8 作制冷剂的工质应具备哪些性质? 你如何理解限产直至禁用氟利昂类工质,如 R11、R12?

11-9 本章提到的各种制冷循环是否有共同点? 若有是什么?

11-10 同一装置能否既可作制冷机又可作热泵? 为什么?

11-11 归纳不同热能动力装置提高其循环经济指标的热力学措施。

习题

11-1　一制冷机在-20 ℃和30 ℃的热源间工作,若其吸热为10 kW,循环制冷系数是同温限间逆向卡诺循环的75%,试计算:(1)散热量;(2)循环净耗功量;(3)循环制冷量折合多少"冷吨"?

11-2　一逆向卡诺制冷循环,其性能系数为4,(1)问高温热源与低温热源温度之比是多少?(2)若输入功率为1.5 kW。试问制冷量为多少"冷吨"?(3)如果将此系统改作热泵循环,高、低温热源温度及输入功率维持不变。试求循环的性能系数及能提供的热量。

11-3　压缩空气制冷循环运行温度 $T_c = 290$ K, $T_0 = 300$ K,如果循环增压比分别为3和6,分别计算它们的循环性能系数和每千克工质的制冷量。假定空气为理想气体,比热容取定值 $c_p = 1.005$ kJ/(kg·K)、$\kappa = 1.4$。

11-4　若题11-3中压气机绝热效率 $\eta_{C,s} = 0.82$,膨胀机相对内效率 $\eta_T = 0.85$,(1)分别计算1 kg工质的制冷量,循环净功及循环性能系数;(2)若取空气比热容是温度的函数,求循环增压比为3的循环制冷量、循环净功及循环性能系数。

11-5　若例11-1中压气机的绝热效率 $\eta_{C,s} = 0.90$、膨胀机的相对内效率 $\eta_T = 0.92$,其他条件不变,再求无回热时的制冷系数 ε、1 kg空气的制冷量 q_c 及压缩过程的作功能力损失。

11-6　某采用理想回热的压缩气体制冷装置,工质为某种理想气体,循环增压比为 $\pi = 5$,冷库温度 $T_c = -40$ ℃,环境温度为300 K,若输入功率为3 kW,试计算:(1)循环制冷量;(2)循环制冷量系数;(3)若循环制冷系数及制冷量不变,但不用回热措施。此时,循环的增压比应该是多少?该气体热可取定值,$c_p = 0.85$ kJ/(kg·K)、$\kappa = 1.3$。

11-7　某压缩气体制冷循环中空气进入压气机时 $p_1 = 0.1$ MPa,$t_1 = t_c = -23.15$ ℃,在压气机内定熵压缩到 $p_2 = 0.4$ MPa,然后进入冷却器。离开冷却器时空气温度 $t_3 = t_0 = 26.85$ ℃。取空气比热容是温度的函数,试求制冷系数 ε 及每千克空气的制冷量 q_c。

11-8　氟利昂134a是对环境较安全的制冷剂,用来替代对大气臭氧层有较大破坏作用的氟利昂12。今有以氟利昂134a为工质的制冷循环,其冷凝温度为40 ℃,蒸发器温度为-20 ℃,求:(1)蒸发器和冷凝器的压力;(2)循环的制冷系数。

11-9 一台汽车空调器使用氟利昂 134a 为制冷工质,向空调器的压缩机输入功率 2 kW,把工质自 200 kPa 压缩到 1 200 kPa,车外的空气流过空调器的蒸发器盘管从 33 ℃ 的降温到 15 ℃ 吹进车厢,假定制冷循环为理想循环,求制冷系统内氟利昂 134a 的流量和吹进车厢时的空气体积流量。车厢内压力为 100 kPa。

11-10 某压缩蒸汽制汽冷装置采用氨(NH_3)为制冷剂,参看图 11-5 和图 11-6,从蒸发器中出来的氨气的状态是 $t_1 = -15$ ℃,$x_1 = 0.95$。进入压气机升温升压后进入冷凝器。在冷凝器中冷凝成饱和氨液,温度为 $t_4 = 25$ ℃。从点 4 经节流阀,降温降压成干度较小的湿蒸气状态,再进入蒸发器气化吸热。(1)求蒸发器管子中氨的压力 p_1 及冷凝器管子中的氨的压力 p_2;(2)求 q_c、w_{net} 和制冷系数 ε,并在 T-s 图上表示 q_c;(3)设该装置的制冷量 $q_{Q_c} = 4.2 \times 10^4$ kJ/h,求氨的流量 q_m;(4)求该装置的㶲效率。

11-11 上题中若氨压缩机的绝热效率 $\eta_{C,s} = 0.80$,其他参数同上题,求循环的 w'_{net}、ε 及㶲效率 η_{e_s}。

11-12 若 11-10 题中制冷剂改为氟利昂 134a(HCF134a),求:(1)蒸发压力 p_1 和冷凝压力 p_2;(2)q_c、w_{net} 和 ε;(3)HCF134a 的流量;(4)装置㶲效率 η_{e_s}。

11-13 某热泵装置用氨为工质,设蒸发器中氨的温度为-10 ℃,进入压缩机时氨蒸气的干度为 $x_1 = 0.95$,冷凝器中饱和氨的温度为 35 ℃。(1)求工质在蒸发器中吸收的热量 q_2,在冷凝器中的散向室内空气的热量 q_1 和循环供暖系数 ε';(2)设该装置每小时向室内空气供热量 $Q_1 = 8 \times 10^4$ kJ,求用以带动该热泵的最小功率是多少?若改用电炉供热,则电炉功率应是多少?两者比较,可得出什么样的结论?

11-14 某热泵型空调器用氟利昂 134a 为工质,设蒸发器中氟利昂 134a 的温度为-10 ℃,进压气机时蒸气干度 $x_1 = 0.98$,冷凝器中饱和液温度为 35 ℃。求热泵耗功和循环供暖系数。

11-15 有一台空调系统,采用蒸汽喷射压缩制冷机,制取 $p_3 = 1$ kPa 的饱和水($t_s = 6.949$ ℃),来降低室温,如图 11-13 所示。在室内吸热升温到 15 ℃ 的水被送入蒸发器内,部分汽化,其余变为 1 kPa 的饱和水,蒸发器内产生的蒸汽干度为 0.95,被喷射器内流过的蒸汽抽送到冷凝器中,在 30 ℃ 下凝结成水,若制冷量为 32 000 kJ/h,试求所需冷水流量及蒸发器中被抽走蒸汽的量。

11-16 某冷库制冷机组利用氨(NH_3)为制冷工质,由一台小型燃气轮机装置为制冷机组提供动力。制冷机组的冷凝温度为 40 ℃,蒸发温度为-20 ℃。

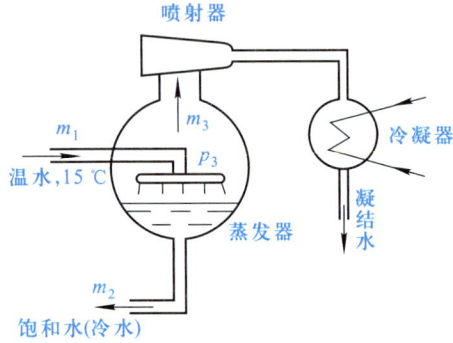

图 11-13　蒸汽喷射压缩制冷示意图

　　燃气轮机装置的热效率是 30%。试求:(1)制冷循环中每千克制冷剂的吸热量、放热量及制冷系数;(2)整个系统的能量利用率。

　　11-17　在氨-水吸收式制冷装置中,利用压力为 0.3 MPa,干度为 0.88 的湿饱和蒸汽的冷凝热,作为蒸汽发生器的外热源,如果保持冷藏库的温度为 -10 ℃,而周围环境温度为 30 ℃,试:(1)求吸收式制冷装置的 COP_{max};(2)如果实际的热量利用系数为 $0.4COP_{max}$,而要达到制冷能力为 2.8×10^5 kJ/h,求需提供湿饱和蒸汽的质量流率 q_m。

第十二章

实际气体的性质及热力学一般关系式

　　研究热力过程和热力循环的能量关系时,必须确定工质各种热力参数的值。理想气体的状态方程、比热容及其他参数的各种关系式虽然形式简单,计算方便,但动力工程、制冷工程等中水蒸气、氨蒸气等实际气体并不符合理想气体的假设,它们的各种热力参数不能用理想气体的各种表达式来确定。同时,只有 p、v、T 和 c_p 等少数几种参数值可由实验测定,u、h、s 等的值无法直接测量,只能根据它们与可测量参数的一般关系式由可测参数值计算而得。这些热力学一般关系式是依据热力学第一定律和第二定律建立的,常以偏微分的形式表示,故亦称为热力学的微分关系式。由于这些关系式在导出过程中不作任何假设,因而具有普遍性,对任意工质均适用。它们揭示了各种热力参数间的内在联系,对工质热力性质的理论研究与实验测试都有重要意义。

　　鉴于课程的性质,本章主要讨论简单可压缩系统的热力学一般关系式,建立热力学能函数、焓函数、熵函数和比热容的一般关系式。根据这些微分关系,结合实际气体的状态方程,可导出各种热力参数在特定过程中的变化规律;或可以由已知比定压热容 $c_p = f(T, p)$ 的实验数据及少量的 p、v、T 数据,建立实际气体的状态方程;也可以借助比热容与 p、v、T 之间的关系,由较易测得的比热容数据检验实际气体状态方程式的正确性,等等。

12.1　理想气体状态方程用于实际气体的偏差

　　研究实际气体的性质在于寻求它的各热力参数间的关系,其中最重要的是建立实际气体的状态方程。因为不仅 p、v、T 本身就是过程和循环分析中必须确定的量,而且在状态方程基础上利用热力学一般关系式可导出 u、h、s 及比热容的计算式,以便于进行过程和循环的热力分析。本节分析理想气体状态方程用于实际气体时的偏差。

按照理想气体的状态方程 $pv = R_g T$,可得出 $\dfrac{pv}{R_g T} = 1$。因而对于理想气体,比值 $\dfrac{pv}{R_g T}$ 恒等于 1,在 $\dfrac{pv}{R_g T} \sim p$ 图上应该是一条通过 1 的水平线。但实验结果显示出实际气体并不符合这样的规律(图 12-1),尤其在高压低温下偏差更大。

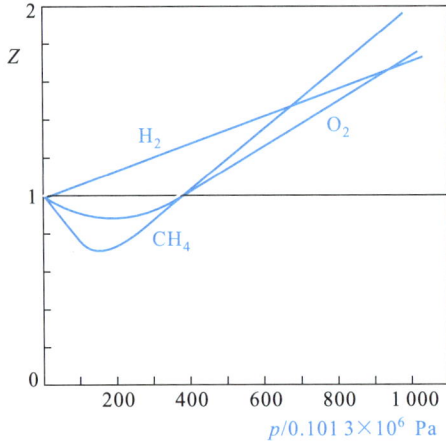

图 12-1　气体的压缩因子

实际气体的这种偏离通常采用压缩因子或压缩系数 Z 表示:

$$Z = \frac{pv}{R_g T} = \frac{p V_m}{RT} \quad \text{或} \quad p V_m = ZRT \qquad (12\text{-}1)$$

显然,理想气体的 Z 恒等于 1。实际气体的 Z 可大于 1,也可小于 1。Z 值偏离 1 的大小,反映了实际气体对理想气体性质偏离的程度。Z 值的大小不仅与气体的种类有关,而且同种气体的 Z 值还随压力和温度而变化。因而,Z 是状态的函数。临界点的压缩因子 $Z_{cr} = \dfrac{p_{cr} v_{cr}}{R_g T_{cr}}$,称为临界压缩因子。

为了便于理解压缩因子 Z 的物理意义,将式(12-1)改写为

$$Z = \frac{pv}{R_g T} = \frac{v}{R_g T/p} = \frac{v}{v_i}$$

式中:v 是实际气体在 p、T 时的比体积;v_i 则是在相同的 p、T 下,把实际气体当作理想气体时计算的比体积。因而,压缩因子 Z 即为温度、压力相同时的实际气体比体积与理想气体比体积之比。$Z > 1$,说明该气体的比体积比将之作为理想气体在同温同压下计算而得的比体积大,也说明实际气体较之理想气体更难压缩;

反之,若 $Z<1$,则说明实际气体可压缩性大。所以,Z 是从比体积的比值或从可压缩性大小来描述实际气体对理想气体的偏离。

产生这种偏离的原因是理想气体模型中忽略了气体分子间的作用力和气体分子所占据的体积。事实上,由于分子间存在着引力,当气体被压缩,分子间平均距离缩短时,分子间引力的影响增大,气体的体积在分子引力作用下要比不考虑引力时小。因此,在一定温度下,大多数实际气体的 Z 值先随着压力增大而减小,即其比体积比作为理想气体在同温同压下的比体积小。随着压力增大,分子间距离进一步缩小,分子间斥力影响逐渐增大,因而实际气体的比体积比作为理想气体的比体积大。同时,分子本身占有的体积使分子自由活动空间减小的影响也不容再忽视。故而,极高压力时气体 Z 值将大于 1,而且 Z 值随压力的增大而增大。氮气的压缩因子 Z 与压力及温度的关系如图 12-2 所示。

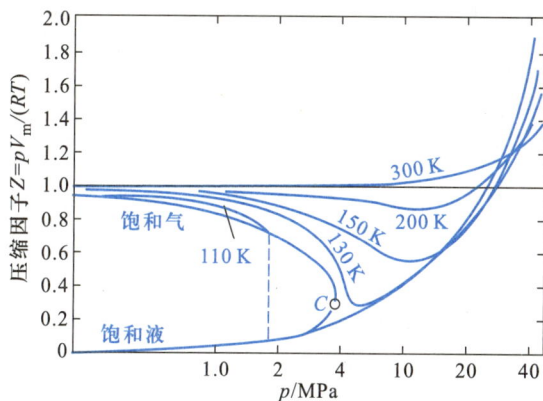

图 12-2 氮气的压缩因子

从上面粗略的定性分析可以看到,实际气体只有在高温低压状态下,其性质和理想气体相近,实际气体是否能作为理想气体处理,不仅与气体的种类有关,而且与气体所处状态有关。由于 $pv=R_gT$ 不能准确反映实际气体 p、v、T 之间的关系,所以必须对其进行修正和改进,或通过其他途径建立实际气体的状态方程。

12.2 范德瓦耳斯方程和 R-K 方程

为了求得准确的实际气体状态方程式,百余年来人们从理论分析的方法、经验或半经验半理论的方法导出了成百上千个状态方程式。这些方程中,通常准确度高的适用范围较小;通用性强的则准确度差。对于实际气体状态方程式的研究工作目前仍在继续进行,特别是由于制冷工质如氟利昂 12 等对臭氧层的破坏作用被认识后,人们对可能作为替代工质的物性的研究,包括其 p、v、T 之间关系的研究给以极大关注,并且不断取得新的进展。在各种实际气体的状态方程中,具有特殊意义的是范德瓦耳斯方程。

12.2.1　范德瓦耳斯方程

1873 年,范德瓦耳斯针对理想气体的两个假定,对理想气体的状态方程进行修正。范德瓦耳斯考虑到气体分子具有一定的体积,所以用分子可自由活动的空间 V_m-b 来取代理想气体状态方程中的体积 V_m;考虑到气体分子间的引力作用,气体对容器壁面所施加的压力要比理想气体的小,用内压力修正压力项。因为由分子间引力引起的分子对器壁撞击力的减小与单位时间内和单位壁面积碰撞的分子数成正比,同时又与吸引这些分子的其他分子数成正比,因此内压力与气体的密度的平方,即比体积平方的倒数成正比,所以用 $\dfrac{a}{V_m^2}$ 来表示。提出了范德瓦耳斯状态方程:

$$\left(p+\frac{a}{V_m^2}\right)(V_m-b)=RT \quad 或 \quad p=\frac{RT}{V_m-b}-\frac{a}{V_m^2} \qquad (12-2)$$

式中:a 与 b 是与气体种类有关的正常数,称为范德瓦耳斯常数,据实验数据予以确定;$\dfrac{a}{V_m^2}$ 称为内压力。

将范德瓦耳斯方程按 V_m 的降次幂排列,可写成

$$pV_m^3-(bp+RT)V_m^2+aV_m-ab=0$$

它是 V_m 三次方程式。对于确定的 p 和 T,V_m 可以有三个不等的实根、三个相等实根或一个实根两个虚根。实验也说明了这个现象。在各种温度下定温压缩某种工质,例如 CO_2,测定 p 与 V_m,在 p-V_m 图上画出 CO_2 的定温线,如图 12-3 所示。从图中可见,和第三章中对水的描述一样,当温度低于临界温度 T_{cr}(304 K)时,定温线中间有一段是水平线。这些水平线段相当于 CO_2 气体凝结成液体的过程。在点 H、G 等处开始凝结,到点 E、F 等处则凝结完毕。温度等于 304 K 时等温线上不再有水平线段,而在点 C

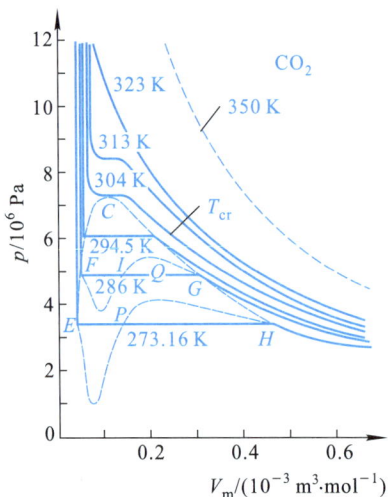

图 12-3　CO_2 的等温线

处有一转折点。点 C 的状态即为临界状态,当温度大于临界温度时,等温线中不再有水平段,意味着压力再高,气体也不能液化。

从图可见,当温度高于临界温度时,对于每个压力 p,只有一个 V_m 值,即只有一个实根。当温度低于临界温度时,与一个压力值对应的有三个 V_m 值,其中最小值是饱和液线上饱和液的摩尔体积,最大值为饱和干蒸气线上饱和蒸气的摩尔体积。由于图中 P-I-Q 是违反稳定平衡态判据的,因此是不可能的,故而中间的那个 V_m 值是没有意义的。当温度等于临界温度时,三个实根合并为一个,即相对于 p_{cr},V_m 有三个相等的实根。

把范德瓦耳斯方程式(12-2)与理想气体状态方程式 $pV_m = RT$ 做比较得出:摩尔体积 V_m 愈大,则两者之间的差别就愈小。而随着压力的降低与温度的升高,则摩尔体积愈大。因此,当压力愈低,温度愈高时,实际气体的性质愈接近于理想气体。这与在温度远高于临界温度的区域范德瓦耳斯方程与实验结果符合较好,但在较低压力和较低温度时,范德瓦耳斯方程与实验结果符合不好是一致的。

临界点是临界等温线的极值点及拐点,其压力对比体积的一阶偏导数和二阶偏导数均为零,即

$$\left(\frac{\partial p}{\partial V_m}\right)_{T_{cr}} = 0, \quad \left(\frac{\partial^2 p}{\partial V_m^2}\right)_{T_{cr}} = 0$$

将范德瓦耳斯方程式(12-2)求导后代入可得

$$\left(\frac{\partial p}{\partial V_m}\right)_{T_{cr}} = -\frac{RT_{cr}}{(V_{m,cr}-b)^2} + \frac{2a}{V_{m,cr}^3} = 0$$

$$\left(\frac{\partial^2 p}{\partial V_m^2}\right)_{T_{cr}} = \frac{2RT_{cr}}{(V_{m,cr}-b)^3} - \frac{6a}{V_{m,cr}^4} = 0$$

联立求解上述两式得

$$p_{cr} = \frac{a}{27b^2}, \quad T_{cr} = \frac{8a}{27Rb}, \quad V_{m,cr} = 3b \tag{a}$$

$$a = \frac{27}{64}\frac{(RT_{cr})^2}{p_{cr}}, \quad b = \frac{RT_{cr}}{8p_{cr}}, \quad R = \frac{8}{3}\frac{p_{cr}V_{m,cr}}{T_{cr}} \tag{b}$$

所以气体的范德瓦耳斯常数 a 和 b 除了可以根据气体 p、V_m、T 的实验数据,用曲线拟合法确定外,还可由临界压力 p_{cr} 和临界温度 T_{cr} 值由(b)式计算。不过由上式可知,不论何种物质,其临界状态的压缩因子即临界压缩因子 $Z_{cr}\left(\dfrac{p_{cr}V_{m,cr}}{RT_{cr}}\right)$ 均等于 0.375。事实上,不同物质的 Z_{cr} 值并不相同,对于大多数物质来说,它们远

小于 0.375，一般在 0.23~0.29 范围内，所以范德瓦耳斯方程用在临界区或其附近是有较大误差的，而按（b）式计算的 a、b 值也是近似的。表 12-1 列出了一些物质的临界参数和由实验数据拟合得出的范德瓦耳斯常数。

表 12-1　临界参数和范德瓦耳斯常数

物质	T_{cr}	p_{cr}	$V_{m,cr} \times 10^3$	$Z_{cr}\left(=\dfrac{p_{cr}V_{m,cr}}{RT_{cr}}\right)$	a	$b \times 10^3$
	K	MPa	m^3/mol		$m^6 \cdot Pa/mol^2$	m^3/mol
空气	132.5	3.77	0.088 3	0.302	0.135 8	0.036 4
一氧化碳	133	3.50	0.093 0	0.294	0.146 3	0.039 4
正丁烷	425.2	3.80	0.254 7	0.274	1.380	0.119 6
氟利昂 12	384.7	4.01	0.217 9	0.273	1.078	0.099 8
甲烷	191.1	4.64	0.099 3	0.290	0.228 5	0.042 7
氮	126.2	3.39	0.089 9	0.291	0.136 1	0.038 5
乙烷	305.5	4.88	0.148 0	0.284	0.557 5	0.065 0
丙烷	370	4.26	0.199 9	0.277	0.931 5	0.090 0
二氧化硫	430.7	7.88	0.121 7	0.268	0.683 7	0.056 8

本表中临界参数摘自 Cengel Y A，Boles M A. Thermodynamics：An Engineering Approach（Fourth Edition）.纽约：McGraw-Hill, Inc.2001；范德瓦耳斯常数摘自朱明善，林兆庄等. 工程热力学. 北京：清华大学出版社，1995。

范德瓦耳斯状态方程是半经验的状态方程，它虽可以较好地定性描述实际气体的基本特性，但是在定量上不够准确，不宜作为定量计算的基础。后人在此基础上提出了许多种派生的状态方程，有些有很大的实用价值。

12.2.2　R-K 方程

这是里德立（Redlich）和匡（Kwong）于 1949 年在范德瓦耳斯方程基础上提出的含两个常数的方程，它保留了体积的三次方程的简单形式，通过对内压力项 $\dfrac{a}{V_m^2}$ 的修正，使精度有较大提高。由于应用简便，对于气液相平衡和混合物的计算十分成功，而在化学工程中曾得到较为广泛的应用。其表达形式为

$$p = \frac{RT}{V_m - b} - \frac{a}{T^{0.5}V_m(V_m + b)} \tag{12-3}$$

式中，a 和 b 是各种物质的固有的常数，可从 $p、v、T$ 实验数据拟合求得，但缺乏这些数据时，也可由下式用临界参数求取其近似值：

$$a = \frac{0.427\,480R^2T_{cr}^{2.5}}{p_{cr}}, \quad b = \frac{0.086\,64RT_{cr}}{p_{cr}}$$

1972 年出现了对 R-K 方程进行修正的 R-K-S 方程;1976 年又出现了 P-R 方程,这些方程拓展了 R-K 方程适用的范围。

在二常数方程不断发展的同时,半经验的多常数状态方程也不断出现,如 1940 年由 Benedict-Webb-Rubin 提出的 B-W-R 方程及 1955 年由马丁(Martin) 和侯虞均提出,1959 年由马丁及 1981 年由侯虞均进一步完善的 Martin-Hou 方程。B-W-R 方程有八个经验常数,对于烃类气体有较高的准确度。Martin-Hou 方程的 M-H59 型方程有 11 个常数,对烃类气体,对强极性的水和 NH_3、氟利昂制冷剂有较高的准确度,M-H59 型方程被国际制冷学会选定作为制冷剂热力性质计算的状态方程。M-H81 型方程,基本保持了 M-H55 型方程在气相区的精度,并将其适用范围扩展到液相。

例 12-1　实验测得氮气在 $T = 175$ K,比体积 $v = 0.003\ 75$ m³/kg 时压力为 10 MPa,分别根据(1) 理想气体状态方程,(2) 范德瓦耳斯方程计算压力值,并与实验值比较。

解　(1) 利用理想气体状态方程

$$p = \frac{R_g T}{v} = \frac{297\ \text{J/(kg·K)} \times 175\ \text{K}}{0.003\ 75\ \text{m}^3/\text{kg}} = 13.86 \times 10^6\ \text{Pa} = 13.86\ \text{MPa}$$

与实验值误差为 38.6%。

(2) 利用范德瓦耳斯方程,由表 12-1 查得数据转换得

$$a = 173.5\ \text{m}^6 \cdot \text{Pa/kg}^2, \quad b = 0.001\ 375\ \text{m}^3/\text{kg}$$

代入范德瓦耳斯方程

$$p = \frac{R_g T}{v-b} - \frac{a}{v^2}$$

$$= \frac{297\ \text{J/(kg·K)} \times 175\ \text{K}}{0.003\ 75\ \text{m}^3/\text{kg} - 0.001\ 375\ \text{m}^3/\text{kg}} - \frac{173.5\ \text{m}^6 \cdot \text{Pa/kg}^2}{(0.003\ 75\ \text{m}^3/\text{kg})^2}$$

$$= 9.546\ \text{MPa}$$

该数值与实验值误差为-4.5%。

讨论:由于温度较低,压力相对较高,所以利用理想气体状态方程误差较大;而在范德瓦尔方程中利用实验数据拟合得出的常数计算的精度就较高。

12.3　对应态原理与通用压缩因子图

实际气体的状态方程包含有与物质固有性质有关的常数,这些常数需根据该物质的 p、v、T 实验数据进行拟合才能得到。如果能消除这样的物性常数,使方程具备普遍性,将对既没有足够的 p、v、T 实验数据,又没有状态方程中所固有

的常数数据的物质热力性质的计算带来很大方便。

12.3.1　对应态原理

对多种流体的实验数据分析显示,接近各自的临界点时,所有流体都显示出相似的性质,因此产生了用相对于临界参数的对比值,代替压力、温度和比体积的绝对值,并用它们导出普遍适用的实际气体状态方程的想法。这样的对比值分别被定义为对比压力 p_r、对比温度 T_r、对比比体积 v_r:

$$p_r = \frac{p}{p_{cr}}, \quad T_r = \frac{T}{T_{cr}}, \quad v_r = \frac{v}{v_{cr}}$$

下面以范德瓦耳斯方程为例说明对应态原理。将对比参数代入范德瓦耳斯方程,并利用以临界参数表示的物性常数 a 和 b 的关系[上节式(b)],可导得

$$\left(p_r + \frac{3}{v_r^2}\right)(3v_r - 1) = 8T_r \tag{12-4}$$

式(12-4)称为范德瓦耳斯对比态方程。方程中没有任何与物质固有特性有关的常数,所以是通用的状态方程式,适用于任一符合范德瓦耳斯方程式的物质。由于范德瓦耳斯方程式本身的近似性,也就决定了范德瓦耳斯对比态方程也仅是个近似方程,特别在低压时不能适用。

具体的对比状态方程,具有不同的形式。对于能满足同一对比状态方程式的同类物质,如果它们的对比参数 p_r、v_r、T_r 中有两个相同,则第三个对比参数就一定相同,物质也就处于对应状态中。这一结论称为对应态定律(或称对应态原理)。服从对应态定律,并能满足同一对比状态方程的一类物质称为热力学上相似的物质。经验指出,凡是临界压缩因子相近的气体,可看作彼此热相似。

从范德瓦耳斯对比态方程和对应态原理可以得出:虽然在相同的压力与温度下,不同气体的比体积是不同的,但是只要它们的 p_r 和 T_r 分别相同,它们的 v_r 必定相同,说明各种气体在对应状态下有相同的对比性质。数学上,对应态定律可以表示为

$$f(p_r, T_r, v_r) = 0 \tag{12-5}$$

上式虽然是根据两常数的范德瓦耳斯方程导出的,但它可以推广到一般的实际气体状态方程。对不同流体的试验数据的详细研究表明,虽然对应态原理并不是十分精确,但大致是正确的。它可以使我们在缺乏详细资料的情况下,可借助某一资料充分的参考流体的热力性质来估算其他流体的性质。若采用理想对比体积 V'_m(定义为 $V'_m = \dfrac{V_m}{V_{m,i,cr}}$,即实际气体的摩尔体积 V_m 与气体在临界状态时作

理想气体计算的摩尔体积 $V_{\mathrm{m,i,cr}}$ 之比)代替对比比体积 v_{r} 能提高计算精度并使方程可应用于低压区。

12.3.2　通用压缩因子图

前已述及实际气体对理想气体性质的偏离可用压缩因子 Z 描述,实际气体基本状态参数间的关系也可通过修正理想气体状态方程得到:

$$pV_{\mathrm{m}}=ZRT$$

用压缩因子 Z 修正实际气体的非理想性,既可以保留理想气体状态方程的基本形式,又可以取得满意的结果。但是因为 Z 值不仅随气体种类而且随其状态 (p,T) 而异,故而每种气体应有不同的 $Z=f(p,T)$ 曲线,如图 12-2 给出的 N_2 的压缩因子图。对于缺乏资料的流体,可采用通用压缩因子图。

由压缩因子 Z 和临界压缩因子 Z_{cr} 的定义可得

$$\frac{Z}{Z_{\mathrm{cr}}}=\frac{pV_{\mathrm{m}}/RT}{p_{\mathrm{cr}}V_{\mathrm{m,cr}}/RT_{\mathrm{cr}}}=\frac{p_{\mathrm{r}}V_{\mathrm{m,r}}}{T_{\mathrm{r}}}=\frac{p_{\mathrm{r}}v_{\mathrm{r}}}{T_{\mathrm{r}}}$$

根据对应态原理,上式可改写成 $Z=f_1(p_{\mathrm{r}},T_{\mathrm{r}},Z_{\mathrm{cr}})$。若 Z_{cr} 的数值取一定值,则进一步简化成

$$Z=f_2(p_{\mathrm{r}},T_{\mathrm{r}})$$

上式为编制通用压缩因子图提供了理论基础,取大多数气体临界压缩因子的平均值 $Z_{\mathrm{cr}}=0.27$ 绘制的通用压缩因子图如图 12-4 所示。图 12-5~图 12-7 是目前普遍认为准确度较高的实验数据制作的通用压缩因子图:N-O 图。图中虚线是理想对比体积 V'_{m}。图 12-5 是低压区 $(p_{\mathrm{r}}=0\sim1)$ 通用压缩因子图,是按 30 种气体的实验数据绘制而成的,其中,氢、氦、氨和水蒸气的最大误差为 $3\%\sim4\%$,另外 26 种非极性气体的最大误差为 1%。图 12-6 为中压区 $(p_{\mathrm{r}}=1\sim10)$ 通用压缩因子图,也是据 30 种气体的实验数据绘制的,除氢、氦、氨外,最大误差为 2.5%。图 12-7 是高压区通用压缩因子图,绘制此图能用的实验数据很少。这种图的精度虽然比范德瓦耳斯方程高,但仍是近似的,为提高其计算精度,引入了第三参数,如临界压缩因子 Z_{cr} 和偏心因子 ω,感兴趣的读者可参阅有关文献。

例 12-2　利用通用压缩因子图确定氧气在温度 160 K、比体积为 $0.0074\ \mathrm{m^3/kg}$ 时的压力。

解　查附表 2 得氧气的临界参数为 $T_{\mathrm{cr}}=154\ \mathrm{K}$,$p_{\mathrm{cr}}=5.05\ \mathrm{MPa}$。因

$$p_{\mathrm{r}}=\frac{p}{p_{\mathrm{cr}}}=\frac{ZR_{\mathrm{g}}T}{vp_{\mathrm{cr}}}=\frac{Z\times260\ \mathrm{J/(kg\cdot K)}\times160\ \mathrm{K}}{0.0074\ \mathrm{m^3/kg}\times5.05\times10^6\ \mathrm{Pa}}=1.11Z$$

压缩因子和通用压缩因子图

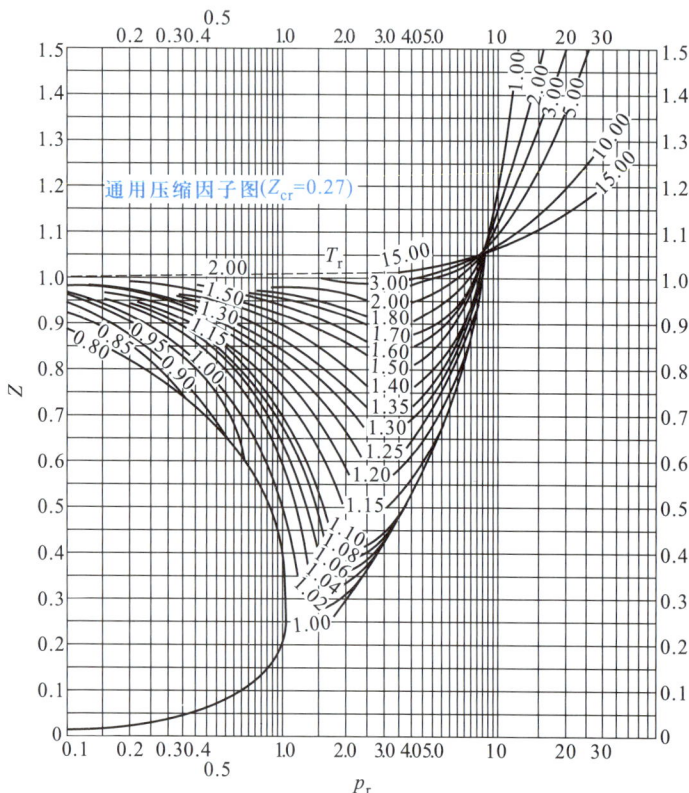

图 12-4　通用压缩因子图

所以 $Z = 0.9p_r$ 根据上述关系在通用压缩因子图（图 12-4）上做出一些点，然后连接成线，按其和 $T_r = \dfrac{T}{T_{cr}} = \dfrac{160\ \text{K}}{154\ \text{K}} = 1.04$ 的交点即得 $p_r = 0.79$。因此，

$$p = p_r p_{cr} = 0.79 \times 5.05\ \text{MPa} = 4.0\ \text{MPa}$$

讨论：（1）通常通过压力和温度计算对比压力和对比温度查取压缩因子，但本例已知温度和比体积，所以通过描绘 $z = f(p_r)$，得到与等 T_r 的交点，寻找同时满足 T_r 和 p_r 的压缩因子。有读者提出利用已知的温度和比体积代入 $pv = R_g T$ 即可求出压力，进而计算 p_r。请问这种方法是否可行？

（2）本例也可利用理想对比体积进行求解

$$V_m' = \frac{V_m}{V_{m,i,cr}} = \frac{v}{R_g T_{cr}/p_{cr}} = \frac{0.74 \times 10^{-2}\ \text{m}^3/\text{mol}}{260\ \text{J}/(\text{mol}\cdot\text{K}) \times 154\text{K}/(4 \times 10^6\text{Pa})} = 0.739$$

据 $T_r = 1.04$ 和 $V_m' = 0.739$，查图 12-6，得 $p_r = 0.74$。所以

$$p = p_r p_{cr} = 0.74 \times 5.05\ \text{MPa} = 3.74\ \text{MPa}$$

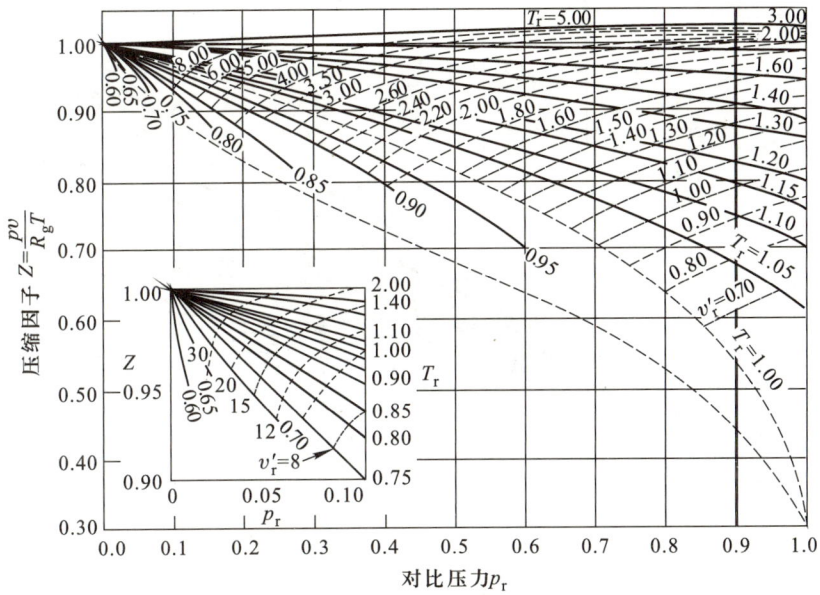

图 12-5 N-O 图(低压区)

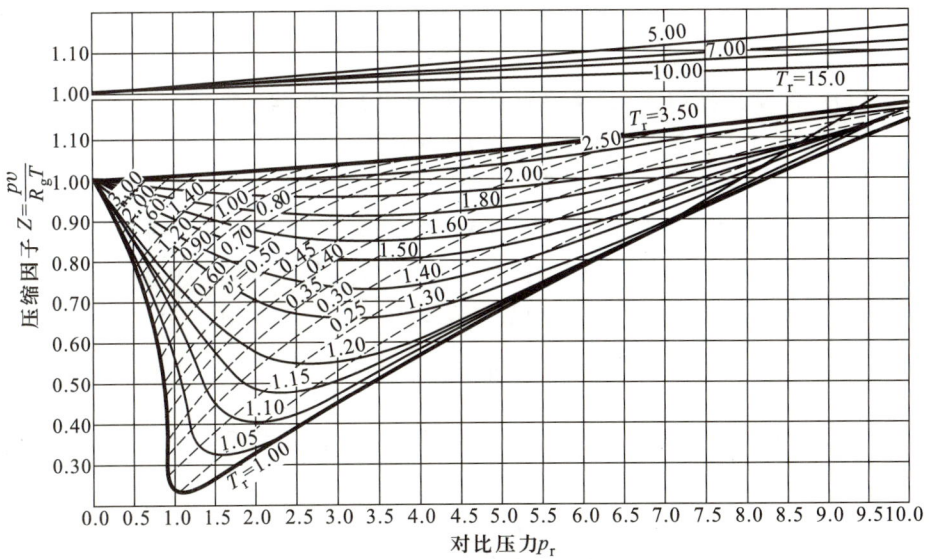

图 12-6 N-O 图(中压区)

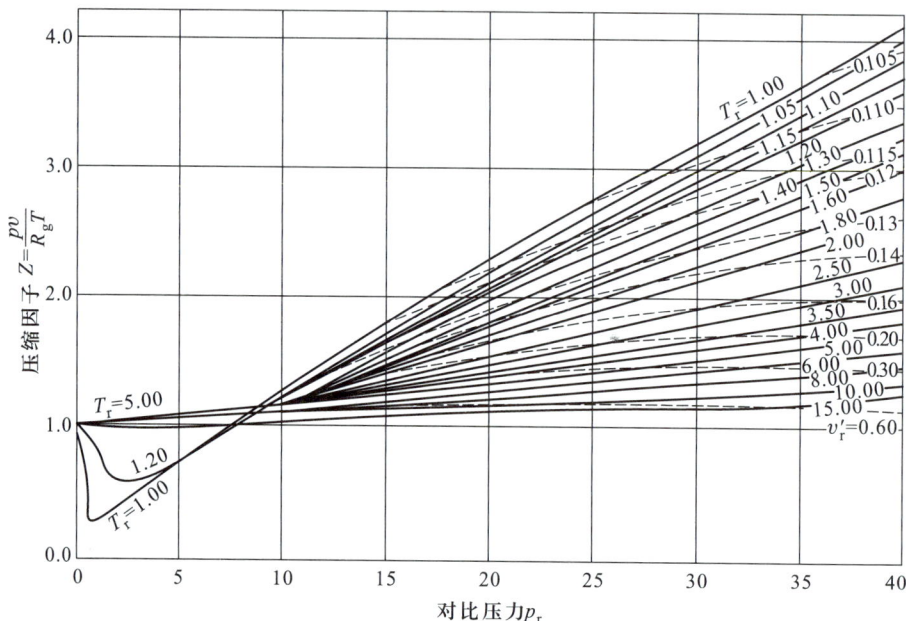

图 12-7　N-O 图(高压区)

12.4　维里方程

　　1901 年,奥尼斯(Onnes)提出以幂级数形式表达的状态方程:

$$Z = \frac{pv}{R_g T} = 1 + \frac{B}{v} + \frac{C}{v^2} + \frac{D}{v^3} + \cdots \tag{12-6}$$

这种形式的状态方程称为维里方程(又称位力方程),式中 B、C、D 等都是温度的函数,分别称为第二、第三、第四维里系数(又称位力系数)等。

　　维里方程也可以用压力的幂级数来表示为

$$Z = \frac{pv}{R_g T} = 1 + B'p + C'p^2 + D'p^3 + \cdots \tag{12-7}$$

比较式(12-6)和式(12-7),可得到两套维里系数之间的关系:

$$B' = \frac{B}{R_g T}, \quad C' = \frac{C - B^2}{(R_g T)^2}, \quad D' = \frac{D + 2B^3 - 3BC}{(R_g T)^3}, \quad \cdots \tag{12-8}$$

但值得指出的是,上述关系仅对无穷级数形式的式(12-6)和式(12-7)才严格成立。

　　维里方程有坚实的理论基础。用统计力学方法能导出维里系数,并赋予维里系数明确的物理意义:第二维里系数表示气体两个分子相互作用的效应,第三维里系数表示三个分子的相互作用,等等。原则上可以从理论上导出各个维里系数的计算式,但实际上高级维里系数的运算是十分困难的,目前除了简单的钢球模型外,一般只能算到第三维里系数,通常维里系数由实验测定。

维里方程的另一个特点是维里方程的函数形式有很大的适应性,便于实验数据整理,且截取不同项数可满足不同精度要求。例如,在低压下只要截取方程(12-6)或(12-7)的前两项,即

$$Z = 1 + \frac{B}{v} \quad \text{或} \quad Z = 1 + B'p = 1 + \frac{Bp}{R_g T}$$

就能取得较满意的精度。对于温度低于临界温度的水蒸气,其压力不高于1.5 MPa,上述方程都能很好地提供 p、v、T 的关系。当密度 ρ 大于临界密度 ρ_{cr} 的一半时,上述截取二项的方程不再适用,这时可截取前三项,一般地讲,在 $\frac{1}{2}\rho_{cr} < \rho < \rho_{cr}$ 时,截取三项的维里方程具有很好的精度。由于迄今为止对第三维里系数以上的那些系数掌握甚少,因此超过三项以上的维里方程很少被应用,维里方程在高密度区的精度不高,但由于具有理论基础,适应性广,前面提到的 B-W-R 方程、M-H 方程都是在它的基础上改进得到的。

12.5　麦克斯韦关系和热系数

前已述及实际气体的热力学能、焓和熵等无法直接测量,也不能利用理想气体简单关系计算。它们的值必须依据这些热力参数与可测参数间的微分关系由可测参数的值加以确定。

在推导热力学一般关系式时常用到二元函数的一些微分性质,所以下面先对二元函数的一些微分性质作简要回顾,然后再导出麦克斯韦关系。

12.5.1　全微分条件和循环关系

如果状态参数 z 表示为另外两个独立参数 x、y 的函数 $z = z(x,y)$,由于状态参数只是状态的函数,故其无穷小的变化量可以用函数的全微分表示

$$dz = \left(\frac{\partial z}{\partial x}\right)_y dx + \left(\frac{\partial z}{\partial y}\right)_x dy \tag{12-9}$$

或

$$dz = M dx + N dy \tag{12-10}$$

式中,$M = \left(\frac{\partial z}{\partial x}\right)_y$,$N = \left(\frac{\partial z}{\partial y}\right)_x$,并且若 M 和 N 也是 x、y 的连续函数,则

$$\left(\frac{\partial M}{\partial y}\right)_x = \frac{\partial^2 z}{\partial x \partial y}, \quad \left(\frac{\partial N}{\partial x}\right)_y = \frac{\partial^2 z}{\partial y \partial x}$$

当二阶混合偏导数均连续时,其混合偏导数与求导次序无关,所以

$$\left(\frac{\partial M}{\partial y}\right)_x = \left(\frac{\partial N}{\partial x}\right)_y \qquad (12\text{-}11)$$

上式即为全微分的条件,也称为全微分的判据,简单可压缩系的每个状态参数都必定满足这一条件。

在 z 保持不变($\mathrm{d}z=0$)的条件下,式(12-10)可以写成

$$\left(\frac{\partial z}{\partial x}\right)_y \mathrm{d}x + \left(\frac{\partial z}{\partial y}\right)_x \mathrm{d}y = 0$$

上两边除以 $\mathrm{d}y$ 后,移项整理即可得

$$\left(\frac{\partial x}{\partial y}\right)_z \left(\frac{\partial z}{\partial x}\right)_y \left(\frac{\partial y}{\partial z}\right)_x = -1 \qquad (12\text{-}12)$$

上式称为循环关系,利用它可以把一些变量的偏导数转换成指定的变量的偏导数。

另一个联系各状态参数偏导数的重要关系式是链式关系。如果有四个参数 x、y、z、w,独立变量为两个。则对于函数 $x=x(y,w)$ 可得

$$\mathrm{d}x = \left(\frac{\partial x}{\partial y}\right)_w \mathrm{d}y + \left(\frac{\partial x}{\partial w}\right)_y \mathrm{d}w \qquad (\text{a})$$

对于函数 $y=y(z,w)$ 可得

$$\mathrm{d}y = \left(\frac{\partial y}{\partial z}\right)_w \mathrm{d}z + \left(\frac{\partial y}{\partial w}\right)_z \mathrm{d}w \qquad (\text{b})$$

将式(b)代入式(a),当 w 取定值($\mathrm{d}w=0$)即可得链式关系:

$$\left(\frac{\partial x}{\partial y}\right)_w \left(\frac{\partial y}{\partial z}\right)_w \left(\frac{\partial z}{\partial x}\right)_w = 1 \qquad (12\text{-}13)$$

12.5.2　亥姆霍兹函数和吉布斯函数

根据热力学第一定律解析式,简单可压缩系的微元过程中

$$\delta q = \mathrm{d}u + \delta w$$

若过程可逆,则 $\delta q = T\mathrm{d}s$,$\delta w = p\mathrm{d}v$,所以上式可以写成

$$\mathrm{d}u = T\mathrm{d}s - p\mathrm{d}v \qquad (12\text{-}14)$$

考虑到 $u=h-pv$,代入上式并整理后可得

$$\mathrm{d}h = T\mathrm{d}s + v\mathrm{d}p \qquad (12\text{-}15)$$

定义亥姆霍兹函数 F 和比亥姆霍兹函数 f(即 1 kg 物质的亥姆霍兹函数):

$$F = U - TS \qquad (12\text{-}16)$$
$$f = u - Ts \qquad (12\text{-}17)$$

因为 U、T、S 均为状态参数,所以 F 也是状态参数。亥姆霍兹函数又称为自由能,其单位与热力学能单位相同。

定义吉布斯函数 G 和比吉布斯函数 g:

$$G = H - TS \qquad (12\text{-}18)$$
$$g = h - Ts \qquad (12\text{-}19)$$

吉布斯函数又称为自由焓,也是状态参数,其单位与焓单位相同。

对式(12-17)和式(12-19)分别取微分,得

$$\mathrm{d}f = \mathrm{d}u - T\mathrm{d}s - s\mathrm{d}T \qquad (\mathrm{c})$$
$$\mathrm{d}g = \mathrm{d}h - T\mathrm{d}s - s\mathrm{d}T \qquad (\mathrm{d})$$

把式(12-14)和式(12-15)分别代入式(c)及式(d),得

$$\mathrm{d}f = -s\mathrm{d}T - p\mathrm{d}v \qquad (12\text{-}20)$$
$$\mathrm{d}g = -s\mathrm{d}T + v\mathrm{d}p \qquad (12\text{-}21)$$

对于可逆定温过程,$\mathrm{d}T = 0$,故 $\mathrm{d}f = -p\mathrm{d}v$,$\mathrm{d}g = v\mathrm{d}p$。可见亥姆霍兹函数的减少,等于可逆定温过程对外所作的膨胀功;而吉布斯函数的减少等于可逆定温过程中对外所作的技术功。或者说在可逆定温条件下亥姆霍兹函数变量是热力学能变化量中可以自由释放转变为功的那部分,而 $T\Delta s$ 是可逆定温条件下热力学能变化量中无法转变为功的那部分,称为束缚能。同样,吉布斯函数在可逆定温条件下的变量是焓改变量中能够转变为功的那部分,$T\Delta s$ 是束缚能。

亥姆霍兹函数和吉布斯函数在相平衡和化学反应过程中有很大的用处。

式(12-14)、(12-15)、(12-20)和(12-21)是由热力学第一定律和第二定律直接导得的,它们将简单可压缩系平衡态各参数的变化联系了起来,在热力学中具有重要的作用,通常称为吉布斯方程。式(12-20)和式(12-21)取可测参数(T, v)和(T, p)作自变量,因而有重要的应用价值。应当指出,上述关系可应用于任意两平衡态间参数的变化,而不必考虑其中间过程是否可逆,因为状态参数只是状态的函数,但在研究能量转换过程时,它们只适用于可逆过程。

12.5.3 特性函数

对简单可压缩的纯物质系统,任意一个状态参数都可以表示成另外两个独立参数的函数。其中,某些状态参数若表示成特定的两个独立参数的函数时,只需一个状态函数就可以确定系统的其他参数,这样的函数就称为"特性函数"。$u = u(s, v)$、$h = h(s, p)$、$f = f(T, v)$ 及 $g = g(T, p)$ 就是这样的特性函数。例如,若已

知 $u=u(s,v)$ 的具体形式,可以确定其他参数 h、T、p、f 和 g 如下:对 $u=u(s,v)$ 取微分,得

$$\mathrm{d}u=\left(\frac{\partial u}{\partial s}\right)_v \mathrm{d}s+\left(\frac{\partial u}{\partial v}\right)_s \mathrm{d}v \tag{e}$$

比较式(e)和式(12-14)得

$$T=\left(\frac{\partial u}{\partial s}\right)_v,\quad p=-\left(\frac{\partial u}{\partial v}\right)_s$$

据定义

$$h=u+pv=u-v\left(\frac{\partial u}{\partial v}\right)_s$$

$$f=u-Ts=u-s\left(\frac{\partial u}{\partial s}\right)_v$$

$$g=h-Ts=u-v\left(\frac{\partial u}{\partial v}\right)_s-s\left(\frac{\partial u}{\partial s}\right)_v$$

需要指出,热力学能函数仅在表示成熵及比体积的函数时才是特性函数,换成其他独立参数,如 $u=u(s,p)$,则不能由它全部确定其他平衡参数,也就不是特性函数了。其他特性函数同样如此。

特性函数的重要功用是建立了各种热力学函数之间的简要关系。只要有一个特性函数求得以后,就可以根据这个特性函数得出其他热力学函数。特性函数的缺点是 u、h、f、g 本身的数值都不能或不便于用实验方法来直接测定,所以计算 u、h、s 等函数,通常还是要应用一些可以根据实验数据来进行计算的热力学一般关系。

12.5.4 麦克斯韦关系

对上述四个特性函数的微分式,即吉布斯方程式(12-14)、(12-15)、(12-20)和(12-21),应用全微分条件,可以导出把 p、v、T 和 s 联系起来的重要关系——麦克斯韦关系。

以热力学能 $u=u(s,v)$,$\mathrm{d}u=\left(\dfrac{\partial u}{\partial s}\right)_v \mathrm{d}s+\left(\dfrac{\partial u}{\partial v}\right)_s \mathrm{d}v$ 为例,比照式(12-14)$\mathrm{d}u=T\mathrm{d}s-p\mathrm{d}v$,可得

$$\left(\frac{\partial u}{\partial s}\right)_v=T,\quad \left(\frac{\partial u}{\partial v}\right)_s=-p \tag{f}$$

利用二元函数的二价混合偏导数与求导的次序无关,又可得

$$\left(\frac{\partial T}{\partial v}\right)_s=-\left(\frac{\partial p}{\partial s}\right)_v \tag{12-22}$$

同理,据 $h = h(s,p)$,$\mathrm{d}h = T\mathrm{d}s + v\mathrm{d}p$,可有

$$\left(\frac{\partial h}{\partial s}\right)_p = T, \quad \left(\frac{\partial h}{\partial p}\right)_s = v \tag{g}$$

$$\left(\frac{\partial T}{\partial p}\right)_s = \left(\frac{\partial v}{\partial s}\right)_p \tag{12-23}$$

据 $f = f(T,v)$ 、$\mathrm{d}f = -s\mathrm{d}T - p\mathrm{d}v$ 和 $g = g(T,p)$ 、$\mathrm{d}g = -s\mathrm{d}T + v\mathrm{d}p$,有

$$\left(\frac{\partial f}{\partial v}\right)_T = -p, \quad \left(\frac{\partial f}{\partial T}\right)_v = -s \tag{h}$$

$$\left(\frac{\partial p}{\partial T}\right)_v = \left(\frac{\partial s}{\partial v}\right)_T \tag{12-24}$$

$$\left(\frac{\partial g}{\partial p}\right)_T = v, \quad \left(\frac{\partial g}{\partial T}\right)_s = -s \tag{i}$$

$$\left(\frac{\partial v}{\partial T}\right)_p = -\left(\frac{\partial s}{\partial p}\right)_T \tag{12-25}$$

式(12-22)~(12-25)四式称为麦克斯韦关系,它给出不可测的熵参数与容易测得的参数 p、v、T 之间的微分关系式。式(f)、(g)、(h)和(i)这八个由吉布斯方程对照全微分表达式导出的关系,把状态参数的偏导数与常用状态参数联系起来,和麦克斯韦关系一起,是推导熵、热力学能、焓及比热容的热力学一般关系式的基础。

麦氏关系
等助忆图

12.5.5 热系数

在状态函数的众多偏导数中,由基本状态参数 p、v、T 构成的偏导数 $\left(\frac{\partial v}{\partial T}\right)_p$、$\left(\frac{\partial v}{\partial p}\right)_T$ 和 $\left(\frac{\partial p}{\partial T}\right)_v$ 被称为热系数,有着明显的物理意义。其中

$$\alpha_V = \frac{1}{v}\left(\frac{\partial v}{\partial T}\right)_p \tag{12-26}$$

称为体积膨胀系数,单位为 K^{-1},表示物质在定压下比体积随温度的变化率。

$$\kappa_T = -\frac{1}{v}\left(\frac{\partial v}{\partial p}\right)_T \tag{12-27}$$

称为等温压缩率,单位为 Pa^{-1},表示物质在定温下比体积随压力的变化率。

$$\alpha = \frac{1}{p}\left(\frac{\partial p}{\partial T}\right)_v \tag{12-28}$$

称为定容压力温度系数或压力的温度系数,单位为 K^{-1},表示物质在定体积下压

力随温度的变化率。

上述 3 个热系数是由三个可测的基本状态参数 p、v、T 构成的,可以由实验测定,也可以由状态方程求得。它们之间的关系可由循环关系导出,因

$$\left(\frac{\partial v}{\partial T}\right)_p \left(\frac{\partial T}{\partial p}\right)_v \left(\frac{\partial p}{\partial v}\right)_T = -1$$

所以

$$\left(\frac{\partial v}{\partial T}\right)_p = -\left(\frac{\partial p}{\partial T}\right)_v \left(\frac{\partial v}{\partial p}\right)_T$$

即

$$\frac{1}{v}\left(\frac{\partial v}{\partial T}\right)_p = -p \frac{1}{p}\left(\frac{\partial p}{\partial T}\right)_v \frac{1}{v}\left(\frac{\partial v}{\partial p}\right)_T$$

所以 3 个热系数之间有

$$\alpha_V = p\alpha\kappa_T \tag{12-29}$$

除上述 3 个热系数外,常用的偏导数还有等熵压缩率和焦耳-汤姆孙系数等,等熵压缩率 κ_s 表征在可逆绝热过程中膨胀或压缩时体积的变化特性,定义为

$$\kappa_s = -\frac{1}{v}\left(\frac{\partial v}{\partial p}\right)_s \tag{12-30}$$

单位为 Pa^{-1}。

由实验测定热系数,然后再积分求取状态方程式也是由实验得出状态方程式的一种基本方法。

例 12-3 试求气体的体积膨胀系数 α_V 及等温压缩率 κ_T。气体遵守:(1) 理想气体状态方程;(2) 范德瓦耳斯方程。

解 (1) 对于理想气体,$pv = R_g T$,因此

$$\alpha_V = \frac{1}{v}\left(\frac{\partial v}{\partial T}\right)_p = \frac{1}{v}\frac{\partial}{\partial T}\left(\frac{R_g T}{p}\right)_p = \frac{1}{v}\frac{R_g}{p} = \frac{1}{T}$$

$$\kappa_T = -\frac{1}{v}\left(\frac{\partial v}{\partial p}\right)_T = -\frac{1}{v}\frac{\partial}{\partial p}\left(\frac{R_g T}{p}\right)_T = -\frac{1}{v}\left(-\frac{R_g T}{p^2}\right) = \frac{1}{p}$$

(2) 对于遵守范德瓦耳斯方程的气体

$$\left(p + \frac{a}{v^2}\right)(v-b) = R_g T$$

由于在方程中直接求 $\left(\frac{\partial v}{\partial p}\right)_T$ 和 $\left(\frac{\partial v}{\partial T}\right)_p$ 不方便,故利用循环关系。由

$$\left(\frac{\partial v}{\partial T}\right)_p \left(\frac{\partial T}{\partial p}\right)_v \left(\frac{\partial p}{\partial v}\right)_T = -1$$

可得

$$\left(\frac{\partial v}{\partial T}\right)_p = -\frac{(\partial p/\partial T)_v}{(\partial p/\partial v)_T}$$

将范德瓦耳斯方程写成 $p = \dfrac{R_g T}{v-b} - \dfrac{a}{v^2}$，则

$$\left(\frac{\partial p}{\partial T}\right)_v = \frac{R_g}{v-b}, \quad \left(\frac{\partial p}{\partial v}\right)_T = -\frac{R_g T}{(v-b)^2} + \frac{2a}{v^3}$$

因此

$$\alpha_V = \frac{1}{v}\left(\frac{\partial v}{\partial T}\right)_p = -\frac{1}{v}\frac{\dfrac{R_g}{v-b}}{\dfrac{-R_g T}{(v-b)^2}+\dfrac{2a}{v^3}} = \frac{R_g v^2(v-b)}{R_g T v^3 - 2a(v-b)^2}$$

用类似的方法可得

$$\kappa_T = -\frac{1}{v}\left(\frac{\partial v}{\partial p}\right)_T = \frac{v^2(v-b)^2}{R_g T v^3 - 2a(v-b)^2}$$

讨论：包括循环关系在内的微分性质在研究实际气体的状态参数间关系时有强大的功用，但应该注意避免变成纯数学运算的技巧问题。

例 12-4　在 273 K 附近，水银的体积膨胀系数和等温压缩率可取 $\alpha_V = 0.181\ 9\times10^{-3}\ \text{K}^{-1}$、$\kappa_T = 3.75\times10^{-5}\ \text{MPa}^{-1}$，试计算液态水银在定体积下由 273 K 增加到 274 K 时的压力增加值。

解　由题意，在 273 K 到 274 K 时

$$\alpha_V = \frac{1}{v}\left(\frac{\partial v}{\partial T}\right)_p = 0.181\ 9\times10^{-3}\ \text{K}^{-1},$$

$$\kappa_T = -\frac{1}{v}\left(\frac{\partial v}{\partial p}\right)_T = 3.75\times10^{-5}\ \text{MPa}^{-1}$$

据式（12-28）和（12-29）

$$\left(\frac{\partial p}{\partial T}\right)_v = \frac{\alpha_V}{\kappa_T} = \frac{0.181\ 9\times10^{-3}\ \text{K}^{-1}}{3.75\times10^{-5}\ \text{MPa}^{-1}} = 4.85\ \text{MPa/K}$$

讨论：液态水银在定体积下从 273 K 升温到 274 K，压力将增加 4.85 MPa，因此维持物系定体积过程，容器压力变化将非常之大。

例 12-5　假设物质的体积膨胀系数和等温压缩率分别为

$$\alpha_V = \frac{v-a}{Tv}, \quad \kappa_T = \frac{3(v-a)}{4pv}$$

其中 a 为常数。试推导该物质的状态方程。

解　将该物质的 p、T 作为状态方程中的独立变量，$v = v(p, T)$，于是

$$dv = \left(\frac{\partial v}{\partial p}\right)_T dp + \left(\frac{\partial v}{\partial T}\right)_p dT$$

据 $\alpha_V = \dfrac{1}{v}\left(\dfrac{\partial v}{\partial T}\right)_p$ 和 $\kappa_T = -\dfrac{1}{v}\left(\dfrac{\partial v}{\partial p}\right)_T$,得

$$\mathrm{d}v = -\kappa_T v\,\mathrm{d}p + \alpha_V v\,\mathrm{d}T$$

将题给的 κ_T 及 α_V 代入,则

$$\mathrm{d}v = -v\,\frac{3(v-a)}{4pv}\mathrm{d}p + v\,\frac{v-a}{Tv}\mathrm{d}T$$

分离变量

$$\frac{\mathrm{d}v}{v-a} = -\frac{3}{4p}\mathrm{d}p + \frac{1}{T}\mathrm{d}T$$

积分得

$$\ln(v-a) = \ln\,p^{-3/4} + \ln\,T + \ln\,C$$

即

$$p^{3/4}(v-a) = CT \quad (C\ \text{为常数})$$

讨论:由于题目没有给出其他条件,所以不能确定其积分常数 C,若题目改成"某气态物质的体积膨胀系数和等温压缩率……",则可根据在压力趋向于零时气体服从理想气体的规律,补充一个方程,确定积分常数 C。

12.6 热力学能、焓和熵的一般关系式

由第三章可知,理想气体的状态方程简单,比热容仅是温度的函数,而且由此即可求出理想气体的比熵、比焓及比热力学能等。实际气体的比热力学能 u、比熵 s 和比焓 h 也能从状态方程和比热容求得,但其表达式远较理想气体的复杂,而且这些表达式的形式随所选独立变量的不同而异。本节导出以可测参数为自变量的熵、焓和热力学能的一般关系式。

12.6.1 熵的一般关系式

如果取 T、v 为独立变量,即 $s = s(T,v)$,则

$$\mathrm{d}s = \left(\frac{\partial s}{\partial T}\right)_v \mathrm{d}T + \left(\frac{\partial s}{\partial v}\right)_T \mathrm{d}v$$

根据麦克斯韦关系

$$\left(\frac{\partial s}{\partial v}\right)_T = \left(\frac{\partial p}{\partial T}\right)_v$$

又据链式关系及比热容定义

$$\left(\frac{\partial s}{\partial T}\right)_v \left(\frac{\partial T}{\partial u}\right)_v \left(\frac{\partial u}{\partial s}\right)_v = 1$$

$$\left(\frac{\partial s}{\partial T}\right)_v = \frac{\left(\frac{\partial u}{\partial T}\right)_v}{\left(\frac{\partial u}{\partial s}\right)_v} = \frac{c_V}{T}$$

得到

$$ds = \frac{c_V}{T}dT + \left(\frac{\partial p}{\partial T}\right)_v dv \qquad (12-31)$$

式(12-31)称为第一 ds 方程。已知物质的状态方程及比定容热容,积分式(12-31)即可求取过程的熵变。

若以 p、T 为独立变量,则

$$ds = \left(\frac{\partial s}{\partial T}\right)_p dT + \left(\frac{\partial s}{\partial p}\right)_T dp$$

因

$$\left(\frac{\partial s}{\partial p}\right)_T = -\left(\frac{\partial v}{\partial T}\right)_p, \qquad \left(\frac{\partial s}{\partial T}\right)_p = \frac{\left(\frac{\partial h}{\partial T}\right)_p}{\left(\frac{\partial h}{\partial s}\right)_p} = \frac{c_p}{T}$$

故可得第二 ds 方程:

$$ds = \frac{c_p}{T}dT - \left(\frac{\partial v}{\partial T}\right)_p dp \qquad (12-32)$$

类似可得以 p、v 为独立变量的第三 ds 方程:

$$ds = \frac{c_V}{T}\left(\frac{\partial T}{\partial p}\right)_v dp + \frac{c_p}{T}\left(\frac{\partial T}{\partial v}\right)_p dv \qquad (12-33)$$

上述 ds 的一般方程中,第二 ds 方程更为实用,因为比定压热容 c_p 较比定容热容 c_V 易于实验测定。由于导出过程中没有对工质做任何假定,故可用于任何物质,当然也可适用于理想气体,读者可自行由(12-31)~(12-33)式导出理想气体熵差计算式,并与第三章的公式对照。

12.6.2　热力学能的一般关系式

取 T、v 为独立变量,即 $u = u(T, v)$,则

$$du = Tds - pdv$$

将第一 ds 方程代入上式,整理可得微分关系式

$$du = c_V dT + \left[T\left(\frac{\partial p}{\partial T}\right)_v - p\right]dv \qquad (12-34)$$

上式称为第一 du 方程。若将第二 ds 方程、第三 ds 方程代入式(12-14)则可得

到以 p、T 和 p、v 为独立变量的第二、第三 $\mathrm{d}u$ 微分式。但相比之下,第一 $\mathrm{d}u$ 方程形式较简单,计算较方便,应用也较广泛,所以这里对另外两个热力学能微程式不做详细介绍。

式(12-34)说明:实际气体的热力学能是比体积和温度的函数。所以,如果已知实际气体的状态方程式和比热容,对式(12-34)或其他两个 $\mathrm{d}u$ 方程积分可求取热力学能在过程中的变化量。

12.6.3　焓的一般关系式

与导得 $\mathrm{d}u$ 的方程相同,通过把 $\mathrm{d}s$ 方程代入

$$\mathrm{d}h = T\mathrm{d}s + v\mathrm{d}p$$

可得到相应的 $\mathrm{d}h$ 方程,其中最常用的是以第二 $\mathrm{d}s$ 方程代入上式而得的以 T 和 p 为独立变量的 $\mathrm{d}h$ 方程:

$$\mathrm{d}h = c_p \mathrm{d}T + \left[v - T \left(\frac{\partial v}{\partial T} \right)_p \right] \mathrm{d}p \tag{12-35}$$

另两个分别以 T、v 和 p、v 为独立变量的 $\mathrm{d}h$ 方程请读者自行推导。

式(12-35)说明,实际气体的焓是温度和压力的函数,如已知气体的状态方程式和比热容,通过积分可求取过程中焓的变化量。

例 12-6　设气体遵守以下的状态方程式:

$$v = \frac{R_g T}{p} - \frac{c}{T^3}$$

式中,c 为常数。试推导这种气体在等温过程中焓变化的表达式。

解　焓的一般关系式(12-35)为

$$\mathrm{d}h = c_p \mathrm{d}T + \left[v - T \left(\frac{\partial v}{\partial T} \right)_p \right] \mathrm{d}p$$

在等温过程中 $\mathrm{d}T = 0$,因此

$$\mathrm{d}h = \left[v - T \left(\frac{\partial v}{\partial T} \right)_p \right] \mathrm{d}p_T$$

所以

$$(h_2 - h_1)_T = \int_1^2 \left[v - T \left(\frac{\partial v}{\partial T} \right)_p \right] \mathrm{d}p_T$$

据题给出状态方程式

$$\left(\frac{\partial v}{\partial T} \right)_p = \frac{R_g}{p} + \frac{3c}{T^4}$$

因此

$$(h_2-h_1)_T = \int_1^2 \left[v-T\left(\frac{R_g}{p}+\frac{3c}{T^4} \right) \right] \mathrm{d}p_T$$

$$= \int_1^2 \left[\left(\frac{R_g T}{p}-\frac{c}{T^3} \right)-\left(\frac{R_g T}{p}+\frac{3c}{T^3} \right) \right] \mathrm{d}p_T$$

$$= \int_1^2 -\frac{4c}{T^3}\mathrm{d}p_T$$

$$(h_2-h_1)_T = -\frac{4c}{T^3}(p_2-p_1)_T$$

讨论：由可测量的少数几个参数表达的一般关系式具有普遍性，本例若气体服从理想气体规律，则 $\left(\dfrac{\partial v}{\partial T} \right)_p = \dfrac{R_g}{p}$，代入式（12-35）即可得 $(h_2-h_1)_T=0$。

例 12-7　1 kg 水由 $t_1=50$ ℃、$p_1=0.1$ MPa 经定熵增压过程到 $p_2=15$ MPa。已知 50 ℃时水的 $v=0.001\,012\,1$ m³/kg，$\alpha_V=465\times10^{-6}$ K^{-1}，$c_p=4.186$ kJ/(kg·K)，并可以将它们视为定值。试确定水的终温及焓的变化量。

解　由第二 ds 方程

$$\mathrm{d}s = \frac{c_p}{T}\mathrm{d}T-\left(\frac{\partial v}{\partial T} \right)_p \mathrm{d}p = \frac{c_p}{T}\mathrm{d}T-v\alpha_V\mathrm{d}p$$

根据状态参数特性，选择先沿 $T_1=(50+273.15)$ K $=323.15$ K 等温由 p_1 到 p_2，再在 p_2 下定压地由 T_1 到 T_2 进行积分，即

$$\Delta s_{12} = \left(-\int_{p_1}^{p_2} v\alpha_V\mathrm{d}p \right)_{T_1} + \left(\int_{T_1}^{T_2} \frac{c_p}{T}\mathrm{d}T \right)_{p_2}$$

$$= \left(c_p\ln\frac{T_2}{T_1} \right)_{p_2} - \left[v\alpha_V(p_2-p_1) \right]_{T_1}$$

因等熵增压，所以 $\Delta s_{12}=0$，于是

$$\left(c_p\ln\frac{T_2}{T_1} \right)_{p_2} = \left[v\alpha_V(p_2-p_1) \right]_{T_1}$$

即

$$\ln\frac{T_2}{T_1} = \frac{v\alpha_V(p_2-p_1)}{c_p}$$

$$= \frac{0.001\,012\,1\ \text{m}^3/\text{kg}\times465\times10^{-6}\ \text{K}^{-1}\times(15\times10^6\ \text{Pa}-0.1\times10^6\ \text{Pa})}{4.186\times10^3\ \text{J}/(\text{kg}\cdot\text{K})}$$

$$= 0.001\,675$$

解得 $T_2=323.69$ K，$t_2=50.54$ ℃。

由焓的一般关系式(12-35)：

$$\mathrm{d}h = c_p\mathrm{d}T+\left[v-T\left(\frac{\partial v}{\partial T}\right)_p\right]\mathrm{d}p = c_p\mathrm{d}T+(v-Tv\alpha_V)\mathrm{d}p$$

$$= c_p\mathrm{d}T+(1-T\alpha_V)v\mathrm{d}p$$

仍沿上述两途径积分得

$$\Delta h_{12} = \left[\int_{p_1}^{p_2}(1-T\alpha_V)v\mathrm{d}p\right]_{T_1}+\left[\int_{T_1}^{T_2}c_p\mathrm{d}T\right]_{p_2}$$

$$= \left[(1-T\alpha_V)v(p_2-p_1)\right]_{T_1}+\left[c_p(T_2-T_1)\right]_{p_2}$$

所以

$$\Delta h_{12} = (1-323.15\ \mathrm{K}\times465\times10^{-6}\ \mathrm{K}^{-1})\times0.001\ 012\ 1\ \mathrm{m}^3/\mathrm{kg}\times$$
$$(15-0.1)\times10^6\ \mathrm{Pa}+4.186\times10^3\ \mathrm{J}/(\mathrm{kg\cdot K})\times$$
$$(323.69\ \mathrm{K}-323.15\ \mathrm{K})$$
$$= 15.07\times10^3\ \mathrm{J}/\mathrm{kg}$$

讨论：利用状态参数只取决于状态的特性选择积分途径时，除选择适合的途径使积分求解过程简化，常常还需考虑利用数据(本例中 α_V 等)的可靠性。

12.7　比热容的一般关系式

上节熵、热力学能和焓的微分关系式中均含有比定压热容 c_p 或比定容热容 c_V，因此需要导出 c_p 与 c_V 的一般关系式。另外，实验中维持体积不变难以实现，若能建立 c_p 与 c_V 的关系式，则可由较易测量的 c_p 的实验数据计算 c_V 而避开实验测量 c_V 的困难。此外，由实验数据构造 c_p 的一般关系式还可用来导出状态方程。本节导出比热容一般关系式。

12.7.1　比热容与压力及比体积的关系

据第二 $\mathrm{d}s$ 方程

$$\mathrm{d}s = \frac{c_p}{T}\mathrm{d}T-\left(\frac{\partial v}{\partial T}\right)_p\mathrm{d}p$$

由全微分的性质，可得

$$\left(\frac{\partial c_p}{\partial p}\right)_T = -T\left(\frac{\partial^2 v}{\partial T^2}\right)_p \tag{12-36}$$

同理，据第一 $\mathrm{d}s$ 方程可以得到

$$\left(\frac{\partial c_V}{\partial v}\right)_T = T\left(\frac{\partial^2 p}{\partial T^2}\right)_v \tag{12-37}$$

式(12-36)、(12-37)建立了等温条件下 c_p 与 c_V 随压力及比体积的变化与状态方程式的关系,这种关系十分有用,下面以式(12-36)说明之。

首先,若已知气体的状态方程,只要测得该气体在某一足够低压力时的比定压热容 c_{p_0},即可据(12-36)式计算出气体在一定压力下的 c_p,从而使实验工作量大大减少。因为在定温条件下,将式(12-36)积分可得

$$c_p - c_{p_0} = -T \int_{p_0}^{p} \left(\frac{\partial^2 v}{\partial T^2} \right)_p \mathrm{d}p$$

式中,c_{p_0} 是压力 p_0 下的比定压热容,当 p_0 足够低时,c_{p_0} 就是理想气体的比定压热容,它只是温度的函数。因此只需按状态方程求出 $\left(\frac{\partial^2 v}{\partial T^2} \right)_p$,然后由 p_0 到 p 积分,就可求取任意压力下 c_p 值,而避开实验测定。

其次,若有较精确的比热容数据 $c_p = f(T, p)$,则可通过求 c_p 对压力的一阶偏导数,然后对 T 进行两次积分,结合少量 p、v、T 实验数据而确定状态方程。

第三,对于已有的比热容数据和状态方程,可以从它们与以上关系吻合情况,来确定它们的精确程度。

12.7.2 比定压热容 c_p 与比定容热容 c_V 的关系

比较第一 $\mathrm{d}s$ 方程(12-31)和第二 $\mathrm{d}s$ 方程(12-32),可得

$$c_p \mathrm{d}T - T \left(\frac{\partial v}{\partial T} \right)_p \mathrm{d}p = c_V \mathrm{d}T + T \left(\frac{\partial p}{\partial T} \right)_v \mathrm{d}v$$

所以

$$\mathrm{d}T = \frac{T \left(\frac{\partial p}{\partial T} \right)_v}{c_p - c_V} \mathrm{d}v + \frac{T \left(\frac{\partial v}{\partial T} \right)_p}{c_p - c_V} \mathrm{d}p$$

但当 $T = T(v, p)$ 时,又有

$$\mathrm{d}T = \left(\frac{\partial T}{\partial v} \right)_p \mathrm{d}v + \left(\frac{\partial T}{\partial p} \right)_v \mathrm{d}p$$

比较以上二式,可得

$$\left(\frac{\partial T}{\partial v} \right)_p = \frac{T \left(\frac{\partial p}{\partial T} \right)_v}{c_p - c_V}, \quad \left(\frac{\partial T}{\partial p} \right)_v = \frac{T \left(\frac{\partial v}{\partial T} \right)_p}{c_p - c_V}$$

因此

$$c_p - c_V = T \left(\frac{\partial v}{\partial T} \right)_p \left(\frac{\partial p}{\partial T} \right)_v \tag{12-38}$$

根据循环关系

$$\left(\frac{\partial p}{\partial T} \right)_v = -\left(\frac{\partial v}{\partial T} \right)_p \left(\frac{\partial p}{\partial v} \right)_T$$

所以
$$c_p - c_V = -T\left(\frac{\partial v}{\partial T}\right)_p^2 \left(\frac{\partial p}{\partial v}\right)_T = Tv\frac{\alpha_V^2}{\kappa_T} \qquad (12-39)$$

式(12-38)、(12-39)也是热力学中的重要关系式，它们表明：

（1）$c_p - c_V$取决于状态方程，因而可由状态方程或其热系数求得。

（2）因T、v、κ_T恒为正值，α_V^2必是正值，所以$c_p - c_V$恒大于等于零，也即物质的比定压热容恒大于等于比定容热容。

（3）由于液体和固体的体积膨胀系数α_V与比体积都很小，所以在一般温度下c_p和c_V的差值也很小，因此一般工程应用中常对液体和固体不区分c_p和c_V，近似认为它们相同，但是对气体必须加以区分。

例 12-8　导出遵守范德瓦耳斯状态方程的气体的$c_p - c_V$的表达式。

解　范德瓦耳斯方程（1 kg 气体）
$$\left(p + \frac{a}{v^2}\right)(v-b) = R_g T$$

分别对温度和比体积求导
$$\left(\frac{\partial p}{\partial T}\right)_v = \frac{R_g}{v-b}$$

$$\left(\frac{\partial p}{\partial v}\right)_T = -\frac{R_g T}{(v-b)^2} + \frac{2a}{v^3} = -\frac{R_g T v^3 - 2a(v-b)^2}{v^3(v-b)^2}$$

据循环关系
$$\left(\frac{\partial v}{\partial T}\right)_p \left(\frac{\partial T}{\partial p}\right)_v \left(\frac{\partial p}{\partial v}\right)_T = -1$$

$$\left(\frac{\partial v}{\partial T}\right)_p = -\frac{\left(\frac{\partial p}{\partial T}\right)_v}{\left(\frac{\partial p}{\partial v}\right)_T}$$

代入式(12-38)即可得$c_p - c_V$的表达式
$$c_p - c_V = T\left(\frac{\partial v}{\partial T}\right)_p\left(\frac{\partial p}{\partial T}\right)_v = -\frac{T\left(\frac{\partial p}{\partial T}\right)_v^2}{\left(\frac{\partial p}{\partial v}\right)_T} = \frac{T\left(\frac{R_g}{v-b}\right)^2 v^3(v-b)^2}{R_g T v^3 - 2a(v-b)^2}$$

$$= \frac{T R_g^2 v^3}{R_g T v^3 - 2a(v-b)^2}$$

讨论：（1）直接对范德瓦耳斯方程求$(\partial v/\partial T)_p$不太方便，利用循环关系可从较易求导的$(\partial p/\partial T)_v$和$(\partial p/\partial v)_T$求取；

（2）将 $\left(\dfrac{\partial p}{\partial T}\right)_v = \dfrac{R_{\mathrm{g}}}{v-b}$ 代入式（12-37），有

$$\left(\frac{\partial c_V}{\partial v}\right)_T = T\left(\frac{\partial^2 p}{\partial T^2}\right)_v = T\left[\frac{\partial}{\partial T}\left(\frac{R_{\mathrm{g}}}{v-b}\right)\right]_v = 0$$

气体的比定容热容是比体积的函数，$(\partial c_V/\partial v)_T = 0$ 表明比定容热容不随比体积变化，这与实际情况不符，说明范德瓦耳斯方程并不能准确的描述实际气体的这方面的性质。

热力学一
般关系式

*12.8 通用焓图与通用熵图

通常，实际气体的焓、熵等数据以图表形式给出，供工程应用。这些图表是据气体的状态方程及焓、熵等一般关系，结合实验数据制得的。对于缺乏这类图表的气体，可利用通用焓图（图 12-8）和通用熵图（图 12-9）进行计算。图 12-8 的横坐标为对比压力 p_{r}，纵坐标为 $(H_{\mathrm{m}}^* - H_{\mathrm{m}})/(RT_{\mathrm{cr}})$。式中，上角标 * 表示假想实际气体在同温同压下处于理想气体状态时的相应参数，下角标 m 表示摩尔量。$H_{\mathrm{m}}^* - H_{\mathrm{m}}$ 是假想把某一状态时实际气体作为理想气体的焓与在同一状态时实际气体焓的偏差，称为余焓。图 12-9 的横坐标同样为对比压力 p_{r}，纵坐标为

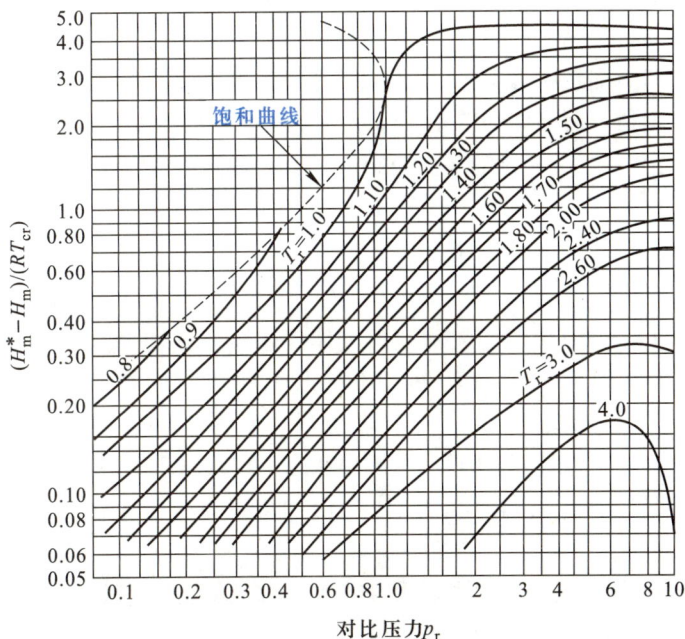

图 12-8 通用焓图

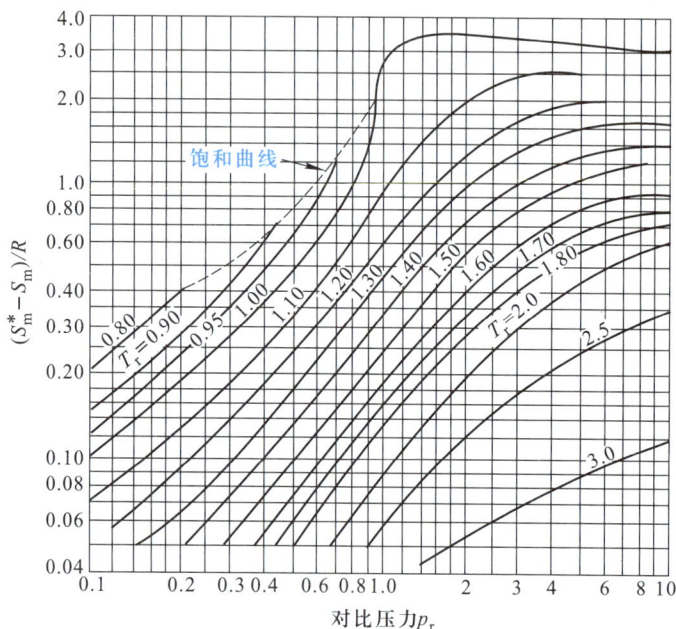

图 12-9　通用熵图

$(S_m^* - S_m)/R$。$S_m^* - S_m$ 是实际气体在某一状态时的熵与假想把实际气体作为理想气体在同一状态时熵的偏差,称为余熵。

利用焓和熵都是状态参数,过程的焓差和熵差与中间途径无关,可以导得气体从平衡态 1 到平衡态 2 的焓差或熵差可分别用下列公式表示:

$$H_{m,2} - H_{m,1} = RT_{cr} \left[\frac{(H_m^* - H_m)_1}{RT_{cr}} - \frac{(H_m^* - H_m)_2}{RT_{cr}} \right] + \int_{T_1}^{T_2} C_{p,m}^* dT \qquad (12-40)$$

$$S_{m,2} - S_{m,1} = R \left[\frac{(S_m^* - S_m)_1}{R} - \frac{(S_m^* - S_m)_2}{R} \right] + \int_{T_1}^{T_2} C_{p,m}^* \frac{dT}{T} - R\ln\frac{p_2}{p_1} \qquad (12-41)$$

式(12-40)、(12-41)中 $C_{p,m}^*$ 表示理想气体摩尔定压热容,它仅是温度的函数。式(12-40)中右边第二项是理想气体状态 1 和 2 间的焓差,它只与温度有关;式(12-41)中右边第二、三项是理想气体状态 1 和 2 间的熵差。分别根据 p_r、T_r 由图 12-8 和图 12-9 求取两式中状态 1 和状态 2 的 $(H_m^* - H_m)/(RT_{cr})$ 和 $(S_m^* - S_m)/R$,代入式(12-40)和式(12-41)即可求得气体在状态 1 和 2 间的焓差和熵差。

例 12-9　利用通用焓图和通用熵图求甲烷从 6.5 MPa、298.15 K 的初态定压加热到 400 K 时的热量和熵变量。

解　由表 12-1 查得,CH_4 的临界参数为

$$p_{cr} = 4.64 \text{ MPa}, \quad T_{cr} = 190.7 \text{ K}$$

所以
$$p_{r1} = \frac{p_1}{p_{cr}} = \frac{6.5 \text{ MPa}}{4.64 \text{ MPa}} = 1.40, \quad p_{r2} = p_{r1}$$

$$T_{r1} = \frac{T_1}{T_{cr}} = \frac{298.15 \text{ K}}{190.7 \text{ K}} = 1.56, \quad T_{r2} = \frac{T_2}{T_{cr}} = \frac{400 \text{ K}}{190.7 \text{ K}} = 2.10$$

查通用焓图 12-8,当 $p_r = 1.40$、$T_r = 1.56$ 和 $p_r = 1.40$、$T_r = 2.10$ 时

$$\frac{(H_m^* - H_m)_1}{RT_{cr}} = 0.60, \quad \frac{(H_m^* - H_m)_2}{RT_{cr}} = 0.28$$

从附表 8 查得,理想气体状态 CH_4 的摩尔焓为

$$H_{m,298.15\ K}^* = 10\ 018.7 \text{ J/mol}, \quad H_{m,400\ K}^* = 13\ 888.9 \text{ J/mol}$$

$$\int_{T_1}^{T_2} C_{p,m}^* dT = H_{m,2}^* - H_{m,1}^* = 13\ 888.9 \text{ J/mol} - 10\ 018.7 \text{ J/mol} = 3\ 870.2 \text{ J/mol}$$

所以 CH_4 焓的变化

$$\begin{aligned}
H_{m,2} - H_{m,1} &= RT_{cr}\left[\frac{(H_m^* - H_m)_1}{RT_{cr}} - \frac{(H_m^* - H_m)_2}{RT_{cr}}\right] + \int_{T_1}^{T_2} C_{p,m}^* dT \\
&= 8.314\ 5 \text{ J/(mol·K)} \times 190.7 \text{ K} \times (0.6 - 0.28) + 3\ 870.2 \text{ J/mol} \\
&= 4\ 377.6 \text{ J/mol}
\end{aligned}$$

定压过程的热量即焓差

$$Q = H_{m,2} - H_{m,1} = 4\ 377.6 \text{ J/mol}$$

根据 p_r 和 T_r 查通用熵图,得

$$\frac{(S_m^* - S_m)_1}{R} = 0.31, \quad \frac{(S_m^* - S_m)_2}{R} = 0.12$$

从附表 8 查得:$S_{m,298.15\ K}^* = 186.233 \text{ J/(mol·K)}$,$S_{m,400\ K}^* = 197.367 \text{ J/(mol·K)}$
所要求的熵变为

$$\begin{aligned}
S_{m,2} - S_{m,1} &= R\left[\frac{(S_m^* - S_m)_1}{R} - \frac{(S_m^* - S_m)_2}{R}\right] + S_{m,2}^* - S_{m,1}^* \\
&= 8.314\ 5 \text{ J/(mol·K)} \times (0.31 - 0.12) + \\
&\quad 197.367 \text{ J/(mol·K)} - 186.233 \text{ J/(mol·K)} \\
&= 12.71 \text{ J/(mol·K)}
\end{aligned}$$

讨论:(1) 利用通用余焓图(通用余熵图)和一些精度较高的数据可以求出气体在测试困难区域的焓(熵),虽有一定程度的误差,但不失为工程解决问题的有效方法;(2) 式(12-41)中右边第二、三项是气体在理想气体状态 1 和 2 间的熵差,由于是等压过程,本例通过直接查取气体热力性质表计算得出。

*12.9   克拉佩龙方程和饱和蒸气压方程

12.9.1   纯物质的相图

根据状态方程 $f(p,v,T)=0$,纯物质的平衡状态点在 p、v、T 三维坐标系中构成一个曲面,称为热力学面,如图 12-10 所示。从 p-v-T 热力学面上可清晰地

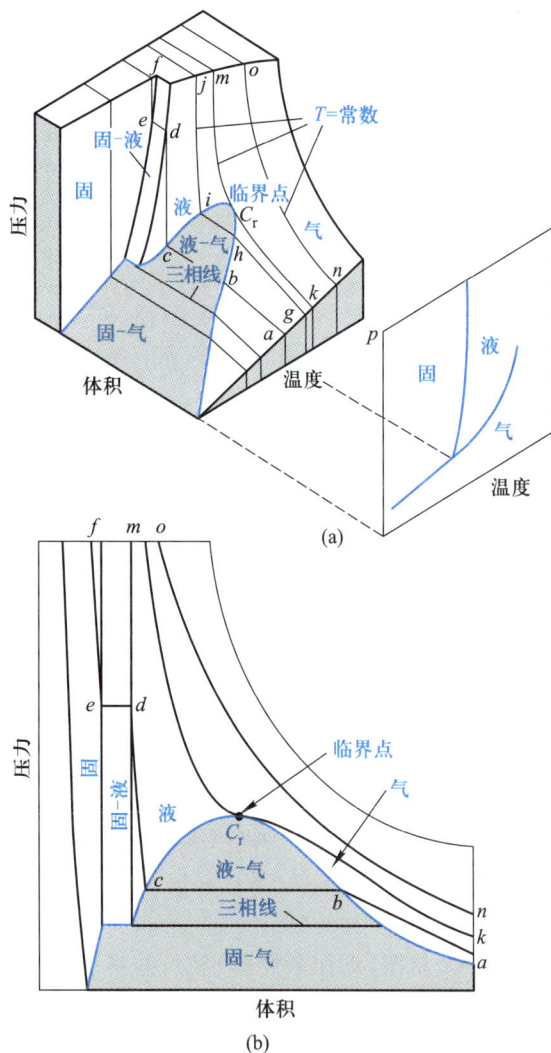

(a)

(b)

图 12-10   纯物质的热力学面及投影

看到在不同参数范围内物质呈现不同的聚集状态(即不同的相)及它们之间的转变过程。

把 p-v-T 曲面投影到 p-v 面上即得到 p-v 图,如图 12-10b 所示;把 p-v-T 曲面投影到 p-T 面上即得到 p-T 图,如图 12-11 所示。p-T 图常被称为相图。热力学面上气液、气固和固液三个两相区在相图上投影是三条曲线:汽化曲线、溶解曲线和升华曲线,它们的交点称为三相点,是三相线在 p-T 图上的投影,而三相线是物质处于固、液、气三相平衡共存的状态点的集合。

图 12-11a 是凝固时体积收缩的物质的 p-T 图,凝固时体积膨胀的物质(如水),其 p-T 图如图 12-11b 所示。

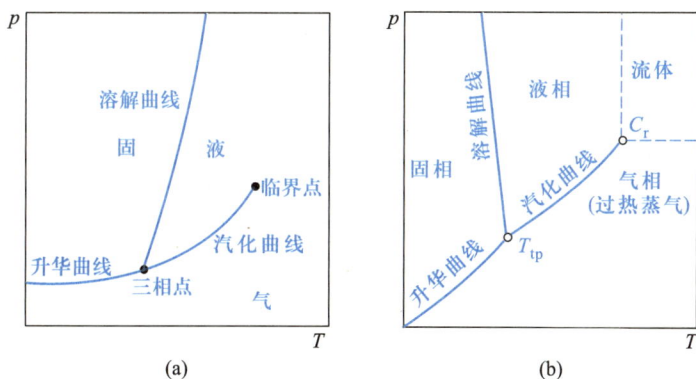

图 12-11 纯物质 p-T 图

12.9.2 吉布斯相律

据物理学知识,单相物系(如液态水)可以有两个独立变化的强度量,即温度 T 和压力 p 都可自由变化,称为有两个自由度。而在相变区域,如湿蒸气(气液两相)区,温度和压力是一一对应的,因此只有一个可自由变化,称为有一个自由度。1875 年,吉布斯在状态公理的基础上导出了著名的相律,称为吉布斯相律。它确定了相平衡系统中每一个单独相热力状态的自由度数,即可独立变化的强度参数的数目,可表示为:

$$F = C - p + 2 \tag{12-42}$$

式中:F 为独立强度量的数目;C 为组元数;p 为相数。如单元两相系中,$C=1$、$p=2$,因此 $F=1$,这意味着指定温度 T 或压力 p 就可唯一确定各个相的状态。单元物质在三相平衡共存时,$F=0$,所以各相的压力、温度都唯一确定,不能自由变化,但其体积等广延参数则随各相比例而变化。

12.9.3　克拉佩龙方程

相律指出,纯物质处于两相平衡共存时,其温度和压力彼此不独立,它们之间存在一定的关系,相图(p-T图)上的汽化曲线、升华曲线和溶解曲线即反映了这种关系,下面导出描述这种关系的克拉佩龙方程。

据麦克斯韦关系(12-24)

$$\left(\frac{\partial s}{\partial v}\right)_T = \left(\frac{\partial p}{\partial T}\right)_v \tag{a}$$

两相平衡共存时,压力是温度的函数,因此$\left(\dfrac{\partial p}{\partial T}\right)_v$可写成$\left(\dfrac{\mathrm{d}p}{\mathrm{d}T}\right)_s$,下角标 s 表示相平衡,也就是说相平衡曲线的斜率与比体积无关。所以据式(a)可得

$$\left(\frac{\mathrm{d}p}{\mathrm{d}T}\right)_s = \frac{s^\beta - s^\alpha}{v^\beta - v^\alpha} \tag{12-43}$$

式中,角标 α 和 β 分别表示相变过程中的两相。式(12-43)称为克拉佩龙方程,也称克拉佩龙-克劳修斯方程。相变过程中

$$s^\beta - s^\alpha = \frac{h^\beta - h^\alpha}{T_s} = \frac{\gamma}{T_s}$$

式中:h^β 和 h^α 分别表示相平衡时两相的比焓;γ 是相变潜热;T_s 是相变时饱和温度。这样,式(12-43)可改写成

$$\left(\frac{\mathrm{d}p}{\mathrm{d}T}\right)_s = \frac{\gamma}{T_s(v^\beta - v^\alpha)} \tag{12-44}$$

式(12-44)也称为克拉佩龙方程。

克拉佩龙方程是普遍适用的微分方程式,它将两相平衡时 $p = f(T_s)$ 的斜率、相变潜热和比体积三者相互联系起来。因此,可以从其中的任意两个数据求取第三个。例如,可以积分通过实验测得的 γ、T 和两相的比体积差 $v^\beta - v^\alpha$ 建立的关系,求得两相(如气液两相)平衡时蒸气压力对温度的关系式 $p = f(T_s)$。

12.9.4　饱和蒸气压方程

利用式(12-44)能预测饱和温度和饱和压力的依变关系。

例如,低压下液相的比体积 v_l 远小于气体的比体积 v_g,常可忽略不计。由于压力较低,气相可近似应用理想气体状态方程,于是式(12-44)可写成

$$\left(\frac{\mathrm{d}p}{\mathrm{d}T}\right)_s = \frac{\gamma}{T_s v_g} = \frac{\gamma}{T_s}\frac{p_s}{R_g T_s}$$

所以
$$\gamma = R_g \frac{dp_s}{p_s} \frac{T_s^2}{dT_s} = -R_g \frac{d \ln p_s}{d(1/T_s)}$$

如果温度变化范围不大，γ 可视为常数，则可得

$$\ln p_s = -\frac{\gamma}{R_g T_s} + A = A - \frac{B}{T_s} \tag{12-45}$$

式中，$B = -\gamma/R_g$，A 可由实验数据拟合。此式表明在较低压力时，$\ln p_s$ 和 $1/T_s$ 成直线关系。虽然，此式并不很精确，但它提供了一种近似的计算不同 T_s 下 p_s 的方法。

在此基础上有人提出了较为精确的式子

$$\ln p_s = A - \frac{B}{T_s + C} \tag{12-46}$$

式中，A、B、C 均为常数，可由实验数据拟合得出。

*12.10 单元系相平衡条件

12.10.1 平衡的熵判据

热力学第二定律指明了过程进行的方向，孤立系统的熵增原理

$$ds_{iso} \geqslant 0$$

表明孤立系统中过程可能进行的方向是使熵增大的，当孤立系统的熵达到最大值时，系统的状态不可能再发生任何变化（因此时所有变化只能使系统熵减小，这是不可能的），即系统处于平衡状态。所以，孤立系统的熵增原理给出了平衡的一般判据。这个判据称为平衡的熵判据，表述为"孤立系统处在平衡状态时，熵具有最大值"。

从平衡的熵判据出发，可导出不同条件下的平衡判据。例如，等温、等压条件下，封闭系统的自发过程朝吉布斯函数 G 减小的方向进行，系统平衡态的吉布斯函数最小，即为平衡的吉布斯判据（详见第十三章）

$$(dG)_{T,p} \leqslant 0$$

又如，等温等体积时，封闭体系自发过程朝亥姆霍兹函数 F 减小的方向进行，系统平衡态的 F 最小，即为平衡的亥姆霍兹判据

$$(dF)_{T,V} \leqslant 0$$

在各种判据中，熵判据占有特殊的地位，因为熵参数直接联系着热力学基本定律。

12.10.2   单元系的化学势

通常,物系中可能发生四种过程:热传递、功传递、相变和化学反应。相应于这些过程有四种平衡条件:热平衡条件——系统各部分温度(促使热传递的势)均匀一致;力平衡条件——简单可压缩系各部分的压力(促使功传递的势)相等;相平衡条件及化学平衡条件。由于相变和化学反应都是物质质量的转移过程,相变是物质从一个相转变到另一个相,化学反应是从反应物转移到生成物,所以相平衡条件和化学平衡条件都涉及促使质量转移的驱动力——化学势,同温度、压力一样,化学势是一个强度量。相平衡条件是每一组元的各相化学势分别相等。化学平衡的条件留在第十三章介绍。

对于质量不变的单元系统,其热力学能微元变量可写成

$$dU = TdS - pdV$$

因为变质量单元系统热力学能 U 可写成 $U = U(S, V, n)$,因此

$$dU = \left(\frac{\partial U}{\partial S}\right)_{V,n} dS + \left(\frac{\partial U}{\partial V}\right)_{S,n} dV + \left(\frac{\partial U}{\partial n}\right)_{V,S} dn$$

式中: $\left(\dfrac{\partial U}{\partial S}\right)_{V,n} = T$, $\left(\dfrac{\partial U}{\partial V}\right)_{S,n} = -p$; dn 的系数 $\left(\dfrac{\partial U}{\partial n}\right)_{V,S}$ 表征了推动物质转移的"势",定义为单元系的化学势,用符号 μ 表示,即

$$\mu = \left(\frac{\partial U}{\partial n}\right)_{V,S} \tag{12-47}$$

这样,变质量单元系微元过程中热力学能变化为

$$dU = TdS - pdV + \mu dn \tag{12-48}$$

式中右侧三项分别表示热传递、功传递和质量传递对热力学能变化的贡献。

根据式(12-48),结合 H、F 和 G 的定义,可得

$$dH = TdS + Vdp + \mu dn \tag{12-49}$$

$$dF = -SdT - pdV + \mu dn \tag{12-50}$$

$$dG = -SdT + Vdp + \mu dn \tag{12-51}$$

由式(12-48)～(12-51)可以得出

$$\mu = \left(\frac{\partial U}{\partial n}\right)_{V,S} = \left(\frac{\partial H}{\partial n}\right)_{p,S} = \left(\frac{\partial F}{\partial n}\right)_{V,T} = \left(\frac{\partial G}{\partial n}\right)_{T,p} \tag{12-52}$$

进一步还可得出,化学势在数值上与摩尔吉布斯函数相等,即

$$\mu = G_{m} \tag{12-53}$$

12.10.3   单元系相平衡条件

下面根据平衡的熵判据导出单元系相平衡的条件。

考虑由同一种物质的两个不同的相 α 和 β 组成的孤立系,如图 12-12 所示。若两相已分别达到平衡,它们的温度、压力和化学势分别为 T^α、T^β、p^α、p^β 和 μ^α、μ^β,则根据孤立系统熵增原理,在 α 相和 β 相之间也达到平衡时必定有

$$dS_s = dS^\alpha + dS^\beta = 0$$

式中:S_s 表示整个系统的熵;S^α 和 S^β 分别表示 α 相和 β 相的熵。

由式(12-48)

$$dS = \frac{1}{T}dU + \frac{p}{T}dV - \frac{\mu}{T}dn$$

图 12-12   单元系相平衡

所以

$$dS^\alpha = \frac{dU^\alpha}{T^\alpha} + \frac{p^\alpha}{T^\alpha}dV^\alpha - \frac{\mu^\alpha}{T^\alpha}dn^\alpha$$

$$dS^\beta = \frac{dU^\beta}{T^\beta} + \frac{p^\beta}{T^\beta}dV^\beta - \frac{\mu^\beta}{T^\beta}dn^\beta$$

因此

$$dS_s = \frac{dU^\alpha}{T^\alpha} + \frac{dU^\beta}{T^\beta} + \frac{p^\alpha}{T^\alpha}dV^\alpha + \frac{p^\beta}{T^\beta}dV^\beta - \frac{\mu^\alpha}{T^\alpha}dn^\alpha - \frac{\mu^\beta}{T^\beta}dn^\beta = 0$$

又因 α 相和 β 相组成孤立体系,与外界无任何质、能交换,故

$$dU_s = dU^\alpha + dU^\beta = 0 \quad 或 \quad dU^\alpha = -dU^\beta$$

$$dV_s = dV^\alpha + dV^\beta = 0 \quad 或 \quad dV^\alpha = -dV^\beta$$

$$dn_s = dn^\alpha + dn^\beta = 0 \quad 或 \quad dn^\alpha = -dn^\beta$$

将上列关系代入 dS_s 的表达式,经整理可得

$$dS_s = \left(\frac{1}{T^\alpha} - \frac{1}{T^\beta}\right)dU^\alpha + \left(\frac{p^\alpha}{T^\alpha} - \frac{p^\beta}{T^\beta}\right)dV^\alpha - \left(\frac{\mu^\alpha}{T^\alpha} - \frac{\mu^\beta}{T^\beta}\right)dn^\alpha = 0 \qquad (a)$$

依据熵平衡判据,在 α 相和 β 相各自平衡且两相之间也达到平衡时,对于系统的各种可能的变动,即当 dU^α、dV^α、dn^α 取任意值时式(a)均应成立,而这只有在它们的系数全为零时才有可能,所以系统达到平衡时必然有

$$\frac{1}{T^\alpha} - \frac{1}{T^\beta} = 0, \quad \frac{p^\alpha}{T^\alpha} - \frac{p^\beta}{T^\beta} = 0, \quad \frac{\mu^\alpha}{T^\alpha} - \frac{\mu^\beta}{T^\beta} = 0$$

于是得出单元复相系的平衡条件为

热平衡条件 $\hspace{5cm} T^\alpha = T^\beta \hspace{4cm}$ (12-54)

力平衡条件 $\hspace{5cm} p^\alpha = p^\beta \hspace{4cm}$ (12-55)

相平衡条件 $\hspace{5cm} \mu^\alpha = \mu^\beta \hspace{4cm}$ (12-56)

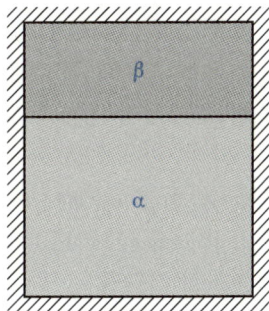

即两相之间达到平衡的条件是两相具有相同的温度、相同的压力和相同的化学势。这就意味着处于平衡状态的单元系各部分之间无任何势差存在。这个结论也可以推广作为多相平衡共存时的平衡条件。

如果图 12-12 所示的系统中两相各自达到平衡外,两相之间还达到热和力的平衡,即有 $T^\alpha = T^\beta = T$ 及 $p^\alpha = p^\beta = p$ 但未达相平衡,则式(a)可写成

$$T\,\mathrm{d}S_s = -(\mu^\alpha - \mu^\beta)\,\mathrm{d}n^\alpha > 0 \quad \text{或} \quad (\mu^\alpha - \mu^\beta)\,\mathrm{d}n^\alpha < 0$$

上式表明:当 $\mu^\alpha > \mu^\beta$ 时,$\mathrm{d}n^\alpha < 0$,质量由 α 相向 β 相转变;当 $\mu^\alpha < \mu^\beta$ 时,$\mathrm{d}n^\alpha > 0$,质量由 β 相向 α 相转变。可见,在不可逆相变过程中,质量总是从化学势较高的相向较低的相转移。

📺 本章归纳

名词和
术语

本章主要论述了实际气体的一般特性以及研究实际气体的一般方法。

由于实际气体并不符合理想气体的基本假设,所以不能利用形式简单、计算方便的理想气体状态方程、比热容及其他参数的各种计算式,只能采用从热力学基本定律直接导出的一般关系式,由于在导出这些关系式时不作任何假设,因而具有普遍性。这些关系式通常表示成由可以直接测量 p、v、T 和 c_p 等少数几个参数的偏微分关系,它们揭示了各种热力参数之间的内在联系,对工质热力性质的理论研究和实验测试都有重要意义。在状态函数的众多偏微分关系中,由 p、v、T 构成的偏微分 $\left(\dfrac{\partial v}{\partial T}\right)_p$、$\left(\dfrac{\partial v}{\partial p}\right)_T$ 和 $\left(\dfrac{\partial p}{\partial T}\right)_v$ 常称为热系数,有着明显的物理意义。

本章引入了在相平衡和化学反应过程中有很大用处的两个状态参数:亥姆霍兹函数(自由能,f)和吉布斯函数(自由焓,g),它们有明确的物理意义。在可逆定温过程中,亥姆霍兹函数的减少量等于系统在过程中所作的膨胀功;吉布斯函数的减少量则是过程中系统作的技术功。而 4 个特性函数: $u = u(s,v)$、$h = h(s,p)$、$f = f(T,v)$ 和 $g = g(T,p)$ 的微分式一起构成了在热力学研究中具有重要作用的吉布斯方程,而且这些特性函数建立了各种热力学函数之间的简要关系,仅需求得一个这样的特性函数,就可以由它导出其他的热力学函数。

麦克斯韦关系和由吉布斯方程对照全微分表达式导出的 8 个把状态参数的偏导数与常用状态参数联系起来的关系式是简化推导热力学一般关系式的工具,掌握麦克斯韦关系不应仅是死记硬背,更应看到麦克斯韦关系把不可测量

的熵,变转换成可测量的量 p、v、T 之间的关系。在熵、热力学能、焓的一般关系式中最重要的是熵的一般关系式,特别是第二 $\mathrm{d}s$ 方程,因为把 $\mathrm{d}s$ 方程代入吉布斯方程就可得到热力学能和焓的一般关系式。理论上,选择合适的途径对上述一般关系式积分即可求得两个状态之间该参数的变化量。而从比热容的一般关系式可由较易测量的 c_p 的实验数据计算 c_V 而避开实验测量 c_V 的困难,以及由实验数据构造 c_p 的一般关系式来导出状态方程,还可得出实际气体的比定压热容不小于比定容热容,由于液体和固体的比定压热容与比定容热容相差很小,所以工程上很少区分液体和固体的比定压热容与比定容热容。

临界状态、p-v 图上通过临界点的等温线在临界点的一阶导数等于零、两阶导数等于零等性质是物质的共同特性,这些共性可以用来验证实际气体状态方程的正确程度,并为对应态原理的建立提供了基础。大多数的经验性和半理论半经验性的状态方程中含有物性常数,基于对应态原理得出的对比态方程可以使方程的使用范围扩大到一组热相似的物质。利用通用压缩因子图查取压缩因子,修正由于采用理想气体状态方程造成的偏差,更是工程上用来解决缺乏物性资料的工质的 p、v、T 关系的一个选择。同样的通用线图还有据余焓和余熵概念编制的通用余焓图和通用余熵图。

相平衡是单元系统平衡的条件之一,从相平衡的根本判据——孤立系统熵增原理可导得相平衡的条件:两相具有相同的温度、压力和化学势,并进而得出饱和温度和饱和压力的关系——克拉佩龙方程和压力较低时饱和蒸气压方程。

本章学习中有较多的微分运算,除了掌握必要的数学知识,如循环关系、链式关系、分离变量法等外,应该多注意涉及的常用偏导数(如热系数 α_V 等)及推导过程中包含的物理意义,避免变成纯数学的推导技巧问题。

📖思考题

12-1　实际气体性质与理想气体性质差异产生的原因是什么? 在什么条件下才可以把实际气体作理想气体处理?

12-2　压缩因子 Z 的物理意义怎么理解? 能否将 Z 当作常数处理?

12-3　范德瓦耳斯方程的精度不高,但是在实际气体状态方程的研究中范德瓦耳斯方程的地位却很高,为什么?

12-4　范德瓦耳斯方程中的物性常数 a 和 b 可以由实验数据拟合得到,也可以由物质的 T_{cr}、p_{cr}、v_{cr} 计算得到,需要较高的精度时应采用哪种方法,为什么?

12-5　如何看待维里方程?

12-6　什么是范德瓦耳斯对应态原理? 为什么要引入范德瓦耳斯对应态原理?

12-7　物质除了临界状态、p-v 图上通过临界点的等温线在临界点的一阶导数等于零、两阶导数等于零等性质外,还有哪些共性? 如何在确定实际气体的状态方程时应用这些共性?

12-8　自由能和自由焓的物理意义是什么? 两者的变化量在什么条件下会相等?

12-9　什么是特性函数? 试说明 $u=u(s,p)$ 是否是特性函数。

12-10　常用的热系数有哪些? 是否有共性?

12-11　如何利用状态方程和热力学一般关系求取实际气体的 Δu、Δh、Δs?

12-12　试导出以 T、p 及 p、v 为独立变量的 $\mathrm{d}u$ 方程及以 T、v 及 p、v 为独立变量的 $\mathrm{d}h$ 方程。

12-13　本章导出的关于热力学能、焓、熵的一般关系式是否可用于不可逆过程?

12-14　试根据 c_p-c_v 的一般关系式分析水的比定压热容和比定容热容的关系。

12-15　水的相图和一般物质的相图区别在哪里? 为什么?

12-16　平衡的一般判据是什么? 讨论自由能判据、自由焓判据和熵判据的关系。

习题

12-1　试推导范德瓦耳斯气体在定温膨胀时所作功的计算式。

12-2　NH_3 气体的压力 $p=10.13$ MPa,温度 $T=633$ K。试根据通用压缩因子图求其密度,并和由理想气体状态方程计算的密度加以比较。

12-3　一容积为 3 m³ 的容器中储有状态为 $p=4$ MPa,$t=-113$ ℃ 的氧气,试求容器内氧气的质量,(1)用理想气体状态方程;(2)用压缩因子图。

12-4　容积为 0.425 m³ 的容器内充满氮气,压力为 16.21 MPa,温度为 189 K,计算容器中氮气的质量。利用(1)理想气体状态方程;(2)范德瓦尔方程;(3)通用压缩因子图;(4)R-K 方程。

12-5　试用下述方法求压力为 5 MPa,温度为 450 ℃ 的水蒸气的比体积。(1)理想气体状态方程;(2)压缩因子图。已知此状态时水蒸气的比体积是 0.063 291 m³/kg,以此比较上述计算结果的误差。

`12-6` 体积为 7.81×10^{-3} m^3,压力为 10.132 5 MPa 的 1 kg 丙烷,实测温度为 253.2 ℃,试用压缩因子图确定丙烷的温度。

12-7 29 ℃、15 atm 的某种理想气体从 1 m^3 等温可逆膨胀到 10 m^3,求过程能得到的最大功。

12-8 试证明理想气体的体积膨胀系数 $\alpha_V = \dfrac{1}{T}$。

12-9 试证在 h-s 图上定温线的斜率 $\left(\dfrac{\partial h}{\partial s}\right)_T = T - \dfrac{1}{\alpha_V}$。

12-10 固体和液体的体积膨胀系数和等温压缩率都很小,金属固体的等温压缩率 κ_T 大小量级约为 10^{-11} Pa^{-1},液体的 κ_T 约比固体大一个数量级,κ_T 与温度有微弱的关系而与压力无关。体积膨胀系数 α_V 与压力近似无关,在一般温度下固体的体积膨胀系数的数量级一般是 $10^{-5} \sim 10^{-4}$ K^{-1},而液体的 α_V 约比固体大一个数量级。(1)试证明工程和科研实践中改变温度但维持固体或液体系统体积不变是很困难的;(2)刚性容器中充满 0.1 MPa 的饱和水,温度为 99.634 ℃。将其加热到 120 ℃,求其压力。已知:在 100 ℃ 到 120 ℃ 内,水的平均 $\alpha_V = 80.8\times10^{-5}$ K^{-1};0.1 MPa、120 ℃ 时水的 $\kappa_T = 4.93\times10^{-4}$ MPa^{-1},假设其不随压力而变。

12-11 试证状态方程为 $p(v-b) = R_g T$(其中 b 为常数)的气体,(1)热力学能 $\mathrm{d}u = c_V\mathrm{d}T$;(2) 焓 $\mathrm{d}h = c_p\mathrm{d}T + b\mathrm{d}p$;(3) $c_p - c_V$ 为常数;(4) 其可逆绝热过程的过程方程为 $p(v-b)^\kappa = $ 常数。

12-12 证明下列等式:

(1) $\left(\dfrac{\partial s}{\partial T}\right)_v = \dfrac{c_V}{T}$;

(2) $\dfrac{\partial^2 u}{\partial T\partial p} = T\dfrac{\partial^2 s}{\partial T\partial p}$。

12-13 试证范德瓦耳斯气体:

(1) $\mathrm{d}u = c_V\mathrm{d}T + \dfrac{a}{v^2}\mathrm{d}v$;

(2) $c_p - c_V = \dfrac{R_g}{1 - \dfrac{2a(v-b)^2}{R_g Tv^3}}$;

(3) 定温过程焓差为 $(h_2 - h_1)_T = p_2 v_2 - p_1 v_1 + a\left(\dfrac{1}{v_1} - \dfrac{1}{v_2}\right)$;

(4) 定温过程熵差为 $(s_2 - s_1)_T = R_g \ln\dfrac{v_2 - b}{v_1 - b}$。

·12-14   利用通用焓图求甲烷（CH_4）由 6.5 MPa、70 ℃定压冷却到−6 ℃时放出的热量。已知甲烷在理想气体状态下的摩尔定压热容为 $\{C_{pm}^*\}_{J/(mol \cdot K)} = 18.9+0.055\{T\}_K$。

·12-15   8 MPa、150 K 的氮节流到 0.5 MPa 后流经一短管，测得温度为 125 K，利用通用图求换热量及过程熵变。

12-16   某理想气体的变化过程中比热容 c_n 为常数，试证其过程方程为 $pv^n =$ 常数。式中 $n = \dfrac{c_x - c_p}{c_x - c_V}$，$p$ 为压力，c_p、c_V 为比定压热容和比定容热容，可取定值。

12-17   某一气体的体积膨胀系数和等温压缩率分别为

$$\alpha_V = \frac{nR}{pV}, \quad \kappa_T = \frac{1}{p} + \frac{a}{V}$$

式中，a 为常数，n 为物质的量，R 为通用气体常数。试求此气体的状态方程。

12-18   气体的体积膨胀系数和定容压力温度系数分别为

$$\alpha_V = \frac{R}{pV_m}, \quad \alpha = \frac{1}{T}$$

试求此气体的状态方程。（R 为通用气体常数）

·12-19   水的三相点温度 $T = 273.16$ K，压力 $p = 611.2$ Pa，汽化潜热 $\gamma = 2\,501.3$ kJ/kg。按蒸气压力方程计算 $t_2 = 10$ ℃时饱和蒸汽压力（假定在本题的温度范围内水的汽化潜热近似为常数）。

·12-20   在二氧化碳的三相点状态，$T_{tp} = 216.55$ K、$p_{tp} = 0.518$ MPa，固态、液态和气态比体积分别为 $v_s = 0.661 \times 10^{-3}$ m^3/kg、$v_l = 0.894 \times 10^{-3}$ m^3/kg、$v_g = 722 \times 10^{-3}$ m^3/kg，升华潜热 $\gamma_{sg} = 542.76$ kJ/kg，汽化潜热 $\gamma_{lg} = 347.85$ kJ/kg。计算：（1）在三相点上升华线，溶解线和汽化线的斜率各为多少；（2）按蒸气压方程计算 $t_2 = -80$ ℃时饱和蒸汽压力（查表数据为0.060 2 MPa）。

12-21   据克拉佩龙方程，利用水蒸气下述数据计算 200 ℃时水的汽化潜热。

t/℃	p_s/kPa	v''/(m³/kg)	v'/(m³/kg)	h''/(kJ/kg)	h'/(kJ/kg)
190	1 254.2	0.156 5	0.001 1	2 785.8	807.6
195	1 397.6	0.141 0	0.001 1	2 789.4	829.9
200	1 551.6	0.127 3	0.001 2	2 792.5	854.0
205	1 722.9	0.115 2	0.001 2	2 795.3	875.0
210	1 906.2	0.104 4	0.001 2	2 797.7	897.7

12-22 制冷剂 R134a 在 20 ℃时饱和压力和汽化潜热分别是 571.6 kPa 和 182.4 kJ/kg,仅利用这些数据估算 R134a 在 0 ℃时的饱和压力。

12-23 溜冰时一般人体通过冰刀对冰面的压力约为 1 MPa,在压力下有微量的冰融化为水。溜冰场内温度太低,冰会变得过硬,而使溜冰者容易摔跤。冰的压力与人体的压力大约相等,对应的温度是可以认为较适宜溜冰的最低温度,试估算该温度值。已知水冻结时体膨胀系数为 0.091×10^{-3} m^3/kg,冰的潜热为 335 kJ/kg。

12-24 液氦 He^4 正常沸点为 4.2 K,但在 1 mmHg 的压力下沸点变为 1.2 K。估算在此温度范围内的平均汽化潜热。

第十三章

化学热力学基础

　　本书以前各章所论述的都以物理状态变化过程为限,未涉及有化学反应的过程。实际上,许多能源、动力、化工、环保及人体和生物体内的能量转换和热、质传递过程都涉及化学反应问题,如在生命组织的基础单元——细胞内,每秒钟发生着成千上万个化学反应,反应中一些分子破裂,释放出能量,同时一些新分子形成。这种细胞内的化学反应称为新陈代谢,由于新陈代谢的作用,人体组织在完成各种功能的同时维持恒定温度。因此,现代工程热力学也包括了化学热力学的一些基本原理。热力学第一定律提供了建立化学过程能量平衡方程式的基础,它使人们有可能建立诸如反应的热效应等重要关系式。而热力学第二定律可以回答化学过程可能进行的方向、反应的最大功等问题并分析化学平衡等。本章将运用热力学第一定律与第二定律研究化学反应,主要为燃烧反应(也涉及一些生命过程)中能量转化的规律、反应的方向和平衡等问题。

13.1　概　　述

13.1.1　化学反应系统

　　研究化学反应过程的能量转换也需选择系统,也可以把它们分成闭口系、开口系等,除了系统中包含有化学反应,其他概念与以前章节中的一样。例如,生命科学研究的系统可以是一个种群,也可以是一个细胞,但系统的尺度远大于分子的尺度,包含足够数量的粒子,所以可把细胞、动物体作为开口系(或称开放系统),与外界存在质量和能量交换;某些生命体在一些特定的条件下可忽略与外界的物质交换,近似作为封闭系统(闭口系);生命科学工程和研究中常用的杜瓦瓶则近似可看作孤立系统。

　　平衡是经典热力学的最重要的假设之一,即热力学研究的是独立于时间变量的系统。虽然热力学已经扩展到非平衡系统,而且一切实际的系统,包括生命系统,是不平衡的系统,但是由于大量的过程接近于平衡,热力学中的其他一些重要概念,如状态参数、温度、压力等同样可以应用到非平衡系统包括生物系统中来。

　　热力系经历化学反应后其组成和成分会发生变化,而无化学反应的系统只有在与外界发生质量交换或混合时系统的组分与成分才可能发生变化。对简单可压缩系的物理变化过程,确定系统平衡状态的独立状态参数只有两个。但是对于发生化学反应的物系,参与反应的物质的成分或浓度也可变化,故确定其平衡状态往往需要两个以上的独立参数,因而化学反应过程可以在定温定压及定温定容等条件下进行。

　　化学反应中物系与外界交换的热量称为反应热。向外界放出热量的反应过程称放热反应;从外界吸热的反应为吸热反应。例如,氢气燃烧生成水的反应和葡萄糖氧化反应是放热反应,而乙炔的生成反应是吸热反应,具体过程如下:

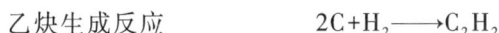

氢气燃烧反应 $\qquad 2H_2+O_2 \longrightarrow 2H_2O$

葡萄糖氧化反应 $\qquad C_6H_{12}O_6+6O_2 \longrightarrow 6CO_2+6H_2O$

乙炔生成反应 $\qquad 2C+H_2 \longrightarrow C_2H_2$

上述各式中的系数是根据质量守恒,按反应前后原子数不变确定的,称为化学计量系数。配有化学计量系数,又无多余反应物的理论反应方程常称为化学计量方程。

　　反应热是与过程有关的量,它不仅与反应物系的初、终态有关,而且与系统经历的过程有关。反应物系中与外界交换的功包含体积变化功、电功及对磁力以及其他性质力的作功,可写成

$$W_{tot} = W + W_u$$

式中:W_{tot}表示总功;W_u表示有用功;W表示体积变化功。在进行以化学反应为主要目的的过程中,体积变化功一般是不能予以利用的,因此习惯上涉及化学反应时有用功不包含体积变化功。和反应热一样,反应过程中物系与外界交换的功也是过程量。

　　虽然生物系统看上去与气体工质相距甚远,但从气体工质导出的有关功、热的一般概念和结论可以应用于生物系统,不过精确的计算要比气体系统复杂得多。例如肌肉伸展的功,只要知道肌肉伸展需要的力和伸展的距离,也可以用 $\int_1^2 F\mathrm{d}x$ 计算肌肉伸展的功的数值。

　　功和反应热的符号约定仍和无化学反应的过程一样:系统吸热为正,放热为

负;系统对外作功为正,外界对系统作功为负。

由于化学反应过程中,原有的分子破坏,新的分子形成,物系的化学能发生变化,所以物系的热力学能变化包括化学内能(也称化学能)。同时,虽然反应前后质量不变,但反应物系物质的量可能增大、减小或者保持不变。

13.1.2   可逆过程和不可逆过程

和物理状态变化过程一样,如果在完成某含有化学反应的过程后,当使过程沿相反方向进行时,能够使物系和外界完全恢复原来状态,不留下任何变化,这样的理想过程就是可逆过程,否则是不可逆过程。一切含有化学反应的实际过程都是不可逆的,可逆过程仅是一种理想的极限。少数特殊条件下的化学反应,如蓄电池的放电和充电,接近可逆,而像燃烧反应则是强烈的不可逆过程。

现在来考察氢的燃烧过程。当氢燃烧时,氢分子与氧分子破坏了原有的分子结构,结合成水蒸气分子,这时有大量电子由众多的氢原子流向氧原子。但是这些电子是在杂乱的情况下移动的,所以物系释放的化学能都经过电子的杂乱运动,以热能的形式释放,过程是不可逆的。

但若把氢和氧分隔开来,以氢为阴极,以氧为阳极(例如以多孔活性炭作正、负极的基架,分别吸附氢气和氧气),两个电极之间隔以电离液体或以离子交换胶体作电介质,两个电极之间再以外电路接通(图13-1),使氢和氧反应时电子在外电路中"定向"移动,这样就构成了以氢为"燃料"的燃料电池。燃料电池中化学能直接转变成电能,在阳极上

$$2H_2-4e \longrightarrow 4H^+$$

在阴极上

$$O_2+4e \longrightarrow 2O^{2-}$$

氢离子和氧离子经电介质传输,结合成水

$$4H^++2O^{2-} \longrightarrow 2H_2O$$

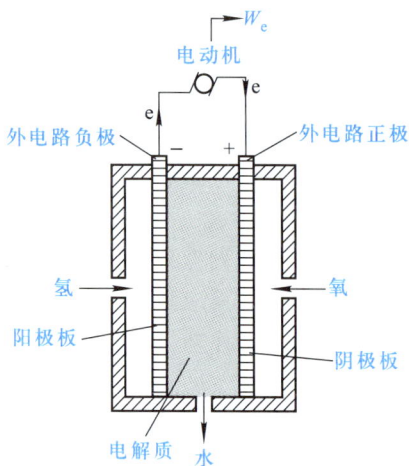

图13-1   氢氧燃料电池示意图

在一定条件下,燃料电池中反应可接近可逆。当前,燃料电池已经越来越深入进入实际应用领域。

与无化学反应的物系的过程一样,在化学反应过程中,若正向反应能作出有

用功,则在逆向反应中必须由外界对反应物系作功。可逆时正向反应作出的有用功与逆向反应时所需加入的功绝对值相同,符号相反。可逆正向反应作出的有用功最大,可逆逆向反应所需输入的有用功的绝对值最小。

13.2 热力学第一定律解析式

13.2.1 热力学第一定律解析式

热力学第一定律是普遍的定律,对于有化学反应的过程也是适用的。它是对化学过程进行能量平衡分析的理论基础。

化学反应过程中热力学第一定律解析式可表达成如下形式:

$$\Delta E = Q - W_{\text{tot}}$$

其中 ΔE 为系统总能在过程中的变化量。忽略宏观位能和动能的变化,化学反应过程中热力学第一定律解析式就可表达成如下形式:

$$Q = U_2 - U_1 + W_{\text{tot}}$$

或
$$Q = U_2 - U_1 + W_{\text{u}} + W \tag{13-1}$$

式中:Q 是反应热;U 是热力学能,它包含有内热能 U_{th} 和化学能 U_{ch};W_{tot} 是反应的总功,由有用功 W_{u} 和体积变化功 W 构成。对于微元反应

$$\delta Q = \mathrm{d}U + \delta W_{\text{u}} + \delta W$$

大量的实际化学反应过程是在温度和体积或温度和压力近似保持不变的条件下进行的。对于定温定容反应,因物系的体积不变,所以 $W = 0$,这时式(13-1)成为

$$Q = U_2 - U_1 + W_{\text{u},V} \tag{13-2}$$

式中,$W_{\text{u},V}$ 表示定温定容反应时所得的有用功。对于微元反应,则

$$\delta Q = \mathrm{d}U + \delta W_{\text{u},V}$$

对于定温定压反应,若设反应前后物系的体积为 V_1 和 V_2,则物系所作的体积变化功为 $W = p(V_2 - V_1)$,又设 $W_{\text{u},p}$ 表示定温定压反应时所得的有用功,则式(13-1)可写成

$$Q = U_2 - U_1 + W_{\text{u},p} + p(V_2 - V_1)$$

或
$$Q = H_2 - H_1 + W_{\text{u},p} \tag{13-3}$$

上式中仍有 $H = U + pV$,热力学能 U 中包含化学能,焓 H 中也包含化学能。对于微元反应,有

$$\delta Q = \mathrm{d}H + \delta W_{\text{u},p}$$

上述这些公式称为热力学第一定律的解析式,它们是根据第一定律得出的,不论

化学反应是可逆或不可逆的,均可适用。

热力学第一定律是基于实验观察及热和功可相互转换的事实,生命系统的过程同样服从热力学第一定律。

13.2.2 反应热效应和燃烧热

若反应在定温定容或定温定压下不可逆地进行,且没有作出有用功(因而这时反应的不可逆程度最大),这时的反应热称为反应热效应。据式(13-2)和式(13-3),得

$$Q_V = U_2 - U_1 \tag{13-4}$$
$$Q_p = H_2 - H_1 \tag{13-5}$$

式中,Q_V和Q_p分别称为"定容热效应"和"定压热效应"。式(13-5)指明定温定压反应的热效应等于反应前后物系的焓差,这个焓差称为"反应焓",以ΔH表示。

式(13-4)与式(13-5)表明,热效应与反应热有所不同,反应热是过程量,与反应过程有关,而热效应是专指定温反应过程中不作有用功时的反应热,是状态量,仅取决于初终态,与过程无关。

若物系从同一初态分别经定温定压和定温定容过程完成同一化学反应,且其反应物和生成物均可按理想气体计,则

$$Q_p - Q_V = (H_2 - H_1) - (U_2 - U_1) = p(V_2 - V_1) = RT\Delta n \tag{13-6}$$

式中,$\Delta n = n_2 - n_1$是反应前后物质的量的变化量。若$\Delta n > 0$,则$Q_p > Q_V$;若$\Delta n < 0$,则$Q_p < Q_V$;若$\Delta n = 0$,则$Q_p = Q_V$。若反应前后均无气相物质出现,由于可以忽略固相及液相的体积变化ΔV,从而认为$Q_p \approx Q_V$。

燃料的燃烧反应是不作出有用功的反应,1 mol 燃料完全燃烧时的定压热效应常称为燃料的"燃烧热",燃烧热的绝对值称为燃料的"热值"。对于反应产物可能是气态也可能是液态的那些化学反应,其热效应(因而其热值)有高热值、低热值之分。燃烧产物,如水,为气态时得到低热值,以符号Q_{DW}表示;为液态时则得到高热值,以Q_{GW}表示。两者之差等于反应产物由气态凝结成液态时所放出的潜热。

由一些单质(或元素)化合成 1 mol 化合物时的热效应称为该化合物的"生成热",定温定压的热效应等于焓差,故定温定压的生成热又称为"生成焓",用ΔH_f表示。1 mol 化合物分解成单质时的热效应称为该化合物的"分解热"。显然,生成热与分解热的绝对值相等,符号相反。

热效应的数值与温度、压力有关。通常,在涉及化学反应的过程中,规定$p = 101\ 325\ \text{Pa}$、$T = 298.15\ \text{K}$为标准状态,这一状态下的热效应称标准热效应,用

Q_V^0和 Q_p^0 分别表示标准定容热效应和标准定压热效应。标准状态下的燃烧热和生成热分别称为"标准燃烧焓"和"标准生成焓",分别用 ΔH_c^0 和 ΔH_f^0 表示。稳定单质或元素的标准生成焓规定为零。附表 15 和附表 16 给出了某些物质的标准燃烧焓和标准生成焓。根据焓是状态参数的特性,纯物质构成的系统的摩尔焓数值是标准生成焓与从标准状态到系统状态热焓差之和。

在生物系统过程中,人们关心的同样是过程中热力学能和焓的变化量,因规定元素和稳定单质在标准状态的摩尔焓为零,所以 $\Delta H = H_f^0$。生命系统研究感兴趣的物质常常是在溶液状态,这种溶液的标准状态和标准生成焓的定义要复杂得多,除了规定压力、温度外还需考虑 pH、盐浓度、金属离子浓度等多种因素,尚未建立通用的定义。较方便的是在利用某些确切条件下化合物的生成焓数据时就把这组确定的条件所规定的状态作为标准状态。需要注意的是,在对生物系统进行热力学计算时,必须使用同一标准状态。

热效应、生成焓、燃烧焓和热值

13.3 赫斯定律和基尔霍夫定律

13.3.1 赫斯定律

俄国学者赫斯在 1840 年通过实验得到的赫斯定律——"当反应前后物质的种类给定时,热效应只取决于反应前后的状态,与中间经历的反应途径无关"。虽然赫斯定律出现在热力学第一定律提出之前,但它也可以从热力学第一定律推出。

利用赫斯定律或热效应是状态量这一事实,可以根据一些已知反应的热效应计算那些难以直接测量的反应的热效应。例如在煤气发生炉内碳不完全燃烧生产一氧化碳的反应为

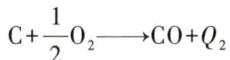

$$C + \frac{1}{2}O_2 \longrightarrow CO + Q_2$$

因为碳燃烧时必然还有 CO_2 生成,所以反应的热效应 Q_2 就不能直接测定,但根据赫斯定律它可通过下列两个反应的热效应间接求得,参见图 13-2:

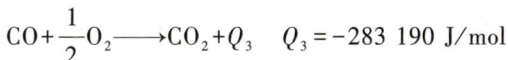

图 13-2 赫斯定律示意图

$$C + O_2 \longrightarrow CO_2 + Q_1 \quad Q_1 = -393\ 791\ J/mol$$

$$CO + \frac{1}{2}O_2 \longrightarrow CO_2 + Q_3 \quad Q_3 = -283\ 190\ J/mol$$

据赫斯定律有 $Q_1 = Q_2 + Q_3$,于是

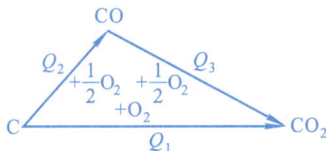

$$Q_2 = Q_1 - Q_3 = -393\ 791\ \text{J/mol} - (-283\ 190\ \text{J/mol}) = -110\ 601\ \text{J/mol}$$

赫斯定律使人们可以不直接从对之了解很少的反应去确定该反应的反应热效应,而是通过已经深入了解的其他反应系列得到指定反应的反应热效应,这在生物过程的研究中尤为重要。例如,膦酰基从 ATP(腺苷三磷酸)向葡萄糖转换过程是非常重要的由己糖激酶催化的生理反应过程:

$$\text{葡萄糖(G)} + \text{ATP} \rightleftharpoons \text{ADP} + \text{葡萄糖-6-磷酸酯(G6P)}$$

这四种化合物在 $T = 298\ \text{K}$、$p = 1\ \text{atm}$、$\text{pH} = 7.0$、$\text{p}_{\text{Mg}} = 3$ 和离子强度为 $0.25\ \text{M}$ 时的水解反应的标准焓变见表 13-1。(离子强度是盐浓度的一种衡量法,它同时考虑了一价和二价离子的影响,等于 $\frac{1}{2}\sum m_i z_i^2$,其中 m_i 是第 i 种离子的质量摩尔浓度,z_i 是第 i 种离子价。)利用表列数据可很方便地计算上述由己糖激酶催化的反应的 ΔH。

表 13-1　四种化合物的水解反应标准焓变

反应	$\Delta H^0_{298K}/(\text{kJ/mol})$
$\text{ATP} + \text{H}_2\text{O(1)} \rightleftharpoons \text{ADP} + \text{P}_i$	−30.9
$\text{ADP} + \text{H}_2\text{O(1)} \rightleftharpoons \text{AMP} + \text{P}_i$	−28.9
$\text{AMP} + \text{H}_2\text{O(1)} \rightleftharpoons \text{A} + \text{P}_i$	−1.2
$\text{G6P} + \text{H}_2\text{O(1)} \rightleftharpoons \text{G} + \text{P}_i$	−0.5

$$\begin{aligned} &\text{G} + \text{P}_i \rightleftharpoons \text{G6P} + \text{H}_2\text{O} &\Delta H^0_{\text{m,298K}} = 0.5\ \text{kJ/mol}\\ &\underline{\text{ATP} + \text{H}_2\text{O} \rightleftharpoons \text{ADP} + \text{P}_i \quad\quad \Delta H^0_{\text{m,298K}} = -30.9\ \text{kJ/mol}}\\ &\text{G} + \text{ATP} \rightleftharpoons \text{G6P} + \text{ADP} &\Delta H^0_{\text{m,298K}} = -30.4\ \text{kJ/mol} \end{aligned}$$

己糖激酶催化的反应的 ΔH 也可从生成焓的数据求得:

$$\begin{aligned} \Delta H_{\text{m}} &= H^0_{\text{f,ADP}} + H^0_{\text{f,G6P}} - H^0_{\text{f,ATP}} - H^0_{\text{f,G}}\\ &= -2\ 005.92\ \text{kJ/mol} - 2\ 279.30\ \text{kJ/mol} + 2\ 985.59\ \text{kJ/mol} + 1\ 267.11\ \text{kJ/mol}\\ &= -32.52\ \text{kJ/mol} \end{aligned}$$

赫斯定律也用来根据生成焓的实验数据计算某些反应的热效应。下面以定温定压反应为例讨论利用生成焓的数据计算反应热效应 Q_P(对于燃烧反应即为燃烧热)的方法。

据热力学第一定律,反应的热效应

$$Q_p = H_{\text{Pr}} - H_{\text{Re}}$$

式中脚标 Pr 和 Re 分别表示反应的生成物和反应物。在标准状态下则有

$$Q_p^0 = H^0_{\text{Pr}} - H^0_{\text{Re}} = \Delta H^0 = \left(\sum_k n_k \Delta H^0_{\text{f},k}\right)_{\text{Pr}} - \left(\sum_j n_j \Delta H^0_{\text{f},j}\right)_{\text{Re}} \tag{13-7}$$

图 13-3 表示了反应中标准生成焓和标准反应焓的关系。图 13-4 的纵坐标为总焓,图中两条曲线分别是反应物和生成物的总焓随温度变化的示意曲线。

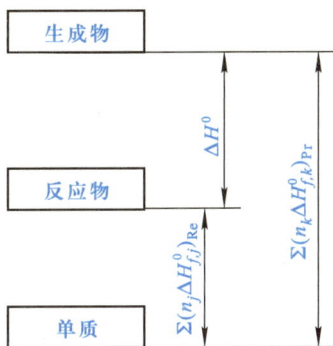

图 13-3 标准生成焓与标准反应焓关系

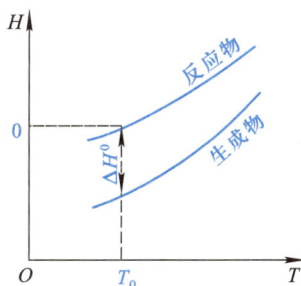

图 13-4 反应的 H-T 图

13.3.2 基尔霍夫定律

若实际的化学反应(图 13-5)不是在 298.15 K 的温度下进行的,则在任意温度 T 时的定压热效应 Q_T 为

$$Q_T = \Delta H_T = H_d - H_c = H_{Pr,T} - H_{Re,T}$$

据赫斯定律或状态参数的特性,有

$$Q_T = (H_d - H_b) + (H_b - H_a) + (H_a - H_c)$$

所以

$$Q_T = \Delta H^0 + (H_d - H_b) - (H_c - H_a)$$

$$(13-8)$$

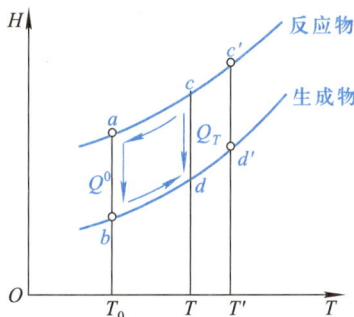

图 13-5 任意温度 T 时的热效应

式中,$H_d - H_b$ 和 $H_c - H_a$ 分别是生成物系和反应物系定压加热和冷却时焓的变化,与化学反应无关。对于理想气体物系,其焓值可查附表 8 或利用比热容值进行计算。而 ΔH^0 可由标准生成焓数据计算。

式(13-8)可写成

$$Q_T = \Delta H^0 + \left[\sum n_k (H_{m,k} - H_{m,k}^0) \right]_{Pr} - \left[\sum n_j (H_{m,j} - H_{m,j}^0) \right]_{Re} \quad (13-9)$$

若反应物和生成物均为理想气体,则式(13-9)可写为

$$Q_T - Q^0 = \left[\sum n_k C_{p,m,k} \Big|_{T_0}^{T} (T - T_0) \right]_{Pr} - \left[\sum n_j C_{p,m,j} \Big|_{T_0}^{T} (T - T_0) \right]_{Re}$$

式中,$C_{p,m} \Big|_{T_0}^{T}$ 表示 T_0 到 T 的平均摩尔定压热容。

对应于图 13-5 上的温度 T 和 T',式(13-9)可写成

$$Q_{T'} - Q_T = \left[\sum n_k C_{p,m,k} \Big|_T^{T'} (T'-T) \right]_{Pr} - \left[\sum n_j C_{p,m,j} \Big|_T^{T'} (T'-T) \right]_{Re}$$

使 $\Delta T = (T'-T)$ 趋于零,得到

$$\frac{\mathrm{d}Q_T}{\mathrm{d}T} = \left[\sum n_k C_{p,m,k} \right]_{Pr} - \left[\sum n_j C_{p,m,j} \right]_{Re} = C_{Pr} - C_{Re} \qquad (13-10)$$

上式即为基尔霍夫定律的一种表达式。基尔霍夫定律表示了反应热效应随温度变化的关系,即其只由生成物系和反应物系的总热容 C_{Pr} 和 C_{Re} 的差值而定。

根据上述关于赫斯定律和基尔霍夫定律的讨论,可以利用有限的基本反应的数据表计算相当大部分过程的反应焓,如果过程进行时的温度不是标准温度,只要有足够的比热容的资料也能计算反应的反应焓。生物科学感兴趣的大多数化学反应温度对反应焓的影响不大,但是对有些过程,像蛋白质的折叠和解折过程,温度的影响是非常大的,在进行数据分析和热力学计算时必须考虑。

例 13-1   试利用生成焓和气体热力性质表数据计算甲烷在 600 K 和 101 325 Pa 时的燃烧热。假设燃烧产物中的水是气相。

解   该燃烧反应方程式为

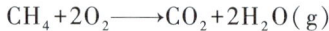

$$CH_4 + 2O_2 \longrightarrow CO_2 + 2H_2O(g)$$

据式(13-9)

$$Q_T = \Delta H^0 + (H_{m,600} - H_m^0)_{CO_2} + 2(H_{m,600} - H_m^0)_{H_2O_{(g)}} - (H_{m,600} - H_m^0)_{CH_4} - 2(H_{m,600} - H_m^0)_{O_2}$$

其中

$$\Delta H_{c,CH_4}^0 = \left(\sum_k n_k \Delta H_{f,k}^0 \right)_{Pr} - \left(\sum_j n_j \Delta H_{f,j}^0 \right)_{Re}$$
$$= \Delta H_{f,CO_2}^0 + 2\Delta H_{f,H_2O_{(g)}}^0 - (\Delta H_{f,CH_{4(g)}}^0 + 2\Delta H_{f,O_2}^0)$$

查附表 16,得 $\Delta H_{f,CO_2}^0 = -393\ 522$ J/mol、$\Delta H_{f,H_2O}^0 = -241\ 826$ J/mol、$\Delta H_{f,CH_4}^0 = -74\ 873$ J/mol,故

$$\Delta H_{c,CH_4}^0 = \left[-393\ 522 - 2 \times 241\ 826 - (-74\ 873 + 2 \times 0) \right] \text{J/mol} = -802\ 301 \text{ J/mol}$$

查附表 8 得

$$(H_{m,600} - H_m^0)_{CO_2} = 22\ 271.3 \text{ J/mol} - 9\ 364.0 \text{ J/mol} = 12\ 907.3 \text{ J/mol}$$
$$(H_{m,600} - H_m^0)_{H_2O} = 20\ 405.9 \text{ J/mol} - 9\ 904.0 \text{ J/mol} = 10\ 501.9 \text{ J/mol}$$
$$(H_{m,600} - H_m^0)_{CH_4} = 23\ 151.4 \text{ J/mol} - 10\ 018.7 \text{ J/mol} = 13\ 132.7 \text{ J/mol}$$
$$(H_{m,600} - H_m^0)_{O_2} = 17\ 926.1 \text{ J/mol} - 8\ 683.0 \text{ J/mol} = 9\ 243.1 \text{ J/mol}$$

所以

$$Q_{600} = -802\ 310.4\ \text{J/mol} + 12\ 907.3\ \text{J/mol} + 2 \times 10\ 501.9\ \text{J/mol} -$$

$$13\ 132.7\ \text{J/mol} - 2 \times 9\ 243.1\ \text{J/mol} = -800\ 018.2\ \text{J/mol}$$

讨论：（1）CH_4 的燃烧焓也可查附表 15，$\Delta H^0_{c,CH_4} = -50\ 010\ \text{kJ/kg} = -802\ 310.4\ \text{J/mol}$。（2）反应物与生成物均为气体，所以热焓的变化值 $(H_{m,600} - H^0_m)_{CO_2}$ 等也可利用比热容积分计算。

13.4 绝热理论燃烧温度

13.4.1 理论空气量和过量空气系数

上节分析了反应物系在定温下反应或燃烧时热效应或燃烧热的计算。但是，一般情况下物系在反应或燃烧时放出一部分热量的同时生成物的温度也有所提高。同时，大多数燃烧过程的助燃剂是空气而不是纯氧，而且为了使燃料燃烧更充分，往往提供比按化学计量系数计算的理论值更多的空气。通常，把完全燃烧理论上需要的空气量称为"理论空气量"，超出理论空气量的部分称为"过量空气"，实际空气量与理论空气量之比定义为"过量空气系数"，本书用 α 表示。除过量空气系数外，工程上还常引入空气燃料比 z（每千克或每摩尔燃料所需的空气量）表示燃料和供给空气量之间的关系。助燃空气中的氮气及没有参与反应的过量氧气以与燃烧产物相同的温度离开燃烧设备，因此尽管它们没有参与燃烧反应，但也会对燃烧过程产生影响。过量空气系数是燃烧调节的一个重要参数，通常可通过气体分析仪测量烟气中各组元的成分并通过质量守恒原理来确定各值。燃气分析可以分为以干燃气为基准和以湿燃气为基准两种，两者差别在于前者是剔除燃气中水蒸气后的各种组分的百分比。

工程上为简便起见，认为空气近似由摩尔分数为 21% 的氧气和 79% 的氮气组成，即由 1 mol 氧和 3.76 mol 氮组成 4.76 mol 空气。因此，采用空气为氧化剂时，甲烷的理论燃烧反应式为

$$CH_4 + 2O_2 + 2 \times 3.76N_2 \longrightarrow CO_2 + 2H_2O + 7.52N_2$$

而当过量空气系数为 α 时，甲烷的完全燃烧反应式为

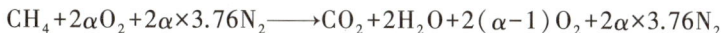

$$CH_4 + 2\alpha O_2 + 2\alpha \times 3.76N_2 \longrightarrow CO_2 + 2H_2O + 2(\alpha-1)O_2 + 2\alpha \times 3.76N_2$$

例 13-2 一小型燃气轮机装置以液态正辛烷 $C_8H_{18(l)}$ 为燃料，若进入装置的燃料与空气均为 25 ℃，过量空气系数为 4，燃烧产物排出温度为 800 K，且已知每消耗 1 mol 燃料发动机输出的功为 676 000 J。假设燃料完全燃烧，求发动机向外的传热量。已知从 298.15 K 到 800 K 时，$\Delta H_{m,CO_2} = 22\ 808.6\ \text{J/mol}$，

$\Delta H_{m,H_2O(g)} = 18\ 003.2\ \text{J/mol}, \Delta H_{m,O_2} = 15\ 836.3\ \text{J/mol}, \Delta H_{m,N_2} = 15\ 045.2\ \text{J/mol}$。

解 理论空气量时的完全反应式为

$$C_8H_{18}(l) + 12.5O_2 + 12.5 \times 3.76N_2 \longrightarrow 8CO_2 + 9H_2O + 12.5 \times 3.76N_2$$

当过量空气系数为 4 时,则其完全反应方程式为

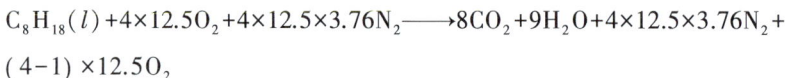

$$C_8H_{18}(l) + 4 \times 12.5O_2 + 4 \times 12.5 \times 3.76N_2 \longrightarrow 8CO_2 + 9H_2O + 4 \times 12.5 \times 3.76N_2 +$$

$$(4-1) \times 12.5O_2$$

即 $$C_8H_{18}(l) + 50O_2 + 188N_2 \longrightarrow 8CO_2 + 9H_2O + 188N_2 + 37.5O_2$$

取燃气轮机装置为控制容积,如图 13-6 所示,对于这一有化学反应的稳流开口系列能量方程,且忽略动能和位能,则

$$Q = H_2 - H_1 + W_{up} = H_{Pr} - H_{Re} + W_{up}$$

$$= \sum n_{out}(\Delta H_f^0 + \Delta H_m)_{out} - \sum n_{in}(\Delta H_f^0 + \Delta H_m)_{in} + W_{up}$$

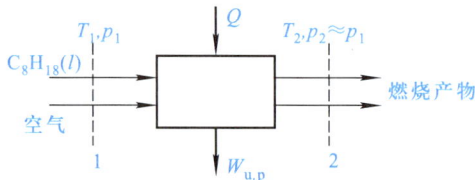

图 13-6 例 13-2 附图

查附表 16 得

$$\Delta H_{f,C_8H_{18}(l)}^0 = -250\ 105\ \text{J/mol}, \Delta H_{f,CO_2}^0 = -393\ 522\ \text{J/mol}, \Delta H_{f,H_2O}^0 = -241\ 826\ \text{J/mol}$$

因氧、氮为稳定单质,故其生成焓 $\Delta H_{f,O_2}^0$ 和 $\Delta H_{f,N_2}^0$ 均为零。同时,考虑到正辛烷完全燃烧,故

$$\sum n_{in}(\Delta H_f^0 + \Delta H_m)_{in} = \Delta H_{f,C_8H_{18}(l)}^0 = -250\ 105\ \text{J/mol}$$

$$\sum n_{out}(\Delta H_f^0 + \Delta H_m)_{out}$$

$$= 8(\Delta H_f^0 + \Delta H_m)_{CO_2} + 9(\Delta H_f^0 + \Delta H_m)_{H_2O} + 37.5(\Delta H_f^0 + \Delta H_m)_{O_2} +$$

$$188(\Delta H_f^0 + \Delta H_m)_{N_2}$$

$$= 8 \times (-393\ 522\ \text{J/mol} + 22\ 808.6\ \text{J/mol}) +$$

$$9 \times (-241\ 826\ \text{J/mol} + 18\ 003.2\ \text{J/mol}) +$$

$$37.5 \times 15\ 836.3\ \text{J/mol} + 188 \times 15\ 045.2\ \text{J/mol}$$

$$= -1\ 557\ 753.6\ \text{J/mol}$$

$$Q = -1\ 557\ 753.6\ \text{J/mol} - (-250\ 105\ \text{J/mol}) + 676\ 000\ \text{J/mol} = -631\ 648.6\ \text{J/mol}$$

讨论:(1) 有化学反应的系统同样需满足能量守恒,只是系统各组分的焓需由标准生成焓和指定温度与标准状态温度之间的焓变计算,较纯物理过程复杂;

（2）没有参与反应的气体，如助燃空气中的氮气及没有参与反应的过量氧气，以与反应产物相同的温度离开反应设备，改变了 $\Delta H_{m,O_2}$ 和 $\Delta H_{m,N_2}$，因此它们也会对燃烧过程产生影响。

13.4.2 绝热理论燃烧温度

通常，燃烧反应放出热量的同时也使燃烧产物温度升高。若燃烧反应在接近绝热的条件下进行，物系的动能及位能变化可忽略不计且对外不作有用功，并且假定燃烧是完全的，则燃烧所产生的热能全部用于加热燃烧产物本身，这时燃烧产物所能达到的最高温度称为"绝热理论燃烧温度"，用 T_{ad} 表示（图 13-7）。据式 13-5，图中点 A 的物系总焓 H_{ad} 数值上等于反应物在点 1 的总焓 H_1。

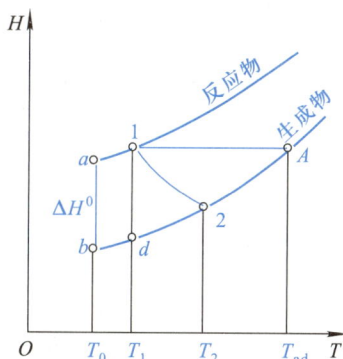

图 13-7 绝热理论燃烧温度

据赫斯定律

$$H_{ad}-H_1 = (H_{ad}-H_b)+\Delta H^0-(H_1-H_a)=0$$

即

$$-\Delta H^0 = (H_{ad}-H_b)-(H_1-H_a) \tag{13-11}$$

式中：$H_{ad}-H_b$ 是生成物的焓差，H_1-H_a 是反应物的焓差，它们分别取决于生成物和反应物的温度变化；ΔH^0 是标准状态下的反应热效应，可利用标准生成焓数据或燃烧焓数据计算得到。

据上式，当 T_1 为已知时，可求得 T_{ad}，计算中可能需要应用试算法（例 13-3）。

例 13-3 甲烷在标准大气压下完全燃烧，若过量空气系数为 2，燃烧前燃料和空气都是 298.15 K，试求绝热理论燃烧温度 T_{ad}。

解 该燃烧反应的化学方程式为

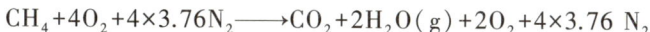

$$CH_4+4O_2+4\times3.76N_2 \longrightarrow CO_2+2H_2O(g)+2O_2+4\times3.76\ N_2$$

据式（13-7）有

$$\Delta H^0 = \Delta H_{f,CO_2}^0+2\Delta H_{f,H_2O(g)}^0+2\Delta H_{f,O_2}^0+4\times3.76\Delta H_{f,N_2}^0-\Delta H_{f,CH_4}^0-4\Delta H_{f,O_2}^0-$$
$$4\times3.76\Delta H_{f,N_2}^0$$

从附表 16 查得生成焓数据代入上式，并考虑到单质生成焓为零，有

$$\Delta H^0 = -1\ mol\times393\ 522\ J/mol+2\ mol\times(-241\ 826\ J/mol)-(-1\ mol\times74\ 873\ J/mol)$$
$$= -802\ 301\ J$$

此值也可直接由燃烧焓数据表查得。

按式（13-11），考虑到 $T_1=T_0$（参看图 13-7），故

$$-\Delta H^0 = H_{ad}-H_b = \sum\left[n_k(H_{m,k}-H_{m,k}^0)\right]_{Pr}$$

$$= \left(H_m - H_m^0\right)_{CO_2} + 2\left(H_m - H_m^0\right)_{H_2O} + 2\left(H_m - H_m^0\right)_{O_2} + 4 \times 3.76\left(H_m - H_m^0\right)_{N_2}$$

$$H_{m,CO_2} + 2H_{m,H_2O} + 2H_{m,O_2} + 4 \times 3.76 H_{m,N_2} = -\Delta H^0 + H_{m,CO_2}^0 + 2H_{m,H_2O}^0 + 2H_{m,O_2}^0 + 4 \times 3.76 H_{m,N_2}^0$$

$$(a)$$

式中，H_m 和 H_m^0 分别表示物质在绝热理论燃烧温度的摩尔焓及标准状态的摩尔焓（称标准摩尔焓）。从附表 8 查得

$$H_{m,CO_2}^0 = 9\,364\ J/mol, H_{m,H_2O}^0 = 9\,904\ J/mol, H_{m,O_2}^0 = 8\,683\ J/mol, H_{m,N_2}^0 = 8\,670\ J/mol$$

以上数据与 $-\Delta H^0 = 802\,301\ J$ 一起代入式（a），整理得

$$H_{m,CO_2} + 2H_{m,H_2O} + 2H_{m,O_2} + 4 \times 3.76 H_{m,N_2} = 979\,235.8\ J$$

由于上式左边各项均与温度 T_{ad} 有关，所以用试算法确定。初值取 $T_{ad} = 1\,500\ K$，查附表 8 求得左侧 $\sum\left(n_k H_{m,k}\right)_{Pr} = 993\,793.9\ J$。此值与右侧 $979\,235.8\ J$ 有较大误差，再以较小值试算，直至 $T_{ad} = 1\,480\ K$，两侧误差在允许的范围内（表13-2），可确定绝热理论燃烧温度为 $1\,480\ K$。

表 13-2   试   算   表

摩尔焓	1 500 K	1 400 K	……	1 480 K
$H_{m,CO_2}/J$	71 076.3	65 263.1		69 913.7
$2H_{m,H_2O}/J$	116 123.2	106 807.2		114 260.0
$2H_{m,O_2}/J$	98 554.8	91 271.8		97 098.2
$4 \times 3.76 H_{m,N_2}/J$	708 039.6	655 861.3		697 603.9

讨论：（1）由于不可能完全绝热，燃烧反应也不能进行完全，以及化合物在高温时要分解等原因，实际上燃烧产物所达到的温度低于上述计算的绝热理论燃烧温度；（2）建议读者由燃烧焓数据表校核题中标准反应焓 ΔH^0 值，注意表列生成焓数值是指生成 1 mol 化合物的热效应，而燃烧焓的数值则指 1 mol 燃料燃烧反应的热效应。

13.5   化学平衡和平衡常数

13.5.1   化学反应的速度

化学反应中，在原有分子破坏而产生新的生成物分子的同时，也会发生生成物分子间发生反应而重新生成原有反应物分子的过程，也即反应在正反两个方向上同时进行，而不会沿一个方向进行到某些反应物全部消失。用化学式可写成

$$bB+dD \Longleftrightarrow gG+rR \qquad (13-12)$$

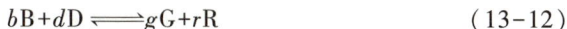

式中:B、D 代表反应物;G、R 代表生成物。

设反应开始时 B、D、G、R 都已各有一定的量存在,即各有一定的浓度存在,并设自左向右的反应(称为正向反应)的速度大于相反方向反应的速度,则总的结果是反应自左向右进行。这时,B、D 仍可称为反应物,而 G、D 则为生成物。

浓度就是指单位体积内各种物质的量,以 c_i 表示第 i 种物质的浓度,则有

$$c_i = \frac{n_i}{V_i} \qquad (13-13)$$

式中:n_i 表示物系中第 i 种物质的量;V_i 表示第 i 种物质的体积。如果反应物与生成物都为气态物质,则 V_i 也就是物系的总体积。

化学反应的速度可用单位时间内反应物质浓度的变化来度量,即

$$w = \frac{dc}{d\tau} \qquad (13-14)$$

式中:w 表示化学反应的瞬时速度;c 表示某一反应物质的浓度;τ 表示时间。

化学反应的速度主要与发生反应时的温度及反应物质的浓度有关。多数反应在低温下进行得极为缓慢,而在高温下却进行得极为迅速。化学反应的质量作用定律指出,当反应进行的温度一定时,化学反应的速度与发生反应的所有反应物的浓度的乘积成正比。

设如式(13-12)所表示反应的正向反应和逆向反应速度分别为 w_1 和 w_2,并设反应初始时正向反应的速度远比逆向反应的为大,所以总的结果是反应自左向右进行。随着过程的进行,w_1 逐渐减小而 w_2 逐渐增大。到最后,正、逆向反应的速度相等,达到化学平衡。达到化学平衡的物系中反应物和生成物的浓度不再随时间变化,保持恒定。化学平衡是动态平衡,此时正、逆方向的反应并未停止,不过是双方的速度相等。

若把达到平衡时各种物质的浓度以 c_B、c_D、c_G、c_R 表示,则据反应速度的质量作用定律有

$$w_1 = k_1 c_B^b c_D^d , w_2 = k_2 c_G^g c_R^r$$

式中:k_1 为正向反应的速度常数;k_2 为逆向反应的速度常数。对于理想气体物系的化学反应,k_1、k_2 只随反应时物系的温度而定。

13.5.2 平衡常数 K_c 和 K_p

上面指出化学反应中,反应在正反两个方向上同时进行,化学平衡是一种动态平衡。对于反应

$$bB + dD \rightleftharpoons gG + rR$$

当反应达到平衡时，$w_1 = w_2$，所以若令 $K_c = \dfrac{k_1}{k_2}$，称为平衡常数，则

$$K_c = \frac{k_1}{k_2} = \frac{c_G^g c_R^r}{c_B^b c_D^d} \tag{13-15}$$

如果，$k_1 \gg k_2$，即 K_c 很大，则自左向右的反应可以进行得接近完全，达到平衡时只留下很少量的 B 和 D；反之，当 $k_1 \ll k_2$，即 K_c 很小时，则自右向左的反应可以接近完全。对于一定的反应，如果参加反应的物质都为理想气体或很接近理想气体，则平衡常数 K_c 的数值只随反应时物系的温度 T 而定。

对于理想气体反应物系，把理想气体状态方程式 $p_i V = n_i RT$ 代入浓度定义式，有

$$c_i = \frac{n_i}{V} = \frac{p_i}{RT}$$

即气体的浓度 c_i 与气体的分压力 p_i 成正比。将之代入式（13-15），可得

$$K_c = \frac{c_G^g c_R^r}{c_B^b c_D^d} = \frac{p_G^g p_R^r}{p_B^b p_D^d} (RT)^{-(g+r-b-d)} = K_p (RT)^{-\Delta n} \tag{13-16}$$

式中

$$K_p = \frac{p_G^g p_R^r}{p_B^b p_D^d} \tag{13-17}$$

是用气体分压力表示的平衡常数，和 K_c 一样，K_p 的数值也只随反应物系的温度而定（详见 13.8 节）；$\Delta n = g + r - b - d$，是反应前后物系物质的量的变化值。从式（13-16）可以看出，在 $\Delta n = 0$ 时，$K_c = K_p$。

把各种气体的分压力与反应物系的总压力的关系 $p_i = x_i p = \dfrac{n_i}{n} p$（其中 n 为化学平衡时反应物系的总物质的量；n_i 为第 i 种物质的量；x_i 是第 i 种气体的摩尔分数）代入式（13-17）得

$$K_p = \frac{n_G^g n_R^r}{n_B^b n_D^d} \left(\frac{p}{n}\right)^{g+r-b-d} \tag{13-18}$$

这是化学平衡计算的重要公式。当反应物系中有惰性气体存在时，例如燃烧物系中有氮气存在时，总物质的量 n 中应包括惰性气体的物质的量。

式（13-15）和式（13-17）都只适用于反应物系中的物质为理想气体的单相化学反应。若反应中有固体和液体，例如

$$C + CO_2 \rightleftharpoons 2CO$$

这时认为是由于固体（或液体）的升华（或蒸发）产生了气态物质与参与反应的

其他气体之间发生了化学反应。反应过程中只要固体(或液体)还不曾耗尽,就可以认为固体(或液体)蒸气的浓度为不变的定值,对化学反应速度的影响可合并在速度常数 k_1 和 k_2 中考虑,因而在计算平衡常数时可不必计入,故上述反应平衡常数 $K_c = c_{CO}^2/c_{CO_2}$。

例 13-4 1 mol 的 CO 和 1 mol 的 O_2 反应,求在 1 标准大气压、3 000 K 下达到化学平衡时各种气体的组成。已知 3 000 K 时该反应的平衡常数 $K_p = 3.06$。

解 CO 和 O_2 的按化学计量系数的反应式是

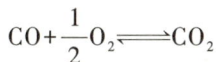

$$CO + \frac{1}{2}O_2 \rightleftharpoons CO_2$$

因此,据式(13-18)

$$K_p = \frac{n_{CO_2}}{n_{CO}n_{O_2}^{1/2}}\left(\frac{p}{n}\right)^{1-1-1/2}$$

式中:n_{CO_2}、n_{CO}、n_{O_2} 分别为平衡时相应气体的实际物质的量;n 是各种气体的总物质的量。今设 1 mol 的 CO 和 1 mol 的 O_2 反应在 3 000 K 时平衡组成为 x mol CO、y mol O_2 和 z mol 的 CO_2,即

$$CO + O_2 \longrightarrow xCO + yO_2 + zCO_2$$

因压力为 1 atm,所以
$$K_p = \frac{z}{xy^{1/2}}\left(\frac{1}{x+y+z}\right)^{1-1-1/2} \tag{a}$$

根据碳原子和氧原子的平衡

$$x+z=1, \quad x+2y+2z=3$$

解得,$x+y+z=\frac{1}{2}(3+x)$,代入式(a),得

$$3.06 = \frac{(1-x)\left(\frac{3+x}{2}\right)^{1/2}}{x\left(\frac{1+x}{2}\right)^{1/2}}$$

解得 $x=0.34$、$y=0.67$、$z=0.66$。所以,平衡时(1 标准大气压、3 000 K)的化学反应方程为

$$CO + O_2 \longrightarrow 0.34CO + 0.67O_2 + 0.66CO_2$$

讨论:本题印证了化学平衡是动态平衡,化学反应在正反两个方向上同时进行,不会沿一个方向进行到某些反应物全部消失,利用质量守恒和平衡常数可确定平衡时物系各组分的成分。

13.6　平衡移动原理

13.6.1　离解和离解度

离解是指化合物（或反应生成物）分解成一些较简单的物质与元素。离解度是指达到化学平衡时每摩尔物质离解的程度。离解度常以 $\alpha(\alpha<1)$ 表示。例如，反应

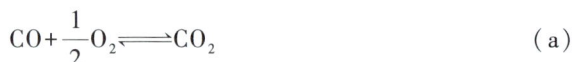

$$CO+\frac{1}{2}O_2 \Longleftrightarrow CO_2 \qquad\qquad (a)$$

达到平衡时，CO_2 与 CO、O_2 总是多少同时存在的。这时，按从左向右反应的观点来说，每摩尔 CO_2 中必然有 α 摩尔离解成 CO 和 O_2，而未离解的为 $(1-\alpha)$ 摩尔。

达到平衡时混合物中各气体的物质的量为 $(1-\alpha)$ mol CO_2、α mol CO、$\frac{\alpha}{2}$ mol O_2。

所以化学平衡时

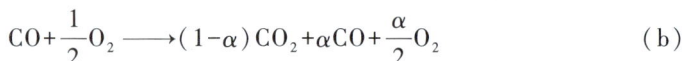

$$CO+\frac{1}{2}O_2 \longrightarrow (1-\alpha)CO_2+\alpha CO+\frac{\alpha}{2}O_2 \qquad\qquad (b)$$

式中左侧为反应前各组元，右侧为反应达平衡时各组元。

13.6.2　压力对化学平衡的影响

前已述及，对于理想气体反应物系，平衡常数只随物系的温度 T 而定，不随物系的压力 p 而变。恒温时虽然平衡常数不变，但压力变化有时可使离解度 α 发生变化。α 和 p 的关系可按以下三种情况求得。

1. 物质的量减小的反应（$\Delta n<0$）

以式（a）所示 CO 燃烧反应为例，按化学计量方程，反应前总摩尔数为 1.5，反应后为 1。按照以前各节的习惯，则自左向右表示合成反应，Δn 的正负仍以自左向右的反应为标准。

设 CO_2 的离解度为 α，则达到平衡时 1 mol CO_2 中将有 α mol 离解。由式（b）混合物中各气体的物质的量为 $(1-\alpha)$ mol CO_2、α mol CO、$\frac{1}{2}\alpha$ mol O_2，混合物总物质的量 $\frac{1}{2}(2+\alpha)$ mol。所以这时各组成气体的摩尔分数为

$$x_{CO_2}=\frac{2(1-\alpha)}{2+\alpha}, \quad x_{CO}=\frac{2\alpha}{2+\alpha}, \quad x_{O_2}=\frac{\alpha}{2+\alpha}$$

以 p 表示混合物的总压力,则各气体的分压力为

$$p_{CO_2} = \frac{2(1-\alpha)}{2+\alpha}p, \quad p_{CO} = \frac{2\alpha}{2+\alpha}p, \quad p_{O_2} = \frac{\alpha}{2+\alpha}p$$

根据式(13-17),平衡常数为

$$K_p = \frac{p_{CO_2}^2}{p_{CO}^2 p_{O_2}} = \frac{(1-\alpha)(2+\alpha)^{1/2}}{\alpha^{3/2}p^{1/2}} \tag{c}$$

反应前后物质的量的变化为

$$\Delta n = 1 - 1.5 = -0.5 \quad (\Delta n < 0)$$

所以根据式(13-16),得

$$K_c = K_p(RT)^{-\Delta n} = \frac{(1-\alpha)(2+\alpha)^{1/2}}{\alpha^{3/2}p^{1/2}}(RT)^{1/2} \tag{d}$$

对于理想气体物系,当物系的温度 T 一定时,平衡常数 K_p、K_c 的数值不变。这时根据上式可得:当压力增大时,离解度 α 必减小,化学平衡向右移动,即使物质的量减小的自左向右的反应更趋向完全。

2. 物质的量增大的反应($\Delta n > 0$)

例如　　　　　　　　　　　$2C + O_2 \Longrightarrow 2CO$ 　　　　　　　　(e)

在这个反应中,物质的量增大,即 $\Delta n = 2 - 1 = 1$($\Delta n > 0$),以 α 表示 CO 的离解度,则在达到化学平衡时混合物中各气体的物质的量为 $2(1-\alpha)$ mol CO、α mol O_2。混合物总共的物质的量为 $(2-\alpha)$ mol。这时各组成气体的分压力为

$$p_{CO} = x_{CO}p = \frac{2(1-\alpha)}{2-\alpha}p, \quad p_{O_2} = x_{O_2}p = \frac{\alpha}{2-\alpha}p$$

由此 K_p、K_c 为

$$K_p = \frac{p_{CO}^2}{p_{O_2}} = \frac{4(1-\alpha)^2 p}{\alpha(2-\alpha)} \tag{f}$$

$$K_c = K_p(RT)^{-\Delta n} = \frac{4(1-\alpha)^2 p}{\alpha(2-\alpha)RT} \tag{g}$$

根据上式可得:当物系的温度 T 不变,因而 K_p、K_c 不变时,若压力 p 增大,则离解度也必增大(注意 $\alpha < 1$),化学平衡向左移动,即自右向左的离解反应更趋向完全。

3. 物质的量不变的反应($\Delta n = 0$)

例如:　　　　　　　　　　$C + O_2 \Longrightarrow CO_2$ 　　　　　　　　(h)

按上述同样推导可得

$$K_c = K_p = \frac{p_{CO_2}}{p_{O_2}} = \frac{1-\alpha}{\alpha} \tag{i}$$

根据上式可得:对于 $\Delta n = 0$ 的那些反应,当物系的温度 T 不变(平衡常数不变)时,压力对离解度不发生影响,压力变化时,化学平衡不发生移动。

13.6.3　温度对化学平衡的影响

根据化学平衡原理,任何化学反应都有合成与离解这两种方向相反的反应在同时进行,达到化学平衡时这两种反应的速度相等。根据实际经验及赫斯定律得知,如果合成反应为放热反应,则离解反应为吸热反应。合成热与离解热相等,正负号相反。例如 CO 的燃烧反应:

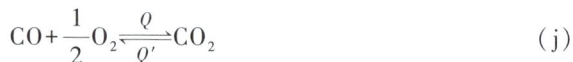

$$CO + \frac{1}{2}O_2 \underset{Q'}{\overset{Q}{\rightleftharpoons}} CO_2 \tag{j}$$

反应式中 Q 表示合成热,Q' 表示离解热。燃烧为放热反应,离解为吸热反应,当物系的温度变化时,平衡常数就发生变化,平衡也发生移动。据研究,温度愈高,燃烧产物往往离解愈多,即吸热的离解反应加强,平衡向左移动。例如:在 3 000 ℃时上述反应中 CO_2 的离解度高达 75% 左右,这时燃烧不完全损失很大;而在 2 000 ℃时 CO_2 的离解度约为 10%;在 1 000 ℃时 CO_2 的离解度很小,可忽略不计。

13.6.4　平衡移动原理

平衡移动原理

根据上述压力和温度对化学平衡的影响以及对平衡的其他研究,可以得到如下的普遍规律:如果处于平衡状态下的物系受到外界条件改变的影响(如外界压力、温度发生变化,使物系的压力、温度也随着变化),则平衡位置就会发生移动,移动的方向总是朝着削弱这些外来作用影响的方向。此即平衡移动原理,也称列-查德里原理。

例如对于上述式(a)与式(e)所表示的反应,当外界对物系的压力增大时,使物系的压力也随之增大,这时物系中使物质的量减小这一方向的反应必加强,即使物系容积减小的反应必加强,以暂时削弱物系压力的升高。这时平衡发生移动,直至在新的压力下又达到化学平衡为止。又如当环境温度升高时,物系将加强汽化、吸热的化学反应等吸热过程;而环境温度下降时,物系将加强放热过程,如蒸汽的凝结、放热的化学反应等以削弱温度变换的影响。

列-查德里原理对平衡移动方向的论述与热力学第二定律对过程方向的论述相符合,也与实际经验相符合。

例 13-5　CO 和 O_2 在标准大气压下燃烧,燃烧后的温度 $T = 2\,810$ K,这时的

平衡常数 $K_p=6.44$，试求平衡时的离解度和各种气体的组成和分压力。

解　以 α 表示离解度，即设每形成 1 mol CO_2，有 α mol 离解成 CO 和 O_2，则

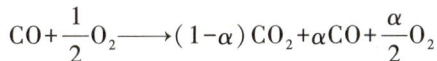

$$CO+\frac{1}{2}O_2 \longrightarrow (1-\alpha)CO_2+\alpha CO+\frac{\alpha}{2}O_2$$

各平衡成分总的物质的量为

$$n=(1-\alpha)+\alpha+\frac{\alpha}{2}=1+\frac{\alpha}{2}$$

$$\frac{p_{CO_2}}{p}=\frac{n_{CO_2}}{n}=\frac{1-\alpha}{1+\frac{\alpha}{2}},\quad \frac{p_{CO}}{p}=\frac{n_{CO}}{n}=\frac{\alpha}{1+\frac{\alpha}{2}},\quad \frac{p_{O_2}}{p}=\frac{n_{O_2}}{n}=\frac{\alpha}{2+\alpha}$$

$$K_p=\frac{p_{CO_2}}{p_{CO}p_{O_2}^{1/2}}=\frac{\dfrac{1-\alpha}{1+\alpha/2}p}{\dfrac{\alpha p}{1+\alpha/2}\left(\dfrac{\alpha p}{2+\alpha}\right)^{1/2}}=6.44$$

解后得 $\alpha=0.3$，故

$$x_{CO_2}=\frac{p_{CO_2}}{p}=\frac{1-\alpha}{1+\alpha/2}=\frac{1-0.3}{1+0.15}=0.609$$

$$x_{CO}=\frac{p_{CO}}{p}=\frac{\alpha}{1+\alpha/2}=\frac{0.3}{1+0.15}=0.261$$

$$x_{O_2}=\frac{p_{O_2}}{p}=\frac{\alpha}{2+\alpha}=\frac{0.3}{2+0.3}=0.130$$

所以正确的化学反应方程式为

$$CO+\frac{1}{2}O_2 \longrightarrow 0.7CO_2+0.3CO+0.15O_2$$

讨论：(1) 反应生成物(包括燃烧产物)的离解，可以根据平衡常数进行计算。(2) 同样可求得 1 atm、3 000 K 时离解度 $\alpha=0.438\,8$，而 1 atm、2 000 K 时 $\alpha=0.015\,2$。可见随温度升高，上述反应中 CO_2 的离解度也升高，造成燃烧不完全损失增大。(3) 1 atm、2 000 K 时上述反应的平衡常数 $K_p=767.1$，$p_{CO_2}=0.977\,4$ atm、$p_{CO}=0.015\,1$ atm、$p_{O_2}=0.007\,5$ atm，与本例数据比较，随平衡温度升高，燃烧产物的分压力(因而浓度)下降。这是因为该反应为放热反应，反应向反方向移动，以削弱温度升高的影响。

13.7　化学反应方向判据及平衡条件

热力学第二定律本质上是指示热过程方向的定律,对含化学反应的过程也是合适的。平衡移动的实质是化学反应方向程度的变动,本节将根据热力学第二定律讨论化学反应,特别是定温定压反应和定温定容反应进行的方向及进行到什么程度。限于篇幅,化学反应过程中的㶲与作功能力损失请参阅其他教材。

13.7.1　定温定容反应和定温定压反应方向判据和平衡条件

孤立系统熵增原理 $dS_{iso} \geqslant 0$ 指出,孤立系的熵只能增大而不会减少,在未达平衡前系统必定向着熵增加的方向变化,当熵为最大值时系统的状态不再改变而达到平衡态,所以孤立系统熵增原理指出了孤立系统自发变化的方向($dS_{iso} > 0$)和实现平衡的条件($dS_{iso} = 0$)。孤立系统熵增原理具有极大的概括性,在热力学中占有重要的地位。但孤立系统的熵增原理需把所有发生变化的有关物体取成孤立系,有时实际应用不方便。尤其是大量化学反应常常在定温定压或定温定容下进行,需要导出定温定压和定温定容下的平衡判据。下面从孤立系统熵增原理导出定温定容过程的平衡判据。

热力学第二定律的数学表达式为

$$dS \geqslant \frac{\delta Q}{T_r}$$

式中: dS 是系统的微元熵变; T_r 是与系统进行热量交换的外界热源温度; δQ 是微元过程中系统和外界交换的热量。据热力学第一定律,物系在反应中的能量方程式为 $\delta Q = dU + \delta W_{tot}$,代入上式可得

$$dS \geqslant \frac{dU + \delta W_{tot}}{T_r}$$

考虑到过程中温度 T 为常数,且平衡时系统与外热源达到热平衡,二者温度相等,所以 $T = T_r =$ 常数。此时

$$dS \geqslant \frac{dU + \delta W_{tot}}{T}$$

上式整理移项并注意到温度为定值,则

$$dU - TdS = dU - d(TS) = d(U - TS) \leqslant -\delta W_{tot}$$

把亥姆霍兹函数(即自由能,亦称定容位) $F = U - TS$ 代入上式,有

$$-dF_T \geqslant \delta W_{tot}$$

$$F_1 - F_2 \geqslant W_{tot} \tag{13-19}$$

进一步考虑系统 $V=$ 常数,容积变化功 $W=0$,所以总功即为有用功,这时

$$F_1-F_2 \geqslant W_{u,V} \qquad (13-20)$$

其中 $W_{u,V}$ 是定温定容反应中的有用功。对于理想可逆的定温定容反应,上式取等号。这时所得到的有用功最大为 $W_{u,V,\max}$,即有

$$F_1-F_2 = W_{u,V,\max} \qquad (13-21)$$

或

$$(U_1-TS_1)-(U_2-TS_2) = W_{u,V,\max}$$

由此可见,在可逆定温定容过程中,所能得到的最大有用功并不等于物系热力学能的减少,而是等于 $U-TS$ 的减少。$U-TS$ 是热力学能中可能转变为有用功的能量,所以称为自由能;而热力学能中的另一部分,即等于 TS 的这部分,即使在理想可逆的反应中仍不可能转变成有用功,所以称为束缚能,这些和第六章中的有关概念是一致的。

实际上能够自发进行的反应都是不可逆的,因此反应物系的 F 都是减小的,过程的有用功小于 $W_{u,V,\max}$。换句话说,只有 F 减小,即

$$dF<0 \qquad (13-22)$$

的定温定容反应才能自发地进行,F 增大的反应必须有外功帮助,所以 $dF<0$ 是定温定容自发过程方向的判据。

最大有用功的大小,亦即在定温定容反应时 F 落差的大小,是反应推动力或称为"化学亲和力"的度量。F_1-F_2 愈大的反应,愈能够自发地进行。

当物系达到化学平衡时,物系的 F 达到最小值,即此时一定有 $dF=0, d^2F>0$。这时如果按化学反应式再向右或向左进行有限量的反应,都会使物系的 F 增大,因此这时不可能继续进行自发的反应。所以,定温定容物系达到平衡的判据可表示为

$$dF = 0 \qquad (13-23)$$

$$d^2F>0 \qquad (13-24)$$

化学反应(包括生物过程)中最常见、最重要的反应是定温定压反应,此时

$$\delta W_{tot} = \delta W_{u,p}+\delta W = \delta W_{u,p}+pdV = \delta W_{u,p}+d(pV)$$

将之代入式(13-19),移项整理后有

$$-d(H-TS) \geqslant \delta W_{u,p} \qquad (13-25)$$

据吉布斯函数(亦即自由焓、定压位)的定义,上式可写为

$$-dG \geqslant \delta W_{u,p} \qquad (13-26)$$

对于初、终态一定的反应

$$G_1-G_2 \geqslant W_{u,p} \qquad (13-27)$$

上述三式中,不可逆定温定压反应取不等号,可逆取等号。由于理想可逆时得到的有用功最大,所以这时

$$G_1 - G_2 = W_{u,p,\max} \tag{13-28}$$

实际上能够自发进行的定温定压反应都是使物系的 G 减小,所得到的有用功小于最大有用功,甚至等于零(如燃烧反应),所以

$$G_1 - G_2 = W_{u,p,\max} > 0$$

或

$$\mathrm{d}G < 0 \tag{13-29}$$

该式可以作为定温定压反应能自发进行的判据。

反应中自由焓 G 的落差的大小可作为定温定压反应化学推动力或化学亲和力的度量,$G_1 - G_2$ 愈大,反应愈易发生或愈强烈。而当定温定压物系达到化学平衡时,物系的 G 达到最小值,所以定温定压物系的平衡条件为

$$\mathrm{d}G = 0 \tag{13-30}$$
$$\mathrm{d}^2 G > 0 \tag{13-31}$$

13.7.2　标准生成自由焓(标准生成吉布斯函数)

由于化学反应大多在定温定压下进行,所以自由焓(吉布斯函数)变化量的计算就特别重要。为了计算 ΔG,与标准生成焓一样,规定在 1 标准大气压、298.15 K 下,由单质生成 1 mol 化合物时,自由焓的变化量为该化合物的标准生成自由焓,或标准吉布斯函数,用符号 ΔG_f^0 表示,并规定稳定单质或元素的标准生成自由焓为零。因此,标准生成自由焓在数值上等于 1 mol 该化合物在标准状态下的摩尔自由焓 G_m^0。一些物质的标准生成自由焓见附表 16。

根据自由焓是状态参数的特性,任意状态 (T,p) 下的摩尔自由焓 $G_m(T,p)$ 可表示为

$$G_m(T,p) = \Delta G_f^0 + \Delta G_m \tag{13-32}$$

式中,ΔG_m 代表任意状态与标准状态之间化合物的摩尔自由焓差值。

由自由焓的定义,ΔG_m 可展开成

$$\Delta G_m = (H_m - H_m^0) - (TS_m - T^0 S_m^0) \tag{13-33}$$

式中:H_m、S_m 为任意状态的摩尔焓和摩尔熵;H_m^0 是标准状态下的摩尔焓,等于标准生成焓 ΔH_f^0;$T^0 = 298.15$ K。

将式(13-32)、(13-33)代入式(13-28),就可得定温压反应的最大有用功

$$
\begin{aligned}
W_{u,p,\max} &= G_{Re} - G_{Pr} \\
&= \left[\sum_{Re} (n\Delta G_f^0) - \sum_{Pr} (n\Delta G_f^0) \right] + \sum_{Re} n[(H_m - H_m^0) - (TS_m - T^0 S_m^0)] - \\
&\quad \sum_{Pr} n[(H_m - H_m^0) - (TS_m - T^0 S_m^0)]
\end{aligned} \tag{13-34}
$$

式中:$H_m - H_m^0$ 是各种物质热力状态改变而造成的焓变,可查附表 8 或据比热容数据求取;S_m 和 S_m^0 分别是状态(T,p)和标准状态(101 325 Pa,298.15 K)时各种物质的摩尔熵。若各种物质 S_m 的起点不同,式中各项无法相加,为此规定 S_m 取共同的基准点(详见 13.9 节),式(13-34)中的 S_m 都基于此标准,此时的熵称为绝对熵。附表 8 中列出了部分气体标准状态下的绝对熵 S_m^0 值。

例 13-6 以氢气为燃料的燃料电池中所进行的反应近似可按定温定压反应处理,若反应在 101 325 Pa 和 298.15 K 下进行,试求由燃料电池所获得的可逆定温功。

解 该反应式为

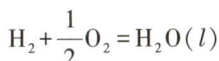

$$H_2 + \frac{1}{2}O_2 = H_2O(l)$$

由于反应物和生成物都处于 101 325 Pa、298.15 K,故式(13-34)中各焓差部分及 $TS_m - T^0 S_m^0$ 均为零,于是简化为

$$W_{u,p,\max} = \sum_{\text{Re}} (n\Delta G_f^0) - \sum_{\text{Pr}} (n\Delta G_f^0) = \Delta G_{f,H_2}^0 + \frac{1}{2}\Delta G_{f,O_2}^0 - \Delta G_{f,H_2O(l)}^0$$

因稳定单质标准生成焓为零,且查附表 16 得 $\Delta G_{f,H_2O(l)}^0 = -237\ 141$ J/mol,所以

$$W_{u,p,\max} = -\Delta G_{f,H_2O}^0 = 237\ 141 \text{ J/mol}$$

讨论:在只涉及物理变化的可逆定温过程中 $dg = vdp$(见式 12-21),自由焓的减少量即该过程的最大有用功,它是由热力学能中的内热能通过体积变化转化来的;在主要目的为化学反应的过程中,体积变化功一般是不能予以利用的,因此习惯上有用功不包含体积变化功。可逆定温定压反应最大有用功 $W_{u,p,\max} = G_{\text{Re}} - G_{\text{Pr}}$ 也是自由焓的差,但它是热力学能(包含化学能但不包含核能)变化转化来的。

13.7.3 定温定压和定温定容反应化学平衡普遍判据

第十二章里已介绍了单元系的化学势的概念,这里将之推广到多元系中。在 13.1 节中已指出,化学反应系统有两个以上的独立状态参数,故吉布斯函数 G 和亥姆霍兹函数 F 分别为

$$G = G(T,p,n_1,n_2,\cdots,n_r)$$
$$F = F(T,p,n_1,n_2,\cdots,n_r)$$

其微分分别是

$$dG = \left(\frac{\partial G}{\partial T}\right)_{p,n_i} dT + \left(\frac{\partial G}{\partial p}\right)_{T,n_i} dp + \sum_{i=1}^{r} \left(\frac{\partial G}{\partial n_i}\right)_{T,p,n_{j(j\neq i)}} dn_i$$

$$dF = \left(\frac{\partial F}{\partial T}\right)_{V,n_i} dT + \left(\frac{\partial F}{\partial V}\right)_{T,n_i} dV + \sum_{i=1}^{r} \left(\frac{\partial F}{\partial n_i}\right)_{T,V,n_{j(j\neq i)}} dn_i$$

式中：$\left(\frac{\partial G}{\partial T}\right)_{p,n_i} dT$、$\left(\frac{\partial G}{\partial p}\right)_{T,n_i} dp$ 和 $\left(\frac{\partial F}{\partial T}\right)_{V,n_i} dT$、$\left(\frac{\partial F}{\partial V}\right)_{T,n_i} dV$ 分别表示多元系系统温度和压力变化造成的系统自由焓的变化量及温度和体积变化带来系统自由能的变化量；$\left(\frac{\partial G}{\partial n_i}\right)_{T,p,n_{j(j\neq i)}} dn_i$ 和 $\left(\frac{\partial F}{\partial n_i}\right)_{T,V,n_{j(j\neq i)}} dn_i$ 分别是多元系中第 i 种物质的变化对系统自由焓和自由能变化量的"贡献"。

在 12.5 节已导得

$$\left(\frac{\partial G}{\partial T}\right)_p = -S, \quad \left(\frac{\partial G}{\partial p}\right)_T = V, \quad \left(\frac{\partial F}{\partial T}\right)_V = -S, \quad \left(\frac{\partial F}{\partial V}\right)_T = -p$$

所以

$$dG = -SdT + Vdp + \sum_{i=1}^{r} \left(\frac{\partial G}{\partial n_i}\right)_{T,p,n_{j(j\neq i)}} dn_i \qquad (13-35)$$

$$dF = -SdT - pdV + \sum_{i=1}^{r} \left(\frac{\partial F}{\partial n_i}\right)_{T,V,n_{j(j\neq i)}} dn_i \qquad (13-36)$$

因为
$$G = H - TS = (U-TS) + pV = F + pV$$
$$dG = dF + pdV + Vdp$$

将式(13-36)代入上式,得到

$$dG = -SdT + Vdp + \sum_{i=1}^{r} \left(\frac{\partial F}{\partial n_i}\right)_{T,V,n_{j(j\neq i)}} dn_i$$

将上式与式(13-35)比较,可得

$$\left(\frac{\partial G}{\partial n_i}\right)_{T,p,n_{j(j\neq i)}} = \left(\frac{\partial F}{\partial n_i}\right)_{T,V,n_{j(j\neq i)}}$$

令
$$\mu_i = \left(\frac{\partial G}{\partial n_i}\right)_{T,p,n_{j(j\neq i)}} = \left(\frac{\partial F}{\partial n_i}\right)_{T,V,n_{j(j\neq i)}} \qquad (13-37)$$

称为组元 i 的化学势。式(13-37)表明:对多种物质组成的体系在定温定压下保持其他组分的物质的量不变,加入 1 mol 的第 i 种物质而引起的体系 G 的变化量,与在定温定容下加入 1 mol 的第 i 种物质而引起的体系 F 的变化量相同。将式(13-37)分别代入式(13-35)和式(13-36)得

$$dG = -SdT + Vdp + \sum_{i=1}^{r} \mu_i dn_i \qquad (13-38)$$

$$dF = -SdT - pdV + \sum_{i=1}^{r} \mu_i dn_i \qquad (13-39)$$

在定温定压和定温定容的反应过程中,则

$$dG = \sum_{i=1}^{r} \mu_i dn_i \qquad (13-40)$$

$$dF = \sum_{i=1}^{r} \mu_i dn_i \qquad (13-41)$$

而 $dG \leq 0$ 和 $dF \leq 0$ 分别为定温定压和定温定容反应方向及化学平衡的判据,因此可把

$$\sum_{i=1}^{r} \mu_i dn_i \leq 0 \qquad (13-42)$$

作为定温定压和定温定容单相化学反应方向及化学平衡的普遍判据。

对于单相系统的化学反应

$$v_a A_a + v_b B_b \rightarrow v_c C_c + v_d D_d$$

根据质量守恒原理可知,参与反应的各组元(包括反应物和生成物)的物质的量之比必定等于相应组元的化学计量系数之比,即

$$\frac{dn_a}{v_a} = \frac{dn_b}{v_b} = \frac{dn_c}{v_c} = \frac{dn_d}{v_d} = d\varepsilon$$

或 $$dn_i = v_i d\varepsilon \qquad (13-43)$$

式中: ε 称为化学反应度; v_i 为化学计量系数,对于选定的正向反应,生成物项取正,反应物项取负。

将式(13-43)代入式(13-42),由于 $d\varepsilon$ 为正,所以得

$$\sum_{i=1}^{r} \mu_i v_i \leq 0 \qquad (13-44)$$

式中 $\sum_{i=1}^{r} \mu_i v_i$ 是系统的总化学势。式(13-44)是定温定压和定温定容反应的化学反应方向及化学平衡普遍判据的又一表达形式。应用(13-44)式时需注意,生成物项 v 取正,反应物项取负。

式(13-44)说明,化学反应总朝着系统的总化学势减小的方向进行,并且当系统的总化学势达到最小值时反应达到平衡。若用 $\sum_{Pr} v_i \mu_i$ 和 $\sum_{Re} v_j \mu_j$ 分别表示生成物和反应物的总化学势,则式(13-44)可写成

$$\sum_{Pr} v_i \mu_i - \sum_{Re} v_j \mu_j \leq 0$$

因此,若 $\sum_{Pr} v_i \mu_i < \sum_{Re} v_j \mu_j$,则正向反应可自发进行;若 $\sum_{Pr} v_i \mu_i = \sum_{Re} v_j \mu_j$,则反应达到平衡;若 $\sum_{Pr} v_i \mu_i > \sum_{Re} v_j \mu_j$,则逆向反应可自发进行。上述结果说明,与温差是推动热量传递的驱动力、压力差是容积功传递的驱动力一样,化学势是质量传递的驱动力。正如温差、压差等于零时系统达到热、力平衡一样,生成物与

反应物的化学势差等于零时系统达到化学平衡。

最后需指出,摩尔吉布斯函数和化学势都是强度量,作为化学反应驱动力的是反应物和生成物的总化学势差,而总化学势差是按化学计量系数加权后的化学势之和。

13.7.4 化学㶲

本章以前章节曾讨论过系统在不发生化学反应的物理变化过程中的作功能力,并把系统仅与环境发生热量交换,可逆地达到与环境的温度、压力相平衡时的最大有用功称为㶲,如热力学能㶲、焓㶲等,这些㶲可以归纳为物理㶲。很显然,当系统处于环境压力、环境温度时,系统的物理㶲为零(因此有人将这种状态称为物理死态)。但是,与环境的温度、压力平衡的系统的化学成分与环境不一定平衡,这种不平衡势也具有作功能力。与环境的温度、压力相平衡(即处于物理死态)的系统,经可逆的物理(扩散)或化学反应过程达到与环境化学平衡(成分相同)时作出的最大有用功称为物质的化学㶲。显然,为确定物质的化学㶲,除温度和压力,还需确定环境中基准物的浓度和热力学状态。在实际环境中这两者均是变化的,为简化计算,许多学者提出了环境模型。环境模型规定了环境温度和压力,并确定环境由若干基准物组成,每一种元素都有其对应的基准物和基准反应,以及基准物的浓度,等等。用环境模型计算的物质的化学㶲称为标准化学㶲。由于环境模型中的基准物的化学㶲为零,所以元素与环境物质进行化学反应变成基准物所提供的最大有用功即为该元素的化学㶲。规定在298.15 K和101 325 Pa的饱和空气内各组元作为环境空气各组元基准物,所以空气中所包含的成分,如 N_2、O_2、CO_2、Ar、He、Ne 和 H_2O 等气体,在 298.15 K 和压力等于饱和空气中相应分压力 p_i 时的化学㶲为零。因此,这些气体组分的标准化学㶲就是由 101 325 Pa 可逆等温膨胀到 p_i 时的理想功。

13.8 反应自由焓和等温等压反应的平衡常数

13.8.1 反应自由焓和等温等压反应的平衡常数

许多反应,尤其是生命系统的变化常常可以视为在等温、等压条件下进行的,所以自由焓是研究生命系统中各种过程的非常有用的函数,不仅可以用来确定化学反应的平衡常数,还可以用来研究不同的代谢途径。

据平衡的自由焓判据式(13-29)

$$dG_{T,p} \leq 0$$

定温定压过程是向着自由焓变小（$dG_{T,p}<0$）的方向进行的，当 $dG_{T,p}=0$ 时系统达到平衡。这一结论同样适用于生物系统。标准状态反应生成焓变化的数据对于各生物化学反应来讲非常有用，但如前所述，对生物系统的"标准状态"的定义远比气体复杂。一些生物化学感兴趣的物质的标准生成自由焓见附表16。由于生物化学反应平衡时反应物和产物同时存在，故下面先导出化学反应的平衡常数 K_p 与 ΔG^0 的关系，再得出自由焓变化量与反应物及产物浓度间的定量关系。为简便，先从理想气体着手然后通过比拟推广到液体反应。

据吉布斯方程

$$dG = Vdp - SdT$$

考虑定温下理想气体的化学反应

$$dG = Vdp = RT(dp/p)$$

取1标准大气压为标准状态压力，从 $p_0=1$ 标准大气压到 p 积分，得

$$G = G^0 + RT\ln(p/p_0) = G^0 + RT\ln p \tag{13-45}$$

式中，G^0 为标准状态（1标准大气压）气体的自由焓。

对于等温等压反应

$$a\mathrm{A} + b\mathrm{B} \rightleftharpoons c\mathrm{C} + d\mathrm{D}$$

若用 p_i 表示反应物系各组分的分压力，则反应自由焓变化量为

$$\Delta G = cG_\mathrm{C} + dG_\mathrm{D} - aG_\mathrm{A} - bG_\mathrm{B}$$
$$= cG_\mathrm{C}^0 + dG_\mathrm{D}^0 - aG_\mathrm{A}^0 - bG_\mathrm{B}^0 + cRT\ln p_\mathrm{C} + dRT\ln p_\mathrm{D} - aRT\ln p_\mathrm{A} - bRT\ln p_\mathrm{B}$$

或

$$\Delta G = \Delta G^0 + RT\ln \frac{p_\mathrm{C}^c p_\mathrm{D}^d}{p_\mathrm{A}^a p_\mathrm{B}^b} \tag{13-46}$$

式中，ΔG 称为反应自由焓。等温等压下反应达到平衡时，$\Delta G=0$，所以

$$\Delta G^0 = -RT\ln \frac{p_\mathrm{C}^c p_\mathrm{D}^d}{p_\mathrm{A}^a p_\mathrm{B}^b} = -RT\ln K_p \tag{13-47}$$

式中，K_p 为平衡常数。式（13-47）建立了平衡时反应物系各组分的分压力和标准状态下的反应自由焓变化量 ΔG^0（标准反应自由焓）之间的定量关系。如 $\Delta G^0<0$，则 $K_p>1$；反之，$\Delta G^0>0$，则 $K_p<1$。需要注意的是，不要混淆反应的自由焓变化量和标准状态反应的自由焓变化量。在平衡状态反应自由焓变化量 ΔG 等于零，而在非平衡状态 ΔG 可据式（13-46）计算。标准状态的反应自由焓变化量是常数，是假定所有反应物和生成物都处在1标准大气压的假想反应的自由焓变化量，在平衡常数是1时才等于0。对于给定的化学反应，ΔG^0 仅是温度的函数，所以式（13-47）在建立 K_p 与 ΔG^0 的关系的同时也指明了平衡常数 K_p 也只

是温度的函数。

　　生物反应一般不在气相进行,溶液中自由焓用浓度常常更方便。若取标准状态浓度为 1 kmol/m^3,则与式(13-45)、式(13-46)和式(13-47)对应的公式为

$$G = G^0 + RT\ln c \tag{13-48}$$

$$\Delta G = \Delta G^0 + RT\ln \frac{c_C^c c_D^d}{c_A^a c_B^b} \tag{13-49}$$

$$\Delta G^0 = -RT\ln \frac{c_C^c c_D^d}{c_A^a c_B^b} = -RT\ln K_c \tag{13-50}$$

　　上述关于生成焓的讨论建立在仅有体积变化功的基础上,在许多生物化学反应中情况并非如此,此时式(13-48)可改写为

$$G = G^0 + RT\ln c + W_{u,max} \tag{13-51}$$

式中,$W_{u,max}$是最大(可逆)非体积功。

13.8.2　压力与温度对反应自由焓和反应平衡常数的影响

　　据吉布斯方程

$$dG = Vdp - SdT$$

恒温下,则

$$dG = Vdp$$

如果已知压力与体积的关系,积分就可得自由焓对压力的依变关系。而对于化学反应,由于压力变化造成的产物与反应物的反应自由焓的变化可写为

$$d\Delta G = \Delta Vdp \tag{13-52}$$

式中:ΔG 是反应自由焓;ΔV 是产物与反应物的体积差。在标准状态下

$$d\Delta G^0 = \Delta Vdp$$

式(13-47)和式(13-50)可合并写成

$$\Delta G^0 = -RT\ln K$$

所以

$$d\Delta G^0 = -RTd\ln K = \Delta Vdp \tag{13-53}$$

或

$$\frac{d\ln K}{dp} = -\frac{\Delta V}{RT} \tag{13-54}$$

式(13-53)和式(13-54)描述了压力对自由焓和平衡常数的影响。

一般说来,压力对大多数化学反应的平衡常数的影响很小,常可忽略不计,但温度对平衡常数通常有重要的影响。据吉布斯方程,在压力保持不变时

$$dG = -SdT$$

对于化学反应

$$d\Delta G = -\Delta S dT$$

考虑到自由焓的定义 $G = H - TS$,所以在定温、定压时

$$\Delta G = \Delta H - T\Delta S = \Delta H + T\left(\frac{d\Delta G}{dT}\right)$$

等式两侧同除以 T^2,并整理后得

$$-\frac{\Delta G}{T^2} + \frac{d(\Delta G/dT)}{T} = -\frac{\Delta H}{T^2}$$

$$\frac{d(\Delta G/T)}{dT} = -\frac{\Delta H}{T^2} \qquad (13-55)$$

式(13-55)称为吉布斯-亥姆霍兹方程,是一个重要的热力学关系式,它描述了等压下自由焓与温度的关系。

下面导出平衡常数与温度的关系。

因 $\Delta G^0 = -RT\ln K$,所以

$$\frac{d(\Delta G^0/T)}{dT} = -R\frac{d\ln K}{dT}$$

把式(13-55)应用于标准状态,代入上式,得平衡常数与温度的关系:

$$\frac{d\ln K}{dT} = \frac{\Delta H^0}{RT^2} \qquad (13-56)$$

假定 ΔH^0 与温度无关,积分上式得

$$\ln\frac{K_2}{K_1} = \frac{\Delta H^0}{R}\left(\frac{1}{T_1} - \frac{1}{T_2}\right) = \frac{(\Delta H^0/R)(T_2 - T_1)}{T_1 T_2} \qquad (13-57)$$

据式(13-57),可由反应在某一温度的平衡常数计算任意温度的平衡常数。需要指出的是,当温度变化范围不是太大时,对许多生物反应来说假定标准反应焓与温度无关是合理的,但在某些情况下,温度的影响不能忽略。此时对式(13-56)积分时就不能把 ΔH^0 移到积分号外边,积分时必须考虑取决于产物与反应物之间热容差的反应焓与温度的关系。

例 13-7　计算在标准状态(1 标准大气压,298 K)下葡萄糖(水溶液)分解为 CO_2 和乙醇(水溶液)过程中的系统的 ΔH^0 和 ΔG^0。已知,标准状态下 $\Delta H^0_{f,CO_2} = -393.7$ kJ/mol、$\Delta H^0_{f,乙醇} = -287.2$ kJ/mol、$\Delta H^0_{f,葡萄糖} = -1\ 264.4$ kJ/mol;$S^0_{m,CO_2} =$

$0.213 \text{ kJ}/(\text{mol} \cdot \text{K})$、$S_{\text{m,葡萄糖}}^0 = 0.213 \text{ kJ}/(\text{mol} \cdot \text{K})$、$S_{\text{m,乙醇}}^0 = 0.150 \text{ kJ}/(\text{mol} \cdot \text{K})$。

解　葡萄糖的分解过程的反应式为

$$\text{葡萄糖(水溶液)} \longrightarrow 2CO_2(\text{g}) + 2 \text{乙醇(水溶液)}$$

$$\Delta H = 2H_{\text{m,CO}_2}^0 + 2\Delta H_{\text{f,乙醇}}^0 - \Delta H_{\text{f,葡萄糖}}^0$$
$$= 2 \text{ mol} \times (-393.7 \text{ kJ/mol}) + 2 \text{ mol} \times (-287.2 \text{ kJ/mol}) - 1 \text{ mol} \times$$
$$(-1\ 264.4 \text{ kJ/mol}) = -97.4 \text{ kJ}$$

反应前后的系统熵增量即为反应产物的熵与反应物熵的差值,由于反应在标准状态下进行,所以

$$\Delta S = 2S_{\text{m,CO}_2}^0 + 2\Delta S_{\text{m,乙醇}}^0 - \Delta S_{\text{m,葡萄糖}}^0$$

$$= 2 \text{ mol} \times 0.213 \text{ kJ}/(\text{mol} \cdot \text{K}) + 2 \text{ mol} \times 0.150 \text{ kJ}/(\text{mol} \cdot \text{K}) - 1 \text{ mol} \times$$

$$0.213 \text{ kJ}/(\text{mol} \cdot \text{K})$$

$$= 0.513 \text{ kJ/K}$$

$$\Delta G = \Delta H - T\Delta S = -97.4 \text{ kJ} - 298 \text{ K} \times 0.513 \text{ kJ/K} = -250.3 \text{ kJ}$$

讨论:定压反应热量等于 ΔH,本反应散热 97.4 kJ/mol。闭口系放热反应前后的系统熵增大,说明反应可以进行。定温反应可向外作出的有用功等于自由焓减少量,本反应为 250.3 kJ/mol。

*13.9　热力学第三定律，熵的绝对值

13.9.1　熵的绝对值

热力学研究和热力计算中,很多地方要用到各种物质在各种状态下的熵值。对于纯物质或不存在化学反应的混合物系,物系中物质的成分不发生变化。这时,对于物系中各物质可以任意规定计算熵的起点或基准点。这样计算得的熵值是各种物质熵的相对值,例如通常水蒸气表上水和水蒸气的熵值就都是相对值。但是对于化学反应物系,例如在定温定压反应的前后

$$W_{\text{u},p,\max} = G_1 - G_2 = (H_1 - TS_1) - (H_2 - TS_2)$$

这里 S_1 是反应前物系中各种物质熵的总和,S_2 是反应后物系中各种物质熵的总和。这时,各种物质的熵应该用熵的绝对值。

有理由这样设想,各种物质在热力学温度 0 K(绝对零度)时的熵值可以假定为零,因而从绝对零度计算起的熵值可以作为各种物质熵的绝对值。这一设想在 1882 年左右亥姆霍兹提出自由能 $F = U - TS$ 以及吉布斯提出自由焓 $G = H - TS$ 这些热力学函数时就已经存在。在这些函数中,S 就应是化学反应物系熵的绝对值。

1906年,能斯特(W.H.Nerst)根据当时对固体和液体(凝聚物系)在低温下进行电化学反应时所测定的有用功的实验数值,提出了一个定理,后来被称为能斯特热定理,即:"任何凝聚物系在接近绝对零度时所进行的定温过程中,物系的熵接近不变",表示成数学表达式为

$$\lim_{T \to 0} (\Delta S)_T = 0 \tag{13-58}$$

上式中脚注 T 表示定温过程。

这样在接近绝对零度时,化学反应前后物系中各物质的成分由于化学反应发生了改变,但物系的总熵却保持不变。这只有一种可能,即在绝对零度下各种物质的比熵相等,为一常数,或为零。这一结论为各种物质比熵存在绝对值这一设想找到了更为有力的根据。因为这样,各种物质比熵的绝对值就可以从绝对零度计算起,再加上这个共同的常数(相当于积分常数)就是了。但这个常数却不可能根据已有的热力学第一定律和第二定律求得。普朗克在1911年假定这个常数为零。这样,在绝对零度下各种物质的熵值为零。

因为非晶体、混合物、固溶体(如玻璃)等物质在绝对零度时的比熵应比绝对零度时纯粹物质完整晶体的比熵为大,因而不等于零。所以表述成定律时,严格的说法应为

"在绝对零度下任何纯粹物质完整晶体的熵等于零"。

这是热力学第三定律的一种常见的表述形式。绝对零度下纯粹物质完整晶体的熵等于零,与熵的统计热力学理论相符合。

但是,根据量子力学理论,考虑原子核的自转时,在绝对零度下纯粹物质完整晶体的熵也不等于零,不过绝对值很小而且与热力过程及热力计算无关。所以,上述定律在工程热力学上可不作修正。由此可见,任何定律也多少会带有相对性。

这样,各种物质比熵的绝对值 s 可从绝对零度算起,如下式表示:

$$s = \int_0^T \frac{\delta q}{T} \tag{13-59}$$

上式也可表示为

$$s = \int_0^T \frac{c_p \mathrm{d}T}{T} \tag{13-60}$$

常压下在接近 0 K 时各种物质都已变成液体与固体,这时压力对比热容不发生影响,比热容只是温度的函数。当计算到温度较高,物体发生融化、汽化等物态变化时,则需将物态变化时物体的熵增计算在内。由于根据试验数据及量子力学比热容理论,在接近绝对零度时各种凝聚物系的比热容急剧减小,趋近与零,故根据上式计算熵时可以得到一定的有限值。化学热力学和物理化学著作中可查

到各种物质在各种温度、各种状态下熵的绝对值。水在 1 标准大气压、273 K 时固态、液态和气态的绝对熵分别是 41.0 J/(mol·K)、63.2 J/(mol·K)、188.3 J/(mol·K)。表 13-3 列出了一些标准状态下反应的熵变量。

表 13-3　一些反应的标准熵变量

反应	$\Delta S^0_{298\ K}/[\,J/(mol\cdot K)\,]$
$H(g)+H(g)\Longleftrightarrow H_2(g)$	-98.7
$2H_2(g)+O_2(g)\Longleftrightarrow 2H_2O(g)$	-88.9
$H^++OH^-\Longleftrightarrow H_2O(l)$	+80.7
胞苷酸+核糖核酸酶$\Longleftrightarrow$酶-复合物	-54

13.9.2　绝对零度不可能达到的热力学第三定律表述方法

要使温度低于环境介质的气态物体继续降低温度,通常是采用使它进行绝热膨胀过程的办法。液体氢(20.15 K,1 标准大气压)、液体氦(4.15 K,1 标准大气压)都是应用这一方法生产出来的。但任何气态物质由于温度的降低而转变成为液体和固体以后就不能再依靠绝热下的容积膨胀来继续降低其温度。后来发现,利用顺磁性物质(如硫酸铁铵)在外加的强磁场作用下,使其分子顺磁场排列时要放热,这些热量由液体氦带走,然后突然撤出外磁场使其去磁时该物质就要吸热,在绝热下去磁时就会降低其温度,这样可达到 10^{-3} K 的低温。这一方法称为绝热去磁制冷。但是,应用这一方法要达到更低的温度就不大可能了。后来又发现,使金属原子核的磁矩在强磁场中磁化后又使其绝热去磁,可以得到更低的温度,但仍有一定的限度。当物体的温度接近绝对零度时,不可能指望有温度更低的物体来冷却它,所以只有应用绝热过程的办法才能使物体继续降低其温度。绝热去磁也是一种绝热过程。但经验证明,愈接近绝对零度时,要使物体在绝热过程中降低温度就愈困难。所有经验都倾向于表明,绝对零度是最低温度的极限,绝对零度是不可能达到的。

1912 年,能斯特根据他所提出的热定理推论得出:绝对零度不可能达到。叙述成定律的形式为:

"不可能应用有限个方法使物系的温度达到绝对零度。"

上述定律是热力学第三定律的表述方式之一。绝对零度不可能达到,看来是自然界中的一个客观规律。这个规律的本质意义为,物体分子和原子中和热能有关的各种运动形态不可能全部被停止。这与量子力学的观点相符合,也符合辩证唯物主义的观点:"运动是物质的不可分割的属性"。任何一种运动形态看来都不可能完全消失。

　　根据能斯特热定理推出绝对零度不可能达到的推理如下：据能斯特热定理，物系在接近绝对零度下进行定温过程时，物系的熵不变。物系的熵不变的过程本为孤立系统的可逆绝热过程，所以在接近绝对零度时，绝热过程也具有了定温的特性，这时就不可能再依靠绝热过程来进一步降低物系的温度以达到绝对零度。

　　所以热力学第三定律的上述两种叙述方式是等效的，其中任何一种都可以从另一种推出。

本章归纳

　　本章讨论热力学原理在化学反应过程中的应用。热力学第一定律和第二定律是自然界的普遍规律，一切包含化学反应的热力系统同样必须遵循，本章以热力学第一定律和第二定律贯穿全章，研究伴随发生物理变化的化学反应过程（特别是燃烧过程）的理论绝热温度，外部条件变化对化学反应平衡的影响等工程实践关切的问题。以前各章以只有物理状态变化为基础的概念，部分还能继续适用，部分需进行变动，此外还需引进一些新的概念。尽管系统内发生化学反应，但前面各章的概念中，一些（如系统、可逆过程等）在本章继续可用，另一些（如化学反应系统的热力学能、化学系统的独立变量数、有用功等）发生一定的变化，还有一些（如化学计量系数、理论空气量、反应热效应和反应焓、标准生成焓等）则是新增的。虽然由于工程上化学反应的体积膨胀功不能有效利用，造成有用功概念的不同，因而化学反应过程的热力学第一定律解析式形式上稍有不同，但实质是相同的。针对包括生物体内反应在内的等压反应特征，形成了反应焓、标准反应焓、燃烧焓、热值等概念，对于动力工程又有理论绝热燃烧温度等。赫斯定律、基尔霍夫定律是利用已知反应焓数据分别计算未知反应焓数据和不同温度反应焓数据的热力学第一定律的特殊形式。化学反应也具有方向性，化学反应方向最根本的判据还是孤立系统的熵增原理，化学反应常见的定温定压反应和定温定容反应的判据是孤立系统的熵增原理在各自条件下的简化，化学平衡条件、平衡常数的确定同样源自热力学第二定律。

　　理解本章中大量相互联系而又有本质区别的概念是开启本章大门的钥匙。如反应热、反应的热效应、生成焓（热）、燃烧焓（热）、标准生成焓、标准燃烧焓等，它们的本质都是化学反应过程的热量。化学反应过程中系统与外界交换的热量称为反应热，它是过程量。但是，当反应在定温下进行，且过程中仅有体积

名词和术语

变化功(工程上化学反应的体积功常常无法利用)而无有用功交换时,反应热变成与状态有关的状态参数——反应的热效应(按照过程定温定压还是定温定容,分别称为定压热效应和定容热效应)。应用于化合(分解)过程就是生成热(分解热),用于燃料燃烧则为燃烧热。若反应是在 1 标准大气压、25 ℃下进行,就成为标准热效应。如果是由单质或元素在标准状态下生成化合物,则此标准热效应就称为标准生成焓,若为燃料燃烧就称为标准燃烧焓。引入标准生成焓等数据后,可以利用赫斯定律、基尔霍夫定律以及有限的数据进行相关化学反应热效应的计算。

化学反应在正、反两个方向上同时进行,化学反应的速度可用单位时间内反应物浓度的变化来度量。化学反应的速度主要与发生反应时的温度及反应物的浓度有关,当反应进行的温度一定时,化学反应的速度与发生反应的所有反应物的浓度的乘积成正比,其系数称为速度常数。理想气体物系的化学反应,速度常数只随反应时物系的温度而定。反应的正向反应和逆向反应速度相等时,达到化学平衡。化学平衡是动态平衡,此时正、逆方向的反应并未停止,不过是双方的速度相等。达到化学平衡的物系中反应物和生成物的浓度不再随时间变化,保持恒定。当反应达到平衡时,正向反应的速度常数与逆向反应速度常数之比 K_c 称为平衡常数,对于一定的反应,如果参加反应的物质都为理想气体或很接近理想气体,则 K_c 的数值只由反应时物系的温度 T 而定;平衡常数也可用气体分压力表示,和 K_c 一样,用气体分压力表示的平衡常数 K_p 的数值也只由反应物系的温度而定。气体等温等压反应的 K_p 数值也可据标准吉布斯自由焓计算。

离解是指化合物(或反应生成物)分解成一些较简单的物质与元素的现象,是反应物生成化合物的逆向反应。离解度是指达到化学平衡时每摩尔物质离解的程度。任何化学反应都有两种方向相反的反应在同时进行,达到化学平衡时,合成与离解这两种反应的速度相等。对于理想气体反应物系,平衡常数只随物系的温度 T 而定,不随物系的压力 p 而变,但若反应前后物质的量增加或减少,压力变化会使离解度 α 发生变化。只有 $\Delta n = 0$ 的那些反应,物系的温度 T 不变(平衡常数不变)时,压力对离解度不发生影响,压力变化,化学平衡不发生移动。当物系温度变化时,平衡常数发生变化,平衡也就发生移动。所以,如果处于平衡状态下的物系受到外界条件改变(如外界压力、温度发生变化)的影响,则平衡位置就会发生移动,移动的方向总是朝着削弱这些外来作用的影响。此即平衡移动原理,也称列–查德里原理。

孤立系统熵增原理同样适用于化学反应系统,对于常见的定温定压及定温定容反应可采用由熵增原理导出的自由焓判据和自由能判据。两种判据可归并为一般化学平衡判据:化学反应总朝着系统的总化学势减小的方向进行,并且当系统的总化学势达到最小值时反应达到平衡,已经达到平衡状态的系统,当外界条件改变时,系统的平衡将向着削弱外界作用力的方向移动。

　　热力学研究和热力计算中,需要各种物质在各种状态下的熵值。对于纯物质或不存在化学反应的混合物系,可以任意规定计算熵的起点或基准点,即使用各种物质熵的相对值,但对于化学反应物系则需各种状态下物质各自熵的绝对值,因此产生了何种状态熵值为零的问题。热力学第三定律的一种常见的表述为"在绝对零度下任何纯粹物质完整晶体的熵等于零"。与熵的统计热力学理论相符合。也可表述为"不可能应用有限个的方法使物系的温度达到绝对零度"。热力学第三定律的上述两种叙述方式是等效的,其中任何一种都可以从另一种推出。

思考题

　　13-1　在无化学反应的热力变化过程中,如果有两个独立的状态参数各保持不变,则过程就不可能进行。在进行化学反应的物系中是否受此限制? 为什么?

　　13-2　化学反应实际上都有正向反应与逆向反应在同时进行,化学反应是否都是可逆反应? 怎样的反应才是可逆反应?

　　13-3　反应热和反应热效应的关系是什么? 它们是否是性质相同的量? 反应焓、燃烧焓、生成焓、标准生成焓、标准燃烧焓相互间是什么关系? 它们与热效应有何联系?

　　13-4　为什么氢的热值分高热值与低热值,而碳的热值却不必分高低?

　　13-5　请列举若干例子说明,利用赫斯定律通过我们已经深入了解的反应系列确定对之了解很少的反应的热效应。能否通过类似的过程确定反应热? 为什么?

　　13-6　基尔霍夫定律的意义和作用是什么?

　　13-7　平衡常数 K_p 只随物系的温度 T 而定,不随物系的压力 p 而变。所以,有人认为对反应 $CO+\dfrac{1}{2}O_2 \rightleftharpoons CO_2$,离解度 α 表示反方向的反应:CO_2 离解的程度。因此压力升高不会使离解度 α 减小,平衡不会向右移动。你的看法呢?

13-8 随着燃烧系统温度的升高,燃烧产物离解度增大还是减小?为什么?

13-9 合成氨 $N_2 + 3H_2 \longrightarrow 2NH_3$ 生产过程中通常采用较高的压力,为什么?若反应平衡时,减少 NH_3 的分压力,平衡是否被破坏?反应向什么方向移动?

13-10 氧气在 $T_0 = 298.15\ K$、$p_0 = 101\ 325\ Pa$ 时物理㶲为零,化学㶲却不为零,为什么?

13-11 为什么在计算水蒸气的过程和循环时水和水蒸气的熵值可以采用所规定的相对值,而在计算化学反应物系的熵值时物系中各物质的熵值则必须采用熵的绝对值?

🔲习题

13-1 已知反应 $C + \frac{1}{2}O_2 = CO$ 在 298 K 的定压热效应为 $-110\ 603\ J/mol$,求同温度下的定容热效应。

13-2 已知定温(298 K)定压(101 325 Pa)下

$$CO + \frac{1}{2}O_2 \xrightarrow{Q} CO_2, Q = -283\ 190\ J/mol$$

$$H_2 + \frac{1}{2}O_2 \xrightarrow{Q} H_2O_{(g)}, Q = -241\ 997\ J/mol$$

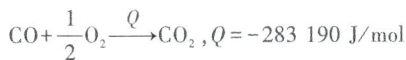

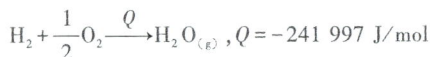

试确定下列反应的热效应

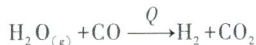

$$H_2O_{(g)} + CO \xrightarrow{Q} H_2 + CO_2$$

13-3 在煤气发生炉的还原反应层中二氧化碳的还原反应为

$$CO_2 + C = 2CO + Q_4$$

据 $C + O_2 = CO_2 + Q_1$,$Q_1 = -393\ 791\ J/mol$;

$CO + \frac{1}{2}O_2 = CO_2 + Q_3$,$Q_3 = -283\ 190\ J/mol$

参见图 13-8 利用赫斯定律求反应热效应。

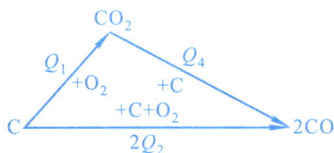

图 13-8 习题 13-3 附图

13-4 在 298 K、1 标准大气压下反应 $CO + \frac{1}{2}O_2 = CO_2$ 的定压热效应为 $Q_p = -283\ 190\ J/mol$,试求在 2 000 K 和 1 标

准大气压下,这一反应的定压热效应。

13-5 利用下述方法计算水蒸气在 3.5 MPa、300 ℃时的焓(相对于 0.1 MPa,25 ℃):

(1)假定水蒸气为理想气体,其比定压热容为

$c_{p,0} = 1.79 + 0.107\theta + 0.586\theta^2 - 0.20\theta^3$,其中 $\theta = \bar{T}/1\,000$($\bar{T}$ 为算术平均温度)

(2)假定水蒸气为理想气体,利用气体热力性质表;

(3)利用通用余焓图。

13-6 甲烷稳态稳流在燃烧室内燃烧,反应式如下:

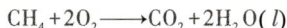

$$CH_4 + 2O_2 \longrightarrow CO_2 + 2H_2O(\,l\,)$$

若反应物和产物均为 0.1 MPa、25 ℃,确定进入燃烧室的甲烷在燃烧过程中的放热量。

13-7 利用标准生成焓数据,试求下列反应的标准燃烧焓(即标准热效应)。反应式中的脚标 l 和 g 分别指液态和气态。

$$C_8H_{18(l)} + 12.5O_2 \longrightarrow 8\,CO_2 + 9H_2O_{(g)}$$

13-8 已知在 1 标准大气压、25 ℃时有下述反应:

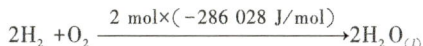

$$2H_2 + O_2 \xrightarrow{2\ mol \times (-286\ 028\ J/mol)} 2H_2O_{(l)}$$

求 1 标准大气压、120 ℃下生成 2 mol 的 H_2O 的热效应。计算时取比热容为定值。

13-9 1 mol 气态乙烯和 3 mol 氧的混合物于 25 ℃下在刚性容器内反应,试确定产物冷却到 600 K 时系统的放热量。

13-10 计算气态丙烷 500 K 时的燃烧焓。燃烧过程中形成的水为气态,298 K 到 500 K 间丙烷的平均比定压热容为 2.1 kJ/(kg·K)。

13-11 试确定初温为 400 K 的甲烷气,过量空气系数为 2.5,在 1 标准大气压下定压完全燃烧时的绝热理论燃烧温度。

13-12 用三份氢气和一份氮气组成的混合气生产氨,在 400 ℃、10 标准大气压下化学平衡时产生 3.85% 的氨(体积百分比),求:

(1)反应 $3H_2 + N_2 \rightleftharpoons 2NH_3$ 在 400 ℃时的平衡常数 K_p;

(2)相同温度下要得到 5% 氨时的反应总压力;

(3)在 400 ℃、压力为 50 标准大气压下达到化学平衡时求氨的体积比(认为 K_p 不随压力而变)。

13-13 1 mol CO 和 4.76 mol 的空气反应,在 1 标准大气压、3 000 K 下达到化学平衡。试求平衡时各种气体的组成。

13-14 以碳为"燃料"的电池中,碳完全反应,即 $C + O_2 \longrightarrow CO_2$,求此反应

在标准状态下的最大有用功,且说明它与 CO_2 的标准生成焓不同的原因。

13-15 反应 $2CO+O_2 \rightleftharpoons 2CO_2$ 在 2 800 K、1 标准大气压下达到平衡,平衡常数 $K_p = \dfrac{p_{CO_2}^2}{p_{CO}^2 p_{O_2}} = 44.67$。求:

(1)这时 CO_2 的离解度及各气体的分压力;

(2)相同温度下,下列二反应各自的平衡常数:

$$2CO+\frac{1}{2}O_2 \rightleftharpoons CO_2, \quad CO_2 \rightleftharpoons CO+\frac{1}{2}O_2。$$

13-16 相同摩尔数的 CO 和水蒸气在 400 K、1 标准大气压下发生水煤气反应,最后达到 1 000 K。若在 1 000 K 下达到化学平衡时反应物中 CO 为 1 mol,试计算此反应的反应热(生成水煤气的反应:$CO+H_2O \rightleftharpoons CO_2+H_2$)。

13-17 已知反应 $CO+\dfrac{1}{2}O_2 = CO_2$ 在 3 000 K 时的平衡常数 $K_p = 3.06$。求 1 mol CO 和 1 mol O_2 反应在 3 000 K 和 5 标准大气压平衡时混合物的组成。

13-18 已知反应 $CO+\dfrac{1}{2}O_2 = CO_2$ 在 3 000 K 时的平衡常数 $K_p = 3.06$。求 1 mol CO 和 1 mol 空气中的 O_2 反应在 3 000 K 和 5 标准大气压平衡时混合物的组成。

13-19 3 000 K 时气相反应 $CO+\dfrac{1}{2}O_2 \rightleftharpoons CO_2$ 的平衡常数 $K_p = 3.055$,求反应在 2 000 K 时的平衡常数值。已知 2 000 K 时反应 $\Delta H = -277\ 950$ J/mol,3 000 K时反应 $\Delta H = -272\ 690$ J/mol。

附录

附表 1   一些常用气体的摩尔质量和临界参数

附表 1   一些常用气体的摩尔质量和临界参数

物质	分子式	M	R_g	T_{cr}	p_{cr}	v_{cr}	Z_{cr}
		g/mol	J/(kg·K)	K	MPa	m³/kg	
乙炔	C_2H_2	26.038	319.3	308.3	6.14	0.004 33	0.270
氯	Cl_2	70.906	117.3	416.9	7.98	0.001 75	0.286
氨	NH_3	17.031	488.2	405.5	11.35	0.004 26	0.244
氩	Ar	39.948	208.1	150.8	4.87	0.001 88	0.292
苯	C_6H_6	78.114	106.4	562.2	4.89	0.003 32	0.271
正丁烷	C_4H_{10}	58.124	143.0	425.2	3.80	0.004 39	0.274
二氧化碳	CO_2	44.01	188.9	304.1	7.38	0.002 12	0.272
一氧化碳	CO	28.01	296.8	132.9	3.50	0.003 33	0.294
乙烷	C_2H_6	30.070	276.5	305.4	4.88	0.004 93	0.285
乙醇	C_2H_5OH	46.069	180.5	513.9	6.14	0.003 63	0.240
乙烯	C_2H_4	28.054	296.4	282.4	5.04	0.004 65	0.280
氦	He	4.003	2 077.1	5.19	0.227	0.014 3	0.301
氢	H_2	2.016	4 124.3	33.2	1.30	0.032 3	0.307
甲烷	CH_4	16.043	518.3	190.4	4.60	0.006 15	0.287
甲醇	CH_3OH	32.042	259.5	512.6	8.09	0.003 68	0.224
氮	N_2	28.013	296.8	126.2	3.39	0.003 2	0.291
正辛烷	C_8H_{18}	114.232	72.79	568.8	2.49	0.004 31	0.258
氧	O_2	31.999	259.8	154.6	5.04	0.002 29	0.290
丙烷	C_3H_8	44.094	188.6	369.8	4.25	0.004 54	0.276
丙烯	C_3H_6	42.081	197.6	364.9	4.60	0.004 30	0.274
二氧化氮	NO_2	46.006	180.7	431	10.1	0.003 65	—
R22	$CHClF_2$	86.469	96.16	369.3	4.97	0.001 91	0.267

续表

物质	分子式	M	R_g	T_{cr}	p_{cr}	v_{cr}	Z_{cr}
		g/mol	J/(kg·K)	K	MPa	m³/kg	
R134a	CF_3CH_2F	102.03	81.49	374.2	4.06	0.001 97	0.263
二氧化硫	SO_2	64.063	129.8	430.8	7.88	0.001 91	0.269
水蒸气	H_2O	18.015	461.5	647.3	22.12	0.003 17	0.235

　　此表中物质的摩尔质量和临界参数引自 Sonntag R E, Gordon C B, Wylen J V. Fundamentals of thermodynamics. 6th ed. New York:John Wiley & Sons Inc.,2003.

附表2　一些常用气体 25 ℃、100 kPa* 时的比热容

物质	分子式	M	R_g	ρ	c_p	c_V	$\kappa = \dfrac{c_p}{c_V}$
		10^{-3} kg/mol	J/(kg·K)	kg/m³	kJ/(kg·K)	kJ/(kg·K)	
乙炔	C_2H_2	26.038	319.3	1.05	1.669	1.380	1.231
空气	—	28.97	287	1.169	1.004	0.717	1.400
氨	NH_3	17.031	488.2	0.694	2.130	1.640	1.297
氩	Ar	39.948	208.1	1.613	0.520	0.312	1.667
正丁烷	C_4H_{10}	58.124	143.0	2.407	1.716	1.573	1.091
二氧化碳	CO_2	44.01	188.9	1.775	0.842	0.653	1.289
一氧化碳	CO	28.01	296.8	1.13	1.041	0.744	1.399
乙烷	C_2H_6	30.070	276.5	1.222	1.766	1.490	1.186
乙醇	C_2H_5OH	46.069	180.5	1.883	1.427	1.246	1.145
乙烯	C_2H_4	29.054	296.4	1.138	1.548	1.252	1.237
氦	He	4.003	2 077.1	0.161 5	5.193	3.116	1.667
氢	H_2	2.016	4 124.3	0.081 3	14.209	10.085	1.409
甲烷	CH_4	16.043	518.3	0.648	2.254	1.736	1.299
甲醇	CH_3OH	32.042	259.5	1.31	1.405	1.146	1.227
氮	N_2	28.013	296.8	1.13	1.042	0.745	1.400
正辛烷	C_8H_{18}	114.232	72.79	0.092	1.711	1.638	1.044
氧	O_2	31.999	259.8	1.292	0.922	0.662	1.393
丙烷	C_3H_8	44.094	188.6	1.808	1.679	1.490	1.126
R22	$CHClF_2$	86.469	96.16	3.54	0.658	0.562	1.171
R134a	CF_3CH_2F	102.03	81.49	4.20	0.852	0.771	1.106
二氧化硫	SO_2	64.063	129.8	2.618	0.624	0.494	1.263
水蒸气	H_2O	18.015	461.5	0.023 1	1.872	1.410	1.327

　　*　若饱和压力小于 100 kPa,则为饱和压力。

　　此表中物质的摩尔质量和临界参数引自:Sonntag R E, Gordon C B, Wylen J V. Fundamentals of thermodynamics. 6th ed. New York:John Wiley & Sons Inc.,2003.

附表3　低压时一些常用气体的比热容

T/K	c_p kJ/(kg·K)	c_V kJ/(kg·K)	γ	c_p kJ/(kg·K)	c_V kJ/(kg·K)	γ	c_p kJ/(kg·K)	c_V kJ/(kg·K)	γ
	空气			氮气(N_2)			氧气(O_2)		
250	1.003	0.716	1.401	1.039	0.742	1.400	0.913	0.653	1.398
300	1.005	0.718	1.400	1.039	0.743	1.400	0.918	0.658	1.395
350	1.008	0.721	1.398	1.041	0.744	1.399	0.928	0.668	1.389
400	1.013	0.726	1.395	1.044	0.747	1.397	0.941	0.681	1.382
450	1.020	0.733	1.391	1.049	0.752	1.395	0.956	0.696	1.373
500	1.029	0.742	1.387	1.056	0.759	1.391	0.972	0.712	1.365
600	1.051	0.764	1.376	1.075	0.778	1.382	1.003	0.743	1.350
700	1.075	0.788	1.364	1.098	0.801	1.371	1.031	0.771	1.337
800	1.099	0.812	1.354	1.121	0.825	1.360	1.054	0.794	1.327
900	1.121	0.834	1.344	1.145	0.849	1.349	1.074	0.814	1.319
1 000	1.142	0.855	1.336	1.167	0.870	1.341	1.090	0.830	1.313
	二氧化碳(CO_2)			一氧化碳(CO)			氢气(H_2)		
250	0.791	0.602	1.314	1.039	0.743	1.400	14.051	9.927	1.416
300	0.846	0.657	1.288	1.040	0.744	1.399	14.307	10.183	1.405
350	0.895	0.706	1.268	1.043	0.746	1.398	14.427	10.302	1.400
400	0.939	0.750	1.252	1.047	0.751	1.395	14.476	10.352	1.398
450	0.978	0.790	1.239	1.054	0.757	1.392	14.501	10.377	1.398
500	1.014	0.825	1.229	1.063	0.767	1.387	14.513	10.389	1.397
600	1.075	0.886	1.213	1.087	0.790	1.376	14.546	10.422	1.396
700	1.126	0.937	1.202	1.113	0.816	1.364	14.604	10.480	1.394
800	1.169	0.980	1.193	1.139	0.842	1.353	14.695	10.570	1.390
900	1.204	1.015	1.186	1.163	0.866	1.343	14.822	10.698	1.385
1 000	1.234	1.045	1.181	1.185	0.888	1.335	14.983	10.859	1.380

此表引自:Moran M J,Shapiro H N. Fundamentals of engineering thermodynamics. 3rd ed. New York:John Wiley & Sons Inc.,1995.

附表 4　一些气体在理想气体状态的比定压热容

$$c_p = C_0 + C_1\theta + C_2\theta^2 + C_3\theta^3 \quad kJ/(kg \cdot K), \theta = \{T\}_K/1\,000$$

适用范围：250~1 200 K，带 * 的物质最高适用温度为 500 K。

气体	分子式	C_0	C_1	C_2	C_3
水蒸气	H_2O	1.79	0.107	0.586	-0.20
乙炔	C_2H_2	1.03	2.91	-1.92	0.54
空气	—	1.05	-0.365	0.85	-0.39
氨	NH_3	1.60	1.4	1.0	-0.7
氩	Ar	0.52	0	0	0
正丁烷	C_4H_{10}	0.163	5.70	-1.906	-0.049
二氧化碳	CO_2	0.45	1.67	-1.27	0.39
一氧化碳	CO	1.10	-0.46	1.9	-0.454
乙烷	C_2H_6	0.18	5.92	-2.31	0.29
乙醇	C_2H_5OH	0.2	-4.65	-1.82	0.03
乙烯	C_2H_4	1.36	5.58	-3.0	0.63
氦	He	5.193	0	0	0
氢	H_2	13.46	4.6	-6.85	3.79
甲烷	CH_4	1.2	3.25	0.75	-0.71
甲醇	CH_3OH	0.66	2.21	0.81	-0.89
氮	N_2	1.11	-0.48	0.96	-0.42
正辛烷	C_8H_{18}	-0.053	6.75	-3.67	0.775
氧	O_2	0.88	$-0.000\,1$	0.54	-0.33
丙烷	C_3H_8	-0.096	6.95	-3.6	0.73
R22*	$CHClF_2$	0.2	1.87	-1.35	0.35
R134a*	CF_3CH_2F	0.165	2.81	-2.23	1.11
二氧化硫	SO_2	0.37	1.05	-0.77	0.21

此表引自：Sonntag R S，Gordon C B，Wylen J V. Fundamentals of thermodynamics. 6th ed. New York：John Wiley & Sons Inc.，2003.

附表 5　理想气体的平均比定压热容　　　　　kJ/(kg·K)

温度/℃	O_2	N_2	CO	CO_2	H_2O	SO_2	空气
0	0.915	1.039	1.040	0.815	1.859	0.607	1.004
100	0.923	1.040	1.042	0.866	1.873	0.636	1.006
200	0.935	1.043	1.046	0.910	1.894	0.662	1.012
300	0.950	1.049	1.054	0.949	1.919	0.687	1.019
400	0.965	1.057	1.063	0.983	1.948	0.708	1.028
500	0.979	1.066	1.075	1.013	1.978	0.724	1.039
600	0.993	1.076	1.086	1.040	2.009	0.737	1.050
700	1.005	1.087	1.093	1.064	2.042	0.754	1.061
800	1.016	1.097	1.109	1.085	2.075	0.762	1.071
900	1.026	1.108	1.120	1.104	2.110	0.775	1.081
1 000	1.035	1.118	1.130	1.122	2.144	0.783	1.091
1 100	1.043	1.127	1.140	1.138	2.177	0.791	1.100
1 200	1.051	1.136	1.149	1.153	2.211	0.795	1.108
1 300	1.058	1.145	1.158	1.166	2.243	—	1.117
1 400	1.065	1.153	1.166	1.178	2.274	—	1.124
1 500	1.071	1.160	1.173	1.189	2.305	—	1.131
1 600	1.077	1.167	1.180	1.200	2.335	—	1.138
1 700	1.083	1.174	1.187	1.209	2.363	—	1.144
1 800	1.089	1.180	1.192	1.218	2.391	—	1.150
1 900	1.094	1.186	1.198	1.226	2.417	—	1.156
2 000	1.099	1.191	1.203	1.233	2.442	—	1.161
2 100	1.104	1.197	1.208	1.241	2.466	—	1.166
2 200	1.109	1.201	1.213	1.247	2.489	—	1.171
2 300	1.114	1.206	1.218	1.253	2.512	—	1.176
2 400	1.118	1.210	1.222	1.259	2.533	—	1.180
2 500	1.123	1.214	1.226	1.264	2.554	—	1.184
2 600	1.127	—	—	—	2.574	—	—
2 700	1.131	—	—	—	2.594	—	—

附表 6   气体的平均比热容的直线关系式

	平均比热容
空气	$\{c_V\}_{kJ/(kg \cdot K)} = 0.708\ 8+0.000\ 093\{t\}_{℃}$ $\{c_p\}_{kJ/(kg \cdot K)} = 0.995\ 6+0.000\ 093\{t\}_{℃}$
H_2	$\{c_V\}_{kJ/(kg \cdot K)} = 10.12+0.000\ 594\ 5\{t\}_{℃}$ $\{c_p\}_{kJ/(kg \cdot K)} = 14.33+0.000\ 594\ 5\{t\}_{℃}$
N_2	$\{c_V\}_{kJ/(kg \cdot K)} = 0.730\ 4+0.000\ 089\ 55\{t\}_{℃}$ $\{c_p\}_{kJ/(kg \cdot K)} = 1.03+0.000\ 089\ 55\{t\}_{℃}$
O_2	$\{c_V\}_{kJ/(kg \cdot K)} = 0.659\ 4+0.000\ 106\ 5\{t\}_{℃}$ $\{c_p\}_{kJ/(kg \cdot K)} = 0.919+0.000\ 106\ 5\{t\}_{℃}$
CO	$\{c_V\}_{kJ/(kg \cdot K)} = 0.733\ 1+0.000\ 096\ 81\{t\}_{℃}$ $\{c_p\}_{kJ/(kg \cdot K)} = 1.035+0.000\ 096\ 81\{t\}_{℃}$
H_2O	$\{c_V\}_{kJ/(kg \cdot K)} = 1.372+0.000\ 311\ 1\{t\}_{℃}$ $\{c_p\}_{kJ/(kg \cdot K)} = 1.833+0.000\ 311\ 1\{t\}_{℃}$
CO_2	$\{c_V\}_{kJ/(kg \cdot K)} = 0.683\ 7+0.000\ 240\ 6\{t\}_{℃}$ $\{c_p\}_{kJ/(kg \cdot K)} = 0.872\ 5+0.000\ 240\ 6\{t\}_{℃}$

附表 7 空气的热力性质

T/K	$t/℃$	$h/(kJ/kg)$	p_r	v_r	$s^0/[kJ/(kg·K)]$
200	−73.15	201.87	0.341 4	585.82	6.300 0
210	−63.15	211.94	0.405 1	518.39	6.349 1
220	−53.15	221.99	0.476 8	461.41	6.395 9
230	−43.15	232.04	0.557 1	412.85	6.440 6
240	−33.15	242.08	0.646 6	371.17	6.483 3
250	−23.15	252.12	0.745 8	335.21	6.524 3
260	−13.15	262.15	0.855 5	303.92	6.563 6
270	−3.15	272.19	0.976 1	276.61	6.601 5
280	6.85	282.22	1.108 4	252.62	6.638 0
290	16.85	292.25	1.253 1	231.43	6.673 2
300	26.85	302.29	1.410 8	212.65	6.707 2
310	36.85	312.33	1.582 3	195.92	6.740 1
320	46.85	322.37	1.768 2	180.98	6.772 0
330	56.85	332.42	1.969 3	167.57	6.802 9
340	66.85	342.47	2.186 5	155.50	6.833 0
350	76.85	352.54	2.420 4	144.60	6.862 1
360	86.85	362.61	2.672 0	134.73	6.890 5
370	96.85	372.69	2.941 9	125.77	6.918 1
380	106.85	382.79	3.231 2	117.60	6.945 0
390	116.85	392.89	3.540 7	110.15	6.971 3
400	126.85	403.01	3.871 2	103.33	6.996 9
410	136.85	413.14	4.223 8	97.069	7.021 9
420	146.85	423.29	4.599 3	91.318	7.046 4
430	156.85	433.45	4.998 9	86.019	7.070 3
440	166.85	443.62	5.423 4	81.130	7.093 7
450	176.85	453.81	5.873 9	76.610	7.116 6
460	186.85	464.02	6.351 6	72.423	7.139 0
470	196.85	474.25	6.857 5	68.538	7.161 0
480	206.85	484.49	7.392 7	64.929	7.182 6
490	216.85	494.76	7.958 4	61.570	7.203 7

T/K	$t/^{\circ}\mathrm{C}$	$h/(\mathrm{kJ/kg})$	p_r	v_r	$s^0/[\mathrm{kJ/(kg\cdot K)}]$
500	226.85	505.04	8.555 8	58.440	7.224 5
510	236.85	515.34	9.186 1	55.519	7.244 9
520	246.85	525.66	9.850 6	52.789	7.265 0
530	256.85	536.01	10.551	50.232	7.284 7
540	266.85	546.37	11.287	47.843	7.304 0
550	276.85	556.76	12.062	45.598	7.323 1
560	286.85	567.16	12.877	43.488	7.341 8
570	296.85	577.59	13.732	41.509	7.360 3
580	306.85	588.04	14.630	39.645	7.378 5
590	316.85	598.52	15.572	37.889	7.396 4
600	326.85	609.02	16.559	36.234	7.414 0
610	336.85	619.54	17.593	34.673	7.431 4
620	346.85	630.08	18.676	33.198	7.448 6
630	356.85	640.65	19.810	31.802	7.465 5
640	366.85	651.24	20.995	30.483	7.482 1
650	376.85	661.85	22.234	29.235	7.498 6
660	386.85	672.49	23.528	28.052	7.514 8
670	396.85	683.15	24.880	26.929	7.530 9
680	406.85	693.84	26.291	25.864	7.546 7
690	416.85	704.55	27.763	24.853	7.562 3
700	426.85	715.28	29.298	23.892	7.577 8
750	476.85	769.32	37.989	19.743	7.652 3
800	526.85	823.94	48.568	16.472	7.722 8
850	576.85	879.15	61.325	13.861	7.789 8
900	626.85	934.91	76.576	11.753	7.853 5
950	676.85	991.20	94.667	10.035	7.914 4
1 000	726.85	1 047.99	115.97	8.622 9	7.972 7
1 100	826.85	1 162.95	169.88	6.475 2	8.082 2
1 200	926.85	1 279.54	241.90	4.960 7	8.183 6
1 300	1 026.85	1 397.58	336.19	3.866 9	8.278 1

此表数据摘自:Jones J B,Dugan R E.Engineering thermodynamics. New Jersey :Prentice Hall Inc.,1996.详细资料请参阅原书。

附表 8 气体的热力性质

H_m 的单位为 J/mol，S_m^0 的单位为 J/(mol·K)

T/K	CO H_m	CO S_m^0	CO₂ H_m	CO₂ S_m^0	H₂ H_m	H₂ S_m^0	H₂O H_m	H₂O S_m^0	N₂ H_m	N₂ S_m^0	T/K
200	5 804.9	185.991	5 951.8	199.980	5 667.8	119.303	6 626.8	175.506	5 803.1	179.944	200
298.15	8 671.0	197.653	9 364.0	213.795	8 467.0	130.680	9 904.0	188.834	8 670.0	191.609	298.15
300	8 724.9	197.833	9 432.8	214.025	8 520.4	130.858	9 966.1	189.042	8 723.9	191.789	300
400	11 646.2	206.236	13 366.7	225.314	11 424.9	139.212	13 357.0	198.792	11 640.4	200.179	400
500	14 601.4	212.828	17 668.9	234.901	14 348.6	145.736	16 830.2	206.538	14 580.2	206.737	500
600	17 612.7	218.317	22 271.3	243.284	17 278.6	151.078	20 405.9	213.054	17 564.2	212.176	600
700	20 692.6	223.063	27 120.0	250.754	20 215.1	155.604	24 096.2	218.741	20 606.6	216.865	700
800	23 845.9	227.273	32 172.6	257.498	23 166.4	159.545	27 907.2	223.828	23 715.2	221.015	800
900	27 070.6	231.070	37 395.9	263.648	26 141.9	163.049	31 842.5	228.461	26 891.8	224.756	900
1 000	30 359.8	234.535	42 763.1	269.302	29 147.3	166.215	35 904.6	232.740	30 132.2	228.169	1 000
1 100	33 705.1	237.723	48 248.2	274.529	32 187.4	169.112	40 094.1	236.732	33 428.8	231.311	1 100
1 200	37 099.6	240.676	53 836.7	279.391	35 266.4	171.791	44 412.4	240.489	36 778.0	234.225	1 200
1 300	40 537.1	243.428	59 512.8	283.934	38 386.7	174.289	48 851.4	244.041	40 173.0	236.942	1 300
1 400	44 012.0	246.003	65 263.1	288.195	41 549.8	176.633	53 403.6	247.414	43 607.8	239.487	1 400

续表

T/K	NO		CH₄		C₂H₂		C₂H₄		O₂		T/K
	H_m	S_m^0	H_m	S_m^0	H_m	S_m^0	H_m	S_m^0	H_m	S_m^0	
200	6 253.1	198.797	6 691.7	172.733	6 076.7	185.062	6 818.6	204.417	5 814.7	193.481	200
298.15	9 192.0	210.758	10 018.7	186.233	10 005.4	200.936	10 511.6	219.308	8 683.0	205.147	298.15
300	9 247.1	210.942	10 089.9	186.471	10 093.7	201.231	10 597.4	219.595	8 737.3	205.329	300
400	12 234.2	219.534	13 888.9	197.367	14 843.4	214.853	15 406.8	233.362	11 708.9	213.872	400
500	15 262.9	226.290	18 225.3	207.019	20 118.2	226.605	21 188.4	246.224	14 767.3	220.693	500
600	18 358.2	231.931	23 151.4	215.984	25 783.2	236.924	27 850.1	258.347	17 926.1	226.449	600
700	21 528.3	236.817	28 659.1	224.463	31 759.0	246.130	35 281.9	269.789	21 181.4	231.466	700
800	24 770.9	241.146	34 704.6	232.528	38 003.7	254.465	43 372.8	280.584	24 519.3	235.922	800
900	28 079.3	245.042	41 232.6	240.212	44 496.0	262.109	52 027.1	290.771	27 924.0	239.931	900
1 000	31 449.2	248.591	48 200.7	247.550	51 217.3	269.188	61 180.4	300.411	31 384.4	243.576	1 000
1 100	34 871.9	251.853	55 567.3	254.568	58 143.2	275.788	70 773.3	309.551	34 893.5	246.921	1 100
1 200	38 339.5	254.870	63 290.1	261.285	65 261.1	281.980	80 761.2	318.239	38 441.1	250.007	1 200
1 300	41 845.3	257.676	71 325.4	267.716	72 552.1	287.815	91 092.2	326.506	42 022.9	252.874	1 300
1 400	45 383.8	260.298	79 634.7	273.872	79 999.2	293.333	101 721.0	334.382	45 635.9	255.551	1 400
1 500	48 950.2	262.759	88 183.9	279.770	87 587.2	298.568	112 608.4	341.893	49 277.4	258.064	1 500
1 600	52 540.4	265.076	96 943.5	285.442	95 302.5	303.547	123 720.8	349.064	52 945.4	260.431	1 600

此表数据摘自:Jones J B,Dugan R E. Engineering thermodynamics. New Jersey:Prentice Hall Inc.,1996. 详细资料请参阅原书。

附表 9 氨(NH_3)饱和液和饱和蒸气的热力性质

温度	压力	比体积		比焓		比熵	
		液体	蒸气	液体	蒸气	液体	蒸气
$t/℃$	p/kPa	$v_f/$ (m^3/kg)	$v_g/$ (m^3/kg)	$h_f/$ (kJ/kg)	$h_g/$ (kJ/kg)	$s_f/$ [kJ/(kg·K)]	$s_g/$ [kJ/(kg·K)]
−30	119.5	0.001 476	0.963 39	44.26	1 404.0	0.185 6	5.777 8
−25	151.6	0.001 490	0.771 19	66.58	1 411.2	0.276 3	5.694 7
−20	190.2	0.001 504	0.623 34	89.05	1 418.0	0.365 7	5.615 5
−15	236.3	0.001 519	0.508 38	111.66	1 424.6	0.453 8	5.539 7
−10	290.9	0.001 534	0.418 08	134.41	1 430.8	0.540 8	5.467 3
−5	354.9	0.001 550	0.346 48	157.31	1 436.7	0.626 6	5.399 7
0	429.6	0.001 556	0.289 20	180.36	1 442.2	0.711 4	5.330 9
5	515.9	0.001 583	0.242 99	203.58	1 447.3	0.795 1	5.266 6
10	615.2	0.001 600	0.205 04	226.97	1 452.0	0.877 9	5.204 5
15	728.6	0.001 619	0.174 62	250.54	1 456.3	0.959 8	5.144 4
20	857.5	0.001 638	0.149 22	274.30	1 460.2	1.040 8	5.086 0
25	1 003.2	0.001 658	0.128 13	298.25	1 463.5	1.121 0	5.029 3
30	1 167.0	0.001 680	0.110 49	322.42	1 466.3	1.200 5	4.973 8
35	1 350.4	0.001 702	0.095 67	346.80	1 468.6	1.279 2	4.916 9
40	1 554.9	0.001 725	0.083 13	371.43	1 470.2	1.357 4	4.866 2
45	1 782.0	0.001 750	0.074 28	396.31	1 471.2	1.435 0	4.813 6
50	2 033.1	0.001 777	0.063 37	421.48	1 471.5	1.512 1	4.761 4
55	2 310.1	0.001 804	0.055 55	446.96	1 471.0	1.588 8	4.709 5
60	2 614.4	0.001 834	0.048 80	472.79	1 469.7	1.665 2	4.657 7
65	2 947.8	0.001 866	0.042 96	499.01	1 467.5	1.741 5	4.605 7
70	3 312.0	0.001 900	0.037 87	525.69	1 464.4	1.817 8	4.553 3
75	3 709.0	0.001 937	0.033 41	552.88	1 460.1	1.894 3	4.500 1
80	4 140.5	0.001 978	0.029 51	580.69	1 454.6	1.971 2	4.445 8
90	5 115.3	0.002 071	0.023 00	638.59	1 439.4	2.127 3	4.332 5
100	6 253.7	0.002 188	0.017 84	700.64	1 416.9	2.289 3	4.208 8
110	7 757.7	0.002 347	0.013 63	769.15	1 383.7	2.462 5	4.066 5
120	9 107.2	0.002 589	0.010 03	849.36	1 331.7	2.659 3	3.886 1
132.3	11 333.2	0.004 255	0.004 26	1 085.85	1 085.9	3.231 6	3.231 6

本表引自:Borgnakke C,Sonntag R E. Thermodynamic and transport properties. New York :John Wiley & Sons Inc.,1997.

附表 10   过热氨(NH₃)蒸气的热力性质

t	$p=100$ kPa($t_s=-33.60$ ℃)			$p=150$ kPa($t_s=-25.22$ ℃)			$p=200$ kPa($t_s=-18.86$ ℃)		
	v	h	s	v	h	s	v	h	s
℃	m³/kg	kJ/kg	kJ/(kg·K)	m³/kg	kJ/kg	kJ/(kg·K)	m³/kg	kJ/kg	kJ/(kg·K)
−20	1.210 07	1 428.8	5.962 6	0.797 74	1 422.9	5.746 5	—	—	—
−10	1.262 13	1 450.8	6.047 7	0.833 64	1 445.7	5.834 9	0.619 26	1 440.6	5.679 1
0	1.313 62	1 472.6	6.129 1	0.868 92	1 468.3	5.918 9	0.646 48	1 463.8	5.765 9
10	1.364 65	1 494.4	6.207 3	0.903 73	1 490.6	5.999 2	0.673 19	1 486.8	5.848 4
20	1.415 32	1 516.1	6.282 6	0.938 15	1 512.8	6.076 1	0.699 51	1 509.4	5.927 0
30	1.465 69	1 537.7	6.355 3	0.972 27	1 534.8	6.150 2	0.725 53	1 531.9	6.002 5
40	1.515 82	1 559.5	6.425 8	1.006 15	1 556.9	6.221 7	0.751 29	1 554.3	6.075 1
50	1.565 77	1 581.2	6.494 3	1.039 84	1 578.9	6.291 0	0.776 85	1 576.6	6.145 3
60	1.615 57	1 603.1	6.560 9	1.073 38	1 601.0	6.358 3	0.802 26	1 598.9	6.213 5
70	1 665 25	1 625.1	6.625 8	1.106 78	1 623.2	6.423 8	0.827 54	1 621.3	6.279 4
80	1.714 82	1 647.1	6.689 2	1.140 09	1 645.4	6.487 7	0.852 71	1 643.7	6.343 7
100	1.813 73	1 691.7	6.812 0	1.206 46	1 690.2	6.611 2	0.902 82	1 688.8	6.467 9
120	1.912 40	1 736.9	6.930 0	1.272 59	1 735.6	6.729 7	0.952 68	1 734.4	6.586 8
140	2.010 91	1 782.8	7.043 9	1.338 55	1 781.7	6.843 9	1.002 37	1 780.6	6.701 5
160	2.109 27	1 829.4	7.154 0	1.404 37	1 828.4	6.954 4	1.051 92	1 827.4	6.812 3
180	2.207 54	1 876.8	7.260 9	1.470 09	1 875.9	7.061 5	1.101 36	1 875.0	6.919 6

t	$p=250$ kPa($t_s=-13.66$ ℃)			$p=300$ kPa($t_s=-9.24$ ℃)			$p=350$ kPa($t_s=-5.36$ ℃)		
	v	h	s	v	h	s	v	h	s
℃	m³/kg	kJ/kg	kJ/(kg·K)	m³/kg	kJ/kg	kJ/(kg·K)	m³/kg	kJ/kg	kJ/(kg·K)
0	0.512 93	1 459.3	5.644 1	0.423 82	1 454.7	5.542 0	0.360 11	1 449.9	5.453 2
10	0.534 81	1 482.9	5.728 8	0.442 51	1 478.9	5.629 0	0.376 54	1 474.9	5.542 7
20	0.556 29	1 506.0	5.809 3	0.460 77	1 502.6	5.711 3	0.392 51	1 499.1	5.627 0
30	0.577 45	1 529.0	5.886 1	0.478 70	1 525.9	5.789 6	0.408 14	1 522.9	5.706 8
40	0.598 35	1 551.7	5.959 9	0.496 36	1 549.0	5.864 5	0.423 50	1 546.3	5.782 8
50	0.619 04	1 574.3	6.030 9	0.513 82	1 571.9	5.936 5	0.438 65	1 569.5	5.855 7
60	0.639 58	1 596.8	6.099 7	0.531 11	1 594.7	6.006 0	0.453 62	1 592.6	5.925 9
70	0.659 98	1 619.4	6.166 3	0.548 27	1 617.5	6.073 2	0.468 46	1 615.5	5.993 8
80	0.680 28	1 641.9	6.231 2	0.565 32	1 640.2	6.138 5	0.483 19	1 638.4	6.059 6
100	0.720 63	1 687.3	6.356 1	0.599 16	1 685.8	6.264 2	0.512 40	1 684.3	6.186 0
120	0.760 73	1 733.1	6.475 6	0.632 76	1 731.8	6.384 2	0.541 35	1 730.5	6.306 6
140	0.800 65	1 779.4	6.590 6	0.666 18	1 778.3	6.499 6	0.570 12	1 777.2	6.422 3
160	0.840 44	1 826.4	6.701 6	0.699 46	1 825.4	6.610 9	0.598 76	1 824.4	6.534 0
180	0.880 12	1 874.1	6.809 3	0.732 63	1 873.2	6.718 8	0.627 28	1 872.3	6.642 1
200	0.919 72	1 922.5	6.913 8	0.765 72	1 921.7	6.823 5	0.655 71	1 920.9	6.747 0
220	0.959 23	1 971.6	7.015 5	0.798 72	1 970.9	6.925 4	0.684 07	1 970.2	6.849 1

续表

t	$p=400$ kPa($t_s=-1.89$ ℃)			$p=500$ kPa($t_s=4.13$ ℃)			$p=600$ kPa($t_s=9.28$ ℃)		
	v	h	s	v	h	s	v	h	s
℃	m³/kg	kJ/kg	kJ/(kg·K)	m³/kg	kJ/kg	kJ/(kg·K)	m³/kg	kJ/kg	kJ/(kg·K)
10	0.327 01	1 470.7	5.466 3	0.257 57	1 462.3	5.334 0	0.211 15	1 453.4	5.220 5
20	0.341 29	1 495.6	5.552 5	0.269 49	1 488.3	5.424 4	0.221 54	1 480.8	5.315 6
30	0.355 20	1 519.8	5.633 8	0.281 03	1 513.5	5.509 0	0.231 52	1 507.1	5.403 7
40	0.368 84	1 543.6	5.711 1	0.292 27	1 538.1	5.588 9	0.241 18	1 532.5	5.486 2
50	0.382 26	1 567.1	5.785 0	0.303 28	1 562.3	5.664 7	0.250 59	1 557.3	5.564 1
60	0.395 50	1 590.4	5.856 0	0.314 10	1 586.1	5.737 3	0.259 81	1 581.6	5.638 3
70	0.408 60	1 613.6	5.924 4	0.324 78	1 609.6	5.807 0	0.268 88	1 605.7	5.709 4
80	0.421 60	1 636.7	5.990 7	0.335 35	1 633.1	5.874 4	0.277 83	1 629.5	5.777 8
100	0.447 32	1 682.8	6.117 9	0.356 21	1 679.8	6.003 1	0.295 45	1 676.8	5.908 1
120	0.472 79	1 729.2	6.239 0	0.376 81	1 726.6	6.125 3	0.312 81	1 724.0	6.031 4
140	0.498 08	1 776.0	6.355 2	0.397 22	1 773.8	6.242 2	0.329 97	1 771.5	6.149 1
160	0.523 23	1 823.4	6.467 1	0.417 48	1 821.4	6.354 8	0.346 99	1 819.4	6.262 3
180	0.548 27	1 871.4	6.575 5	0.437 64	1 869.6	6.463 6	0.363 89	1 867.8	6.371 7
200	0.573 21	1 920.1	6.680 6	0.457 71	1 918.5	6.569 1	0.380 71	1 916.9	6.477 6
220	0.598 09	1 969.5	6.782 8	0.477 70	1 968.1	6.671 7	0.397 45	1 966.6	6.580 6
240	0.622 89	2 019.6	6.882 5	0.497 63	2 018.3	6.771 7	0.414 12	2 017.1	6.680 8
260	0.647 64	2 070.5	6.979 7	0.517 49	2 069.3	6.869 2	0.430 73	2 068.2	6.778 6
280	0.672 34	2 122.1	7.074 7	0.537 31	2 121.1	6.964 4	0.447 29	2 120.1	6.874 1

t	$p=800$ kPa($t_s=17.85$ ℃)			$p=1\,000$ kPa($t_s=24.90$ ℃)			$p=1\,200$ kPa($t_s=30.94$ ℃)		
	v	h	s	v	h	s	v	h	s
℃	m³/kg	kJ/kg	kJ/(kg·K)	m³/kg	kJ/kg	kJ/(kg·K)	m³/kg	kJ/kg	kJ/(kg·K)
20	0.161 38	1 464.9	5.132 8	—	—	—	—	—	—
30	6.169 47	1 493.5	5.228 7	0.132 06	1 479.1	5.082 6	—	—	—
40	0.177 20	1 520.8	5.317 1	0.138 68	1 508.5	5.177 8	0.112 87	1 495.4	5.056 4
50	0.184 65	1 547.0	5.399 6	0.144 99	1 536.3	5.265 4	0.118 46	1 525.1	5.149 7
60	0.191 89	1 572.5	5.477 4	0.151 06	1 563.1	5.347 1	0.123 78	1 553.3	5.235 7
70	0.198 96	1 597.5	5.551 3	0.156 95	1 589.1	5.424 0	0.128 90	1 580.5	5.315 9
80	0.205 90	1 622.1	5.621 9	0.162 70	1 614.6	5.497 1	0.133 87	1 606.8	5.391 6
100	0.219 49	1 670.6	5.755 5	0.173 89	1 664.3	5.634 2	0.143 47	1 658.0	5.532 5
120	0.232 80	1 718.7	5.881 1	0.184 77	1 713.4	5.762 2	0.152 75	1 708.0	5.663 1
140	0.245 90	1 766.9	6.000 6	0.195 45	1 762.2	5.883 4	0.161 81	1 757.5	5.786 0
160	0.258 86	1 815.3	6.115 0	0.205 97	1 811.2	5.999 2	0.170 71	1 807.1	5.903 1
180	0.271 70	1 864.2	6.225 4	0.216 38	1 860.5	6.110 5	0.179 50	1 856.9	6.015 6
200	0.284 45	1 913.6	6.332 2	0.226 69	1 910.4	6.218 2	0.188 19	1 907.1	6.124 1
220	0.297 12	1 963.7	6.435 8	0.236 93	1 960.8	6.322 6	0.196 80	1 957.9	6.229 2
240	0.309 73	2 014.5	6.536 7	0.247 10	2 011.9	6.424 1	0.205 34	2 009.3	6.331 3
260	0.322 28	2 065.9	6.635 0	0.257 20	2 063.6	6.522 9	0.213 82	2 061.3	6.430 8
280	—	—	—	0.457 26	2 116.0	6.619 4	0.222 25	2 114.0	6.527 8

本表引自:Borgnakke C,Sonntag R E. Thermodynamic and transport properties. New York :John Wiley & Sons Inc.,1997.

附表 11　氟利昂 134a 的饱和性质(温度基准)

t	p_s	v''	v'	h''	h'	s''	s'	e_x''	e_x'
℃	kPa	\multicolumn{2}{c}{m³/kg×10⁻³}		kJ/kg		kJ/(kg · K)		kJ/kg	
−85.00	2.56	5 889.997	0.648 84	345.37	94.12	1.870 2	0.534 8	−112.877	34.014
−80.00	3.87	4 045.366	0.655 01	348.41	99.89	1.853 5	0.566 8	−104.855	30.243
−75.00	5.72	2 816.477	0.661 06	351.48	105.68	1.837 9	0.597 4	−97.131	26.914
−70.00	8.27	2 004.070	0.667 19	354.57	111.46	1.823 9	0.627 2	−89.867	23.818
−65.00	11.72	1 442.296	0.673 27	357.68	117.38	1.810 7	0.656 2	−82.815	21.091
−60.00	16.29	1 055.363	0.679 47	360.81	123.37	1.798 7	0.648 7	−76.104	18.584
−55.00	22.24	785.161	0.685 83	363.95	129.42	1.787 8	0.712 7	−69.740	16.266
−50.00	29.90	593.412	0.692 38	367.10	135.54	1.778 2	0.740 5	−63.706	14.122
−45.00	39.58	454.926	0.699 16	370.25	141.72	1.769 5	0.767 8	−57.971	12.145
−40.00	51.69	353.529	0.706 19	373.40	147.96	1.761 8	0.794 9	−52.521	10.329
−35.00	66.63	278.087	0.713 48	376.54	154.26	1.754 9	0.821 6	−47.328	8.671
−30.00	84.85	221.302	0.721 05	379.67	160.62	1.748 8	0.847 9	−42.382	7.168
−25.00	106.86	177.937	0.728 92	382.79	167.04	1.743 4	0.874 0	−37.656	5.815
−20.00	133.18	144.450	0.737 12	385.89	173.52	1.738 7	0.899 7	−33.138	4.611
−15.00	164.36	118.481	0.745 72	388.97	180.04	1.734 6	0.925 3	−28.847	3.528
−10.00	201.00	97.832	0.754 63	392.01	186.63	1.730 9	0.950 4	−24.704	2.614
−5.00	243.71	81.304	0.763 88	395.01	193.29	1.727 6	0.975 3	−20.709	1.858
0.00	293.14	68.164	0.773 65	397.98	200.00	1.724 8	1.000 0	−16.915	1.203
5.00	349.96	57.470	0.783 84	400.90	206.78	1.722 3	1.024 4	−13.258	0.701
10.00	414.88	48.721	0.794 53	403.76	213.63	1.720 1	1.048 6	−9. 740	0.331
15.00	486.60	41.532	0.805 77	406.57	220.55	1.718 2	1.072 7	−6.363	0.091
20.00	571.88	35.576	0.817 62	409.30	227.55	1.716 5	1.096 5	−3.120	0.018
25.00	665.49	30.603	0.830 17	411.96	234.63	1.714 9	1.120 2	−0.001	0.000

续表

t	p_s	v''	v'	h''	h'	s''	s'	e_x''	e_x'
℃	kPa	m³/kg×10⁻³		kJ/kg		kJ/(kg·K)		kJ/kg	
30.00	770.21	26.424	0.843 47	414.52	241.80	1.713 5	1.143 7	2.995	1.148
35.00	886.87	22.899	0.857 68	416.99	249.07	1.712 1	1.167 2	5.868	0.419
40.00	1 016.32	19.983	0.872 84	419.34	256.44	1.710 8	1.190 6	8.629	0.828
45.00	1 159.45	17.320	0.889 19	421.55	263.94	1.709 3	1.213 9	11.274	1.364
50.00	1 317.19	15.112	0.906 94	423.62	271.57	1.707 8	1.237 3	13.795	2.031
55.00	1 490.52	13.203	0.926 34	425.51	279.36	1.706 1	1.260 7	16.195	2.834
60.00	1 680.47	11.538	0.947 75	427.18	287.33	1.704 1	1.284 2	18.471	3.780
65.00	1 888.17	10.080	0.971 75	428.61	295.51	1.701 6	1.308 0	20.612	4.869
70.00	2 114.81	8.788	0.999 02	429.70	303.94	1.698 6	1.332 1	22.609	6.119
75.00	2 361.75	7.638	1.030 73	430.38	312.71	1.694 8	1.356 8	24.440	7.539
80.00	2 630.48	6.601	1.068 69	430.53	321.92	1.689 8	1.382 2	26.073	9.158
85.00	2 922.80	5.467	1.116 21	429.86	331.74	1.682 9	1.408 9	27.454	11.014
90.00	3 240.89	4.751	1.180 24	427.99	342.54	1.673 2	1.437 9	28.483	13.189
95.00	3 587.80	3.851	1.279 26	423.70	355.23	1.657 4	1.471 4	28.900	15.883
100.00	3 969.25	2.779	1.534 10	412.19	375.04	1.623 0	1.523 4	27.656	20.192
101.00	4 051.31	2.382	1.986 10	404.50	392.88	1.601 8	1.570 7	26.276	23.917
101.15	4 064.00	1.969	1.968 50	393.07	393.07	1.571 2	1.571 2	23.976	23.976

此表引自:朱明善,等.绿色环保制冷剂.北京:科学出版社,1995.

附表 12   氟利昂 134a 的饱和性质 (压力基准)

p_s	t	v''	v'	h''	h'	s''	s'	e_x''	e_x'
kPa	℃	\multicolumn{2}{c}{$m^3/kg \times 10^{-3}$}	\multicolumn{2}{c}{kJ/kg}	\multicolumn{2}{c}{kJ/(kg·K)}	\multicolumn{2}{c}{kJ/kg}
10.00	−67.32	1 676.284	0.670 44	356.24	114.63	1.816 6	0.642 8	−86.039	22.331
20.00	−56.74	868.908	0.683 530	362.86	127.30	1.719 5	0.703 0	−71.922	17.053
30.00	−49.94	591.338	0.692 47	367.14	135.62	1.778 0	0.740 8	−63.631	14.095
40.00	−44.81	450.539	0.699 42	370.37	141.95	1.769 2	0.768 8	−57.762	12.074
50.00	−40.64	364.782	0.705 27	373.00	147.16	1.762 7	0.791 4	−53.199	10.553
60.00	−37.08	306.836	0.710 41	375.24	151.64	1.757 7	0.810 5	−49.457	9.342
80.00	−31.52	234.033	0.719 13	378.90	159.04	1.750 3	0.841 4	−43.593	7.528
100.00	−26.45	189.737	0.726 67	381.89	165.15	1.745 1	0.866 5	−39.050	6.157
120.00	−22.37	159.324	0.733 19	384.42	170.43	1.740 9	0.887 5	−35.262	5.165
140.00	−18.82	137.932	0.739 20	386.63	175.04	1.737 8	0.905 9	−32.146	4.306
160.00	−15.64	121.490	0.744 61	388.58	179.20	1.735 1	0.922 0	−29.390	3.654
180.00	−12.79	108.637	0.749 55	390.31	182.95	1.732 8	0.936 4	−26.969	3.130
200.00	−10.14	98.326	0.754 38	391.93	186.45	1.731 0	0.949 7	−24.813	2.636
250.00	−4.35	79.485	0.765 17	395.41	194.16	1.727 3	0.978 6	−20.221	1.750
300.00	0.63	66.694	0.774 92	398.36	200.85	1.724 5	1.003 1	−16.447	1.132
350.00	5.00	57.477	0.783 83	400.90	206.77	1.722 3	1.024 4	−13.260	0.701
400.00	8.93	50.444	0.792 20	403.16	212.16	1.720 6	1.043 5	−10.478	0.399
450.00	12.44	45.016	0.799 92	405.14	217.00	1.719 1	1.060 4	−8.064	0.205
500.00	15.72	40.612	0.807 44	406.96	221.55	1.718 0	1.076 1	−5.892	0.006
550.00	18.75	36.955	0.814 64	408.62	225.79	1.716 9	1.090 6	−3.914	−0.003
600.00	21.55	33.870	0.821 29	410.11	229.74	1.715 8	1.103 8	−2.104	0.006
650.00	24.21	31.327	0.828 13	411.54	233.50	1.715 2	1.116 4	−0.483	−0.012

续表

p_s	t	v''	v'	h''	h'	s''	s'	e_x''	e_x'
kPa	℃		m³/kg×10⁻³	kJ/kg		kJ/(kg·K)		kJ/kg	
700.00	26.72	29.081	0.834 65	412.85	237.09	1.714 4	1.128 3	1.045	0.038
800.00	31.32	25.428	0.847 14	415.18	243.71	1.713 1	1.150 0	3.771	0.208
900.00	35.50	22.569	0.859 11	417.22	249.80	1.712 0	1.169 5	6.154	0.459
1 000.00	39.39	20.228	0.870 91	419.05	255.53	1.710 9	1.187 7	8.303	0.773
1 200.00	46.31	16.708	0.893 71	422.11	265.93	1.708 9	1.220 1	11.948	1.526
1 400.00	52.48	14.130	0.916 33	424.58	275.42	1.706 9	1.248 9	15.002	2.413
1 600.00	57.94	12.198	0.938 64	426.52	284.01	1.704 9	1.274 5	17.547	3.371
1 800.00	62.92	10.664	0.961 40	428.04	292.07	1.702 7	1.298 1	19.737	4.396
2 000.00	67.56	9.398	0.985 26	429.21	299.80	1.700 2	1.320 3	21.656	5.490
2 200.00	71.74	8.375	1.009 48	429.99	306.95	1.697 4	1.340 6	23.265	6.592
2 400.00	75.72	7.482	1.035 76	430.45	314.01	1.694 1	1.360 4	24.689	7.761
2 600.00	79.42	6.714	1.063 91	430.54	320.83	1.690 4	1.379 2	25.896	8.960
2 800.00	82.93	6.036	1.095 10	430.28	327.59	1.686 1	1.397 7	26.919	10.214
3 000.00	86.25	5.421	1.130 32	429.55	334.34	1.680 9	1.415 9	27.752	11.525
3 200.00	89.39	4.860	1.171 07	428.32	341.14	1.674 6	1.434 2	28.381	12.900
3 400.00	92.33	4.340	1.219 92	426.45	348.12	1.667 0	1.452 7	28.784	14.357
4 064.00	101.15	1.969	1.968 50	393.07	393.07	1.571 2	1.571 2	23.976	23.976

此表引自:朱明善,等.绿色环保制冷剂.北京:科学出版社,1995.

附表 13　过热氟利昂 134a 蒸气的热力性质

t	$p=0.05$ MPa($t_s=-40.64$ ℃)			$p=0.10$ MPa($t_s=-26.45$ ℃)			$p=0.15$ MPa($t_s=-17.20$ ℃)		
	v	h	s	v	h	s	v	h	s
℃	m³/kg	kJ/kg	kJ/(kg·K)	m³/kg	kJ/kg	kJ/(kg·K)	m³/kg	kJ/kg	kJ/(kg·K)
−20.0	0.404 77	388.69	1.828 2	0.193 79	383.10	1.751 0	—	—	—
−10.0	0.421 95	396.49	1.858 4	0.207 42	395.08	1.797 5	0.135 84	393.63	1.760 7
0.0	0.438 98	404.43	1.888 0	0.216 33	403.20	1.828 2	0.142 03	401.93	1.791 6
10.0	0.455 86	412.53	1.917 1	0.225 08	411.44	1.857 8	0.148 13	410.32	1.821 8
20.0	0.472 73	420.79	1.945 8	0.233 79	419.81	1.886 8	0.154 10	418.81	1.851 2
30.0	0.489 45	429.21	1.974 0	0.242 42	428.32	1.915 4	0.160 02	427.42	1.880 1
40.0	0.506 17	437.79	2.001 9	0.250 94	436.98	1.943 5	0.165 86	436.17	1.908 5
50.0	0.522 81	446.53	2.029 4	0.259 45	445.79	1.971 2	0.171 68	445.05	1.936 5
60.0	0.539 45	455.43	2.056 5	0.267 93	454.76	1.998 5	0.177 42	454.08	1.964 0
70.0	0.556 02	464.50	2.083 3	0.276 37	463.88	2.095 5	0.183 13	463.25	1.991 1
80.0	0.572 58	473.73	2.109 8	0.284 77	473.15	2.052 1	0.188 83	472.57	2.017 9
90.0	0.589 06	483.12	2.136 0	0.293 13	482.58	2.078 4	0.194 49	482.04	2.044 3
100.0	—	—	—	—	—	—	0.200 16	491.66	2.070 4

t	$p=0.20$ MPa($t_s=-10.14$ ℃)			$p=0.30$ MPa($t_s=0.63$ ℃)			$p=0.40$ MPa($t_s=8.93$ ℃)		
	v	h	s	v	h	s	v	h	s
℃	m³/kg	kJ/kg	kJ/(kg·K)	m³/kg	kJ/kg	kJ/(kg·K)	m³/kg	kJ/kg	kJ/(kg·K)
−10.0	0.099 98	392.14	1.732 9	—	—	—	—	—	—
0.0	0.104 86	400.63	1.764 6	—	—	—	—	—	—
10.0	0.109 61	409.17	1.795 3	0.071 03	406.81	1.756 0	—	—	—
20.0	0.114 26	417.79	1.825 2	0.074 34	415.70	1.786 8	0.054 33	413.51	1.757 8
30.0	0.118 81	426.51	1.854 5	0.077 56	424.64	1.816 8	0.056 89	422.70	1.788 6
40.0	0.123 32	435.34	1.883 1	0.080 72	433.66	1.846 1	0.059 39	431.92	1.818 5
50.0	0.127 75	444.30	1.911 3	0.083 81	442.77	1.874 7	0.061 83	441.20	1.847 7
60.0	0.132 15	453.39	1.939 0	0.086 88	451.99	1.902 8	0.064 20	450.56	1.876 2
70.0	0.136 52	462.62	1.966 3	0.089 89	461.33	1.930 9	0.066 55	460.02	1.904 2
80.0	0.140 86	471.98	1.993 2	0.092 88	470.80	1.957 6	0.068 86	469.59	1.931 6
90.0	0.145 16	481.50	2.019 7	0.095 83	480.40	1.984 4	0.071 14	479.28	1.958 7
100.0	0.149 45	491.15	2.046 0	0.098 75	490.13	2.010 9	0.073 41	489.09	1.985 4
110.0	—	—	—	0.101 68	500.00	2.037 0	0.075 64	499.03	2.011 7
120.0	—	—	—	—	—	—	0.077 86	509.11	2.037 6
130.0	—	—	—	—	—	—	0.080 06	519.31	2.063 2

续表

t	$p=0.50\ \mathrm{MPa}(t_s=15.72\ ℃)$			$p=0.70\ \mathrm{MPa}(t_s=26.72\ ℃)$			$p=0.90\ \mathrm{MPa}(t_s=35.50\ ℃)$		
	v	h	s	v	h	s	v	h	s
℃	m³/kg	kJ/kg	kJ/(kg·K)	m³/kg	kJ/kg	kJ/(kg·K)	m³/kg	kJ/kg	kJ/(kg·K)
20.0	0.042 27	411.22	1.733 6	—	—	—	—	—	—
30.0	0.044 45	420.68	1.765 3	0.030 13	416.37	1.720 7	—	—	—
40.0	0.046 56	430.12	1.796 0	0.031 83	426.32	1.759 3	0.023 55	422.19	1.728 7
50.0	0.048 60	439.58	1.825 7	0.033 44	436.19	1.790 4	0.024 94	432.57	1.761 3
60.0	0.050 59	449.09	1.854 7	0.034 98	446.04	1.820 4	0.026 26	442.81	1.792 5
70.0	0.052 53	458.68	1.883 0	0.036 48	455.91	1.849 6	0.027 52	453.00	1.822 7
80.0	0.054 44	468.36	1.910 8	0.037 94	465.82	1.878 0	0.028 74	463.19	1.851 9
90.0	0.056 32	478.14	1.983 2	0.039 36	475.81	1.905 9	0.029 92	473.40	1.880 4
100.0	0.058 17	488.04	1.965 1	0.040 76	486.89	1.933 3	0.031 06	483.67	1.908 3
110.0	0.060 00	498.05	1.991 5	0.042 13	496.06	1.960 2	0.032 19	494.01	1.937 5
120.0	0.061 83	508.19	2.017 7	0.043 48	506.33	1.986 7	0.033 29	504.43	1.962 5
130.0	0.063 63	518.46	2.043 5	0.044 83	516.72	2.012 8	0.034 38	514.95	1.988 9
140.0	—	—	—	0.046 15	527.23	2.038 5	0.035 44	525.57	2.015 0

t	$p=1.00\ \mathrm{MPa}(t_s=39.39\ ℃)$			$p=1.20\ \mathrm{MPa}(t_s=46.31\ ℃)$			$p=1.40\ \mathrm{MPa}(t_s=52.48\ ℃)$		
	v	h	s	v	h	s	v	h	s
℃	m³/kg	kJ/kg	kJ/(kg·K)	m³/kg	kJ/kg	kJ/(kg·K)	m³/kg	kJ/kg	kJ/(kg·K)
40.0	0.020 61	419.97	1.714 5	—	—	—	—	—	—
50.0	0.021 94	430.64	1.748 1	0.017 39	426.53	1.723 3	—	—	—
60.0	0.023 19	441.12	1.780 0	0.018 54	437.55	1.756 9	0.015 16	433.66	1.735 1
70.0	0.024 37	451.49	1.810 7	0.019 62	448.33	1.788 8	0.016 18	444.96	1.768 5
80.0	0.025 51	461.82	1.840 4	0.020 64	458.99	1.891 4	0.017 13	456.01	1.800 3
90.0	0.026 60	472.16	1.869 2	0.021 61	469.60	1.849 0	0.018 02	466.92	1.830 8
100.0	0.027 66	482.53	1.897 4	0.022 55	480.19	1.877 8	0.018 88	477.77	1.860 2
110.0	0.028 70	492.96	1.925 0	0.023 46	490.81	1.905 9	0.019 70	488.60	1.888 9
120.0	0.029 71	503.46	1.952 0	0.024 34	501.48	1.933 4	0.020 50	499.45	1.916 8
130.0	0.030 71	514.05	1.978 7	0.025 21	512.21	1.960 3	0.021 27	510.34	1.944 2
140.0	0.031 69	524.73	2.004 8	0.026 06	523.02	1.986 8	0.022 02	521.28	1.971 0
150.0	0.032 65	535.52	2.030 6	0.026 89	533.92	2.012 9	0.022 76	532.30	1.977 3

此表引自:朱明善,等.绿色环保制冷剂.北京:科学出版社,1995.

附表 14　0.1 MPa 时饱和空气的状态参数

干球温度 $t/℃$	水蒸气压力 p_s/kPa	含湿量 $d_s/[g/kg(干空气)]$	饱和焓 $h_s/(kJ/kg)$	密度 $\rho/(kg/m^3)$	水汽化潜热 $\gamma/(kJ/kg)$
-20	0.103	0.64	-18.5	1.38	2 839
-18	0.125	0.78	-16.4	1.36	2 839
-16	0.150	0.94	-13.8	1.35	2 838
-14	0.181	1.13	-11.3	1.34	2 838
-12	0.217	1.35	-8.7	1.33	2 837
-10	0.259	1.62	-6.0	1.32	2 837
-8	0.309	1.93	-3.2	1.31	2 836
-6	0.368	2.30	-0.3	1.30	2 836
-4	0.437	2.73	2.8	1.29	2 835
-2	0.517	3.23	6.0	1.28	2 834
0	0.611	3.82	9.5	1.27	2 500
2	0.705	4.42	13.1	1.26	2 496
4	0.813	5.10	16.8	1.25	2 491
6	0.935	5.87	20.7	1.24	2 486
8	1.072	6.74	25.0	1.23	2 481
10	1.227	7.73	29.5	1.22	2 477
12	1.401	8.84	34.4	1.21	2 472
14	1.597	10.10	39.5	1.21	2 470
16	1.817	11.51	45.2	1.20	2 465
18	2.062	13.10	51.3	1.19	2 458
20	2.337	14.88	57.9	1.18	2 453
22	2.642	16.88	65.0	1.17	2 448
24	2.982	19.12	72.8	1.16	2 444
26	3.360	21.63	81.3	1.15	2 441
28	3.778	24.42	90.5	1.14	2 434

续表

干球温度 t/℃	水蒸气压力 p_s/kPa	含湿量 d_s/[g/kg(干空气)]	饱和焓 h_s/(kJ/kg)	密度 ρ/(kg/m³)	水汽化潜热 γ/(kJ/kg)
30	4.241	27.52	100.5	1.13	2 430
32	4.753	31.07	111.7	1.12	2 425
34	53.18	34.94	123.7	1.11	2 420
36	5.940	39.28	137.0	1.10	2 415
38	6.624	44.12	151.6	1.09	2 411
40	7.376	49.52	167.7	1.08	2 406
42	8.198	55.54	185.5	1.07	2 401
44	9.100	62.26	205.0	1.06	2 396
46	10.085	69.76	226.7	1.05	2 391
48	11.162	78.15	250.7	1.04	2 386
50	12.335	87.52	277.3	1.03	2 382
52	13.613	98.01	306.8	1.02	2 377
54	15.002	109.80	339.8	1.00	2 372
56	16.509	123.00	376.7	0.99	2 367
58	18.146	137.89	418.0	0.98	2 363
60	19.917	154.752	464.5	0.97	2 358
65	25.010	207.44	609.2	0.93	2 345
70	31.160	281.54	811.1	0.90	2 333
75	38.550	390.20	1 105.7	0.85	2 320
80	47.360	559.61	1 563.0	0.81	2 309
85	57.800	851.90	2 351.0	0.76	2 295
90	70.110	1 459.00	3 983.0	0.70	2 282

附表 15 一些物质在 25 ℃时的燃烧焓 ΔH_c^0 kJ/kg

物质	分子式	相对分子质量 M_r	H_2O 在燃烧产物中为液体	H_2O 在燃烧产物中为气体
甲烷(气体)	CH_4	16.043	−55 496	−500 10
乙烷(气体)	C_2H_6	30.070	−51 875	−474 84
丙烷(气体)	C_3H_8	44.094	−50 343	−463 52
丙烷(液体)	C_3H_8	44.094	−499 73	−45 982
丁烷(气体)	C_4H_{10}	58.124	−49 011	−45 351
丁烷(液体)	C_4H_{10}	58.124	−49 130	−45 344
辛烷(气体)	C_8H_{18}	114.232	−48 256	−44 788
辛烷(液体)	C_8H_{18}	114.232	−47 893	−44 425
苯(气体)	C_6H_6	78.114	−42 266	−40 576
苯(液体)	C_6H_6	78.114	−41 831	−40 141
柴油(液体)	$C_{14.4}H_{24.9}$	198.06	−45 700	−42 934
甲醇(气体)	CH_3OH	32.042	−23 840	−21 093
乙醇(气体)	C_2H_5OH	46.069	−30 596	−27 731
氢(气体)	H_2	2.016	−141 780	−119 950
碳(石墨)	C	12.011	−32 770	−32 770
一氧化碳(气体)	CO	28.011	−10 100	−10 100

本表数据引自:Borgnakke C,Sonntag R E. Thermodynamic and transport properties. New York :John Wiley & Sons Inc., 1997. 其中氢和一氧化碳数据引自 J Moran N. Shapiro fundamentals of engineering thermodynamics.5th edition.New York:John Wiley & Sons Inc.,2004.碳数据引自 Cengel Y A,Bolles M A.Thermodynamics an engineering approach. New York:McGraw-Hill Inc.,2002.

附表 16   一些物质的标准生成焓、标准吉布斯函数和 25 ℃、100 kPa 时的绝对熵

物质	分子式	相对分子质量 M_r	ΔH_f^0 J/mol	ΔG_f^0 J/mol	S_m^0 J/(mol·K)
水(g)	H_2O	18.015	−241 826	−228 582	188.834
水(l)	H_2O	18.015	−285 830	−237 141	69.950
过氧化氢(g)	H_2O_2	34.015	−136 106	−105 445	232.991
臭氧(g)	O_3	47.998	+142 674	+163 184	238.932
碳(石墨)(s)	C	12.011	0	0	5.740
一氧化碳(g)	CO	28.011	−110 527	−137 163	197.653
二氧化碳(g)	CO_2	44.010	−393 522	−394 389	213.795
甲烷(g)	CH_4	16.043	−74 873	−50 768	186.251
乙炔(g)	C_2H_2	26.038	+226 731	+209 200	200.958
乙烯(g)	C_2H_4	28.054	+52 467	+68 421	219.330
乙烷(g)	C_2H_6	30.070	−84 740	−32 885	229.597
丙烯(g)	C_3H_6	42.081	+20 430	+62 825	267.066
丙烷(g)	C_3H_8	44.094	−103 900	−23 393	269.917
丁烷(g)	C_4H_{10}	58.124	−126 200	−15 970	306.647
戊烷(g)	C_5H_{12}	72.151	−146 500	−8 208	348.945
苯(g)	C_6H_6	78.114	+82 980	+129 765	269.562
己烷(g)	C_6H_{14}	86.178	−167 300	+28	387.979
庚烷(g)	C_7H_{16}	100.205 11	−187 900	+8 227	427.805
辛烷(g)	C_8H_{18}	4.232	−208 600	+16 660	466.514
辛烷(l)	C_8H_{18}	114.232	−250 105	+6 741	360.575
甲醇(g)	CH_3OH	32.042	−201 300	−162 551	239.709
乙醇(g)	C_2H_5OH	46.069	−235 000	−168 319	282.444
氨(g)	NH_3	17.031	−45 720	−16 128	192.572
柴油(l)	$C_{14.4}H_{24.9}$	198.06	−174 000	+178 919	525.90
硫(s)	S	32.06	0	0	32.056
二氧化硫(g)	SO_2	64.059	−296 842	−300 125	248.212
三氧化硫(g)	SO_3	80.058	−395 765	−371 016	256.769
氧化氮(g)	N_2O	44.013	+82 050	+104 179	219.957
硝基甲烷(l)	CH_3NO_2	61.04	−113 100	−14 439	171.80

本表引自:Borgnakke C,Sonntag R E. Thermodynamic and transport properties. New York :John Wiley & Sons Inc.,1997.

附表 17　一些反应的平衡常数 K_p 的对数（lg）值

对于反应 $bB+dD \Leftrightarrow gG+rR$，$K_p = \dfrac{p_G^g p_R^r}{p_B^b p_D^d}$

T/K	$H_2 \Leftrightarrow 2H$	$O_2 \Leftrightarrow 2O$	$N_2 \Leftrightarrow 2N$	$H_2O(g) \Leftrightarrow$ $H_2 + \frac{1}{2}O_2$	$H_2O(g) \Leftrightarrow$ $OH + \frac{1}{2}H_2$	$CO_2 \Leftrightarrow$ $CO + \frac{1}{2}O_2$	$\frac{1}{2}O_2 + \frac{1}{2}N_2$ $\Leftrightarrow NO$	$CO_2 + H_2 \Leftrightarrow$ $CO + H_2O$
298	−71.224	−81.208	−159.600	−40.018	−46.181	−45.066	−15.171	−5.013
500	−40.316	−45.890	−92.672	−22.886	−26.208	−25.025	−8.783	−2.139
1 000	−17.292	−19.614	−43.056	−10.062	−11.322	−10.221	−4.062	−0.159
1 500	−9.512	−10.790	−26.434	−5.725	−6.314	−5.316	−2.487	+0.400
1 800	−6.896	−7.836	−20.874	−4.270	−4.638	−3.693	−1.962	+0.577
2 000	−5.580	−6.356	−18.092	−3.540	−3.799	−2.884	−1.699	+0.656
2 200	−4.502	−5.142	−15.810	−2.942	−3.113	−2.226	−1.484	+0.716
2 400	−3.600	−4.130	−13.908	−2.443	−2.541	−1.679	−1.305	+0.764
2 500	−3.202	−3.684	−13.070	−2.224	−2.158	−1.440	−1.227	+0.784
2 600	−2.834	−3.272	−12.298	−2.021	−2.057	−1.219	−1.154	+0.802
2 800	−2.718	−2.536	−10.914	−1.658	−1.642	−0.825	−1.025	+0.833
3 000	−1.606	−1.898	−9.716	−1.343	−1.282	−0.485	−0.913	+0.858
3 200	−1.106	−1.340	−8.664	−1.067	−0.967	−0.189	−0.815	+0.878
3 500	−0.462	−0.620	−7.312	−0.712	−0.563	+0.190	−0.690	+0.902
4 000	+0.402	+0.340	−5.504	−0.238	−0.025	+0.692	−0.524	+0.930
4 500	+1.074	+1.086	−4.094	+0.133	+0.394	+1.079	−0.397	+0.947
5 000	+1.612	+1.636	−2.962	+0.430	+0.728	+1.386	+0.296	+0.956

部分习题参考答案

第一章 基本概念及定义

1-1 $\{t\}_{°F} = \dfrac{9}{5}\{t\}_{°C} + 32$。

1-2 $\{T\}_{°R} = 1.8\{T\}_K$，$T = 0°R$。

1-3 $\{t\}_{°N} = 9\{t\}_{°C} + 100$；$\{T\}_{°Q} = \{t\}_{°N} + 2\ 358.35$；$T = 2\ 358.35\ °Q$。

1-4 $p = 691.75\ \text{Pa}$，$F = 0.315\times10^6\ \text{N}$。

1-5 $p = 0.231\ \text{MPa}$。

1-6 $p'_v = 615\ \text{mmHg}$。

1-7 $p_v = 80\ \text{mmH}_2\text{O}$；$p = 0.985\ 7\times10^5\ \text{Pa}$。

1-8 $m = 0.040\ 8\ \text{kg}$。

1-9 $p_{e3} = 0.254\ \text{MPa}$。

1-10 $P = 8.83\ \text{kW}$。

1-11 $P = 1.5\ \text{kW}$。

1-12 $W = 5.54\times10^4\ \text{J}$；$W = 0.5\times10^5\ \text{J}$。

1-13 略。

1-14 $W = 304.7\ \text{J}$。

1-15 $W = 10.13\ \text{kJ}$。

1-16 $W = 0.025\ 5\times10^6\ \text{J}$；$W_u = 8\ 700\ \text{J}$；$W_{u,re} = 10\ 500\ \text{J}$。

1-17 $P_T = 0.44\ \text{MW}$；$\eta_t = 0.42$。

1-18 $Q_1 = 0.952\ \text{kJ}$。

1-19 $\eta_t = 33.0\%$。

1-20 $\varepsilon = 2.4$。

1-21 $P = 3.85$ kW。

1-22 $P = 11.43$ kW。

1-23 略。

第二章 热力学第一定律

2-1 $Q_{out} = 894\,900$ kJ/h。

2-2 $\Delta t = 65.9$ ℃。

2-3 $c_2 = 87.7$ m/s。

2-4 $w = -34$ J。

2-5 $Q_{补} = 1\,632\,000$ kJ。

2-6 $\Delta T = 0.86$ K。

2-7 $\Delta U = -5\,135 \times 10^3$ J。

2-8 $Q = 4.88$ kJ。

2-9 $W = 37.5$ kJ；$W_{弹} = 7.5$ kJ；$Q = 188.1$ kJ。

2-10 $w = -189.0$ kJ/kg；$w_t = -244.5$ kJ/kg；$P = 40.8$ kW。

2-11 $P = 0.365$ kW，$c_2 = 17.0$ m/s。

2-12 $\Phi = 8\,972.2$ kW。

2-13 $p_1 = 9.1$ MPa、$p_2 = 0.392\,5 \times 10^{-2}$ MPa；$P = 13\,066.7$ kW；$P_i' = 12\,985$ kW；$P_i'' = 13\,066.9$ kW。

2-14 $\Phi_b = 6.236$ kW，$\Phi_s = 0.122$ kW。

2-15 $P = -11.2$ kW。

2-16 $Q = 1.8 \times 10^4$ kJ。

2-17 $P = -1\,567.2$ kW。

2-18 $T_2 = 342.69$ K。

2-19 $m_2 = 0.014\,7$ kg。

2-20 $\Delta m = 4.04$ kg。

2-21 $\Phi = -0.26$ kW，无需打开取暖器补充热量。

2-22 步行消耗热量 $Q' = 1\,118.3$ kJ 与冰激凌提供的热量 $Q = 1\,150$ kJ 相当，基本能达到目的。

第三章 气体和蒸汽的性质

3-1 $R_g = 0.297$ kJ/(kg·K)；$v_0 = 0.8$ m^3/kg、$\rho_0 = 1.25$ kg/m^3；$m_0 = 1.25$ kg；$v = 2.296$ m^3/kg、$\rho = 0.435\,6$ kg/m^3；$V_m = 64.29 \times 10^{-3}$ m^3/mol。

3-2 $v = 0.016\,88$ m^3/kg，$V = 16.88$ m^3。

3-3　$c_f = 1.06$ m/s、$q_m = 0.020$ kg/s。

3-4　$\Delta m = 11.73$ kg。

3-5　$\tau = 23.93$ min。

3-6　$q_{V,in} = 7\,962.7$ m^3/h、$D = 1.025$ m。

3-7　$A_2 : A_1 = 1 : 1.4$。

3-8　$\Delta H = 5$ cm、$Q = W = 98$ J。

3-9　$u_1 = 150.2$ kJ/kg、$u_2 = 650.6$ kJ/kg，$\Delta u = 500.4$ kJ/kg；$h_1 = 209.6$ kJ/kg、$h_2 = 887.9$ kJ/kg，$\Delta h = 678.3$ kJ/kg；$h_1 = 484.49$ kJ/kg，$h_2 = 1\,162.95$ kJ/kg，$u_1 = 346.73$ kJ/kg、$u_2 = 847.25$ kJ/kg，$\Delta u = 500.52$ kJ/kg、$\Delta h = 678.46$ kJ/kg；Δu、Δh 不变；用气体性质表得出的 u、h 是以 0 K 为计算起点，用比热容表求得的 u、h 是以 0℃ 为计算起点，故 u、h 值不同，但两种方法得出的 Δu、Δh 相同。

3-10　808.27 kJ；805.59 kJ；805.95 kJ；804.31 kJ；805.34 kJ。

3-11　$\Delta U = 40.81$ kJ；$c_V = 3.123$ kJ/(kg·K)、$R_g = 2.077$ kJ/(kg·K)。

3-12　$t_2 = 727.48$ ℃；$\Delta U = 835.9$ kJ，$\Delta H = 1\,005.94$ kJ，$\Delta S = 1.107\,5$ kJ/K。

3-13　$T_2 = 600$ K、$p_2 = 0.2 \times 10^6$ Pa、$\Delta S = 1.14 \times 10^{-3}$ kJ/K。

3-14　$\Delta S_m = 31.22$ J/(mol·K)、$\Delta S_m = 32.20$ J/(mol·K)。

3-15　$t_2 = 93.69$ ℃。

3-16　$\Delta S = 288.2$ J/K。

3-17　$T_2 = 485.4$ K、$p_2 = 183.4$ kPa、$\Delta S = 0.223$ kJ/K。

3-18　$c_{f2} = 383.1$ m/s。

3-19　$Q = 689.7$ kJ。

3-20　略。

3-21　$t_s = 180$ ℃、$h = 2\,676.9$ kJ/kg、$v = 0.184\,72$ m^3/kg、$s = 6.363\,5$ kJ/(kg·K)、$u = 2\,492.2$ kJ/kg。

3-22　$t_s = 233.893$℃、$h = 3\,230.1$ kJ/kg、$s = 6.919\,9$ kJ/(kg·K)、$v = 0.099\,352$ m^3/kg、$D = 166.1$ ℃；$t_s = 234$ ℃、$h = 3\,233$ kJ/kg、$v = 0.1$ m^3/kg、$s = 6.92$ kJ/(kg·K)、$D = 166$ ℃。

3-23　蒸汽是饱和湿蒸汽，$x = 0.933\,5$，$h = 2\,608.4$ kJ/kg，$s = 6.491\,5$ kJ/(kg·K)，$u = 2\,433.4$ kJ/kg。

3-24　$\Delta U = -15.06$ kJ。

3-25　$Q = 721.3$ kJ。

3-26　$q_{m3} = 608.47$ kg/s，$h = 2\,771.0$ kJ/kg；$d_i = 1.07$ m。

3-27　$p_2 = 247.1$ kPa，$V_2 = 30.8$ L、$W = 5.14$ kJ。

第四章   理想气体混合物及湿空气

4-1 $m = 7.51$ kg，$V_0 = 4.67$ m³。

4-2 $w_{CO_2} = 0.056$、$w_{H_2O} = 0.020$、$w_{O_2} = 0.163$、$w_{N_2} = 0.761$；$R_g = 288$ J/(kg·K)；$M = 28.87 \times 10^{-3}$ kg/mol；$x_{CO_2} = 0.037$、$x_{O_2} = 0.147$、$x_{H_2O} = 0.032$、$x_{N_2} = 0.784$；$p_{CO_2} = 0.011\ 1$ MPa、$p_{O_2} = 0.044\ 1$ MPa、$p_{H_2O} = 0.009\ 6$ MPa、$p_{N_2} = 0.235\ 2$ MPa。

4-3 $Q_p = -149.76$ kJ。

4-4 $p_{CO_2} = 0.221\ 1$ MPa、$p_{N_2} = 0.147\ 3$ MPa、$p_{O_2} = 0.315\ 6$ MPa；$\dot{H} = 100\ 567.63$ J/s；$\Delta \dot{S} = 82.62$ kJ/(K·s)；$\Delta S = 0$。

4-5 $T_2 = 388.9$ K、$m_2 = 3.262\ 79$ kg。

*4-6 $n_{O_2,A_2} = 4.287$ mol、$x_{O_2,B_2} = 0.477\ 6$、$x_{N_2,B_2} = 0.522\ 4$、$\Delta S_{1-2} = 258.6$ J/K。

4-7 $p_v = 2.720$ kPa、$t_d = 22.47$ ℃、$d = 0.017\ 4$ kg/kg(干空气)、$h = 72.56$ kJ/kg(干空气)。

4-8   略。

4-9 $\varphi = 0.53$、$d = 0.018\ 86$ kg/kg(干空气)；$\varphi = 0.53$、$d = 0.022\ 9$ kg/kg(干空气)。

4-10   102.5%、13.7%、65.2%；令 $p =$ 常数，$p_{v2} = A p_{v1}$，则 $\dfrac{\Delta d}{d_1} = \dfrac{A-1}{1 - A(p_v/p)}$。

4-11 $p_v = 1.2$ kPa、$d = 0.77$ kg/kg 干空气、$t_d = 9$ ℃、$h = 40$ kJ/kg 干空气、$\varphi = 52\%$

4-12 $\varphi = 62.7\%$、$d = 0.017$ kg/kg(干空气)。

第五章   气体和蒸汽的基本热力过程

5-1 $\Delta U = 209.94$ kJ、$\Delta H = 293.92$ kJ、$\Delta S = 0.391\ 6$ kJ/K、$W = 0$、$Q = \Delta U = 209.94$ kJ；$\Delta U = 219.10 \times 10^3$ J、$\Delta H = 303.08 \times 10^3$ J、$W = 0$、$\Delta S = 0.418\ 6$ kJ/K、$Q = \Delta U = 219.10$ kJ。

5-2 $T_2 = 283$ K、$\Delta U_m = -3\ 196.11$ J/mol、$\Delta H_m = -4\ 110.76$ J/mol。

5-3 $w_{t,T} = -112.82$ kJ/kg；$w_{t,s} = -140.25$ kJ/kg。

5-4 $w_{t,s} = -138.21 \times 10^3$ J/kg。

5-5 $T_2 = 466.17$ K、$v_2 = 1.337\ 9$ m³/kg；$W = 934.47$ kJ、$W_t = 1\ 308.26$ kJ；$\Delta U = -934.47$ kJ、$\Delta H = -1\ 308.26$ kJ。

5-6 $T_2 = 484.68$ K、$v_2 = 1.391$ m³/kg、$W = 983.22$ kJ、$W_t = 1\ 336.82$ kJ。

5-7 $p_2 = 0.037$ MPa、$T_2 = 657.4$ K；$0.036\ 89$ MPa、657.419 K。

5-8　$q = 6.9$ kJ/kg；$q = -127.1$ kJ/kg。

5-9　$Q = 184.02$ kJ。

5-10　$-\infty < n_1 < 0$，压缩、放热；$1 < n_2 < \kappa$，压缩、放热；$0 < n_3 < 1$，膨胀、吸热；$1 < n_4 < \kappa$，膨胀、吸热。

5-11　略。

5-12　$0, 0.462$ kJ/$(kg \cdot K)$，$0.192\ 3$ kJ/$(kg \cdot K)$。

5-13　略。

5-14　略。

5-15　过程 I 吸热，$n > \kappa$ 或 $n < 0$；过程 II 可逆绝热，$n = \kappa$；过程 III 放热，$0 < n < \kappa$。

5-16　$T_{B2} = 375.8$ K、$V_{B2} = 0.284\ 7$ m^3；$V_{A2} = 0.715\ 3$ m^3、$T_{A2} = 944.15$ K；$Q = 299.99$ kJ，$W_A = 31.58$ kJ；$\Delta S_{O_2} = 0$、$\Delta S_{N_2} = 0.537\ 4$ kJ/K。

5-17　$T_2 = 427.9$ K，$p_2 = 2.139$ MPa；$\Delta S = 0.096\ 8$ kJ/K；略。

5-18　$p_2 = 0.084\ 3$ MPa、$T_2 = 270.89$ K、$\Delta S_{1-2} = 0.065\ 2 \times 10^{-4}$ kJ/K。

5-19　$p = 0.116\ 8$ MPa；$W = 0.452$ kJ；$W_u = 0.06$ kJ；$Q = -0.313$ kJ。

5-20　$p_2 = 0.105$ MPa；$Q = 3.725$ kJ。

5-21　$p_{A2} = 0.35$ MPa；$T_{A2} = 277.3$ K、$T_{B2} = 432.72$ K；$\Delta S_{12} = 0.035\ 2$ kJ/K。

5-22　$V \approx 0.043$ m^3。

5-23　$m = 1\ 281$ kg/h。

5-24　$h_2 = 2\ 132$ kJ/kg、$v_2 = 28$ m^3/kg、$s_2 = 7.082$ kJ/$(kg \cdot K)$、$t_2 = 29.4$ ℃，$w = 1\ 001$ kJ/kg，$w_t = 1\ 214$ kJ/kg。

5-25　$h_2 = 2\ 861$ kJ/kg、$t_2 = 212.5$ ℃、$v_2 = 0.215$ m^3/kg、$s_2 = 6.760$ kJ/$(kg \cdot K)$、$q_T = 299.2$ kJ/kg、$w = 169.2$ kJ/kg。

5-26　$q_m = 6\ 221.4$ t/h。

5-27　$\overline{T} = 215.4$ ℃。

5-28　$Q = 8\ 531.3$ kJ。

5-29　$p_2 = 2.88$ MPa；$W = -106.1$ kJ。

5-30　$u_1 = 2\ 529.2$ kJ/kg、$u_2 = 2\ 839.7$ kJ/kg；$Q = 101.5$ kJ。

5-31　$V_2 = 288.2$ m^3。

5-32　$Q = 103.1$ kJ。

5-33　$c_f = 131.2$ m/s、$P = 1\ 056$ kW。

5-34　$V_1 = 0.211$ m^3、$V_2 = 0.092$ m^3、$W = -87.5$ kJ/kg。

5-35　$Q = 4\ 603.7$ kJ。

第六章　热力学第二定律

6-1　$q_{Q_2} = 2.287 \times 10^4$ kJ/h、$\varepsilon' = 11.72$、$P = 0.623$ kW、6.94 kW·h。

6-2　$W_{max} = 81\ 946.0$ kJ。

6-3　$\eta_t = 0.254$、$\eta_t = \eta_c = 0.70$。

6-4　略。

6-5　$p_1 = 27.951$ MPa、$\eta_t = 0.598$。

6-6　$Q_H = 140$ kJ、$Q_{H,rev} = 364.94$ kJ。

6-7　不可能实现;可逆循环;不可逆循环。

6-8　可以实现;$W_{net,max} = 1\ 137.5$ kJ。

6-9　正;可正,可负,可为零;负;零。

6-10　不可逆绝热过程;$w_t = 292.9$ kJ/kg。

6-11　$Q = -9.74$ kJ,不可逆。

6-12　$S_g = 2.62$ kJ/K。

6-13　$T_f = 298.1$ K、$\Delta S_{iso} = 0.202\ 1$ kJ/K。

6-14　$\{s_g\}_{kJ/(kg \cdot K)} = 0.544\ 5 - \dfrac{227.33 + \{w\}_{kJ/kg}}{556}$;$s_{g,min} = 0.182\ 0$ kJ/(kg·K);

$\qquad s_{g,max} = 0.544\ 5$ kJ/(kg·K)

6-15　$s_g = 0.129\ 7$ kJ/(kg·K)、$s_g = 0.022$ kJ/(kg·K)。

6-16　$V_2 = 1.96$ cm^3、$W = 0.135$ J、$s_g = 17.7$ J/(kg·K)。

6-17　$E_{x,Q} = 8.38 \times 10^6$ kJ、$A_{n,Q} = 138.16 \times 10^6$ kJ。

6-18　定容有利;定压次之;定温最不利;定容最不利,定压次之,定温最有利。

6-19　$\eta_t = 0.632$、$I_1 = 15.78$ kJ、$I_2 = 52.56$ kJ、$I = 68.34$ kJ。

6-20　$\Delta S_{1-2} = 4.739\ 2$ kJ/K、$I = 1\ 388.6$ kJ。

6-21　$\Delta S_{1-2} = 122.71$ kJ/K、$S_f = 114.33$ kJ/K、$S_g = 8.38$ kJ/K、$I = 2\ 455.34$ kJ。

6-22　$\Delta S_{1-2} = 152.313$ kJ/K、$\Delta S_{iso} = 9.398$ kJ/K、$I = 2\ 753.71$ kJ。

6-23　略;$T_m = \dfrac{1}{2}(T_1 + T_2)$、$I = 2mc_p T_0 \ln \dfrac{T_m}{T_f}$。

6-24　$\dot{S}_{g1} = 0.024\ 1$ kW/K、$\dot{I}_1 = 7.056$ kW;$\dot{S}_g = 0.027\ 3$ kW/K、$\dot{I} = 8$ kW。

6-25　$m_a = 49.92$ kg、$I = 318.3$ kJ。

6-26　$\Delta S_w = 3.652\ 8$ kJ/K、$\Delta S_r = -0.268\ 1$ kJ/K、$I = 1\ 015.9$ kJ。

6-27　$m_g = 2.315$ kg、$\Delta S_g = -3.048\ 8$ kJ/K、$\Delta S_{H_2O} = 6.049\ 7$ kJ/K、$S_g = 3.000\ 9$ kJ/K、

$\qquad I = 879.7$ kJ。

6-28 $Q_E = 3\ 122.14\ \text{kJ}; I = 1\ 773.5\ \text{kJ/kg}; \Delta e_{x,\text{H}} = 1\ 348.67\ \text{kJ/kg}$。

6-29 $I = 1\ 311.9\ \text{kJ}; I = 165.0\ \text{kJ}$。

6-30 $T_2 = 424.2\ \text{K}, m_i = 0.821\ 4\ \text{kg}, S_g = 0.277\ 5\ \text{kJ/K}, I = 84.08\ \text{kJ}; T_2 = 303\ \text{K},$
       $m_i = 1.149\ 9\ \text{kg}, S_g = 0.033\ \text{kJ/K}, I = 10\ \text{kJ}$。

6-31   略。

6-32 $E_{x,U_1} = 1.727\ 7\ \text{kJ}; W_{1-2,\text{max}} = 0.680\ 3\ \text{kJ}$。

6-33   略。

6-34 $e_{x,\text{H}_1} = 148.48\ \text{kJ/kg}, e_{x,\text{H}_2} = 2.165\ \text{kJ/kg}; e_{x1} = 148.93\ \text{kJ/kg}, e_{x2} = 10.62\ \text{kJ/kg};$
       $w_{1-2,\text{max}} = 138.31\ \text{kJ/kg}; w_u = 112.48\ \text{kJ/kg}$。

6-35 $I = 249.3\ \text{kJ}$。

6-36 $I = 10.12\ \text{kW}$。

6-37 $w_s = 431.72\ \text{kJ/kg}; w_{u,\text{max}} = 440.897\ \text{kJ/kg}; I = 9.177\ \text{kJ/kg}; w_{s,\text{rev}} = 449.54\ \text{kJ/kg}$

6-38 $W_{1-2,\text{min}} = 531.79\ \text{kJ}, I = 1\ 054.76\ \text{kJ}$

第七章   气体与蒸汽的流动

7-1 $t_1 = 53.88\ ℃$。

7-2 $T_0 = 979.1\ \text{K}, p_0 = 1.014\ \text{MPa}$。

7-3 $T_2 = 296.06\ \text{K}, p_2 = 215.7\ \text{kPa}$。

7-4 $t_2 = 3.32\ ℃, v_2 = 0.052\ 9\ \text{m}^3/\text{kg}, c_{f2} = 218.2\ \text{m/s}, q_m = 4.12\ \text{kg/s}; t_2 =$
       $-23.06\ ℃, v_2 = 0.068\ 0\ \text{m}^3/\text{kg}, c_{f2} = 317.2\ \text{m/s}, q_m = 4.66\ \text{kg/s}$。

7-5 $p_2 = 0.577\ 1\ \text{MPa}, T_2 = 660.7\ \text{K}, c_2 = 515.2\ \text{m/s}$。

7-6 $T_0 = 832.9\ \text{K}, p_0 = 0.544\ \text{MPa}; c = 571.5\ \text{m/s}, Ma = 0.35; p_2 = 0.287\ 2\ \text{MPa}, T_2 =$
       $694.0\ \text{K}, c_{f2} = 528.1\ \text{m/s}, v_2 = 0.693\ 5\ \text{m}^3/\text{kg}, A_2 = 28.1 \times 10^{-4}\ \text{m}^2$。

7-7 $c_{f2} = 435.25\ \text{m/s}, A_2 = 7.44 \times 10^{-4}\ \text{m}^2$。

7-8 $F = 20.6\ \text{N}$。

7-9 $A_2 = 2.19 \times 10^{-3}\ \text{m}^2$。

7-10 $A_{\text{cr}} = 1.27 \times 10^{-3}\ \text{m}^2, A_2 = 1.62 \times 10^{-3}\ \text{m}^2, c_{f2} = 557.63\ \text{m/s}$。

7-11 $A_2 = 8.58 \times 10^{-6}\ \text{m}^2$。

7-12 $h_2 = 3\ 275\ \text{kJ/kg}, t_2 = 406\ ℃, v_2 = 0.245\ \text{m}^3/\text{kg}; c_{f2} = 621.3\ \text{m/s}; q_m =$
       $0.51\ \text{kg/s}$。

7-13 $c_{\text{cr}} = 621.3\ \text{m/s}, c_{f2} = 1\ 237.7\ \text{m/s}, q_m = 0.138\ 3\ \text{kg/s}, A_{\text{cr}} = 0.545 \times 10^{-4}\ \text{m}^2$。

7-14   收缩喷管,$A_2 = 57.43 \times 10^{-4}\ \text{m}^2$。

7-15 $c_{f2} = 526.87\ \text{m/s}, c'_{f2} = 524.96\ \text{m/s}; c_{f2,\text{act}} = 505.8\ \text{m/s}, s_g = 15.89\ \text{J/(kg · K)}$

7-16 收缩喷管，$A_2 = 0.424 \times 10^{-4}$ m^2；$q'_m = 9.24$ kg/min。

7-17 $c_{f1} \geqslant 332.0$ m/s。

7-18 略。

7-19 $D_2/D_1 = 3.464$。

7-20 $x_1 = 0.967$。

7-21 $D_2/D_1 = 6.28$。

7-22 $s' - s = 0.1$ kJ/(kg·K)；收缩喷管，$c_{f2} = 414.7$ m/s、$q_m = 0.35$ kg/s；$s_g = 0.021$ kJ/(kg·K)。

7-23 $\Delta s = 0.395$ kJ/(kg·K)、$t_2 = 471$ ℃；$\Delta w_t = 140$ kJ/kg、$I = 118.5$ kJ/kg。

7-24 $\Delta s_{12} = 0.688\ 2$ kJ/(kg·K)、$w_t = 164.39$ kJ/kg、$T_2 = 166.41$ K、$I = 206.56$ kJ/kg。

7-25 $D \geqslant 0.105$ m。

7-26 $h_3 = 2\ 831.64$ kJ/kg、$t_3 = 196.7$ ℃、$v_3 = 0.258\ 6$ m^3/kg。

*7-27 $T_2 = 155$ K。

*7-28 略。

7-29 $m = 0.177\ 5$ kg、$Q = 15.54$ kJ。

7-30 $h_3 = 23.04$ kJ/kg(干空气)、$t_3 = 11.48$ ℃、$\varphi_3 = 54.1\%$。

7-31 $\varphi_2 = 13.22\%$、$\Phi = 452.11$ kJ/s；$q_{m,v} = 0.058\ 5$ kg/s。

7-32 $q_{m,w} = 0.011\ 2$ kg/s，$\Phi = 54.9$ kJ/s。

7-33 $\varphi_2 = 0.057$、$d_2 = 0.016\ 3$ kg/kg(干空气)；$\varphi_2 = 1$，$d_2 = 0.013\ 5$ kg/kg(干空气)。

7-34 $m_a = 51.3$ kg，$Q = 3\ 329$ kJ。

7-35 $t_2 = 17$ ℃，$d_2 = 0.012\ 66$ kg/kg 干空气，$\varphi_3 = 16.2\%$。

7-36 $q_{m,a} = 233.20$ kg/s，$q_{m,w} = 4.63$ kg/s。

7-37 $d_1 = 0.024\ 59$ kg/kg(干空气)、$h_1 = 95.123$ kJ/kg(干空气)、$d_2 = 0.007\ 727$ kg/kg(干空气)、$h_2 = 29.52$ kJ/kg(干空气)；$\Phi_{1-2} = 971.43$ kJ/s，$\Phi_{2-3} = 216.4$ kJ/s；$q_{m,w} = 0.247$ kg/s。

7-38 略。

7-39 略。

第八章　压气机的热力过程

8-1 $P_T = 6.97$ kW、$P_s = 9.11$ kW、$P_n = 8.12$ kW。

8-2 $n = 1.186$、$T_2 = 387.82$ K、$W_n = 3.443$ kJ、$Q_n = mq = -1.84$ kJ。

8-3 $p_{2,max} = 0.90$ MPa，$P = 18.3$ kW。

8-4　$\eta_{v,1}=0.871、\eta_{v,2}=0.843、\eta_{v,3}=0.76。$

8-5　$\eta_v=0.792,q_m=381.37$ kg/h$,P=21.9$ kW$,q_Q=-4.21$ kW。

8-6　$q_m=0.088$ kg/s、$P_C=20.0$ kW。

8-7　$w_C=492.0$ kJ/kg$;T_2=T_3=T_4=425$ K$;T_2=425.0$ K、$T_3=616.25$ K、$T_4=$ 893.56 K、$w_C=746.4$ kJ/kg$;T_2=893.56$ K、$w_C=746.4$ kJ/kg。

8-8　$p_2=0.5$ MPa$;T_2=T_3=400.33$ K$;V_1=0.035\ 90$ m^3、$V_2=0.007\ 18$ m^3; $P_C=56.8$ kW$;Q=-7.15\times10^4$ kJ/h$,Q'=-3.07\times10^4$ kJ/h。

8-9　$\sigma=0.023,P=49.3$ kW。

8-10　$V=0.008\ 106$ m$^3,\eta_v=0.86,t_2=164.37$ ℃$,q_m=280.4$ kg/h$,P_C=14.0$ kW。

8-11　$T_2=523.70$ K、$P_C=4\ 630.0$ kW$,\dot{I}=402.1$ kJ/s。

8-12　$\eta_{C,s}=0.865;\dot{S}_g=0.729$ kJ/(K·s)$;P_C=3\ 241.3$ kW$;\dot{I}=218.8$ kJ/s。

8-13　$t_{2s}<t_2,P_c=190.7$ kW,基本合理。

8-14　$h_2=432.7$ kJ/kg。

8-15　$\eta_{C,s}=0.646、w_C=50.9$ kJ/kg。

8-16　$T_2=513.57$ K、$T_4=564.94$ K、$w_C=450.7$ kJ/kg。

8-17　$T_{2,A}\gg T_{2,B};w_{c,A}>w_{c,B}。$

第九章　气体动力循环

9-1　$p_2=2.512$ MPa、$T_2=774.05$ K、$T_3=1\ 679.52$ K、$p_3=5.450$ MPa、$p_4=$ 0.217 MPa、$T_4=668.60$ K$;\eta_t=0.602、\eta_c=0.817;MEP=491.6$ kPa。

9-2　$T_{max}=2\ 009.43$ K、$p_{max}=4\ 470.6$ kPa、$\eta_t=54.1\%$、MEP$=699.1$ kPa。

9-3　$v_1=0.855\ 7$ m^3/kg、$v_2=0.045\ 0$ m^3/kg、$p_2=6\ 169.6$ kPa、$T_2=967.35$ K、$T_3=$ 1 763.37 K、$p_3=p_2$、$v_3=0.082\ 0$ m^3/kg、$v_4=v_1$、$p_4=231.5$ kPa、$T_4=690.25$ K; $\rho=1.82;\eta_t=0.648、\eta_c=0.848;MEP=639.4$ kPa。

9-4　$v_1=0.855\ 4$ m^3/kg、$v_2=0.050\ 3$ m^3/kg、$p_2=5\ 015.94$ kPa、$T_2=879.10$ K、$T_3=$ $T_{max}=1\ 900$ K、$p_3=p_2=5\ 015.94$ kPa、$v_3=0.108\ 7$ m^3/kg、$v_4=v_1$、$p_4=$ 279.28 kPa、$T_4=832.38$ K$;\rho=2.16;\eta_t=61.6\%。$

9-5　$v_1=0.955\ 7$ m^3/kg、$v_2=0.063\ 7$ m^3/kg、$p_2=4.431$ MPa、$T_2=983.52$ K、$v_3=v_2$、 $p_3=6.203$ MPa、$T_3=1\ 376.8$ K、$p_4=p_3$、$v_4=0.092\ 4$ m^3/kg、$T_4=1\ 996.3$ K、 $p_5=0.236$ MPa、$T_5=784.39$ K、$v_5=v_1$、$\eta_t=0.642。$

9-6　$T_2=971.63$ K、$p_2=6\ 628.9$ kPa、$p_3=p_2$、$T_3=1\ 710$ K、$T_4=646.8$ K、$p_4=$ 220.6 kPa、$\eta_t=0.658。$

9-7 $\eta_t = 54.6\%$、$\varepsilon = 19.4$。

9-8 $p_2 = 0.918$ MPa、$p_3 = 1.177$ MPa、$v_1 = 1.042$ m^3/kg、$v_2 = 0.210$ m^3/kg、$p_5 = 157.86$ kPa、$T_4 = 974.7$ K、$\eta_t = 44.3\%$;$\eta_t = 45.2\%$、$\eta_c = 63.7\%$。

9-9 $v_1 = 0.843\ 1$ m^3/kg、$v_2 = 0.105\ 4$ m^3/kg、$p_2 = 2\ 021.71$ kPa、$T_2 = 724.47$ K、$p_3 = 3\ 194.44$ kPa、$v_3 = v_2$、$p_4 = 173.81$ kPa、$T_4 = 510.59$ K;$\eta_t = 56.5\%$;$i_1 = 25.1$ kJ/kg、$i_2 = 17.8$ kJ/kg、$\eta_{e_x} = 0.734$。

9-10 $p_2 = 5\ 279.9$ kPa、$T_2 = 973.20$ K、$p_{max} = 5.280$ MPa、$T_{max} = 1\ 946.4$ K;$\eta_t = 62.3\%$、$\eta_{e_x} = 72.8\%$、$i_1 = 67.0$ kJ/kg、$i_2 = 161.1$ kJ/kg、$\eta_{t,max} = 85.6\%$。

9-11 $\eta_t = 19.8\%$。

9-12 $\eta_{t,123451} > \eta_{t,12341}$、$\eta_t = 64.8\%$。

9-13   略。

9-14 $\eta_t = 0.625$、$q_2 = 75$ kJ/kg。

9-15 $q_1 = 432.1$ kJ/kg,$q_2 = 260.8$ kJ/kg,$w_{net} = 174.3$ kJ/kg,$\eta_t = 40.1\%$;$\overline{T}_1 = 690.4$ K、$\overline{T}_2 = 413.8$ K;$\eta_t' = 26.1\%$。

9-16 $q_1 = 456.46$ kJ/kg、$q_2 = 280.21$ kJ/kg、$w_{net} = 176.25$ kJ/kg、$\eta_t = 38.6\%$、$\overline{T}_1 = 693.3$ K、$\overline{T}_2 = 423.5$ K。

9-17 $q_m = 195.3$ kg/s、$\eta_t = 0.582$。

9-18 $q_{net} = w_{net} = 477.9$ kJ/kg、$\eta_t = 56.75\%$、$\eta_{e_x} = 85.2$ %。

9-19 $\eta_t = 53.4\%$、$p_2' = 1.30$ MPa。

9-20 $\eta_t = 1 - \left[\kappa (\theta^{\frac{1}{\kappa}} - 1) \right] \Big/ \left[\pi^{\frac{\kappa-1}{\kappa}} (\theta - 1) \right]$。

9-21 $T_3 = 514.55$ K、$T_6 = 654.4$ K、$c_{f6} = 673.78$ m/s、$F = 4.12 \times 10^4$ N、$\eta_t = 31.6\%$。

9-22 $p_4 = 533.8$ kPa、$c_f = 969.8$ m/s。

9-23 $P_T = 40.4 \times 10^3$ kW、$P_C = 20.4 \times 10^3$ kW、$\eta_t = 44.8\%$、$\dot{I}_1 = 1\ 520.0$ kJ/s、$\dot{I}_2 = 4\ 397.5$ kJ/s、$\dot{I}_3 = 2\ 126.1$ kJ/s、$\dot{I}_4 = 8\ 929.0$ kJ/s、$\dot{I}_5 = 452.6$ kJ/s。

第十章   蒸汽动力装置循环

10-1 $0.348\ 3$、1.009×10^{-6} kg/J、0.761;$0.371\ 6$、8.15×10^{-7} kg/J、0.859。

10-2 $0.371\ 6$、8.15×10^{-7} kg/J、0.859;$0.428\ 7$、6.05×10^{-7} kg/J、0.742。

10-3 $t_1 = 756$ ℃、$q_m = 4.831$ kg/s。

10-4 $\eta_t = 10.0\%$。

10-5 $\eta_t = 3.3\%$,$P = 6\ 474$ kW。

10-6 1 161.1 kJ/kg、3 189.4 kJ/kg、36.4%；1 273.4 kJ/kg、3 281.05 kJ/kg、38.8%。

10-7 $P_P = 484.1$ kW、$q_{Q_1} = 2.767 \times 10^5$ kW、$P_T = 1.105 \times 10^5$ kW、$q_{Q_2} = 1.667 \times 10^5$ kW、$\eta_t = 39.75\%$、$\dot{I}_B = 9.38 \times 10^4$ kW、$\dot{I}_C = 1.11 \times 10^4$ kW、$\dot{I} = 10.49 \times 10^4$ kW。

10-8 $w_{PA} = 4.99$ kJ/kg、$w_{PB} = 4.4$ kJ/kg、$\alpha = 0.217$。

10-9 42.55%、43.25%、40.02%；0.73、0.82、0.916。

10-10 $\alpha_1 = 0.052\ 5$ kg、$\alpha_2 = 0.115\ 9$ kg、$\eta_t = 39.6\%$、$d = 9.08 \times 10^{-7}$ kg/J、$\overline{T}_1 = 514.3$ K；$\eta'_t = 37.0\%$、$d' = 8.44 \times 10^{-7}$ J/kg、$\overline{T}'_1 = 485.4$ K。

10-11 $\eta_t = 0.369$。

10-12 $\alpha = 0.248$、$\eta_t = 39.8\%$、$d = 1.22 \times 10^{-6}$ kg/J；$\eta'_t = 36.9\%$、$d' = 1.04 \times 10^{-6}$ J/kg。

10-13 $x_2 = 0.991$、$q_{Q_B} = 2.371 \times 10^5$ kW、$q_{Q_R} = 0.397 \times 10^5$ kW、$P_T = 1.147 \times 10^5$ kW、$\eta_t = 41.28\%$、$I'_B = 9.05 \times 10^4$ kW、$\dot{I}'_C = 1.03 \times 10^4$ kW、$\dot{I}' = 1.01 \times 10^5$ kW。

10-14 $q_m = 91.9$ kg/s、$P_P = 590.7$ kW、$P_T = 1.174 \times 10^5$ kW、$q_{Q_C} = 1.595 \times 10^5$ kW、$\eta_t = 42.2\%$、$\dot{I}_B = 8.40 \times 10^4$ kW、$\dot{I}_R = 0.367 \times 10^4$ kW、$\dot{I}_C = 1.066 \times 10^4$ kW、$\dot{I} = 9.83 \times 10^4$ kW。

10-15 $P = 970$ kW。

10-16 $\eta_t = 37.7\%$；$\eta'_t = 42.1\%$；20.2%。

10-17 $e_{x,Q} = 2\ 331.8$ kJ/kg。

第十一章　制冷循环

11-1 $q_Q = 12.63$ kW；$P_{net} = 2.63$ kW；2.59 冷吨。

11-2 $T_H/T_L = 1.25$；0.486 冷吨；$\varepsilon' = 5$，$q'_Q = 7.5$ kW。

11-3 $\varepsilon_a = 2.712$、$\varepsilon_b = 1.496$；$q_{c,a} = 71.2$ kJ/kg、$q_{c,b} = 110.7$ kJ/kg。

11-4 $q_{c,a} = 54.93$ kJ/kg、$q_{c,b} = 86.58$ kJ/kg、$w_{net,a} = -66.1$ kJ/kg、$w_{net,b} = -141.0$ kJ/kg、$\varepsilon_a = 0.831$、$\varepsilon_b = 0.614$；$q'_c = 56.72$ kJ/kg、$w'_{net} = -62.31$ kJ/kg、$\varepsilon' = 0.913$。

11-5 $q_c = 59.79$ kJ/kg、$\varepsilon = 0.916$、$I = 11.83$ kJ/kg。

11-6 $\varepsilon_{1234561} = \varepsilon_{13'5'6} = 1.156$、$q_{Q_c} = 3.47$ kW、$\pi' = 14.9$。

11-7 $\varepsilon = 2.07$、$q_c = 48.46$ kJ/kg。

11-8 $p_1 = 133.8$ kPa、$p_2 = p_3 = 1\ 016.32$ kPa；$\varepsilon = 3.06$。

11-9 $q_m = 0.054$ kg/s、$q_V = 0.211$ m³/s。

11-10 $p_1 = 0.236$ MPa、$p_2 = 1.003$ MPa、$q_c = 1\ 060.7$ kJ/kg、$w_{net} = 184.0$ kJ/kg、$\varepsilon =$

5.77、$q_m = 0.11$ kg/s、$\eta_{e_x} = 0.893$。

11-11　$w'_{net} = 230$ kJ/kg、$\varepsilon = 4.61$、$\eta_{e_x} = 0.715$。

11-12　$p_1 = 164.36$ kPa、$p_2 = 665.49$ kPa、$q_c = 150$ kJ/kg、$w_{net} = 26$ kJ/kg、$\varepsilon = 5.77$、$q_m = 0.778$ kg/s、$\eta_{e_x} = 0.894$。

11-13　$q_2 = 1\ 019.2$ kJ/kg、$q_1 = 1\ 203.7$ kJ/kg、$\varepsilon' = 6.52$、$P = 3.41$ kW、$P_E = 22.2$ kW。

11-14　$w_p = 32$ kJ/kg、$\varepsilon' = 5.31$。

11-15　$q_{m_3} = 0.003\ 72$ kg/s，$q_{m_2} = 0.258$ kg/s。

11-16　$q_c = 1\ 047.1$ kJ/kg、$q_0 = 1\ 366.8$ kJ/kg、$\varepsilon = 3.28$、$\zeta = 0.984$。

11-17　$COP_{max} = 1.68$、$COP = 0.672$、$Q_H = 115.7$ kW、$q_m = 0.061$ kg/s。

第十二章　实际气体的性质及热力学一般关系式

12-1　$W = RT \ln \dfrac{V_{m,2} - b}{V_{m,1} - b} + a \left(\dfrac{1}{V_{m,2}} - \dfrac{1}{V_{m,1}} \right)$。

12-2　$\rho = 34.9$ kg/m³，$\rho_{id} = 32.8$ kg/m³，$\rho / \rho_{id} = 1.064$。

12-3　$m_{id} = 288.4$ kg，$m = 406.5$ kg。

12-4　$m = 122.80$ kg；$m = 147.0$ kg；$m = 146.2$ kg；$m = 148.84$ kg。

12-5　$v_{id} = 0.066\ 733$ m³/kg，5.44%；$v' = 0.063\ 340$ m³/kg，0.11%。

*12-6　$t = 263.5$ ℃。

12-7　$W_{max} = 3\ 499\ 692$ J。

12-8　略。

12-9　略。

12-10　$p_2 = 33.4$ MPa。

12-11　略。

12-12　略。

12-13　略。

*12-14　$-3\ 363.4$ J/mol。

*12-15　$Q = 1\ 598.3$ J/mol，$\Delta S_m = 28.494$ J/(mol·K)。

12-16　略。

12-17　$pV = -\dfrac{a}{2} p^2 + nRT$。

12-18　$pV_m = RT$。

*12-19　$p_{s,10\ ℃} = 1\ 231$ Pa。

${}^{*}12\text{--}20$　　2.23×10^{3}、$4\ 787.6\times10^{3}$、3.47×10^{3}；$p_{s,-80\ ℃}=185\ 467$ Pa。

12--21　　$h''-h'=1\ 940.3$ kJ/kg。

12--22　　$p_2=326.5$ kPa。

12--23　　$t_s=-0.06$ ℃。

12--24　　$\overline{\gamma}=23\ 147$ J/kg。

第十三章　　化学热力学基础

13--1　　$Q_V=111\ 841.9$ J。

13--2　　$Q_3=-41\ 193$ J/mol。

13--3　　$Q_4=172\ 589$ J/mol。

13--4　　$Q_T=-277\ 908.0$ J。

13--5　　$H_m=-232\ 255$ J/mol；$H_m=-232\ 284$ J/mol；$H_m=-233\ 576$ J/mol。

13--6　　$Q_p^0=-890\ 309$ J/mol。

13--7　　$Q_p^0=-44\ 423$ kJ/kg。

13--8　　$\Delta H=-486\ 352.9$ J。

13--9　　$Q=1\ 286\ 386$ J。

13--10　　$\Delta H_C=-2\ 041\ 387$ J/mol。

13--11　　$T_{ad}=1\ 405$ K。

13--12　　$K_p=1.664\times10^{-4}$、$p=13.27$ atm、$\varphi_{NH_3}=0.150\ 4$。

13--13　　$x_{CO_2}=8.98\%$、$x_{CO}=9.16\%$、$x_{O_2}=13.65\%$、$x_{N_2}=68.21\%$。

13--14　　$W_{u,max}=394\ 398$ J/mol。

13--15　　$\alpha=0.295$，$p_{CO_2}=0.614$ atm、$p_{CO}=0.257$ atm、$p_{O_2}=0.129$ atm；$K'_p=\dfrac{1}{K_p}=6.667$。

13--16　　$Q_T=49\ 027.9$ J。

13--17　　$n_{CO}=0.193$ mol、$n_{O_2}=0.597$ mol、$n_{CO_2}=0.807$ mol。

13--18　　$n_{CO}=0.47$ mol、$n_{O_2}=0.74$ mol、$n_{CO_2}=0.53$ mol。

13--19　　$K_{p2}=769.9$。

索引

主要参考文献

［1］严家騄.工程热力学［M］.6 版.北京:高等教育出版社,2021.

［2］曾丹苓,敖越,张新铭,等.工程热力学［M］.3 版.北京:高等教育出版社,2002.

［3］朱明善,刘颖,林兆庄.工程热力学［M］.北京:清华大学出版社,2000.

［4］童钧耕,范云良,叶强.工程热力学学习辅导与习题解答［M］.3 版.北京:高等教育出版社,2017.

［5］赵冠春,钱立仑.㶲分析及其应用［M］.北京:高等教育出版社,1984.

［6］朱明善,陈宏芳,等.热力学分析［M］.北京:高等教育出版社,1992.

［7］吴沛宜,马元.变质量系统热力学及其应用［M］.北京:高等教育出版社,1983.

［8］蔡祖恢.工程热力学［M］.北京:高等教育出版社,1994.

［9］郑令仪,孙祖国,赵静霞.工程热力学［M］.北京:兵器工业出版社,1993.

［10］朱明善,邓小雪,刘颖.工程热力学题型分析［M］.北京:清华大学出版社,1989.

［11］江伯鸿,材料热力学［M］.上海:上海交通大学出版社,1999.

［12］谢锐生.热力学原理［M］.关德相,李荫亭,扬岑,译.北京:人民教育出版社,1980.

［13］严家騄,余晓福,王永青,等.水和水蒸气热力性质图表［M］.4 版.北京:高等教育出版社,2021.

［14］刘桂玉,刘志刚,阴建民,等.工程热力学［M］.北京:高等教育出版社,1998.

［15］陈则韶.高等工程热力学［M］.北京:高等教育出版社,2008.

［16］Zemansky M W, Dittman R H.热学和热力学［M］.刘皇风,陈秉乾,译.北京:科学出版社,1987.

［17］Kaminski D A, Jensen M K. Introduction to thermal and fluid engineering ［M］.New York:John Wiley & Sons Inc.,2005.

［18］Sonntag R E, Borgnakke C. Introduction to engineering thermodynamics ［M］.2nd edition.New York:John Wiley & Sons Inc.,2007.

［19］Wark K, Richards E.Thermodynamics［M］. 6th edition. New York: McGraw-

Hill Book Company, 1999.

[20] Cengel Y A, Boies M A. Thermodynamics: an engineer approach [M]. 7th edition.影印本.北京:机械工业出版社,2016.

[21] Hammes G G.Thermodynamics and kinetics for bioscience[M].New York: John Wiley & Sons Inc.,2000.

[22] Moran M J,Shapiro H N.Fundamentals of engineering thermodynamics[M].3rd edition.1995.

[23] Sonntag R E,Borgnakke C,Wylen G J V. Fundamentals of thermodynamics [M]. New York:John Wiley & Sons Inc.,2003.

[24] Zemansky M W. Heat and themodynamics[M]. 5th ed. New York:McGmw-HillBook Company,1975.

郑重声明

高等教育出版社依法对本书享有专有出版权。任何未经许可的复制、销售行为均违反《中华人民共和国著作权法》，其行为人将承担相应的民事责任和行政责任；构成犯罪的，将被依法追究刑事责任。为了维护市场秩序，保护读者的合法权益，避免读者误用盗版书造成不良后果，我社将配合行政执法部门和司法机关对违法犯罪的单位和个人进行严厉打击。社会各界人士如发现上述侵权行为，希望及时举报，我社将奖励举报有功人员。

反盗版举报电话　　（010）58581999　　58582371

反盗版举报邮箱　dd@hep.com.cn

通信地址　北京市西城区德外大街4号　高等教育出版社法律事务部

邮政编码　100120

防伪查询说明

用户购书后刮开封底防伪涂层，使用手机微信等软件扫描二维码，会跳转至防伪查询网页，获得所购图书详细信息。

防伪客服电话　　（010）58582300